現代線形代数

—分解定理を中心として—

池辺八洲彦・池辺　淑子
浅井　信吉・宮崎　佳典　著

共立出版

まえがき

現代線形代数（あるいは行列論）の最初の一里塚は，1859年のケイリーの歴史的論文 "A Memoir on the Theory of Matrices" とされる．その後急速な発展を経て，その基礎的骨組みを19世紀末までに終えている．そして，算法に注目すれば，20世紀前半までは本質的に紙と鉛筆のみに頼る手計算を前提とした算法のみが考案されている．この状況は1950年代後半におけるコンピュータの出現により一変した．浮動小数点演算が実装されると，コンピュータに適した多くの数値解法が考案され，各種誤差の分類と理論的解析手法にも画期的な更新がもたらされた．1960年代のQR分解法（本書8.5節），固有値問題解法用QR法（本書では述べない），近似解の誤差をデータの変動に投げ返す後退誤差解析法（同3.12, 12.7, 14.7節）などがその好例である．

そして1970年代，それまでの研究成果の上に標準的行列計算用パッケージLINPACK (Linear Equation Solvers Package) とEISPACK (Eigensystem Solvers Package) が開発され, 普及し, その後LAPACK (Linear Algebra Package) へと統合進化を遂げた．今日数値例を試す標準的行列計算環境として愛用されるMATLAB (Matrix Laboratory) が開発されたのも70年代である．共著者の一人は米国においてEISPACK開発計画の一部を分担している．

1980年代になると，複数コンピュータによる高性能計算の仕組みが実用化され，計算可能量は飛躍的に増大した．そして，数理的方法のさらなる発展と交流が促進され，その結果が再び応用計算現場に帰還して新しい計算問題を生成している．このような循環構造は今日も続いている．

応用計算の重要な下部構造を形成するのが「行列計算（線形計算）」である．そして，これを支える数理が包括的に「線形代数 (linear algebra)」と呼ばれ，古くから物理学や統計学など，多分野との交流が深い．とくに，優れた算法の発見とその数理・評価法の研究に力点がおかれる場合は「数値線形代数 (numerical linear algebra)」と呼ばれることが多い．最近では計算問題の大規模化に伴い，計算量を行列成分の総数と同程度あるいはそれ以下のオーダーに抑えたいとする要請が一層切実となり，これが今日の数値線形代数の研究に一定の方向性を与えている．

本書は以上のような状況を念頭に置き，大学生，院生，社会人，一般数学愛好家を対象に，「学ぶべきは学ぶ」，「整理整頓」を標語とし，大学基礎過程「線形代数」の標準的内容を含み，かつゴラブ・ヴァンロアン共著『行列計算』第 3 版 (G.H. Golub and C.F. Van Loan, *Matrix Computations*, 1996) などの標準的数値線形代数解説書を読むために必要な基礎知識から，いわばプロがひそかにポケットに忍ばせているようなノウハウまでを，初級者にもわかるような形で提供するための線形代数入門書として準備されている．実際，現行の大学基礎過程「線形代数」の教科内容と今挙げた「ゴラブ・ヴァンロアン」中の“線形代数からの基礎事項”の内容との間には量的にもレベル的にも相当の隙間が存在するので，このようなすき間をなるべくわかりやすく埋めようという訳である．

本書は 15 章に分けてのべてある．各章の概要をのべると：

第 1, 2 章では，行列，ベクトル空間，線形写像などの基本概念の定義と簡単な帰結を述べる．内容的には標準的教科書と大きな違いはないが，ブロック演算についてはその実用性ゆえにやや詳しく解説した．用語について一言すると，わが国では「線形写像」と「線形変換」が区別して使用されているので（前者は一般的，後者は座標変換など，同一次元空間の間の線形写像)，本書もこれに従った．欧米では “linear transformation” 一つで済ませていることが多い．

第 3 章では，本書の順序に従いつつ，線形代数の概要を「同値分解」，「LDU 分解」，「行列式」，「内積」，「QR 分解」，「シュア分解」，「ジョルダン分解」，「特異値分解」，「CS 分解」，「ノルム」，「行列とグラフ」に分けて説明している．行列算の基礎をすでに知っている読者は 3 章から読み始め，1, 2 章は必要に応じて復習して頂くのが一案である．

第 4, 5 章の主題は「同値分解」と「LDU 分解」である．前者は，与えられた全く任意の行列に左右から適当な可逆行列を乗じれば，対角成分がすべて 1 か 0 であるような対角行列になることを保証する．単純明快な分解だが，含蓄は外見より深く，1 次独立性，基底，次元，階数，連立 1 次方程式可解性の必要十分条件，など，数え方にもよるが 15 個くらいの基本的な事実がこれから出てくる．「LDU 分解」は「同値分解」の一種である．与えられた行列に左から適当な置換行列を乗じた積は (単位下三角行列)·(対角行列)·(単位上三角行列) 型の積に分解できることを保証する．この分解は行列方程式の直接解法として古くから知られているガウスの消去法と同値である．さらに，与えられた行列の階数はその行列に内在する可逆小行列の最大次数に等しいことを証明するのにも必要となる．個々の事実を記憶するのも大事だが，たとえ忘れても「同値分解」と「LDU 分解」を覚えていれば復元可能である．

第 6 章では「行列式」の説明を行う．行列式は理論的ツールとして大切である．ただ，その値が実際に必要となるのは稀である．代表的な結果は「行列の可逆性とその行列式の非零性とが同値であること」,「逆行列の公式」である．「3 次実行列式の値はその列（あるいは行）によって決定される平行六面体の符号付体積を表す」ことは行列式の性質を理解する上で役に立つ．

第 7 章では内積空間の一般論を展開する．$\boldsymbol{a}^{\mathrm{T}}\boldsymbol{b}$ 型の実内積がもっともよく現れるが，固有値問題との関連性を考え，ここでは最初から複素内積空間を主体に扱っている．この章を代表する重要概念は，直交性，グラム・シュミットの直交化法（QR 分解と同値)，（正規）直交基底，直交補空間である．内積は通常の 3 次元空間における距離と角度の概念の巧妙な一般化と考えてよい．

第 8 章から固有値問題に入る．固有値問題とは，簡単にいえば,「与えられた正方行列の振舞いが，どんな座標系から見れば，どの程度簡単に見えてくるか」の研究である．いいかえれば,「可逆行列 $\boldsymbol{V}$ に対応する座標系から見た，与えられた行列 $\boldsymbol{A}$ の姿 $\boldsymbol{V}^{-1}\boldsymbol{AV}$（相似変換）をどの程度に簡単化できるか」の研究である．

第 8, 9 章では，固有値問題に関して最も基本的かつ実用性の高い「シュア分解」とその導出に必要な「QR 分解」，およびこれらの応用を展開する．「シュア分解」はユニタリ相似変換の範囲内で三角行列化が可能であることを保証している．とくに，エルミート行列に対しては三角行列化 = 対角化となる．「QR 分解」も柔軟性と実用性に富む分解である．「QR 分解」は与えられた行列をユニタリ行列と三角行列の積に分解する．これは反射行列を用いる「ハウスホルダー法」か有名な「グラム・シュミット直交化法」によって実現できる．なお，“シュア” (Schur) は “シューア”,“シュール” とも表記されるが，本書では “シュア” に統一した．

第 10 章のテーマは線形代数の最高峰といわれる「ジョルダン分解」とその証明である．これは任意の正方行列の固有値問題の構造を明らかにする．すなわち，正方複素行列は，適当な相似変換により，かならず「ジョルダン標準形」にまで簡単化できることを保証する．後者はブロック対角行列の一種で，各対角ブロックは同一の対角成分をもち，その一本上の対角成分はすべて 1，その他はすべて

0 であるような，上 2 重対角行列を表す．証明は長丁場となるので，知られている証明法からわかりやすいものを選んだ．ただ，ジョルダン分解の数値計算は困難である．この定理の用途はおもに理論的なものである．

第 11 章ではジョルダン分解の巧妙な応用として $f(\boldsymbol{A})$ 型行列関数の定義を行う．最終的に関数解析との接点であるコーシー積分表示公式にまでもっていく．この過程をわかりやすく説明した文献は少ない．一部で複素解析からの基礎的事項を必要とするが，これはその都度引用し，説明する．そして応用として「スペクトル写像定理」（$\boldsymbol{A}$ の固有値が $\lambda_1, \ldots, \lambda_n$ なら $f(\boldsymbol{A})$ の固有値は $f(\lambda_1), \ldots, f(\lambda_n)$ である）を証明する．次いで，$e^{t\boldsymbol{A}}$ 型行列関数の応用として，定係数線形微分方程式の解法への応用を説明する．

第 12, 13 章では「特異値分解」と「4 分割された直交行列の各ブロックの同時特異値分解」ともいうべき「CS 分解」を扱う．これらは「シュア分解」の応用でもある．「特異値分解」は長方行列の定義域と値域に別個のユニタリ座標変換を許せば，その行列は同じ型の行列（対角成分は正か 0，その他の成分はすべて 0）にまで簡単化できることをいう．ここに正の対角成分すべてと 0 の一部（正のものすべてとこれら 0 の一部の総数は行数または列数の小さい方に等しい）を特異値という．特異値分解の応用は広く，代表的なものは，与えられた行列の作用構造を調べる問題，階数分析，最小自乗問題の解法などへの応用である．

「CS 分解」は部分空間の間の距離を計算する場合，$\boldsymbol{AB}^{-1}$ 型行列の特異値を，$\boldsymbol{B}^{-1}$ を陽に計算することなく行う方法などへの応用が知られるが，原著論文の証明は初学者には簡潔すぎてわかりにくいので，第 13 章で丁寧な証明と例による解説を行う．ここで扱う「CS 分解」は，もっとも一般的で使いやすいページ・サンダース (Paige-Saunders) 型のものである．スチュワート (Stewart) 型 CS 分解は回転を表す行列の一般化であるが，前者型の特別の場合と見なせる．歴史的にはスチュワート型の方が先行する．「CS 分解」の名を与えたのもスチュワート自身である（C は cos の C, S は sin の S）．

第 14 章では有限次元ノルム空間の間の線形写像の基本的な解析的性質を証明つきで丁寧にのべた．ただその範囲は行列の「収束」，「極限」を扱うために必要な事項のみにとどめ，深入りは避けた．ただ，全く一般なノルムに対して成立する有名なハーン・バナハ (Hahn-Banach) の定理は応用上重要なので，巧妙極まりない証明とともにのべてある．証明の理解に必要な予備知識は実数と複素数の完備性だけである．応用例の 1 つとして，任意のノルムと任意の可逆行列 $\boldsymbol{A}$ に対し

て，$\boldsymbol{A}$ から最短距離にある非可逆行列までの距離は $1/\|\boldsymbol{A}^{-1}\|$ であることを示す(他例については本文参照)．内積空間もノルム空間の一種であるが，両者の区別は平行四辺形の法則（中線定理）の成否である（腕試し問題参照)．この証明を述べた文献は少ないので丁寧な証明を付した．読者は行列論の奥行きの深さに今一度感嘆されるかも知れない．

「代数学は演算則に関する研究が中心，解析学は極限過程の研究が中心」は本当であるが，これは便宜的な区分に過ぎず，実または複素行列に関する重要事実の中には両者からの結果を必要とするものも多い．例えば，「n 次行列の固有値は n 個ある」を証明するには「複素係数多項式は n 個の零点をもつ」を使う必要があるが，これは複素解析で証明される定理である．実数は分数から極限過程を経て構築されるのでこれは少しも不思議ではない．実数を複素数に拡張するには簡単な代数的手続きで済む（第 1 章腕試し問題)．

最後の章，第 15 章ではグラフ理論と行列論の，いわば共生効果の例を解説する．例として「優対角かつ強連結グラフをもつ正方行列は可逆である」を証明し，これを微分方程式の境界値問題を差分法によって離散化して得られる，行列方程式の可逆性の証明に応用する．行列の優対角性とグラフの強連結性はわかりやすく，検証が容易な実用的な概念である．

上の概要からおわかり頂けるように，本書では線形代数の骨組みを，いわば，数個の分解定理を主役，行列式・内積・ノルムを脇役に大別し，これに沿って説明を行うという方針をとっている．これは，線形代数をどういう形に整理整頓して頭の引き出しにしまっておけば，引き出しやすく，使いやすいかを考慮して決めた方針である．記述に当たっては，「どこが難しいのか，なぜ難しいのか，難しくてもなぜマスターすべきなのか」がよく伝わるように心がけたつもりであるが，これはなかなかの難事であった．

数値解法に関する記述は，本書の目的から，ごく簡単にとどめてある．ただ，数値例を走らせる標準的計算環境として，すでに挙げた Matlab (`www.mathwork.com`) のほか，80 年代に開発された Mathematica (`www.wolfram.com`)，Maple (`www.maplesoft.com`) が広く知られているので，少なくともこれら 1 つを本書と併用されると理想的である．

各章末に「腕試し問題」を設け，すべてに解答を付した．プロジェクト型の問題も少数混じっている．また，英書を参照される読者の便宜に配慮し，術語は「行列 (matrix)」のように，和英併記を原則とした．

本書は著者の1人（池辺八洲彦）の筑波大学における講義ノートを出発点としているが，その後会津大学，東京理科大学での教材としての使用，UCLAにおけるウェブ教材共同製作経験などを経る過程で，共著者たちの様々な熟練技が投入され，内容的に当時のものとは大きく変わっている．変わらないのは「分解定理を主軸に整理整頓」という哲学である．変わったのは，すでにのべたように，ここ半世紀で生じた計算現場における線形代数の基礎知識のレベルアップに対応しようとした点である．現在の形に仕上がるまでには多くの人間が貢献し，いろいろな経過がある．

本書を大学基礎課程における線形代数入門用の教科書として使用する場合は内容が豊富すぎるから，担当する先生には第10章までの内容から教材を適当に取捨選択して頂く必要があろう．実際，共著者の1人は東京理科大学においてそうしている．

授業から落伍する大多数の学生は「行列乗算はなぜあんなふうに定義されなければならないのか」,「ブロック乗算はどんなときに実行でき，どんなときにやってはいけないのか，それはなぜか」,「$\boldsymbol{Ax} = \boldsymbol{b}$ の解を $\boldsymbol{x} = \boldsymbol{b}/\boldsymbol{A}$ と書かないのはなぜか」などという，先生をして「そんな初歩的なことを……」と嘆かせるような，基本事項で躓いていることが多い．「どんな大火も最初は小さな火」という言葉もある．最初にわからなくなるといつまでもそれが祟ってしまう．わからなければ，友人に聞き，先生に聞き，練習問題を解いて，頭の中によく収まるまで繰り返し学ぶのがベストである．真理の前には大家も学生も平等である．勉強した者，やった人が真理を掴む．そして若いときの修行は後年かならず報いられるものである．

最後に，古い話で恐縮だが，若い読者の参考のために出す．著者の1人（池辺八洲彦）がまだ米国で院生として修行していた1960年代のこと，教授たちから，たとえ教科書や論文に「明らかに……(Clearly, . . .)」などと書いてあっても，「憶測に頼るな，検算し，納得せよ！ (Leave nothing to your imagination! Check it out and satisfy yourself!)」とよくいわれたものである．徹しすぎると前進不可能となってしまうが，この精神なくして数理は身につかないのも真実であるから，適度に実行すべきである．また「一般化 (generalization) は原著論文を書くための最良の指針 (guiding principle) である」ともいわれた．さすが「論文を発表せざるものは食うべからず (Publish or perish)」の国に生きる大家の至言と以来肝に銘じている．「一般化」を行うには，内容を細部までよく読みほぐし，細部と全体の関連をよく味わうことが必要となる．細かい点が大切なのはどの世界でも同じで，「神は細部に宿る (God is in the details)」という言葉も知られているくらいである．

最後に本書の上梓にあたり，原稿を丁寧に査読された慶應義塾大学の田村明久氏に深い謝意を表する．また，本書成立の陰には，その前身を使って行われた授業，演習，勉強会を通じて，建設的コメント，誤りの指摘を寄せられた同僚諸氏と無数の学生諸氏の貢献がある．ここに記して深謝の意を表す．最後に，編集上の多大の助力をいただいた共立出版編集部の大越隆道氏に厚く御礼申し上げる．

いくら手を入れてもあちこちに不具合が残るものである．読者からのご叱正やコメントをぜひよろしくお願いする (共著者の一人にご連絡頂きたい)．読者各位の勉強が進むことを念じつつ，ペンを擱く．

2009 年初春　つくば市にて　著者代表　池辺八洲彦

目　次

記号表

$\mathbb{R}$	実数全体の集合
$\mathbb{C}$	複素数全体の集合
i	虚数単位（$i^2 = -1$，スカラーとして用いる場合）
$\overline{z}$	複素数 z の共役複素数
$\|z\|$	複素数 z の絶対値
$\mathrm{Re}(z)$	複素数 z の実部
$\mathrm{Im}(z)$	複素数 z の虚部
$\mathbb{R}^{m\times n}$	$m \times n$ 実行列（すべての成分が実数の行列）全体の集合
$\mathbb{C}^{m\times n}$	$m \times n$ 複素行列（すべての成分が複素数の行列）全体の集合
$\mathbb{R}^m = \mathbb{R}^{m\times 1}$	$m \times 1$ 実行列（m 次実列ベクトル）全体の集合
$\mathbb{C}^m = \mathbb{C}^{m\times 1}$	$m \times 1$ 複素行列（m 次複素列ベクトル）全体の集合
$\boldsymbol{I}_n$	n 次単位行列
$\boldsymbol{e}_j^{(n)}$	第 j 成分が 1，それ以外の成分がすべて 0 の n 次列ベクトル
δ_{ij}	クロネッカーのデルタ記号
$\mathrm{diag}(d_1, \ldots, d_n)$	スカラー $d_1, \ldots, d_n$ を対角成分とする対角行列
$\mathrm{diag}(\boldsymbol{J}_1, \ldots, \boldsymbol{J}_k)$	行列 $\boldsymbol{J}_1, \ldots, \boldsymbol{J}_k$ を対角成分とするブロック対角行列
$\boldsymbol{J}^{(n)}(\lambda)$	λ に対する n 次ジョルダンブロック，すなわち主対角成分がすべて λ，上位対角線の成分値がすべて 1 の n 次行列
$\boldsymbol{A}^{\mathrm{T}}$	行列 $\boldsymbol{A}$ の転置行列
$\overline{\boldsymbol{A}}$	行列 $\boldsymbol{A}$ の（複素）共役行列
$\boldsymbol{A}^*$	行列 $\boldsymbol{A}$ の共役転置行列

$\operatorname{rank} \boldsymbol{A}$	行列 $\boldsymbol{A}$ の階数
$\det \boldsymbol{A}$	行列 $\boldsymbol{A}$ の行列式（$\boldsymbol{A}$ は正方行列）
$\operatorname{Adj} \boldsymbol{A}$	行列 $\boldsymbol{A}$ の余因子行列（$\boldsymbol{A}$ は正方行列）
$\operatorname{trace}(\boldsymbol{A})$, $\operatorname{tr}(\boldsymbol{A})$	行列 $\boldsymbol{A}$ のトレース（$\boldsymbol{A}$ は正方行列）
$\sigma_k(\boldsymbol{A})$	行列 $\boldsymbol{A}$ の k 番目に大きな特異値
$\sigma_{\max}(\boldsymbol{A})$	行列 $\boldsymbol{A}$ の最大特異値
$\sigma_{\min}(\boldsymbol{A})$	行列 $\boldsymbol{A}$ の最小特異値
$\operatorname{cond}(\boldsymbol{A})$	行列 $\boldsymbol{A}$ の条件数
$N(\boldsymbol{A})$	線形写像（または行列）$\boldsymbol{A}$ の零空間（核）
$R(\boldsymbol{A})$	線形写像（または行列）$\boldsymbol{A}$ の値域（列空間）
$\operatorname{span}\{\boldsymbol{a}_1, \ldots, \boldsymbol{a}_k\}$	$\boldsymbol{a}_1, \ldots, \boldsymbol{a}_k$ のスパン（張る部分空間）
$\dim \boldsymbol{S}$	部分空間 $\boldsymbol{S}$ の次元
$\boldsymbol{S}^{\perp}$	$\boldsymbol{S}$ の直交補空間
$\boldsymbol{S} + \boldsymbol{T}$	部分空間 $\boldsymbol{S}, \boldsymbol{T}$ の和空間
$\boldsymbol{S} \oplus \boldsymbol{T}$	部分空間 $\boldsymbol{S}, \boldsymbol{T}$ の直和
$\lVert\cdot\rVert$	「$\cdot$」の一般ノルム（「$\cdot$」はベクトルまたは行列）
$\lVert\cdot\rVert_1$	「$\cdot$」の 1 ノルム（「$\cdot$」はベクトルまたは行列）
$\lVert\cdot\rVert_2$	「$\cdot$」の 2 ノルム（「$\cdot$」はベクトルまたは行列）
$\lVert\cdot\rVert_\infty$	「$\cdot$」の ∞ ノルム（「$\cdot$」はベクトルまたは行列）
$\subsetneq$	「$\subseteq$」かつ「$\neq$」
$m \vee n$	$\max(m, n)$ （m, n は実数）
$m \wedge n$	$\min(m, n)$ （m, n は実数）
$\{\boldsymbol{a}_1, \ldots, \boldsymbol{a}_l\} \perp \boldsymbol{M}$	ベクトル $\boldsymbol{a}_1, \ldots, \boldsymbol{a}_l$ の 1 次結合が部分空間 $\boldsymbol{M}$ に入るなら係数はすべて 0 （第 10 章のみで用いる）

第1章　行列算

この最初の章では**行列算**主体の話をする．すでによく知っている読者は快速ペースで読み進めて頂けばよい．行列の考えを一般化した**ベクトル空間**と**線形写像**の話は第2章の主題である．線形写像は最も簡単な数理的因果関係を表し，これが線形代数の主な研究テーマである．

1.1　例から入門

図1.1に示すのは，一端を壁内に固定された水平な細い梁（はり）が，鉛直集中荷重 f_1, f_2, f_3 を受けて変形する様子を模式的に表した図である（プールの飛び込み台に2，3人が乗った状態と似ている）．与えられた観測点 P_1, P_2 における梁の鉛直方向へのたわみを y_1, y_2 としよう．これらの荷重やたわみの正の方向はあらかじめ決めておくものとする．

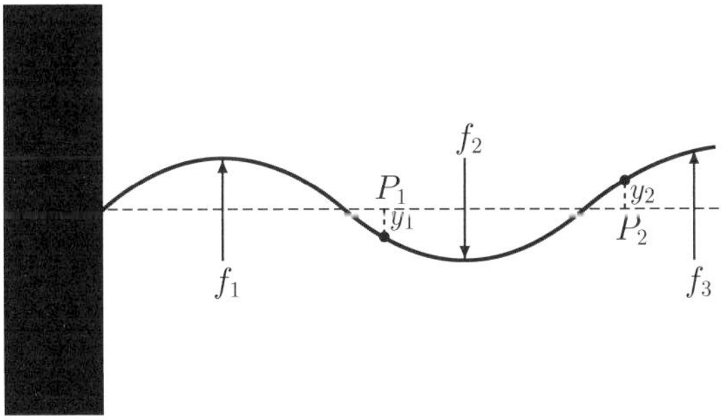

図1.1　細い片持ち梁（壁内に一端を固定された梁）の変形モデル図

変形が微小である場合に成り立つ弾性モデルによると，荷重 f_1, f_2, f_3 によって起こる変形量 y_1, y_2 は次式で与えられる：

$$\begin{aligned} y_1 &= a_{11}f_1 + a_{12}f_2 + a_{13}f_3 \\ y_2 &= a_{21}f_1 + a_{22}f_2 + a_{23}f_3. \end{aligned} \tag{1.1}$$

ここに係数 $a_{11}, \ldots, a_{23}$ は梁の材質，形状，荷重の作用する点の位置のみによって定まり，荷重 f_1, f_2, f_3 の値には依存しない定数を表す．観測点を 3 点に増やせば，式数が 3 に増え，荷重数が 4 個に増えれば，右辺の変数の数も 4 に増え，定数 $a_{11}, \ldots$ の数も値も異なってくる．

因果関係を強調するには，原因と結果と作用の仕方を分離して書けばよいであろう．そこで原因 = 力，結果 = たわみ，作用 = 係数全体，作用の仕方 = 右辺の形と考え，それぞれをまとめて**行列** (matrix)，すなわち，「碁盤目状に数を入れる母型」の形に書き，それぞれを単一の記号で表すのが便利であろう．すなわち，(1.1) を次のように書く：

$$\begin{bmatrix} y_1 \\ y_2 \end{bmatrix} = \begin{bmatrix} a_{11} & a_{12} & a_{13} \\ a_{21} & a_{22} & a_{23} \end{bmatrix} \begin{bmatrix} f_1 \\ f_2 \\ f_3 \end{bmatrix} \quad \text{または} \quad \boldsymbol{y} = \boldsymbol{A}\boldsymbol{f}. \tag{1.2}$$

このように，本書では行列を太字体で表す．(1.1) 式中で横に現れる f_1, f_2, f_3 をこの式で縦書きにするのは，後述する**行列積** (matrix multiplication) の定義に従っているからである．この式を見ると，$\boldsymbol{A}$ は任意の $\boldsymbol{f}$ を (1.2) によって $\boldsymbol{y}$ に対応させる写像と解釈できる．右辺の乗算の意味は (1.1) 式から定まる．この写像が，**線形写像** (linear map, linear mapping) と呼ばれるものの一例である．

(1.2) と (1.1) は同値である．とくに，

$$\begin{aligned} &\begin{bmatrix} a_{11} \\ a_{21} \end{bmatrix} = \begin{bmatrix} a_{11} & a_{12} & a_{13} \\ a_{21} & a_{22} & a_{23} \end{bmatrix} \begin{bmatrix} 1 \\ 0 \\ 0 \end{bmatrix}, \quad \begin{bmatrix} a_{12} \\ a_{22} \end{bmatrix} = \begin{bmatrix} a_{11} & a_{12} & a_{13} \\ a_{21} & a_{22} & a_{23} \end{bmatrix} \begin{bmatrix} 0 \\ 1 \\ 0 \end{bmatrix}, \\ &\begin{bmatrix} a_{13} \\ a_{23} \end{bmatrix} = \begin{bmatrix} a_{11} & a_{12} & a_{13} \\ a_{21} & a_{22} & a_{23} \end{bmatrix} \begin{bmatrix} 0 \\ 0 \\ 1 \end{bmatrix}. \end{aligned} \tag{1.3}$$

以上の式から，「すべての荷重が同時に作用する場合の各たわみ (1.1) は，各点に単位荷重が単独に作用した場合の梁のたわみ (1.3) の荷重倍の代数和に等しい」ことになる．この事実は**重ね合わせの原理** (principle of superposition) と呼ばれており，(1.2) で定義される線形写像の著しい特徴である．

1.2　行列の言葉

線形代数とは線形写像の組織的研究を行う数学の一分野である．線形代数の主要な問題の定式化も，考察の記述も，線形代数の言葉が使われる．そこで，まずはその基本となる行列の言葉の説明からはじめよう．

次図のように「もの」を長方形状に規則正しく並べたもの，

$$\begin{bmatrix} * & * & \cdots & * \\ * & * & \cdots & * \\ \vdots & \vdots & & \vdots \\ * & * & \cdots & * \end{bmatrix} \quad \text{または} \quad \begin{pmatrix} * & * & \cdots & * \\ * & * & \cdots & * \\ \vdots & \vdots & & \vdots \\ * & * & \cdots & * \end{pmatrix}$$

を**行列** (matrix) という．括弧 [　] および (　) は区切り記号である．（なお，本書では区切り記号に「大括弧 [　]」を用いるが，一般的に「小括弧 (　)」を用いることも多い．）“$*$” 印の位置には普通**実数** (real number) または**複素数** (complex number) が入るが，より一般的には**体** (field) と呼ばれる数理系の**元** (element) が入る．matrix とは「物を入れる型枠または母体」という意味である（mother を意味するラテン語 $m\bar{a}ter$ より）．体の満たすべき**公理系** (axiom) についてはここでは述べない．体とは実数全体か複素数全体を加減乗除の四則演算とともに考えたものと思っておけば十分である．普通実数全体を $\mathbb{R}$，複素数全体を $\mathbb{C}$ で表す．

線形代数では，行列に対して体の元を習慣的に**スカラー** (scalar) と呼ぶ．行列の成分が与えられた体の元である場合，その行列をその**体上の行列** (matrix over field $\cdots$) といういい方をする．本書中で考えるスカラーは，常に実数または複素数である．他の体の例として，有限個の元からなる体，有理数全体，$x+y\sqrt{2}$ 型の数全体（x, y は有理数）なども知られているが，本書ではこのような体上の行列を考えることはない．

与えられた行列において横の**行** (row) を上から順に第 1 行，第 2 行，$\ldots$ と呼び，縦の**列** (column) を左から順に第 1 列，第 2 列，$\ldots$ と呼ぶ．本書では行列は太字体で書き（例：$\boldsymbol{A}$, $\boldsymbol{B}$, $\boldsymbol{x}$, $\boldsymbol{y}$, $\ldots$），スカラーは細字体の小文字で書く（例：a, b, α, β, $\ldots$）．m 行，n 列からなる行列を $m \times n$ 行列，あるいは (m, n) 型の行列といい，$m \times n$ を**型** (size, dimension) という（m, n は自然数，“$m \times n$” は “m by n” と読む）．とくに，$m=1$ の場合は n 次**行ベクトル** (row vector)，$n=1$ の場合は m 次**列ベクトル** (column vector) ともいう．行ベクトルと列ベクトルを合わせて**ベクトル** (vector) といい，並んでいるスカラーの数をそのベクトルの**次元**

(dimension) という．また，$m = n$ の場合，m 次**正方行列**（あるいは略して m 次行列）(square matrix of order m) という．

$m \times n$ 行列の一般形は

$$\begin{bmatrix} a_{11} & a_{12} & \cdots & a_{1n} \\ a_{21} & a_{22} & \cdots & a_{2n} \\ \vdots & \vdots & & \vdots \\ a_{m1} & a_{m2} & \cdots & a_{mn} \end{bmatrix}$$

である．スカラー a_{ij} は第 i 行と第 j 列の交差する位置にある (i, j) **成分** (component)（**元**，**要素** (element) ともいう）を表す ($i = 1, \ldots, m$, $j = 1, \ldots, n$)．慣例的に行列を太字体の大文字で，成分は同じアルファベットの細字体の小文字で表す．例えば，行列 $\boldsymbol{A}$ の (i, j) 成分は通常 a_{ij} で表す．とくに，$a_{11}, a_{22}, \ldots$ を**対角成分** (diagonal component) といい，対角成分全体を**主対角線** (main diagonal) という．対角成分以外の成分は**非対角成分** (off-diagonal component) と呼ばれる．前後関係から誤解の生じる恐れのない場合は上の行列を単に $[a_{ij}]$ と略記することもあるが，実際の型については前後関係による了解が必要である．

正方行列の中で，非対角成分がすべて 0 であるような行列を**対角行列** (diagonal matrix) という．対角成分が $d_1, \ldots, d_m$ である m 次対角行列は $\mathrm{diag}\,(d_1, \ldots, d_m)$ と略記する場合が多い．すなわち，

$$\begin{bmatrix} d_1 & 0 & \cdots & 0 \\ 0 & d_2 & \ddots & \vdots \\ \vdots & \ddots & \ddots & 0 \\ 0 & \cdots & 0 & d_m \end{bmatrix} = \mathrm{diag}\,(d_1, d_2, \ldots, d_m).$$

また，対角成分の左下（右上）がすべて 0 であるような正方行列を**上（下）三角行列** (upper (lower) triangular matrix) という[1]．次の $\boldsymbol{U}$ は一般の上三角行列，$\boldsymbol{L}$ は一般の下三角行列の形を表している（$*$ は任意成分）．

$$\boldsymbol{U} = \begin{bmatrix} * & * & \cdots & * \\ 0 & * & & * \\ \vdots & & \ddots & \vdots \\ 0 & \cdots & 0 & * \end{bmatrix}, \quad \boldsymbol{L} = \begin{bmatrix} * & 0 & \cdots & 0 \\ * & * & & \vdots \\ \vdots & & \ddots & 0 \\ * & \cdots & & * \end{bmatrix}.$$

[1] 対角行列や三角行列は通常正方行列であるが，場合によっては正方でない行列に使うこともある．

三角行列の中でも対角成分がすべて 1 であるものを**単位上（下）三角行列** (unit upper (lower) triangular matrix) という．

線形代数では各行，各列をそれぞれ 1 つの行列と見なすと便利なことが多い．すなわち，

$$\text{第}\,i\,\text{行} = [a_{i1}, a_{i2}, \ldots, a_{in}]^{2)} : 1 \times n\ \text{行列} \quad (i = 1, \ldots, m),$$

$$\text{第}\,j\,\text{列} = \begin{bmatrix} a_{1j} \\ a_{2j} \\ \vdots \\ a_{mj} \end{bmatrix} : m \times 1\ \text{行列} \quad (j = 1, \ldots, n).$$

成分がすべて実数である行列を**実行列** (real matrix) といい，成分がすべて複素数である行列を**複素行列** (complex matrix) という．もちろん，実行列は特殊な複素行列である．本書で扱うのはこのどちらかである．$m \times n$ 実行列全体の集合を記号 $\mathbb{R}^{m\times n}$，$m \times n$ 複素行列全体の集合を $\mathbb{C}^{m\times n}$ で表すことにする．また，$m \times 1$ 次実行列，すなわち m 次実列ベクトル全体の集合を $\mathbb{R}^m$，$m \times 1$ 次複素行列（m 次複素列ベクトル）全体の集合を $\mathbb{C}^m$ と書くこともある．1×1 行列（すなわち $[x]$ 型の行列）は厳密には行列であり，行列とスカラーは異なる概念であるが，実数または複素数と同一視できる場合も多い．

例 1.1　$[1]$ は 1×1 行列，$\begin{bmatrix} 11 & 12 & 13 \\ 21 & 22 & 23 \end{bmatrix}$ は 2×3 行列，$[11, 12, 13]$ は 1×3 行列（または 3 次行ベクトル），$\begin{bmatrix} 11 \\ 21 \end{bmatrix}$ は 2×1 行列（または 2 次列ベクトル）を表す．これらはすべて実行列の例である．

1.3　行列の相等

本節以降では，行列の**相等** (equality)，**行列算** (matrix operation)，および関連概念の説明を行う．

定義 1.2　$m \times n$ 行列 $\boldsymbol{A} \equiv [a_{ij}]$，$p \times q$ 行列 $\boldsymbol{B} \equiv [b_{ij}]$ に対して，$\boldsymbol{A} = \boldsymbol{B}$ とは，$m = p, n = q$ かつ $a_{ij} = b_{ij}$ $(i = 1, \ldots, m\,(= p), j = 1, \ldots, n\,(= q))$ であること

2) 行ベクトルの場合は曖昧性を避けるため，要素間にカンマを入れて記す．

と定義する．

いいかえると，型が同じで対応する成分がすべて相等しいとき，かつこのときに限り $\boldsymbol{A} = \boldsymbol{B}$ と定義し，そうでない場合は $\boldsymbol{A} \neq \boldsymbol{B}$ と定義する．次の諸性質は，実数または複素数の性質からの継承である：

(a)　反射性 (reflexivity)：$\boldsymbol{A} = \boldsymbol{A}$,
(b)　対称性 (symmetry)：$\boldsymbol{A} = \boldsymbol{B}$ なら $\boldsymbol{B} = \boldsymbol{A}$,
(c)　推移性 (transitivity)：$\boldsymbol{A} = \boldsymbol{B}$, $\boldsymbol{B} = \boldsymbol{C}$ なら $\boldsymbol{A} = \boldsymbol{C}$.

例 1.3　$\begin{bmatrix} x \\ y \end{bmatrix} = \begin{bmatrix} 1 \\ -1 \end{bmatrix}$ とは $x = 1$, $y = -1$ を意味する．また $[1,\ 1,\ 0] \neq [1,\ 1,\ 1]$, $\begin{bmatrix} 1 \\ 1 \end{bmatrix} \neq [1,\ 1]$, $[1,\ 1,\ 0] \neq [1,\ 1]$ である．

1.4　行列の和とスカラー倍

定義 1.4　行列の**和** (sum) は型が同じ行列に対してのみ定義される．すなわち，$m \times n$ 行列 $\boldsymbol{A} \equiv [a_{ij}]$, $\boldsymbol{B} \equiv [b_{ij}]$ に対して，和は

$$\boldsymbol{A} + \boldsymbol{B} = [a_{ij} + b_{ij}] \quad (i = 1,\ \ldots,\ m,\ j = 1,\ \ldots,\ n)$$

によって定義される．

　いいかえれば，行列の和とは対応する成分の和をとって得られる同型の行列を表す．和に対して

(a)　結合則 (associative law)：$(\boldsymbol{A} + \boldsymbol{B}) + \boldsymbol{C} = \boldsymbol{A} + (\boldsymbol{B} + \boldsymbol{C})$,
(b)　交換則 (commutative law) $\boldsymbol{A} + \boldsymbol{B} = \boldsymbol{B} + \boldsymbol{A}$,

が成立する．先ほどと同様，実数または複素数に対して成り立つ性質からの継承に過ぎない．両者のおかげで，3 個以上の行列の和を単に $\boldsymbol{A}_1 + \boldsymbol{A}_2 + \cdots + \boldsymbol{A}_k$ と書いても曖昧性は生じない．成分がすべて 0 である行列を**ゼロ行列** (zero matrix)（ベクトルの場合は**ゼロベクトル** (zero vector)），または単に**ゼロ**といい，$\mathbf{0}_{m\times n}$ や $\mathbf{0}_{m,n}$ または単に $\mathbf{0}$ で表す．すると，任意の $\boldsymbol{A} \equiv [a_{ij}]$ に対して

$$\boldsymbol{A} + \mathbf{0} = \mathbf{0} + \boldsymbol{A} = \boldsymbol{A} \tag{1.4}$$

が成立する．この意味で，$\mathbf{0}$ は（**加法的）単位元** ((additive) identity) と呼ばれる．$-\boldsymbol{A} \equiv [-a_{ij}]$ と定義すれば

$$\boldsymbol{A} + (-\boldsymbol{A}) = (-\boldsymbol{A}) + \boldsymbol{A} = \mathbf{0}$$

が成立する．$-\boldsymbol{A}$ を $\boldsymbol{A}$ の（**加法的）逆元** ((additive) inverse) という．$(-\boldsymbol{A})+\boldsymbol{B} = \boldsymbol{B} + (-\boldsymbol{A})$ を，単に $\boldsymbol{B} - \boldsymbol{A}$ と書く．

例 1.5　$\begin{bmatrix} a_{11} & a_{12} \\ a_{21} & a_{22} \end{bmatrix} + \begin{bmatrix} b_{11} & b_{12} \\ b_{21} & b_{22} \end{bmatrix} = \begin{bmatrix} a_{11}+b_{11} & a_{12}+b_{12} \\ a_{21}+b_{21} & a_{22}+b_{22} \end{bmatrix}$,
$[1, 1] + [-1, -1] = [0, 0]$.

定義 1.6　$m \times n$ 行列 $\boldsymbol{A} \equiv [a_{ij}]$ に対して，$\boldsymbol{A}$ の**スカラー倍** (scalar multiple) を次のように定義する（k はスカラー）：

$$k\boldsymbol{A} = \boldsymbol{A}k = [ka_{ij}] = [a_{ij}k] \quad (i = 1, \ldots, m,\ j = 1, \ldots, n).$$

すなわち，$\boldsymbol{A}$ のスカラー倍（k 倍）とは $\boldsymbol{A}$ の各成分を k 倍して得られる行列を表す．次の計算則が成り立つことは明らかである：

(a)　分配則 (distributive law)：$k(\boldsymbol{A} + \boldsymbol{B}) = k\boldsymbol{A} + k\boldsymbol{B}$, $(k + l)\boldsymbol{A} = k\boldsymbol{A} + l\boldsymbol{A}$,
(b)　結合則 (associative law)：$(kl)\boldsymbol{A} = k(l\boldsymbol{A})$,
(c)　その他の性質：$1\boldsymbol{A} = \boldsymbol{A}$，$-\boldsymbol{A} = (-1)\boldsymbol{A}$，$0\boldsymbol{A} = \mathbf{0}$.

例 1.7　$k\begin{bmatrix} a & b \\ c & d \end{bmatrix} = \begin{bmatrix} ka & kb \\ kc & kd \end{bmatrix}$，$(-1)\begin{bmatrix} a \\ b \end{bmatrix} = \begin{bmatrix} (-1)a \\ (-1)b \end{bmatrix} = \begin{bmatrix} -a \\ -b \end{bmatrix}$.

例 1.8　平面上に直交座標系をとり，任意の 2 次実列ベクトルとの 1 対 1 の対応関係を考える：$\boldsymbol{a} = \begin{bmatrix} a_1 \\ a_2 \end{bmatrix} \Leftrightarrow$ 点 $P(a_1, a_2) \Leftrightarrow$ 原点から点 $P(a_1, a_2)$ に向かって引いた矢線ベクトル $\overrightarrow{OP}$（図 1.2 参照）．

2 つの列ベクトル $\boldsymbol{a} = \begin{bmatrix} a_1 \\ a_2 \end{bmatrix}$, $\boldsymbol{b} = \begin{bmatrix} b_1 \\ b_2 \end{bmatrix}$ の和 $\boldsymbol{a} + \boldsymbol{b} = \begin{bmatrix} a_1 + b_1 \\ a_2 + b_2 \end{bmatrix}$ を表す点は，点 P より右に b_1 だけ，上に b_2 だけ移動した点なので，平行四辺形 $OPRQ$ の対角線 $\overrightarrow{OR}$ で表される．これを**平行四辺形の法則** (parallelogram law) という．また，$\overrightarrow{OR}$ は三角形 OPR の第 3 の辺でもあるから（$\overrightarrow{OQ}$ と $\overrightarrow{PR}$ は平行移動により一致するから $\overrightarrow{OQ} = \overrightarrow{PR}$ と見なして），**三角形の法則** (triangle law) ともいう．

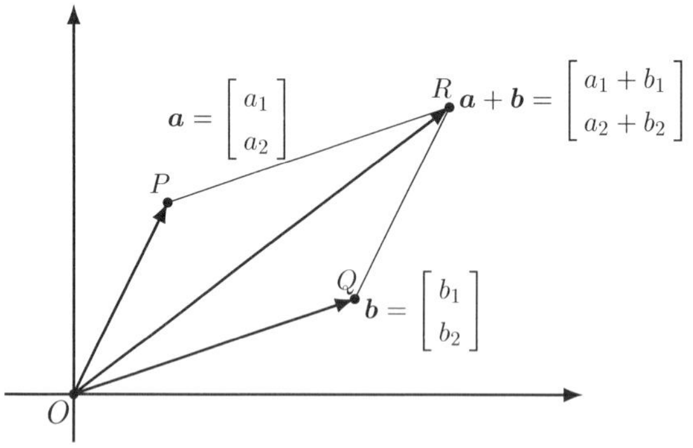

図 **1.2**　ベクトルの和

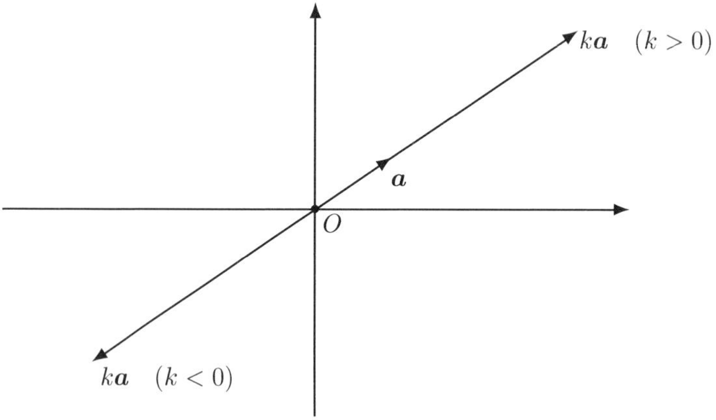

図 **1.3**　ベクトルのスカラー倍

スカラー倍 $k\boldsymbol{a}$ $(k > 0)$ は $\boldsymbol{a}$ をその向きに k 倍した矢線ベクトルに対応し，$k < 0$ の場合は反対側に $|k|$ 倍した矢線ベクトルに対応する（図 1.3 参照）．

1.5　積

積 ((matrix) product) は行列演算の華である．積 $\boldsymbol{AB}$ は条件「$\boldsymbol{A}$ の列数 $=$ $\boldsymbol{B}$ の行数」が満たされる場合にのみ定義される．このとき $\boldsymbol{AB}$ は**可積である** (conformable, well-defined) という．

定義 1.9

$$\boldsymbol{A} = \begin{bmatrix} a_{11} & \cdots & a_{1n} \\ \vdots & & \vdots \\ a_{m1} & \cdots & a_{mn} \end{bmatrix} : m \times n \text{ 行列}, \boldsymbol{B} = \begin{bmatrix} b_{11} & \cdots & b_{1p} \\ \vdots & & \vdots \\ b_{n1} & \cdots & b_{np} \end{bmatrix} : n \times p \text{ 行列} \tag{1.5}$$

は可積条件を満たし（$\boldsymbol{A}$ の列数 $= n =$ $\boldsymbol{B}$ の行数），積 $\boldsymbol{AB} \equiv \boldsymbol{C}$ の (i, j) 成分 c_{ij} は $\boldsymbol{A}$ の第 i 行と $\boldsymbol{B}$ の第 j 列のみによって決定される次式で定義される：

$$c_{ij} = a_{i1}b_{1j} + \cdots + a_{in}b_{nj} = \sum_{k=1}^{n} a_{ik}b_{kj} \quad (i = 1, \ldots, m, \ j = 1, \ldots, p) \tag{1.6}$$

$$\boldsymbol{C} = \boldsymbol{AB} = \begin{bmatrix} c_{11} & \cdots & c_{1p} \\ \vdots & & \vdots \\ c_{m1} & \cdots & c_{mp} \end{bmatrix} : m \times p \text{ 行列}. \tag{1.7}$$

積 $\boldsymbol{AB}$ を作ることを**乗算** (multiplication) といい，$\boldsymbol{A}$ **に右から** $\boldsymbol{B}$ **を掛ける**または**乗じる**という（$\boldsymbol{B}$ **に左から** $\boldsymbol{A}$ を掛けるまたは乗じるといういい方もする）．型の変化に注目すると，$(m \times n)(n \times p) = (m \times p)$ という，一種のしりとり式の関係が成立することを忘れてはいけない．また，積の型は n とは無関係である点にも注意しなければならない．

$$\boldsymbol{A} \text{ の第 } i \text{ 行} = [a_{i1}, \ldots, a_{in}] : 1 \times n \text{ 行列}, \boldsymbol{B} \text{ の第 } j \text{ 列} = \begin{bmatrix} b_{1j} \\ \vdots \\ b_{nj} \end{bmatrix} : n \times 1 \text{ 行列} \tag{1.8}$$

だから ($\boldsymbol{A}$ の第 i 行)($\boldsymbol{B}$ の第 j 列) は行列積として可積であり，結果は

$$[a_{i1}, \ldots, a_{in}] \begin{bmatrix} b_{1j} \\ \vdots \\ b_{nj} \end{bmatrix} [a_{i1}b_{1j} + \cdots + a_{in}b_{nj}] = [c_{ij}] : 1 \times 1 \text{ 行列}. \tag{1.9}$$

すなわち，「積 $\boldsymbol{AB}$ の (i, j) 成分は $\boldsymbol{A}$ の第 i 行と $\boldsymbol{B}$ の第 j 列の行列積に等しい」．これを英語では **"row-by-column rule"** という．この意味で，行列積は文字通り行と列の積からできている．そこで，$\boldsymbol{A}$ を行単位に分割し，$\boldsymbol{B}$ を列単位に分割して

$$\boldsymbol{A} = \begin{bmatrix} \boldsymbol{a}_1 \\ \vdots \\ \boldsymbol{a}_m \end{bmatrix} : m \times n \quad (\boldsymbol{a}_1 : 1 \times n \text{ は第 1 行, } \ldots),$$

$$\boldsymbol{B} = [\boldsymbol{b}_1, \ldots, \boldsymbol{b}_p] : n \times p \quad (\boldsymbol{b}_1 : n \times 1 \text{ は第 1 列, } \ldots)$$

と書けば，積の定義から次式が成立する：

$$\boldsymbol{AB} = \begin{bmatrix} \boldsymbol{a}_1 \\ \vdots \\ \boldsymbol{a}_m \end{bmatrix} [\boldsymbol{b}_1, \ldots, \boldsymbol{b}_p] = \begin{bmatrix} \boldsymbol{a}_1\boldsymbol{b}_1 & \cdots & \boldsymbol{a}_1\boldsymbol{b}_p \\ \vdots & & \vdots \\ \boldsymbol{a}_m\boldsymbol{b}_1 & \cdots & \boldsymbol{a}_m\boldsymbol{b}_p \end{bmatrix} : m \times p. \tag{1.10}$$

類似の考えから，

$$\boldsymbol{AB} = \begin{bmatrix} \boldsymbol{a}_1 \\ \vdots \\ \boldsymbol{a}_m \end{bmatrix} \boldsymbol{B} = \begin{bmatrix} \boldsymbol{a}_1\boldsymbol{B} \\ \vdots \\ \boldsymbol{a}_m\boldsymbol{B} \end{bmatrix} : m \times p \tag{1.11}$$

$$\boldsymbol{AB} = \boldsymbol{A}[\boldsymbol{b}_1, \ldots, \boldsymbol{b}_p] = [\boldsymbol{Ab}_1, \ldots, \boldsymbol{Ab}_p] : m \times p \tag{1.12}$$

も明らかであろう．以上の 3 種の表現は今後もよく使う．特別の場合として

$$\boldsymbol{yA} = [y_1, \ldots, y_m] \begin{bmatrix} \boldsymbol{a}_1 \\ \vdots \\ \boldsymbol{a}_m \end{bmatrix} = y_1\boldsymbol{a}_1 + \cdots + y_m\boldsymbol{a}_m, \tag{1.13}$$

$$\boldsymbol{Ax} = [\boldsymbol{a}_1, \ldots, \boldsymbol{a}_n] \begin{bmatrix} x_1 \\ \vdots \\ x_n \end{bmatrix} = \boldsymbol{a}_1 x_1 + \cdots + \boldsymbol{a}_n x_n = x_1\boldsymbol{a}_1 + \cdots + x_n\boldsymbol{a}_n. \tag{1.14}$$

一般に，$\alpha_1\boldsymbol{A}_1 + \alpha_2\boldsymbol{A}_2 + \cdots + \alpha_k\boldsymbol{A}_k$ 型の行列を，行列 $\boldsymbol{A}_1, \boldsymbol{A}_2, \ldots, \boldsymbol{A}_k$ の **1 次結合**または**線形結合** (linear combination) と呼ぶ．この習慣に従うと，上の 2 式は「行ベクトルの 1 次結合は $\boldsymbol{yA}$ の形に書け，列ベクトルの 1 次結合は $\boldsymbol{Ax}$ の形に書ける」ことを示す．

例 1.10　積の型のみを考える．

(a)　$[*, *, *] \begin{bmatrix} * \\ * \\ * \end{bmatrix} = [\,*\,],$　　**(b)**　$\begin{bmatrix} * \\ * \\ * \end{bmatrix} [*, *, *] = \begin{bmatrix} * & * & * \\ * & * & * \\ * & * & * \end{bmatrix},$

(c) $$[*, *, *]\begin{bmatrix} * & * & * & * \\ * & * & * & * \\ * & * & * & * \end{bmatrix} = [*, *, *, *] \qquad \left(\begin{bmatrix} * & * & * & * \\ * & * & * & * \\ * & * & * & * \end{bmatrix}[*, *, *] \text{ は可積でない}\right),$$

(d) $$\begin{bmatrix} * & * \\ * & * \\ * & * \end{bmatrix}\begin{bmatrix} * \\ * \end{bmatrix} = \begin{bmatrix} * \\ * \\ * \end{bmatrix} \qquad \left(\begin{bmatrix} * \\ * \end{bmatrix}\begin{bmatrix} * & * \\ * & * \\ * & * \end{bmatrix} \text{ は可積でない}\right),$$

(e) $$\begin{bmatrix} * & * & * \\ * & * & * \\ * & * & * \end{bmatrix}\begin{bmatrix} * & * \\ * & * \\ * & * \end{bmatrix} = \begin{bmatrix} * & * \\ * & * \\ * & * \end{bmatrix} \qquad \left(\begin{bmatrix} * & * \\ * & * \\ * & * \end{bmatrix}\begin{bmatrix} * & * & * \\ * & * & * \\ * & * & * \end{bmatrix} \text{ は可積でない}\right).$$

例 1.11　積の例："row-by-column rule"（「積の (i, j) 成分は第 i 行と第 j 列の積」）を使う．

(a) $$\begin{bmatrix} 1 & 0 & 0 \\ 4 & 1 & 0 \\ 7 & 2 & 1 \end{bmatrix}\begin{bmatrix} 1 & 2 & 3 \\ 0 & -3 & -6 \\ 0 & 0 & -1 \end{bmatrix} = \begin{bmatrix} 1 & 2 & 3 \\ 4 & 5 & 6 \\ 7 & 8 & 8 \end{bmatrix},$$

(b) $$\begin{bmatrix} 1 & 0 \\ 0 & 0 \end{bmatrix}\begin{bmatrix} 0 & 1 \\ 0 & 0 \end{bmatrix} = \begin{bmatrix} 0 & 1 \\ 0 & 0 \end{bmatrix},$$ **(c)** $$\begin{bmatrix} 0 & 1 \\ 0 & 0 \end{bmatrix}\begin{bmatrix} 1 & 0 \\ 0 & 0 \end{bmatrix} = \begin{bmatrix} 0 & 0 \\ 0 & 0 \end{bmatrix}.$$

この (b), (c) の 2 例から，一般に $\boldsymbol{AB} \neq \boldsymbol{BA}$，すなわち，行列積は一般に可換ではないことがわかる．また (c) から，$\boldsymbol{AB} = \boldsymbol{0}$ は必ずしも $\boldsymbol{A} = \boldsymbol{0}$ または $\boldsymbol{B} = \boldsymbol{0}$ を意味しないこともわかる．すなわち，実数体，複素数体に対して成立する「$xy = 0$ なら $x = 0$ または $y = 0$」は，行列に対しては成り立たない！

例 1.12　1.1 節で見た梁にかかる荷重 f_1, f_2, f_3 とたわみ y_1, y_2 の関係式 (1.1)

$$y_1 = a_{11}f_1 + a_{12}f_2 + a_{13}f_3$$
$$y_2 = a_{21}f_1 + a_{22}f_2 + a_{23}f_3$$

は，行列形でまとめて以下のように書ける：

$$\begin{bmatrix} y_1 \\ y_2 \end{bmatrix} = \begin{bmatrix} a_{11} & a_{12} & a_{13} \\ a_{21} & a_{22} & a_{23} \end{bmatrix}\begin{bmatrix} f_1 \\ f_2 \\ f_3 \end{bmatrix} \quad (\boldsymbol{y} = \boldsymbol{Af}).$$

一般に

$$\begin{aligned} y_1 &= a_{11}x_1 + \cdots + a_{1n}x_n \\ &\vdots \\ y_m &= a_{m1}x_1 + \cdots + a_{mn}x_n \end{aligned}$$

型の関係式は，行列形で以下のように簡潔に書ける：

$$\begin{bmatrix} y_1 \\ \vdots \\ y_m \end{bmatrix} = \begin{bmatrix} a_{11} & \cdots & a_{1n} \\ \vdots & & \vdots \\ a_{m1} & \cdots & a_{mn} \end{bmatrix} \begin{bmatrix} x_1 \\ \vdots \\ x_n \end{bmatrix} \quad (\boldsymbol{y} = \boldsymbol{A}\boldsymbol{x}).$$

これは線形代数の主たる考察対象である線形写像の代表例を表す．

例 1.13　$\boldsymbol{e}_1^{(n)} = \begin{bmatrix} 1 \\ 0 \\ \vdots \\ 0 \end{bmatrix}, \boldsymbol{e}_2^{(n)} = \begin{bmatrix} 0 \\ 1 \\ \vdots \\ 0 \end{bmatrix}, \ldots, \boldsymbol{e}_n^{(n)} = \begin{bmatrix} 0 \\ \vdots \\ 0 \\ 1 \end{bmatrix}$: $n \times 1$ のそれぞれを n **次単位列ベクトル** (unit column vector) という．ここに n は任意の自然数を表す．とくに，$\boldsymbol{e}_j^{(n)}$ を n 次第 j 単位列ベクトルという ($j = 1, \ldots, n$)．また，第 i 成分が 1，その他の成分がすべて 0 である m 次行ベクトルを $\boldsymbol{e}_i^{(m)\mathrm{T}}$ ($i = 1, \ldots, m$) と書くことにすれば[3]，任意の $m \times n$ 行列 $\boldsymbol{A} = [a_{ij}]$ に対して，

$$\begin{aligned} \boldsymbol{A}\boldsymbol{e}_j^{(n)} &= \boldsymbol{A}\text{の第 } j \text{ 列} \quad (j = 1, \ldots, n), \\ \boldsymbol{e}_i^{(m)\mathrm{T}}\boldsymbol{A} &= \boldsymbol{A}\text{の第 } i \text{ 行} \quad (i = 1, \ldots, m). \end{aligned}$$

この 2 式は，行列の指定された行，列を取り出す操作が適当な単位ベクトルを左または右から掛ければよいことを示す．これはぜひ覚えておいてほしい．

例 1.14　行による展開，列による展開：

[3] 記号 ^{T} の意味は 1.10 節参照．

$$
\begin{aligned}
&[y_1,\ y_2,\ y_3]\begin{bmatrix} a_{11} & a_{12} & a_{13} \\ a_{21} & a_{22} & a_{23} \\ a_{31} & a_{32} & a_{33} \end{bmatrix} \\
&\quad = [y_1]\,[a_{11},\ a_{12},\ a_{13}] + [y_2]\,[a_{21},\ a_{22},\ a_{23}] + [y_3]\,[a_{31},\ a_{32},\ a_{33}] \\
&\quad = y_1[a_{11},\ a_{12},\ a_{13}] + y_2[a_{21},\ a_{22},\ a_{23}] + y_3[a_{31},\ a_{32},\ a_{33}]
\end{aligned}
$$

（行の 1 次結合），

$$
\begin{aligned}
\begin{bmatrix} a_{11} & a_{12} & a_{13} \\ a_{21} & a_{22} & a_{23} \\ a_{31} & a_{32} & a_{33} \end{bmatrix}\begin{bmatrix} x_1 \\ x_2 \\ x_3 \end{bmatrix} &= \begin{bmatrix} a_{11} \\ a_{21} \\ a_{31} \end{bmatrix}[x_1] + \begin{bmatrix} a_{12} \\ a_{22} \\ a_{32} \end{bmatrix}[x_2] + \begin{bmatrix} a_{13} \\ a_{23} \\ a_{33} \end{bmatrix}[x_3] \\
&= x_1\begin{bmatrix} a_{11} \\ a_{21} \\ a_{31} \end{bmatrix} + x_2\begin{bmatrix} a_{12} \\ a_{22} \\ a_{32} \end{bmatrix} + x_3\begin{bmatrix} a_{13} \\ a_{23} \\ a_{33} \end{bmatrix}
\end{aligned}
$$

（列の 1 次結合）．

1.6　単位行列

定義 1.15　次式で定義される対角行列を n 次**単位行列** (identity matrix) という：

$$
\boldsymbol{I}_n = \begin{bmatrix} 1 & 0 & \cdots & 0 \\ 0 & 1 & \ddots & \vdots \\ \vdots & \ddots & \ddots & 0 \\ 0 & \cdots & 0 & 1 \end{bmatrix} \qquad (n = 1,\ 2,\ \ldots).
$$

単位行列 $\boldsymbol{I}_n$ の $(i,\ j)$ 成分を δ_{ij} $(i,\ j = 1,\ \ldots,n)$ と表せば，以下のようになる

$$
\delta_{ij} = \begin{cases} 1 & i = j \text{ のとき}, \\ 0 & i \neq j \text{ のとき}. \end{cases}
$$

この記号は**クロネッカーのデルタ記号** (Kronecker delta) と呼ばれる．

任意の $m \times n$ 行列 $\boldsymbol{A}$ に対して $\boldsymbol{I}_m\boldsymbol{A} = \boldsymbol{A}\boldsymbol{I}_n = \boldsymbol{A}$ が成り立つ（$m \neq n$ なら，左右の単位行列は同じ型でないことに注意）．すなわち，単位行列は積の**単位元** (multiplicative unit) を表し，体における 1 と同じ役割を果たす．

1.7　分配則と積の結合則および拡大結合則

定理 1.16　行列算において以下の**分配則**が成り立つ：

$$
\begin{aligned}
&\boldsymbol{A}(\boldsymbol{B}+\boldsymbol{C})=\boldsymbol{AB}+\boldsymbol{AC}, \quad (\boldsymbol{D}+\boldsymbol{E})\boldsymbol{F}=\boldsymbol{DF}+\boldsymbol{EF},\\
&\boldsymbol{A}(\boldsymbol{B}_1+\boldsymbol{B}_2+\cdots+\boldsymbol{B}_k)=\boldsymbol{AB}_1+\boldsymbol{AB}_2+\cdots+\boldsymbol{AB}_k,\\
&(\boldsymbol{C}_1+\boldsymbol{C}_2+\cdots+\boldsymbol{C}_k)\boldsymbol{D}=\boldsymbol{C}_1\boldsymbol{D}+\boldsymbol{C}_2\boldsymbol{D}+\cdots+\boldsymbol{C}_k\boldsymbol{D}.
\end{aligned}
$$

ただし，それぞれの行列和は同型の行列の和を表し，行列積は可積条件を満たしているものとする．

証明は定義に照らせば簡単なので省略する．

定理 1.17［**結合則 (associative law)**］　任意の $m\times n$ 行列 $\boldsymbol{A}$，$n\times p$ 行列 $\boldsymbol{B}$，$p\times q$ 行列 $\boldsymbol{C}$ に対して，$(\boldsymbol{AB})\boldsymbol{C}=\boldsymbol{A}(\boldsymbol{BC})$ が成り立つ．この共通の積を単に $\boldsymbol{ABC}$ と書く．また，任意のスカラー k に対して，$k(\boldsymbol{AB})=(k\boldsymbol{A})\boldsymbol{B}=\boldsymbol{A}(k\boldsymbol{B})$ が成り立つ．

証明　後半の主張は明らかなので，両辺の対応する成分が相等しいことを，積の定義に照らして丁寧に検証するのも一法だが，ここでは対応する列が相等しいことを示す．まず，

$$
\begin{aligned}
&\boldsymbol{A}: m\times n, \quad \boldsymbol{B}: n\times p, \quad \boldsymbol{C}: p\times q, \quad \boldsymbol{AB}: m\times p,\\
&(\boldsymbol{AB})\boldsymbol{C}: m\times q, \quad \boldsymbol{BC}: n\times q, \quad \boldsymbol{A}(\boldsymbol{BC}): m\times q.
\end{aligned} \tag{1.15}
$$

ゆえに，$\boldsymbol{X}\equiv(\boldsymbol{AB})\boldsymbol{C}$ と $\boldsymbol{Y}\equiv\boldsymbol{A}(\boldsymbol{BC})$ は，どちらも $m\times q$ 型の行列を表す．$\boldsymbol{X}=\boldsymbol{Y}$ を示す．$\boldsymbol{C}$ の第 j 列を $\boldsymbol{c}_j$ $(j=1,\ldots,q)$ と書けば，$\boldsymbol{X}$ の第 j 列 $=(\boldsymbol{AB})\boldsymbol{c}_j$，$\boldsymbol{Y}$ の第 j 列 $=\boldsymbol{A}(\boldsymbol{BC}$ の第 j 列$)=\boldsymbol{A}(\boldsymbol{B}\boldsymbol{c}_j)$ だから，

$$
(\boldsymbol{AB})\boldsymbol{c}_j=\boldsymbol{A}(\boldsymbol{B}\boldsymbol{c}_j) \quad (j=1,\ldots,q) \tag{1.16}
$$

を示せば十分である．これを示すには，任意の $p\times 1$ 行列 $\boldsymbol{x}$ に対して

$$
(\boldsymbol{AB})\boldsymbol{x}=\boldsymbol{A}(\boldsymbol{B}\boldsymbol{x}) \tag{1.17}
$$

を示せば十分である．この式は「2段階の写像 $\boldsymbol{x}\mapsto\boldsymbol{B}\boldsymbol{x}\mapsto\boldsymbol{A}(\boldsymbol{B}\boldsymbol{x})$ は，単一の写像 $\boldsymbol{x}\mapsto(\boldsymbol{AB})\boldsymbol{x}$ に等しい」，すなわち，「積 $\boldsymbol{AB}$ とは**合成写像** (composite map, composite mapping) である」との主張に他ならない．

(1.17) を示す．$\boldsymbol{x} = \begin{bmatrix} x_1 \\ \vdots \\ x_p \end{bmatrix}$ は，p 次単位ベクトル $\boldsymbol{e}_1^{(p)}, \ldots, \boldsymbol{e}_p^{(p)}$ を使って 1 次結合 $\boldsymbol{x} = x_1\boldsymbol{e}_1^{(p)} + \cdots + x_p\boldsymbol{e}_p^{(p)}$ の形に展開できる．これを (1.17) に代入すると，分配則により

$$x_1(\boldsymbol{AB})\boldsymbol{e}_1^{(p)} + \cdots + x_p(\boldsymbol{AB})\boldsymbol{e}_p^{(p)} = x_1\boldsymbol{A}(\boldsymbol{B}\boldsymbol{e}_1^{(p)}) + \cdots + x_p\boldsymbol{A}(\boldsymbol{B}\boldsymbol{e}_p^{(p)}) \tag{1.18}$$

となる．これを見ると，(1.17) がすべての $\boldsymbol{x}$ に対して成立することを示すには

$$(\boldsymbol{AB})\boldsymbol{e}_j = \boldsymbol{A}(\boldsymbol{B}\boldsymbol{e}_j) \quad (j = 1, \ldots, p) \tag{1.19}$$

を示せば十分である．ところが (1.19) の左辺は積 $\boldsymbol{AB}$ の第 j 列を表し，右辺は積 $\boldsymbol{A}$($\boldsymbol{B}$ の第 j 列) を表す．すなわち，(1.17) の主張は

$$\text{積 } \boldsymbol{AB} \text{ の第 } j \text{ 列} = \boldsymbol{A}(\boldsymbol{B}\text{の第 } j \text{ 列}) \quad (j = 1, \ldots, p) \tag{1.20}$$

と同値である．これは積の定義から明らかに正しい． ■

系 1.18［拡大結合則 (extended associative law)］ 行列 $\boldsymbol{A}_1, \boldsymbol{A}_2, \boldsymbol{A}_3, \ldots, \boldsymbol{A}_k$ の積 $\boldsymbol{A}_1\boldsymbol{A}_2\boldsymbol{A}_3\cdots\boldsymbol{A}_k$ は，この順序さえ守れば積を実行する順には無関係な行列を表す．ゆえに，正方行列 $\boldsymbol{A}$ の k 乗 $\boldsymbol{A}^k = \boldsymbol{A}\cdots\boldsymbol{A}$（$k$ 個の $\boldsymbol{A}$ の積，$k = 1, 2, \ldots$）も曖昧性なく定義できる．$k = 0$ の場合は $\boldsymbol{A}^0 = \boldsymbol{I}$ と規約する．

証明 例で説明しよう．行列 4 個の場合，2 つの積として可能な計算順序は (a)：$(\boldsymbol{ABC})\boldsymbol{D}$（まず $\boldsymbol{ABC}$ を計算し，右から $\boldsymbol{D}$ をかける），(b)：$(\boldsymbol{AB})(\boldsymbol{CD})$（$\boldsymbol{AB}$, $\boldsymbol{CD}$ をそれぞれ計算し，さらにその積をとる），(c)：$\boldsymbol{A}(\boldsymbol{BCD})$（まず $\boldsymbol{BCD}$ を計算し，左から $\boldsymbol{A}$ をかける）の 3 通りである．ここに 3 つの行列の積は計算順序に無関係なことが結合則から保証されていることに注意する．あとは，結合則を繰り返し利用すれば，このタイプのいずれもが最初から順に実行した積 $((\boldsymbol{AB})\boldsymbol{C})\boldsymbol{D}$ と等しくなることが示せる．例えば，(b) は $(\boldsymbol{AB})(\boldsymbol{CD}) = ((\boldsymbol{AB})\boldsymbol{C})\boldsymbol{D}$ から出る．一般的には数学的帰納法によるのがよい． ■

1.8 逆行列

この節では正方行列のみを問題にする．

定義 1.19　与えられた $n \times n$ 行列 $\boldsymbol{A}$ に対して $\boldsymbol{AB} = \boldsymbol{BA} = \boldsymbol{I}$ を満たす $n \times n$ 行列 $\boldsymbol{B}$ が存在すれば，$\boldsymbol{B}$ を $\boldsymbol{A}$ の**逆行列** (inverse (matrix)) という．このとき，$\boldsymbol{A}$ は**可逆** (invertible)，または**正則** (regular, nonsingular) という．

定理 1.20　逆行列は存在すれば一意である．

実際，$\boldsymbol{AB} = \boldsymbol{BA} = \boldsymbol{I}$, $\boldsymbol{AC} = \boldsymbol{CA} = \boldsymbol{I}$ なら，$\boldsymbol{B} = \boldsymbol{BI} = \boldsymbol{B}(\boldsymbol{AC}) = (\boldsymbol{BA})\boldsymbol{C} = \boldsymbol{IC} = \boldsymbol{C}$ である．

定義式 $\boldsymbol{AB} = \boldsymbol{BA} = \boldsymbol{I}$ の対称性から，$\boldsymbol{A}, \boldsymbol{B}$ は互いの逆行列である．$\boldsymbol{A}$ の逆行列を $\boldsymbol{A}^{-1}$ と記す．ゆえに，$\boldsymbol{A}^{-1} = \boldsymbol{B}, \boldsymbol{B}^{-1} = \boldsymbol{A}$．ゆえにまた，$(\boldsymbol{A}^{-1})^{-1} = \boldsymbol{A}$ が成り立つ．のちほど示すように「正方行列 $\boldsymbol{A}, \boldsymbol{B}$ に対しては，$\boldsymbol{AB} = \boldsymbol{I}$ なら必ず $\boldsymbol{BA} = \boldsymbol{I}$ も成り立つ」から，定義式の要請「$\boldsymbol{AB} = \boldsymbol{I}$ かつ $\boldsymbol{BA} = \boldsymbol{I}$」は，どちらか 1 つでよい（5.3 節，定理 5.7）．

また,「実行列の逆行列は実行列である」. すなわち, 実行列 $\boldsymbol{A} \in \mathbb{R}^{m \times m}$ を複素行列と考え，その逆行列を考えると，それは必ず実行列となる．実際，$\boldsymbol{A}^{-1} = \boldsymbol{X} + i\boldsymbol{Y}$（$\boldsymbol{X}, \boldsymbol{Y}$ は実行列）とすれば，$\boldsymbol{A}(\boldsymbol{X} + i\boldsymbol{Y}) = (\boldsymbol{X} + i\boldsymbol{Y})\boldsymbol{A} = \boldsymbol{I}$．両辺の実部と虚部を比較すると，$\boldsymbol{AX} = \boldsymbol{XA} = \boldsymbol{I}, \boldsymbol{AY} = \boldsymbol{YA} = \boldsymbol{0}$ が得られる．すると $\boldsymbol{0} = \boldsymbol{X}(\boldsymbol{AY}) = (\boldsymbol{XA})\boldsymbol{Y} = \boldsymbol{IY} = \boldsymbol{Y}$．

例 1.21　単位行列の逆行列はそれ自身である：$\boldsymbol{II} = \boldsymbol{I}$．

例 1.22　2 次行列 $\begin{bmatrix} a & b \\ c & d \end{bmatrix}$ の逆行列．直接計算により

$$\begin{bmatrix} a & b \\ c & d \end{bmatrix} \begin{bmatrix} d & -b \\ -c & a \end{bmatrix} = \begin{bmatrix} d & -b \\ -c & a \end{bmatrix} \begin{bmatrix} a & b \\ c & d \end{bmatrix} = (ad - bc)\boldsymbol{I}. \tag{1.21}$$

ゆえに，$ad - bc \neq 0$ なら $\begin{bmatrix} a & b \\ c & d \end{bmatrix}^{-1} = \dfrac{1}{ad - bc} \begin{bmatrix} d & -b \\ -c & a \end{bmatrix}$．他方，$ad - bc = 0$，かつ逆行列が存在したとすれば，(1.21) 式は $a = b = c = d = 0$ を意味する．$\boldsymbol{0}$ の逆行列は存在しえないから，これは矛盾である．

例 1.23　（検算されよ）

$$\begin{bmatrix} 1 & 3 & 3 \\ 1 & 4 & 3 \\ 1 & 3 & 4 \end{bmatrix}^{-1} = \begin{bmatrix} 7 & -3 & -3 \\ -1 & 1 & 0 \\ -1 & 0 & 1 \end{bmatrix}, \quad \begin{bmatrix} 0 & 0 & 1 & 0 \\ 0 & 0 & 0 & 1 \\ 0 & 1 & 0 & 0 \\ 1 & 0 & 0 & 0 \end{bmatrix}^{-1} = \begin{bmatrix} 0 & 0 & 0 & 1 \\ 0 & 0 & 1 & 0 \\ 1 & 0 & 0 & 0 \\ 0 & 1 & 0 & 0 \end{bmatrix}.$$

例 1.24　対角行列の逆行列について次の事実が成り立つ：n 次対角行列 $\boldsymbol{D} = \mathrm{diag}\,(d_1, \ldots, d_n)$ の逆行列が存在する $\Leftrightarrow d_i \neq 0\ (i = 1, \ldots, n)$．そして $\boldsymbol{D}^{-1}$ が存在すれば $\boldsymbol{D}^{-1} = \mathrm{diag}\,(d_1^{-1}, \ldots, d_n^{-1})$．

実際，$\boldsymbol{DX} = \boldsymbol{I}$, $\boldsymbol{X} = [x_{ij}]$ とすれば，

$$d_i x_{ij} = \begin{cases} 1 & (i = j), \\ 0 & (i \neq j). \end{cases}$$

これより $d_i \neq 0$, $x_{ii} = 1/d_i\ (i = 1, \ldots, n)$, $x_{ij} = 0\ (i \neq j)$．すると，直接計算により $\boldsymbol{XD} = \boldsymbol{I}$ も成り立つことがわかる．これより $\boldsymbol{D}^{-1} = \mathrm{diag}\,(d_1^{-1}, \ldots, d_n^{-1})$．他の主張についても同様の方法で検証できる．

1.9　積の逆行列は逆行列の逆順の積

定理 1.25　$n \times n$ 行列 $\boldsymbol{A}, \boldsymbol{B}$ が可逆行列なら，$(\boldsymbol{AB})^{-1} = \boldsymbol{B}^{-1}\boldsymbol{A}^{-1}$ が成り立つ．$n \times n$ 行列 $\boldsymbol{A}_1, \boldsymbol{A}_2, \ldots, \boldsymbol{A}_k$ が可逆行列なら，$(\boldsymbol{A}_1\boldsymbol{A}_2 \cdots \boldsymbol{A}_k)^{-1} = \boldsymbol{A}_k{}^{-1} \cdots \boldsymbol{A}_2{}^{-1}\boldsymbol{A}_1{}^{-1}$ が成り立つ．

証明　$(\boldsymbol{AB})(\boldsymbol{B}^{-1}\boldsymbol{A}^{-1}) = \boldsymbol{I}$, $(\boldsymbol{B}^{-1}\boldsymbol{A}^{-1})(\boldsymbol{AB}) = \boldsymbol{I}$ を検証すればよい．■

実は，逆も真である．ただし，これを示すには，5.3 節，定理 5.7 で示す「正方行列 $\boldsymbol{A}, \boldsymbol{B}$ に対しては，$\boldsymbol{AB} = \boldsymbol{I}$ なら必ず $\boldsymbol{BA} = \boldsymbol{I}$」を使う必要がある．実際，これを受け入れると，$(\boldsymbol{AB})^{-1}$ の存在 $\Rightarrow \boldsymbol{I} = (\boldsymbol{AB})(\boldsymbol{AB})^{-1} = \boldsymbol{A}\{\boldsymbol{B}(\boldsymbol{AB})^{-1}\} \Rightarrow \boldsymbol{A}^{-1} = \boldsymbol{B}(\boldsymbol{AB})^{-1}$，そして $\boldsymbol{I} = (\boldsymbol{AB})^{-1}(\boldsymbol{AB}) = \{(\boldsymbol{AB})^{-1}\boldsymbol{A}\}\boldsymbol{B} \Rightarrow \boldsymbol{B}^{-1} = (\boldsymbol{AB})^{-1}\boldsymbol{A}$．この論法を繰り返し適用すれば，$(\boldsymbol{A}_1\boldsymbol{A}_2 \cdots \boldsymbol{A}_k)^{-1}$ の存在は $\boldsymbol{A}_1{}^{-1}, \boldsymbol{A}_2{}^{-1}, \ldots, \boldsymbol{A}_k{}^{-1}$ の存在を意味することがわかる．

1.10　転置

定義 1.26　$m \times n$ 行列 $\boldsymbol{A} = [a_{ij}]$ の (i, j) 成分 $(i = 1, \ldots, m,\ j = 1, \ldots, n)$ を (j, i) の位置に移して得られる行列を $\boldsymbol{A}$ の**転置**（**行列**）(transpose) といい，$\boldsymbol{A}^{\mathrm{T}}$ や

${}^t\boldsymbol{A}$, $\boldsymbol{A}'$ などで表す．転置をとれば，a_{ij} の位置は $(i,\,j)\to(j,\,i)$ となり，型も変化する：$\boldsymbol{A}: m\times n \to \boldsymbol{A}^{\mathrm{T}}: n\times m$．転置を2度とれば a_{ij} の位置は $(i,\,j)\to(j,\,i)\to(i,\,j)$ となって元に還る．すなわち，$\boldsymbol{A}^{\mathrm{TT}}=\boldsymbol{A}$（反射性）．転置をとっても不変な行列，すなわち，$\boldsymbol{A}^{\mathrm{T}}=\boldsymbol{A}$ を満たす $\boldsymbol{A}$ を**対称行列** (symmetric matrix) といい，転置をとると符号が反転する行列，すなわち $\boldsymbol{A}^{\mathrm{T}}=-\boldsymbol{A}$ を満たす $\boldsymbol{A}$ を**歪対称行列**または**交代対称行列** (skew-symmetric matrix) という．対称行列や歪対称行列は当然正方行列でなければならず，対称行列の成分は主対角線に関して対称に配置されている．

例 1.27　$\boldsymbol{A}=[11,\,12]$ なら，$\boldsymbol{A}^{\mathrm{T}}=\begin{bmatrix}11\\12\end{bmatrix}$, $\boldsymbol{A}^{\mathrm{TT}}=\begin{bmatrix}11\\12\end{bmatrix}^{\mathrm{T}}=[11,\,12]=\boldsymbol{A}$.

$\boldsymbol{A}=\begin{bmatrix}11&12\\21&22\end{bmatrix}$ なら，$\boldsymbol{A}^{\mathrm{T}}=\begin{bmatrix}11&21\\12&22\end{bmatrix}$, $\boldsymbol{A}^{\mathrm{TT}}=\begin{bmatrix}11&21\\12&22\end{bmatrix}^{\mathrm{T}}=\begin{bmatrix}11&12\\21&22\end{bmatrix}=\boldsymbol{A}$. また，

$$[a_1,\,a_2,\,\ldots,\,a_n]^{\mathrm{T}}=\begin{bmatrix}a_1\\a_2\\\vdots\\a_n\end{bmatrix},\qquad \begin{bmatrix}a_1\\a_2\\\vdots\\a_n\end{bmatrix}^{\mathrm{T}}=[a_1,\,a_2,\,\ldots,\,a_n].$$

紙面節約のため，今後転置演算を利用して $\begin{bmatrix}a_1\\a_2\\\vdots\end{bmatrix}$ を $[a_1,\,a_2,\,\ldots]^{\mathrm{T}}$ と書くことがある．

例 1.28　$m\times n$ 行列 $\boldsymbol{A}=[a_{ij}]$ を行に**分割し**（または**区分けし**）(partition)，第 i 行を $\boldsymbol{a}_i\equiv[a_{i1},\,\ldots,\,a_{in}]: 1\times n$ と書くと，$\boldsymbol{A}$ は次のように書ける：

$$\boldsymbol{A}=\begin{bmatrix}a_{11}&a_{12}&\cdots&a_{1n}\\a_{21}&a_{22}&\cdots&a_{2n}\\\vdots&\vdots&&\vdots\\a_{m1}&a_{m2}&\cdots&a_{mn}\end{bmatrix}=\begin{bmatrix}\boldsymbol{a}_1\\\boldsymbol{a}_2\\\vdots\\\boldsymbol{a}_m\end{bmatrix}.$$

転置をとると，

$$A^{\mathrm{T}} = \begin{bmatrix} \boldsymbol{a}_1 \\ \boldsymbol{a}_2 \\ \vdots \\ \boldsymbol{a}_m \end{bmatrix}^{\mathrm{T}} = [\boldsymbol{a}_1^{\mathrm{T}}, \boldsymbol{a}_2^{\mathrm{T}}, \ldots, \boldsymbol{a}_m^{\mathrm{T}}] \quad (\boldsymbol{a}_i : 1 \times n, \boldsymbol{a}_i^{\mathrm{T}} : n \times 1, i = 1, \ldots, m).$$

すなわち, $\boldsymbol{a}_1, \boldsymbol{a}_2, \ldots$ を数と思って転置をとった後, それぞれの転置をとればよい. たとえば，$\boldsymbol{A} = \begin{bmatrix} 11 & 12 & 13 \\ 21 & 22 & 23 \end{bmatrix} \equiv \begin{bmatrix} \boldsymbol{a}_1 \\ \boldsymbol{a}_2 \end{bmatrix}$（行に分割）と考えれば，$\boldsymbol{A}^{\mathrm{T}} = [\boldsymbol{a}_1^{\mathrm{T}}, \boldsymbol{a}_2^{\mathrm{T}}] = \begin{bmatrix} 11 & 21 \\ 12 & 22 \\ 13 & 23 \end{bmatrix}$.

今度は $\boldsymbol{A}$ を列に分割し第 j 列を $\boldsymbol{a}_j$ と書けば, $\boldsymbol{A}^{\mathrm{T}} = [\boldsymbol{a}_1, \boldsymbol{a}_2, \ldots, \boldsymbol{a}_n]^{\mathrm{T}} = \begin{bmatrix} \boldsymbol{a}_1^{\mathrm{T}} \\ \boldsymbol{a}_2^{\mathrm{T}} \\ \vdots \\ \boldsymbol{a}_n^{\mathrm{T}} \end{bmatrix}$, $\boldsymbol{a}_j : m \times 1, \boldsymbol{a}_j^{\mathrm{T}} : 1 \times m \quad (j = 1, \ldots, n)$. すなわち，$\boldsymbol{a}_1, \boldsymbol{a}_2, \ldots$ を数と思って転置をとった後，それぞれの転置をとればよい．たとえば，$\boldsymbol{A} = \begin{bmatrix} 11 & 12 & 13 \\ 21 & 22 & 23 \end{bmatrix} \equiv [\boldsymbol{a}_1, \boldsymbol{a}_2, \boldsymbol{a}_3]$（列に分割）と考えれば，$\boldsymbol{A}^{\mathrm{T}} = \begin{bmatrix} \boldsymbol{a}_1^{\mathrm{T}} \\ \boldsymbol{a}_2^{\mathrm{T}} \\ \boldsymbol{a}_3^{\mathrm{T}} \end{bmatrix} = \begin{bmatrix} 11 & 21 \\ 12 & 22 \\ 13 & 23 \end{bmatrix}$.

1.11 和，スカラー倍，積および逆行列の転置

定理 1.29 以下 $\boldsymbol{A}, \boldsymbol{B}, \boldsymbol{A}_1, \boldsymbol{A}_2, \ldots, \boldsymbol{A}_k$ を行列，α をスカラーとする．

(a) $(\boldsymbol{A}_1 + \boldsymbol{A}_2 + \cdots + \boldsymbol{A}_k)^{\mathrm{T}} = \boldsymbol{A}_1{}^{\mathrm{T}} + \boldsymbol{A}_2{}^{\mathrm{T}} + \cdots + \boldsymbol{A}_k{}^{\mathrm{T}}$

(b) $(\alpha \boldsymbol{A})^{\mathrm{T}} = \alpha \boldsymbol{A}^{\mathrm{T}}$

(c) $(\boldsymbol{A}\boldsymbol{B})^{\mathrm{T}} = \boldsymbol{B}^{\mathrm{T}} \boldsymbol{A}^{\mathrm{T}}$

(d) $(\boldsymbol{A}_1 \boldsymbol{A}_2 \cdots \boldsymbol{A}_k)^{\mathrm{T}} = \boldsymbol{A}_k{}^{\mathrm{T}} \cdots \boldsymbol{A}_2{}^{\mathrm{T}} \boldsymbol{A}_1{}^{\mathrm{T}}$

(e) $(\boldsymbol{A}^{-1})^{\mathrm{T}} = (\boldsymbol{A}^{\mathrm{T}})^{-1}$

ここに (a) では $\boldsymbol{A}_1, \boldsymbol{A}_2, \ldots, \boldsymbol{A}_k$ はすべて同じ型の行列，(c), (d) では可積条件が満たされているとしている．積の転置は転置の**逆順の積**である点に注意せよ．

証明　(a), (b) の証明は簡単なので省略．(c) の証明：可積条件から $\boldsymbol{A}$, $\boldsymbol{B}$ はそれぞれ $m\times n$ 型, $n\times p$ 型でなければならない．すると $\boldsymbol{AB} : m\times p$ より $(\boldsymbol{AB})^{\mathrm{T}} : p\times m$ であり，また $\boldsymbol{B}^{\mathrm{T}} : p\times n$, $\boldsymbol{A}^{\mathrm{T}} : n\times m$ から $\boldsymbol{B}^{\mathrm{T}}\boldsymbol{A}^{\mathrm{T}} : p\times m$ であるから，(c) の両辺の型は一致する．残るは対応する成分の相等の確認である．$\boldsymbol{A}$, $\boldsymbol{B}$ をそれぞれ行，列に分割し，

$$\boldsymbol{A} = \begin{bmatrix} \boldsymbol{a}_1 \\ \vdots \\ \boldsymbol{a}_m \end{bmatrix} \quad (\boldsymbol{a}_i : 1\times n,\ i = 1,\ \ldots,\ m),$$

$$\boldsymbol{B} = [\boldsymbol{b}_1,\ \ldots,\ \boldsymbol{b}_p] \quad (\boldsymbol{b}_j : n\times 1,\ j = 1,\ \ldots,\ p)$$

と書く．記号 $(\boldsymbol{X})_{ij}$ で行列 $\boldsymbol{X}$ の $(i,\ j)$ 成分を表すものとし，(c) の両辺の $(i,\ j)$ 成分を計算すると $i = 1,\ \ldots,\ m$, $j = 1,\ \ldots,\ p$ について

左辺：　$(\boldsymbol{AB})^{\mathrm{T}}_{ji} = (\boldsymbol{AB})_{ij} = \boldsymbol{a}_i\boldsymbol{b}_j,$

右辺：　$(\boldsymbol{B}^{\mathrm{T}}\boldsymbol{A}^{\mathrm{T}})_{ji} = (\boldsymbol{B}^{\mathrm{T}}$ の第 j 行$)$ $(\boldsymbol{A}^{\mathrm{T}}$ の第 i 列$) = \boldsymbol{b}_j^{\mathrm{T}}(\boldsymbol{a}_i)^{\mathrm{T}} \overset{*}{=} \boldsymbol{a}_i\boldsymbol{b}_j.$

ここに $*$ 印の相等関係は直接計算による．これで，(c) 式両辺の対応する成分の相等が証明された．(d) の証明：(c) を繰り返し適用すればよい．例：$(\boldsymbol{ABC})^{\mathrm{T}} = \boldsymbol{C}^{\mathrm{T}}(\boldsymbol{AB})^{\mathrm{T}} = \boldsymbol{C}^{\mathrm{T}}\boldsymbol{B}^{\mathrm{T}}\boldsymbol{A}^{\mathrm{T}}$．(e) の証明：(c) より $(\boldsymbol{A}^{-1})^{\mathrm{T}}\boldsymbol{A}^{\mathrm{T}} = (\boldsymbol{AA}^{-1})^{\mathrm{T}} = \boldsymbol{I}^{\mathrm{T}} = \boldsymbol{I}$. 同様に $\boldsymbol{A}^{\mathrm{T}}(\boldsymbol{A}^{-1})^{\mathrm{T}} = \boldsymbol{I}$. よって $(\boldsymbol{A}^{-1})^{\mathrm{T}} = (\boldsymbol{A}^{\mathrm{T}})^{-1}$.　■

1.12　共役と共役転置

この項では複素行列のみを考える（実行列は複素行列の特別の場合である）．

定義 1.30　$\boldsymbol{A} = [a_{ij}] \in \mathbb{C}^{m\times n}$ の各成分をその共役複素数で置き換えて得られる行列を $\boldsymbol{A}$ の**共役** (complex conjugate) といい，$\overline{\boldsymbol{A}}$ で表す．ゆえに，$\overline{\boldsymbol{A}} = [\overline{a_{ij}}]$．また共役と転置を続けて行った行列を**共役転置** (conjugate transpose) または**随伴行列** (adjoint matrix) といい，$\boldsymbol{A}^*$ や $\boldsymbol{A}^{\mathrm{H}}$ で表す．ゆえに，$\boldsymbol{A}^* = \overline{\boldsymbol{A}}^{\mathrm{T}} = [\overline{a_{ji}}] = \overline{\boldsymbol{A}^{\mathrm{T}}}$（共役と転置の順序はどちらを先にしても同じ）．共役，共役転置は，ともに2回とれば元に戻る，すなわち $\overline{(\overline{\boldsymbol{A}})} = \boldsymbol{A}$, $(\boldsymbol{A}^*)^* = \boldsymbol{A}$ である．共役転置をとっても不変，すなわち $\boldsymbol{A}^* = \boldsymbol{A}$ を満たす $\boldsymbol{A}$ を**エルミート行列** (Hermitian matrix) といい，共役転置をとると符号が反転する行列，すなわち $\boldsymbol{A}^* = -\boldsymbol{A}$ を満たす $\boldsymbol{A}$ を**歪エルミート行列** (skew-Hermitian matrix) という．対称行列同様，エルミート行列お

よび歪エルミート行列は必ず正方行列である．なお，共役をとっても不変な行列は実行列に他ならない．

例 1.31　複素数 $z = a + ib$ (a, b は実数) の共役複素数とは $\overline{z} = a + i(-b) = a - ib$ のことだから，

$$\boldsymbol{A} = \begin{bmatrix} 1 & 1+i & 1-3i \\ i & 0 & -1 \end{bmatrix} \text{ なら}$$

$$\overline{\boldsymbol{A}} = \begin{bmatrix} 1 & 1-i & 1+3i \\ -i & 0 & -1 \end{bmatrix}, \quad \boldsymbol{A}^* = \overline{\boldsymbol{A}}^{\mathrm{T}} = \begin{bmatrix} 1 & -i \\ 1-i & 0 \\ 1+3i & -1 \end{bmatrix}.$$

1.13　和，スカラー倍，積および逆行列の共役，共役転置

定理 1.32　複素行列のみが考察の対象である．以下 $\boldsymbol{A}, \boldsymbol{B}$ を複素行列とする．

(a)　$\overline{\boldsymbol{A}+\boldsymbol{B}} = \overline{\boldsymbol{A}} + \overline{\boldsymbol{B}}, \quad (\boldsymbol{A}+\boldsymbol{B})^* = \boldsymbol{A}^* + \boldsymbol{B}^*$

(b)　$\overline{\alpha\boldsymbol{A}} = \overline{\alpha}\,\overline{\boldsymbol{A}}, \quad (\alpha\boldsymbol{A})^* = \overline{\alpha}\boldsymbol{A}^*$

(c)　$\overline{\boldsymbol{AB}} = (\overline{\boldsymbol{A}})(\overline{\boldsymbol{B}}), \quad (\boldsymbol{AB})^* = \boldsymbol{B}^*\boldsymbol{A}^*$

(d)　$\overline{(\boldsymbol{A}^{-1})} = (\overline{\boldsymbol{A}})^{-1}, \quad (\boldsymbol{A}^{-1})^* = (\boldsymbol{A}^*)^{-1}$

証明　(a), (b) および (c) と (d) の前半は複素数の性質 $\overline{u+v} = \overline{u} + \overline{v}$, $\overline{uv} = \overline{u}\,\overline{v}$ (u, v は複素数) から出る．(c) 後半の証明には既出の $(\boldsymbol{AB})^{\mathrm{T}} = \boldsymbol{B}^{\mathrm{T}}\boldsymbol{A}^{\mathrm{T}}$ において両辺の共役をとり (c) の前半を適用する．(d) の後半も同様である．■

例 1.33

$$\overline{\left(\begin{bmatrix} a & b \\ c & d \end{bmatrix}\begin{bmatrix} w & x \\ y & z \end{bmatrix}\right)} = \overline{\begin{bmatrix} a & b \\ c & d \end{bmatrix}}\;\overline{\begin{bmatrix} w & x \\ y & z \end{bmatrix}} = \begin{bmatrix} \overline{a} & \overline{b} \\ \overline{c} & \overline{d} \end{bmatrix}\begin{bmatrix} \overline{w} & \overline{x} \\ \overline{y} & \overline{z} \end{bmatrix},$$

$$\left(\begin{bmatrix} a & b \\ c & d \end{bmatrix}\begin{bmatrix} w & x \\ y & z \end{bmatrix}\right)^* = \begin{bmatrix} w & x \\ y & z \end{bmatrix}^*\begin{bmatrix} a & b \\ c & d \end{bmatrix}^* = \begin{bmatrix} \overline{w} & \overline{y} \\ \overline{x} & \overline{z} \end{bmatrix}\begin{bmatrix} \overline{a} & \overline{c} \\ \overline{b} & \overline{d} \end{bmatrix}.$$

定義 1.34　$n \times n$ 複素行列 $\boldsymbol{A}$ が $\boldsymbol{A}^*\boldsymbol{A} = \boldsymbol{I}$ であるとき，すなわち $\boldsymbol{A}^* = \boldsymbol{A}^{-1}$ が成り立つとき，$\boldsymbol{A}$ を**ユニタリ行列** (unitary matrix) という．実行列であるユニタリ行列は $\boldsymbol{A}^{-1} = \boldsymbol{A}^* = \boldsymbol{A}^{\mathrm{T}}$ を満たし，**直交行列** (orthogonal matrix) と呼ばれる．ま

た，$\boldsymbol{A}\boldsymbol{A}^* = \boldsymbol{A}^*\boldsymbol{A}$ を満たす行列を**正規行列** (normal matrix) という．ユニタリ行列（および直交行列）は明らかに特殊な正規行列である．

1.14　ブロック行列

与えられた $m \times n$ 行列 $\boldsymbol{A} = [a_{ij}]$ の指定された行（第 $i_1, \ldots, i_k$ 行とする）と指定された列（第 $j_1, \ldots, j_l$ 列とする）の交差する位置にある成分をそのまま読み出してできる $k \times l$ 行列を，これらの行および列で決定される**小行列** (submatrix) という．連続する行または列で決定される小行列を**ブロック** (block) という．ブロックに分割された行列を**区分けされた行列** (partitioned matrix)，または**ブロック行列** (block matrix) という．元の行列自体もブロックの特別な場合と考える．

例 1.35　$\boldsymbol{A} = \begin{bmatrix} a_{11} & a_{12} & a_{13} \\ a_{21} & a_{22} & a_{23} \\ a_{31} & a_{32} & a_{33} \end{bmatrix}$ を与えられた 3×3 行列とする．

$\begin{bmatrix} a_{11} & a_{12} \\ a_{21} & a_{22} \end{bmatrix}$：第 1, 2 行，第 1, 2 列で決定される小行列またはブロック，または左上 2×2 小行列またはブロック，または 2 次**主座小行列** (principal submatrix).

$\begin{bmatrix} a_{11} & a_{12} \\ a_{31} & a_{32} \end{bmatrix}$：第 1, 3 行と第 1, 2 列で決定される小行列（この場合，ブロックとは普通いわない）.

$\boldsymbol{A} = \left[\begin{array}{cc|c} a_{11} & a_{12} & a_{13} \\ a_{21} & a_{22} & a_{23} \\ \hline a_{31} & a_{32} & a_{33} \end{array}\right] \equiv \begin{bmatrix} \boldsymbol{A}_{11} & \boldsymbol{A}_{12} \\ \boldsymbol{A}_{21} & \boldsymbol{A}_{22} \end{bmatrix}$：区分けされた行列またはブロック行列．ここに，$\boldsymbol{A}_{11}, \boldsymbol{A}_{12}, \boldsymbol{A}_{21}, \boldsymbol{A}_{22}$ は各々 $2 \times 2, 2 \times 1, 1 \times 2, 1 \times 1$ 行列である．

1.15　ブロック行列の積

定理 1.36　可積条件を満たす行列 $\boldsymbol{A} : m \times n, \boldsymbol{B} : n \times p$ が与えられたとし，$\boldsymbol{A}$, $\boldsymbol{B}$ を**可積的にブロック化する**，または**分割する** (conformably partition) ものとする．すなわち，$\boldsymbol{A}, \boldsymbol{B}$ を以下のように分割するものとする：

$$
\boldsymbol{A} = \begin{array}{c} \begin{array}{cccc} n_1 & n_2 & \cdots & n_s \end{array} \\ \left[\begin{array}{c|c|c|c} \boldsymbol{A}_{11} & \boldsymbol{A}_{12} & \cdots & \boldsymbol{A}_{1s} \\ \hline \boldsymbol{A}_{21} & \boldsymbol{A}_{22} & \cdots & \boldsymbol{A}_{2s} \\ \hline \vdots & \vdots & & \vdots \\ \hline \boldsymbol{A}_{r1} & \boldsymbol{A}_{r2} & \cdots & \boldsymbol{A}_{rs} \end{array}\right] \end{array} \begin{array}{c} m_1 \\ m_2 \\ \vdots \\ m_r \end{array}, \quad \boldsymbol{B} = \begin{array}{c} \begin{array}{cccc} p_1 & p_2 & \cdots & p_t \end{array} \\ \left[\begin{array}{c|c|c|c} \boldsymbol{B}_{11} & \boldsymbol{B}_{12} & \cdots & \boldsymbol{B}_{1t} \\ \hline \boldsymbol{B}_{21} & \boldsymbol{B}_{22} & \cdots & \boldsymbol{B}_{2t} \\ \hline \vdots & \vdots & & \vdots \\ \hline \boldsymbol{B}_{s1} & \boldsymbol{B}_{s2} & \cdots & \boldsymbol{B}_{st} \end{array}\right] \end{array} \begin{array}{c} n_1 \\ n_2 \\ \vdots \\ n_s \end{array}
$$

ただし $m_1 + \cdots m_r = m$, $n_1 + \cdots + n_s = n$, $p_1 + \cdots + p_t = p$ である．ここで大事なことは，(a)：$\boldsymbol{A}$ の列の分割数 $=$ $\boldsymbol{B}$ の行の分割数，すなわちブロック行列としての $\boldsymbol{A}$ の列数 $=$ ブロック行列としての $\boldsymbol{B}$ の行数であること，および (b)：$\boldsymbol{A}$ の任意の1行と $\boldsymbol{B}$ の任意の1列との積 $[\boldsymbol{A}_{i1}, \ldots, \boldsymbol{A}_{is}]\begin{bmatrix} \boldsymbol{B}_{1j} \\ \vdots \\ \boldsymbol{B}_{sj} \end{bmatrix} = \boldsymbol{A}_{i1}\boldsymbol{B}_{1j} + \cdots + \boldsymbol{A}_{is}\boldsymbol{B}_{sj} \equiv \boldsymbol{C}_{ij}$ が定義できる（すなわち，積 $\boldsymbol{A}_{i1}\boldsymbol{B}_{1j}, \ldots, \boldsymbol{A}_{is}\boldsymbol{B}_{sj}$ がすべて可積である）ことである．以上の2条件が満たされるなら，次の積の公式が成立する：

(c)
$$
\boldsymbol{AB} = [\boldsymbol{C}_{ij}] = \begin{bmatrix} \boldsymbol{C}_{11} & \cdots & \boldsymbol{C}_{1t} \\ \vdots & & \vdots \\ \boldsymbol{C}_{r1} & \cdots & \boldsymbol{C}_{rt} \end{bmatrix} \equiv \boldsymbol{C}.
$$

別のいい方をすれば公式(c)が成立するかどうかを見るにはブロック成分 $\boldsymbol{C}_{11}, \ldots, \boldsymbol{C}_{rt}$ のどれか1個だけについて計算可能かどうか確認すればよい．

証明は $\boldsymbol{A}, \boldsymbol{B}$ の各ブロックの型を指定し，(c) から計算した $\boldsymbol{AB}$ の (i, j) 成分が通常の定義式から計算した (i, j) 成分に等しいことを検証すればよい $(i = 1, \ldots, r,$ $j = 1, \ldots, t)$．単純なチェックだが，文字使いがやや煩雑化する．詳細は読者にお任せする．

例 1.37　$\boldsymbol{A} : m \times n$, $\boldsymbol{B} : n \times p$ について，$\boldsymbol{A}$ の第 i 行を $\boldsymbol{a}_i : 1 \times n$ $(i = 1, \ldots, m)$, $\boldsymbol{B}$ の第 j 行を $\boldsymbol{b}_j : n \times 1$ $(j = 1, \ldots, p)$ と書き，1.5節ですでに学習した $\boldsymbol{AB}$ のいくつか計算方法を見てみよう．

- $\boldsymbol{A}, \boldsymbol{B}$ ともに分割：$\boldsymbol{AB} = \begin{bmatrix} \boldsymbol{a}_1 \\ \vdots \\ \boldsymbol{a}_m \end{bmatrix} [\boldsymbol{b}_1, \ldots, \boldsymbol{b}_p] = \begin{bmatrix} \boldsymbol{a}_1\boldsymbol{b}_1 & \cdots & \boldsymbol{a}_1\boldsymbol{b}_p \\ \vdots & & \vdots \\ \boldsymbol{a}_m\boldsymbol{b}_1 & \cdots & \boldsymbol{a}_m\boldsymbol{b}_p \end{bmatrix}$.

説明　中央の積はブロック行列として $(m \times 1)(1 \times n)$ 型の積 ⇒ 可積条件 (a) をクリア，$\boldsymbol{a}_1\boldsymbol{b}_1$ は $\boldsymbol{a}_1 : 1 \times n$, $\boldsymbol{b}_1 : n \times 1$ だから確かに可積 ⇒ 可積条件 (b) をクリア，$\boldsymbol{a}_1\boldsymbol{b}_1$ はいうまでもなく 1×1 行列．他の $\boldsymbol{a}_i\boldsymbol{b}_j$ をチェックする必要なく，上式 (c) の成立が確かめられる．

同様に，次の 2 式も確かめられる．

- $\boldsymbol{A}$ のみ分割：$\boldsymbol{AB} = \begin{bmatrix} \boldsymbol{a}_1 \\ \vdots \\ \boldsymbol{a}_m \end{bmatrix} \boldsymbol{B} = \begin{bmatrix} \boldsymbol{a}_1\boldsymbol{B} \\ \vdots \\ \boldsymbol{a}_m\boldsymbol{B} \end{bmatrix} : m \times p.$
- $\boldsymbol{B}$ のみ分割：$\boldsymbol{AB} = \boldsymbol{A}[\boldsymbol{b}_1, \ldots, \boldsymbol{b}_p] = [\boldsymbol{Ab}_1, \ldots, \boldsymbol{Ab}_p] : m \times p.$

例 1.38　$m \times n$ 行列 $\boldsymbol{A}$ を行に分割すれば，$\boldsymbol{y}^{\mathrm{T}}\boldsymbol{A} \equiv [y_1, \ldots, y_m] \begin{bmatrix} \boldsymbol{a}_1 \\ \vdots \\ \boldsymbol{a}_m \end{bmatrix} = y_1\boldsymbol{a}_1 + \cdots + y_m\boldsymbol{a}_m = ($$\boldsymbol{A}$ の行の 1 次結合$)$.

例 1.39　$m \times n$ 行列 $\boldsymbol{A}$ を列に分割すれば，$\boldsymbol{Ax} \equiv [\boldsymbol{a}_1, \ldots, \boldsymbol{a}_n] \begin{bmatrix} x_1 \\ \vdots \\ x_n \end{bmatrix} = \boldsymbol{a}_1x_1 + \cdots + \boldsymbol{a}_nx_n = x_1\boldsymbol{a}_1 + \cdots + x_n\boldsymbol{a}_n = ($$\boldsymbol{A}$ の列の 1 次結合$)$.

例 1.40　同じ型の正方行列 $\boldsymbol{A}, \boldsymbol{B}$ を，対角ブロックがすべて正方行列であるように，$\boldsymbol{A}, \boldsymbol{B}$ ともに同一の仕方で分割しよう．すなわち，

$$\boldsymbol{A} = \begin{bmatrix} \boldsymbol{A}_{11} & \cdots & \boldsymbol{A}_{1r} \\ \vdots & \ddots & \vdots \\ \boldsymbol{A}_{r1} & \cdots & \boldsymbol{A}_{rr} \end{bmatrix}, \boldsymbol{B} = \begin{bmatrix} \boldsymbol{B}_{11} & \cdots & \boldsymbol{B}_{1r} \\ \vdots & \ddots & \vdots \\ \boldsymbol{B}_{r1} & \cdots & \boldsymbol{B}_{rr} \end{bmatrix},$$
$$\boldsymbol{A}_{ii}, \boldsymbol{B}_{ii} : n_i \times n_i \ (i = 1, \ldots, r).$$

このような区分けの方法を**対称区分け** (symmetric partitioning) という．すると

$$\boldsymbol{A}\boldsymbol{B} \equiv \boldsymbol{C} = [\boldsymbol{C}_{ij}],$$

$$\boldsymbol{C}_{ij} = [\boldsymbol{A}_{i1}, \ldots, \boldsymbol{A}_{ir}] \begin{bmatrix} \boldsymbol{B}_{1j} \\ \vdots \\ \boldsymbol{B}_{rj} \end{bmatrix} = \boldsymbol{A}_{i1}\boldsymbol{B}_{1j} + \cdots + \boldsymbol{A}_{ir}\boldsymbol{B}_{rj} \quad (i,\, j = 1,\, \ldots,\, r). \tag{1.22}$$

説明 (1.22) 式中央の積はブロック行列として $(r \times r)(r \times r)$ 型の積 $\Rightarrow$ 条件 (a) をクリア．また特定の $\boldsymbol{C}_{ij}$ について考えると，$\boldsymbol{A}_{il} : n_i \times n_l,\ \boldsymbol{B}_{lj} : n_l \times n_j\ (i,\, j,\, l = 1,\, \ldots,\, r)$，よって各積 $\boldsymbol{A}_{i1}\boldsymbol{B}_{1j}, \ldots, \boldsymbol{A}_{ir}\boldsymbol{B}_{rj}$ はすべて可積である $\Rightarrow$ 条件 (b) をクリア．ゆえに計算式 (1.22) は正しい．特によく使うのは $r = 2$ の場合の公式：

$$\boldsymbol{A}\boldsymbol{B} = \begin{bmatrix} \boldsymbol{A}_{11} & \boldsymbol{A}_{12} \\ \boldsymbol{A}_{21} & \boldsymbol{A}_{22} \end{bmatrix} \begin{bmatrix} \boldsymbol{B}_{11} & \boldsymbol{B}_{12} \\ \boldsymbol{B}_{21} & \boldsymbol{B}_{22} \end{bmatrix} = \begin{bmatrix} \boldsymbol{A}_{11}\boldsymbol{B}_{11} + \boldsymbol{A}_{12}\boldsymbol{B}_{21} & \boldsymbol{A}_{11}\boldsymbol{B}_{12} + \boldsymbol{A}_{12}\boldsymbol{B}_{22} \\ \boldsymbol{A}_{21}\boldsymbol{B}_{11} + \boldsymbol{A}_{22}\boldsymbol{B}_{21} & \boldsymbol{A}_{21}\boldsymbol{B}_{12} + \boldsymbol{A}_{22}\boldsymbol{B}_{22} \end{bmatrix}$$

である．ここに $\boldsymbol{A}_{11}, \boldsymbol{A}_{22}$ は一般には型の違う正方行列，そして $\boldsymbol{B}$ は $\boldsymbol{A}$ とまったく同一の仕方で分割されているものとしている．

1.16 ブロック行列の転置

定理 1.41

$$\boldsymbol{A} = \begin{bmatrix} \boldsymbol{A}_{11} & \cdots & \boldsymbol{A}_{1s} \\ \vdots & & \vdots \\ \boldsymbol{A}_{r1} & \cdots & \boldsymbol{A}_{rs} \end{bmatrix} \quad \Rightarrow \quad \boldsymbol{A}^{\mathrm{T}} = \begin{bmatrix} \boldsymbol{A}_{11}^{\mathrm{T}} & \cdots & \boldsymbol{A}_{r1}^{\mathrm{T}} \\ \vdots & & \vdots \\ \boldsymbol{A}_{1s}^{\mathrm{T}} & \cdots & \boldsymbol{A}_{rs}^{\mathrm{T}} \end{bmatrix}. \tag{1.23}$$

すなわち，$\boldsymbol{A}^{\mathrm{T}}$ を計算するには，$\boldsymbol{A}$ の各ブロックを数と思って全体の転置をとった後に，各ブロックの転置をとればよい．ゆえに，$\boldsymbol{A}$ の $(i,\, j)$ ブロックの転置が $\boldsymbol{A}^{\mathrm{T}}$ の $(j,\, i)$ ブロックとなる．

証明 簡単だが馬鹿にしてもいけない．転置に関するこれまでの結果から

$$\begin{bmatrix} \boldsymbol{A}_{11} \\ \vdots \\ \boldsymbol{A}_{r1} \end{bmatrix}^{\mathrm{T}} = [\boldsymbol{A}_{11}^{\mathrm{T}}, \ldots, \boldsymbol{A}_{r1}^{\mathrm{T}}], \quad [\boldsymbol{A}_{11}, \ldots, \boldsymbol{A}_{1r}]^{\mathrm{T}} = \begin{bmatrix} \boldsymbol{A}_{11}^{\mathrm{T}} \\ \vdots \\ \boldsymbol{A}_{1r}^{\mathrm{T}} \end{bmatrix} \tag{1.24}$$

は明らか．一般の場合 (1.23) は，上の公式を 2 段階に分けて適用すればよい．■

例 1.42
$$\begin{bmatrix} \boldsymbol{U} & \boldsymbol{V} & \boldsymbol{W} \\ \boldsymbol{X} & \boldsymbol{Y} & \boldsymbol{Z} \end{bmatrix}^{\mathrm{T}} = \begin{bmatrix} \boldsymbol{U}^{\mathrm{T}} & \boldsymbol{X}^{\mathrm{T}} \\ \boldsymbol{V}^{\mathrm{T}} & \boldsymbol{Y}^{\mathrm{T}} \\ \boldsymbol{W}^{\mathrm{T}} & \boldsymbol{Z}^{\mathrm{T}} \end{bmatrix}.$$

1.17　ブロック行列の和とスカラー倍

まったく同一の仕方で分割されたブロック行列の和，任意のブロック行列のスカラー倍の計算法は自明である．すなわち，

$$[\boldsymbol{A}_{ij}] + [\boldsymbol{B}_{ij}] = [\boldsymbol{A}_{ij} + \boldsymbol{B}_{ij}], \quad \alpha[\boldsymbol{A}_{ij}] = [\alpha \boldsymbol{A}_{ij}].$$

最後にひとこと

第1章はこれで終わりである．ここでは7種の演算「和，スカラー倍，積，逆行列，転置，共役，共役転置」を定義し，基本的な性質を述べた．特に，行列算を面白くしているのは，積の定義と結合則 $(\boldsymbol{AB})\boldsymbol{C} = \boldsymbol{A}(\boldsymbol{BC})$ とブロック算法である．積の結合則「$(\boldsymbol{AB})\boldsymbol{x} = \boldsymbol{A}(\boldsymbol{Bx})$」を見ると，積とは合成写像を表すことがわかる．積の逆行列，積の転置，ブロック行列の積，転置などは，間違いやすい演算なので要注意である．次章では行列算法をベクトル空間，線形写像の概念に拡張していく．

腕試し問題

問題 1.1（行列算の復習問題）　$\boldsymbol{a} = [a_1, \ldots, a_m]^{\mathrm{T}} \in \mathbb{R}^m$, $\boldsymbol{a}^{\mathrm{T}}\boldsymbol{a} = a_1^2 + \cdots + a_m^2 = 1$ とする．そして $\boldsymbol{P} = \boldsymbol{I} - \boldsymbol{a}\boldsymbol{a}^{\mathrm{T}}$, $\boldsymbol{H} = \boldsymbol{I} - 2\boldsymbol{a}\boldsymbol{a}^{\mathrm{T}}$ とおく．$\boldsymbol{a}^{\mathrm{T}}\boldsymbol{a} : 1 \times 1$, $\boldsymbol{a}\boldsymbol{a}^{\mathrm{T}} : m \times m$ に注意．$\boldsymbol{P}$ を**射影行列** (projection matrix)，$\boldsymbol{H}$ を**反射行列** (reflection matrix) という．次を証明せよ：

(1)　$\boldsymbol{P}^{\mathrm{T}} = \boldsymbol{P}$（対称性）
(2)　$\boldsymbol{H}^{\mathrm{T}} = \boldsymbol{H}$（対称性）
(3)　$\boldsymbol{P}^2 = \boldsymbol{P}$
(4)　$\boldsymbol{H}^2 = \boldsymbol{I}$，すなわち，$\boldsymbol{H}^{-1} = \boldsymbol{H}$
(5)　$\boldsymbol{P}\boldsymbol{a} = \boldsymbol{0}$
(6)　$(\boldsymbol{I} + \boldsymbol{H})\boldsymbol{a} = \boldsymbol{0}$
(7)　$\boldsymbol{y}^{\mathrm{T}}\boldsymbol{a} = 0$ なら必ず $\boldsymbol{y}^{\mathrm{T}}(\boldsymbol{I} - \boldsymbol{P}) = \boldsymbol{0}$　$(\boldsymbol{y} \in \mathbb{R}^m)$
(8)　$\boldsymbol{y}^{\mathrm{T}}\boldsymbol{a} = 0$ なら必ず $\boldsymbol{y}^{\mathrm{T}}(\boldsymbol{I} - \boldsymbol{H}) = \boldsymbol{0}$　$(\boldsymbol{y} \in \mathbb{R}^m)$

問題 1.2（指定された行または列を取り出す演算）　次を示せ：与えられた $m \times n$ 行列 $\boldsymbol{A}$ の指定された行（第 i 行とする）または列（第 j 列とする）を取り出すには，m 次単位行列 $\boldsymbol{I}_m$

または n 次単位行列 $\boldsymbol{I}_n$ から同じ行または列を取り出し，$\boldsymbol{A}$ に左または右から掛ければよい．すなわち，

(1) $\boldsymbol{I}_m$ の第 i 行 $\boldsymbol{e}_i^{\mathrm{T}} = [0, \ldots, 0, 1, 0, \ldots, 0]$（1 は左から i 番目の位置）を取り出す $\Rightarrow$ $\boldsymbol{e}_i^{\mathrm{T}}$ を $\boldsymbol{A}$ の左から掛ける $\Rightarrow$ 積 $\boldsymbol{e}_i^{\mathrm{T}}\boldsymbol{A} = (\boldsymbol{A}$ の第 i 行$)$,

(2) $\boldsymbol{I}_n$ の第 j 列 $\boldsymbol{e}_j = [0, \ldots, 0, 1, 0, \ldots, 0]^{\mathrm{T}}$（1 は上から j 番目の位置）を取り出す $\Rightarrow$ $\boldsymbol{e}_j$ を $\boldsymbol{A}$ の右から掛ける $\Rightarrow$ 積 $\boldsymbol{A}\boldsymbol{e}_j = (\boldsymbol{A}$ の第 j 列$)$.

問題 1.3（置換行列の乗算による行または列の並べ替え）　m 次**順列行列**あるいは**置換行列** (permutation matrix) $(m = 1, 2, \ldots)$ とは m 次単位行列 $\boldsymbol{I}_m$ の行または列を並べ替えて得られる行列をいう．例えば $[1]$, $\begin{bmatrix} 0 & 1 \\ 1 & 0 \end{bmatrix}$, $\begin{bmatrix} 0 & 1 & 0 \\ 0 & 0 & 1 \\ 1 & 0 & 0 \end{bmatrix}$ はそれぞれ 1 次，2 次，3 次置換行列の例である．置換行列の特徴は，各行および各列にある "1" の個数が必ず 1 個であること，"1" 以外の成分は "0" であることである．また，置換行列の転置行列も置換行列である．m 次置換行列の個数は全部で $m! = m \cdot (m-1) \cdot \cdots \cdot 1$ 個ある．次を示せ：

(1) $\boldsymbol{P}$ を任意の n 次置換行列とすれば $\boldsymbol{P}^{-1} = \boldsymbol{P}^{\mathrm{T}}$.

(2) 与えられた $m \times n$ 行列 $\boldsymbol{A}$ に対して，指定された行の並べ替えを行うには，同じ並べ替えを $\boldsymbol{I}_m$ に対して行って得られる置換行列を $\boldsymbol{A}$ に**左から**掛ければよい．

(3) 与えられた $m \times n$ 行列 $\boldsymbol{A}$ に対して，指定された列の並べ替えを行うには，同じ並べ替えを $\boldsymbol{I}_n$ に対して行って得られる置換行列を $\boldsymbol{A}$ に**右から**掛ければよい．

問題 1.4　**(1)**　$\boldsymbol{A} = \begin{bmatrix} 11 & 12 & 13 & 14 \\ 21 & 22 & 23 & 24 \\ 31 & 32 & 33 & 34 \end{bmatrix}$ に対して行の並べ替え「現第 3 行 $\to$ 新第 1 行，現第 1 行 $\to$ 新第 2 行，現第 2 行 $\to$ 新第 3 行」を行い，つづけて「第 2 列と第 3 列の入れ替え」を行うと次の行列 $\boldsymbol{B}$ が得られる：$\boldsymbol{B} = \begin{bmatrix} 31 & 33 & 32 & 34 \\ 11 & 13 & 12 & 14 \\ 21 & 23 & 22 & 24 \end{bmatrix}$．前問を利用して，$\boldsymbol{P}_1\boldsymbol{A}\boldsymbol{P}_2 = \boldsymbol{B}$ となるような置換行列 $\boldsymbol{P}_1, \boldsymbol{P}_2$ を求めよ．そして乗算を実行し検算せよ．

(2) (1) と同じ行列 $\boldsymbol{A}$ に対して行の並べ替え「現第 2 行 $\to$ 新第 1 行，現第 3 行 $\to$ 新第 2 行，現第 1 行 $\to$ 新第 3 行」を行い，つづけて「第 1 列と第 2 列の入れ替え，第 3 列と第 4 列の入れ替え」を行うと次の行列 $\boldsymbol{B}$ が得られる：$\boldsymbol{B} = \begin{bmatrix} 22 & 21 & 24 & 23 \\ 32 & 31 & 34 & 33 \\ 12 & 11 & 14 & 13 \end{bmatrix}$．このとき，$\boldsymbol{P}_1\boldsymbol{A}\boldsymbol{P}_2 = \boldsymbol{B}$ となるような置換行列 $\boldsymbol{P}_1, \boldsymbol{P}_2$ を求めよ．そして乗算を実行し検算せよ．

問題 1.5（各行または各列をスカラー倍する）　次を示せ：与えられた $m \times n$ 行列 $\boldsymbol{A}$ の第 i 行を k_i 倍する $(i = 1, \ldots, m)$，または第 j 列を l_j 倍する $(j = 1, \ldots, n)$ には，m 次単位行列 $\boldsymbol{I}_m$ または n 次単位行列 $\boldsymbol{I}_n$ に同じ操作を行った結果を，$\boldsymbol{A}$ に左または右から掛ければよい．

問題 1.6　2×4 行列 $\boldsymbol{A} = \begin{bmatrix} a & b & c & d \\ w & x & y & z \end{bmatrix}$ の第 1 行を 2 倍し，第 2 行を (-3) 倍し，続けて第 1 列を 3 倍し，第 4 列を (-1) 倍すると次の行列 $\boldsymbol{B}$ が得られる：

$$\boldsymbol{B} = \begin{bmatrix} 6a & 2b & 2c & -2d \\ -9w & -3x & -3y & 3z \end{bmatrix}.$$

このとき，$\boldsymbol{D}_1\boldsymbol{A}\boldsymbol{D}_2 = \boldsymbol{B}$ となるような対角行列 $\boldsymbol{D}_1, \boldsymbol{D}_2$ を求めよ．そして左辺の乗算を実行し検算せよ．

問題 1.7　この問題では特定行または特定列のスカラー倍を他の行または列に加える演算は行列乗算によって実現できることを示す．

(1)　3 次行列 $\boldsymbol{A} = \begin{bmatrix} a_{11} & a_{12} & a_{13} \\ a_{21} & a_{22} & a_{23} \\ a_{31} & a_{32} & a_{33} \end{bmatrix}$ の第 1 行にスカラー c を乗じて第 2 行に加えれば行列 $\boldsymbol{A}_1 = \begin{bmatrix} a_{11} & a_{12} & a_{13} \\ ca_{11}+a_{21} & ca_{12}+a_{22} & ca_{13}+a_{23} \\ a_{31} & a_{32} & a_{33} \end{bmatrix}$ が得られる．これを行列乗算によって実現するには $\boldsymbol{A}$ に左から $\boldsymbol{L}_1 = \begin{bmatrix} 1 & 0 & 0 \\ c & 1 & 0 \\ 0 & 0 & 1 \end{bmatrix}$ を乗ずればよいことを示せ（$\boldsymbol{L}_1\boldsymbol{A} = \boldsymbol{A}_1$ を書き下し，左辺 = 右辺を確認せよ）．ここに行列 $\boldsymbol{L}_1$ 自体，3 次単位行列 $\boldsymbol{I}_3$ に全く同一の演算を実行した結果に他ならないことに注意.

(2)　(1) の $\boldsymbol{A}$ の第 1 列にスカラー c を乗じて第 2 列に加えると $\boldsymbol{A}_2 = \begin{bmatrix} a_{11} & ca_{11}+a_{12} & a_{13} \\ a_{21} & ca_{21}+a_{22} & a_{23} \\ a_{31} & ca_{31}+a_{32} & a_{33} \end{bmatrix}$ が得られる．これを行列乗算によって実現するには $\boldsymbol{A}$ に右から $\boldsymbol{U}_1 = \begin{bmatrix} 1 & c & 0 \\ 0 & 1 & 0 \\ 0 & 0 & 1 \end{bmatrix}$ を乗ずればよいことを示せ．（$\boldsymbol{A}\boldsymbol{U}_1 = \boldsymbol{A}_2$ を書き下し，左辺 = 右辺を確認せよ．）ここに行列 $\boldsymbol{U}_1$ 自体，3 次単位行列 $\boldsymbol{I}_3$ に全く同一の演算を実行した結果に他ならないことに注意.

(3)　$\boldsymbol{A}$ の第 1 行の c 倍を第 2 行に，d 倍を第 3 行に加えると

$$\boldsymbol{A}_3 = \begin{bmatrix} a_{11} & a_{12} & a_{13} \\ ca_{11}+a_{21} & ca_{12}+a_{22} & ca_{13}+a_{23} \\ da_{11}+a_{31} & da_{12}+a_{32} & da_{13}+a_{33} \end{bmatrix}$$

が得られる．$\boldsymbol{L}_2\boldsymbol{A} = \boldsymbol{A}_3$ となる $\boldsymbol{L}_2$ を求めよ．

(4)　$\boldsymbol{A}$ の第 1 列の c 倍を第 2 列に，d 倍を第 3 列に加えると

$$\boldsymbol{A}_4 = \begin{bmatrix} a_{11} & ca_{11}+a_{12} & da_{11}+a_{13} \\ a_{21} & ca_{21}+a_{22} & da_{21}+a_{23} \\ a_{31} & ca_{31}+a_{32} & da_{31}+a_{33} \end{bmatrix}$$

が得られる．$\boldsymbol{A}\boldsymbol{U}_2 = \boldsymbol{A}_4$ となる $\boldsymbol{U}_2$ を求めよ．

(5) $L_1^{-1} = \begin{bmatrix} 1 & 0 & 0 \\ -c & 1 & 0 \\ 0 & 0 & 1 \end{bmatrix}$, $U_1^{-1} = \begin{bmatrix} 1 & -c & 0 \\ 0 & 1 & 0 \\ 0 & 0 & 1 \end{bmatrix}$ を示せ.

(6) $\begin{bmatrix} 1 & 0 & 0 \\ l_{21} & 1 & 0 \\ l_{31} & 0 & 1 \end{bmatrix} \begin{bmatrix} 1 & 2 & 3 \\ 4 & 5 & 6 \\ 7 & 8 & 8 \end{bmatrix} \begin{bmatrix} 1 & u_{12} & u_{13} \\ 0 & 1 & 0 \\ 0 & 0 & 1 \end{bmatrix} = \begin{bmatrix} 1 & 0 & 0 \\ 0 & u & v \\ 0 & w & x \end{bmatrix}$ となるような $l_{21}, l_{31}, u_{12}, u_{13}, u, v, w, x$ を求めよ.

(7) 続いて, $\begin{bmatrix} 1 & 0 & 0 \\ 0 & 1 & 0 \\ 0 & l_{32} & 1 \end{bmatrix} \begin{bmatrix} 1 & 0 & 0 \\ 0 & u & v \\ 0 & w & x \end{bmatrix} \begin{bmatrix} 1 & 0 & 0 \\ 0 & 1 & u_{23} \\ 0 & 0 & 1 \end{bmatrix} = \begin{bmatrix} 1 & 0 & 0 \\ 0 & y & 0 \\ 0 & 0 & z \end{bmatrix}$ となるような l_{32}, u_{23}, y, z を求めよ.

(8) 引き続き, $\begin{bmatrix} 1 & 2 & 3 \\ 4 & 5 & 6 \\ 7 & 8 & 8 \end{bmatrix} = \begin{bmatrix} 1 & 0 & 0 \\ -l_{21} & 1 & 0 \\ -l_{31} & -l_{32} & 1 \end{bmatrix} \begin{bmatrix} 1 & 0 & 0 \\ 0 & y & 0 \\ 0 & 0 & z \end{bmatrix} \begin{bmatrix} 1 & -u_{12} & -u_{13} \\ 0 & 1 & -u_{23} \\ 0 & 0 & 1 \end{bmatrix}$ を検算せよ.

要約：与えられた $m \times n$ 行列 $\boldsymbol{A}$ に対して，指定された行または列の指定されたスカラー倍を他の行または列に加えるには，$\boldsymbol{I}_m$ または $\boldsymbol{I}_n$ に同じ操作を行った結果を，$\boldsymbol{A}$ に左または右から乗ずればよい.

なお，与えられた行列に対する以下の 3 種の変形：(a)：2 つの行（列）の交換，(b)：ある行（列）に 0 でないスカラーを掛ける，(c)：ある行（列）に他の行（列）のスカラー倍を加える，を**基本変形** (elementary transformation) という.

問題 1.8（エルミート行列等の特徴；定義 1.30 参照）　以下の事実を示せ.

(1) $\boldsymbol{A} \in \mathbb{C}^{n\times n}$ がエルミート行列であるならば $\boldsymbol{A}$ の対角成分はすべて実数.

(2) $\boldsymbol{A} \in \mathbb{R}^{n\times n}$ が歪対称行列であるならば $\boldsymbol{A}$ の対角成分はすべて 0.

(3) $\boldsymbol{A} \in \mathbb{C}^{n\times n}$ が歪エルミート称行列であるならば $\boldsymbol{A}$ の対角成分はすべて実部が 0 に等しい.

問題 1.9　$\boldsymbol{A}_1, \boldsymbol{A}_2$ を正方行列とする（次数は異なってよい）．以下 (1), (2) を示せ：

(1) ブロック対角行列 $\begin{bmatrix} \boldsymbol{A}_1 & \boldsymbol{0} \\ \boldsymbol{0} & \boldsymbol{A}_2 \end{bmatrix}$ の逆行列が存在する $\Leftrightarrow$ $\boldsymbol{A}_1, \boldsymbol{A}_2$ の逆行列がともに存在する.

(2) $\begin{bmatrix} \boldsymbol{A}_1 & \boldsymbol{0} \\ \boldsymbol{0} & \boldsymbol{A}_2 \end{bmatrix}^{-1} = \begin{bmatrix} \boldsymbol{A}_1^{-1} & \boldsymbol{0} \\ \boldsymbol{0} & \boldsymbol{A}_2^{-1} \end{bmatrix}$.

問題 1.10（ブロック三角行列の逆行列）　$\boldsymbol{A} = \begin{bmatrix} \boldsymbol{A}_1 & \boldsymbol{B} \\ \boldsymbol{0} & \boldsymbol{A}_2 \end{bmatrix}$ を与えられたブロック上三角行列とする．ここに対角ブロック $\boldsymbol{A}_1, \boldsymbol{A}_2$ は一般には型の異なる正方行列を表す．以下 (1), (2) を示せ：

(1) $\boldsymbol{A}^{-1}$ が存在する $\Leftrightarrow$ $\boldsymbol{A}_1^{-1}, \boldsymbol{A}_2^{-1}$ がともに存在する.

(2) $\boldsymbol{A}^{-1}$ が存在すれば，それは $\boldsymbol{A}^{-1} = \begin{bmatrix} \boldsymbol{A}_1^{-1} & -\boldsymbol{A}_1^{-1}\boldsymbol{B}\boldsymbol{A}_2^{-1} \\ \boldsymbol{0} & \boldsymbol{A}_2^{-1} \end{bmatrix}$ で与えられる．とくに $\boldsymbol{A}_1 =$

$\boldsymbol{I}_p$, $\boldsymbol{A}_2 = \boldsymbol{I}_q$ とすれば，$\begin{bmatrix} \boldsymbol{I}_p & \boldsymbol{B} \\ \boldsymbol{0} & \boldsymbol{I}_q \end{bmatrix}^{-1} = \begin{bmatrix} \boldsymbol{I}_p & -\boldsymbol{B} \\ \boldsymbol{0} & \boldsymbol{I}_q \end{bmatrix}$.

問題 1.11　$\boldsymbol{A}$ を $m \times n$ 行列，$\boldsymbol{B}$ を $n \times m$ 行列，λ をスカラーとすれば次式が成り立つことを示せ．

$$\begin{bmatrix} \boldsymbol{AB} - \lambda \boldsymbol{I}_m & \boldsymbol{0} \\ \boldsymbol{B} & -\lambda \boldsymbol{I}_n \end{bmatrix} \begin{bmatrix} \boldsymbol{I}_m & \boldsymbol{A} \\ \boldsymbol{0} & \boldsymbol{I}_n \end{bmatrix} = \begin{bmatrix} \boldsymbol{I}_m & \boldsymbol{A} \\ \boldsymbol{0} & \boldsymbol{I}_n \end{bmatrix} \begin{bmatrix} -\lambda \boldsymbol{I}_m & \boldsymbol{0} \\ \boldsymbol{B} & \boldsymbol{BA} - \lambda \boldsymbol{I}_n \end{bmatrix}.$$

問題 1.12（複素数と行列の1対1対応関係）　複素数 $z \equiv a + ib \Leftrightarrow \boldsymbol{M}(z) \equiv \begin{bmatrix} a & b \\ -b & a \end{bmatrix} = a \begin{bmatrix} 1 & 0 \\ 0 & 1 \end{bmatrix} + b \begin{bmatrix} 0 & 1 \\ -1 & 0 \end{bmatrix}$ を考える（a, b は実数）．すると次の関係 (1)–(8) が成り立つことを検算せよ（z_1, z_2, z は任意の複素数を表す）．

(1)　$\boldsymbol{M}(0) = \boldsymbol{0}$（2次ゼロ行列）
(2)　$\boldsymbol{M}(1) = \boldsymbol{I}$（2次単位行列）
(3)　$\boldsymbol{M}(i) = \begin{bmatrix} 0 & 1 \\ -1 & 0 \end{bmatrix}$
(4)　$\boldsymbol{M}(a \pm ib) = \boldsymbol{M}(a) \pm \boldsymbol{M}(i)\boldsymbol{M}(b)$：共役関係が“保存される”
(5)　$\boldsymbol{M}(z_1 + z_2) = \boldsymbol{M}(z_1) + \boldsymbol{M}(z_2) = \boldsymbol{M}(z_2) + \boldsymbol{M}(z_1)$：和が“保存される”
(5)　$\boldsymbol{M}(z_1 z_2) = \boldsymbol{M}(z_1)\boldsymbol{M}(z_2) = \boldsymbol{M}(z_2)\boldsymbol{M}(z_1)$：積が“保存される”
(6)　$\boldsymbol{M}(1/z) = \boldsymbol{M}^{-1}(z) \quad (z \neq 0)$
(7)　$\boldsymbol{M}(z_1/z_2) = \boldsymbol{M}(z_1)\boldsymbol{M}^{-1}(z_2) = \boldsymbol{M}^{-1}(z_2)\boldsymbol{M}(z_1) \quad (z_2 \neq 0)$：商が“保存される”

以上をまとめて，「複素体と $\begin{bmatrix} a & b \\ -b & a \end{bmatrix}$ 型実行列全体とは体として同型である」という．

問題 1.13　一度は体験しておくべき手続きとして，実数から複素数を作る公理的手続きを示す．実数全体をこれまで通り $\mathbb{R}$ で表す．実数の順序対 (a, b) 全体の集合を考え，これを太字 $\boldsymbol{C}$ で表そう：$\boldsymbol{C} = \{(a, b) : a, b \in \mathbb{R}\}$．そして各対 (a, b) を**複素数**と呼び，$\boldsymbol{u} = (a, b)$, $\boldsymbol{v} = (c, d)$ のように太字体で表すことにする．以下の定義を行う：

相等関係：$(a, b) = (c, d) \Leftrightarrow a = c$ かつ $b = d$,
和：$(a, b) + (c, d) = (a + c, b + d)$,
積：$(a, b)(c, d) = (ac - bd, ad + bc)$.

以下の事実が成り立つことを示せ（**A1**～**D1** 全体は体の公理系そのもの）．

（和に関する性質）

A1　（可換則）$\boldsymbol{u} + \boldsymbol{v} = \boldsymbol{v} + \boldsymbol{u}$
A2　（結合則）$(\boldsymbol{u} + \boldsymbol{v}) + \boldsymbol{w} = \boldsymbol{u} + (\boldsymbol{v} + \boldsymbol{w})$
A3　（ゼロ元の存在）$\boldsymbol{u} + \boldsymbol{0} = \boldsymbol{u} \quad (\boldsymbol{0} = (0, 0))$
A4　（逆元の存在）$\boldsymbol{u} + (-\boldsymbol{u}) = \boldsymbol{0}$ を満たす複素数「$-\boldsymbol{u}$」が存在する（$\boldsymbol{u} = (a, b)$ なら $-\boldsymbol{u}$ として $-\boldsymbol{u} = (-a, -b)$ をとればよい）．習慣上，$\boldsymbol{u} + (-\boldsymbol{v})$ を $\boldsymbol{u} - \boldsymbol{v}$ と書く．

（積に関する性質）

P1　（可換則）$\boldsymbol{uv} = \boldsymbol{vu}$

P2　（結合則）$(\boldsymbol{uv})\boldsymbol{w} = \boldsymbol{u}(\boldsymbol{vw})$

P3　（単位元の存在）$\mathbf{1}\boldsymbol{u} = \boldsymbol{u}$ を満たす単位元 $\mathbf{1}$ が存在する（$\mathbf{1} = (1, 0)$ をとればよい）

P4　（逆元の存在）$\boldsymbol{u} \neq \mathbf{0}$ なら $\boldsymbol{uv} = \mathbf{1}$ を満たす一意的な $\boldsymbol{v}$ が存在する．これを $\boldsymbol{u}^{-1}$ と書く．

事実，$\boldsymbol{u} = (a, b) \neq \mathbf{0}$ なら $\boldsymbol{u}^{-1} = \left(\dfrac{a}{a^2+b^2}, \dfrac{-b}{a^2+b^2}\right)$

D1　（分配則）$(\boldsymbol{u}+\boldsymbol{v})\boldsymbol{w} = \boldsymbol{uw} + \boldsymbol{vw}$

R1　$(a, 0)$ 型の複素数について以下の事実が成立する：
$(a, 0) + (b, 0) = (a+b, 0)$, $(a, 0)(b, 0) = (ab, 0)$, $-(a, 0) = (-a, 0)$,
$a \neq 0$ なら $(a, 0)^{-1} = (a^{-1}, 0)$.

R2　$(0, 1) = \boldsymbol{i}$ と書けば，$(a, b) = (a, 0) + (0, 1)(b, 0) = (a, 0) + \boldsymbol{i}(b, 0)$, $\boldsymbol{i}^2 = (-1, 0)$.

R1, R2 を見ると，$(a, 0)$ 型の複素数は和，積ともに同じ $(a, 0)$ 型であり，算法は対応する実数の算法とまったく同じである．ゆえに実数と $(a, 0)$ 型の複素数との呼称の差を撤廃し，ともに実数と呼んでも混乱は生じないであろう．そこで太字体を通常の字体に改める（$\boldsymbol{i}$ も i と書く）と，「複素数とは 実数 a, b から作った $a+ib$ 型の数であり，その算法は実数の算法と同じで，i^2 が出てきたらそれを -1 で置き換えればよい」といえる．$i^2+1=0$ なので，実数の範囲では解を持たない方程式 $x^2+1=0$ も複素数の範囲では解けることになる．

第2章　ベクトル空間と線形写像

第1章では行列の考えとその算法について説明したが，行列算法と一部を共有するような算法を持つ抽象的な数理系を考え，その枠内で議論するとかえって見通しがよくなるような問題も多い．それのみならず，このような抽象的な概念が，行列自体に関する問題の研究にも有効である場合がある．そのような概念が**ベクトル空間** (vector space)（**線形空間** (linear space)）と**線形写像** (linear map, linear mapping) である．本章では行列算の復習後，重要概念の導入を行い，「線形代数の基本定理」を始め，基本的な事実をいくつか証明する．

2.1　行列算総括

これまでに定義された6種の行列演算「和 $\boldsymbol{A}+\boldsymbol{B}$，スカラー倍 $\alpha\boldsymbol{A}$，積 $\boldsymbol{AB}$，転置 $\boldsymbol{A}^{\mathrm{T}}$，共役 $\overline{\boldsymbol{A}}$，共役転置 $\overline{\boldsymbol{A}}^{\mathrm{T}}=\overline{\boldsymbol{A}^{\mathrm{T}}}\equiv\boldsymbol{A}^{*}$」に関する算法をまとめよう．新たに記した公式には，明白なものを除いて，説明を付記してある．公式中「■印」の付いたものは，とくに注意して記憶すべきものである．

(I)　複素数の算法：複素数全体の集合を $\mathbb{C}$ と書き，実数全体の集合を $\mathbb{R}$ と書く．いま $u=a+ib,\ v=c+id\in\mathbb{C}$ $(a,\ b,\ c,\ d\in\mathbb{R},\ i^2=-1)$ とする．このとき，a を u の**実部** (real part)，b を u の**虚部** (imaginary part) といい，それぞれ $\mathrm{Re}(u)$, $\mathrm{Im}(u)$ で表す．また，$\overline{u}\equiv a-ib$ を u の**共役複素数** (conjugate complex) といい，$|u|\equiv\sqrt{u\overline{u}}=\sqrt{a^2+b^2}$ を u の**絶対値** (absolute value) という．すると

$$\overline{u\pm v}=\overline{u}\pm\overline{v},\quad \overline{uv}=\overline{u}\,\overline{v},\quad \overline{u/v}=\overline{u}/\overline{v}\ (v\neq 0),$$

$$uv=0\Leftrightarrow u=0\ \text{または}\ v=0,$$

$$|u|=0\Leftrightarrow u=0.$$

(II)　和とスカラー倍：$\boldsymbol{A}, \boldsymbol{B}, \boldsymbol{C}$ を同じ型の行列とし，α, β をスカラーとする．

1　結合則：$(\boldsymbol{A}+\boldsymbol{B})+\boldsymbol{C}=\boldsymbol{A}+(\boldsymbol{B}+\boldsymbol{C})$

2　交換則：$\boldsymbol{A}+\boldsymbol{B}=\boldsymbol{B}+\boldsymbol{A}$

3　ゼロ元の存在：$\boldsymbol{A}+\boldsymbol{0}=\boldsymbol{A}$ を満たす，$\boldsymbol{A}$ に独立な元 $\boldsymbol{0}$ が存在する

4　加法的逆元の存在：各 $\boldsymbol{A}$ に対し，$\boldsymbol{A}+(-\boldsymbol{A})=\boldsymbol{0}$ を満たす（加法的）逆元 $-\boldsymbol{A}$ が存在する

5　結合則：$(\alpha\beta)\boldsymbol{A}=\alpha(\beta\boldsymbol{A})$

6　$1\boldsymbol{A}=\boldsymbol{A}$

7　分配則：$(\alpha+\beta)\boldsymbol{A}=\alpha\boldsymbol{A}+\beta\boldsymbol{A}$

8　分配則：$\alpha(\boldsymbol{A}+\boldsymbol{B})=\alpha\boldsymbol{A}+\alpha\boldsymbol{B}$

(III)　積：以下 $\boldsymbol{A}, \boldsymbol{B}, \boldsymbol{C}$ は可積条件を満たすものとし，α はスカラーとする．

9　結合則：$(\boldsymbol{AB})\boldsymbol{C}=\boldsymbol{A}(\boldsymbol{BC})$

10　単位元の存在：$\boldsymbol{A}: m\times n$ なら，$\boldsymbol{I}_m\boldsymbol{A}=\boldsymbol{A}, \boldsymbol{A}\boldsymbol{I}_n=\boldsymbol{A}$ を満たす $\boldsymbol{A}$ に独立な元 $\boldsymbol{I}_m, \boldsymbol{I}_n$（単位行列）が存在する

11　結合則：$\alpha(\boldsymbol{AB})=(\alpha\boldsymbol{A})\boldsymbol{B}=\boldsymbol{A}(\alpha\boldsymbol{B})$

12　分配則：$\boldsymbol{A}(\boldsymbol{B}+\boldsymbol{C})=\boldsymbol{AB}+\boldsymbol{AC}$

13　分配則：$(\boldsymbol{A}+\boldsymbol{B})\boldsymbol{C}=\boldsymbol{AC}+\boldsymbol{BC}$

(IV)　転置，共役，共役転置：以下 $\boldsymbol{A}, \boldsymbol{B}$ は同じ型の複素行列，α を任意の複素数とする．

14　$(\boldsymbol{A}+\boldsymbol{B})^{\mathrm{T}}=\boldsymbol{A}^{\mathrm{T}}+\boldsymbol{B}^{\mathrm{T}}$

15　$\overline{\boldsymbol{A}+\boldsymbol{B}}=\overline{\boldsymbol{A}}+\overline{\boldsymbol{B}}$

16　$(\boldsymbol{A}+\boldsymbol{B})^*=\boldsymbol{A}^*+\boldsymbol{B}^*$

17■　$(\boldsymbol{AB})^{\mathrm{T}}=\boldsymbol{B}^{\mathrm{T}}\boldsymbol{A}^{\mathrm{T}}$

18　$\overline{\boldsymbol{AB}}=\overline{\boldsymbol{A}}\,\overline{\boldsymbol{B}}$

19■　$(\boldsymbol{AB})^*=\boldsymbol{B}^*\boldsymbol{A}^*$

20　$(\alpha\boldsymbol{A})^{\mathrm{T}}=\alpha\boldsymbol{A}^{\mathrm{T}}$

21　$\overline{\alpha\boldsymbol{A}}=\overline{\alpha}\overline{\boldsymbol{A}}$

22■　$(\alpha\boldsymbol{A})^*=\overline{\alpha}\boldsymbol{A}^*$

(V)　逆行列：以下 $\boldsymbol{A}, \boldsymbol{B}$ は同じ型の可逆行列，$\alpha\neq 0$ をスカラーとする．

23　$(\boldsymbol{A}^{-1})^{\mathrm{T}} = (\boldsymbol{A}^{\mathrm{T}})^{-1}$

24　$\overline{\boldsymbol{A}^{-1}} = (\overline{\boldsymbol{A}})^{-1}$

25　$(\boldsymbol{A}^{-1})^{*} = (\boldsymbol{A}^{*})^{-1}$

26■　$(\boldsymbol{AB})^{-1} = \boldsymbol{B}^{-1}\boldsymbol{A}^{-1}$

27■　$(\alpha\boldsymbol{A})^{-1} = \alpha^{-1}\boldsymbol{A}^{-1}$

(VI)　ブロック算法

28■　積（ブロック行列版 row-by-column rule）

与えられた行列 $\boldsymbol{A}, \boldsymbol{B}$ を

$$\boldsymbol{A} = \begin{bmatrix} \boldsymbol{A}_{11} & \cdots & \boldsymbol{A}_{1s} \\ \vdots & & \vdots \\ \boldsymbol{A}_{r1} & \cdots & \boldsymbol{A}_{rs} \end{bmatrix} : \text{“}r \times s\text{”},\ \boldsymbol{B} = \begin{bmatrix} \boldsymbol{B}_{11} & \cdots & \boldsymbol{B}_{1t} \\ \vdots & & \vdots \\ \boldsymbol{B}_{s1} & \cdots & \boldsymbol{B}_{st} \end{bmatrix} : \text{“}s \times t\text{”}$$

の型に（「しりとり式」に）分割する（区分けする）．このとき，$\boldsymbol{A}$ の第 i ブロック行 $\left[\boldsymbol{A}_{i1}, \ldots, \boldsymbol{A}_{is}\right]$，$\boldsymbol{B}$ の第 j ブロック列 $\begin{bmatrix} \boldsymbol{B}_{1j} \\ \vdots \\ \boldsymbol{B}_{sj} \end{bmatrix}$ を任意に 1 組選び（例：$i = j = 1$），$\boldsymbol{A}_{i1}\boldsymbol{B}_{1j}, \ldots, \boldsymbol{A}_{is}\boldsymbol{B}_{sj}$ がすべて可積であるかどうかを見る．もしそうならば，すべての i, j の値に対して $\boldsymbol{A}_{i1}\boldsymbol{B}_{1j}, \ldots, \boldsymbol{A}_{is}\boldsymbol{B}_{sj}$ はすべて同型の行列となり，$\boldsymbol{A}_{i1}\boldsymbol{B}_{1j} + \cdots + \boldsymbol{A}_{is}\boldsymbol{B}_{sj} \equiv \boldsymbol{C}_{ij}$ $(i = 1, \ldots, r,$ $j = 1, \ldots, t)$ と置けば $\boldsymbol{AB} = \left[\boldsymbol{C}_{ij}\right]$ が成り立つ．すなわち，積の計算にブロック行列版 row-by-column rule が適用可能である．

29■　転置

$$\boldsymbol{A} = \begin{bmatrix} \boldsymbol{A}_{11} & \cdots & \boldsymbol{A}_{1s} \\ \vdots & & \vdots \\ \boldsymbol{A}_{r1} & \cdots & \boldsymbol{A}_{rs} \end{bmatrix} : \text{“}r \times s\text{”} \Rightarrow \boldsymbol{A}^{\mathrm{T}} = \begin{bmatrix} \boldsymbol{A}_{11}^{\mathrm{T}} & \cdots & \boldsymbol{A}_{r1}^{\mathrm{T}} \\ \vdots & & \vdots \\ \boldsymbol{A}_{1s}^{\mathrm{T}} & \cdots & \boldsymbol{A}_{rs}^{\mathrm{T}} \end{bmatrix} : \text{“}s \times r\text{”}$$

すなわち，ブロック行列の転置をとるには，各ブロックがあたかも数であるかのように思って転置をとった後，各ブロックの転置をとればよい．

以上の行列算法のうち，いくつかはベクトル空間および線形写像の定義に拡張される．

2.2　ベクトル空間の公理

与えられたスカラー（実数または複素数）上の**ベクトル空間**または**線形空間** (vector or linear space over $\mathbb{R}$ or $\mathbb{C}$) は，前節で述べた「和とスカラー倍に関する法則 1–8」と同じ算法を持つ数理系をいう．すなわち，$\boldsymbol{V}$ がベクトル空間であるとは次の公理系が満たされることをいう：

定義 2.1　$\boldsymbol{V}$ の任意元 $\boldsymbol{a}, \boldsymbol{b}$ に，**和** (sum) と呼ばれる第 3 の元 $\boldsymbol{a}+\boldsymbol{b}$ を対応させる**加法** (addition) "+"，および任意のスカラー α，任意の $\boldsymbol{a} \in \boldsymbol{V}$ に，**スカラー倍** (scalar multiple) と呼ばれる第 3 の元 $\alpha\boldsymbol{a} = \boldsymbol{a}\alpha$ を対応させる演算が定義され，その算法は次の法則を満たす（以下 $\boldsymbol{a}, \boldsymbol{b}, \boldsymbol{c}$ は $\boldsymbol{V}$ の元，α, β をスカラーとする）：

(1)　結合則：$(\boldsymbol{a}+\boldsymbol{b})+\boldsymbol{c} = \boldsymbol{a}+(\boldsymbol{b}+\boldsymbol{c})$
(2)　交換則：$\boldsymbol{a}+\boldsymbol{b} = \boldsymbol{b}+\boldsymbol{a}$
(3)　ゼロ元の存在；$\boldsymbol{a}+\boldsymbol{0} = \boldsymbol{a}$ を満たす，$\boldsymbol{a}$ に独立な元 $\boldsymbol{0}$ が存在する
(4)　各 $\boldsymbol{a}$ に対して $\boldsymbol{a}+(-\boldsymbol{a}) = \boldsymbol{0}$ を満たす（加法的）逆元 $-\boldsymbol{a}$ が存在する
(5)　結合則：$(\alpha\beta)\boldsymbol{a} = \alpha(\beta\boldsymbol{a})$
(6)　$1\boldsymbol{a} = \boldsymbol{a}$
(7)　分配則：$(\alpha+\beta)\boldsymbol{a} = \alpha\boldsymbol{a}+\beta\boldsymbol{a}$
(8)　分配則：$\alpha(\boldsymbol{a}+\boldsymbol{b}) = \alpha\boldsymbol{a}+\alpha\boldsymbol{b}$

厳密にいえば，ベクトル空間とは「与えられたスカラー全体，集合 $\boldsymbol{V}$，和，スカラー倍」を総合的に考えた数理系であるが，習慣上，$\boldsymbol{V}$ をベクトル空間といい，その元を**ベクトル** (vector) と呼ぶ．また，スカラーが実数の場合，そのベクトル空間を単に**実ベクトル空間** (real vector space) といい，スカラーが複素数の場合，**複素ベクトル空間** (complex vector space) という．

相等関係については，「**反射性** (reflexivity) $\boldsymbol{a}=\boldsymbol{a}$」，「**対称性** (symmetry) $\boldsymbol{a}=\boldsymbol{b}$ なら $\boldsymbol{b}=\boldsymbol{a}$」，「**推移性** (transitivity) $\boldsymbol{a}=\boldsymbol{b}$ かつ $\boldsymbol{b}=\boldsymbol{c}$ なら $\boldsymbol{a}=\boldsymbol{c}$」が満たされるのはもちろん，「$\boldsymbol{a}=\boldsymbol{b}$, $\boldsymbol{c}=\boldsymbol{d}$ なら $\boldsymbol{a}+\boldsymbol{c}=\boldsymbol{b}+\boldsymbol{d}$」，「$\alpha=\beta$, $\boldsymbol{a}=\boldsymbol{b}$ なら $\alpha\boldsymbol{a}=\beta\boldsymbol{b}$」が満たされることも暗黙のうちに仮定されている．実行列，複素行列に対してはこれらの諸性質は実数体，複素数体における相等関係から継承され，成立しているわけである．

2.3　簡単な結果

以上の公理からただちに出てくる結果を述べる．

(a)　ゼロ元（ゼロベクトル）は 1 つしかない．

証明　$\mathbf{0}_1, \mathbf{0}_2$ をゼロ元とすれば $\mathbf{0}_1 = \mathbf{0}_1 + \mathbf{0}_2$（ゼロ元 $\mathbf{0}_2$ の性質）$= \mathbf{0}_2 + \mathbf{0}_1$（交換則）$= \mathbf{0}_2$（ゼロ元 $\mathbf{0}_1$ の性質）■

(b)　逆元は一意的に決まる．

証明　$\boldsymbol{a} + \boldsymbol{x} = \mathbf{0}, \boldsymbol{a} + \boldsymbol{y} = \mathbf{0}$ なら $\boldsymbol{x} = \boldsymbol{x} + \mathbf{0} = \boldsymbol{x} + (\boldsymbol{a} + \boldsymbol{y}) = (\boldsymbol{x} + \boldsymbol{a}) + \boldsymbol{y} = \mathbf{0} + \boldsymbol{y} = \boldsymbol{y} + \mathbf{0} = \boldsymbol{y}$ ■

(c)　簡約則 (cancellation law)：$\boldsymbol{a} + \boldsymbol{x} = \boldsymbol{b} + \boldsymbol{x}$ なら $\boldsymbol{a} = \boldsymbol{b}$

証明　$\boldsymbol{a} = \boldsymbol{a} + \mathbf{0} = \boldsymbol{a} + (\boldsymbol{x} + (-\boldsymbol{x})) = (\boldsymbol{a} + \boldsymbol{x}) + (-\boldsymbol{x}) = (\boldsymbol{b} + \boldsymbol{x}) + (-\boldsymbol{x}) = \boldsymbol{b} + (\boldsymbol{x} + (-\boldsymbol{x})) = \boldsymbol{b} + \mathbf{0} = \boldsymbol{b}$ ■

(d)　簡約則：$\alpha \neq 0$ かつ $\alpha\boldsymbol{a} = \alpha\boldsymbol{b}$ なら $\boldsymbol{a} = \boldsymbol{b}$

証明　$\boldsymbol{a} = 1\boldsymbol{a} = \left(\dfrac{1}{\alpha}\alpha\right)\boldsymbol{a} = \dfrac{1}{\alpha}(\alpha\boldsymbol{a})$（結合則）$= \dfrac{1}{\alpha}(\alpha\boldsymbol{b}) = \left(\dfrac{1}{\alpha}\alpha\right)\boldsymbol{b} = 1\boldsymbol{b} = \boldsymbol{b}$ ■

(e)　$0\boldsymbol{a} = \mathbf{0}$

証明　$\mathbf{0} + 0\boldsymbol{a} = 0\boldsymbol{a} = (0 + 0)\boldsymbol{a} = 0\boldsymbol{a} + 0\boldsymbol{a}$（分配則）．ゆえに $\mathbf{0} + 0\boldsymbol{a} = 0\boldsymbol{a} + 0\boldsymbol{a}$．簡約則により $\mathbf{0} = 0\boldsymbol{a}$ ■

(f)　$-\boldsymbol{a} = (-1)\boldsymbol{a}$

証明　$\mathbf{0} = 0\boldsymbol{a} = (1 + (-1))\boldsymbol{a} = 1\boldsymbol{a} + (-1)\boldsymbol{a}$（分配則）$= \boldsymbol{a} + (-1)\boldsymbol{a}$（$1\boldsymbol{a} = \boldsymbol{a}$ による）．逆元の一意性より $-\boldsymbol{a} = (-1)\boldsymbol{a}$． ■

(g)　一般結合則：和 $\boldsymbol{a}_1 + \boldsymbol{a}_2 + \cdots + \boldsymbol{a}_k$ は加える順序にも，ベクトルの並ぶ順序にもよらない．

証明　和の結合則と交換則から従う． ■

2.4　ベクトル空間の例

ベクトル空間という考えの広さを示すための例をあげる．

例 2.2　$m \times n$ 実行列全体 $\mathbb{R}^{m\times n}$（m, n は任意の自然数）はベクトル空間の雛形である．また実数の**順序付 n タプル** (ordered n-tuple) 全体，すなわち $(x_1, \ldots, x_n)$ 型の組全体も $1 \times n$ 行列に準じて和とスカラー倍を定義すればベクトル空間となることは明らか．

例 2.3　任意の（空でない）集合 X 上で定義された実関数全体 $F(X, \mathbb{R})$ を考える．$f, g \in F(X, \mathbb{R})$ に対して「$f = g$ とはすべての $x \in X$ に対して $f(x) = g(x)$ であること」と定義する．ここに，最後の "=" は実数の相等を表す．そして，和，スカラー倍を次のように定義する：

和：$f, g \in F(X, \mathbb{R})$ の和 $f+g$ とは，$(f+g)(x) = f(x) + g(x) (x \in X)$ によって定義される関数 $f+g \in F(X, \mathbb{R})$ をいう．“$f+g$” なる関数を定義するには X の各元における値を定義すればよく，元 $x \in X$ における $f+g$ の値とはその点における $f, g \in F(X, \mathbb{R})$ の値の和（実数の和）である．

スカラー倍：$\alpha \in \mathbb{R}$, $f \in F(X, \mathbb{R})$ に対してスカラー倍 αf とは，$(\alpha f)(x) = \alpha f(x)$ によって定義される $\alpha f \in F(X, \mathbb{R})$ をいう．すなわち，点 $x \in X$ における αf の値とは実数の積 $\alpha \cdot f(x)$ である．

このように和とスカラー倍を定義すると $F(X, \mathbb{R})$ はベクトル空間の公理をすべて満たす．とくに，$\mathbf{0}$ に相当するものはすべての $x \in X$ に対して $\mathbf{0}(x) = 0$ で定義される関数，逆元 $-f$ とはすべての $x \in X$ に対して $(-f)(x) = -(f(x))$ で定義される関数をとればよい．

例 2.4 実用性には乏しいが，一度は体験して頂きたい例を出す．正の実数全体を $\mathbb{R}_+$ と書こう．以下の和とスカラー倍の定義により，$\mathbb{R}_+$ は実ベクトル空間となる：

和：$x + y = xy$（左辺がベクトルの和の定義，右辺は通常の実数の積），

スカラー倍：$\alpha x = x^\alpha$（左辺がスカラー倍の定義，右辺は通常の実数の冪乗）．

また $\mathbf{0} = 1$ $(\because x + 1 = x1 = x)$, $-x = 1/x$ $(\because x + (1/x) = x(1/x) = 1 = \mathbf{0})$.

結合則その他もすべて満たされることを検算して頂きたい．

例 2.5 この例は「スカラーに要注意」の例としてあげる．$m \times n$ 複素行列全体 $\mathbb{C}^{m\times n}$ は，実ベクトル空間としても複素ベクトル空間としても考えることができる．前者の場合，スカラーとは実数を意味する．$\mathbb{C}^{m\times n}$ は普通複素ベクトル空間として扱うが，スカラーを実数に制限してもベクトル空間の公理は満たされるので，実ベクトル空間を表す．両者は同じではない．のちほど説明するように，複素ベクトル空間としての次元（2.16 節参照）は mn，実ベクトル空間としての次元は $2mn$ となる．

例 2.6 実ベクトル空間の**複素化** (complexification)：$\boldsymbol{V}$ を任意の実ベクトル空間とすれば，新たに $\boldsymbol{a} + i\boldsymbol{b}$ 型の元 $(\boldsymbol{a}, \boldsymbol{b} \in \boldsymbol{V}, i^2 = -1)$ 全体を考え，これに通常の方法で和とスカラー倍を

$$(\boldsymbol{a}+i\boldsymbol{b})+(\boldsymbol{c}+i\boldsymbol{d})=(\boldsymbol{a}+\boldsymbol{c})+i(\boldsymbol{b}+\boldsymbol{d}),$$
$$(\alpha+i\beta)(\boldsymbol{a}+i\boldsymbol{b})=\alpha\boldsymbol{a}-\beta\boldsymbol{b}+i(\beta\boldsymbol{a}+\alpha\boldsymbol{b})$$

のように定義すれば，複素ベクトル空間が得られる．こうして得られた複素ベクトル空間において，ベクトルを $\boldsymbol{a}+i\boldsymbol{0}$ 型のものに限定し，スカラーも実数に限定すれば，もとの実ベクトル空間に帰る（詳細略）．

2.5　集合論から Part I ——写像——

線形写像 (linear map, linear mapping) の説明に入る前に，一般集合論からの重要キーワードを簡単に復習しておくと今後の説明がスムーズになる．一般に（空でない）集合 X の任意の元（**点**ともいう）x に（空でない）集合 Y のひとつの元（点）y を対応させたとき，X **から** Y **への写像** (map, mapping)（**関数** (function), **作用素** (operator)）**が定義されたといい**，x **におけるこの写像の値は** y であるというい方をする．そしてこの写像を f と呼ぶ場合，$f : X \to Y, y = f(x)$, $f : x \mapsto y$，あるいは単に，$x \mapsto y$ とも書く．集合 X を**定義域**（変域）(domain of definition)，Y を**像空間** (image space)，x を**独立変数** (independent variable)，y を**従属変数** (dependent variable)，特定の x に対応する Y の元 y を x の**像** (image) または**値** (value)，x をその**原像** (pre-image)，像 y 全体の集合を $f(X)$ と書いて f の**値域** (range) という．また対 $(x, f(x))$ 全体の集合を f の**グラフ** (graph) という．

「$f(x_1)=f(x_2) \Rightarrow x_1=x_2$」（「$x_1 \neq x_2 \Rightarrow f(x_1) \neq f(x_2)$」と同値）を満たす f を**単射** (injection, one-to-one function)，f の値域が像空間 Y と一致する場合 f を**全射** (surjection, onto function) という．全射かつ単射であれば**全単射** (bijection) という．また Y の任意の部分集合 Y_1 の原像全体（$f(x) \in Y_1$ となるような $x \in X$ の全体）を Y_1 の**逆像** (inverse image) といい，$f^{-1}(Y_1)$ で表す．X から Y への関数全体の集合は，よく $F(X, Y)$ のように書かれる（前節例 2.3 で考えた $F(X, \mathbb{R})$ はこの書き方の一例である）．

$f, g \in F(X, Y)$ の**相等** (equality) は「$f = g$ とはすべての $x \in X$ に対して $f(x) = g(x)$ であること（この "=" は Y 上の相等）」と定義される．

2.6　線形写像

2.1 節から行列積の結合則，分配則をいくらか記号を改めて再掲すると（便宜上「結合則 11」を 2 つに分けて書く）：

12　分配則：$\boldsymbol{A}(\boldsymbol{x}+\boldsymbol{x}')=\boldsymbol{A}\boldsymbol{x}+\boldsymbol{A}\boldsymbol{x}'$
11a　結合則：$\alpha(\boldsymbol{A}\boldsymbol{x})=\boldsymbol{A}(\alpha\boldsymbol{x})$
11b　結合則：$(\alpha\boldsymbol{A})\boldsymbol{x}=\alpha(\boldsymbol{A}\boldsymbol{x})$
13　分配則：$(\boldsymbol{A}+\boldsymbol{B})\boldsymbol{x}=\boldsymbol{A}\boldsymbol{x}+\boldsymbol{B}\boldsymbol{x}$
9　結合則：$(\boldsymbol{A}\boldsymbol{B})\boldsymbol{x}=\boldsymbol{A}(\boldsymbol{B}\boldsymbol{x})$

この最初の 2 法則 (12, 11a) が線形写像の公理として採用される．すなわち，

定義 2.7［線形写像の定義］　同じスカラー上のベクトル空間 $\boldsymbol{X}$ から第 2 のベクトル空間 $\boldsymbol{Y}$ への写像（略して**ベクトル変数のベクトル関数**ともいう）$\boldsymbol{T}$ が**線形写像** (linear map, linear mapping) であるとは，和とスカラー倍が次式を満たすことをいう：

任意の $\boldsymbol{x}, \boldsymbol{x}' \in \boldsymbol{X}$，任意のスカラー α に対して $\boldsymbol{T}(\boldsymbol{x}+\boldsymbol{x}')=\boldsymbol{T}(\boldsymbol{x})+\boldsymbol{T}(\boldsymbol{x}')$，$\boldsymbol{T}(\alpha\boldsymbol{x})=\alpha(\boldsymbol{T}(\boldsymbol{x}))$.

いいかえると「和の写像は写像の和」，「スカラー倍の写像は写像のスカラー倍」が成り立つ．この性質を**重ね合わせの原理** (principle of superposition) とも呼ぶ．とくに $\boldsymbol{X}=\boldsymbol{Y}$ の場合，その線形写像を**線形変換** (linear transformation) という．後述する座標変換は線形変換の重要例を表す（2.18 節参照）．

続く 2 法則 (11b, 13) は，$\boldsymbol{X}$ から $\boldsymbol{Y}$ への一般の写像（**線形**および**非線形写像** (nonlinear map, nonlinear mapping)）の**スカラー倍**と**和**の定義に拡張される：

定義 2.8［スカラー倍の定義］　$(\alpha\boldsymbol{T})(\boldsymbol{x})=\alpha(\boldsymbol{T}(\boldsymbol{x}))$（$\alpha\boldsymbol{T}$ の $\boldsymbol{x}\in\boldsymbol{X}$ における値は $\alpha(\boldsymbol{T}(\boldsymbol{x}))\in\boldsymbol{Y}$ である）．

定義 2.9［和の定義］　$(\boldsymbol{T}+\boldsymbol{T}')(\boldsymbol{x})=\boldsymbol{T}(\boldsymbol{x})+\boldsymbol{T}'(\boldsymbol{x})$（$\boldsymbol{T}+\boldsymbol{T}'$ の $\boldsymbol{x}\in\boldsymbol{X}$ における値は $\boldsymbol{T}(\boldsymbol{x})+\boldsymbol{T}'(\boldsymbol{x})$ であると定義）．

この和とスカラー倍の定義により，$\boldsymbol{X}$ から $\boldsymbol{Y}$ への**線形写像全体はベクトル空間となる**（ベクトル空間の公理系を満たす）．

最後の法則 (9) は写像の積の定義に拡張される．$\boldsymbol{T}'$ を $\boldsymbol{X}$ から $\boldsymbol{Y}$ への写像，$\boldsymbol{T}$ を $\boldsymbol{Y}$ から第3のベクトル空間 $\boldsymbol{Z}$ への写像とすると：

定義 2.10［積（合成写像 (composite map, composite mapping)）の定義］
$(\boldsymbol{T}\boldsymbol{T}')(\boldsymbol{x}) = \boldsymbol{T}(\boldsymbol{T}'(\boldsymbol{x}))$.

すなわち，$\boldsymbol{T}\boldsymbol{T}'$ の $\boldsymbol{x} \in \boldsymbol{X}$ における値とは $\boldsymbol{T}(\boldsymbol{T}'(\boldsymbol{x})) \in \boldsymbol{Z}$ であると定義する．

2.7　線形写像の例

ベクトル空間という概念の広さは前節の例で見たとおりである．したがって線形写像の概念も相応に広い．いくつかの例から見てみよう．

例 2.11　各 $\boldsymbol{A} \in \mathbb{R}^{m\times n}$（各 $m \times n$ 実行列 $\boldsymbol{A}$）に対応して次式で定義される写像 $f_{\boldsymbol{A}}$：

$$\boldsymbol{y} = f_{\boldsymbol{A}}(\boldsymbol{x}) = \boldsymbol{A}\boldsymbol{x} \quad (\boldsymbol{x} \in \mathbb{R}^n, \boldsymbol{y} \in \mathbb{R}^m) \tag{2.1}$$

は $\mathbb{R}^n$ から $\mathbb{R}^m$ への線形写像を表す．これは前節で見た線形写像の雛形である．

相等関係をチェックすると，$\boldsymbol{A}, \boldsymbol{B} \in \mathbb{R}^{m\times n}$ に対して

$$\begin{aligned} f_{\boldsymbol{A}} = f_{\boldsymbol{B}} &\Leftrightarrow \text{すべての}\boldsymbol{x} \in \mathbb{R}^n\text{に対して } f_{\boldsymbol{A}}(\boldsymbol{x}) = f_{\boldsymbol{B}}(\boldsymbol{x}) \\ &\Leftrightarrow \text{すべての}\boldsymbol{x} \in \mathbb{R}^n\text{に対して}\boldsymbol{A}\boldsymbol{x} = \boldsymbol{B}\boldsymbol{x} \\ &\Leftrightarrow \boldsymbol{A} = \boldsymbol{B}. \end{aligned} \tag{2.2}$$

（最後の "⇔" の証明：(⇒) $\boldsymbol{x} = \boldsymbol{e}_j = n$ 次第 j 単位ベクトル $(j = 1, \ldots, n)$ をとればよい．(⇐)：明白．）
(2.1) の転置をとると，$\boldsymbol{y}^{\mathrm{T}} = \boldsymbol{x}^{\mathrm{T}}\boldsymbol{A}^{\mathrm{T}}$．これは $\mathbb{R}^{1\times n}$ から $\mathbb{R}^{1\times m}$ への線形写像を表している．

例 2.12　2.5 節で定義した任意の集合 X 上で定義された実関数全体の集合 $F(X, \mathbb{R})$ は，通常の和とスカラー倍の定義により実ベクトル空間となる．実数全体 $\mathbb{R}$ も，和と積に関して実ベクトル空間の公理を満たすから実ベクトル空間である．そこで X 内の特定の元 x_0 をとり，

$$\widehat{x_0}(f) = f(x_0) \in \mathbb{R} \tag{2.3}$$

によって定義される $F(X, \mathbb{R})$ から $\mathbb{R}$ への写像 $\widehat{x_0}$ を定義する．$\widehat{x_0}$ は各 $f \in F(X, \mathbb{R})$ に，固定された点 x_0 における値を対応させる写像を表す．これも線形写像の例を表す．実際，任意の $f, g \in F(X, \mathbb{R}), \alpha \in \mathbb{R}$ に対して

$$\widehat{x_0}(f+g) = (f+g)(x_0) = f(x_0) + g(x_0) = \widehat{x_0}(f) + \widehat{x_0}(g),$$
$$\widehat{x_0}(\alpha f) = (\alpha f)(x_0) = \alpha \cdot f(x_0) = \alpha \widehat{x_0}(f).$$

線形写像 $\widehat{x_0}$ は**点評価汎関数** (point evaluation functional) と呼ばれる．

例 2.13　実区間 $0 < x < 1$ 上で定義された実係数多項式 $p(x) = a_0x^n + a_1x^{n-1} + \cdots + a_{n-1}x + a_n$（$a_0\,(\neq 0), a_1, \ldots, a_n$ は実数，$n = 0, 1, 2, \ldots$）を考えると，その全体 $\boldsymbol{P}$ は通常の和とスカラー倍（実数倍）に関して実ベクトル空間を作る．いま $\boldsymbol{P}$ から $\boldsymbol{P}$ への（微分）変換 $\boldsymbol{D}$ を

$$(\boldsymbol{D}p)(x) = (d/dx)p(x) = a_0nx^{n-1} + a_1(n-1)x^{n-2} + \cdots + a_{n-1}$$

によって定義すると，$\boldsymbol{D}$ も $\boldsymbol{P}$ から $\boldsymbol{P}$ への線形写像を表す．また，写像 $\boldsymbol{T}$（0 から 1 までの定積分）を

$$\boldsymbol{T}(p) = \int_0^1 p(x)dx$$

によって定義すると，$\boldsymbol{T}$ は $\boldsymbol{P}$ から $\mathbb{R}$ への線形写像を表す．

2.8　1 次方程式 $\boldsymbol{Ax}=\boldsymbol{b}$

定理 2.14　$\boldsymbol{T}$ を与えられた実または複素ベクトル空間 X から第 2 の実または複素ベクトル空間 Y への線形写像とし，方程式

$$\boldsymbol{T}(\boldsymbol{x}) = \boldsymbol{b} \tag{2.4}$$

を考える．ここに $\boldsymbol{b} \in Y$ は既知ベクトル，$\boldsymbol{x} \in X$ は未知ベクトルを表す．(2.4) の解が存在すれば，その 1 つ 1 つを**特解** (particular solution) という．(2.4) の特解 $\boldsymbol{x}_0$ が 1 つ分かれば，(2.4) の任意解（**一般解** (general solution) ともいう）$\boldsymbol{x}$ は，$\boldsymbol{x}_0$ と**同次方程式** (homogeneous equation) $\boldsymbol{T}(\boldsymbol{x}) = \boldsymbol{0}$ の任意解 $\boldsymbol{x}_1$ の和によって与えられる：

$$\boldsymbol{x} - \boldsymbol{x}_0 + \boldsymbol{x}_1. \tag{2.5}$$

また，逆も成り立つ．

証明　$\boldsymbol{x}_0$ を (2.4) の特解，任意解を $\boldsymbol{x}$ とすれば，$\boldsymbol{T}(\boldsymbol{x}-\boldsymbol{x}_0)=\boldsymbol{T}(\boldsymbol{x})-\boldsymbol{T}(\boldsymbol{x}_0)=\boldsymbol{b}-\boldsymbol{b}=\boldsymbol{0}$．ゆえに $\boldsymbol{x}_1\equiv\boldsymbol{x}-\boldsymbol{x}_0$ は同次方程式の解を表す．そして $\boldsymbol{x}=\boldsymbol{x}_0+\boldsymbol{x}_1$．逆に，$\boldsymbol{x}_0$ を (2.4) の特解，$\boldsymbol{x}_1$ を同次方程式の任意解とすれば，$\boldsymbol{T}(\boldsymbol{x}_0+\boldsymbol{x}_1)=\boldsymbol{T}(\boldsymbol{x}_0)+\boldsymbol{T}(\boldsymbol{x}_1)=\boldsymbol{b}+\boldsymbol{0}=\boldsymbol{b}$．ゆえに $\boldsymbol{x}=\boldsymbol{x}_0+\boldsymbol{x}_1$ は (2.4) の解を表す．■

同次方程式に対して，もとの $\boldsymbol{T}(\boldsymbol{x})=\boldsymbol{b}$ 型方程式を**非同次方程式** (nonhomogeneous equation) という．

例 2.15　方程式 $\begin{bmatrix}1&1\\2&2\end{bmatrix}\begin{bmatrix}x\\y\end{bmatrix}=\begin{bmatrix}1\\2\end{bmatrix}$ を考える．$\boldsymbol{x}_0=\begin{bmatrix}1\\0\end{bmatrix}$ はその特解の 1 つである．同次方程式 $\begin{bmatrix}1&1\\2&2\end{bmatrix}\begin{bmatrix}x\\y\end{bmatrix}=\begin{bmatrix}0\\0\end{bmatrix}$ の実解は簡単に計算でき，$\boldsymbol{x}_1=c\begin{bmatrix}1\\-1\end{bmatrix}$（$c$ は任意実数）と書ける．ゆえにもとの方程式のすべての実解は $\boldsymbol{x}=\begin{bmatrix}1\\0\end{bmatrix}+c\begin{bmatrix}1\\-1\end{bmatrix}$ と書ける．特解として，例えば $\begin{bmatrix}0\\1\end{bmatrix}$ を選んでもよい．複素解は，同様の計算によって $\boldsymbol{x}=\begin{bmatrix}1\\0\end{bmatrix}+(c+id)\begin{bmatrix}1\\-1\end{bmatrix}$ と書ける（c, d は任意の実数）．

2.9　1 次結合

定義 2.16　ベクトル空間内の有限個の元（ベクトル）のスカラー倍の和を，これらのベクトルの **1 次結合**または**線形結合** (linear combination) という．

「線形代数は 1 次結合の数学」といえるくらい，この概念は重要である．1 次結合の一般形は

$$c_1\boldsymbol{v}_1+c_2\boldsymbol{v}_2+\cdots+c_k\boldsymbol{v}_k \tag{2.6}$$

である．ここに k は自然数，$c_1,\ldots,c_k$ はスカラー，$\boldsymbol{v}_1,\ldots,\boldsymbol{v}_k$ はベクトルを表す．$\boldsymbol{v}_1,\ldots,\boldsymbol{v}_k$ はすべて相異なるとは限らない．(2.6) 型の式は，$\boldsymbol{v}_1,\ldots,\boldsymbol{v}_k$ をあたかも列ベクトルと思って形式的な行列積

$$c_1\boldsymbol{v}_1 + c_2\boldsymbol{v}_2 + \cdots + c_k\boldsymbol{v}_k = [\boldsymbol{v}_1, \ldots, \boldsymbol{v}_k]\begin{bmatrix} c_1 \\ \vdots \\ c_k \end{bmatrix} \tag{2.7}$$

と書くと計算の見通しがよくなることが多い．あるいは行ベクトルのように思って以下のように書いてもよい．

$$c_1\boldsymbol{v}_1 + c_2\boldsymbol{v}_2 + \cdots + c_k\boldsymbol{v}_k = [c_1, \ldots, c_k]\begin{bmatrix} \boldsymbol{v}_1 \\ \vdots \\ \boldsymbol{v}_k \end{bmatrix}. \tag{2.8}$$

2.10　1 次独立性と 1 次従属性

定義 2.17　ベクトル空間 $\boldsymbol{V}$ 内の有限個のベクトル $\boldsymbol{v}_1, \ldots, \boldsymbol{v}_k$ に対して，その 1 次結合が $\boldsymbol{0}$ となるのは係数がすべて 0 である場合に限る，すなわち，$c_1\boldsymbol{v}_1+\cdots+c_k\boldsymbol{v}_k = \boldsymbol{0}$ が成り立つのは $c_1 = \cdots = c_k = 0$ のときに限るとき，集合 $\{\boldsymbol{v}_1, \ldots, \boldsymbol{v}_k\}$，あるいは単にベクトル $\boldsymbol{v}_1, \ldots, \boldsymbol{v}_k$ は **1 次独立**または**線形独立** (linearly independent) であるといい，そうでなければ **1 次従属**または**線形従属** (linearly dependent) であるという．後者の場合，0 でない係数を持つベクトルについて $c_1\boldsymbol{v}_1 + \cdots + c_k\boldsymbol{v}_k = \boldsymbol{0}$ を解けば，そのベクトルが他のベクトルの 1 次結合として表現できることは明らかである．例えば，$c_1 \neq 0$ なら，$\boldsymbol{v}_1 = (-c_2/c_1)\boldsymbol{v}_2 + \cdots + (-c_k/c_1)\boldsymbol{v}_k$（ただし $k > 1$ としている）．

上の定義から，「1 次独立な集合の部分集合は必ず 1 次独立であり，1 次従属な集合を部分集合として含む集合は必ず 1 次従属である」ことがわかる．

複素ベクトル空間内の 1 次従属な集合が，スカラーを実数に限定すると（すなわち，これによって得られた実ベクトル空間内のベクトルの集合として考えると），1 次独立になることがあるので，スカラーとして何が考えられているのかについて常に注意が必要である．

次の補題は実用性の高いものであるから記憶するとよい：

補題 2.18　$\{\boldsymbol{v}_1, \ldots, \boldsymbol{v}_k\}$ を 1 次独立，$\{\boldsymbol{v}_1, \ldots, \boldsymbol{v}_k, \boldsymbol{x}\}$ を 1 次従属とすれば，$\boldsymbol{x}$ は $\boldsymbol{v}_1, \ldots, \boldsymbol{v}_k$ の 1 次結合として一意的に展開できる．

証明　$\{\boldsymbol{v}_1, \ldots, \boldsymbol{v}_k, \boldsymbol{x}\}$ が 1 次従属なら，

$$c_1\boldsymbol{v}_1 + \cdots + c_k\boldsymbol{v}_k + d\boldsymbol{x} = \boldsymbol{0} \tag{2.9}$$

が，すべては 0 でないスカラー $c_1, \ldots, c_k, d$ の値に対して成り立つ．この場合，実は $d \neq 0$ である．なぜなら，仮に $d = 0$ とすれば，$c_1\boldsymbol{v}_1 + \cdots + c_k\boldsymbol{v}_k = \boldsymbol{0}$ となり，$\{\boldsymbol{v}_1, \ldots, \boldsymbol{v}_k\}$ の 1 次独立性より，$c_1 = \cdots = c_k = 0$．これは $c_1, \ldots, c_k$, d のすべては 0 でないという仮定に反する．そこで (2.9) を $\boldsymbol{x}$ について解くと，$\boldsymbol{x} = (-c_1/d)\boldsymbol{v}_1 + \cdots + (-c_k/d)\boldsymbol{v}_k$ が得られる．この展開の一意性を示す．実際，$\boldsymbol{x} = a_1\boldsymbol{v}_1 + \cdots + a_k\boldsymbol{v}_k = b_1\boldsymbol{v}_1 + \cdots + b_k\boldsymbol{v}_k$ なら，$(a_1 - b_1)\boldsymbol{v}_1 + \cdots + (a_k - b_k)\boldsymbol{v}_k = \boldsymbol{0}$. $\{\boldsymbol{v}_1, \ldots, \boldsymbol{v}_k\}$ の 1 次独立性より $a_1 - b_1 = \cdots = a_k - b_k = 0$ が得られる． ■

例 2.19　$\{\boldsymbol{0}\}$ は 1 次従属である（$\because$ 任意のスカラー c に対して $c\boldsymbol{0} = \boldsymbol{0}$）．逆に，1 個のベクトルからなる集合 $\{\boldsymbol{v}_1\}$ が 1 次従属であれば，$\boldsymbol{v}_1 = \boldsymbol{0}$ でなければならない．次に，$c_1[1, 0]^{\mathrm{T}} + c_2[0, 1]^{\mathrm{T}} = \boldsymbol{0}$ は明らかに $c_1 = c_2 = 0$ を意味するから，$\left\{[1, 0]^{\mathrm{T}}, [0, 1]^{\mathrm{T}}\right\}$ は 1 次独立である．また $(-2)[1, 1]^{\mathrm{T}} + 1[2, 2]^{\mathrm{T}} = \boldsymbol{0}$ であるから，$\left\{[1, 1]^{\mathrm{T}}, [2, 2]^{\mathrm{T}}\right\}$ は 1 次従属である．以上の結論はスカラーを複素数とした場合でも，実数に限定した場合でも変わらない．

例 2.20　$m \times n$ 実行列の集合 $\{\boldsymbol{A}_1, \ldots, \boldsymbol{A}_k\}$ に対して，係数を実数に限定すれば，$c_1\boldsymbol{A}_1 + \cdots + c_k\boldsymbol{A}_k = \boldsymbol{0}$ は $c_1 = \cdots = c_k = 0$ を意味するとしよう（すなわち，実ベクトル空間内で考えると 1 次独立となるとしよう）．この場合は，係数に複素数値を許しても，やはり $\{\boldsymbol{A}_1, \ldots, \boldsymbol{A}_k\}$ は 1 次独立となる．実際，

$$\begin{aligned}\boldsymbol{0} &= (\alpha_1 + i\beta_1)\boldsymbol{A}_1 + \cdots + (\alpha_k + i\beta_k)\boldsymbol{A}_k \\ &= \alpha_1\boldsymbol{A}_1 + \cdots + \alpha_k\boldsymbol{A}_k + i(\beta_1\boldsymbol{A}_1 + \cdots + \beta_k\boldsymbol{A}_k)\end{aligned}$$

（$\alpha_1, \ldots, \alpha_k, \beta_1, \ldots, \beta_k$ は実数）なら，実部と虚部はともに $\boldsymbol{0}$ でなければならないから，$\boldsymbol{0} = \alpha_1\boldsymbol{A}_1 + \cdots + \alpha_k\boldsymbol{A}_k$ と $\boldsymbol{0} = (\beta_1\boldsymbol{A}_1 + \cdots + \beta_k\boldsymbol{A}_k)$ が同時に成立することになる．仮定により，これは $\alpha_1, \ldots, \alpha_k, \beta_1, \ldots, \beta_k$ がすべて 0 であることを意味する．

例 2.21　1×1 複素行列全体 $\mathbb{C}^{1\times 1}$（$\mathbb{C}$ そのもの）の作る複素ベクトル空間に対して，スカラーを実数に限定すると，実ベクトル空間となる．すると集合 $\{[1], [i]\}$ は，複素ベクトル空間内で考えれば 1 次従属だが（$\because [1] + i[i] = [1 + i^2] = [0]$），スカラーを実数に限定した場合は，$\boldsymbol{0} = c_1[1] + c_2[i] = [c_1 + c_2 i] \Leftrightarrow c_1 = c_2 = 0$（$\because c_1, c_2$ は実数）ゆえ，1 次独立となる．

注意　上の例 2.20，例 2.21 を混同しないように．例 2.20 では実行列，例 2.21 では複素行列を問題にしている．

これまでの 1 次独立・1 次従属の定義を拡張し，ベクトル空間 $\boldsymbol{V}$ の部分集合 $\boldsymbol{S}$ のすべての有限部分集合が 1 次独立であるときに $\boldsymbol{S}$ は 1 次独立であるといい，そうでなければ 1 次従属であるという．例えば，閉区間 $0 \leqslant x \leqslant 1$ 上で定義された実関数全体の作る実ベクトル空間の無限部分集合 $\{1, x, x^2, \ldots, x^k, \ldots\}$ は，どの有限部分集合も（これまでの意味で）1 次独立であるから，1 次独立である．

2.11　線形代数の基本定理

次の事実を**線形代数の基本定理** (fundamental theorem of linear algebra) という：

定理 2.22　ベクトル空間内の n 個のベクトル $\boldsymbol{a}_1, \ldots, \boldsymbol{a}_n$ の 1 次結合で表される $(n+1)$ 個のベクトル

$$\boldsymbol{b}_j = p_{1j}\boldsymbol{a}_1 + \cdots + p_{nj}\boldsymbol{a}_n \quad (j = 1, \ldots, n+1) \tag{2.10}$$

は必ず 1 次従属である．

すなわち，次の形式的な行列方程式は解 $[c_1, \ldots, c_{n+1}]^{\mathrm{T}} \neq \boldsymbol{0}$ を持つ：

$$\boldsymbol{0} = [\boldsymbol{b}_1, \ldots, \boldsymbol{b}_{n+1}] \begin{bmatrix} c_1 \\ \vdots \\ c_{n+1} \end{bmatrix} = \left([\boldsymbol{a}_1, \ldots, \boldsymbol{a}_n] \begin{bmatrix} p_{11} & \cdots & p_{1,n+1} \\ \vdots & & \vdots \\ p_{n1} & \cdots & p_{n,n+1} \end{bmatrix} \right) \begin{bmatrix} c_1 \\ \vdots \\ c_{n+1} \end{bmatrix}. \tag{2.11}$$

形式的な積に対して「結合則」が成り立つので（確認は読者に委ねる），これは

$$\boldsymbol{0} = [\boldsymbol{b}_1, \ldots, \boldsymbol{b}_{n+1}] \begin{bmatrix} c_1 \\ \vdots \\ c_{n+1} \end{bmatrix} = [\boldsymbol{a}_1, \ldots, \boldsymbol{a}_n] \left(\begin{bmatrix} p_{11} & \cdots & p_{1,n+1} \\ \vdots & & \vdots \\ p_{n1} & \cdots & p_{n,n+1} \end{bmatrix} \begin{bmatrix} c_1 \\ \vdots \\ c_{n+1} \end{bmatrix} \right) \tag{2.12}$$

と書いてよい．よって，(2.11) が非零解を持つことを示すには，

$$\boldsymbol{0} = \begin{bmatrix} p_{11} & \cdots & p_{1,n+1} \\ \vdots & & \vdots \\ p_{n1} & \cdots & p_{n,n+1} \end{bmatrix} \begin{bmatrix} c_1 \\ \vdots \\ c_{n+1} \end{bmatrix} \tag{2.13}$$

の形の行列方程式は必ず解 $[c_1, \ldots, c_{n+1}]^{\mathrm{T}} \neq \mathbf{0}$ を持つことを示せばよい．本節の事実はその名に値する，応用の広い事実である．

証明　本節では同値分解（第4章）によらない証明を示す．すなわち，古くから "exchange process"（交換法）と呼ばれている有名な証明法を使う．例を用いてその核心部分を説明し，一般化は読者にお任せすることにする．そこで，例として $n=2$ の場合

$$\boldsymbol{b}_1 = \boldsymbol{a}_1 p_{11} + \boldsymbol{a}_2 p_{21}, \quad \boldsymbol{b}_2 = \boldsymbol{a}_1 p_{12} + \boldsymbol{a}_2 p_{22}, \quad \boldsymbol{b}_3 = \boldsymbol{a}_1 p_{13} + \boldsymbol{a}_2 p_{23}$$

をとり，$\{\boldsymbol{b}_1, \boldsymbol{b}_2, \boldsymbol{b}_3\}$ は1次従属でなければならないことを示す．まず，第1式で $p_{11} = p_{21} = 0$ なら $\boldsymbol{b}_1 = \mathbf{0}$ となるから，$\{\boldsymbol{b}_1, \boldsymbol{b}_2, \boldsymbol{b}_3\}$ は明らかに1次従属となる．そこで，必要なら番号の付け替えを行って $p_{11} \neq 0$ とする．最初の式を $\boldsymbol{a}_1$ について解き，結果をそれ以下の式に代入すると，

$$\boldsymbol{b}_2 = \boldsymbol{b}_1 q_{12} + \boldsymbol{a}_2 q_{22}, \quad \boldsymbol{b}_3 = \boldsymbol{b}_1 q_{13} + \boldsymbol{a}_2 q_{23}$$

型の式が得られる．この2式の右辺を元の式と比べると，$\boldsymbol{a}_1$ が $\boldsymbol{b}_1$ に交換された形となっている（交換法という名前の由来）．直前の第1式において，$q_{22} = 0$ なら $\{\boldsymbol{b}_1, \boldsymbol{b}_2\}$ は1次従属となり，したがって $\{\boldsymbol{b}_1, \boldsymbol{b}_2, \boldsymbol{b}_3\}$ も1次従属となるから，$q_{22} \neq 0$ としよう．そこでこれを $\boldsymbol{a}_2$ について解き，第2式に代入すると，$\boldsymbol{b}_3 = \boldsymbol{b}_1 r_{13} + \boldsymbol{b}_2 r_{23}$ 型の式が得られる．これは $\{\boldsymbol{b}_1, \boldsymbol{b}_2, \boldsymbol{b}_3\}$ が1次従属であることを示す．■

2.12　部分空間

定義 2.23　ベクトル空間中のベクトル空間を**部分空間** (subspace) という．すなわち，与えられたベクトル空間 $\boldsymbol{V}$ の空でない部分集合 $\boldsymbol{S}$ が部分空間であるとは，それが和とスカラー倍に関して**閉じている** (closed) こと，すなわち，$\boldsymbol{S}$ 内の任意のベクトル $\boldsymbol{x}, \boldsymbol{y}$，任意のスカラー α に対して，$\boldsymbol{x} + \boldsymbol{y}$ も $\alpha\boldsymbol{x}$ も $\boldsymbol{S}$ に属することをいう．$\boldsymbol{S}$ 内の任意のベクトル $\boldsymbol{x}, \boldsymbol{y}$，任意のスカラー α, β に対して $\alpha\boldsymbol{x} + \beta\boldsymbol{y}$ が $\boldsymbol{S}$ に属することといっても同じである．

定義から，部分空間は必ずベクトル $\mathbf{0}$ を含む．簡単な例をあげよう．

例 2.24　$\boldsymbol{S} = \{\mathbf{0}\}$（$\mathbf{0}$ だけを含む集合）と $\boldsymbol{S} = \boldsymbol{V}$（全空間）は，つねに $\boldsymbol{V}$ の部分空間である．

例 2.25 実ベクトル空間 $\mathbb{R}^3 = [x, y, z]^{\mathrm{T}}$ 型実行列全体の集合をとる．$\boldsymbol{S}_0 = \{\boldsymbol{0}\}$, $\boldsymbol{S}_1 = t[1, 1, 2]^{\mathrm{T}}$ 型行列全体（t は任意の実数値をとる），$\boldsymbol{S}_2 = s[1, 0, -1]^{\mathrm{T}} + t[0, 1, 2]^{\mathrm{T}}$ 型行列全体（s, t は任意の実数値をとる），$\boldsymbol{S}_3 = \mathbb{R}^3$ は，どれも $\mathbb{R}^3$ の部分空間である．通常の 3 次元空間と $\mathbb{R}^3$ を同一視すれば，$\boldsymbol{S}_0$ は座標系の原点を，$\boldsymbol{S}_1$ は原点を通る直線を，$\boldsymbol{S}_2$ は原点を通る平面を，$\boldsymbol{S}_3$ は空間全体を表す．原点を含まない部分集合はどれも部分空間ではない．

例 2.26 $\boldsymbol{S}, \boldsymbol{T}$ をベクトル空間 $\boldsymbol{V}$ の部分空間とすれば，共通部分 $\boldsymbol{S} \cap \boldsymbol{T}$ も集合 $\boldsymbol{S} + \boldsymbol{T} \equiv \{\boldsymbol{s} + \boldsymbol{t} \mid \boldsymbol{s} \in \boldsymbol{S}, \boldsymbol{t} \in \boldsymbol{T}\}$ も $\boldsymbol{V}$ の部分空間である．後者の部分空間を**和空間** (sum of subspaces) という．これは部分空間の定義からただちに従う．なお，合併集合 $\boldsymbol{S} \cup \boldsymbol{T}$ は一般に部分空間とはならない（反例：$\boldsymbol{V} = \mathbb{R}^{1\times 2} = [x, y]$ 型実行列全体とし，$\boldsymbol{S} = [x, 0]$ 型実行列全体，$\boldsymbol{T} = [0, y]$ 型実行列全体とすれば，$[1, 0] \in \boldsymbol{S}$, $[0, 1] \in \boldsymbol{T}$ に対して和 $[1, 1]$ は $\boldsymbol{S} \cup \boldsymbol{T}$ に属さない）．

2.13 スパン

定義 2.27 ベクトル空間 $\boldsymbol{V}$ の空でない部分集合 $\boldsymbol{S}$ のスパン (span) とは $\boldsymbol{S}$ 内のベクトルから作った 1 次結合全体の集合をいう．すなわち，$c_1\boldsymbol{v}_1 + \cdots + c_k\boldsymbol{v}_k$ 型ベクトル（$c_1, \ldots, c_k$ はスカラー，$\boldsymbol{v}_1, \ldots, \boldsymbol{v}_k$ は $\boldsymbol{S}$ に属するベクトル，k は任意の自然数）全体の集合を $\boldsymbol{S}$ のスパンといい，$\mathrm{span}\,\boldsymbol{S}$ と書く．

定義より $\boldsymbol{S} \subseteq \mathrm{span}\,\boldsymbol{S}$ は明らか．また $\boldsymbol{S}$ 自身が部分空間であることと $\boldsymbol{S} = \mathrm{span}\,\boldsymbol{S}$ であることは同値である．

さらに次の事実が成り立つ：

定理 2.28 $\mathrm{span}\,\boldsymbol{S}$ は $\boldsymbol{S}$ を含む最小の部分空間を表す．

証明 $\boldsymbol{S}$ 内のベクトルから作った 1 次結合の和もスカラー倍もやはり $\boldsymbol{S}$ 内のベクトルから作った 1 次結合であるから，確かに $\mathrm{span}\,\boldsymbol{S}$ は $\boldsymbol{V}$ の 1 つの部分空間を表す．次に最小性，すなわち $\boldsymbol{S}$ を含む任意の部分空間 $\boldsymbol{S}_1$ に対して $\mathrm{span}\,\boldsymbol{S} \subseteq \boldsymbol{S}_1$ が成り立つことを示す．実際，$\boldsymbol{S}$ 内のベクトルから作った任意の 1 次結合は $\boldsymbol{S}_1$ 内のベクトルの 1 次結合でもあるから，$\boldsymbol{S}_1$ が部分空間であることにより，$\boldsymbol{S}_1$ に属する．ゆえに $\mathrm{span}\,\boldsymbol{S}$ の任意元は $\boldsymbol{S}_1$ に属する． ■

この事実から，span $\boldsymbol{S}$ は $\boldsymbol{S}$ によって**張られた**，または**生成された部分空間** (subspace spanned by $\boldsymbol{S}$, subspace generated by $\boldsymbol{S}$) とも呼ばれる．与えられた部分空間 $\boldsymbol{M}$ に対して $\boldsymbol{M} = \operatorname{span}\boldsymbol{S}$ なら，$\boldsymbol{S}$ は $\boldsymbol{M}$ を**張る** (span) という．

例 2.29　$\mathbb{R}^3$ の部分空間 $\boldsymbol{S}_1 = t\begin{bmatrix}1, 1, 2\end{bmatrix}^{\mathrm{T}}$ 型ベクトル全体（t は任意の実数値をとる），$\boldsymbol{S}_2 = s\begin{bmatrix}1, 0, -1\end{bmatrix}^{\mathrm{T}} + t\begin{bmatrix}0, 1, 2\end{bmatrix}^{\mathrm{T}}$ 型ベクトル全体（s, t は任意の実数値をとる）を考えると，$\boldsymbol{S}_1 = \operatorname{span}\left\{\begin{bmatrix}1, 1, 2\end{bmatrix}^{\mathrm{T}}\right\}$, $\boldsymbol{S}_2 = \operatorname{span}\left\{\begin{bmatrix}1, 0, -1\end{bmatrix}^{\mathrm{T}}, \begin{bmatrix}0, 1, 2\end{bmatrix}^{\mathrm{T}}\right\}$.

2.14　線形写像の零空間（核）と値域

定義 2.30　実または複素ベクトル空間 $\boldsymbol{X}$ からベクトル空間 $\boldsymbol{Y}$ への線形写像 $\boldsymbol{T}$ の**零空間** (null space)（あるいは**核** (kernel) ともいう）とは，$\boldsymbol{T}(\boldsymbol{x}) = \boldsymbol{0}$ の解全体をいう．また，**値域** (range) とは，すでに述べたように，$\boldsymbol{x}$ が空間 $\boldsymbol{X}$ 全体を動いたときの像 $\boldsymbol{T}(\boldsymbol{x})$ 全体をいう．$\boldsymbol{T}$ の零空間を $N(\boldsymbol{T})$ で表し，値域を $R(\boldsymbol{T})$ で表すことにする．

次の事実は重要である：

定理 2.31　$N(\boldsymbol{T})$ は $\boldsymbol{X}$ の部分空間，$R(\boldsymbol{T})$ は $\boldsymbol{Y}$ の部分空間である．

証明　$N(\boldsymbol{T})$ も $R(\boldsymbol{T})$ も和とスカラー倍に関して閉じていることを示せばよい．そこで，α, β を任意のスカラー，$\boldsymbol{x}, \boldsymbol{x}' \in N(\boldsymbol{T})$ とすれば，$\boldsymbol{T}(\alpha\boldsymbol{x} + \beta\boldsymbol{x}') = \alpha\boldsymbol{T}(\boldsymbol{x}) + \beta\boldsymbol{T}(\boldsymbol{x}') = \alpha\boldsymbol{0} + \beta\boldsymbol{0} = \boldsymbol{0}$．ゆえに，$\alpha\boldsymbol{x} + \beta\boldsymbol{x}' \in N(\boldsymbol{T})$．次に，$\boldsymbol{y}, \boldsymbol{y}' \in R(\boldsymbol{T})$ とすれば，$\boldsymbol{y} = \boldsymbol{T}(\boldsymbol{x}), \boldsymbol{y}' = \boldsymbol{T}(\boldsymbol{x}')$ を満たす $\boldsymbol{x}, \boldsymbol{x}' \in \boldsymbol{X}$ が存在することになるから，$\boldsymbol{T}(\alpha\boldsymbol{x} + \beta\boldsymbol{x}') = \alpha\boldsymbol{T}(\boldsymbol{x}) + \beta\boldsymbol{T}(\boldsymbol{x}') = \alpha\boldsymbol{y} + \beta\boldsymbol{y}'$．ゆえに $\alpha\boldsymbol{y} + \beta\boldsymbol{y}' \in R(\boldsymbol{T})$．■

例 2.32　各 $\boldsymbol{A} = \begin{bmatrix}a_{ij}\end{bmatrix} \in \mathbb{R}^{m\times n}$ に対応して次式で定義される写像

$$\boldsymbol{y} = \boldsymbol{A}\boldsymbol{x} \quad (\boldsymbol{x} \in \mathbb{R}^n, \boldsymbol{y} \in \mathbb{R}^m) \tag{2.14}$$

は $\mathbb{R}^n$ から $\mathbb{R}^m$ への線形写像を表す（この線形写像は行列 $\boldsymbol{A}$ で定まるので，その零空間を $N(\boldsymbol{A})$，値域を $R(\boldsymbol{A})$ と表すことにしよう）．この場合，零空間 $N(\boldsymbol{A})$ とは同次方程式 $\boldsymbol{A}\boldsymbol{x} = \boldsymbol{0}$ の解全体のこと，値域 $R(\boldsymbol{A})$ とは，$\boldsymbol{x}$ が $\mathbb{R}^n$ 上全体を動いたときの像 $\boldsymbol{A}\boldsymbol{x}$ 全体のことを意味する．この意味で $R(\boldsymbol{A})$ を $\boldsymbol{A}$ の**列空間** (column space) と呼ぶこともある．同様に $\boldsymbol{y}\boldsymbol{A}$ ($\boldsymbol{y} \in \mathbb{R}^{1\times m}$) 型行列全体を $\boldsymbol{A}$ の**行空間** (row space) と呼ぶ．列空間は $\mathbb{R}^m$ の部分空間，行空間は $\mathbb{R}^{1\times n}$ の部分空間を表す．ま

た，行列方程式 $\boldsymbol{Ax} = \boldsymbol{b}$（$\boldsymbol{b}$ は $\mathbb{R}^m$ 内の与えられたベクトル）の解に関する 2.8 節の結果「解集合 = 特解 +（$\boldsymbol{Ax} = \boldsymbol{0}$ の任意解)」は「解集合 = 特解 + $N(\boldsymbol{A})$」と簡潔に表現できる．

2.15　基底

定義 2.33　$\boldsymbol{M} \neq \{\boldsymbol{0}\}$ を与えられたベクトル空間 $\boldsymbol{V}$ の 1 つの部分空間とする．このとき $\boldsymbol{M}$ 内の有限個のベクトルの集合 $\{\boldsymbol{v}_1, \ldots, \boldsymbol{v}_k\}$（あるいは単に $\boldsymbol{v}_1, \ldots, \boldsymbol{v}_k$）が $\boldsymbol{M}$ の**基底** (basis) であるとは，それらが 1 次独立かつ $\boldsymbol{M}$ を張る ($\mathrm{span}\{\boldsymbol{v}_1, \ldots, \boldsymbol{v}_k\} = \boldsymbol{M}$) ことである．より一般的には，$\boldsymbol{M}$ の部分集合 $\boldsymbol{S}$ が $\boldsymbol{M}$ の基底であるとは，$\boldsymbol{S}$ が 1 次独立かつ $\boldsymbol{M}$ を張ることである．基底を構成する個々のベクトルを**基底ベクトル** (basis vector) という．

基底は線形代数の「背骨」ともいうべき重要な概念である．基底の重要性は次の展開定理によって示される：

定理 2.34　$\{\boldsymbol{v}_1, \ldots, \boldsymbol{v}_k\}$ を部分空間 $\boldsymbol{M}$ の基底とすれば，$\boldsymbol{M}$ 内の各ベクトルは $\boldsymbol{v}_1, \ldots, \boldsymbol{v}_k$ の 1 次結合として一意的に表現できる．

証明　一意性のみを示せば十分である．実際，$c_1\boldsymbol{v}_1 + \cdots + c_k\boldsymbol{v}_k = d_1\boldsymbol{v}_1 + \cdots + d_k\boldsymbol{v}_k$ なら，$(c_1 - d_1)\boldsymbol{v}_1 + \cdots + (c_k - d_k)\boldsymbol{v}_k = \boldsymbol{0}$．$\{\boldsymbol{v}_1, \ldots, \boldsymbol{v}_k\}$ の 1 次独立性より $c_1 - d_1 = \cdots = c_k - d_k = 0$．■

例 2.35　$\boldsymbol{V} = \mathbb{R}^2 = [x, y]^{\mathrm{T}}$ 型実ベクトル全体の集合，スカラーを実数全体とする．$\left\{[1, 0]^{\mathrm{T}}, [0, 1]^{\mathrm{T}}\right\}$, $\left\{[1, 1]^{\mathrm{T}}, [1, -1]^{\mathrm{T}}\right\}$ はいずれも $\boldsymbol{V}$ の基底である．

例 2.36　n 次実可逆行列の列全体は $\mathbb{R}^n$ の基底を表し，行全体は $\mathbb{R}^{1\times n}$ の基底を表す．実際，$\boldsymbol{A} = [\boldsymbol{a}_1, \ldots, \boldsymbol{a}_n] \in \mathbb{R}^{n\times n}$（$\boldsymbol{a}_j$ は第 j 列を表す）を可逆行列とすれば，$\boldsymbol{Ax} = \boldsymbol{0}$ の解 $\boldsymbol{x} \in \mathbb{R}^n$ は $\boldsymbol{x} = \boldsymbol{0}$ のみである．すなわち，$\boldsymbol{a}_1x_1 + \cdots + \boldsymbol{a}_nx_n = \boldsymbol{0}$ の解は $x_1 = \cdots = x_n = 0$ のみである．ゆえに，$\{\boldsymbol{a}_1, \ldots, \boldsymbol{a}_n\}$ は 1 次独立である．また，任意の $\boldsymbol{b} \in \mathbb{R}^n$ に対して，$\boldsymbol{Ax} = \boldsymbol{b}$ は一意の解 $\boldsymbol{x} = \boldsymbol{A}^{-1}\boldsymbol{b} \in \mathbb{R}^n$ を持つ．すなわち，$\boldsymbol{a}_1x_1 + \cdots + \boldsymbol{a}_nx_n = \boldsymbol{b}$ を満たす $x_1, \ldots, x_n$ の組が存在する．ゆえに，$\{\boldsymbol{a}_1, \ldots, \boldsymbol{a}_n\}$ は $\mathbb{R}^n$ を張る．行全体が $\mathbb{R}^{1\times n}$ の基底をなすことも同様に証明できる．

例 2.37　$\boldsymbol{V}$ 内の任意の1次独立なベクトル $\boldsymbol{v}_1, \ldots, \boldsymbol{v}_k$ は，$\mathrm{span}\{\boldsymbol{v}_1, \ldots, \boldsymbol{v}_k\}$ の基底を表す．一般に，$\boldsymbol{V}$ 内の任意の1次独立な部分集合 $\boldsymbol{S}$ をとると，それは $\mathrm{span}\,\boldsymbol{S}$ の基底になっている．

例 2.38　区間 $0 < x < 1$ 上で定義された実係数多項式 $p(x) = a_0x^n + a_1x^{n-1} + \cdots + a_{n-1}x + a_n$（$a_0\,(\neq 0), a_1, \ldots, a_n$ は実数，n は0または自然数）を考えると，その全体 $\boldsymbol{P}$ は通常の和とスカラー倍（実数倍）に関して実ベクトル空間を作る．いま，集合 $\{1, x, x^2, \ldots\}$ を $\boldsymbol{S}$ と呼ぶと，その任意の有限部分集合（例：$\{1, x^2, x^4, x^6\}$）は1次独立ゆえ，$\boldsymbol{S}$ は1次独立である．そして $\{1, x, x^2, \ldots\}$ は明らかに $\boldsymbol{P}$ を張る．ゆえに $\{1, x, x^2, \ldots\}$ は $\boldsymbol{P}$ の1組の基底を表す．

2.16　次元

定義 2.39　与えられたベクトル空間 $\boldsymbol{V}$ の**次元** (dimension) が k（0または自然数）であるとは，$\boldsymbol{V}$ 中に k 個の1次独立なベクトルが少なくとも1組存在し，$(k+1)$ 個以上のベクトルは必ず1次従属であることをいう．記号では $\dim \boldsymbol{V} = k$ と表記する．そのような値 k が存在しなければ $\boldsymbol{V}$ は**無限次元** (infinite-dimensional) であるという．

この定義から次元は一意的に決まることは明らかである．とくに，$\mathbf{0}$ ベクトルだけからなるベクトル空間の次元は0と定める．すなわち，$\dim\{\mathbf{0}\} = 0$．線形代数における研究主題は有限次元ベクトル空間の間の線形写像である．

例 2.40　$\dim \mathbb{R}^n = n, \dim \mathbb{C}^n = n \ (n = 1, 2, \ldots)$.

証明　$\boldsymbol{e}_j$ を n 次単位行列の第 j 列とすれば，$\{\boldsymbol{e}_1, \ldots, \boldsymbol{e}_n\}$ は明らかに $\mathbb{R}^n$ 内の1次独立な集合を表す．また，任意の $\boldsymbol{x} = \left[x_1, \ldots, x_n\right]^{\mathrm{T}} \in \mathbb{R}^n$ は n 個のベクトル $\{\boldsymbol{e}_1, \ldots, \boldsymbol{e}_n\}$ の1次結合 $\boldsymbol{x} = x_1\boldsymbol{e}_1 + \cdots + x_n\boldsymbol{e}_n$ として書けることも明らかである．ゆえに，2.11節「線形代数の基本定理」により，$\mathbb{R}^n$ 内の $(n+1)$ 個のベクトルは必ず1次従属である．$\mathbb{C}^n$ についても全く同じ論法を使えばよい．■

2.17　基底に関する定理

本節では有限次元ベクトル空間に関する基本的事実を証明する．すなわち，

定理 2.41　$\boldsymbol{V}$ を n 次元ベクトル空間とすれば，次の事実 (a)–(f) が成り立つ ($n = 1, 2, \ldots$)：

(a)　存在定理：「$\boldsymbol{V}$ は n 個のベクトルから構成される基底を 1 組以上持つ」

(b)　基底ベクトル数の不変性：「$\boldsymbol{V}$ の基底は必ず n 個のベクトルからなる」

(c)　逆：「n 個のベクトルからなる，1 次独立な部分集合は $\boldsymbol{V}$ の基底を表す」

(d)　逆：「$\boldsymbol{V}$ 内の n 個のベクトルが $\boldsymbol{V}$ を張れば，それは $\boldsymbol{V}$ の基底を表す」

(e)　(c), (d) の行列表現：「与えられた実または複素 n 次正方行列 $\boldsymbol{A}, \boldsymbol{B}$ に対して $\boldsymbol{AB} = \boldsymbol{I}$ が真なら，$\boldsymbol{BA} = \boldsymbol{I}$ も真である (すなわち，$\boldsymbol{AB} = \boldsymbol{I}$ なら $\boldsymbol{A}, \boldsymbol{B}$ は互いに逆行列の関係にある)」

(f)　拡大定理：「$\boldsymbol{V}$ 内の任意の 1 次独立な集合 $\{\boldsymbol{v}_1, \ldots, \boldsymbol{v}_k\}$ (ただし $0 < k < n$) に $(n-k)$ 個の適当なベクトルを追加して $\boldsymbol{V}$ の基底を作ることができる」

証明　以下では，2.10 節において証明した補題 2.18 をよく使う．

(a)：$\dim \boldsymbol{V} = n$ ゆえ，$\boldsymbol{V}$ 内に n 個の 1 次独立なベクトル $\{\boldsymbol{v}_1, \ldots, \boldsymbol{v}_n\}$ が存在し，$\boldsymbol{V}$ の任意のベクトル $\boldsymbol{x}$ に対して，$\{\boldsymbol{v}_1, \ldots, \boldsymbol{v}_n, \boldsymbol{x}\}$ は 1 次従属となる．すると補題 2.18 により，$\boldsymbol{x}$ は $\boldsymbol{v}_1, \ldots, \boldsymbol{v}_n$ の一意的 1 次結合として表せる．ゆえに，$\{\boldsymbol{v}_1, \ldots, \boldsymbol{v}_n\}$ は $\boldsymbol{V}$ を張る．これは $\{\boldsymbol{v}_1, \ldots, \boldsymbol{v}_n\}$ が $\boldsymbol{V}$ の一つの基底であることを示す．

(b)：(a) で示した $\boldsymbol{V}$ の基底 $\{\boldsymbol{v}_1, \ldots, \boldsymbol{v}_n\}$ を 1 組とる．そして $\{\boldsymbol{w}_1, \ldots, \boldsymbol{w}_p\}$ を別の $\boldsymbol{V}$ の基底とすれば $p = n$ でなければならないことを示す．実際 $p > n$ とすれば，各 $\boldsymbol{w}_j$ ($j = 1, \ldots, p$) は $\boldsymbol{v}_1, \ldots, \boldsymbol{v}_n$ の 1 次結合として表せるから，線形代数の基本定理により，$\{\boldsymbol{w}_1, \ldots, \boldsymbol{w}_p\}$ は 1 次従属となる．$\{\boldsymbol{w}_1, \ldots, \boldsymbol{w}_p\}$ は $\boldsymbol{V}$ の基底であるからこれは矛盾である．ゆえに $p \leqslant n$．2 組の基底の役割を交換し今の論法を適用すれば $n \leqslant p$ が得られる．

(c)：$\{\boldsymbol{v}_1, \ldots, \boldsymbol{v}_n\}$ を 1 次独立とする．$\dim \boldsymbol{V} = n$ ゆえ，任意の $\boldsymbol{x} \in \boldsymbol{V}$ に対して集合 $\{\boldsymbol{v}_1, \ldots, \boldsymbol{v}_n, \boldsymbol{x}\}$ は 1 次従属となる．補題 2.18 により，$\boldsymbol{x}$ は $\boldsymbol{v}_1, \ldots, \boldsymbol{v}_k$ の一意的 1 次結合として書ける．ゆえに $\{\boldsymbol{v}_1, \ldots, \boldsymbol{v}_n\}$ は $\boldsymbol{V}$ を張る．ゆえに $\{\boldsymbol{v}_1, \ldots, \boldsymbol{v}_n\}$ は $\boldsymbol{V}$ の基底を表す．

(d)：$\mathrm{span}\{\boldsymbol{v}_1, \ldots, \boldsymbol{v}_n\} = \boldsymbol{V}$ とする．仮に $\{\boldsymbol{v}_1, \ldots, \boldsymbol{v}_n\}$ が 1 次従属であったとすれば，$\boldsymbol{v}_1, \ldots, \boldsymbol{v}_n$ の少なくとも 1 個が他の $\boldsymbol{v}_i$ の 1 次結合として書けることになる．すると高々 $(n-1)$ 個のベクトルのスパンが $\boldsymbol{V}$ に等しいことになり，$\boldsymbol{V}$ 内の

n 個のベクトルは必ず 1 次従属となる．これは $\dim \boldsymbol{V} = n$ に矛盾する．

(e)：$\boldsymbol{A}, \boldsymbol{B} \in \mathbb{R}^{n\times n}$ とする．方程式 $\boldsymbol{Bx} = \boldsymbol{0}$ を考える．左から $\boldsymbol{A}$ を乗じると $\boldsymbol{ABx} = \boldsymbol{x} = \boldsymbol{0}$ ($\because \boldsymbol{AB} = \boldsymbol{I}$)．これは $\boldsymbol{B}$ の列全体が 1 次独立であることを示す．前節の例 2.40 で示したように，$\dim \mathbb{R}^n (= \dim \mathbb{C}^n) = n$ であるから，(c) により，$\boldsymbol{B}$ の列全体は $\mathbb{R}^n$ の基底を表す．ゆえに単位行列の各列は $\boldsymbol{B}$ の列の 1 次結合として書けることになる．すなわち，$\boldsymbol{BX} = \boldsymbol{I}$ を満たす $\boldsymbol{X} \in \mathbb{R}^{n\times n}$ が存在する．すると $\boldsymbol{X} = \boldsymbol{IX} = (\boldsymbol{AB})\boldsymbol{X} = \boldsymbol{A}(\boldsymbol{BX}) = \boldsymbol{AI} = \boldsymbol{A}$．$\boldsymbol{BX} = \boldsymbol{I}$ ゆえ，これは $\boldsymbol{BA} = \boldsymbol{I}$ を示す．$\boldsymbol{A}, \boldsymbol{B} \in \mathbb{C}^{n\times n}$ の場合も証明法は同様である．

(f)：$0 < k < n$ ゆえ，(b) により $\{\boldsymbol{v}_1, \ldots, \boldsymbol{v}_k\}$ は $\boldsymbol{V}$ の基底ではあり得ない．すなわち，$\mathrm{span}\{\boldsymbol{v}_1, \ldots, \boldsymbol{v}_k\} \neq \boldsymbol{V}$．そこで $\boldsymbol{v}_{k+1} \notin \mathrm{span}\{\boldsymbol{v}_1, \ldots, \boldsymbol{v}_k\}$ を $\boldsymbol{V}$ から任意に 1 つとる．すると，$\{\boldsymbol{v}_1, \ldots, \boldsymbol{v}_{k+1}\}$ は 1 次独立である（$\because$ これを否定すれば，補題 2.18 により $\boldsymbol{v}_{k+1} \in \mathrm{span}\{\boldsymbol{v}_1, \ldots, \boldsymbol{v}_k\}$ となってしまう）．$k+1 = n$ なら，(c) により $\{\boldsymbol{v}_1, \ldots, \boldsymbol{v}_{k+1}\}$ は $\boldsymbol{V}$ の基底である．$k+1 < n$ なら，$k+1$ を k と見て，今の手続きを繰り返す．これにより，$(n-k)$ 個のベクトル $\boldsymbol{v}_{k+1}, \ldots, \boldsymbol{v}_n$ を適当にとれば，$\{\boldsymbol{v}_1, \ldots, \boldsymbol{v}_k\} \cup \{\boldsymbol{v}_{k+1}, \ldots, \boldsymbol{v}_n\}$ が $\boldsymbol{V}$ の基底となることは明らかである．■

2.18　線形写像の行列表現

線形代数の主題が線形写像の研究であることはすでに述べた．その研究法の有力な手段が線形写像の行列表現である．本節ではこれについて説明しよう．いま，n 次元実ベクトル空間 $\boldsymbol{X}$ から m 次元実ベクトル空間 $\boldsymbol{Y}$ への線形写像 $\boldsymbol{T}$ について考える．$\boldsymbol{X}, \boldsymbol{Y}$ からそれぞれの基底 $\{\boldsymbol{x}_1, \ldots, \boldsymbol{x}_n\}, \{\boldsymbol{y}_1, \ldots, \boldsymbol{y}_m\}$ を 1 組ずつとる．簡単のためこれ以降 $\{\boldsymbol{x}_1, \ldots, \boldsymbol{x}_n\}, \{\boldsymbol{y}_1, \ldots, \boldsymbol{y}_m\}$ をそれぞれ単に $\{\boldsymbol{x}_i\}, \{\boldsymbol{y}_i\}$ と略記することにする．任意の $\boldsymbol{x} \in \boldsymbol{X}$ は必ず基底ベクトルの一意的 1 次結合

$$\boldsymbol{x} = \xi_1 \boldsymbol{x}_1 + \cdots + \xi_n \boldsymbol{x}_n \tag{2.15}$$

に展開できる．ここに展開係数の組 $(\xi_1, \ldots, \xi_n)$ を基底 $\{\boldsymbol{x}_i\}$ に関する $\boldsymbol{x}$ の**座標** (coordinate)，基底自体を**座標系** (coordinate system) という．とくに，$\boldsymbol{x}_1$ の座標は $(1, 0, \ldots, 0), \ldots, \boldsymbol{x}_n$ の座標は $(0, \ldots, 0, 1)$ である．

例 2.42　$\boldsymbol{V} = \mathbb{R}^2$ とし，2 組の基底 $\left\{[1, 0]^{\mathrm{T}}, [0, 1]^{\mathrm{T}}\right\}, \left\{[1, 1]^{\mathrm{T}}, [-1, 1]^{\mathrm{T}}\right\}$ をとる．すると任意の $[x, y]^{\mathrm{T}} \in \mathbb{R}^2$ に対して，$[x, y]^{\mathrm{T}} = x[1, 0]^{\mathrm{T}} + y[0, 1]^{\mathrm{T}} =$

$(x+y)/2[1,\,1]^{\mathrm{T}}+(y-x)/2[-1,\,1]^{\mathrm{T}}$ であるから，座標系 $\left\{[1,\,0]^{\mathrm{T}},\,[0,\,1]^{\mathrm{T}}\right\}$ に関する $[x,\,y]^{\mathrm{T}}$ の座標は $(x,\,y)$，座標系 $\left\{[1,\,1]^{\mathrm{T}},\,[-1,\,1]^{\mathrm{T}}\right\}$ に関する $[x,\,y]^{\mathrm{T}}$ の座標は $((x+y)/2,\,(y-x)/2)$ である．

さて，線形性により

$$\boldsymbol{T}(\boldsymbol{x})=\xi_1\boldsymbol{T}(\boldsymbol{x}_1)+\cdots+\xi_n\boldsymbol{T}(\boldsymbol{x}_n) \tag{2.16}$$

と一意的に書ける．各 $\boldsymbol{T}(\boldsymbol{x}_j)\in\boldsymbol{Y}$ は基底 $\{\boldsymbol{y}_i\}$ により一意的１次結合

$$\boldsymbol{T}(\boldsymbol{x}_j)=a_{1j}\boldsymbol{y}_1+\cdots+a_{mj}\boldsymbol{y}_m \tag{2.17}$$

の形に書ける $(j=1,\,\ldots,\,n)$．形式的な積を用いてまとめると

$$\begin{aligned}\boldsymbol{y}&=\boldsymbol{T}(\boldsymbol{x}) &(2.18)\\ &=[\boldsymbol{y}_1,\,\ldots,\,\boldsymbol{y}_m]\left(\begin{bmatrix}a_{11}&\cdots&a_{1n}\\ \vdots&&\vdots\\ a_{m1}&\cdots&a_{mn}\end{bmatrix}\begin{bmatrix}\xi_1\\ \vdots\\ \xi_n\end{bmatrix}\right) &(2.19)\\ &=[\boldsymbol{y}_1,\,\ldots,\,\boldsymbol{y}_m]\begin{bmatrix}\eta_1\\ \vdots\\ \eta_m\end{bmatrix} &(2.20)\end{aligned}$$

と書いてよいことがわかる（検算されよ）．これより通常の行列積

$$\begin{bmatrix}\eta_1\\ \vdots\\ \eta_m\end{bmatrix}=\begin{bmatrix}a_{11}&\cdots&a_{1n}\\ \vdots&&\vdots\\ a_{m1}&\cdots&a_{mn}\end{bmatrix}\begin{bmatrix}\xi_1\\ \vdots\\ \xi_n\end{bmatrix} \tag{2.21}$$

が得られる．これを線形写像 $\boldsymbol{T}$ の与えられた基底に関する**行列表現** (matrix representation) という．ここに右辺 $m\times n$ 行列の第 j 列は基底 $\{\boldsymbol{y}_i\}$ に関する $\boldsymbol{T}(\boldsymbol{x}_j)$ の座標を表すことに注意する．

行列表現が基底の選び方により異なるのは当然である．いま，$\{\boldsymbol{x}_i\}$, $\{\boldsymbol{x}'_i\}$ を $\boldsymbol{X}$ の基底，$\{\boldsymbol{y}_i\}$, $\{\boldsymbol{y}'_i\}$ を $\boldsymbol{Y}$ の基底とする．基底の性質より２組の基底 $\{\boldsymbol{x}_i\}$, $\{\boldsymbol{x}'_i\}$ の間には

$$[\boldsymbol{x}_1, \ldots, \boldsymbol{x}_n] = [\boldsymbol{x}'_1, \ldots, \boldsymbol{x}'_n]\begin{bmatrix} p_{11} & \cdots & p_{1n} \\ \vdots & \ddots & \vdots \\ p_{n1} & \cdots & p_{nn} \end{bmatrix} \equiv [\boldsymbol{x}'_1, \ldots, \boldsymbol{x}'_n]\boldsymbol{P}, \tag{2.22}$$

$$[\boldsymbol{y}_1, \ldots, \boldsymbol{y}_m] = [\boldsymbol{y}'_1, \ldots, \boldsymbol{y}'_m]\begin{bmatrix} q_{11} & \cdots & q_{1m} \\ \vdots & \ddots & \vdots \\ q_{m1} & \cdots & q_{mm} \end{bmatrix} \equiv [\boldsymbol{y}'_1, \ldots, \boldsymbol{y}'_m]\boldsymbol{Q} \tag{2.23}$$

型の関係が存在する．ここに, $\boldsymbol{P}$, $\boldsymbol{Q}$ はそれぞれ n 次, m 次の可逆行列を表す．実際, 2組の基底 $\{\boldsymbol{x}_i\}$, $\{\boldsymbol{x}'_i\}$ の役割を交換すれば, $[\boldsymbol{x}'_1, \ldots, \boldsymbol{x}'_n] = [\boldsymbol{x}_1, \ldots, \boldsymbol{x}_n]\boldsymbol{P}_1$ 型の関係が成立するから, これを上の関係に使うと $[\boldsymbol{x}_1, \ldots, \boldsymbol{x}_n] = [\boldsymbol{x}_1, \ldots, \boldsymbol{x}_n](\boldsymbol{P}_1\boldsymbol{P})$. 基底による展開の一意性により $\boldsymbol{P}_1\boldsymbol{P} = \boldsymbol{I}$. これは $\boldsymbol{P}_1$, $\boldsymbol{P}$ が互いの逆行列であることを示す（前項 (e) 参照）. (2.22), (2.23) より

$$[\boldsymbol{x}_1, \ldots, \boldsymbol{x}_n]\begin{bmatrix} \xi_1 \\ \vdots \\ \xi_n \end{bmatrix} = [\boldsymbol{x}'_1, \ldots, \boldsymbol{x}'_n]\boldsymbol{P}\begin{bmatrix} \xi_1 \\ \vdots \\ \xi_n \end{bmatrix} \equiv [\boldsymbol{x}'_1, \ldots, \boldsymbol{x}'_n]\begin{bmatrix} \xi'_1 \\ \vdots \\ \xi'_n \end{bmatrix}, \tag{2.24}$$

$$[\boldsymbol{y}_1, \ldots, \boldsymbol{y}_n]\begin{bmatrix} \eta_1 \\ \vdots \\ \eta_m \end{bmatrix} = [\boldsymbol{y}'_1, \ldots, \boldsymbol{y}'_m]\boldsymbol{Q}\begin{bmatrix} \eta_1 \\ \vdots \\ \eta_m \end{bmatrix} \equiv [\boldsymbol{y}'_1, \ldots, \boldsymbol{y}'_m]\begin{bmatrix} \eta'_1 \\ \vdots \\ \eta'_m \end{bmatrix}. \tag{2.25}$$

すなわち,

$$\boldsymbol{P}\begin{bmatrix} \xi_1 \\ \vdots \\ \xi_n \end{bmatrix} = \begin{bmatrix} \xi'_1 \\ \vdots \\ \xi'_n \end{bmatrix}, \boldsymbol{Q}\begin{bmatrix} \eta_1 \\ \vdots \\ \eta_m \end{bmatrix} = \begin{bmatrix} \eta'_1 \\ \vdots \\ \eta'_m \end{bmatrix}. \tag{2.26}$$

これらはベクトル空間 $\boldsymbol{X}$ 内における**座標変換** (coordinate transformation) の式を表す．(2.26) を (2.21) に使うと

$$\begin{bmatrix} \eta'_1 \\ \vdots \\ \eta'_m \end{bmatrix} = (\boldsymbol{Q}\begin{bmatrix} a_{11} & \cdots & a_{1n} \\ \vdots & & \vdots \\ a_{m1} & \cdots & a_{mn} \end{bmatrix}\boldsymbol{P}^{-1})\begin{bmatrix} \xi'_1 \\ \vdots \\ \xi'_n \end{bmatrix} \tag{2.27}$$

が得られる．右辺第 1 項が $\{\boldsymbol{x}'_i\}$, $\{\boldsymbol{y}'_i\}$ 座標系に関する線形写像 $\boldsymbol{T}$ の行列表現を表す．それは $\{\boldsymbol{x}_i\}$, $\{\boldsymbol{y}_i\}$ 座標系に関する行列表現 $[a_{ij}]$ の左右からそれぞれ $\boldsymbol{Q}$, $\boldsymbol{P}^{-1}$ を乗じたものに等しい．

2.19 座標変換と分解定理

前節の結果は線形代数における行列算の位置づけを示している．すなわち，与えられた線形写像の研究は $\boldsymbol{y} = \boldsymbol{A}\boldsymbol{x}$ 型 ($\boldsymbol{x} : n \times 1$, $\boldsymbol{y} : m \times 1$, $\boldsymbol{A} : m \times n$) の線形写像を通じて行えることを示す．今後は，線形写像を初めから $\boldsymbol{y} = \boldsymbol{A}\boldsymbol{x}$ として与えられたものとして扱うことが多い．実際には，これに適当な座標変換 $\boldsymbol{x} = \boldsymbol{P}\boldsymbol{x}'$, $\boldsymbol{y} = \boldsymbol{Q}\boldsymbol{y}'$（$\boldsymbol{P}, \boldsymbol{Q}$ はそれぞれ n 次，m 次の可逆行列）を施して得られる式 $\boldsymbol{y}' = \boldsymbol{Q}^{-1}\boldsymbol{A}\boldsymbol{P}\boldsymbol{x}' \equiv \boldsymbol{B}\boldsymbol{x}'$ において，新座標系から見た元の線形写像の姿 $\boldsymbol{B} = \boldsymbol{Q}^{-1}\boldsymbol{A}\boldsymbol{P}$ にできるだけ簡単な形をとらせるように考える．結果は各種分解定理として知られている．

例えば，$\boldsymbol{P}, \boldsymbol{Q}$ を適当な可逆行列に選べば $\boldsymbol{B} = \boldsymbol{Q}^{-1}\boldsymbol{A}\boldsymbol{P}$ は $= \begin{bmatrix} \boldsymbol{I}_r & \boldsymbol{0} \\ \boldsymbol{0} & \boldsymbol{0} \end{bmatrix}$ となる (同値分解)．$\boldsymbol{A} \neq \boldsymbol{0}$ なら $r \geqslant 1$ であり，r は $\boldsymbol{A}$ のみによって一意的に確定する**階数** (rank) と呼ばれる重要量を表す．分解定理の概要は次章で示す．各分解定理の証明と応用例は，第 4 章以降順次示す．

2.20 集合論から Part II ——同値関係と同値類——

「同値関係」と「同値類」について説明する．一般の定義は以下となる．

定義 2.43 集合 $\boldsymbol{S}$ の任意元の順序対 (a, b) に対して真か偽か判定可能な数学的陳述（**命題** (proposition) という）“$a \sim b$” が定義されているとき，$\boldsymbol{S}$ 上で**関係** (relation) “$\sim$” が定義されたという．以下命題 “$a \sim b$” が真であることを単に $a \sim b$ と書く．とくに「反射性 $a \sim a$」,「対称性 $a \sim b$ なら $b \sim a$」,「推移性 $a \sim b$, $b \sim c$ なら $a \sim c$」が満たされる場合，関係 “$\sim$” を**同値関係** (equivalence relation) という．

例えば，与えられた集合上で定義された相等関係 “=” は同値関係のもっとも普通のものである．その他の例を挙げると：

例 2.44 与えられたベクトル空間 $\boldsymbol{V}$ から 1 つの部分空間 $\boldsymbol{M}$ をとる．いま $\boldsymbol{a}, \boldsymbol{b} \in$

$\boldsymbol{V}$ に対して「$\boldsymbol{a} \sim \boldsymbol{b}$ とは $\boldsymbol{a} - \boldsymbol{b} \in \boldsymbol{M}$」と定義すれば "$\sim$" は $\boldsymbol{V}$ 上で定義された 1 つの同値関係を表す．実際，すべての部分空間は $\boldsymbol{0}$ を含み，和およびスカラー倍に関して閉じているから「反射性 $\boldsymbol{a} \sim \boldsymbol{a}$」，「対称性 $\boldsymbol{a} \sim \boldsymbol{b}$ なら $\boldsymbol{b} \sim \boldsymbol{a}$」（$\because \boldsymbol{a} - \boldsymbol{b} \in \boldsymbol{M}$ なら $\boldsymbol{b} - \boldsymbol{a} = (-1)(\boldsymbol{a} - \boldsymbol{b}) \in \boldsymbol{M}$），「推移性 $\boldsymbol{a} \sim \boldsymbol{b}, \boldsymbol{b} \sim \boldsymbol{c}$ なら $\boldsymbol{a} \sim \boldsymbol{c}$」（$\because \boldsymbol{a} - \boldsymbol{b}, \boldsymbol{b} - \boldsymbol{c} \in \boldsymbol{M}$ なら $\boldsymbol{a} - \boldsymbol{c} = (\boldsymbol{a} - \boldsymbol{b}) + (\boldsymbol{b} - \boldsymbol{c}) \in \boldsymbol{M}$）が満足される．

例 2.45　$m \times n$ 実行列全体 $\mathbb{R}^{m \times n}$ 上に定義された関係「$\boldsymbol{A} \sim \boldsymbol{B}$ とは適当な可逆行列 $\boldsymbol{P}, \boldsymbol{Q}$ をとれば $\boldsymbol{A} = \boldsymbol{PBQ}$ となる」は同値関係を表す．実際，$\boldsymbol{A} = \boldsymbol{IAI}$ だから反射性は満たされる．次に $\boldsymbol{A} \sim \boldsymbol{B}$ なら $\boldsymbol{A} = \boldsymbol{PBQ}$ を解いて $\boldsymbol{B} = \boldsymbol{P}^{-1}\boldsymbol{AQ}^{-1}$ だから，対称性も満たされる．最後に $\boldsymbol{A} \sim \boldsymbol{B}, \boldsymbol{B} \sim \boldsymbol{C}$ なら $\boldsymbol{A} = \boldsymbol{PBQ}, \boldsymbol{B} = \boldsymbol{UCV}$（$\boldsymbol{P}, \boldsymbol{Q}, \boldsymbol{U}, \boldsymbol{V}$ は可逆行列）ゆえ，$\boldsymbol{A} = (\boldsymbol{PU})\boldsymbol{C}(\boldsymbol{VQ})$．$\boldsymbol{PU}, \boldsymbol{VQ}$ はいずれも可逆行列の積だから可逆行列である．ゆえに推移性も満たされる．

集合 S 上で同値関係 "$\sim$" が定義されているものとする．このとき，S の任意元 a に対して，$x \sim a$ を満たす元 x を「a に同値な元」といい，そのような元全体の集合を $[a]$ と書き，a によって生成された**同値類** (equivalence class) という．同値類の重要な性質を示す：

(a)　任意元 a に対して $a \in [a]$（反射性より．ゆえに，$[a]$ は空ではない）．

(b)　同値類全体の和集合は親集合 S に等しい：$\bigcup_{a \in S} [a] = S$（(a) より明らか）．

(c)　$[a] = [b]$ か $[a] \cap [b] = \emptyset$（空集合）のいずれかが成り立つ．すなわち，$[a], [b]$ は完全に一致するか共通部分がまったくない別の集合かのいずれかである．

実際，$[a] \cap [b] \neq \emptyset$ なら $x \in [a] \cap [b]$ を 1 つとる．すると $y \in [a]$ なら，$y \sim x, x \sim b$ だから推移性により $y \sim b$．ゆえに $[a] \subseteq [b]$．対称性より $[b] \subseteq [a]$．ゆえに $[a] = [b]$．

(d)　$[a] = [b] \Leftrightarrow a \sim b$．すなわち，互いに同値な元によって生成される同値類は同一である．

実際，$a \sim b$ なら任意の $y \in [a]$ に対して $y \sim a \sim b$ だから推移性より $y \sim b$，すなわち $y \in [b]$．ゆえに $[a] \subseteq [b]$．対称性より $[b] \subseteq [a]$．ゆえに $[a] = [b]$．逆は反射性より明らか．

(b) と (c) から，「S は互いに共通部分のない同値類に分割できる」ことがわかる．

例 2.46　（例 2.44 のつづき：商空間）$\boldsymbol{a} \in \boldsymbol{V}$ によって生成された同値類 $[\boldsymbol{a}]$ とは $\boldsymbol{x} - \boldsymbol{a} \in \boldsymbol{M}$ を満たすすべての $\boldsymbol{x} \in \boldsymbol{V}$ の集合によって与えられる．すなわち，

$[\boldsymbol{a}] = \boldsymbol{a} + \boldsymbol{m}$ $(\boldsymbol{m} \in \boldsymbol{M})$ 型ベクトル全体 $\equiv \boldsymbol{a} + \boldsymbol{M}$ となる．とくに $[\boldsymbol{0}] = \boldsymbol{M}$．この同値類の 1 つ 1 つを，$\boldsymbol{M}$ による**剰余類** (coset) という．$\boldsymbol{M}$ による剰余類全体の集合を $\boldsymbol{V}/\boldsymbol{M}$ によって表す．これに和とスカラー倍を次のように定義すればベクトル空間となる：

和： $[\boldsymbol{a}] + [\boldsymbol{b}] = [\boldsymbol{a} + \boldsymbol{b}]$ （すなわち，$(\boldsymbol{a} + \boldsymbol{M}) + (\boldsymbol{b} + \boldsymbol{M}) = (\boldsymbol{a} + \boldsymbol{b}) + \boldsymbol{M}$）.
スカラー倍： $\alpha[\boldsymbol{a}] = [\alpha\boldsymbol{a}]$ （すなわち，$\alpha(\boldsymbol{a} + \boldsymbol{M}) = (\alpha\boldsymbol{a}) + \boldsymbol{M}$）.

このベクトル空間を**商空間** (quotient space) という．ここで，以上の定義に曖昧性がないことを確かめておく必要がある．まず，$[\boldsymbol{a}] = [\boldsymbol{c}]$, $[\boldsymbol{b}] = [\boldsymbol{d}]$ なら $[\boldsymbol{a}+\boldsymbol{b}] = [\boldsymbol{c}+\boldsymbol{d}]$ であることを示す．実際，$[\boldsymbol{a}] = [\boldsymbol{c}]$, $[\boldsymbol{b}] = [\boldsymbol{d}]$ は $\boldsymbol{a} - \boldsymbol{c}, \boldsymbol{b} - \boldsymbol{d} \in \boldsymbol{M}$ を意味する．すると $(\boldsymbol{a} + \boldsymbol{b}) - (\boldsymbol{c} + \boldsymbol{d}) = (\boldsymbol{a} - \boldsymbol{c}) + (\boldsymbol{b} - \boldsymbol{d}) \in \boldsymbol{M}$ （部分空間は和に関して閉じているため）．これは $\boldsymbol{a} + \boldsymbol{b} \sim \boldsymbol{c} + \boldsymbol{d}$ を意味する．ゆえに $[\boldsymbol{a} + \boldsymbol{b}] = [\boldsymbol{c} + \boldsymbol{d}]$．次に $[\boldsymbol{a}] = [\boldsymbol{b}]$ なら $[\alpha\boldsymbol{a}] = [\alpha\boldsymbol{b}]$ を示す．実際，$[\boldsymbol{a}] = [\boldsymbol{b}]$ なら $\boldsymbol{a} - \boldsymbol{b} \in \boldsymbol{M}$ だから $\alpha(\boldsymbol{a} - \boldsymbol{b}) \in \boldsymbol{M}$ （部分空間はスカラー倍に関して閉じているため），すなわち $\alpha\boldsymbol{a} - \alpha\boldsymbol{b} \in \boldsymbol{M}$．これは $\alpha\boldsymbol{a} \sim \alpha\boldsymbol{b}$ を意味する．ゆえに $[\alpha\boldsymbol{a}] = [\alpha\boldsymbol{b}]$．

商空間の例をあげよう．$\boldsymbol{V} = \mathbb{R}^2 = [x, y]^{\mathrm{T}}$ 型実行列全体，$\boldsymbol{M} = t[1, 1]^{\mathrm{T}}$ 型実行列全体をとり，平面上に直交座標系（xy-座標系）を設け，行列 $[x, y]^{\mathrm{T}}$ を平面上の点の座標と見なすと，$\boldsymbol{M}$ は原点を通る直線 $L : y = x$ を表す．代表的な同値類 $[\boldsymbol{a}] = \boldsymbol{a} + \boldsymbol{M}$ $(\boldsymbol{a} \in \boldsymbol{V})$ は直線 L を $\boldsymbol{a}$ だけ平行移動した直線を表す．商空間 $\boldsymbol{V}/\boldsymbol{M}$ は直線 $L : y = x$ に平行な直線全体を表す．和 $(\boldsymbol{a} + \boldsymbol{M}) + (\boldsymbol{b} + \boldsymbol{M}) = (\boldsymbol{a} + \boldsymbol{b}) + \boldsymbol{M}$ は直線 L を $\boldsymbol{a} + \boldsymbol{b}$ だけ平行移動したもの，スカラー倍 $\alpha(\boldsymbol{a} + \boldsymbol{M}) = (\alpha\boldsymbol{a}) + \boldsymbol{M}$ は直線 L を $\alpha\boldsymbol{a}$ だけ移動したものを表す．

例 2.47 （例 2.45 のつづき）結果のみを述べると，同値類は階数別の分類と同一となる．すなわち，同値類は階数 0 の行列（$\boldsymbol{0}$ 行列のみ），階数 1 の行列全体，…，階数 $\min\{m, n\}$ の行列全体である．これ以外の同値類はない．証明は第 5 章で行う．

最後にひとこと

ここまでの章は，いわば線形代数を語る言葉の創造である．とくに 2.11 節の交換法によって示した「線形代数の基本定理」の応用は広い．実際，これを基に 2.17 節「基底に関する定理」を証明した．ただ，似たような事実がいくつも出てきて記憶が曖昧になりやすいが，これらはすべて，簡単で覚えやすい同値分解からたどれるので（第 5 章で示す），たとえ忘れても心配無用である．次章で分解定理を中心に線形代数の概要を述べ，第 4 章以降で線形代数の基礎知識を順次語っていく．

腕試し問題

問題 2.1　$\boldsymbol{X} = \boldsymbol{Y} = \mathbb{R}$ とし，$\boldsymbol{X}$ より $\boldsymbol{Y}$ への写像 $y = x^2 - 1$ について考える．変域，像空間，値域は何か．単射性，全射性についてはどうか．集合 $\{y : -1 \leqslant y \leqslant 16\}$ の逆像は何か．

問題 2.2　実ベクトル空間 $\mathbb{R}^2$ 内のベクトルの集合 (1)–(4) の 1 次独立性／1 次従属性を判定せよ：

$$(1) \left\{\begin{bmatrix} 1 \\ -1 \end{bmatrix}\right\},\ (2) \left\{\begin{bmatrix} 1 \\ 0 \end{bmatrix}, \begin{bmatrix} -1 \\ 1 \end{bmatrix}\right\},\ (3) \left\{\begin{bmatrix} 1 \\ 0 \end{bmatrix}, \begin{bmatrix} -1 \\ 1 \end{bmatrix}, \begin{bmatrix} 0 \\ 1 \end{bmatrix}\right\},\ (4) \left\{\begin{bmatrix} 1 \\ 0 \end{bmatrix}, \begin{bmatrix} -1 \\ 1 \end{bmatrix}, \begin{bmatrix} 0 \\ 1 \end{bmatrix}, \begin{bmatrix} 1 \\ 2 \end{bmatrix}\right\}.$$

問題 2.3　$\boldsymbol{V}$ を与えられたベクトル空間，$\boldsymbol{a}, \boldsymbol{b}, \boldsymbol{c} \in \boldsymbol{V}$ を 1 次独立なベクトルとする．このとき，$\boldsymbol{p} = \boldsymbol{a} + \boldsymbol{b}, \boldsymbol{q} = \boldsymbol{a} - \boldsymbol{b}, \boldsymbol{r} = \boldsymbol{a} + \boldsymbol{b} + \boldsymbol{c}$ とすれば，$\{\boldsymbol{p}, \boldsymbol{q}, \boldsymbol{r}\}$ も 1 次独立であることを示せ．

問題 2.4　$\mathbb{R}^3$ の部分空間 $\boldsymbol{S} = \left\{s[1, 0, 0]^{\mathrm{T}} : s \in \mathbb{R}\right\}, \boldsymbol{T} = \left\{t[1, 1, 0]^{\mathrm{T}} : t \in \mathbb{R}\right\}$ に対して和空間 $\boldsymbol{S} + \boldsymbol{T}$ を求めよ．

問題 2.5　いま $\boldsymbol{S}, \boldsymbol{T}$ をベクトル空間 $\boldsymbol{V}$ の部分空間とすれば和空間 $\boldsymbol{S}+\boldsymbol{T} \equiv \boldsymbol{U}$ も部分空間である（2.12 節，例 2.26）．さらに $\boldsymbol{S} \cap \boldsymbol{T} = \{\boldsymbol{0}\}$ なら $\boldsymbol{U}$ 内の任意ベクトル $\boldsymbol{u}$ は一意的に $\boldsymbol{u} = \boldsymbol{s} + \boldsymbol{t}$, $\boldsymbol{s} \in \boldsymbol{S}, \boldsymbol{t} \in \boldsymbol{T}$ の形に表現されることを示せ．すなわち，$\boldsymbol{s}_1 + \boldsymbol{t}_1 = \boldsymbol{s}_2 + \boldsymbol{t}_2$ $(\boldsymbol{s}_1, \boldsymbol{s}_2 \in \boldsymbol{S}, \boldsymbol{t}_1, \boldsymbol{t}_2 \in \boldsymbol{T})$ ならば $\boldsymbol{s}_1 = \boldsymbol{s}_2, \boldsymbol{t}_1 = \boldsymbol{t}_2$ であることを示せ．この場合，$\boldsymbol{S} + \boldsymbol{T}$ をとくに $\boldsymbol{S} \oplus \boldsymbol{T}$ と書き，$\boldsymbol{S}, \boldsymbol{T}$ の**直和** (direct sum) という．

問題 2.6　$\mathbb{N}$ を整数全体の集合とし，任意の整数 a, b に対して「$a \sim b$ とは差 $a - b$ が 2 で割り切れること」と定義すれば，関係 "$\sim$" は同値関係を表すことを示し，同値類を特定せよ．また「$a \sim b$ とは $a + b = 0$ なること」と定義すれば，この関係は同値関係ではないことを示せ．

第3章　線形代数の概要

ここまでの章で行列算，ベクトル空間，線形写像について説明した．これで線形代数を語る言葉ができたわけである．本章では，読者の便宜のため，本書で学ぶ線形代数の話題を次のように整理して，それぞれの概要を述べることにする：分解定理（同値分解，LDU 分解，QR 分解，シュア分解（Schur のつづりからシュール分解，シューア分解，シュアー分解などと読むこともあるが，本書ではシュア分解と読むことにする），ジョルダン分解，特異値分解，CS 分解），行列式，内積，ノルム，行列とグラフと整理する．分解定理の価値はそれらが線形代数の基礎的骨組みを形成する多くの事実を内蔵している点にある．なお，本章の内容を他の章と結び付けやすいよう，定義や定理は他章における番号を引用している．

3.1　同値分解

次の分解を**同値分解** (equivalence decomposition) という（注意：この呼び名は標準的ではなく，同値な行列 (equivalent matrices) という標準的な呼び方からの流用である）：

定理 4.1　任意の $\boldsymbol{A} \in \mathbb{R}^{m\times n}(\boldsymbol{A} \neq \boldsymbol{0})$ は，つねに $\boldsymbol{A} = \boldsymbol{P}\begin{bmatrix} \boldsymbol{I}_r & \boldsymbol{0} \\ \boldsymbol{0} & \boldsymbol{0} \end{bmatrix}\boldsymbol{Q} \equiv \boldsymbol{PDQ}$ の形に分解可能である．ここに，$\boldsymbol{I}_r$ は r 次単位行列 $(1 \leqslant r \leqslant \min\{m, n\})$，$\boldsymbol{P} \in \mathbb{R}^{m\times m}$, $\boldsymbol{Q} \in \mathbb{R}^{n\times n}$ はそれぞれ適当な m 次，n 次の可逆行列を表す．また，r の値は $\boldsymbol{A}$ のみによって一意的に定まり，$\boldsymbol{A}$ の**階数** (rank) という．また，行列 $\boldsymbol{D}$ を**標準形** (canonical form) という．

線形写像 $\boldsymbol{y} = \boldsymbol{Ax}$ に対して座標変換 $\boldsymbol{y} = \boldsymbol{Py}', \boldsymbol{x} = \boldsymbol{Q}^{-1}\boldsymbol{x}'$ を行うと，$\boldsymbol{y}' = \boldsymbol{P}^{-1}\boldsymbol{AQ}^{-1}\boldsymbol{x}' = \boldsymbol{Dx}'$ となる．すなわち，問題の線形写像を新座標系から見ると，

標準形 $\begin{bmatrix} \boldsymbol{I}_r & \boldsymbol{0} \\ \boldsymbol{0} & \boldsymbol{0} \end{bmatrix}$ に見えるというわけである．$\boldsymbol{A} \in \mathbb{C}^{m\times n}$ の場合も同じ形に同値分解できるが，この場合は $\boldsymbol{P} \in \mathbb{C}^{m\times m}$, $\boldsymbol{Q} \in \mathbb{C}^{n\times n}$ である．

同値分解は，のちほど示すように，ベクトル空間の基底と次元に関する性質，線形写像の零空間と値域の構造などに関する基礎的な事実を内蔵している．代表例をあげると：

定理 5.1, 定理 2.22［線形代数の基本定理］　$\boldsymbol{A} \in \mathbb{R}^{m\times n}$ かつ $m < n$ なら $\boldsymbol{Ax} = \boldsymbol{0}$ は非零解 $\boldsymbol{0} \neq \boldsymbol{x} \in \mathbb{R}^n$ を持つ．

定理 5.7　$\boldsymbol{A} \in \mathbb{R}^{m\times m}$ が逆行列を持つ $\Leftrightarrow$ $\boldsymbol{Ax} = \boldsymbol{0}$ の解が $\boldsymbol{x} = \boldsymbol{0} \in \mathbb{R}^m$ に限る $\Leftrightarrow$ すべての $\boldsymbol{b} \in \mathbb{R}^m$ に対して $\boldsymbol{Ax} = \boldsymbol{b}$ が可解．

定理 5.7，定理 2.41　$\boldsymbol{A}, \boldsymbol{B} \in \mathbb{R}^{m\times m}$ に対して $\boldsymbol{AB} = \boldsymbol{I}$ が真なら $\boldsymbol{BA} = \boldsymbol{I}$ も真である．

例 5.9，定理 2.41　n 次元ベクトル空間の基底は必ず n 個のベクトルからなる．

定理 5.21［次元定理］　$\dim(\boldsymbol{S} \cap \boldsymbol{T}) = \dim(\boldsymbol{S}) + \dim(\boldsymbol{T}) - \dim(\boldsymbol{S} + \boldsymbol{T})$．ここに $\boldsymbol{S}, \boldsymbol{T}$ は与えられたベクトル空間内の任意の部分空間を表す．（ゆえに，右辺が 1 以上なら，$\boldsymbol{S} \cap \boldsymbol{T}$ は少なくとも 1 つの非零ベクトルを含む．）

定理 5.12　方程式 $\boldsymbol{Ax} = \boldsymbol{b}$（$\boldsymbol{A} \in \mathbb{R}^{m\times n}$, $\boldsymbol{b} \in \mathbb{R}^m$ は既知，$\boldsymbol{x} \in \mathbb{R}^n$ は未知）が可解であるための必要十分条件は，$\boldsymbol{y}^{\mathrm{T}}\boldsymbol{A} = \boldsymbol{0}$ $(\boldsymbol{y} \in \mathbb{R}^m)$ なら必ず $\boldsymbol{y}^{\mathrm{T}}\boldsymbol{b} = 0$ が成り立つことである（必要性は明らか．これが十分性を兼ねる点に値打ちがある）．

例 2.45　$\mathbb{R}^{m\times n}$ 上の関係「$\boldsymbol{A} \sim \boldsymbol{B} \Leftrightarrow$ 適当な可逆行列 $\boldsymbol{P}, \boldsymbol{Q}$ に対して $\boldsymbol{A} = \boldsymbol{PBQ}$」は同値関係を表し，同値類は階数の値による類別を表す．ここに階数 r は $r = 0, 1, \ldots, \min\{m, n\}$ の各値をとる．

3.2　LDU 分解

次の分解を **LDU 分解** (LDU decomposition) という：

定理 4.2 任意の $\boldsymbol{A} \in \mathbb{R}^{m\times n}$ $(\boldsymbol{A} \neq \boldsymbol{0})$ に対して m 次置換行列 $\boldsymbol{P}$, n 次置換行列 $\boldsymbol{Q}$ を適当にとれば，$\boldsymbol{PAQ}$ を

$$\boldsymbol{PAQ} = \begin{bmatrix} \boldsymbol{L}_{11} & \boldsymbol{0} \\ \boldsymbol{L}_{21} & \boldsymbol{I} \end{bmatrix} \begin{bmatrix} \boldsymbol{D}_r & \boldsymbol{0} \\ \boldsymbol{0} & \boldsymbol{0} \end{bmatrix} \begin{bmatrix} \boldsymbol{U}_{11} & \boldsymbol{U}_{12} \\ \boldsymbol{0} & \boldsymbol{I} \end{bmatrix} \equiv \boldsymbol{LDU} \qquad \text{(LDU 分解4.3)}$$

の形に分解できる．ここに $\boldsymbol{L}_{11}$ は r 次単位下三角行列，$\boldsymbol{D}_r$ は可逆 r 次対角行列，$\boldsymbol{U}_{11}$ は r 次単位上三角行列，$\boldsymbol{L}_{21}$ は $(m-r)\times r$ 行列，$\boldsymbol{U}_{12}$ は $r\times(n-r)$ 行列を表し，$r = \mathrm{rank}(\boldsymbol{A})$ である．

$\boldsymbol{PAQ}$ は $\boldsymbol{A}$ の行と列に適当な並べ替えを施した行列を表す．(LDU 分解 4.3) を $\boldsymbol{A}$ について解くと（$\boldsymbol{P}^{\mathrm{T}} = \boldsymbol{P}^{-1}$, $\boldsymbol{Q}^{\mathrm{T}} = \boldsymbol{Q}^{-1}$ に注意），

$$\boldsymbol{A} = (\boldsymbol{P}^{\mathrm{T}}\boldsymbol{L}) \begin{bmatrix} \boldsymbol{I}_r & \boldsymbol{0} \\ \boldsymbol{0} & \boldsymbol{0} \end{bmatrix} \left(\begin{bmatrix} \boldsymbol{D}_r & \boldsymbol{0} \\ \boldsymbol{0} & \boldsymbol{I} \end{bmatrix} \boldsymbol{UQ}^{\mathrm{T}} \right).$$

これは $\boldsymbol{A}$ の同値分解形に他ならない．また $\boldsymbol{PAQ}$ の左上 $r\times r$ 小行列 $\boldsymbol{L}_{11}\boldsymbol{D}_r\boldsymbol{U}_{11}$ は可逆行列であることに注意．すなわち，$\boldsymbol{A}$ から適当に選んだ r 行，r 列から構成される r 次行列は可逆である．この事実は「$\boldsymbol{A}$ の階数とは $\boldsymbol{A}$ 中の可逆小行列の最大次数に等しい」ことを示すために必要となる事実である．

LDU 分解は $\boldsymbol{Ax} = \boldsymbol{b}$ 型正方行列方程式の数値解法として価値が高い．すなわち，$m = n$ で $\boldsymbol{A}$ が可逆行列の場合，LDU 分解 $\boldsymbol{PAQ} = \boldsymbol{LDU}$ が知られれば $\boldsymbol{Ax} = \boldsymbol{b}$ は $\boldsymbol{LDU}(\boldsymbol{Q}^{\mathrm{T}}\boldsymbol{x}) = \boldsymbol{Pb}$ と同値となるから，下三角行列方程式 $\boldsymbol{Ly} = \boldsymbol{Pb}$ を $\boldsymbol{y}$ について解き，この $\boldsymbol{y}$ を右辺においた上三角行列方程式 $(\boldsymbol{DU})\boldsymbol{z} = \boldsymbol{y}$ を $\boldsymbol{z}$ について解き，最後に $\boldsymbol{Q}^{\mathrm{T}}\boldsymbol{x} = \boldsymbol{z}$ を解いて $\boldsymbol{x} = \boldsymbol{Qz}$ を得る．この方法は $\boldsymbol{A}$ が低次**密行列** (dense matrix)（成分のほとんどが非零である行列，**疎行列** (sparse matrix) に対する用語）である場合に適している．$\boldsymbol{A}$ を固定し，右辺 $\boldsymbol{b}$ をいろいろ変えて解く場合でも，$\boldsymbol{A}$ の LDU 分解を利用するのがよく，$\boldsymbol{A}^{-1}$ を陽に求め，$\boldsymbol{x} = \boldsymbol{A}^{-1}\boldsymbol{b}$ から $\boldsymbol{x}$ を求める計算法は一般には避けるべきである．

3.3 行列式

行列式の歴史は，19 世紀半ばから興った行列論 (matrix theory) の系統的研究より一世紀以上も古い．

行列式は正方行列に対してのみ定義される．

定義 6.1　n 次行列 $\boldsymbol{A}$ の**行列式** (determinant) の一般的定義は次式である：

$$\det \boldsymbol{A} = \det \begin{bmatrix} a_{11} & \cdots & a_{1n} \\ \vdots & \ddots & \vdots \\ a_{n1} & \cdots & a_{nn} \end{bmatrix} = \sum_{(i_1,\ldots,i_n)} \operatorname{sgn} \begin{pmatrix} 1 & \cdots & n \\ i_1 & \cdots & i_n \end{pmatrix} a_{i_1,1} \cdots a_{i_n,n}.$$

（行列式定義式）

ここに右辺の和は $1, \ldots, n$ のすべての置換 $(i_1, \ldots, i_n)$ についてとり，**符号数** (signature) $\operatorname{sgn} \begin{pmatrix} 1 & \cdots & n \\ i_1 & \cdots & i_n \end{pmatrix}$ は置換 $(i_1, \ldots, i_n)$ によって定まる $+1$ または -1 に等しい値である（詳しくは6.1 節参照）．行列式の値は数（実数か複素数）である．

とくに $n = 1, 2, 3$ の場合は

$$\det [a_{11}] = a_{11}, \quad \det \begin{bmatrix} a_{11} & a_{12} \\ a_{21} & a_{22} \end{bmatrix} = a_{11}a_{22} - a_{12}a_{21},$$

$$\det \begin{bmatrix} a_{11} & a_{12} & a_{13} \\ a_{21} & a_{22} & a_{23} \\ a_{31} & a_{32} & a_{33} \end{bmatrix} = a_{11}a_{22}a_{33} - a_{11}a_{32}a_{23} + a_{21}a_{32}a_{13} - a_{21}a_{12}a_{33} + a_{31}a_{12}a_{23} - a_{31}a_{22}a_{13}.$$

行列式は何を表すのか？ $n = 2$ の場合は，$\boldsymbol{A} = [\boldsymbol{a}_1, \boldsymbol{a}_2]$ と $\boldsymbol{A}$ を列に分解すれば，$\det \boldsymbol{A}$ は $\boldsymbol{a}_1, \boldsymbol{a}_2$ によって決定される平行四辺形の符号つき面積を表し，$n = 3$ の場合も，同様に $\boldsymbol{A} = [\boldsymbol{a}_1, \boldsymbol{a}_2, \boldsymbol{a}_3]$ と $\boldsymbol{A}$ を列に分解すれば，$\det \boldsymbol{A}$ は $\boldsymbol{a}_1, \boldsymbol{a}_2, \boldsymbol{a}_3$ によって決定される平行六面体の符号つき体積を表すことが知られている．$n > 3$ の場合は類推によって，$\boldsymbol{a}_1, \ldots, \boldsymbol{a}_n$ によって決定される n 次平行多面体の符号付体積を表すと定義する．

次の事実は行列式応用の典型例である．

定理 6.19　$\boldsymbol{A}$ が逆行列を持つための必要十分条件は $\det \boldsymbol{A} \neq 0$ である．

定理 6.26　$\boldsymbol{A}$ が逆行列をもてば，$\boldsymbol{Ax} = \boldsymbol{b}$ の解 $\boldsymbol{x} = [x_1, \ldots, x_n]^{\mathrm{T}}$ は**クラメールの公式** (Cramer's rule) によって与えられる：

$$x_j = \frac{\det [\boldsymbol{a}_1, \ldots, \boldsymbol{a}_{j-1}, \boldsymbol{b}, \boldsymbol{a}_{j+1}, \ldots, \boldsymbol{a}_n]}{\det \boldsymbol{A}} \quad (j = 1, \ldots, n).$$

ここに右辺分子は $\boldsymbol{A}$ の第 j 列を $\boldsymbol{b}$ で置き換えた行列の行列式を表す．

クラメールの公式は並列計算可能性を示唆し一見魅力的に見えるが，精度上から数値計算には適さないことが知られている（$n=2$ においてさえ不適である）.

行列式の定義式は $n!$ 個の積の和であるから，数値計算用には適さない．行列式の計算は

- 「任意行または列を c 倍すれば行列式も c 倍される」(6.7 節).
- 「任意行または列のスカラー倍を他行または他列に加えても行列式の値は不変である」(6.10 節).
- 「$\det(\boldsymbol{AB}) = \det \boldsymbol{A} \det \boldsymbol{B}$」(6.11 節)
- 「三角行列の行列式は対角成分の積に等しい」(6.4 節)

などの法則を使って行う．今日では行列式は理論的考察に使われることが多い.

3.4　内積

内積の考えは余弦定理の巧みな読み替えを一般化したもので，一種の角度と距離の代替品である．まずこれについて説明しよう．通常の 3 次元空間内の任意の平面上に任意の 3 点 O, A, B をとる（図 3.1）:

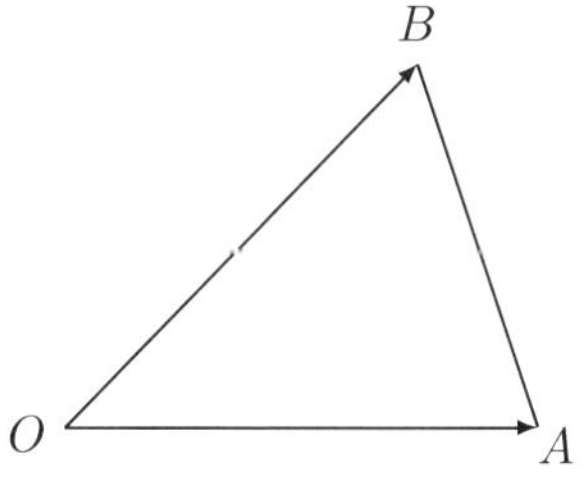

図 3.1　内積

すると次の余弦定理が成立する：

$$\overline{AB}^2 = \overline{OA}^2 + \overline{OB}^2 - 2 \cdot \overline{OA} \cdot \overline{OB} \cdot \cos \angle AOB. \qquad \text{(余弦定理)}$$

いま O を原点とする直交座標系を導入し，点 A, B の座標をそれぞれ (a_1, a_2, a_3), (b_1, b_2, b_3) とすると，上式から

$$a_1b_1 + a_2b_2 + a_3b_3 = \overline{OA} \cdot \overline{OB} \cos\theta \equiv (\overrightarrow{OA} \cdot \overrightarrow{OB}) \quad (\theta = \angle AOB).$$

これを矢線ベクトル $\overrightarrow{OA}$, $\overrightarrow{OB}$ の**内積** (inner product) という．$\overrightarrow{OA}=\boldsymbol{a}$, $\overrightarrow{OB}=\boldsymbol{b}$, $\|\boldsymbol{a}\| \equiv \sqrt{(\boldsymbol{a},\,\boldsymbol{a})} = \sqrt{a_1^2+a_2^2+a_3^2}$（$=\boldsymbol{a}$ の長さ）などと書けば

$$(\boldsymbol{a},\,\boldsymbol{b}) = a_1b_1+a_2b_2+a_3b_3 = \|\boldsymbol{a}\|\cdot\|\boldsymbol{b}\|\cdot\cos\theta.$$

とくに

$\boldsymbol{a}=\boldsymbol{b}$ なら $(\boldsymbol{a},\,\boldsymbol{a}) = \|\boldsymbol{a}\|^2 = \boldsymbol{a}$ の長さの自乗,

$(\boldsymbol{a},\,\boldsymbol{b})/(\|\boldsymbol{a}\|\cdot\|\boldsymbol{b}\|) = \cos\theta$　($\theta = \boldsymbol{a},\,\boldsymbol{b}$ 間の角, $\boldsymbol{a},\,\boldsymbol{b}\neq\boldsymbol{0}$),

$(\boldsymbol{a},\,\boldsymbol{b}) = 0 \Leftrightarrow \boldsymbol{a}\perp\boldsymbol{b}$　（直交）.

上の3式は，内積が距離と角度にどう関係するかを示している．

内積を一般の実ベクトル空間に拡張する場合は内積の次の性質だけを使う：

定義　（実ベクトル同士の内積；7.1節参照）

（実 a）　$(\boldsymbol{a},\,\boldsymbol{b})$ はスカラー（実数）である

（実 b）　$(\boldsymbol{a},\,\beta\boldsymbol{b}+\gamma\boldsymbol{c}) = \beta(\boldsymbol{a},\,\boldsymbol{b})+\gamma(\boldsymbol{a},\,\boldsymbol{c})$　($\alpha,\,\beta$ は任意の実数)

（実 c）　$(\boldsymbol{a},\,\boldsymbol{b}) = (\boldsymbol{b},\,\boldsymbol{a})$

（実 d）　$\|\boldsymbol{a}\|^2 \equiv (\boldsymbol{a},\,\boldsymbol{a}) \geqslant 0;\quad (\boldsymbol{a},\,\boldsymbol{a}) = 0 \Leftrightarrow \boldsymbol{a}=0$

ここに，$\|\boldsymbol{a}\| = \sqrt{(\boldsymbol{a},\,\boldsymbol{a})}$ を $\boldsymbol{a}$ の**ノルム** (norm) という．

複素ベクトル空間上の内積に対しては上の定義を次のように修正する：

定義　（複素ベクトル同士の内積；7.1節参照）

（複 a）　$(\boldsymbol{a},\,\boldsymbol{b})$ はスカラー（複素数）である

（実・複共通 b）　$(\boldsymbol{a},\,\beta\boldsymbol{b}+\gamma\boldsymbol{c}) = \beta(\boldsymbol{a},\,\boldsymbol{b})+\gamma(\boldsymbol{a},\,\boldsymbol{c})$　($\beta,\,\gamma$ は任意の複素数)

（複 c）　$(\boldsymbol{a},\,\boldsymbol{b}) = \overline{(\boldsymbol{b},\,\boldsymbol{a})}$　（$=(\boldsymbol{b},\,\boldsymbol{a})$ の共役複素数）

（実・複共通 d）　$\|\boldsymbol{a}\|^2 \equiv (\boldsymbol{a},\,\boldsymbol{a}) \geqslant 0;\quad (\boldsymbol{a},\,\boldsymbol{a}) = 0 \Leftrightarrow \boldsymbol{a}=0$

注意　上で述べた（実･複共通 b）の代わりに「$(\beta\boldsymbol{b}+\gamma\boldsymbol{c},\,\boldsymbol{a}) = \beta(\boldsymbol{b},\,\boldsymbol{a})+\gamma(\boldsymbol{c},\,\boldsymbol{a})$」を採用する著者が多いが，数学的には同値である．本書では，$\mathbb{C}^m$ 上の内積 $(\boldsymbol{a},\,\boldsymbol{b}) = \boldsymbol{a}^*\boldsymbol{b}$ を考える場合の利便性を考慮し，ここではあえて上の（実・複共通 b）を採用する．

例 $\mathbb{R}^m$ 上の内積の例：$\boldsymbol{a} = [a_1, \ldots, a_m]^{\mathrm{T}}$, $\boldsymbol{b} = [b_1, \ldots, b_m]^{\mathrm{T}}$ に対して

$$(\boldsymbol{a}, \boldsymbol{b}) = a_1 b_1 + \cdots + a_m b_m = \boldsymbol{a}^{\mathrm{T}} \boldsymbol{b} \quad \text{および} \quad (\boldsymbol{a}, \boldsymbol{b}) = \boldsymbol{a}^{\mathrm{T}} \boldsymbol{P} \boldsymbol{b}.$$

ここに $\boldsymbol{P}$ は実**正定値行列** (positive-definite matrix)，すなわち，任意の $\boldsymbol{a} \neq \boldsymbol{0}$ に対して $\boldsymbol{a}^{\mathrm{T}} \boldsymbol{P} \boldsymbol{a} > 0$ を満たすような実対称行列をいう．$\mathbb{R}^m$ 上の内積はこの形のもので尽くされることがわかっている（定理 7.5 参照）.

例 $\mathbb{C}^m$ 上の内積の例：$\boldsymbol{a} = [a_1, \ldots, a_m]^{\mathrm{T}}$, $\boldsymbol{b} = [b_1, \ldots, b_m]^{\mathrm{T}}$ に対して

$$(\boldsymbol{a}, \boldsymbol{b}) = \overline{a_1} b_1 + \cdots + \overline{a_m} b_m = \boldsymbol{a}^* \boldsymbol{b} \quad \text{および} \quad (\boldsymbol{a}, \boldsymbol{b}) = \boldsymbol{a}^* \boldsymbol{P} \boldsymbol{b}.$$

ここに $\boldsymbol{P}$ は複素**正定値行列** (positive-definite matrix)，すなわち，任意の $\boldsymbol{a} \neq \boldsymbol{0}$ に対して $\boldsymbol{a}^* \boldsymbol{P} \boldsymbol{a} > 0$ を満たすようなエルミート行列をいう．$\mathbb{C}^m$ 上の内積はこの形のもので尽くされることが知られている（定理 7.5 参照）.

内積の定義されたベクトル空間を**内積空間** (inner product space) という．実内積空間，複素内積空間共通に次式が成り立つ：

$$|(\boldsymbol{a}, \boldsymbol{b})| \leqslant \|\boldsymbol{a}\| \cdot \|\boldsymbol{b}\| \quad \text{（コーシー・シュワルツ不等式，定理 7.21）}$$

$$\|\boldsymbol{a} + \boldsymbol{b}\|^2 + \|\boldsymbol{a} - \boldsymbol{b}\|^2 = 2(\|\boldsymbol{a}\|^2 + \|\boldsymbol{b}\|^2) \quad \text{（平行四辺形の法則，定理 7.24）}$$

$$|\,\|\boldsymbol{a}\| - \|\boldsymbol{b}\|\,| \leqslant \|\boldsymbol{a} + \boldsymbol{b}\| \leqslant \|\boldsymbol{a}\| + \|\boldsymbol{b}\| \quad \text{（三角不等式，定理 7.22, 7.23）}$$

これらの事実により，ノルムは次の 3 性質を満たすことがわかる：

$$\|\boldsymbol{a}\| \geqslant 0; \quad \|\boldsymbol{a}\| = 0 \Leftrightarrow \boldsymbol{a} = \boldsymbol{0}$$

$$\|\lambda \boldsymbol{a}\| = |\lambda|\,\|\boldsymbol{a}\| \quad \text{（}\lambda\text{ は任意のスカラー）}$$

$$\|\boldsymbol{a} + \boldsymbol{b}\| \leqslant \|\boldsymbol{a}\| + \|\boldsymbol{b}\| \quad \text{（三角不等式）}$$

また，次式に見られるように，内積はノルムによって表現できることに注意する（定理 7.25 参照）：

実内積空間： $\|\boldsymbol{a} + \boldsymbol{b}\|^2 - \|\boldsymbol{a} - \boldsymbol{b}\|^2 = 4(\boldsymbol{a}, \boldsymbol{b})$

複素内積空間：$\|\boldsymbol{a} + \boldsymbol{b}\|^2 - \|\boldsymbol{a} - \boldsymbol{b}\|^2 + i\,\|i\boldsymbol{a} + \boldsymbol{b}\|^2 - i\,\|i\boldsymbol{a} - \boldsymbol{b}\|^2 = 4(\boldsymbol{a}, \boldsymbol{b})$

が成り立つ.

内積空間はなぜ有用か？ 簡単にいえば**正規直交基底** (orthonormal basis) の存在性に尽きる．内積空間内のベクトル $\boldsymbol{a}_1, \ldots, \boldsymbol{a}_k$ が**正規直交系** (orthonormal system) をなすとは

$$(\boldsymbol{a}_i, \boldsymbol{a}_j) = \delta_{ij} \quad (i, j = 1, \ldots, k)$$

が成立することをいう．これが基底をなす場合に**正規直交基底**（7.4節参照）という．正規直交系に属する各ベクトルのノルムは 1 に等しいことに注意，つまり $\|\boldsymbol{a}_i\| = 1$ $(i = 1, \ldots, k)$．とくに，$\mathbb{R}^n$ 上の内積 $(\boldsymbol{a}, \boldsymbol{b}) = \boldsymbol{a}^{\mathrm{T}}\boldsymbol{b}$ に対しては，$\boldsymbol{a}_1, \ldots, \boldsymbol{a}_n$ の正規直交性は，$\boldsymbol{A} = [\boldsymbol{a}_1, \ldots, \boldsymbol{a}_n]$ の直交性 $\boldsymbol{A}^{\mathrm{T}}\boldsymbol{A} = \boldsymbol{I}$ と同値となる．

正規直交基底の有用性は次の事実から由来する：$\boldsymbol{a}_1, \ldots, \boldsymbol{a}_n$ を正規直交基底，$\boldsymbol{b}$ を任意のベクトルとすれば

$$\boldsymbol{b} = (\boldsymbol{a}_1, \boldsymbol{b})\boldsymbol{a}_1 + \cdots + (\boldsymbol{a}_n, \boldsymbol{b})\boldsymbol{a}_n.$$

すなわち，任意のベクトルの正規直交基底による展開形はきわめて簡単な表現をとる．実際，$\boldsymbol{b} = x_1\boldsymbol{a}_1 + \cdots + x_n\boldsymbol{a}_n$ と書き，$\boldsymbol{a}_i$ との内積をとれば，$(\boldsymbol{a}_i, \boldsymbol{b}) = x_1(\boldsymbol{a}_i, \boldsymbol{a}_1) + \cdots + x_n(\boldsymbol{a}_i, \boldsymbol{a}_n) = x_i$ となる $(i = 1, \ldots, n)$．

有限次元内積空間は必ず正規直交基底を持つ．この証明は 7.5 節で行う．

3.5　QR 分解

定理 8.14　（実行列に対する）QR 分解の一般形は $\boldsymbol{A} = \boldsymbol{Q}\boldsymbol{R}$ である．ここに，$\boldsymbol{A} \in \mathbb{R}^{m\times n}$, $m \geqslant n$, $\boldsymbol{Q} \in \mathbb{R}^{m\times m}$ は直交行列 $(\boldsymbol{Q}^{\mathrm{T}} = \boldsymbol{Q}^{-1})$，$\boldsymbol{R}$ は $m \times n$ 上三角行列を表す．すなわち，

$$\underset{(m\times n)}{[\boldsymbol{a}_1, \ldots, \boldsymbol{a}_n]} = \underset{(m\times m)}{[\boldsymbol{q}_1, \ldots, \boldsymbol{q}_m]} \underset{(m\times n)}{\begin{bmatrix} r_{11} & \cdots & r_{1n} \\ & \ddots & \vdots \\ \boldsymbol{0} & & r_{nn} \\ \hline & \boldsymbol{0} & \end{bmatrix}}. \qquad \text{(QR 分解完全形)}$$

あるいは

$$[\boldsymbol{a}_1, \ldots, \boldsymbol{a}_n] = [\boldsymbol{q}_1, \ldots, \boldsymbol{q}_n] \begin{bmatrix} r_{11} & \cdots & r_{1n} \\ & \ddots & \vdots \\ \boldsymbol{0} & & r_{nn} \end{bmatrix} \qquad \text{(QR 分解簡約形)}$$
$$(m \times n) \qquad (m \times n) \qquad (n \times n).$$

前半の式を**完全形** (full form)，後半の式を**簡約形** (reduced form) という．ただし，簡約形では $\boldsymbol{Q}$ は $\boldsymbol{Q}^{\mathrm{T}}\boldsymbol{Q} = \boldsymbol{I}$ をみたす $m \times n$ 行列である．

QR 分解に関する問題は，QR 分解計算法，QR 分解の応用問題に大別できる．以下，簡単に説明しよう．

(I)　QR 分解計算法

簡単のため，$\boldsymbol{A}$ が 3 次可逆行列の場合を考える ($m = n = 3$)．この場合の分解形は

$$\boldsymbol{A} = [\boldsymbol{a}_1, \boldsymbol{a}_2, \boldsymbol{a}_3] = [\boldsymbol{q}_1, \boldsymbol{q}_2, \boldsymbol{q}_3] \begin{bmatrix} r_{11} & r_{12} & r_{13} \\ 0 & r_{22} & r_{23} \\ 0 & 0 & r_{33} \end{bmatrix} \equiv \boldsymbol{QR} \quad (\boldsymbol{Q}^{\mathrm{T}}\boldsymbol{Q} = \boldsymbol{I}) \qquad \text{(QR1)}$$

である．$\boldsymbol{A}$ は可逆行列としているから，$\boldsymbol{R}$ も可逆行列となり，したがって $r_{ii} \neq 0$ ($i = 1, 2, 3$) である．また，(QR1) 式の最初の k 列 ($k = 1, 2, 3$) を等置すれば，

$$[\boldsymbol{a}_1] = [\boldsymbol{q}_1][r_{11}], \quad [\boldsymbol{a}_1, \boldsymbol{a}_2] = [\boldsymbol{q}_1, \boldsymbol{q}_2] \begin{bmatrix} r_{11} & r_{12} \\ 0 & r_{22} \end{bmatrix},$$
$$[\boldsymbol{a}_1, \boldsymbol{a}_2, \boldsymbol{a}_3] = [\boldsymbol{q}_1, \boldsymbol{q}_2, \boldsymbol{q}_3] \begin{bmatrix} r_{11} & r_{12} & r_{13} \\ 0 & r_{22} & r_{23} \\ 0 & 0 & r_{33} \end{bmatrix} \qquad \text{(QR2)}$$

すなわち，

$$\mathrm{span}\{\boldsymbol{a}_1\} = \mathrm{span}\{\boldsymbol{q}_1\}, \quad \mathrm{span}\{\boldsymbol{a}_1, \boldsymbol{a}_2\} = \mathrm{span}\{\boldsymbol{q}_1, \boldsymbol{q}_2\},$$
$$\mathrm{span}\{\boldsymbol{a}_1, \boldsymbol{a}_2, \boldsymbol{a}_3\} = \mathrm{span}\{\boldsymbol{q}_1, \boldsymbol{q}_2, \boldsymbol{q}_3\}$$

が成り立つ．これは QR 分解の特徴をよく表している．

$\boldsymbol{Q}$, $\boldsymbol{R}$ を定める方法は 2 つある．1 つは，(QR1) において対応する列を等置し，$\boldsymbol{Q}$ の直交性 $\boldsymbol{Q}^{\mathrm{T}}\boldsymbol{Q} = \boldsymbol{I}$，すなわち，$\boldsymbol{q}_i^{\mathrm{T}}\boldsymbol{q}_j = \delta_{ij}$ を利用して $\boldsymbol{Q}$ の列 $\boldsymbol{q}_i$，$\boldsymbol{R}$ の成分 r_{ij} を

順次定めていく**グラム・シュミット法** (Gram-Schmidt orthogonalization process; 7.5 節参照）である.

QR 分解の第 2 の計算法は反射行列（ハウスホルダー行列）を用いる方法である．これは LAPACK，MATLAB などが採用している方法でもある（詳しくは第 8 章で説明する）．この場合，鍵となるのは次の事実である（定理 8.11 参照，検算せよ）：

$$\begin{aligned}&\boldsymbol{a}, \boldsymbol{b} \in \mathbb{R}^n, \boldsymbol{a} \neq \boldsymbol{b}, \quad \|\boldsymbol{a}\| = \|\boldsymbol{b}\| \ \text{ なら} \boldsymbol{Ha} = \boldsymbol{b},\\ &\text{ここに } \boldsymbol{H} = \boldsymbol{I} - 2\boldsymbol{c}\boldsymbol{c}^{\mathrm{T}}/\boldsymbol{c}^{\mathrm{T}}\boldsymbol{c} \quad (\boldsymbol{c} = \boldsymbol{a} - \boldsymbol{b}).\end{aligned} \qquad \text{(反射定義)}$$

この型の行列を**反射行列** (reflection matrix) あるいは**ハウスホルダー行列** (Householder matrix) という.「$\boldsymbol{H} = \boldsymbol{H}^{\mathrm{T}}$, $\boldsymbol{H}^2 = \boldsymbol{I}$」が成立するから，$\boldsymbol{H}$ は実対称直交行列である．幾何学的には，$\boldsymbol{H}$ は部分空間（平面）$S : \boldsymbol{c}^{\mathrm{T}}\boldsymbol{x} = 0$ に関する反射を表す．すなわち，任意の $\boldsymbol{y} \in \mathbb{R}^n$ に対して

- $\dfrac{1}{2}(\boldsymbol{y} + \boldsymbol{Hy}) \in S$（$\boldsymbol{y}$, $\boldsymbol{Hy}$ の中点は S に属する),
- $\boldsymbol{c}^{\mathrm{T}}\boldsymbol{x} = 0$ なら $\boldsymbol{x}^{\mathrm{T}}(\boldsymbol{y} - \boldsymbol{Hy}) = 0$（$\boldsymbol{y}$, $\boldsymbol{Hy}$ を結ぶ直線は S 内の各ベクトルに直交する）

が成り立つ．逆にこの 2 個の要請を満たす $\boldsymbol{H}$ は $\boldsymbol{H} = \boldsymbol{I} - 2\boldsymbol{c}\boldsymbol{c}^{\mathrm{T}}/\boldsymbol{c}^{\mathrm{T}}\boldsymbol{c}$ の形であることを証明できる.

(II)　QR 分解の応用例

(a)　行列方程式への応用：可逆行列 $\boldsymbol{A} \in \mathbb{R}^{m \times m}$ の QR 分解 $\boldsymbol{A} = \boldsymbol{QR}$ が知られれば，行列方程式 $\boldsymbol{Ax} = \boldsymbol{b}$ ($\boldsymbol{b} \in \mathbb{R}^m$) は $\boldsymbol{QRx} = \boldsymbol{b}$ となり，解 $\boldsymbol{x} \in \mathbb{R}^m$ を求めるには三角行列方程式 $\boldsymbol{Rx} = \boldsymbol{Q}^{\mathrm{T}}\boldsymbol{b}$ を解けばよい．これは精度上からは良法であるが，QR 分解は LDU 分解に比べて計算量が多くなる.

(b)　最小自乗問題への応用：既知の $\boldsymbol{A} \in \mathbb{R}^{m \times n}$, $\boldsymbol{b} \in \mathbb{R}^m$（普通 $m \gg n$）に対して $\|\boldsymbol{Ax} - \boldsymbol{b}\| =$ 最小となるように未知ベクトル $\boldsymbol{x} \in \mathbb{R}^n$ を決定する問題を最小自乗問題という．これは $\left\|\boldsymbol{Q}^{\mathrm{T}}(\boldsymbol{Ax} - \boldsymbol{b})\right\| = \left\|\boldsymbol{Rx} - \boldsymbol{Q}^{\mathrm{T}}\boldsymbol{b}\right\| =$ 最小 ($\because \boldsymbol{A} = \boldsymbol{QR}$) となるようにすれば十分.

$\boldsymbol{R} = \begin{bmatrix}\boldsymbol{R}_{11}\\ \boldsymbol{0}\end{bmatrix}$, $\boldsymbol{Q}^{\mathrm{T}}\boldsymbol{b} = \begin{bmatrix}\boldsymbol{c}_1\\ \boldsymbol{c}_2\end{bmatrix}$ ($\boldsymbol{c}_1 : n \times 1$)) と分割し，$\boldsymbol{R}_{11}$（$n \times n$ 上三角行列）が可逆行列なら，解は $\boldsymbol{x} = \begin{bmatrix}\boldsymbol{R}_{11}^{-1}\boldsymbol{c}_1\\ \boldsymbol{0}\end{bmatrix}$，最小値 $= \|\boldsymbol{c}_2\|$ となる．最小自乗問題は後述

の特異値分解を利用しても解ける.

(c) シュア分解（次節）の近似計算への応用：数値線形代数の専門書に譲る.

3.6 シュア分解

与えられた $\boldsymbol{A} \in \mathbb{C}^{n\times n}$ に対して, $\boldsymbol{A}-\lambda\boldsymbol{I}$ が逆行列を持たないような複素数 λ の値を $\boldsymbol{A}$ の**固有値** (eigenvalue) という．ゆえに, λ が $\boldsymbol{A}$ の固有値であるための必要十分条件は $\det(\boldsymbol{A}-\lambda\boldsymbol{I})=0$ である (8.1 節参照)．これを $\boldsymbol{A}$ の**特性方程式** (characteristic equation) と呼ぶ．左辺（**特性多項式** (characteristic polynomial)）を展開すると λ の n 次多項式となり, 代数学の基本定理により, $\det(\boldsymbol{A}-\lambda\boldsymbol{I}) = (\lambda_1-\lambda)\cdots(\lambda_n-\lambda)$ の形に因数分解できる．ここに $\lambda_1, \ldots, \lambda_n$ は,（順序を無視すれば）$\boldsymbol{A}$ によって一意的に定まる．これらはすべて相異なるとは限らず, たとえ $\boldsymbol{A}$ が実行列であっても一般には複素数となる．ゆえに, n 次行列の固有値は重複するものを重複する回数（重複度）だけ数えることにすれば, ちょうど n 個存在することになる．固有値は $\boldsymbol{A}$ の性質を調べる上で重要な量である．

いま, λ を $\boldsymbol{A}$ の任意の固有値とすれば, $(\boldsymbol{A}-\lambda\boldsymbol{I})\boldsymbol{x}=\boldsymbol{0}$（あるいは $\boldsymbol{A}\boldsymbol{x}=\lambda\boldsymbol{x}$）を満たす $\boldsymbol{x}\neq\boldsymbol{0}$ が少なくとも 1 つ存在する．このような $\boldsymbol{x}$ を固有値 λ に対応する**固有ベクトル** (eigenvector) という．一般に, $(\boldsymbol{A}-\lambda\boldsymbol{I})^{k-1}\boldsymbol{x}\neq\boldsymbol{0}$, $(\boldsymbol{A}-\lambda_1\boldsymbol{I})^{k}\boldsymbol{x}=\boldsymbol{0}$ を満たすような k の値 $(1\leqslant k)$ が存在すれば, $\boldsymbol{x}$ を固有値 λ に対応する k **階一般固有ベクトル** (generalized eigenvector of rank k) という．ここに $(\boldsymbol{A}-\lambda\boldsymbol{I})^0=\boldsymbol{I}$ と規約している．とくに 1 階一般固有ベクトルは固有ベクトルに他ならない．

次の事実を**シュア分解** (Schur decomposition; シュール分解, シューア分解, シュアー分解とも呼ばれる）といい, 線形代数における主要定理の 1 つである：

定理 8.15 $\boldsymbol{A} \in \mathbb{C}^{n\times n}$ の特性多項式を $\det(\boldsymbol{A}-\lambda\boldsymbol{I}) = (\lambda_1-\lambda)(\lambda_2-\lambda)\cdots(\lambda_n-\lambda)$ とすれば, 適当なユニタリ行列 $\boldsymbol{U} \in \mathbb{C}^{n\times n}$ に対して $\boldsymbol{U}^*\boldsymbol{A}\boldsymbol{U}$ が次の形の上三角行列となる：

$$\boldsymbol{U}^*\boldsymbol{A}\boldsymbol{U} = \begin{bmatrix} \lambda_1 & * & \cdots & * \\ & \lambda_2 & \ddots & \vdots \\ & & \ddots & * \\ \boldsymbol{O} & & & \lambda_n \end{bmatrix} \equiv \boldsymbol{T}.$$

どの固有値を λ_i $(i=1, \ldots, n)$ と呼ぶかは任意だから，この式は $\boldsymbol{A}$ の固有値を任

意の順に $\boldsymbol{T}$ の対角線上に並べられることを述べている．変換 $\boldsymbol{A} \to \boldsymbol{U}^* \boldsymbol{A} \boldsymbol{U}$ を $\boldsymbol{A}$ の $\boldsymbol{U}$ による**ユニタリ相似変換** (unitary similarity transformation) という．$\boldsymbol{A}$ のシュア分解が知られれば，その固有値は $\boldsymbol{T}$ の対角成分によって与えられる．重要な特別の場合は $\boldsymbol{A}$ がエルミート行列の場合である．

定理 8.17［対角化定理］　$\boldsymbol{A}$ がエルミート行列のとき，上三角行列 $\boldsymbol{T}$ は対角行列でなければならず，$\lambda_1, \ldots, \lambda_n$ はすべて実数となる．これを**対角化定理** (diagonalization theorem) と呼ぶ．

シュア分解は応用の広い定理である．以下に代表的な応用例をあげよう：

(a)　自由連成振動（9.6 節参照）：弾性バネで結合されたいくつかの質点の自由連成振動を解析する問題は，定係数連立微分方程式 $d^2\boldsymbol{y}/dt^2 = \boldsymbol{A}\boldsymbol{y}$ を解く問題に還元される．ここに $\boldsymbol{y}$ の各成分は対応する質点の平衡位置からの変位のスカラー倍を表し，t は時間，$\boldsymbol{A}$ は t に依存しない実対称行列を表す．対角化定理により $\boldsymbol{A} = \boldsymbol{U}\boldsymbol{D}\boldsymbol{U}^{\mathrm{T}}$（$\boldsymbol{U}$ は実直交行列，すなわち，$\boldsymbol{U}^{\mathrm{T}} = \boldsymbol{U}^{-1}$，$\boldsymbol{D}$ は実対角行列）と分解し，$\boldsymbol{z} = \boldsymbol{U}^{\mathrm{T}}\boldsymbol{y}$ とおけば，問題の微分方程式は $d^2\boldsymbol{z}/dt^2 = \boldsymbol{D}\boldsymbol{z}$ $(d^2 z_1/dt^2 = \lambda_1 z_1, \ldots)$ となり，$z_1(t), \ldots, z_n(t)$ を独立に解くことができる．結果的に各 λ_i は負の実数となるから，各 $z_i(t)$ は単振動を表す．

(b)　固有値単調定理（9.2 節参照）：対角化定理と 3.1 節の次元定理「任意の部分空間 $\boldsymbol{S}, \boldsymbol{T}$ に対して $\dim(\boldsymbol{S} \cap \boldsymbol{T}) = \dim \boldsymbol{S} + \dim \boldsymbol{T} - \dim(\boldsymbol{S} + \boldsymbol{T})$」を組み合わせると，$\boldsymbol{A} + \boldsymbol{B} = \boldsymbol{C}$ を満たすエルミート行列 $\boldsymbol{A}, \boldsymbol{B}, \boldsymbol{C}$ の対応する固有値間の関係が導出される．すなわち，$\alpha_1 \leqslant \cdots \leqslant \alpha_n$, $\beta_1 \leqslant \cdots \leqslant \beta_n$, $\gamma_1 \leqslant \cdots \leqslant \gamma_n$ をそれぞれ n 次エルミート行列 $\boldsymbol{A}, \boldsymbol{B}, \boldsymbol{C}$ の固有値とすれば，$\alpha_i + \beta_1 \leqslant \gamma_i \leqslant \alpha_i + \beta_n$, $(i = 1, \ldots, n)$.

この不等式は $\boldsymbol{A}$ が $\boldsymbol{B}$ だけ変動すれば，どの固有値も少なくとも $\boldsymbol{B}$ の最小固有値分だけ増加し，$\boldsymbol{B}$ の最大固有値分以上に増加することはないことを示す．これは一般の行列に対しては成り立たない事実である．

(c)　スペクトル写像定理（定理 11.6，特別の場合）：$f(\lambda)$ を λ の分数式 $p(\lambda)/q(\lambda)$（分子，分母はともに λ の多項式），$q(\lambda_i) \neq 0$ $(i = 1, \ldots, n)$ とすれば，$f(\boldsymbol{A}) = p(\boldsymbol{A})q(\boldsymbol{A})^{-1} = \boldsymbol{U} f(\boldsymbol{T}) \boldsymbol{U}^*$ となり，$f(\boldsymbol{T})$ は $f(\lambda_1), \ldots, f(\lambda_n)$ を対角成分とする上三角行列となるので，$\det(f(\boldsymbol{A}) - \lambda I) = (f(\lambda_1) - \lambda) \cdots (f(\lambda_n) - \lambda)$．すなわち $f(\boldsymbol{A})$ の固有値は $f(\lambda_1), \ldots, f(\lambda_n)$ で与えられる．

(d) ケイリー・ハミルトンの定理（定理 8.24 参照）：$\det(\boldsymbol{A}-\lambda\boldsymbol{I}) \equiv f(\lambda)$ とすれば $f(\boldsymbol{A}) = \boldsymbol{0}$. 実際, 特性多項式の因数分解形 $\det(\boldsymbol{A}-\lambda\boldsymbol{I}) = (\lambda_1-\lambda)(\lambda_2-\lambda)\cdots(\lambda_n-\lambda)$ を用いると $f(\boldsymbol{A}) = (\lambda_1\boldsymbol{I}-\boldsymbol{A})\cdots(\lambda_n\boldsymbol{I}-\boldsymbol{A}) = \boldsymbol{U}(\lambda_1\boldsymbol{I}-\boldsymbol{T})\cdots(\lambda_n\boldsymbol{I}-\boldsymbol{T})\boldsymbol{U}^* = \boldsymbol{0}$ ($\because \boldsymbol{A} = \boldsymbol{U}\boldsymbol{T}\boldsymbol{U}^*$).

3.7 ジョルダン分解

次の分解を**ジョルダン分解** (Jordan decomposition) という：

定理［ジョルダン分解］（10.1 節参照） 任意の $\boldsymbol{A} \in \mathbb{C}^{n\times n}$ に対して可逆行列 $\boldsymbol{V}$ を適当に選ぶと $\boldsymbol{A}$ は次の形に分解できる：

$$\boldsymbol{A} = \boldsymbol{V}\boldsymbol{J}\boldsymbol{V}^{-1}, \quad \boldsymbol{J} = \begin{bmatrix} \boldsymbol{J}_1 & & \boldsymbol{0} \\ & \ddots & \\ \boldsymbol{0} & & \boldsymbol{J}_r \end{bmatrix} \equiv \mathrm{diag}\,(\boldsymbol{J}_1, \ldots, \boldsymbol{J}_r).$$

ここにブロック対角行列 $\boldsymbol{J}$ は**ジョルダン標準形** (Jordan canonical form, Jordan normal form) と呼ばれ，各**ジョルダンブロック** (Jordan block, Jordan cell) $\boldsymbol{J}_k$ $(k = 1, \ldots, r)$ は主対角成分がすべて同一値，その直上の対角線（**上位対角線** (super-diagonal)）の成分値がすべて 1，その他の成分がすべて 0 であるような（正方）上三角行列を表す．

ゆえに，ジョルダンブロックの一般形は

$$1\times 1 \text{ の場合}: [a], \quad 2\times 2 \text{ の場合}: \begin{bmatrix} a & 1 \\ 0 & a \end{bmatrix}, \quad 3\times 3 \text{ の場合}: \begin{bmatrix} a & 1 & 0 \\ 0 & a & 1 \\ 0 & 0 & a \end{bmatrix}, \ldots.$$

$\boldsymbol{J}_k$ $(k = 1, \ldots, r)$ が対角線上に並ぶ順序を問題にしなければ，$\boldsymbol{J}$ は $\boldsymbol{A}$ のみによって一意的に確定することが知られている．

ジョルダン標準形 $\boldsymbol{J}$ の形をブロック数によって分類すると：

- ジョルダンブロック数が n の場合：$\boldsymbol{J} = \mathrm{diag}\,(\lambda_1, \ldots, \lambda_n)$ となり，$\boldsymbol{A}$ は**対角化可能** (diagonalizable) であるという．

- ジョルダンブロック数が 1 の場合：$\boldsymbol{J} = \begin{bmatrix} \lambda_1 & 1 & & \mathbf{0} \\ & \lambda_1 & \ddots & \\ & & \ddots & 1 \\ \mathbf{0} & & & \lambda_1 \end{bmatrix} \ (n \times n).$

- 一般形：$\boldsymbol{J} = \mathrm{diag}\left(\begin{bmatrix} \lambda_1 & 1 & & \mathbf{0} \\ & \lambda_1 & \ddots & \\ & & \ddots & 1 \\ \mathbf{0} & & & \lambda_1 \end{bmatrix}, \ldots, \begin{bmatrix} \lambda_r & 1 & & \mathbf{0} \\ & \lambda_r & \ddots & \\ & & \ddots & 1 \\ \mathbf{0} & & & \lambda_r \end{bmatrix} \right).$

この一般形より $\boldsymbol{A}$ の特性多項式は次式で与えられることがわかる：

$$\det(\boldsymbol{A} - \lambda \boldsymbol{I}) = \det(\boldsymbol{J} - \lambda \boldsymbol{I}) = (\lambda_1 - \lambda)^{n_1} \cdots (\lambda_r - \lambda)^{n_r}.$$

ここに $n_1, \ldots, n_r$ は，それぞれジョルダンブロック $\boldsymbol{J}_1, \ldots, \boldsymbol{J}_r$ の次数を表す．したがって，$\boldsymbol{A}$ の固有値は $\lambda_1, \ldots, \lambda_1$（$n_1$ 個），$\ldots, \lambda_r, \ldots, \lambda_r$（$n_r$ 個）で与えられる $(n_1 + \cdots + n_r = n)$.

ジョルダン分解は固有値問題の構造を完全に解明している．証明法は定理を「解凍」すれば出てくる．以下これについて簡単に説明しよう．

ジョルダン分解をほぐす最初の手続きは，分解形 $\boldsymbol{A} = \boldsymbol{V}\boldsymbol{J}\boldsymbol{V}^{-1}$ を $\boldsymbol{A}\boldsymbol{V} = \boldsymbol{V}\boldsymbol{J}$ と書き直し，両辺の対応する列を等置することから始まる．

例　$\boldsymbol{J}$ のジョルダンブロックが 1 個である場合

$$\boldsymbol{A} = \boldsymbol{V}\boldsymbol{J}\boldsymbol{V}^{-1} = \boldsymbol{V} \begin{bmatrix} 2 & 1 & 0 & 0 \\ 0 & 2 & 1 & 0 \\ 0 & 0 & 2 & 1 \\ 0 & 0 & 0 & 2 \end{bmatrix} \boldsymbol{V}^{-1}, \ \det(\boldsymbol{A} - \lambda \boldsymbol{I}) = \det(\boldsymbol{J} - \lambda \boldsymbol{I}) = (2 - \lambda)^4$$

$\boldsymbol{A}$ の固有値は 2, 2, 2, 2（4 重固有値）で与えられる．$\boldsymbol{V}$ を列に分割して $\boldsymbol{V} = [\boldsymbol{v}_1, \boldsymbol{v}_2, \boldsymbol{v}_3, \boldsymbol{v}_4]$ $(\boldsymbol{v}_1, \ldots, \boldsymbol{v}_4 \in \mathbb{C}^4)$ と書き，上式を次の形に変形する：

$$\boldsymbol{A}\boldsymbol{V} = \boldsymbol{V}\boldsymbol{J} : \boldsymbol{A}[\boldsymbol{v}_1, \boldsymbol{v}_2, \boldsymbol{v}_3, \boldsymbol{v}_4] = [\boldsymbol{v}_1, \boldsymbol{v}_2, \boldsymbol{v}_3, \boldsymbol{v}_4] \begin{bmatrix} 2 & 1 & 0 & 0 \\ 0 & 2 & 1 & 0 \\ 0 & 0 & 2 & 1 \\ 0 & 0 & 0 & 2 \end{bmatrix}.$$

両辺の対応する列を等置すると

$$\boldsymbol{A}\boldsymbol{v}_1 = 2\boldsymbol{v}_1,\ \boldsymbol{A}\boldsymbol{v}_2 = \boldsymbol{v}_1 + 2\boldsymbol{v}_2,\ \boldsymbol{A}\boldsymbol{v}_3 = \boldsymbol{v}_2 + 2\boldsymbol{v}_3,\ \boldsymbol{A}\boldsymbol{v}_4 = \boldsymbol{v}_3 + 2\boldsymbol{v}_4.$$

書き直して

$$\begin{aligned} &\boldsymbol{v}_3 = (\boldsymbol{A} - 2\boldsymbol{I})\boldsymbol{v}_4, && \boldsymbol{v}_2 = (\boldsymbol{A} - 2\boldsymbol{I})\boldsymbol{v}_3 = (\boldsymbol{A} - 2\boldsymbol{I})^2\boldsymbol{v}_4, \\ &\boldsymbol{v}_1 = (\boldsymbol{A} - 2\boldsymbol{I})\boldsymbol{v}_2 = (\boldsymbol{A} - 2\boldsymbol{I})^3\boldsymbol{v}_4, && (\boldsymbol{A} - 2\boldsymbol{I})\boldsymbol{v}_1 = (\boldsymbol{A} - 2\boldsymbol{I})^4\boldsymbol{v}_4 = \boldsymbol{0}. \end{aligned}$$

ゆえに，$\boldsymbol{v}_k$ $(k = 1, 2, 3, 4)$ は固有値 2 に対応する k 階一般固有ベクトルを表す（前節参照）．とくに，

$$(\boldsymbol{A} - 2\boldsymbol{I})\boldsymbol{v}_1 = \boldsymbol{0}, \quad (\boldsymbol{A} - 2\boldsymbol{I})^0\boldsymbol{v}_1 = \boldsymbol{v}_1 \neq \boldsymbol{0} \quad （ただし，(\boldsymbol{A} - 2\boldsymbol{I})^0 \equiv \boldsymbol{I}）$$

であるから，$\boldsymbol{v}_1$ は固有ベクトル（= 1 階一般固有ベクトル）を表す．すなわち，$\boldsymbol{V}$ の列は $\boldsymbol{v}_4$ を始点とする**鎖列** (chain) と呼ばれる構造をなす：

$$\begin{aligned} &\boldsymbol{V} = [\boldsymbol{v}_1,\ \boldsymbol{v}_2,\ \boldsymbol{v}_3,\ \boldsymbol{v}_4] = [(\boldsymbol{A} - 2\boldsymbol{I})^3\boldsymbol{v}_4,\ (\boldsymbol{A} - 2\boldsymbol{I})^2\boldsymbol{v}_4,\ (\boldsymbol{A} - 2\boldsymbol{I})\boldsymbol{v}_4,\ \boldsymbol{v}_4], \\ &(\boldsymbol{A} - 2\boldsymbol{I})^4\boldsymbol{v}_4 = \boldsymbol{0}. \end{aligned}$$

以上を表にまとめると次のようになる：

固有値	対応する一般固有ベクトル	階数
2	$\boldsymbol{v}_1$	1
	$\boldsymbol{v}_2$	2
	$\boldsymbol{v}_3$	3
	$\boldsymbol{v}_4$	4

例　ジョルダンブロックが 2 個以上の場合

$$\boldsymbol{A} = \boldsymbol{V}\,\mathrm{diag}\,(\boldsymbol{J}_1,\ \ldots,\ \boldsymbol{J}_5)\boldsymbol{V}^{-1} \in \mathbb{C}^{10\times 10}, \quad \boldsymbol{V} = [\boldsymbol{v}_1,\ \ldots,\ \boldsymbol{v}_{10}],$$

$$\boldsymbol{J}_1 = [2],\ \boldsymbol{J}_2 = \begin{bmatrix} 2 & 1 \\ 0 & 2 \end{bmatrix},\ \boldsymbol{J}_3 = [3],\ \boldsymbol{J}_4 = \begin{bmatrix} 4 & 1 \\ 0 & 4 \end{bmatrix},\ \boldsymbol{J}_5 = \begin{bmatrix} 4 & 1 & 0 & 0 \\ 0 & 4 & 1 & 0 \\ 0 & 0 & 4 & 1 \\ 0 & 0 & 0 & 4 \end{bmatrix}.$$

$\boldsymbol{A}$ の固有値は 2, 2, 2, 3, 4, 4, 4, 4, 4, 4 で与えられる．前例の方法を踏襲すれば次表が得られる：

固有値	対応する一般固有ベクトル	階数
2	$\boldsymbol{v}_1$	1
	$\boldsymbol{v}_2$	1
	$\boldsymbol{v}_3$	2
3	$\boldsymbol{v}_4$	1
4	$\boldsymbol{v}_5$	1
	$\boldsymbol{v}_6$	2
	$\boldsymbol{v}_7$	1
	$\boldsymbol{v}_8$	2
	$\boldsymbol{v}_9$	3
	$\boldsymbol{v}_{10}$	4

すでに述べたように，ジョルダン標準形はジョルダンブロックの配列順序を無視すれば一意的に定まる．これは次の事実から従うのである：

$$\begin{aligned}&\text{任意の固有値 } \lambda_1 \text{ に対応する } k \text{ 次ジョルダンブロックの総数}\\&\quad = 2\dim N_k(\lambda_1) - \dim N_{k+1}(\lambda_1) - \dim N_{k-1}(\lambda_1) \quad (k = 1, 2, \ldots).\end{aligned}$$

ここに，$N_k(\lambda_1)$ は $(\boldsymbol{A} - \lambda_1 \boldsymbol{I})^k \boldsymbol{x} = \boldsymbol{0}$ の解 $\boldsymbol{x} \in \mathbb{C}^n$ 全体のつくる部分空間，すなわち，$(\boldsymbol{A} - \lambda_1 \boldsymbol{I})^k$ の零空間を表す（ただし $N_0(\lambda_1) = \{\boldsymbol{0}\}$ と規約する）．$\dim N_k(\lambda_1)$ は k とともに単調増大するが，n を超えないことは明らかなので，k が一定数に達した後はすべて等しくなる．k 次ジョルダンブロックの総数を，$k = 1, 2, \ldots$ について和をとれば，それは固有値 λ_1 に対応するジョルダンブロックの総数を表すことになる．計算すれば

$$\begin{aligned}&\text{任意の固有値 } \lambda_1 \text{ に対応する，ジョルダンブロックの総数}\\&\quad = \dim N_1(\lambda_1) = \lambda_1 \text{に対応する，1 次独立な固有ベクトルの総数}.\end{aligned}$$

以上を振り返ると，「$\boldsymbol{J}$ を知るには，異なる固有値ごとに，対応する零空間 N_k $(k = 1, 2, \ldots)$ の次元値のみを知れば十分であり，ジョルダン分解 $\boldsymbol{A} = \boldsymbol{V}\boldsymbol{J}\boldsymbol{V}^{-1}$ における $\boldsymbol{V}$ を知る必要はない」ことがわかる．計算例は第10章，例10.3参照．

ジョルダン分解の応用例

(a)　関数 $f(\boldsymbol{A})$ の定義：複素変数 λ の関数 $f(\lambda)$ に対して，$\boldsymbol{A} \in \mathbb{C}^{n \times n}$ の関数 $f(\boldsymbol{A})$ を次の要請を満たすように定義することを考える：$f(\lambda)$ が整式（多項式）または分数式または収束半径無限大の冪級数である場合，$f(\boldsymbol{A})$ とは λ に $\boldsymbol{A}$ を代入したものに等しくなる．例えば：

1: $f(\lambda)=\lambda^2-\lambda+2\ (=\lambda^2-\lambda+2\lambda^0)$ なら $f(\boldsymbol{A})=\boldsymbol{A}^2-\boldsymbol{A}+2\boldsymbol{I}\ (=\boldsymbol{A}^2-\boldsymbol{A}+2\boldsymbol{A}^0)$.

2: $f(\lambda)=(\lambda^2-\lambda+2)/(\lambda^3-1)$ なら $f(\boldsymbol{A})=(\boldsymbol{A}^2-\boldsymbol{A}+2\boldsymbol{I})(\boldsymbol{A}^3-\boldsymbol{I})^{-1}=(\boldsymbol{A}^3-\boldsymbol{I})^{-1}(\boldsymbol{A}^2-\boldsymbol{A}+2\boldsymbol{I})$ 　($(\boldsymbol{A}^3-\boldsymbol{I})^{-1}$ の存在を仮定).

3: $f(\lambda)=e^\lambda=1+\lambda+\lambda^2/2!+\lambda^3/3!+\cdots$ なら $f(\boldsymbol{A})=e^{\boldsymbol{A}}=\boldsymbol{I}+\boldsymbol{A}+\boldsymbol{A}^2/2!+\boldsymbol{A}^3/3!+\cdots$.

答えは有名なコーシーの積分公式 $f(a)=\dfrac{1}{2\pi i}\oint\dfrac{f(\lambda)}{\lambda-a}d\lambda$ において λ を $\boldsymbol{A}$ で置き換えた式

$$f(\boldsymbol{A})=\frac{1}{2\pi i}\oint f(\lambda)(\lambda\boldsymbol{I}-\boldsymbol{A})^{-1}d\lambda$$

によって与えられる．ここに，$f(\lambda)$ は考慮中の閉積分路を含む領域内で正則であり，$\boldsymbol{A}$ のすべての固有値は閉積分路の内部に含まれるものとする．また行列の積分とは成分ごとの積分と同じと定義する（証明は 11.4 節）.

(b)　スペクトル写像定理 (spectral mapping theorem) $\boldsymbol{A}\in\mathbb{C}^{n\times n}$ の特性多項式を $\det(\boldsymbol{A}-\lambda\boldsymbol{I})=(\lambda_1-\lambda)\cdots(\lambda_n-\lambda)$ とすれば，$f(\boldsymbol{A})$ の特性多項式は $\det(f(\boldsymbol{A})-\lambda\boldsymbol{I})=(f(\lambda_1)-\lambda)\cdots(f(\lambda_n)-\lambda)$ によって与えられる．すなわち，$\boldsymbol{A}$ の固有値が $\lambda_1,\ldots,\lambda_n$ なら，$f(\boldsymbol{A})$ の固有値 $f(\lambda_1),\ldots,f(\lambda_n)$ によって与えられる．ここに $f(\boldsymbol{A})$ の定義は直前のものとする．

例　$\det(\boldsymbol{A}-\lambda\boldsymbol{I})=(\lambda_1-\lambda)\cdots(\lambda_n-\lambda)$ なら

$$\det(\boldsymbol{A}^2+\boldsymbol{I}-\lambda\boldsymbol{I})=(\lambda_1^2+1-\lambda)\cdots(\lambda_n^2+1-\lambda),$$
$$\det(\boldsymbol{A}^{-1}-\lambda\boldsymbol{I})=(\lambda_1^{-1}-\lambda)\cdots(\lambda_n^{-1}-\lambda)\quad(\lambda_i\neq 0,\ i=1,\ldots,n),$$
$$\det(e^{\boldsymbol{A}}-\lambda\boldsymbol{I})=(e^{\lambda_1}-\lambda)\cdots(e^{\lambda_n}-\lambda).$$

ジョルダン分解の証明および上で定義した行列関数の証明は第 10–11 章に与えてある．

3.8　特異値分解

次の分解は**特異値分解** (singular value decomposition) とよばれ，実用性の高いものである：

定理［特異値分解定理］（12.1 節参照）　与えられた $m \times n$ 複素行列 $\boldsymbol{A}$（一般に $m \neq n$）は適当な m 次ユニタリ行列 $\boldsymbol{U}$ および n 次ユニタリ行列 $\boldsymbol{V}$ をとれば次の形に分解できる：

$$\boldsymbol{A} = \boldsymbol{U}\boldsymbol{\Sigma}\boldsymbol{V}^*.$$

ここに標準形 $\boldsymbol{\Sigma}$ は次の形の $m \times n$ 実行列を表す：

$$\boldsymbol{\Sigma} = \begin{bmatrix} \sigma_1 & & \boldsymbol{0} \\ & \ddots & \\ & & \sigma_r \\ & & \\ \boldsymbol{0} & & \boldsymbol{0} \end{bmatrix}, \ \sigma_1 \geqslant \cdots \geqslant \sigma_r > 0$$

（左上 $r \times r$ 部は対角行列，その他は 0 成分）．

ここに，$\sigma_1, \ldots, \sigma_r, 0, \ldots, 0$（0 の個数は $\min\{m, n\} - r$）を $\boldsymbol{A}$ の**特異値** (singular value) という．$\boldsymbol{A}$ が実行列なら，$\boldsymbol{U}, \boldsymbol{V}$ は実直交行列にとれる．

特異値分解は同値分解の特別の場合であるから，r は $\boldsymbol{A}$ の階数に等しいことは明らかである．また，$\boldsymbol{A}\boldsymbol{A}^* = \boldsymbol{U}\boldsymbol{\Sigma}^2\boldsymbol{U}^*$（$m \times m$ 行列）ゆえ，$\sigma_1^2, \ldots, \sigma_r^2, 0, \ldots, 0$（0 の個数は $m - r$）は $\boldsymbol{A}\boldsymbol{A}^*$ の固有値に等しく，$\boldsymbol{A}^*\boldsymbol{A} = \boldsymbol{V}\boldsymbol{\Sigma}^2\boldsymbol{V}^*$（$n \times n$ 行列）ゆえ，$\sigma_1^2, \ldots, \sigma_r^2, 0, \ldots, 0$（0 の個数は $n - r$）は $\boldsymbol{A}^*\boldsymbol{A}$ の固有値に等しい．

　この分解は，線形写像 $\boldsymbol{y} = \boldsymbol{A}\boldsymbol{x}$ ($\boldsymbol{x} \in \mathbb{C}^n$, $\boldsymbol{y} \in \mathbb{C}^m$) にユニタリ座標変換 $\boldsymbol{x} = \boldsymbol{V}\boldsymbol{x}'$, $\boldsymbol{y} = \boldsymbol{U}\boldsymbol{y}'$ を施すと，$\boldsymbol{A}$ の振舞いが $\boldsymbol{y}' = \boldsymbol{U}^*\boldsymbol{A}\boldsymbol{V}\boldsymbol{x}' = \boldsymbol{\Sigma}\boldsymbol{x}'$ ($\boldsymbol{U}^*\boldsymbol{A}\boldsymbol{V} = \boldsymbol{\Sigma}$) に見えることを述べている．ユニタリ変換の重要性は，ベクトルの長さが不変に保たれる点にある．すなわち，ユニタリ性 $\boldsymbol{V}^*\boldsymbol{V} = \boldsymbol{I}_n, \boldsymbol{U}^*\boldsymbol{U} = \boldsymbol{I}_m$ により，$\boldsymbol{x}'^*\boldsymbol{x}' = (\boldsymbol{V}\boldsymbol{x})^*\boldsymbol{V}\boldsymbol{x} = \boldsymbol{x}^*\boldsymbol{V}^*\boldsymbol{V}\boldsymbol{x} = \boldsymbol{x}^*\boldsymbol{x}$, $\boldsymbol{y}'^*\boldsymbol{y}' = (\boldsymbol{U}\boldsymbol{y})^*\boldsymbol{U}\boldsymbol{y} = \boldsymbol{y}^*\boldsymbol{U}^*\boldsymbol{U}\boldsymbol{y} = \boldsymbol{y}^*\boldsymbol{y}$ が成り立つ．

特異値分解の応用例

(a)　最小自乗問題解法への応用：既知の $\boldsymbol{A} \in \mathbb{R}^{m \times n}$, $\boldsymbol{b} \in \mathbb{R}^m$ に対して未知の $\boldsymbol{x} \in \mathbb{R}^n$ を $\|\boldsymbol{A}\boldsymbol{x} - \boldsymbol{b}\|^2 = (\boldsymbol{A}\boldsymbol{x} - \boldsymbol{b})^{\mathrm{T}}(\boldsymbol{A}\boldsymbol{x} - \boldsymbol{b})$=最小となるように決定する問題は特異値分解 $\boldsymbol{A} = \boldsymbol{U}\boldsymbol{\Sigma}\boldsymbol{V}^{\mathrm{T}}$ を使うと，以下の問題と同値であることがわかる．

$$\left\|\boldsymbol{\Sigma}\boldsymbol{V}^{\mathrm{T}}\boldsymbol{x} - \boldsymbol{U}^{\mathrm{T}}\boldsymbol{b}\right\|^2 = 最小.$$

簡単のため $\boldsymbol{A}$ の階数が n である場合を考えると，$\boldsymbol{\Sigma}$ の形は

$$\boldsymbol{\Sigma} = \begin{bmatrix} \boldsymbol{\Sigma}_1 \\ \boldsymbol{0} \end{bmatrix}, \quad \mathrm{diag}\,(\sigma_1, \ldots, \sigma_n), \quad \sigma_1 \geqslant \cdots \geqslant \sigma_n > 0$$

となる．さらに $\boldsymbol{U}^{\mathrm{T}}\boldsymbol{b}$ を分割形

$$\boldsymbol{U}^{\mathrm{T}}\boldsymbol{b} = \begin{bmatrix} \boldsymbol{c} \\ \boldsymbol{d} \end{bmatrix}, \quad \boldsymbol{c} : n \times 1, \quad \boldsymbol{d} : (m-n) \times 1$$

に書くと，最小自乗問題の解と最小値は一意的に次式で与えられる：

$$解 : \boldsymbol{x} = \boldsymbol{\Sigma}_1^{-1}\boldsymbol{c},\ \|\boldsymbol{A}\boldsymbol{x} - \boldsymbol{b}\|^2 \text{ の最小値} = \|\boldsymbol{d}\|^2.$$

(b)　条件数 (condition number)：$\boldsymbol{A}$ を n 次可逆行列，特異値を $\sigma_1 \geqslant \cdots \geqslant \sigma_n (> 0)$ とする．演算子 2 ノルム（後述）を採用すれば，$\|\boldsymbol{A}\| = \sigma_1$, $\|\boldsymbol{A}^{-1}\| = 1/\sigma_n$ が成立し，$\boldsymbol{A}$ から非可逆行列までの最短距離は σ_n で与えられる．$\|\boldsymbol{A}\| \cdot \|\boldsymbol{A}^{-1}\| = \sigma_1/\sigma_n$ を条件数といい，$\boldsymbol{A}\boldsymbol{x} = \boldsymbol{b}$ 型方程式の安定性解析における重要量を表す．詳しくは 12.7 節参照．

特異値分解の計算法については専門書に譲る．LAPACK に収められているのは QR 法によるものと qd 法によるものの 2 種である．また，文献 [17] は特異値分解計算法に関する最新の研究結果が報告されていて一読に値する．

3.9 CS 分解

CS 分解は 4 個のブロックに区分けされた直交行列の各ブロックを，（8 個ではなく）4 個の直交行列によって同時特異値分解するものである．

定理［CS 分解］（13.1 節参照）$\boldsymbol{Q} = \begin{bmatrix} \boldsymbol{Q}_{11} & \boldsymbol{Q}_{12} \\ \boldsymbol{Q}_{21} & \boldsymbol{Q}_{22} \end{bmatrix} = \begin{bmatrix} m \times k & m \times q \\ p \times k & p \times q \end{bmatrix}$ を区分けされた実直交行列とすると（ここに $m + p = k + q$，k, m, p, q はまったく任意），適当な直交行列 $\boldsymbol{U}_1$（m 次），$\boldsymbol{U}_2$（p 次），$\boldsymbol{V}_1$（k 次），$\boldsymbol{V}_2$（q 次）に対して次の分解が成立する：

$$\underbrace{\begin{bmatrix} \boldsymbol{U}_1^{\mathrm{T}} & \boldsymbol{0} \\ \boldsymbol{0} & \boldsymbol{U}_2^{\mathrm{T}} \end{bmatrix}}_{m\quad p} \begin{bmatrix} \boldsymbol{Q}_{11} & \boldsymbol{Q}_{12} \\ \boldsymbol{Q}_{21} & \boldsymbol{Q}_{22} \end{bmatrix} \underbrace{\begin{bmatrix} \boldsymbol{V}_1 & \boldsymbol{0} \\ \boldsymbol{0} & \boldsymbol{V}_2 \end{bmatrix}}_{k\quad q} = \underbrace{\begin{bmatrix} \boldsymbol{U}_1^{\mathrm{T}}\boldsymbol{Q}_{11}\boldsymbol{V}_1 & \boldsymbol{U}_1^{\mathrm{T}}\boldsymbol{Q}_{12}\boldsymbol{V}_2 \\ \boldsymbol{U}_2^{\mathrm{T}}\boldsymbol{Q}_{21}\boldsymbol{V}_1 & \boldsymbol{U}_2^{\mathrm{T}}\boldsymbol{Q}_{22}\boldsymbol{V}_2 \end{bmatrix}}_{k\qquad q} \begin{matrix} m \\ p \end{matrix}$$

$$
= \left[\begin{array}{ccc|ccc}
\boldsymbol{I} & & & & \boldsymbol{0}_S^{\mathrm{T}} & \\
 & \boldsymbol{C} & & & & \boldsymbol{S} \\
 & & \boldsymbol{0}_C & & & \boldsymbol{I} \\
\hline
\boldsymbol{0}_S & & & \boldsymbol{I} & & \\
 & \boldsymbol{S} & & & -\boldsymbol{C} & \\
 & & \boldsymbol{I} & & & \boldsymbol{0}_C^{\mathrm{T}}
\end{array}\right]
\begin{array}{l} r \\ s \\ m-r-s \\ p-k+r \\ s \\ k-r-s \end{array}
$$

$$
\begin{array}{cccccc} r & s & k-r-s & q-m+r & s & m-r-s \end{array}
$$

ここに空欄および $\boldsymbol{0}_C, \boldsymbol{0}_S$ はゼロブロックを表し，

$$
\boldsymbol{C} = \begin{bmatrix} c_{r+1} & & \boldsymbol{0} \\ & \ddots & \\ \boldsymbol{0} & & c_{r+s} \end{bmatrix}, \ \boldsymbol{S} = \begin{bmatrix} s_{r+1} & & \boldsymbol{0} \\ & \ddots & \\ \boldsymbol{0} & & s_{r+s} \end{bmatrix}, \ \begin{array}{l} 0 < c_i,\ s_i < 1, \\ c_i^2 + s_i^2 = 1, \\ (i = r+1, \ldots, r+s) \end{array}
$$

であり，ブロック $\boldsymbol{I}, \boldsymbol{C}, \boldsymbol{S}, \boldsymbol{0}_C, \boldsymbol{0}_S$ の中には空ブロックとなるものもあり得る．これを **CS 分解** (CS decomposition) という．

この定理は 1981 年，ページ (C. C. Paige) とサンダース (M. A. Saunders) により発表された [18]．これより先の 1977 年に，この分解の特別の場合がスチュワート (G. W. Stewart) により報告されている [19]．

ページ・サンダース型 CS 分解の特徴は,「標準形中のどれか 1 つのブロックの形がわかれば他のブロックの形も一意的に確定する」という点である．そして与えられた直交行列に全く任意の区分けを許している点が，この分解の含みと柔軟性の原点となっている．

CS 分解には面白い応用がある．その一例は $\boldsymbol{A}\boldsymbol{B}^{-1}$ $(\boldsymbol{A} : m \times n, \boldsymbol{B} : n \times n)$ の特異値分解を $\boldsymbol{B}^{-1}$ を計算しないで行う方法である（[18] 参照）．

CS 分解の応用は，このほか，部分空間単位で定式化された問題（例えば，与えられた 2 つの部分空間の間の距離）を出すのにも使えることが知られている．詳しくは第 13 章において解説する．

3.10　ノルムと収束

この節では時折必要となる，解析学からの基礎事項を説明する．

実数の代数的性質（四則演算則）が**体**という言葉で表現されることはすでに述べた．これとは別に，実数の間には**大小関係** (order) が定義されている．実数は

さらに，有理数体にはない**完備性** (completeness) を持つ．まずはその説明から始めよう．

実数の集合 $S\,(\neq \emptyset)$ が**上に有界** (bounded above) であるとは，実数 u を十分大きくとれば，各 $s \in S$ に対して $s \leqslant u$ が成り立つことをいい，u を S の 1 つの**上界** (upper bound) という．S が**下に有界** (bounded below) であるとは，実数 l を十分小さくとれば，各 $s \in S$ に対して $l \leqslant s$ が成り立つことをいい，l を S の 1 つの**下界** (lower bound) という．上にも下にも有界な集合は単に**有界** (bounded) であるという．

定義［上限］ u_0 が S の**上限**（supremum または least upper bound）であるとは，u_0 が S の最小上界であること，すなわち，

(a) u_0 は S の上界である，

(b) 任意の $\varepsilon > 0$ に対して $u_0 - \varepsilon$ は S の上界ではない（$u_0 - \varepsilon < s$ を満たす実数 $s \in S$ が少なくとも 1 つとれる），

の 2 条件が満足されることをいう．S の上限を $\sup S$ または $\mathrm{lub}\, S$ と書き，$\sup S \in S$ の場合は $\sup S$ を $\max S$ と書く．

同様に，

定義［下限］ l_0 が S の**下限**（infimum または greatest lower bound）であるとは，l_0 が S の最大下界であること，すなわち，

(a) l_0 は S の下界である，

(b) 任意の $\varepsilon > 0$ に対して $l_0 + \varepsilon$ は S の下界ではない（$s < l_0 + \varepsilon$ を満たす実数 $s \in S$ が少なくとも 1 つとれる），

の 2 条件が満足されることをいう．下限を $\inf S$ または $\mathrm{glb}\, S$ と書き，$\inf S \in S$ の場合は $\inf S$ を $\min S$ と書く．

例 $S = [0, 1)$（$0 \leqslant x < 1$ を満たす実数 x 全体）なら，$\inf S = \min S = 0$, $\sup S = 1$．また，1 は S に属さないから，$\max S$ は存在しない．

実数の（無限）列 $\{a_n\} \equiv \{a_1, a_2, \ldots\}$ が a に**収束する**とは，項 $a_1, a_2, \ldots$ が限りなく a に近づくこと，すなわち，任意の $\varepsilon > 0$ が与えられたとき，$n \geqslant n(\varepsilon)$ なら

必ず $|a_n - a| \leqslant \varepsilon$ が成り立つような自然数 $n(\varepsilon)$ がとれることをいう．このとき，a をその列の**極限値** (limit) という．記号では $\lim_{n\to\infty} a_n = a$，または $a_n \to a$ $(n \to \infty)$ と書く（“$n \to \infty$” は省略することもある）．極限値は存在すれば1つしかない．以上の定義は $|a_n - a| \to 0$ と同値であることに注意．列 $\{a_n\} \equiv \{a_1, a_2, \ldots\}$ の**部分列** (subsequence) とは，項をとびとびにとったもの，すなわち，$a_{n_1}, a_{n_2}, \ldots$ 型の無限列をいう $(n_1 < n_2 < \cdots \to \infty)$．列 $\{a_n\} \equiv \{a_1, a_2, \ldots\}$ が**コーシー列** (Cauchy sequence) であるとは，$|a_m - a_n| \to 0$ $(m, n \to \infty)$ が満たされることをいう．すなわち，任意の $\varepsilon > 0$ が与えられたとき，$n(\varepsilon)$ を十分大きくとれば，すべての $m, n \geqslant n(\varepsilon)$ に対して $|a_m - a_n| \leqslant \varepsilon$ が成立することをいう．

定義［実数の完備性］　実数の完備性とは次の互いに同値な性質をいう（同値性の証明は省略）：

(a)　コーシー列は必ず収束する

(b)　有界列（有界な無限列）は必ず収束する部分列を持つ

(c)　上に有界な集合は必ず上限を持ち，下に有界な集合は必ず下限を持つ

例　上に有界な単調増大列（$a_1 \leqslant a_2 \leqslant \cdots \leqslant$ 定数）はその上限に収束する．下に有界な単調減少列（定数 $\leqslant \cdots \leqslant a_2 \leqslant a_1$）は下限に収束する（証明略）．

コーシー列は，その列に関するデータだけからそうであるかを判断できる．これに対して，収束の定義は特定の実数が極限値かどうかをテストする形であるから，収束するかどうかの判定手段としては無力である．この観点から，「コーシー列は必ず収束する」が貴重な性質であることがわかる．

複素数全体も四則演算に関して体をなすが，複素数間の大小関係はない．しかし，上の性質のうちの最初の2つが成立し互いに同値である．すなわち，

定義［複素数の完備性］　複素数の完備性は次の互いに同値な性質をいう：

(a)　コーシー列は必ず収束する

(b)　有界列（有界な無限列）は必ず収束する部分列を持つ

この場合，実数列の収束の定義をそのままの形で複素数列の収束の定義として採用するものとし，絶対値は複素数の絶対値と解釈するものとする．

線形代数では有限次元ノルム空間の完備性も知っている必要があるので，これについて述べよう．その前にノルム空間の定義を行う．

定義［ノルム］（12.3 節参照）　実または複素ベクトル空間 X 上に次の公理を満たす実関数 $\|\cdot\|$ が定義されているとき，これを X 上の**ノルム** (norm) といい，X を**ノルム空間** (normed space) という（以下 $\boldsymbol{a}, \boldsymbol{b} \in X$，$\alpha$ はスカラー）：

(a)　$\|\boldsymbol{a}\| \geqslant 0$;　$\|\boldsymbol{a}\| = 0 \Leftrightarrow \boldsymbol{a} = \boldsymbol{0}$

(b)　$\|\alpha\boldsymbol{a}\| = |\alpha|\,\|\boldsymbol{a}\|$

(c)　三角不等式 $\|\boldsymbol{a}+\boldsymbol{b}\| \leqslant \|\boldsymbol{a}\| + \|\boldsymbol{b}\|$（これより $|\,\|\boldsymbol{a}\| - \|\boldsymbol{b}\|\,| \leqslant \|\boldsymbol{a} \pm \boldsymbol{b}\|$）

前節で見たように，内積から発生するノルム $\|\boldsymbol{a}\| = \sqrt{(\boldsymbol{a}, \boldsymbol{a})}$ はその内積空間上のノルムを表す．一般に与えられたベクトル空間上には無数のノルムが存在する．

例　$\mathbb{R}^n$ 上のノルムの例：任意の実数 $p \geqslant 1$ に対して $\|\boldsymbol{x}\|_p \equiv (|x_1|^p + \cdots + |x_n|^p)^{1/p}$ ($\boldsymbol{x} = \left[x_1, \ldots, x_n\right]^{\mathrm{T}}$) は $\mathbb{R}^n$ 上のノルムを表す (証明略)．これを p **ノルム** (p–norm) または l_p **ノルム** (l_p–norm) という．とくに $\|\boldsymbol{x}\|_p \to \max|x_i| \equiv \|\boldsymbol{x}\|_\infty$ $(p \to \infty)$.

以上の実数，複素数の完備性から有限次元ノルム空間に関する次の基礎的な事実が出る（証明は 14.3 節で行う）：

(a)　有限次元ノルム空間の完備性．2 通りの同値な呼び方がある：

(i) コーシー列は必ず収束する

(ii) 有界列（有界な無限ベクトル列）は必ず収束する部分列を持つ

ただし，$\boldsymbol{a}_n \to \boldsymbol{a}$ とは $\|\boldsymbol{a}_n - \boldsymbol{a}\| \to 0$，$\{\boldsymbol{a}_n\}$ がコーシー列であるとは $\|\boldsymbol{a}_m - \boldsymbol{a}_n\| \to 0$ $(m, n \to \infty)$ であることをいう．また $\{\boldsymbol{a}_n\}$ が有界であるとは $\|\boldsymbol{a}_n\| \leqslant \alpha$ $(n = 1, 2, \ldots)$ を満たす正数 α が存在することをいう．

(b)　（ノルムの同値性）同じノルム空間 $\boldsymbol{X}$ 上で定義された 2 種のノルム $\|\cdot\|_1$, $\|\cdot\|_2$ は次の意味で同値である：

すべての $\boldsymbol{x} \in \boldsymbol{X}$ に対して不等式 $\alpha\,\|\boldsymbol{x}\|_1 \leqslant \|\boldsymbol{x}\|_2 \leqslant \beta\,\|\boldsymbol{x}\|_1$ を共通的に成立させる定数 $\alpha, \beta > 0$ が存在する．ゆえに，与えられたベクトル列が，1 つのノルムに関して収束すれば他のどんなノルムに関しても収束する．すなわち，$\|\boldsymbol{a}_n - \boldsymbol{a}\| \to 0$ なら他のどんなノルム $\|\cdot\|'$ に関しても $\|\boldsymbol{a}_n - \boldsymbol{a}\|' \to 0$.

(c) n 次元ノルム空間内に任意基底 $\{\boldsymbol{b}_1, \ldots, \boldsymbol{b}_n\}$ を1組とり，与えられたベクトル列 $\{\boldsymbol{a}_k\}$ の各項を $\boldsymbol{a}_k = a_k^{(1)}\boldsymbol{b}_1 + \cdots + a_k^{(n)}\boldsymbol{b}_n$ と展開すれば，ノルムに関する収束 $\|\boldsymbol{a}_n - \boldsymbol{a}\| \to 0$ と座標（成分）ごとの収束 $\left|a_k^{(1)} - a^{(1)}\right| \to 0, \ldots, \left|a_k^{(n)} - a^{(n)}\right| \to 0$ $(k \to \infty)$ とは同値となる．

3.11　演算子ノルム

$m \times n$ 実行列の場合を例にとって説明しよう．$m \times n$ 実行列全体 $\mathbb{R}^{m\times n}$ は次元 mn の実ベクトル空間を表す．そして任意の $\boldsymbol{A} \in \mathbb{R}^{m\times n}$ に $\boldsymbol{y} = f_{\boldsymbol{A}}(\boldsymbol{x}) = \boldsymbol{A}\boldsymbol{x}$ $(\boldsymbol{x} \in \mathbb{R}^n$, $\boldsymbol{A}\boldsymbol{x} \in \mathbb{R}^m)$ で定義される $\mathbb{R}^n$ から $\mathbb{R}^m$ への線形写像が対応する．この意味で $\boldsymbol{A}$ を $\mathbb{R}^{m\times n}$ 上の**演算子**または**作用素** (operator) という．演算子としての $\boldsymbol{A}$ の性質を調べるにはもともと定義されている $\boldsymbol{x}$ のノルム（$\mathbb{R}^n$ 上のノルム）と $\boldsymbol{y}\,(= \boldsymbol{A}\boldsymbol{x})$ のノルム（$\mathbb{R}^m$ 上のノルム）を関連付けて定義するのが便利であろう（以下で定義する $\boldsymbol{A}$ の演算子ノルムと区別するため，$\boldsymbol{x} \in \mathbb{R}^n$ のノルムを**ベクトルノルム** (vector norm) と呼ぶことがある）．この目的に合う $\boldsymbol{A}$ のノルム（$\mathbb{R}^{m\times n}$ 上のノルム）が，次式で定義される**演算子ノルム** (operator norm) である：

定義［演算子ノルム］（12.5，14.5 節参照）

$$\text{演算子ノルム}：\|\boldsymbol{A}\| = \sup\{\|\boldsymbol{A}\boldsymbol{x}\| : \|\boldsymbol{x}\| = 1\}.$$

この値が常に有限の値（実数値）として一意的に確定し，しかも上限が実際に（最大値として）実現されること，すなわち，$\|\boldsymbol{A}\| = \|\boldsymbol{A}\boldsymbol{x}_0\|$ かつ $\|\boldsymbol{x}_0\| = 1$ を満たす $\boldsymbol{x}_0 \in \mathbb{R}^n$ が存在することが証明できる（14.4 節参照）．それゆえ，演算子ノルムは次式のように書いてもよい：

$$\text{演算子ノルム}：\|\boldsymbol{A}\| = \max\{\|\boldsymbol{A}\boldsymbol{x}\| : \|\boldsymbol{x}\| = 1\}.$$

以上の定義によれば，「単位行列の演算子ノルムは必ず1に等しい」ということになる．とくに，列ベクトル $\boldsymbol{a} = \left[a_1, \ldots, a_n\right]^{\mathrm{T}}$ の演算子ノルムが $\|\boldsymbol{a}\|_{op} = \max\left\{\|\boldsymbol{a}\,[x]\|_{vec} : |x| = 1\right\} = \|\boldsymbol{a}\|_{vec}$ であると定義すれば，$\boldsymbol{a}$ のベクトルノルムと演算子ノルムは一致する．ここに，$\|\boldsymbol{a}\|_{vec}$ は与えられたベクトルノルムとする．

演算子ノルムの定義から，一般に次の不等式が成立することがわかる：

$$\|\boldsymbol{A}\boldsymbol{x}\| \leqslant \|\boldsymbol{A}\| \cdot \|\boldsymbol{x}\|.$$

さらに積の演算子ノルムに対して一般に

$$\|\boldsymbol{AB}\| \leqslant \|\boldsymbol{A}\| \cdot \|\boldsymbol{B}\| \quad (\boldsymbol{A} : m \times n,\ \boldsymbol{B} : n \times p,\ \boldsymbol{AB} : m \times p)$$

が成り立つ．ここに，$\|\boldsymbol{AB}\|$, $\|\boldsymbol{A}\|$, $\|\boldsymbol{B}\|$ は $\mathbb{R}^m$, $\mathbb{R}^n$, $\mathbb{R}^p$ 上の与えられたノルムに対応する演算子ノルムを表す．

1 ノルム, 2 ノルム, ∞ ノルムを $\mathbb{R}^n$, $\mathbb{R}^m$ 上のノルムとしてとった場合，$\boldsymbol{A} \in \mathbb{R}^{m\times n}$ の演算子ノルムはそれぞれ次式によって与えられる実用的な公式である（定理 14.12 参照）．

$$\begin{aligned} \|\boldsymbol{A}\|_1 &= \max_{j=1,\dots,n} \sum_{i=1}^{n} |a_{ij}| \quad (\text{「最大列和」ノルム}), \\ \|\boldsymbol{A}\|_2 &= \boldsymbol{A}^{\mathrm{T}}\boldsymbol{A}\ \text{の最大固有値の平方根} = \boldsymbol{A}\ \text{の最大特異値} \\ &\qquad (\boldsymbol{A}^{\mathrm{T}}\boldsymbol{A}\ \text{の固有値はすべて非負}), \\ \|\boldsymbol{A}\|_\infty &= \max_{i=1,\dots,m} \sum_{j=1}^{n} |a_{ij}| \quad (\text{「最大行和」ノルム}). \end{aligned}$$

3.12　条件数

正方行列方程式 $\boldsymbol{Ax} = \boldsymbol{b}$ を数値的に解く場合には必ず誤差が伴う．この場合，近似解を $\boldsymbol{x}_c$, $\boldsymbol{Ax}_c - \boldsymbol{b} = \boldsymbol{r}$ とすれば，$\boldsymbol{x}_c$ は $\boldsymbol{Ax}_c = \boldsymbol{b} + \boldsymbol{r}$ の厳密解になっている．これは，データ $\boldsymbol{A}$, $\boldsymbol{b}$ に多少変動を加えた方程式 $(\boldsymbol{A} + \Delta\boldsymbol{A})(\boldsymbol{x} + \Delta\boldsymbol{x}) = \boldsymbol{b} + \Delta\boldsymbol{b}$ の解 $\boldsymbol{x} + \Delta\boldsymbol{x}$ と，元の方程式 $\boldsymbol{Ax} = \boldsymbol{b}$ の解 $\boldsymbol{x}$ を比較する問題の特別の場合と見なせる．この立場からの誤差解析を**後退誤差解析** (backward error analysis) という．

これに関して，次の事実が知られている（12.7, 14.7 節参照）：

$$\boldsymbol{A},\ \Delta\boldsymbol{A} \in \mathbb{R}^{n\times n},\ \boldsymbol{b},\ \Delta\boldsymbol{b} \in \mathbb{R}^n,\ \boldsymbol{Ax} = \boldsymbol{b},\ (\boldsymbol{A} + \Delta\boldsymbol{A})(\boldsymbol{x} + \Delta\boldsymbol{x}) = \boldsymbol{b} + \Delta\boldsymbol{b}$$

とし，$\mathrm{cond}(\boldsymbol{A}) = \|\boldsymbol{A}\| \cdot \|\boldsymbol{A}^{-1}\|$ とすれば，不等式

$$\frac{\|\Delta\boldsymbol{x}\|}{\|\boldsymbol{x}\|} \leqslant \frac{\mathrm{cond}(\boldsymbol{A})}{1 - \mathrm{cond}(\boldsymbol{A})(\|\Delta\boldsymbol{A}\| / \|\boldsymbol{A}\|)} \left(\frac{\|\Delta\boldsymbol{A}\|}{\|\mathbf{A}\|} + \frac{\|\Delta\boldsymbol{b}\|}{\|\boldsymbol{b}\|} \right) \qquad (\text{誤差評価式})$$

が成り立つ（$\Delta\boldsymbol{x}$, $\Delta\boldsymbol{A}$ の値次第で等号が成立しうる）．ただし，$\boldsymbol{A}^{-1}$ が存在し，行列ノルムは与えられたベクトルノルムに対応する演算子ノルムを表し，$\Delta\boldsymbol{A}$ は $\|\boldsymbol{A}^{-1}\| \cdot \|\Delta\boldsymbol{A}\| < 1$ が満足される程度に小さいものとする（これは $\boldsymbol{A} + \Delta\boldsymbol{A}$ の可逆性を保証する）．$\mathrm{cond}(\boldsymbol{A}) = \|\boldsymbol{A}\| \cdot \|\boldsymbol{A}^{-1}\|$ を**条件数** (condition number) という．

とくに，2 ノルムの場合 $\mathrm{cond}(\boldsymbol{A}) = \sigma_{\max}/\sigma_{\min}$ =(最大特異値)/(最小特異値) に等しい（12.7 節）．上の（誤差評価式）はデータの相対誤差の和がほぼ条件数倍されて解に伝わりうることをいっている．

条件数は何を表すか？ $\boldsymbol{A} \in \mathbb{R}^{n\times n}$ を与えられた可逆行列とし，$\boldsymbol{B} \in \mathbb{R}^{n\times n}$ を任意の非可逆行列とすれば，必ず $\|\boldsymbol{A}-\boldsymbol{B}\| \geqslant 1/\left\|\boldsymbol{A}^{-1}\right\|$ が成り立ち，しかも等号を成り立たせるような非可逆行列 $\boldsymbol{B}_0$ が存在する：

$$\|\boldsymbol{A}-\boldsymbol{B}_0\| = 1/\left\|\boldsymbol{A}^{-1}\right\|.$$

ここに $\|\cdot\|$ は任意の演算子ノルムを表す [20]．この事実は 14.7 節において証明するが，関数解析の定理「ハーン・バナハ (Hahn-Banach) の定理」（14.8 節参照）を必要とする．上式の両辺を $\|\boldsymbol{A}\|$ で割ると以下が得られる：

$$\frac{\|\boldsymbol{A}-\boldsymbol{B}_0\|}{\|\boldsymbol{A}\|} = \frac{1}{\|\boldsymbol{A}\|\cdot\left\|\boldsymbol{A}^{-1}\right\|} = \frac{1}{\mathrm{cond}(\boldsymbol{A})}.$$

これを見ると，条件数とは $\boldsymbol{A}$ から最短距離にある非可逆行列までの距離を $\|\boldsymbol{A}\|$ で割った値の逆数である．ゆえに，条件数が大なら，それだけその行列は非可逆行列に近くなることになる．$\mathrm{cond}(\boldsymbol{A})$ こそ，$\boldsymbol{A}\boldsymbol{x}=\boldsymbol{b}$ の「解きにくさ」の真の指標といえる．そして，$\mathrm{cond}(\boldsymbol{A})$ が大きい場合，$\boldsymbol{A}\boldsymbol{x}=\boldsymbol{b}$ は**悪条件である** (ill-conditioned)，そうでないとき**良条件である** (well-conditioned) という．

条件数はスカラー倍に対して不変である，つまり $\mathrm{cond}(\alpha\boldsymbol{A}) = \mathrm{cond}(\boldsymbol{A})$ $(\alpha \neq 0)$．また $1 = \|\boldsymbol{I}\| = \left\|\boldsymbol{A}\boldsymbol{A}^{-1}\right\| \leqslant \|\boldsymbol{A}\|\left\|\boldsymbol{A}^{-1}\right\|$ だから条件数は 1 以上である．

3.13　行列とグラフ

$\boldsymbol{A}\boldsymbol{x}=\boldsymbol{b}$ 型の正方行列方程式を解く場合，$\boldsymbol{A}$ の可逆性が常に問題となるが，グラフ理論の力を借りると，可逆性が事前にきれいにわかる場合がある．これについて簡単に説明しよう（例や詳しい説明は第 15 章参照）．

まず，行列のグラフを定義する．与えられた n 次行列 $\boldsymbol{A} = [a_{ij}]$ に対して，平面上に n 個の点 $1, 2, \ldots, n$ （**頂点** (vertex) という）を用意し，$a_{ij} \neq 0$ なら頂点 i から頂点 j に向かう**有向辺** (directed edge) を引き（向きは矢印で示す），値 a_{ij} を書き添える．（$a_{ij} = 0$ なら何もしない．）これをすべての i, j に対して実行してできる**有向グラフ** (directed graph) を $\boldsymbol{A}$ のグラフといい，記号 $G(\boldsymbol{A})$ で表す．このようなグラフと行列が 1 対 1 対応することは明らかである．

次に，$G(\boldsymbol{A})$ が**強連結である** (strongly connected) とは，どの頂点 i から頂点 j への**道** (path) も存在することをいう ($i \neq j$)．すなわち，有向辺 $i \to j$ が存在するか，$i \to t_1, t_1 \to t_2, \ldots, t_{k-1} \to t_k, t_k \to j$ のような有向辺の列が存在することをいう．

例 n 次ブロック上三角行列

$$\boldsymbol{A} = [a_{ij}] = \begin{bmatrix} \boldsymbol{A}_{11} & \boldsymbol{A}_{12} \\ \boldsymbol{0} & \boldsymbol{A}_{22} \end{bmatrix} \quad (\boldsymbol{A}_{11} : k \times k,\ \boldsymbol{A}_{22} : l \times l,\ k + l = n)$$

のグラフは強連結ではない．それは，$a_{ij} = 0$ ($i = k+1, \ldots, n$, $j = 1, \ldots, k$) なので，頂点集合 $\{k+1, \ldots, n\}$ に属する任意の頂点から，頂点集合 $\{1, \ldots, k\}$ に属するどの頂点に向かう有向辺も存在しないためである．

定義［優対角］ n 次行列 $\boldsymbol{A} = [a_{ij}]$ が**優対角である** (diagonally dominant) とは，各行の非対角成分の絶対値の総和がその行の対角成分の絶対値を超えず，少なくとも 1 つの行については，厳密に小さいこと，すなわち，$\displaystyle\sum_{j=1,\ldots,n,\, j\neq i} |a_{ij}| \leqslant |a_{ii}|$ ($i = 1, \ldots, n$)，が成立し，少なくとも 1 つの i の値に対して，上式中の “$\leqslant$” 記号を “$<$” で置き換えられることをいう．

これは簡単に検証できる条件である．

例 行列 $\boldsymbol{A} = \begin{bmatrix} 2 & 1 & 0 \\ 1 & 2 & 1 \\ 0 & 1 & 2 \end{bmatrix}$ は優対角行列である．

優対角行列に関して次の事実が成立する：

定理 (15.5 節参照) 優対角かつグラフが強連結であるような行列は可逆である．

証明は第 15 章において行い，併せて応用例として，均質な正方形の板の 4 辺における温度を与えて内部の温度を求める定常熱伝導問題を考え，5 点差分法による離散化から発生する正方行列方程式の係数行列の可逆性を証明する．

3.14　注意事項

線形代数の定理は2通り以上の同値ないい方ができる場合が多い．すなわち，同じ事実をベクトルの言葉，行列の言葉，写像の言葉で表現できることが多い．したがって同一事実の証明法も2通り以上あるのが普通である．このことを知っていると知識の整理に役立つ．例で示す．

例　$\boldsymbol{a}_1, \boldsymbol{a}_2, \ldots, \boldsymbol{a}_n, \boldsymbol{b} \in \mathbb{R}^m$ とすれば，以下の (a), (b), (c) はたがいに同値である：

(a)　ベクトルの言葉による表現：$\boldsymbol{b}$ は $\boldsymbol{a}_1, \boldsymbol{a}_2, \ldots, \boldsymbol{a}_n$ の1次結合である：すなわち $x_1\boldsymbol{a}_1 + x_2\boldsymbol{a}_2 + \cdots + x_n\boldsymbol{a}_n = \boldsymbol{b}$ を満たすスカラー（この場合は実数）$x_1, \ldots, x_n$ が存在する．

(b)　方程式の言葉による表現：$\boldsymbol{Ax} = \boldsymbol{b}$ は可解である ($\boldsymbol{A} = [\boldsymbol{a}_1, \boldsymbol{a}_2, \ldots, \boldsymbol{a}_n] \in \mathbb{R}^{m\times n}$).

(c)　写像の言葉による表現：$\boldsymbol{b}$ は $\boldsymbol{A} = [\boldsymbol{a}_1, \boldsymbol{a}_2, \ldots, \boldsymbol{a}_n]$ の値域（$\boldsymbol{Ax}$ 型ベクトル全体）に含まれる．

例　以下の (a), (b) は同値である：

(a)　ベクトルの言葉による表現：実内積空間内において，S を任意の部分空間，$S^{\perp}$ をその直交補空間（S 内のすべてのベクトルに直交するようなベクトルの全体，部分空間となる），$S^{\perp\perp}$ を $S^{\perp}$ の直交補空間とすれば，$S^{\perp\perp} = S$（反射性）．

(b)　方程式の言葉による表現：行列方程式 $\boldsymbol{Ax} = \boldsymbol{b}$ ($\boldsymbol{A} \in \mathbb{R}^{m\times n}$, $\boldsymbol{b} \in \mathbb{R}^m$) が可解であるための必要十分条件は $\boldsymbol{y}^{\mathrm{T}}\boldsymbol{A} = \boldsymbol{0}$ を満たすすべての $\boldsymbol{y} \in \mathbb{R}^m$ に対して $\boldsymbol{y}^{\mathrm{T}}\boldsymbol{b} = 0$ が成り立つことである．

略証 (a)⇒(b)：$S =$「$\boldsymbol{A}$ の値域」とすればよい．(b)⇒(a)：部分空間は必ず適当な行列の値域として表現できることから従う．

最後にひとこと

読了後初めて線形代数の全容がわかるという，通常の学び方の不便さを避け，なるべく早い段階で全体像を読者にお知らせする，という意図からこの概要は書かれている．分解定理はその主軸であり華である．行列式，内積，ノルム，グラフは必要な脇役である．勉強の指針として活用頂ければ幸いである．

第4章　同値分解とLDU分解 Part I——導出

この章では，同値分解と，その一種であるLDU分解の導出をまとめて行う．次章で示すように，これらの分解定理は，行列の階数，逆行列，ベクトル空間の基底，次元，行列方程式などに関する基本的事実の導出用のエンジンとして機能する．とくに，LDU分解は行列方程式の数値解法としての価値が高い．導出法は「行および列交換付きガウスの消去法」による．導出に必要となる行演算／列演算については，問題1.2–1.7を復習して頂きたい．

4.1　同値分解

次の分解を**同値分解** (equivalence decomposition) という（注意：この呼び名は標準的ではない，**同値な行列** (equivalent matrices) という標準的ないい方からの流用である）：

定理 4.1　任意の $\mathbf{0} \neq \boldsymbol{A} \in \mathbb{R}^{m \times n}$ はつねに

$$\boldsymbol{A} = \boldsymbol{P} \begin{bmatrix} \boldsymbol{I}_r & 0 \\ 0 & 0 \end{bmatrix} \boldsymbol{Q} \equiv \boldsymbol{P}\boldsymbol{D}\boldsymbol{Q} \tag{4.1}$$

の形に分解可能である．ここに

$$\boldsymbol{I}_r = r\ \text{次単位行列} \quad (r \leqslant \min\{m, n\}), \tag{4.2}$$

$\boldsymbol{P} \in \mathbb{R}^{m \times m}$, $\boldsymbol{Q} \in \mathbb{R}^{n \times n}$ はそれぞれ適当な m 次，n 次の可逆行列を表す．(4.1) 式中の $\boldsymbol{D}$ は，$\boldsymbol{P}, \boldsymbol{Q}$ の選び方に無関係に $\boldsymbol{A}$ のみによって一意的に定まる行列を表し，**標準形** (canonical form) と呼ばれる．したがって，r も $\boldsymbol{A}$ のみによって定まる．これを $\boldsymbol{A}$ の**階数** (rank) といい，$r = \mathrm{rank}(\boldsymbol{A})$ である．また，$\boldsymbol{A} \in \mathbb{C}^{m \times n}$ の場合は $\boldsymbol{P} \in \mathbb{C}^{m \times m}$, $\boldsymbol{Q} \in \mathbb{C}^{n \times n}$ となる．

線形写像 $\boldsymbol{y} = \boldsymbol{A}\boldsymbol{x}$ に対して座標変換 $\boldsymbol{y} = \boldsymbol{P}\widetilde{\boldsymbol{y}}, \boldsymbol{x} = \boldsymbol{Q}^{-1}\widetilde{\boldsymbol{x}}$ を行うと，$\widetilde{\boldsymbol{y}} = \boldsymbol{P}^{-1}\boldsymbol{A}\boldsymbol{Q}^{-1}\widetilde{\boldsymbol{x}} = \begin{bmatrix} \boldsymbol{I}_r & \boldsymbol{0} \\ \boldsymbol{0} & \boldsymbol{0} \end{bmatrix} \widetilde{\boldsymbol{x}}$ となる．すなわち，問題の線形写像を新座標系から見ると，標準形 $\begin{bmatrix} \boldsymbol{I}_r & \boldsymbol{0} \\ \boldsymbol{0} & \boldsymbol{0} \end{bmatrix}$ に見えるというわけである．次節において示すように，同値分解は LDU 分解から簡単に従う．

4.2 LDU 分解

次の分解を **LDU 分解** (LDU decomposition) という：

定理 4.2　任意の $\boldsymbol{A} \in \mathbb{R}^{m\times n}$ $(\boldsymbol{A} \neq \boldsymbol{0})$ に対して m 次置換行列 $\boldsymbol{P}$，n 次置換行列 $\boldsymbol{Q}$ を適当にとれば（置換行列については問題 1.3 参照)，$\boldsymbol{PAQ}$ は

$$\boldsymbol{PAQ} = \begin{bmatrix} \boldsymbol{L}_{11} & \boldsymbol{0} \\ \boldsymbol{L}_{21} & \boldsymbol{I}_{m-r} \end{bmatrix} \begin{bmatrix} \boldsymbol{D}_r & \boldsymbol{0} \\ \boldsymbol{0} & \boldsymbol{0}_{(m-r)\times(n-r)} \end{bmatrix} \begin{bmatrix} \boldsymbol{U}_{11} & \boldsymbol{U}_{12} \\ \boldsymbol{0} & \boldsymbol{I}_{n-r} \end{bmatrix} \equiv \boldsymbol{LDU} \tag{4.3}$$

の形に一意的に分解できる（同じ記号 $\boldsymbol{P}, \boldsymbol{Q}$ が前節とは異なる意味で使われていることに注意)．ここに，r は $\boldsymbol{A}$ の階数を表し，$\boldsymbol{L}_{11}, \boldsymbol{U}_{11}, \boldsymbol{D}_r$ は次の形の r 次可逆行列を表す：

$$\boldsymbol{L}_{11} = \begin{bmatrix} 1 & & & \boldsymbol{0} \\ * & 1 & & \\ \vdots & \ddots & \ddots & \\ * & \cdots & * & 1 \end{bmatrix}, \boldsymbol{U}_{11} = \begin{bmatrix} 1 & * & \cdots & * \\ & 1 & \ddots & \vdots \\ & & \ddots & * \\ \boldsymbol{0} & & & 1 \end{bmatrix}, \boldsymbol{D}_r = \begin{bmatrix} d_1 & & \boldsymbol{0} \\ & \ddots & \\ \boldsymbol{0} & & d_r \end{bmatrix}$$
$$(d_1, \ldots, d_r \neq 0).$$

$\boldsymbol{L}, \boldsymbol{U}$ の対角成分はすべて 1 であるから，いずれも可逆行列を表す．$\boldsymbol{PAQ}$ は $\boldsymbol{A}$ の行と列に適当な並べ替えを施した行列を表す．$\boldsymbol{A}$ が複素行列なら $\boldsymbol{L}, \boldsymbol{D}, \boldsymbol{U}$ も一般に複素行列となる．

導出は後述する．(4.3) 式を以下のように書き直す：

$$\boldsymbol{PAQ} = \left(\boldsymbol{L} \begin{bmatrix} \boldsymbol{D}_r & \boldsymbol{0} \\ \boldsymbol{0} & \boldsymbol{I} \end{bmatrix} \right) \begin{bmatrix} \boldsymbol{I}_r & \boldsymbol{0} \\ \boldsymbol{0} & \boldsymbol{0} \end{bmatrix} \boldsymbol{U}$$
$$\text{または } \boldsymbol{PAQ} = \boldsymbol{L} \begin{bmatrix} \boldsymbol{I}_r & \boldsymbol{0} \\ \boldsymbol{0} & \boldsymbol{0} \end{bmatrix} \left(\begin{bmatrix} \boldsymbol{D}_r & \boldsymbol{0} \\ \boldsymbol{0} & \boldsymbol{I} \end{bmatrix} \boldsymbol{U} \right). \tag{4.4}$$

これは $\boldsymbol{PAQ}$ の同値分解となっている．また，(4.3) を $\boldsymbol{A}$ について解くと

$$\boldsymbol{A} = (\boldsymbol{P}^{\mathrm{T}}\boldsymbol{L})\begin{bmatrix}\boldsymbol{I}_r & \boldsymbol{0}\\ \boldsymbol{0} & \boldsymbol{0}\end{bmatrix}\left(\begin{bmatrix}\boldsymbol{D}_r & \boldsymbol{0}\\ \boldsymbol{0} & \boldsymbol{I}\end{bmatrix}\boldsymbol{U}\boldsymbol{Q}^{\mathrm{T}}\right) \quad (\boldsymbol{P}^{\mathrm{T}} = \boldsymbol{P}^{-1},\ \boldsymbol{Q}^{\mathrm{T}} = \boldsymbol{Q}^{-1}\text{に注意}). \tag{4.5}$$

これは $\boldsymbol{A}$ の同値分解となっている．ゆえに，r は $\boldsymbol{A}$ の階数を表すことは明らかである．また，(4.3) 式を

$$\boldsymbol{PAQ} = \boldsymbol{L}(\boldsymbol{DU}) = (\boldsymbol{LD})\boldsymbol{U} \tag{4.6}$$

の型に書いたものを，$\boldsymbol{PAQ}$ の **LU 分解**という．

4.3 ガウスの消去法による LDU 分解 Part I

3×4 行列

$$\boldsymbol{A} = \begin{bmatrix} a_{11} & a_{12} & a_{13} & a_{14}\\ a_{21} & a_{22} & a_{23} & a_{24}\\ a_{31} & a_{32} & a_{33} & a_{34}\end{bmatrix} \neq \boldsymbol{0} \tag{4.7}$$

を例にとって，同値分解と LDU 分解の導出法を説明しよう．

まずは必要な行演算の説明から行う．3 次単位行列の第 1 行の l_{i1} 倍を第 i 行から引くと $(i = 2, 3)$

$$\boldsymbol{L}_1 = \begin{bmatrix} 1 & 0 & 0\\ -l_{21} & 1 & 0\\ -l_{31} & 0 & 1\end{bmatrix}. \tag{4.8}$$

これを与えられた行列に左から掛けると同じことが起こる（問題 1.7 参照）．すなわち，$\boldsymbol{A}$ の第 1 行の l_{i1} 倍が第 i 行から引かれる $(i = 2, 3)$：

$$\boldsymbol{L}_1\boldsymbol{A} = \begin{bmatrix} a_{11} & a_{12} & a_{13} & a_{14}\\ a_{21} - l_{21}a_{11} & a_{22} - l_{21}a_{12} & a_{23} - l_{21}a_{13} & a_{24} - l_{21}a_{14}\\ a_{31} - l_{31}a_{11} & a_{32} - l_{31}a_{12} & a_{33} - l_{31}a_{13} & a_{34} - l_{31}a_{14}\end{bmatrix}. \tag{4.9}$$

ここで

$$a_{11} \neq 0 \tag{4.10}$$

なら，(4.9) 式の右辺第 1 列の第 2 行目以下をゼロ化するように l_{i1} を選ぶことが可能である．すなわち，

$$l_{i1} = a_{i1}/a_{11} \quad (i = 2, 3) \tag{4.11}$$

をとれば

$$
\boldsymbol{L}_1\boldsymbol{A}=\begin{bmatrix} a_{11} & a_{12} & a_{13} & a_{14} \\ 0 & a_{22}-l_{21}a_{12} & a_{23}-l_{21}a_{13} & a_{24}-l_{21}a_{14} \\ 0 & a_{32}-l_{31}a_{12} & a_{33}-l_{31}a_{13} & a_{34}-l_{31}a_{14} \end{bmatrix} \equiv \begin{bmatrix} a_{11} & a_{12} & a_{13} & a_{14} \\ 0 & a_{22}^{(1)} & a_{23}^{(1)} & a_{24}^{(1)} \\ 0 & a_{32}^{(1)} & a_{33}^{(1)} & a_{34}^{(1)} \end{bmatrix}. \tag{4.12}
$$

すなわち，(4.12) 式は「第 1 行を**軸** (pivot) として，それ以下の行の先頭成分 (= (2, 1), (3, 1) 成分) を消去する」演算を表す．この場合 (1, 1) 成分を**軸成分**または**要** (pivotal component) といい，この演算を（第 1 列の）**掃き出し** (sweep-out) という．

ここで第 (2, 2) 成分が非零なら，すなわち

$$
a_{22}^{(1)}=a_{22}-l_{21}a_{12}\neq 0 \tag{4.13}
$$

なら，上と同じ考えで第 2 行を軸として (3, 2) 成分を消去する．すなわち，

$$
\boldsymbol{L}_2=\begin{bmatrix} 1 & 0 & 0 \\ 0 & 1 & 0 \\ 0 & -l_{32} & 1 \end{bmatrix}, \quad l_{32}=a_{32}^{(1)}/a_{22}^{(1)} \quad (a_{22}^{(1)}\neq 0) \tag{4.14}
$$

を $\boldsymbol{L}_1\boldsymbol{A}$ に左から掛けて (3, 2) 成分を消去する（第 2 列を掃き出す）：

$$
\boldsymbol{L}_2(\boldsymbol{L}_1\boldsymbol{A})=\begin{bmatrix} a_{11} & a_{12} & a_{13} & a_{14} \\ 0 & a_{22}^{(1)} & a_{23}^{(1)} & a_{24}^{(1)} \\ 0 & 0 & a_{33}^{(1)}-l_{32}a_{23}^{(1)} & a_{34}^{(1)}-l_{32}a_{24}^{(1)} \end{bmatrix} \equiv \begin{bmatrix} a_{11} & a_{12} & a_{13} & a_{14} \\ 0 & a_{22}^{(1)} & a_{23}^{(1)} & a_{24}^{(1)} \\ 0 & 0 & a_{33}^{(2)} & a_{34}^{(2)} \end{bmatrix}. \tag{4.15}
$$

この場合第 1 列のゼロ成分が非零成分に転じることはない．ここで

$$
a_{33}^{(2)}\neq 0 \tag{4.16}
$$

なら，

$$
\boldsymbol{L}_1^{-1}=\begin{bmatrix} 1 & 0 & 0 \\ l_{21} & 1 & 0 \\ l_{31} & 0 & 1 \end{bmatrix}, \boldsymbol{L}_2^{-1}=\begin{bmatrix} 1 & 0 & 0 \\ 0 & 1 & 0 \\ 0 & l_{32} & 1 \end{bmatrix} \tag{4.17}
$$

を利用して，(4.15) 式より

$$
\begin{aligned}
\boldsymbol{A} &= \boldsymbol{L}_1^{-1}\boldsymbol{L}_2^{-1}\begin{bmatrix} a_{11} & a_{12} & a_{13} & a_{14} \\ 0 & a_{22}^{(1)} & a_{23}^{(1)} & a_{24}^{(1)} \\ 0 & 0 & a_{33}^{(2)} & a_{34}^{(2)} \end{bmatrix} \\
&= \left(\begin{bmatrix} 1 & 0 & 0 \\ l_{21} & 1 & 0 \\ l_{31} & 0 & 1 \end{bmatrix}\begin{bmatrix} 1 & 0 & 0 \\ 0 & 1 & 0 \\ 0 & l_{32} & 1 \end{bmatrix}\right)\begin{bmatrix} a_{11} & a_{12} & a_{13} & a_{14} \\ 0 & a_{22}^{(1)} & a_{23}^{(1)} & a_{24}^{(1)} \\ 0 & 0 & a_{33}^{(2)} & a_{34}^{(2)} \end{bmatrix} \\
&= \begin{bmatrix} 1 & 0 & 0 \\ l_{21} & 1 & 0 \\ l_{31} & l_{32} & 1 \end{bmatrix}\begin{bmatrix} a_{11} & 0 & 0 & 0 \\ 0 & a_{22}^{(1)} & 0 & 0 \\ 0 & 0 & a_{33}^{(2)} & 0 \end{bmatrix}\begin{bmatrix} 1 & \dfrac{a_{12}}{a_{11}} & \dfrac{a_{13}}{a_{11}} & \dfrac{a_{14}}{a_{11}} \\ 0 & 1 & \dfrac{a_{23}^{(1)}}{a_{22}^{(1)}} & \dfrac{a_{24}^{(1)}}{a_{22}^{(1)}} \\ 0 & 0 & 1 & \dfrac{a_{34}^{(2)}}{a_{33}^{(2)}} \\ 0 & 0 & 0 & 1 \end{bmatrix} \\
&\equiv \boldsymbol{LDU} \quad (a_{11} \neq 0,\ a_{22}^{(1)} \neq 0,\ a_{33}^{(2)} \neq 0 \text{ に注意}) \\
&= \begin{bmatrix} 1 & 0 & 0 \\ l_{21} & 1 & 0 \\ l_{31} & l_{32} & 1 \end{bmatrix}\begin{bmatrix} 1 & 0 & 0 & 0 \\ 0 & 1 & 0 & 0 \\ 0 & 0 & 1 & 0 \end{bmatrix}\begin{bmatrix} a_{11} & a_{12} & a_{13} & a_{14} \\ 0 & a_{22}^{(1)} & a_{23}^{(1)} & a_{24}^{(1)} \\ 0 & 0 & a_{33}^{(2)} & a_{34}^{(2)} \\ 0 & 0 & 0 & 1 \end{bmatrix} \quad \text{(同値分解形)}.
\end{aligned}
\tag{4.18}
$$

与えられた $\boldsymbol{A}$ からここに至るまでの過程をまとめて**ガウスの消去法** (Gaussian elimination) と呼んでいる．いい換えれば，同値分解／LDU 分解はこの手続きの行列算による表現に他ならない．ただ，これが可能であるためには「軸成分 $\neq 0$」の仮定 (4.10), (4.13), (4.16) が成立すること，すなわち，ガウスの消去法の実行途上において 0 による割り算が発生しないことが保証される必要がある．一般にはこの保証はないから，行または列（または両方）の入れ替えにより，つねに非零軸成分が得られるような工夫を行う必要がある．この仕組みを組み込んだのが「行および列交換付きガウスの消去法」であり，これを行列算によって表現したのが LDU 分解に他ならない．節を改めて説明しよう．

4.4 ガウスの消去法による LDU 分解 Part II

前節と同じく，3×4 行列

$$A = \begin{bmatrix} a_{11} & a_{12} & a_{13} & a_{14} \\ a_{21} & a_{22} & a_{23} & a_{24} \\ a_{31} & a_{32} & a_{33} & a_{34} \end{bmatrix} \neq \mathbf{0} \tag{4.19}$$

を例にとって，行／列交換付きガウスの消去法による LDU 分解の構築法を示す．

まず，$\boldsymbol{A} \neq \mathbf{0}$ の仮定より，その成分の中から非零成分を 1 つ選ぶ（例：絶対値最大のものを 1 つ選ぶ）．その成分を行の入れ替えまたは列の入れ替え（または両者の併用）により (1, 1) の位置に移動させる．これは適当な 3 次置換行列 $\boldsymbol{P}_1$ と適当な 4 次置換行列 $\boldsymbol{Q}_1$ を $\boldsymbol{A}$ に左右から乗じて実現できる．何もする必要のないときは $\boldsymbol{P}_1 = \boldsymbol{I}$, $\boldsymbol{Q}_1 = \boldsymbol{I}$ と考えればよい．実行結果は

$$\boldsymbol{P}_1 \boldsymbol{A} \boldsymbol{Q}_1 = \begin{bmatrix} a'_{11} & a'_{12} & a'_{13} & a'_{14} \\ a'_{21} & a'_{22} & a'_{23} & a'_{24} \\ a'_{31} & a'_{32} & a'_{33} & a'_{34} \end{bmatrix}, \quad a'_{11} \neq 0. \tag{4.20}$$

ここでは $a'_{11} \neq 0$ が成立しているから，前節と同じ手続きに従って，第 1 行を軸行として (2, 1), (3, 1) 成分を消去する（第 1 列を掃き出す）．すなわち，

$$\boldsymbol{L}_1 = \begin{bmatrix} 1 & 0 & 0 \\ -l_{21} & 1 & 0 \\ -l_{31} & 0 & 1 \end{bmatrix}, \quad l_{i1} = a'_{i1}/a'_{11} \quad (i = 2,\ 3) \tag{4.21}$$

をとれば

$$\boldsymbol{L}_1 \boldsymbol{P}_1 \boldsymbol{A} \boldsymbol{Q}_1 = \begin{bmatrix} a'_{11} & a'_{12} & a'_{13} & a'_{14} \\ 0 & a^{(1)}_{22} & a^{(1)}_{23} & a^{(1)}_{24} \\ 0 & a^{(1)}_{32} & a^{(1)}_{33} & a^{(1)}_{34} \end{bmatrix} \quad (a'_{11} \neq 0) \tag{4.22}$$

$$a^{(1)}_{ij} = a'_{ij} - l_{i1} a'_{1j} \quad (i = 2,\ 3,\ j = 2,\ 3,\ 4) \tag{4.23}$$

となる．

ここで「右下 2×3 小行列 $= \mathbf{0}$」すなわち，

$$\boldsymbol{L}_1 \boldsymbol{P}_1 \boldsymbol{A} \boldsymbol{Q}_1 = \begin{bmatrix} a'_{11} & a'_{12} & a'_{13} & a'_{14} \\ 0 & 0 & 0 & 0 \\ 0 & 0 & 0 & 0 \end{bmatrix} \qquad (a'_{11} \neq 0) \tag{4.24}$$

なら，これを

$$
\begin{aligned}
\boldsymbol{P}_1\boldsymbol{A}\boldsymbol{Q}_1 &= \boldsymbol{L}_1^{-1}\begin{bmatrix} a'_{11} & a'_{12} & a'_{13} & a'_{14} \\ 0 & 0 & 0 & 0 \\ 0 & 0 & 0 & 0 \end{bmatrix} \\
&= \begin{bmatrix} 1 & 0 & 0 \\ l_{21} & 1 & 0 \\ l_{31} & 0 & 1 \end{bmatrix}\begin{bmatrix} a'_{11} & 0 & 0 & 0 \\ 0 & 0 & 0 & 0 \\ 0 & 0 & 0 & 0 \end{bmatrix}\begin{bmatrix} 1 & \dfrac{a'_{12}}{a'_{11}} & \dfrac{a'_{13}}{a'_{11}} & \dfrac{a'_{14}}{a'_{11}} \\ 0 & 1 & 0 & 0 \\ 0 & 0 & 1 & 0 \\ 0 & 0 & 0 & 1 \end{bmatrix} \quad (a'_{11} \neq 0)
\end{aligned} \tag{4.25}
$$

と書き直せば LDU 分解が得られる．

そこで，(4.22) 式中の「右下 2×3 小行列 $\neq \boldsymbol{0}$」の場合，すなわち

$$
\begin{bmatrix} a_{22}^{(1)} & a_{23}^{(1)} & a_{24}^{(1)} \\ a_{32}^{(1)} & a_{33}^{(1)} & a_{34}^{(1)} \end{bmatrix} \neq \boldsymbol{0} \tag{4.26}
$$

の場合を考えよう．非零成分を 1 つ選び（例：絶対値最大成分を 1 つ選ぶ），行／列の入れ替えにより，これを (4.22) 式 3×4 行列の (2, 2) の位置に移動させる．結果を

$$
\boldsymbol{P}_2(\boldsymbol{L}_1\boldsymbol{P}_1\boldsymbol{A}\boldsymbol{Q}_1)\boldsymbol{Q}_2 = \begin{bmatrix} a'_{11} & a'_{12} & a'_{13} & a'_{14} \\ 0 & a_{22}^{(1)'} & a_{23}^{(1)'} & a_{24}^{(1)'} \\ 0 & a_{32}^{(1)'} & a_{33}^{(1)'} & a_{34}^{(1)'} \end{bmatrix} \quad (a'_{11} \neq 0,\ a_{22}^{(1)'} \neq 0) \tag{4.27}
$$

と書こう．ここに，$\boldsymbol{P}_2$ は 2 行目以下の行交換を表す 3 次置換行列，$\boldsymbol{Q}_2$ は 2 列目以下の列交換を表す 4 次置換行列であり，それぞれの形は

$$
\boldsymbol{P}_2 = \begin{bmatrix} 1 & \boldsymbol{0} \\ \boldsymbol{0} & \boldsymbol{P}'_2 \end{bmatrix}\ (\boldsymbol{P}'_2 \text{ は 2 次置換行列}),\ \boldsymbol{Q}_2 = \begin{bmatrix} 1 & \boldsymbol{0} \\ \boldsymbol{0} & \boldsymbol{Q}'_2 \end{bmatrix}\ (\boldsymbol{Q}'_2 \text{ は 3 次置換行列}) \tag{4.28}
$$

で与えられる（この際，第 1 列中のゼロ成分は見かけ上，不変である）．次に，第 2 行を軸行として (3, 2) 成分を消去する（第 2 列を掃き出す）．これは次の演算で実現される：

$$
\boldsymbol{L}_2(\boldsymbol{P}_2\boldsymbol{L}_1\boldsymbol{P}_1\boldsymbol{A}\boldsymbol{Q}_1\boldsymbol{Q}_2) = \begin{bmatrix} a'_{11} & a'_{12} & a'_{13} & a'_{14} \\ 0 & a_{22}^{(1)'} & a_{23}^{(1)'} & a_{24}^{(1)'} \\ 0 & 0 & a_{33}^{(2)} & a_{34}^{(2)} \end{bmatrix} \quad (a'_{11} \neq 0,\ a_{22}^{(1)'} \neq 0) \tag{4.29}
$$

ここに

$$\boldsymbol{L}_2 = \begin{bmatrix} 1 & 0 & 0 \\ 0 & 1 & 0 \\ 0 & -l_{32} & 1 \end{bmatrix},\ l_{32} = a_{32}^{(1)'}/a_{22}^{(1)'},\ a_{3j}^{(2)} = a_{3j}^{(1)'} - l_{32}a_{2j}^{(1)'} \quad (j = 3,\ 4) \tag{4.30}$$

ここで,「(4.29) 式の行列右下 1×2 小行列 $= \boldsymbol{0}$」，すなわち

$$\left[a_{33}^{(2)},\ a_{34}^{(2)}\right] = \boldsymbol{0} \tag{4.31}$$

なら，(4.29) 式は

$$\boldsymbol{L}_2(\boldsymbol{P}_2\boldsymbol{L}_1\boldsymbol{P}_1\boldsymbol{A}\boldsymbol{Q}_1\boldsymbol{Q}_2) = \begin{bmatrix} a'_{11} & a'_{12} & a'_{13} & a'_{14} \\ 0 & a_{22}^{(1)'} & a_{23}^{(1)'} & a_{24}^{(1)'} \\ 0 & 0 & 0 & 0 \end{bmatrix} \quad (a'_{11} \neq 0,\ a_{22}^{(1)'} \neq 0) \tag{4.32}$$

となる．ここで左辺を次のように書きなおす（この変形がポイント！）：

$$\boldsymbol{L}_2\boldsymbol{P}_2\boldsymbol{L}_1\boldsymbol{P}_1\boldsymbol{A}\boldsymbol{Q}_1\boldsymbol{Q}_2 = \boldsymbol{L}_2(\boldsymbol{P}_2\boldsymbol{L}_1\boldsymbol{P}_2^{\mathrm{T}})(\boldsymbol{P}_2\boldsymbol{P}_1\boldsymbol{A}\boldsymbol{Q}_1\boldsymbol{Q}_2) \quad (\because \boldsymbol{P}_2^{\mathrm{T}}\boldsymbol{P}_2 = \boldsymbol{I}). \tag{4.33}$$

ここで $\boldsymbol{P}_2$ の形の特殊性により，$\boldsymbol{P}_2\boldsymbol{L}_1\boldsymbol{P}_2^{\mathrm{T}} \equiv \boldsymbol{L}'_1$ は $\boldsymbol{L}_1$ と同形となる：

$$\boldsymbol{L}'_1 = \boldsymbol{P}_2\boldsymbol{L}_1\boldsymbol{P}_2^{\mathrm{T}} = \begin{bmatrix} 1 & \boldsymbol{0} \\ \boldsymbol{0} & \boldsymbol{P}'_2 \end{bmatrix} \begin{bmatrix} 1 & 0 & 0 \\ -l_{21} & 1 & 0 \\ -l_{31} & 0 & 1 \end{bmatrix} \begin{bmatrix} 1 & \boldsymbol{0} \\ \boldsymbol{0} & \boldsymbol{P}'_2 \end{bmatrix}^{\mathrm{T}} \equiv \begin{bmatrix} 1 & 0 & 0 \\ -l'_{21} & 1 & 0 \\ -l'_{31} & 0 & 1 \end{bmatrix}. \tag{4.34}$$

これを見ると（$\begin{bmatrix} -l'_{21} \\ -l'_{31} \end{bmatrix} = \boldsymbol{P}'_2 \begin{bmatrix} -l_{21} \\ -l_{31} \end{bmatrix}$ に注意），各乗数は特定の行に付随し，その行が動けばその乗数もついて動くことがわかる．(4.33) を書き直すと

$$\boldsymbol{L}_2(\boldsymbol{P}_2\boldsymbol{L}_1\boldsymbol{P}_2^{\mathrm{T}})(\boldsymbol{P}_2\boldsymbol{P}_1\boldsymbol{A}\boldsymbol{Q}_1\boldsymbol{Q}_2) = \boldsymbol{L}_2\boldsymbol{L}'_1(\boldsymbol{P}_2\boldsymbol{P}_1\boldsymbol{A}\boldsymbol{Q}_1\boldsymbol{Q}_2). \tag{4.35}$$

これを (4.32) 式に使うと

$$\boldsymbol{L}_2\boldsymbol{L}'_1(\boldsymbol{P}_2\boldsymbol{P}_1\boldsymbol{A}\boldsymbol{Q}_1\boldsymbol{Q}_2) = \begin{bmatrix} a'_{11} & a'_{12} & a'_{13} & a'_{14} \\ 0 & a_{22}^{(1)'} & a_{23}^{(1)'} & a_{24}^{(1)'} \\ 0 & 0 & 0 & 0 \end{bmatrix} \quad (a'_{11} \neq 0,\ a_{22}^{(1)'} \neq 0). \tag{4.36}$$

これより

$$\begin{aligned}
&\boldsymbol{P}_2\boldsymbol{P}_1\boldsymbol{A}\boldsymbol{Q}_1\boldsymbol{Q}_2 \\
&= (\boldsymbol{L}_1')^{-1}\boldsymbol{L}_2^{-1}\begin{bmatrix} a_{11}' & a_{12}' & a_{13}' & a_{14}' \\ 0 & a_{22}^{(1)'} & a_{23}^{(1)'} & a_{24}^{(1)'} \\ 0 & 0 & 0 & 0 \end{bmatrix} \\
&= \begin{bmatrix} 1 & 0 & 0 \\ l_{21}' & 1 & 0 \\ l_{31}' & l_{32} & 1 \end{bmatrix}\begin{bmatrix} a_{11}' & 0 & 0 & 0 \\ 0 & a_{22}^{(1)'} & 0 & 0 \\ 0 & 0 & 0 & 0 \end{bmatrix}\begin{bmatrix} 1 & \dfrac{a_{12}'}{a_{11}'} & \dfrac{a_{13}'}{a_{11}'} & \dfrac{a_{14}'}{a_{11}'} \\ 0 & 1 & \dfrac{a_{23}^{(1)'}}{a_{22}^{(1)'}} & \dfrac{a_{24}^{(1)'}}{a_{22}^{(1)'}} \\ 0 & 0 & 1 & 0 \\ 0 & 0 & 0 & 1 \end{bmatrix} \\
&\equiv \boldsymbol{LDU} \quad (a_{11}' \neq 0,\, a_{22}^{(1)'} \neq 0)
\end{aligned} \tag{4.37}$$

となって目指す LDU 分解が得られる．

最後の場合として，「(4.29) 式右下 1×2 小行列 $\neq \mathbf{0}$」，

$$\left[a_{33}^{(2)},\, a_{34}^{(2)}\right] \neq \mathbf{0} \tag{4.38}$$

の場合を考えなければならない．この場合は $a_{33}^{(2)}, a_{34}^{(2)}$ の中から非零成分を選び，必要があれば最後の 2 列を入れ替えて，それを (3, 3) の位置にもってくる．この作業は適当な置換行列 $\boldsymbol{Q}_3$ をとって上の行列に右から乗ずればよい：

$$\boldsymbol{L}_2\boldsymbol{P}_2\boldsymbol{L}_1\boldsymbol{P}_1\boldsymbol{A}\boldsymbol{Q}_1\boldsymbol{Q}_2\boldsymbol{Q}_3 = \begin{bmatrix} a_{11}' & a_{12}' & a_{13}'' & a_{14}'' \\ 0 & a_{22}^{(1)'} & a_{23}^{(1)''} & a_{24}^{(1)''} \\ 0 & 0 & a_{33}^{(2)'} & a_{34}^{(2)'} \end{bmatrix} \quad (a_{11}' \neq 0,\, a_{22}^{(1)'} \neq 0,\, a_{33}^{(2)'} \neq 0). \tag{4.39}$$

ここに $\boldsymbol{Q}_3$ の構造は

$$\boldsymbol{Q}_3 = \begin{bmatrix} \boldsymbol{I} & \mathbf{0} \\ \mathbf{0} & \boldsymbol{Q}_3' \end{bmatrix} \quad (\boldsymbol{Q}_3' \text{ は適当な 2 次置換行列}). \tag{4.40}$$

(4.39) の左辺を $\boldsymbol{L}_2(\boldsymbol{P}_2\boldsymbol{L}_1\boldsymbol{P}_2^{\mathrm{T}})\boldsymbol{P}_2\boldsymbol{P}_1\boldsymbol{A}\boldsymbol{Q}_1\boldsymbol{Q}_2\boldsymbol{Q}_3$ と変形し，$\boldsymbol{P}_2\boldsymbol{L}_1\boldsymbol{P}_2^{\mathrm{T}} = \boldsymbol{L}_1'$ を想起すれば，(4.39) より

$$
\begin{aligned}
&(\boldsymbol{P}_2\boldsymbol{P}_1)\boldsymbol{A}(\boldsymbol{Q}_1\boldsymbol{Q}_2\boldsymbol{Q}_3)\\
&= (\boldsymbol{L}_1')^{-1}\boldsymbol{L}_2^{-1}\begin{bmatrix} a_{11}' & a_{12}' & a_{13}'' & a_{14}'' \\ 0 & a_{22}^{(1)'} & a_{23}^{(1)''} & a_{24}^{(1)''} \\ 0 & 0 & a_{33}^{(2)'} & a_{34}^{(2)'} \end{bmatrix}\\
&= \begin{bmatrix} 1 & 0 & 0 \\ l_{21}' & 1 & 0 \\ l_{31}' & l_{32} & 1 \end{bmatrix}\begin{bmatrix} a_{11}' & 0 & 0 & 0 \\ 0 & a_{22}^{(1)'} & 0 & 0 \\ 0 & 0 & a_{33}^{(2)'} & 0 \end{bmatrix}\begin{bmatrix} 1 & \dfrac{a_{12}'}{a_{11}'} & \dfrac{a_{13}''}{a_{11}'} & \dfrac{a_{14}''}{a_{11}'} \\ 0 & 1 & \dfrac{a_{23}^{(1)''}}{a_{22}^{(1)'}} & \dfrac{a_{24}^{(1)''}}{a_{22}^{(1)'}} \\ 0 & 0 & 1 & \dfrac{a_{34}^{(2)'}}{a_{33}^{(2)'}} \\ 0 & 0 & 0 & 1 \end{bmatrix}\\
&\equiv \boldsymbol{LDU} \quad (a_{11}' \neq 0,\ a_{22}^{(1)'} \neq 0,\ a_{33}^{(2)'} \neq 0)
\end{aligned}
\tag{4.41}
$$

が得られる．これは $(\boldsymbol{P}_2\boldsymbol{P}_1)\boldsymbol{A}(\boldsymbol{Q}_1\boldsymbol{Q}_2\boldsymbol{Q}_3) \equiv \boldsymbol{PAQ}$ の LDU 分解を表す．以上の方法の一般の場合への拡張は練習問題とする． ■

最終的に得られる LDU 分解は，行列 $(\boldsymbol{P}_2\boldsymbol{P}_1)\boldsymbol{A}(\boldsymbol{Q}_1\boldsymbol{Q}_2\boldsymbol{Q}_3)$ に通常のガウスの消去法を直接適用して得られる結果と一致することになる．ただ，この行列の表す行および列の並べ替えを，消去演算に先立って行うことはできない．上で説明した導出法は，単なる存在定理ではなく，構成的な手続きである点に値打ちがある．

最後に 1 つ注意をしよう：これまでの「軸成分選択 $\to$ 行交換 $\to$ 消去演算 $\to \cdots$」という，行／列交換付きガウスの消去法を $\boldsymbol{A}^{\mathrm{T}}$ に適用すれば，$\boldsymbol{A}$ に対してガウスの消去法を「軸成分選択 $\to$ 列交換 $\to$ 消去演算 $\to \cdots$」のように列単位に行ったものと同じになる．また，LDU 分解 $\boldsymbol{PAQ} = \boldsymbol{LDU}$ の転置形 $\boldsymbol{Q}^{\mathrm{T}}\boldsymbol{A}^{\mathrm{T}}\boldsymbol{P}^{\mathrm{T}} = \boldsymbol{U}^{\mathrm{T}}\boldsymbol{D}^{\mathrm{T}}\boldsymbol{L}^{\mathrm{T}}$ は，$\boldsymbol{Q}^{\mathrm{T}}\boldsymbol{A}^{\mathrm{T}}\boldsymbol{P}^{\mathrm{T}}$ の LDU 分解となっている．

4.5　階数の一意性

本節では，与えられた行列の階数は一意的に定まることを証明する．それには，2.11 節で証明した「線形代数の基本定理」(定理 2.22) を使う．念のため，定理 2.22 を $\mathbb{R}^{m\times n}$ に特化したものを述べておこう：

定理 2.22　$\boldsymbol{A} \in \mathbb{R}^{m\times n}$ かつ $m < n$ なら，行列方程式 $\boldsymbol{Ax} = \boldsymbol{0}$ は必ず非零解 $\boldsymbol{x} \in \mathbb{R}^n$ を持つ．いいかえると，方程式数が未知数の総数より厳密に少ない同次連立 1 次方程式は必ず非零解を持つ．

階数の一意性の証明は $m=4,\ n=5$ の場合を例に行う．そのために

$$\boldsymbol{A} = \boldsymbol{P}_1\boldsymbol{D}_1\boldsymbol{Q}_1 = \boldsymbol{P}_2\boldsymbol{D}_2\boldsymbol{Q}_2, \quad \boldsymbol{D}_1 \equiv \begin{bmatrix} \boldsymbol{I}_2 & \boldsymbol{0} \\ \boldsymbol{0} & \boldsymbol{0} \end{bmatrix}, \quad \boldsymbol{D}_2 \equiv \begin{bmatrix} \boldsymbol{I}_3 & \boldsymbol{0} \\ \boldsymbol{0} & \boldsymbol{0} \end{bmatrix} \tag{4.42}$$

のように，異なる標準形を持つ同値分解を仮定すれば矛盾が起こることを示そう．まず上式を

$$\boldsymbol{D}_1(\boldsymbol{Q}_1\boldsymbol{Q}_2^{-1}) = (\boldsymbol{P}_1^{-1}\boldsymbol{P}_2)\boldsymbol{D}_2 \equiv \boldsymbol{M} \tag{4.43}$$

と変形すると，$\boldsymbol{D}_1$, $\boldsymbol{D}_2$ の形から $\boldsymbol{M}$ の形は

$$\boldsymbol{M} = \boldsymbol{D}_1(\boldsymbol{Q}_1\boldsymbol{Q}_2^{-1}) = \begin{bmatrix} * & * & * & * & * \\ * & * & * & * & * \\ 0 & 0 & 0 & 0 & 0 \\ 0 & 0 & 0 & 0 & 0 \end{bmatrix} = (\boldsymbol{P}_1^{-1}\boldsymbol{P}_2)\boldsymbol{D}_2 = \begin{bmatrix} * & * & * & 0 & 0 \\ * & * & * & 0 & 0 \\ * & * & * & 0 & 0 \\ * & * & * & 0 & 0 \end{bmatrix}. \tag{4.44}$$

ゆえに，$\boldsymbol{M}$ の形は

$$\boldsymbol{M} = \begin{bmatrix} * & * & * & 0 & 0 \\ * & * & * & 0 & 0 \\ 0 & 0 & 0 & 0 & 0 \\ 0 & 0 & 0 & 0 & 0 \end{bmatrix} \tag{4.45}$$

でなければならない．ここで左上 2×3 行列に定理 2.22 を適用すると

$$\boldsymbol{0} = \boldsymbol{M}[x_1,\ x_2,\ x_3,\ 0,\ 0]^{\mathrm{T}} \equiv \boldsymbol{M}\boldsymbol{x} \tag{4.46}$$

を満たす，すべては 0 でない数 $x_1,\ x_2,\ x_3$ が存在することになる．ところが (4.44) 後半の式から $\boldsymbol{M}\boldsymbol{x}$ を再計算してみると

$$\begin{aligned} \boldsymbol{M}\boldsymbol{x} &= (\boldsymbol{P}_1^{-1}\boldsymbol{P}_2)\boldsymbol{D}_2\boldsymbol{x} = (\boldsymbol{P}_1^{-1}\boldsymbol{P}_2)\boldsymbol{x} \quad (\because \boldsymbol{D}_2 \text{ と } \boldsymbol{x} \text{ の形から } \boldsymbol{D}_2\boldsymbol{x} = \boldsymbol{x}) \\ &\neq \boldsymbol{0} \quad (\because \boldsymbol{P}_1^{-1}\boldsymbol{P}_2 \text{ は可逆行列，そして } \boldsymbol{x} \neq \boldsymbol{0}). \end{aligned} \tag{4.47}$$

これは (4.46) 式と矛盾する．以上の証明法の一般の場合への拡張は読者にお任せする．

4.6 LDU 分解の一意性

本節では LDU 分解の一意性の証明を行う．すなわち

$$0 \neq \boldsymbol{PAQ} = \boldsymbol{LDU} = \boldsymbol{L}'\boldsymbol{D}'\boldsymbol{U}' \Rightarrow \boldsymbol{L} = \boldsymbol{L}',\ \boldsymbol{D} = \boldsymbol{D}',\ \boldsymbol{U} = \boldsymbol{U}' \tag{4.48}$$

を示そう．ここに $\boldsymbol{P}, \boldsymbol{Q}$ はそれぞれ m 次，n 次置換行列を表し，$\boldsymbol{L}, \ldots$ の形は

$$\begin{aligned}&\boldsymbol{L}=\begin{bmatrix}\boldsymbol{L}_{11} & \boldsymbol{0}\\ \boldsymbol{L}_{21} & \boldsymbol{I}_{m-r}\end{bmatrix}: m\times m, \quad \boldsymbol{U}=\begin{bmatrix}\boldsymbol{U}_{11} & \boldsymbol{U}_{12}\\ \boldsymbol{0} & \boldsymbol{I}_{n-r}\end{bmatrix}: n\times n,\\ &\boldsymbol{D}=\begin{bmatrix}\boldsymbol{D}_{11} & \boldsymbol{0}\\ \boldsymbol{0} & \boldsymbol{0}\end{bmatrix}: m\times n,\\ &\boldsymbol{L}_{11}: r \text{ 次単位下三角行列,} \quad \boldsymbol{U}_{11}: r \text{ 次単位上三角行列,}\\ &\boldsymbol{D}_{11}=\operatorname{diag}(d_1, \ldots, d_r) \quad (d_1, \ldots, d_r \neq 0).\end{aligned} \tag{4.49}$$

$\boldsymbol{L}', \boldsymbol{D}', \boldsymbol{U}'$ も，形はそれぞれ $\boldsymbol{L}, \boldsymbol{D}, \boldsymbol{U}$ と同じである．

まず，与えられた関係 $\boldsymbol{LDU}=\boldsymbol{L}'\boldsymbol{D}'\boldsymbol{U}'$ を展開すると，

$$\begin{bmatrix}\boldsymbol{L}_{11}\boldsymbol{D}_{11}\boldsymbol{U}_{11} & \boldsymbol{L}_{11}\boldsymbol{D}_{11}\boldsymbol{U}_{12}\\ \boldsymbol{L}_{21}\boldsymbol{D}_{11}\boldsymbol{U}_{11} & \boldsymbol{L}_{21}\boldsymbol{D}_{11}\boldsymbol{U}_{12}\end{bmatrix}=\begin{bmatrix}\boldsymbol{L}'_{11}\boldsymbol{D}'_{11}\boldsymbol{U}'_{11} & \boldsymbol{L}'_{11}\boldsymbol{D}'_{11}\boldsymbol{U}'_{12}\\ \boldsymbol{L}'_{21}\boldsymbol{D}'_{11}\boldsymbol{U}'_{11} & \boldsymbol{L}'_{21}\boldsymbol{D}'_{11}\boldsymbol{U}'_{12}\end{bmatrix}. \tag{4.50}$$

第 (1, 1) ブロックの相等

$$\boldsymbol{L}_{11}\boldsymbol{D}_{11}\boldsymbol{U}_{11}=\boldsymbol{L}'_{11}\boldsymbol{D}'_{11}\boldsymbol{U}'_{11} \tag{4.51}$$

を考える．変形して

$$(\boldsymbol{D}'_{11})^{-1}(\boldsymbol{L}'_{11})^{-1}\boldsymbol{L}_{11}\boldsymbol{D}_{11}=\boldsymbol{U}'_{11}\boldsymbol{U}_{11}^{-1}. \tag{4.52}$$

ここに，左辺は下三角行列，右辺は単位上三角行列を表す（∵ 下三角行列の逆行列は下三角行列であり，その逆行列の対角成分は元の行列の対応する対角成分の逆数に等しい，上三角行列についても同様）．ゆえに，上式の各辺はともに（r 次）単位行列に等しい．すなわち $(\boldsymbol{D}'_{11})^{-1}(\boldsymbol{L}'_{11})^{-1}\boldsymbol{L}_{11}\boldsymbol{D}_{11}=\boldsymbol{I}, \boldsymbol{U}'_{11}\boldsymbol{U}_{11}^{-1}=\boldsymbol{I}$．後者より $\boldsymbol{U}_{11}=\boldsymbol{U}'_{11}$．また前者を変形し $(\boldsymbol{L}'_{11})^{-1}\boldsymbol{L}_{11}=\boldsymbol{D}'_{11}\boldsymbol{D}_{11}^{-1}$ とすれば，左辺は単位下三角行列，右辺は対角行列を表すから，両者はともに単位行列に等しい．すなわち，$(\boldsymbol{L}'_{11})^{-1}\boldsymbol{L}_{11}=\boldsymbol{I}, \boldsymbol{D}'_{11}\boldsymbol{D}_{11}^{-1}=\boldsymbol{I}$．これより $\boldsymbol{L}_{11}=\boldsymbol{L}'_{11}, \boldsymbol{D}_{11}=\boldsymbol{D}'_{11}$ が得られる．以上の結果を (4.50) 式に使うと，$\boldsymbol{L}_{21}=\boldsymbol{L}'_{21}, \boldsymbol{U}_{12}=\boldsymbol{U}'_{12}$ が得られる．以上で (4.48) が証明された．■

最後にひとこと

本章では行／列交換付きガウスの消去法による同値分解と LDU 分解の導出法を示した．導出にはかなりの手間を要したが，分解定理自身の述べているところ

は簡明直截である．数学の世界では導出には手がかかるが，結果は簡明であるような事実ほど応用価値が高いものである．事実，次の章で示すように，同値分解／LDU 分解から線形代数における基本的な事実が従う．

腕試し問題

問題 4.1　$\boldsymbol{D}_1 = \begin{bmatrix} 1&0&0&0&0 \\ 0&1&0&0&0 \\ 0&0&1&0&0 \\ 0&0&0&0&0 \end{bmatrix}, \boldsymbol{D}_2 = \begin{bmatrix} 1&0&0&0&0 \\ 0&1&0&0&0 \\ 0&0&1&0&0 \\ 0&0&0&1&0 \end{bmatrix}$ なら，どんな 4 次可逆行列 $\boldsymbol{P}_1, \boldsymbol{P}_2$，5 次可逆行列 $\boldsymbol{Q}_1, \boldsymbol{Q}_2$ をとっても $\boldsymbol{P}_1\boldsymbol{D}_1\boldsymbol{Q}_1 = \boldsymbol{P}_2\boldsymbol{D}_2\boldsymbol{Q}_2$ は成立しないことを示せ．

問題 4.2（LDU 分解の数値例）　与えられた 3×4 行列 $\boldsymbol{A} = \begin{bmatrix} 0 & 0.1 & 0.2 & 0 \\ 0.4 & 0.2 & 0.8 & 2 \\ 0.2 & 0.6 & 1.4 & 1 \end{bmatrix}$ の LDU 分解を，行および列交換付きガウスの消去法を使って計算せよ．ただし，軸成分はその段階における絶対値最大の成分を選ぶものとする．

問題 4.3（前問の続き）

$$\begin{bmatrix} 2 & 0.8 & 0.2 & 0.4 \\ 1 & 1.4 & 0.6 & 0.2 \\ 0 & 0.2 & 0.1 & 0 \end{bmatrix} = \begin{bmatrix} 1 & 0 & 0 \\ l_{21} & 1 & 0 \\ l_{31} & l_{32} & 1 \end{bmatrix} \begin{bmatrix} d_1 & 0 & 0 & 0 \\ 0 & d_2 & 0 & 0 \\ 0 & 0 & d_3 & 0 \end{bmatrix} \begin{bmatrix} 1 & u_{12} & u_{13} & u_{14} \\ 0 & 1 & u_{23} & u_{24} \\ 0 & 0 & 1 & u_{34} \\ 0 & 0 & 0 & 1 \end{bmatrix}$$

を各未知数について解き，前問の LDU 分解形を再生せよ．

問題 4.4　この問題では LDU 分解から逆にガウスの消去法を出してみよう．簡単な例として，3×4 行列 $\boldsymbol{A}$ の LDU 分解

$$\begin{aligned} \boldsymbol{A} &= \begin{bmatrix} a_{11} & a_{12} & a_{13} & a_{14} \\ a_{21} & a_{22} & a_{23} & a_{24} \\ a_{31} & a_{32} & a_{33} & a_{34} \end{bmatrix} \\ &= \begin{bmatrix} 1 & 0 & 0 \\ l_{21} & 1 & 0 \\ l_{31} & l_{32} & 1 \end{bmatrix} \begin{bmatrix} d_1 & 0 & 0 & 0 \\ 0 & d_2 & 0 & 0 \\ 0 & 0 & 0 & 0 \end{bmatrix} \begin{bmatrix} 1 & u_{12} & u_{13} & u_{14} \\ 0 & 1 & u_{23} & u_{24} \\ 0 & 0 & 1 & 0 \\ 0 & 0 & 0 & 1 \end{bmatrix} \\ &\equiv \boldsymbol{LDU} \quad (d_1,\, d_2 \neq 0) \end{aligned} \tag{1}$$

を考える．これは LDU 分解の一般公式において置換行列 $\boldsymbol{P}, \boldsymbol{Q}$ がともに単位行列，$\boldsymbol{A}$ の階数が 2 である場合を表す．右辺の乗算を実行し，両辺の対応する成分を等置すれば，右辺の各成分が一意的に求まって行くことを見ることができるが $(d_1 = a_{11}, \ldots)$，このやり方ではガウスの消去法は見えてこない．

まず，$\boldsymbol{L}$ は因数分解形

(2)
$$L = \begin{bmatrix} 1 & 0 & 0 \\ l_{21} & 1 & 0 \\ l_{31} & l_{32} & 1 \end{bmatrix} = \begin{bmatrix} 1 & 0 & 0 \\ l_{21} & 1 & 0 \\ l_{31} & 0 & 1 \end{bmatrix} \begin{bmatrix} 1 & 0 & 0 \\ 0 & 1 & 0 \\ 0 & l_{32} & 1 \end{bmatrix}$$

に書けることを示せ．次に，逆行列の公式

(3)
$$\begin{bmatrix} 1 & 0 & 0 \\ l_{21} & 1 & 0 \\ l_{31} & 0 & 1 \end{bmatrix}^{-1} = \begin{bmatrix} 1 & 0 & 0 \\ -l_{21} & 1 & 0 \\ -l_{31} & 0 & 1 \end{bmatrix} \equiv L_1$$
$$\begin{bmatrix} 1 & 0 & 0 \\ 0 & 1 & 0 \\ 0 & l_{32} & 1 \end{bmatrix}^{-1} = \begin{bmatrix} 1 & 0 & 0 \\ 0 & 1 & 0 \\ 0 & -l_{32} & 1 \end{bmatrix} \equiv L_2$$

が成り立つことを検算せよ．(2), (3) を使って (1) を

(4)
$$L_2(L_1 A) = DU$$

と変形すれば，左辺はガウスの消去法を表すことを示せ．

第5章　同値分解とLDU分解 Part II——応用

本章では同値分解とLDU分解から，線形代数においてよく使われる基本的事実を数多く導く．これらは「行列の言葉」で表現されている．このうち，「線形代数の基本定理」ほか少数の事実は，第2章において「ベクトル空間の言葉」（スパン，1次独立性，基底，次元，...）を使って導出済みである．ここに，「ベクトル空間の言葉」，「写像の言葉」（全射，単射，値域，零空間，...）は，特定の行列表現に依存しないという特徴がある．ただし，各種計算問題をはじめ，行列算を借りないと接近できない話題も多い．そして，「行列の階数は値域の次元に等しい：$\mathrm{rank}(\boldsymbol{A}) = \dim R(\boldsymbol{A})$」（5.6節）が例示するように，この3種の言葉は相補的である．

本論に入る前にスカラーについて一言する．$m \times n$ 実行列全体の集合 $\mathbb{R}^{m\times n}$ に対応するスカラーは普通実数だが，複素行列に対応するスカラーは普通複素数である．さいわい，1次独立な実行列の集合（スカラーは実数）はスカラーを複素数に拡大してもやはり1次独立である．本書においても実／複素どちらの場合でも成り立つ事実は，具体性のため，実の場合に限って述べることもある．

5.1　過少決定系は非零解を持つ（線形代数の基本定理）

次の定理はすでに2.11節の定理2.22として導出してたものである：

定理 5.1　**(a)**　線形代数の基本定理：$\boldsymbol{A} \in \mathbb{R}^{m\times n}$（または $\boldsymbol{A} \in \mathbb{C}^{m\times n}$）を与えられた行列とし，$m < n$ とすれば，$\boldsymbol{A}\boldsymbol{x} = \boldsymbol{0}$ は少なくともひとつの解 $\boldsymbol{x} \neq \boldsymbol{0}$（$\boldsymbol{x} \in \mathbb{R}^n$ または $\boldsymbol{x} \in \mathbb{C}^n$）を持つ．すなわち，方程式数が未知数の数より厳密に小さい連立1次方程式（**過少決定系** (under-determined system) という）は必ず非零解を持つ．

同値な述べ方は

(b)　実または複素ベクトル空間 $\boldsymbol{V}$ 内の与えられた k 個のベクトル $\boldsymbol{a}_1, \ldots, \boldsymbol{a}_k$ の $(k+1)$ 個の 1 次結合 $\boldsymbol{c}_1 \equiv b_{11}\boldsymbol{a}_1 + \cdots + b_{k1}\boldsymbol{a}_k, \ldots, \boldsymbol{c}_{k+1} \equiv b_{1,k+1}\boldsymbol{a}_1 + \cdots + b_{k,k+1}\boldsymbol{a}_k$ は必ず 1 次従属である．すなわち，$x_1\boldsymbol{c}_1 + \cdots + x_{k+1}\boldsymbol{c}_{k+1} = \boldsymbol{0}$ を満たす，すべてがゼロではないスカラーの組 $x_1, \ldots, x_{k+1}$ が少なくとも 1 組存在する．

証明　2 つの証明法がある．1 つは，2.11 節におけるように「交換法」によって (b) を先に証明し，$\boldsymbol{V}$ として $\mathbb{R}^n$（または $\mathbb{C}^n$）をとり (a) を導く方法であるが，これは済ませたものとする．第 2 の方法は，ここで示すように同値分解によって (a) を示し，2.11 節で示した計算から (b) を出す方法である．以下ではこれを示す．

$\boldsymbol{A} \neq \boldsymbol{0}$ の場合だけ考えておけばよい．$\boldsymbol{A}$ の同値分解を $\boldsymbol{A} = \boldsymbol{PDQ}$ とすれば，$m < n$（行数 < 列数，すなわち $\boldsymbol{A}$ は横長の行列）だから標準形 $\boldsymbol{D}$ の第 n 列は必ずゼロ列となる．ゆえに，$\boldsymbol{De}_n = \boldsymbol{0}$ $(\boldsymbol{e}_n = [0, \ldots, 0, 1]^{\mathrm{T}})$．ゆえに，$\boldsymbol{A}(\boldsymbol{Q}^{-1}\boldsymbol{e}_n) = \boldsymbol{PDQ}(\boldsymbol{Q}^{-1}\boldsymbol{e}_n) = \boldsymbol{PDe}_n = \boldsymbol{P} \cdot \boldsymbol{0} = \boldsymbol{0}$．すなわち，$\boldsymbol{x} = \boldsymbol{Q}^{-1}\boldsymbol{e}_n \neq \boldsymbol{0}$ は $\boldsymbol{Ax} = \boldsymbol{0}$ の非零解の 1 つを表す．(a) ⇒ (b)：2.11 節で示した計算から従う．■

例 5.2　$m = 2 < 3 = n$ の場合：方程式 $\begin{bmatrix} a_{11} & a_{12} & a_{13} \\ a_{21} & a_{22} & a_{23} \end{bmatrix} \begin{bmatrix} x_1 \\ x_2 \\ x_3 \end{bmatrix} = \begin{bmatrix} 0 \\ 0 \end{bmatrix}$ は必ず自明解 $(x_1 = x_2 = x_3 = 0)$ 以外の解を持つ．ここに，$a_{11}, \ldots, a_{23}$ は与えられた数を表す．

例 5.3　線形代数の基本定理により $\boldsymbol{a}_1, \ldots, \boldsymbol{a}_{n+1} \in \mathbb{R}^n$（または $\mathbb{C}^n$）はつねに 1 次従属である．他方，n 次単位行列の n 列は 1 次独立である．ゆえに，次元の定義より $\dim \mathbb{R}^n = \dim \mathbb{C}^n = n$．これは 2.16 節で示した結果の再掲である．

例 5.4　線形代数の基本定理と次元の定義より次の事実も真である：「m 個のベクトルからなる基底を少なくとも 1 組持つベクトル空間の次元は m に等しい」，「m 次元ベクトル空間の基底は常に m 個のベクトルから構成される」．これも 2.17 節で示した結果の再掲に過ぎない．

5.2　過剰決定系は一般に可解でない

定理 5.5　**(a)**　$\boldsymbol{A} \in \mathbb{R}^{m \times n}$（または $\boldsymbol{A} \in \mathbb{C}^{m \times n}$）を与えられた行列とし，$m > n$ とすれば，少なくとも 1 個の $\boldsymbol{b} \in \mathbb{R}^m$（または $\boldsymbol{b} \in \mathbb{C}^m$）に対して方程式 $\boldsymbol{Ax} = \boldsymbol{b}$ は解を持たない．すなわち，方程式数が未知数の数より厳密に大きい連立 1 次方

程式（**過剰決定系** (over-determined system) という）は一般に解を持たない．

同値な述べ方は

(b)　$m > n$ なら，m 次元ベクトル空間内の n 個のベクトルは全空間を張れない．

証明　(a)：$m > n$ ゆえ，同値分解 $\boldsymbol{A} = \boldsymbol{PDQ}$ の標準形 $\boldsymbol{D}$ の最下端行はゼロ行でなければならない．ゆえに方程式 $\boldsymbol{Ax} = \boldsymbol{Pe}_m = \boldsymbol{P}[0, \ldots, 0, 1]^{\mathrm{T}}$，すなわち，$\boldsymbol{DQx} = [0, \ldots, 0, 1]^{\mathrm{T}}$ は明らかに解を持たない．

(a) ⇒ (b)：問題の m 次元ベクトル空間を $\boldsymbol{V}$ とし，$\{\boldsymbol{v}_1, \ldots, \boldsymbol{v}_m\}$ をその基底，$\{\boldsymbol{a}_1, \ldots, \boldsymbol{a}_n\}$ を $\boldsymbol{V}$ 内のベクトルとすれば，$[\boldsymbol{a}_1, \ldots, \boldsymbol{a}_n] = [\boldsymbol{v}_1, \ldots, \boldsymbol{v}_m]\boldsymbol{B}$ と書けることになる．ここに，$\boldsymbol{B}$ は $m \times n$ 行列を表す．ゆえに，$\{\boldsymbol{a}_1, \ldots, \boldsymbol{a}_n\}$ のスパンは $[\boldsymbol{v}_1, \ldots, \boldsymbol{v}_m]\boldsymbol{Bx}$ 型ベクトルの全体となる（$\boldsymbol{x}$ は $n \times 1$ 変数行列，$\boldsymbol{B}$ は定行列）．しかし (a) により，$\boldsymbol{Bx}$ 型ベクトルは $\mathbb{R}^m$（または $\mathbb{C}^m$）全体を尽すことはできない．ゆえに，$[\boldsymbol{v}_1, \ldots, \boldsymbol{v}_m]\boldsymbol{Bx}$ 型ベクトルの全体，すなわち，$\{\boldsymbol{a}_1, \ldots, \boldsymbol{a}_n\}$ のスパンは $\boldsymbol{V}$ 全体を尽すことはできない．■

(a), (b) の同値性について説明する．実際，上の証明では (a) を先に証明し，これから (b) を導いたが，逆に (b) を先に示し，これから (a) を示すことも可能である．以下にそれを示そう．

まず (b) を示す．次元の定義から，m 次元ベクトル空間は m 個のベクトルからなる基底を少なくとも 1 組持つ．(b) の結論を否定すれば，これら m 個のベクトルのそれぞれが n 個のベクトルの 1 次結合として表現できることになり，$m > n$ であるので，線形代数の基本定理により，これらは全体として 1 次従属となってしまう．これは矛盾である．

(b) ⇒ (a)：(b) における m 次元ベクトル空間として $\mathbb{R}^m$（または $\mathbb{C}^m$）をとればよい．

例 5.6　$m = 3 > 2 = n$ の場合：行列方程式

$$\begin{bmatrix} a_{11} & a_{12} \\ a_{21} & a_{22} \\ a_{31} & a_{32} \end{bmatrix} \begin{bmatrix} x_1 \\ x_2 \end{bmatrix} = \begin{bmatrix} b_1 \\ b_2 \\ b_3 \end{bmatrix} \tag{5.1}$$

は少なくとも 1 組のスカラー b_1, b_2, b_3 の値に対して解を持たない．

5.3　逆行列存在の必要十分条件

定理 5.7　与えられた $\boldsymbol{A} \in \mathbb{R}^{n\times n}$ に関する次の各条件は互いに同値である：

(a)　$\boldsymbol{A}$ は逆行列を持つ（$\boldsymbol{AB} = \boldsymbol{BA} = \boldsymbol{I}$ を満たす n 次行列 $\boldsymbol{B}$ が存在する）
(b)　$\boldsymbol{AB} = \boldsymbol{I}$ を満たす n 次行列 $\boldsymbol{B}$ が存在する
(c)　$\boldsymbol{BA} = \boldsymbol{I}$ を満たす n 次行列 $\boldsymbol{B}$ が存在する
(d)　$\boldsymbol{Ax} = \boldsymbol{0}$ $(\boldsymbol{x} \in \mathbb{R}^n)$ の解は自明解 $\boldsymbol{x} = \boldsymbol{0}$ に限る
(e)　すべての $\boldsymbol{b} \in \mathbb{R}^n$ に対して，$\boldsymbol{Ax} = \boldsymbol{b}$ は可解である
(f)　$\boldsymbol{A}$ の階数は n に等しい

以上は $\boldsymbol{A} \in \mathbb{C}^{n\times n}$ の場合にも成り立つ.

証明　(a), (d), (e) はそれぞれ (f) と同値，(b) は (e) と同値，(c) は (d) と同値であることを示す.

(f) ⇒ (a), (d), (e)：(f) が成立すれば $\boldsymbol{A}$ の同値分解形は $\boldsymbol{A} = \boldsymbol{PQ}$（$\boldsymbol{P}$, $\boldsymbol{Q}$ は可逆行列）となる．これより $\boldsymbol{A}^{-1} = \boldsymbol{Q}^{-1}\boldsymbol{P}^{-1}$ となり，(a) は真である．(d), (e) が成り立つことも簡単に出る.

(f) が偽 ⇒ (a), (d), (e) のどれも偽：(f) が偽なら，同値分解 $\boldsymbol{A} = \boldsymbol{PDQ}$ において，$\boldsymbol{D}$ の最右端列はゼロ列となる．すると，$\boldsymbol{e}_n = \begin{bmatrix}0, \ldots, 0, 1\end{bmatrix}^{\mathrm{T}}$ をとれば，$\boldsymbol{De}_n = \boldsymbol{0}$. ゆえに，$\boldsymbol{x} = \boldsymbol{Q}^{-1}\boldsymbol{e}_n \neq \boldsymbol{0}$ をとれば，$\boldsymbol{Ax} = (\boldsymbol{PDQ})(\boldsymbol{Q}^{-1}\boldsymbol{e}_n) = \boldsymbol{PDe}_n = \boldsymbol{0}$ となり，(d) は偽となる．したがって (a) も偽となる．また，(f) が偽なら，$\boldsymbol{D}$ の最下端行はゼロ行となり，$\boldsymbol{b} = \boldsymbol{Pe}_n$ をとれば $\boldsymbol{Ax} = \boldsymbol{Pe}_n$ ($\Leftrightarrow \boldsymbol{DQx} = \boldsymbol{e}_n$) は明らかに解を持たない．したがって (e) も偽となる.

(b) ⇒ (e)：(b) が真なら任意の $\boldsymbol{b}$ に対して $\boldsymbol{A}(\boldsymbol{Bb}) = \boldsymbol{b}$，よって (e) は真となる.

(e) ⇒ (b)：(e) が真なら $\boldsymbol{Ab}_j = \boldsymbol{e}_j$ $(j = 1, \ldots, n)$ を満たす $\boldsymbol{b}_j$ をとり，$\boldsymbol{B} = [\boldsymbol{b}_1, \ldots, \boldsymbol{b}_n]$ とすれば (b) が満たされる．ここに $\boldsymbol{e}_j$ は単位行列の第 j 列を表す.

(c) ⇒ (d)：(c) が真なら，$\boldsymbol{0} = \boldsymbol{Ax} \Rightarrow \boldsymbol{0} = \boldsymbol{BAx} = \boldsymbol{Ix} = \boldsymbol{x}$．ゆえに，(d) も真となる.

(d) ⇒ (c)：(d) が真なら，同値分解 $\boldsymbol{A} = \boldsymbol{PDQ}$ における $\boldsymbol{D}$ は $\boldsymbol{I}$ でなければならないゆえ，$\boldsymbol{A} = \boldsymbol{PQ}$ となる．ゆえに，$\boldsymbol{B} = \boldsymbol{Q}^{-1}\boldsymbol{P}^{-1}(= \boldsymbol{A}^{-1})$ をとれば (c) が満たされる.　■

以上の証明が同値分解のみを使ってなされた点に再注目してほしい．(a) と (d) の同値性は実用性が高い．また，実行列 $\boldsymbol{A}$ に対して，$\boldsymbol{A}(\boldsymbol{B}+i\boldsymbol{C}) = (\boldsymbol{B}+i\boldsymbol{C})\boldsymbol{A} = \boldsymbol{I}$ ($\boldsymbol{B}, \boldsymbol{C}$ は実行列）とすれば，簡単な計算で $\boldsymbol{AB} = \boldsymbol{BA} = \boldsymbol{I}, \boldsymbol{C} = \boldsymbol{0}$ が得られるから，実行列の逆行列はあくまで実行列である．

例 5.8 $\boldsymbol{A} = [\boldsymbol{a}_1, \ldots, \boldsymbol{a}_n]$ と書き，ベクトルの言葉で (a), (d), (e) を表せば「$\{\boldsymbol{a}_1, \ldots, \boldsymbol{a}_n\}$ は $\boldsymbol{V}$ の基底を表す」,「$\{\boldsymbol{a}_1, \ldots, \boldsymbol{a}_n\}$ は 1 次独立である」,「$\{\boldsymbol{a}_1, \ldots, \boldsymbol{a}_n\}$ は $\boldsymbol{V}$ を張る」となる．これらはすべて同値である．また，変換の言葉を使えば，(a), (d), (e) はそれぞれ線形写像 $\boldsymbol{y} = \boldsymbol{Ax}$ の「全単射性」と「単射性」と「全射性」を表す．これらはすべて同値である．これは，有限集合をそれ自体に写す写像と共通する性質である．

例 5.9 n 次元ベクトル空間 $\boldsymbol{V}$ 内の n 個のベクトル $\boldsymbol{a}_1, \ldots, \boldsymbol{a}_n$ に関する次の条件は同値である：

(g) $\{\boldsymbol{a}_1, \ldots, \boldsymbol{a}_n\}$ は $\boldsymbol{V}$ の基底を表す
(h) $\{\boldsymbol{a}_1, \ldots, \boldsymbol{a}_n\}$ は $\boldsymbol{V}$ を張る
(i) $\{\boldsymbol{a}_1, \ldots, \boldsymbol{a}_n\}$ は 1 次独立である

証明は「n 次元ベクトル空間は n 個のベクトルからなる基底を少なくとも 1 つ持つ」（定理 2.41(a)）ことを使い，$\{\boldsymbol{b}_1, \ldots, \boldsymbol{b}_n\}$ を $\boldsymbol{V}$ の基底とすれば $[\boldsymbol{a}_1, \ldots, \boldsymbol{a}_n]$

$$= [\boldsymbol{b}_1, \ldots, \boldsymbol{b}_n]\begin{bmatrix} a_{11} & \cdots & a_{1n} \\ \vdots & \ddots & \vdots \\ a_{n1} & \cdots & a_{nn} \end{bmatrix} \equiv [\boldsymbol{b}_1, \ldots, \boldsymbol{b}_n]\boldsymbol{A}$$

と形式的な行列積の形に書き（$\boldsymbol{A}$ を $\{\boldsymbol{a}_1, \ldots, \boldsymbol{a}_n\}$ の行列表現と考えよ），すでに証明した結果を適用すればよい（詳細略）． ■

例 5.10 ［積の逆行列存在の必要十分条件］ 与えられた n 次実または複素正方行列 $\boldsymbol{A}, \boldsymbol{B}$ に対して，積 $\boldsymbol{AB}$ の逆行列が存在するための必要十分条件は $\boldsymbol{A}, \boldsymbol{B}$ の逆行列が同時に存在することである．このとき $(\boldsymbol{AB})^{-1} = \boldsymbol{B}^{-1}\boldsymbol{A}^{-1}$ が成り立つ．

証明しよう．$(\boldsymbol{AB})^{-1}$ が存在すれば，$\boldsymbol{I} = (\boldsymbol{AB})^{-1}(\boldsymbol{AB}) = \{(\boldsymbol{AB})^{-1}\boldsymbol{A}\}\boldsymbol{B}, \boldsymbol{I} = (\boldsymbol{AB})(\boldsymbol{AB})^{-1} = \boldsymbol{A}\{\boldsymbol{B}(\boldsymbol{AB})^{-1}\}$ が成り立つ．本節の結果により前者は $\boldsymbol{B}^{-1}$ の存在を意味し，後者は $\boldsymbol{A}^{-1}$ の存在を保証する．逆に $\boldsymbol{A}^{-1}, \boldsymbol{B}^{-1}$ が存在すれば，直接計算で $(\boldsymbol{AB})\boldsymbol{B}^{-1}\boldsymbol{A}^{-1} = \boldsymbol{I}, \boldsymbol{B}^{-1}\boldsymbol{A}^{-1}(\boldsymbol{AB}) = \boldsymbol{I}$．これは $(\boldsymbol{AB})^{-1} = \boldsymbol{B}^{-1}\boldsymbol{A}^{-1}$ を意味する． ■

5.4　階数の特徴づけ

定理 5.11　$\mathbf{0} \neq \boldsymbol{A} \in \mathbb{R}^{m\times n}$（または $\mathbb{C}^{m\times n}$）の階数を r とすれば，$\boldsymbol{A}$ の中に r 次可逆小行列が少なくとも 1 つ存在し，$(r+1)$ 次以上の小行列はどれも非可逆行列である（小行列については 1.14 節参照）．

証明　$\boldsymbol{A} \neq \mathbf{0}$ としているから，$r > 0$．まず，LDU 分解を使って，$\boldsymbol{A}$ 内に r 次可逆小行列が存在することを示す．そこで LDU 分解

$$\boldsymbol{PAQ} = \begin{bmatrix} \boldsymbol{L}_{11} & \mathbf{0} \\ \boldsymbol{L}_{21} & \boldsymbol{I}_{m-r} \end{bmatrix} \begin{bmatrix} \boldsymbol{D}_r & \mathbf{0} \\ \mathbf{0} & \mathbf{0}_{(m-r)\times(n-r)} \end{bmatrix} \begin{bmatrix} \boldsymbol{U}_{11} & \boldsymbol{U}_{12} \\ \mathbf{0} & \boldsymbol{I}_{n-r} \end{bmatrix} \equiv \boldsymbol{LDU} \tag{5.2}$$

を考える．ここに，$\boldsymbol{P}, \boldsymbol{Q}$ は置換行列，$\boldsymbol{L}_{11}$ は r 次単位下三角行列，$\boldsymbol{D}_r$ は可逆 r 次対角行列（各対角成分 $\neq 0$），$\boldsymbol{U}_{11}$ は r 次単位上三角行列を表す．すると直接計算により

$$\boldsymbol{PAQ}\ \text{の左上}\ r\ \text{次小行列} = \boldsymbol{L}_{11}\boldsymbol{D}_r\boldsymbol{U}_{11} : \text{可逆行列}. \tag{5.3}$$

他方，左辺は $\boldsymbol{A}$ の適当な r 次小行列の行および列を並び替えたものに等しい（$\because$ $\boldsymbol{P}, \boldsymbol{Q}$ は置換行列）．行および列を並べ替えても可逆性は保存されるから，この r 次小行列は可逆行列を表す．

次に，同値分解を使って，$(r+1)$ 次以上の小行列はどれも非可逆行列であることを示す．$r < m, r < n$ としてよい．行列 $\boldsymbol{A}$ の同値分解を

$$\boldsymbol{A} = \boldsymbol{U} \begin{bmatrix} \boldsymbol{I}_r & \mathbf{0} \\ \mathbf{0} & \mathbf{0} \end{bmatrix} \boldsymbol{V} \quad (\boldsymbol{U}, \boldsymbol{V}\ \text{は可逆行列}) \tag{5.4}$$

とし，$\boldsymbol{A}$ 中の任意 k 次小行列 $\boldsymbol{A}_k$ を考える（ただし，$r < k \leqslant \min\{m, n\}$）．行および列を適当に並べ替えれば，$\boldsymbol{A}_k$ を $\boldsymbol{A}$ の左上に移動させることができる．すなわち，適当な置換行列 $\boldsymbol{P}_1, \boldsymbol{Q}_1$ をとれば，$\boldsymbol{A}_k$ は $\boldsymbol{P}_1\boldsymbol{AQ}_1$ の左上 $k \times k$ ブロックとなることを意味する．これに (5.4) を考慮すれば，

$$\boldsymbol{P}_1\boldsymbol{AQ}_1 = \begin{bmatrix} \boldsymbol{A}_k & \cdots \\ \cdots & \cdots \end{bmatrix} = \boldsymbol{P}_1\boldsymbol{U} \begin{bmatrix} \boldsymbol{I}_r & \mathbf{0} \\ \mathbf{0} & \mathbf{0} \end{bmatrix} \boldsymbol{VQ}_1 = \boldsymbol{P}_1\boldsymbol{U} \begin{bmatrix} \boldsymbol{R}_1 \\ \mathbf{0} \end{bmatrix}. \tag{5.5}$$

ここに $\boldsymbol{R}_1$ は $r \times n$ 行列を表す．これより $\boldsymbol{A}_k$ の形は（$k > r$ ゆえ）

$$\boldsymbol{A}_k = \boldsymbol{B} \begin{bmatrix} \boldsymbol{S} \\ \mathbf{0} \end{bmatrix} \quad (\boldsymbol{B} : k \times k,\ \boldsymbol{S} : r \times k,\ \mathbf{0} : (k-r) \times k) \tag{5.6}$$

の形をとる．$r<k$ ゆえ，上の $\mathbf{0}$ ブロックは空ブロックではない．ゆえに，$k\times k$ 行列 $\begin{bmatrix}\boldsymbol{S}\\ \mathbf{0}\end{bmatrix}$ は非可逆行列を表す．したがって，$\boldsymbol{A}_k$ も非可逆行列を表す． ■

5.5 $\boldsymbol{Ax}=\boldsymbol{b}$ 型行列方程式の可解必要十分条件

定理 5.12 与えられた $\boldsymbol{A}\in\mathbb{R}^{m\times n}$, $\boldsymbol{b}\in\mathbb{R}^m$ に対して，次の 3 条件は同値である：

(a) 方程式 $\boldsymbol{Ax}=\boldsymbol{b}$ は可解である

(b) $\boldsymbol{y}^{\mathrm{T}}\boldsymbol{A}=\mathbf{0}$ を満たすすべての $\boldsymbol{y}\in\mathbb{R}^m$ に対して，$\boldsymbol{y}^{\mathrm{T}}\boldsymbol{b}=0$ が成立する

(c) $\operatorname{rank}\boldsymbol{A}=\operatorname{rank}[\boldsymbol{A},\boldsymbol{b}]$．ここに，$[\boldsymbol{A},\boldsymbol{b}]$ は $m\times(n+1)$ 行列であり，**拡大係数行列** (augmented coefficient matrix) と呼ばれる．

$\boldsymbol{A}\in\mathbb{C}^{m\times n}$, $\boldsymbol{b}\in\mathbb{C}^m$ の場合は，(a) において「$\boldsymbol{y}^{\mathrm{T}}\boldsymbol{A}$」を「$\boldsymbol{y}^*\boldsymbol{A}$」に，(b) において「$\boldsymbol{y}^{\mathrm{T}}\boldsymbol{b}$」を「$\boldsymbol{y}^*\boldsymbol{b}$」とすれば，このまま成立する．

以上は「与えられた $\boldsymbol{A}$ に対して，$\boldsymbol{Ax}=\boldsymbol{b}$ が解を持つのはどんな $\boldsymbol{b}$ に対してか」の 1 つの答えを与えている．(a) ⇒ (b) は明らかであるので，(b) ⇒ (a) に値打ちがある．なお，(a) と (c) の同値性は練習問題（問題 5.17）とする．

証明 (a), (b) のそれぞれに同値な主張 (d) を発見すればよい．(d) の発見に同値分解を利用する．$\boldsymbol{A}=\mathbf{0}$ なら，(a) は「$\mathbf{0}\boldsymbol{x}=\boldsymbol{b}$ が可解」，(b) は「$\boldsymbol{y}^{\mathrm{T}}\mathbf{0}=0$ を満たすすべての $\boldsymbol{y}\in\mathbb{R}^m$ に対して $\boldsymbol{y}^{\mathrm{T}}\boldsymbol{b}=0$」である．(a) は明らかに (d)「$\boldsymbol{b}=\mathbf{0}$」と同値であり，(b) は「すべての $\boldsymbol{y}\in\mathbb{R}^m$ に対して $\boldsymbol{y}^{\mathrm{T}}\boldsymbol{b}=0$ が成立する」と同値であり，これも (d) と同値である．ゆえに (b) ⇔ (d) ⇔ (a).

$\boldsymbol{A}\neq\mathbf{0}$ の場合は $\boldsymbol{A}$ の同値分解を $\boldsymbol{A}=\boldsymbol{PDQ}$ とする（記号の意味は前と同じ）．すると，

(a) 方程式 $\boldsymbol{Ax}=\boldsymbol{b}$ は可解

$\Leftrightarrow$ $\boldsymbol{PDQx}=\boldsymbol{b}$ は可解

$\Leftrightarrow$ $\boldsymbol{DQx}=\boldsymbol{P}^{-1}\boldsymbol{b}$ は可解（$\because$ $\boldsymbol{P}$ は可逆行列）

$\Leftrightarrow$ $\begin{bmatrix}\boldsymbol{I}_r & 0\\ 0 & 0\end{bmatrix}\boldsymbol{Qx}=\boldsymbol{P}^{-1}\boldsymbol{b}$ は可解 ($\because$ $\boldsymbol{D}=\begin{bmatrix}\boldsymbol{I}_r & 0\\ 0 & 0\end{bmatrix}$)

$\Leftrightarrow$ $\begin{bmatrix}\boldsymbol{I}_r & 0\\ 0 & 0\end{bmatrix}\boldsymbol{z}=\boldsymbol{P}^{-1}\boldsymbol{b}$ は可解（$\because$ $\boldsymbol{Q}^{-1}$ が存在するから，$\boldsymbol{z}=\boldsymbol{Qx}\Leftrightarrow\boldsymbol{x}=\boldsymbol{Q}^{-1}\boldsymbol{z}$）

$\Leftrightarrow$ $\boldsymbol{P}^{-1}\boldsymbol{b}$ の形は $\boldsymbol{P}^{-1}\boldsymbol{b} = [*, \ldots, *, 0, \ldots, 0]^{\mathrm{T}}$ （最初の r 成分は任意，最後の $m-r$ 成分は 0）

$\Leftrightarrow$ (d) $\boldsymbol{b}$ の形は $\boldsymbol{b} = \boldsymbol{P}[*, \ldots, *, 0, \ldots, 0]^{\mathrm{T}}$ （最初の r 個の成分は任意，最後の $(m-r)$ 成分は 0）.

(b)　$\boldsymbol{y}^{\mathrm{T}}\boldsymbol{A} = \boldsymbol{0}$ を満たすすべての $\boldsymbol{y} \in \mathbb{R}^m$ に対して $\boldsymbol{y}^{\mathrm{T}}\boldsymbol{b} = 0$

$\Leftrightarrow$ $\boldsymbol{y}^{\mathrm{T}}\boldsymbol{PDQ} = \boldsymbol{0}$ を満たすすべての $\boldsymbol{y} \in \mathbb{R}^m$ に対して $\boldsymbol{y}^{\mathrm{T}}\boldsymbol{b} = 0$

$\Leftrightarrow$ $\boldsymbol{y}^{\mathrm{T}}\boldsymbol{PD} = \boldsymbol{0}$ を満たすすべての $\boldsymbol{y} \in \mathbb{R}^m$ に対して $\boldsymbol{y}^{\mathrm{T}}\boldsymbol{b} = 0$ （$\because$ $\boldsymbol{Q}$ は可逆）

$\Leftrightarrow$ $\boldsymbol{y}^{\mathrm{T}} = [0, \ldots, 0, *, \ldots, *]\boldsymbol{P}^{-1}$ 型（最初の r 個の成分はすべて 0，最後の $(m-r)$ 個の成分は任意）のすべての $\boldsymbol{y} \in \mathbb{R}^m$ に対して $\boldsymbol{y}^{\mathrm{T}}\boldsymbol{b} = 0$ （$\because$ $\boldsymbol{D} = \begin{bmatrix} \boldsymbol{I}_r & \boldsymbol{0} \\ \boldsymbol{0} & \boldsymbol{0} \end{bmatrix}$, $\boldsymbol{A} \neq \boldsymbol{0}$ ゆえ $r \geqslant 1$）

$\Leftrightarrow$ $[0, \ldots, 0, *, \ldots, *]\boldsymbol{P}^{-1}\boldsymbol{b} = 0$ （最後の $(m-r)$ 個の成分は任意）

$\Leftrightarrow$ $\boldsymbol{P}^{-1}\boldsymbol{b} = [\star, \ldots, \star, 0, \ldots, 0]^{\mathrm{T}}$ （最初の r 個の成分は任意）

$\Leftrightarrow$ $\boldsymbol{b}$ の形は $\boldsymbol{b} = \boldsymbol{P}[\star, \ldots, \star, 0, \ldots, 0]^{\mathrm{T}}$ （最初の r 個の成分は任意）.

この最後の条件は (d) に他ならない．これで (a) $\Leftrightarrow$ (d) $\Leftrightarrow$ (b) が示された．■

例 5.13　$R(\boldsymbol{A}) = N(\boldsymbol{A}^{\mathrm{T}})^{\perp}$．すなわち，$\boldsymbol{A}$ の値域は $\boldsymbol{A}^{\mathrm{T}}$ の零空間の直交補空間（$= N(\boldsymbol{A}^{\mathrm{T}})$ 内のすべてのベクトルに直交するようなベクトル全体，7.6 節参照）に等しい．これは上で示した事実のいい換えに過ぎない．一般に $\boldsymbol{x}^{\mathrm{T}}\boldsymbol{y} = 0$ のとき，$\boldsymbol{x}$ と $\boldsymbol{y}$ は**直交する** (orthogonal, perpendicular) といい，$\boldsymbol{x} \perp \boldsymbol{y}$ と書く（3.5, 7.6 節参照）.

例 5.14　任意の $\boldsymbol{A} \in \mathbb{R}^{m\times n}$ に対して $R(\boldsymbol{A}) = R(\boldsymbol{A})^{\perp\perp} (= (R(\boldsymbol{A})^{\perp})^{\perp})$．これも本節で示した事項の簡単な読み替えを表す．実際，(a)「$\boldsymbol{Ax} = \boldsymbol{b}$ は可解」は「$\boldsymbol{b} \in R(\boldsymbol{A})$」と同値，(b)「$\boldsymbol{y}^{\mathrm{T}}\boldsymbol{A} = \boldsymbol{0}$ を満たすすべての $\boldsymbol{y} \in \mathbb{R}^m$ に対して $\boldsymbol{y}^{\mathrm{T}}\boldsymbol{b} = 0$」中の「$\boldsymbol{y}^{\mathrm{T}}\boldsymbol{A} = \boldsymbol{0}$」は「すべての $\boldsymbol{x} \in \mathbb{R}^n$ に対して $\boldsymbol{y}^{\mathrm{T}}\boldsymbol{Ax} = 0$」と同値，すなわち，「$\boldsymbol{y} \in R(\boldsymbol{A})^{\perp}$」と同値である．ゆえに (b) は「すべての $\boldsymbol{y} \in R(\boldsymbol{A})^{\perp}$ に対して $\boldsymbol{y}^{\mathrm{T}}\boldsymbol{b} = 0$」と同値となり，これは「$\boldsymbol{b} \in R(\boldsymbol{A})^{\perp\perp}$」と読める．これが (a)「$\boldsymbol{b} \in R(\boldsymbol{A})$」と同値なのだから，結局 $R(\boldsymbol{A}) = R(\boldsymbol{A})^{\perp\perp}$.

例 5.15　任意の部分空間 $S \subseteq \mathbb{R}^n$ に対して $S = S^{\perp\perp}$．これは例 5.14 の読み替えに過ぎない．実際，任意の部分空間はその基底のスパンに等しいから，必ず適当な $\boldsymbol{A} \in \mathbb{R}^{m\times n}$ の値域として表現できる．

例 5.16 $N(\boldsymbol{A}) = R(\boldsymbol{A}^{\mathrm{T}})^{\perp}$. これは例 5.13–例 5.15 から簡単に出る.

例 5.17 $\boldsymbol{A} \in \mathbb{R}^{m\times n}$, $\boldsymbol{b} \in \mathbb{R}^m$ とすれば，たとえ $\boldsymbol{Ax} = \boldsymbol{b}$ が可解でなくても，**正規方程式** (normal equation) $\boldsymbol{A}^{\mathrm{T}}\boldsymbol{Ax} = \boldsymbol{A}^{\mathrm{T}}\boldsymbol{b}$ は必ず可解である．実際，本節の結果を使うと，$\boldsymbol{A}^{\mathrm{T}}\boldsymbol{Ax} = \boldsymbol{A}^{\mathrm{T}}\boldsymbol{b}$ は可解 $\Leftrightarrow$ $\boldsymbol{y}^{\mathrm{T}}\boldsymbol{A}^{\mathrm{T}}\boldsymbol{A} = \boldsymbol{0}$ を満たすすべての $\boldsymbol{y} \in \mathbb{R}^m$ に対して $\boldsymbol{y}^{\mathrm{T}}\boldsymbol{A}^{\mathrm{T}}\boldsymbol{b} = 0$. ところが，$\boldsymbol{y}^{\mathrm{T}}\boldsymbol{A}^{\mathrm{T}}\boldsymbol{A} = \boldsymbol{0} \Rightarrow \boldsymbol{y}^{\mathrm{T}}\boldsymbol{A}^{\mathrm{T}}\boldsymbol{Ay} = (\boldsymbol{Ay})^{\mathrm{T}}\boldsymbol{Ay} = 0$ $\Rightarrow \boldsymbol{Ay} = \boldsymbol{0}$. この逆も真である．ゆえに「$\boldsymbol{A}^{\mathrm{T}}\boldsymbol{Ax} = \boldsymbol{A}^{\mathrm{T}}\boldsymbol{b}$ は可解 $\Leftrightarrow$ $\boldsymbol{Ay} = \boldsymbol{0}$ を満たすすべての $\boldsymbol{y}$ に対して $(\boldsymbol{Ay})^{\mathrm{T}}\boldsymbol{b} = 0 \Leftrightarrow \boldsymbol{b}$ は任意にとれる」が成り立つ．

正規方程式の解は次の特徴を持つ：$\boldsymbol{A}^{\mathrm{T}}\boldsymbol{Ax} = \boldsymbol{A}^{\mathrm{T}}\boldsymbol{b}$ の任意解を $\boldsymbol{x}_N$ とすれば，任意の $\boldsymbol{x} \in \mathbb{R}^n$ に対して，$\|\boldsymbol{Ax} - \boldsymbol{b}\|^2 = \|\boldsymbol{Ax}_N - \boldsymbol{b}\|^2 + \|\boldsymbol{A}(\boldsymbol{x} - \boldsymbol{x}_N)\|^2$ ($\|\boldsymbol{y}\|^2 \equiv \boldsymbol{y}^{\mathrm{T}}\boldsymbol{y}$) が成立するゆえ (計算略)，$\boldsymbol{x}$ が $\mathbb{R}^n$ 全体を動くとき，$\|\boldsymbol{Ax} - \boldsymbol{b}\|^2$ は $\boldsymbol{x} = \boldsymbol{x}_N$ のとき最小値をとることがわかる．すなわち，正規方程式の解は最小自乗法問題 (12.8 節参照)「$\|\boldsymbol{Ax} - \boldsymbol{b}\|^2 = $ 最小」の解となっている．

例 5.18 任意の $\boldsymbol{A} \in \mathbb{R}^{m\times n}$ に対して, $R(\boldsymbol{AA}^{\mathrm{T}}) = R(\boldsymbol{A})$ すなわち, $\boldsymbol{AA}^{\mathrm{T}}$ と $\boldsymbol{A}$ の値域は全く同一である．実際, この節の結果を使うと「$\boldsymbol{b} \in R(\boldsymbol{AA}^{\mathrm{T}}) \Leftrightarrow \boldsymbol{AA}^{\mathrm{T}}\boldsymbol{x} = \boldsymbol{b}$ は可解 $\Leftrightarrow \boldsymbol{y}^{\mathrm{T}}\boldsymbol{AA}^{\mathrm{T}} = \boldsymbol{0}$ なら必ず $\boldsymbol{y}^{\mathrm{T}}\boldsymbol{b} = 0$」. 例 5.17 で示したように「$\boldsymbol{y}^{\mathrm{T}}\boldsymbol{AA}^{\mathrm{T}} = \boldsymbol{0} \Leftrightarrow \boldsymbol{y}^{\mathrm{T}}\boldsymbol{A} = \boldsymbol{0}$」が成り立つ．これを上の結果中に使うと「$\boldsymbol{b} \in R(\boldsymbol{AA}^{\mathrm{T}}) \Leftrightarrow \boldsymbol{AA}^{\mathrm{T}}\boldsymbol{x} = \boldsymbol{b}$ は可解 $\Leftrightarrow \boldsymbol{Ax} = \boldsymbol{b}$ は可解 $\Leftrightarrow \boldsymbol{b} \in R(\boldsymbol{A})$」が出る．

5.6 値域と零空間

定理 5.19 与えられた $\boldsymbol{0} \neq \boldsymbol{A} \in \mathbb{R}^{m\times n}$（または $\mathbb{C}^{m\times n}$）の同値分解を

$$\boldsymbol{A} = \boldsymbol{P}\begin{bmatrix} \boldsymbol{I}_r & \boldsymbol{0} \\ \boldsymbol{0} & \boldsymbol{0} \end{bmatrix}\boldsymbol{Q} \equiv \boldsymbol{PDQ} \quad (\boldsymbol{P}, \boldsymbol{Q} \text{ は可逆行列，} r \text{ は } \boldsymbol{A} \text{ の階数}) \tag{5.7}$$

とすれば，$\boldsymbol{P}$ の最初の r 列は $\boldsymbol{A}$ の値域 $R(\boldsymbol{A})$ の基底を表し，$\dim R(\boldsymbol{A}) = r$ が成り立つ．また，$\boldsymbol{Q}^{-1}$ の最後の $(n-r)$ 列は $\boldsymbol{A}$ の零空間 $N(\boldsymbol{A})$ の基底を表し，$\dim N(\boldsymbol{A}) = n - r$ が成り立つ．ゆえに，$r + \dim N(\boldsymbol{A}) = n$（$= \boldsymbol{A}$ の列数）．

証明 $\boldsymbol{0} \neq \boldsymbol{A} \in \mathbb{R}^{m\times n}$ の場合に特定する．任意の $\boldsymbol{x} \in \mathbb{R}^n$ に対して

$$\begin{aligned} \boldsymbol{Ax} &= \boldsymbol{PDQx} = [\boldsymbol{p}_1, \ldots, \boldsymbol{p}_r, \ldots, \boldsymbol{p}_m] \begin{bmatrix} \boldsymbol{I}_r & \boldsymbol{0} \\ \boldsymbol{0} & \boldsymbol{0} \end{bmatrix} \boldsymbol{Qx} \\ &= [\boldsymbol{p}_1, \ldots, \boldsymbol{p}_r, \boldsymbol{0}, \ldots, \boldsymbol{0}]\boldsymbol{Qx} \quad (\boldsymbol{p}_j \text{ は } \boldsymbol{P} \text{ の第 } j \text{ 列}) \\ &= y_1\boldsymbol{p}_1 + \cdots + y_r\boldsymbol{p}_r \quad (\boldsymbol{Qx} = \boldsymbol{y} \equiv [y_1, \ldots, y_n]^{\mathrm{T}}). \end{aligned}$$

$\boldsymbol{x}$ が $\mathbb{R}^n$ 内を自由に動くと，$\boldsymbol{Q}$ は可逆行列ゆえ，$\boldsymbol{Qx}$ も $\mathbb{R}^n$ 内全体を動く．ゆえに，$R(\boldsymbol{A}) = \boldsymbol{p}_1, \ldots, \boldsymbol{p}_r$ の 1 次結合全体．しかも，$\boldsymbol{p}_1, \ldots, \boldsymbol{p}_r$ は可逆行列の列だから 1 次独立である．ゆえに，$\boldsymbol{p}_1, \ldots, \boldsymbol{p}_r$ は $R(\boldsymbol{A})$ の基底を表し，$\dim R(\boldsymbol{A}) = r$.

次に，$\boldsymbol{x} \in N(\boldsymbol{A}) \Leftrightarrow \boldsymbol{0} = \boldsymbol{Ax}$ (定義) $\Leftrightarrow \boldsymbol{0} = \boldsymbol{PDQx}$ ($\because$ 同値分解) $\Leftrightarrow \boldsymbol{DQx} = \boldsymbol{0}$ ($\because \boldsymbol{P}^{-1}$ が存在する) $\Leftrightarrow \boldsymbol{Qx} = [0, \ldots, 0, *, \ldots, *]^{\mathrm{T}}$ ($\because \boldsymbol{D}$ の形 0 の個数は r 個) $\Leftrightarrow \boldsymbol{x} = \boldsymbol{Q}^{-1}[0, \ldots, 0, *, \ldots, *]^{\mathrm{T}} \Leftrightarrow \boldsymbol{x}$ は $\boldsymbol{Q}^{-1}$ の最終 $(n-r)$ 列の 1 次結合．以上により，$N(\boldsymbol{A})$ は $\boldsymbol{Q}^{-1}$ の最終 $(n-r)$ 列の 1 次結合全体に等しい．これらは可逆行列の列だから 1 次独立である．ゆえにこれら $(n-r)$ 列は $N(\boldsymbol{A})$ の基底を表し，$\dim N(\boldsymbol{A}) = n - r$. ■

例 5.20　前節の結果と合わせると，$\mathrm{rank}(\boldsymbol{AA}^{\mathrm{T}}) = \mathrm{rank}(\boldsymbol{A}) = \mathrm{rank}(\boldsymbol{A}^{\mathrm{T}})$ が成り立つ．また，$\mathrm{rank}(\boldsymbol{AA}^*) = \mathrm{rank}(\boldsymbol{A}) = \mathrm{rank}(\boldsymbol{A}^*)$ も真である．

5.7　階数の同値な定義

今後の参照用に，$\boldsymbol{A} \in \mathbb{R}^{m\times n}$（または $\boldsymbol{A} \in \mathbb{C}^{m\times n}$）の階数 $\mathrm{rank}(\boldsymbol{A})$ の同値な定義を以下にまとめよう：

(a)　$\boldsymbol{A}$ の同値分解標準形に含まれる 1 の総数
(b)　$\boldsymbol{A}$ の値域の次元：$\mathrm{rank}(\boldsymbol{A}) = \dim R(\boldsymbol{A})$
(c)　$\boldsymbol{A}^{\mathrm{T}}$ の値域の次元：$\mathrm{rank}(\boldsymbol{A}) = \dim R(\boldsymbol{A}^{\mathrm{T}})$
(d)　列の最大 1 次独立集合に含まれる列数
(e)　行の最大 1 次独立集合に含まれる行数
(f)　(列数)−(零空間の次元)：$\mathrm{rank}(\boldsymbol{A}) = n - \dim N(\boldsymbol{A})$
(g)　$\boldsymbol{A}$ 中の可逆小行列の最大次数

証明　証明は (d), (e) を除いて本章で済んでいる．(d) は問題の 1 次独立な集合は $R(\boldsymbol{A})$ の基底を表し，(e) は問題の 1 次独立な集合の転置行列が $R(\boldsymbol{A}^{\mathrm{T}})(R(\boldsymbol{A}^*))$ の基底を表すことに着目すればよい． ■

5.8 次元定理

定理 5.21 [次元定理] 有限次元ベクトル空間 $\boldsymbol{V}$ の任意部分空間 $\boldsymbol{S}, \boldsymbol{T}$ に対して次の次元恒等式が成立する：

(a) $\dim(\boldsymbol{S} \cap \boldsymbol{T}) = \dim \boldsymbol{S} + \dim \boldsymbol{T} - \dim(\boldsymbol{S} + \boldsymbol{T})$

(b) $\boldsymbol{S} \cap \boldsymbol{T} = \{\boldsymbol{0}\}$ なら $\dim \boldsymbol{S} + \dim \boldsymbol{T} = \dim(\boldsymbol{S} + \boldsymbol{T})$

(c) $\dim \boldsymbol{S} + \dim \boldsymbol{T} > \dim \boldsymbol{V}$ なら $\boldsymbol{S} \cap \boldsymbol{T}$ は非零ベクトルを含む

証明 和空間 $\boldsymbol{S}+\boldsymbol{T}$ は $\boldsymbol{s}+\boldsymbol{t}\,(\boldsymbol{s} \in \boldsymbol{S}, \boldsymbol{t} \in \boldsymbol{T})$ 型ベクトル全体の集合を表す（$\boldsymbol{S}\cup\boldsymbol{T}$ とは違う）こと，$\boldsymbol{S}, \boldsymbol{T}$ が部分空間なら，$\boldsymbol{S}+\boldsymbol{T}$ も $\boldsymbol{S}\cap\boldsymbol{T}$ も部分空間となることは，例 2.26 で示した通りである．以下の証明は，定理 2.41 で証明済みの事実「部分空間の次元はその任意基底に含まれるベクトルの総数に等しい」，「任意の部分空間は必ず基底を持つ」，「任意の 1 次独立な部分集合は基底に拡大できる」を使う．

(b), (c) は (a) から簡単に出るから，(a) の証明のみを考える．さて，$\boldsymbol{S} \cap \boldsymbol{T}$ の基底を 1 組とり，それを $\{\boldsymbol{a}_1, \ldots, \boldsymbol{a}_k\}$ とする（$\boldsymbol{S} \cap \boldsymbol{T}$ が $\{\boldsymbol{0}\}$ なら空集合である）．ゆえに $\dim(\boldsymbol{S} \cap \boldsymbol{T}) = k$．$\boldsymbol{S} \cap \boldsymbol{T}$ の基底を $\boldsymbol{S}, \boldsymbol{T}$ の基底に拡大し，それぞれ，$\{\boldsymbol{a}_1, \ldots, \boldsymbol{a}_k, \boldsymbol{b}_1, \ldots, \boldsymbol{b}_l\}$, $\{\boldsymbol{a}_1, \ldots, \boldsymbol{a}_k, \boldsymbol{c}_1, \ldots, \boldsymbol{c}_m\}$ とする．すると，$\dim \boldsymbol{S} = k + l, \dim \boldsymbol{T} = k + m$.

次に $\{\boldsymbol{a}_1, \ldots, \boldsymbol{a}_k, \boldsymbol{b}_1, \ldots, \boldsymbol{b}_l, \boldsymbol{c}_1, \ldots, \boldsymbol{c}_m\}$ は $\boldsymbol{S} + \boldsymbol{T}$ の基底であることを示す．そうすれば $\dim(\boldsymbol{S} + \boldsymbol{T}) = k + l + m$ となり，これまでの結果と合わせると証明が完結する．

集合 $\{\boldsymbol{a}_1, \ldots, \boldsymbol{a}_k, \boldsymbol{b}_1, \ldots, \boldsymbol{b}_l, \boldsymbol{c}_1, \ldots, \boldsymbol{c}_m\}$ が $\boldsymbol{S}+\boldsymbol{T}$ を張ることはただちに出るから，これが 1 次独立であることを示せば十分である．そこで，$\alpha_1, \ldots, \beta_1, \ldots, \gamma_1, \ldots$ をスカラーとし，方程式 $\alpha_1\boldsymbol{a}_1+\cdots+\alpha_k\boldsymbol{a}_k+\beta_1\boldsymbol{b}_1+\cdots+\beta_l\boldsymbol{b}_l+\gamma_1\boldsymbol{c}_1+\cdots+\gamma_m\boldsymbol{c}_m = \boldsymbol{0}$ を考える．ここでは，$\alpha_1 = \cdots = \alpha_k = \beta_1 = \cdots = \beta_l = \gamma_1 = \cdots \gamma_m = 0$ を示せば十分である．そこで，上式を $\alpha_1\boldsymbol{a}_1+\cdots+\alpha_k\boldsymbol{a}_k+\beta_1\boldsymbol{b}_1+\cdots+\beta_l\boldsymbol{b}_l = -(\gamma_1\boldsymbol{c}_1+\cdots+\gamma_m\boldsymbol{c}_m) \equiv \boldsymbol{d}$ と書き直すと，左辺は $\boldsymbol{S}$ 内のベクトル，右辺は $\boldsymbol{T}$ 内のベクトルを表すから，$\boldsymbol{d}$ は $\boldsymbol{S}\cap\boldsymbol{T}$ 内のベクトルを表す．ゆえに，$\boldsymbol{d}$ は $\boldsymbol{S}\cap\boldsymbol{T}$ の基底 $\{\boldsymbol{a}_1, \ldots, \boldsymbol{a}_k\}$ によって一意的に $\boldsymbol{d} = \delta_1\boldsymbol{a}_1+\cdots+\delta_k\boldsymbol{a}_k$ ($\delta_1, \ldots$ は適当なスカラー) の形に展開できることになる．この式を直前の式に用いて整頓すると $\delta_1\boldsymbol{a}_1 + \cdots + \delta_k\boldsymbol{a}_k + \gamma_1\boldsymbol{c}_1 + \cdots + \gamma_m\boldsymbol{c}_m = \boldsymbol{0}$, $\alpha_1\boldsymbol{a}_1 + \cdots + \alpha_k\boldsymbol{a}_k + \beta_1\boldsymbol{b}_1 + \cdots + \beta_l\boldsymbol{b}_l = \boldsymbol{0}$, $\{\boldsymbol{a}_1, \ldots, \boldsymbol{a}_k, \boldsymbol{c}_1, \ldots, \boldsymbol{c}_m\}$ が $\boldsymbol{T}$ の基底，$\{\boldsymbol{a}_1, \ldots, \boldsymbol{a}_k, \boldsymbol{b}_1, \ldots, \boldsymbol{b}_l\}$ が $\boldsymbol{S}$ の基底であることを考慮すれば，$\delta_1 = \cdots = \delta_k = \gamma_1 = \cdots = \gamma_m = 0$, $\alpha_1 = \cdots = \alpha_k = \beta_1 = \cdots = \beta_l = 0$ が得られる． ■

上で示した次元定理はどの線形代数の教科書にも書いてある有名な定理であるが，応用例が示されることは少ない．本書では，9.2 節においてエルミート行列の固有値単調性を示すとき，および 13.5 節で部分空間の間の距離を評価する問題において使う．

5.9　LDU 分解の行列方程式解法への応用

与えられた n 次可逆行列 $\boldsymbol{A}$ の LDU 分解 $\boldsymbol{PAQ} = \boldsymbol{LDU}$ がわかれば，行列方程式 $\boldsymbol{Ax} = \boldsymbol{b}$（$\boldsymbol{b}$ は n 次既知ベクトル）は $\boldsymbol{LDUQ}^{\mathrm{T}}\boldsymbol{x} = \boldsymbol{Pb}$ と同値ゆえ，$\boldsymbol{Ly} = \boldsymbol{Pb} \Rightarrow \boldsymbol{DUQ}^{\mathrm{T}}\boldsymbol{x} = \boldsymbol{y}$ をこの順に解けばよい．ただ，LDU 分解は通常，行交換つきガウスの消去法により，$\boldsymbol{PA} = \boldsymbol{LU}$ の LU 分解形で得られることが多い．ここに，$\boldsymbol{P}$ は置換行列，$\boldsymbol{L}$ は単位下三角行列かつ $|l_{ij}| \leqslant 1$，$\boldsymbol{U}$ は上三角行列を表す．この場合 $\boldsymbol{Ax} = \boldsymbol{b}$ の解は，$\boldsymbol{Ly} = \boldsymbol{Pb}, \boldsymbol{Ux} = \boldsymbol{y}$ をこの順に解いて得られる．

$\boldsymbol{Ax} = \boldsymbol{b}$ を多数の $\boldsymbol{b}$ に対して解く場合でも，$\boldsymbol{A}$ の LU 分解を使うのがよい．とくに，$\boldsymbol{A}^{-1}$ を陽に計算したい場合は，$\boldsymbol{Ax}_j = \boldsymbol{e}_j$ $(j = 1, \ldots, n)$ を解けば $\boldsymbol{A}^{-1} = [\boldsymbol{x}_1, \ldots, \boldsymbol{x}_n]$ が得られる．

以上の方法は，n の値が中程度の密行列に適することが知られている（詳しくは数値解析の専門書を参照されよ）．

例 5.22　LU 分解：

$$\boldsymbol{PA} \equiv \begin{bmatrix} 0 & 0 & 1 \\ 1 & 0 & 0 \\ 0 & 1 & 0 \end{bmatrix} \begin{bmatrix} 0.1 & 4.2 & 5.3 \\ 0.2 & 0 & 6.1 \\ 1 & 2 & 3 \end{bmatrix} = \begin{bmatrix} 1 & 0 & 0 \\ 0.1 & 1 & 0 \\ 0.2 & -0.1 & 1 \end{bmatrix} \begin{bmatrix} 1 & 2 & 3 \\ 0 & 4 & 5 \\ 0 & 0 & 6 \end{bmatrix} \equiv \boldsymbol{LU}$$

が与えられれば，$\boldsymbol{Ax} = \boldsymbol{b} = [5.2, 5.9, 2]^{\mathrm{T}}$ の解は $\boldsymbol{Ly} = \boldsymbol{Pb}, \boldsymbol{Ux} = \boldsymbol{y}$ をこの順に解いて得られる．実際に解けば $\boldsymbol{y} = [2, 5, 6]^{\mathrm{T}}, \boldsymbol{x} = [-1, 0, 1]^{\mathrm{T}}$.

最後にひとこと

本章では，同値分解／LDU 分解から出てくる重要事項を学んだ．これらは線形代数の真の入門口を表す．個々の事実を記憶するのも大切だが，導出法をマスターしておけば，忘れても再生可能である．

腕試し問題

問題 5.1（簡単な計算問題）　$\boldsymbol{A} \equiv [1, 2, 3] = [1]\,[1, 0, 0]\begin{bmatrix}1&2&3\\0&1&0\\0&0&1\end{bmatrix} \equiv \boldsymbol{PDQ}$ は同値分解を表す．

(1)　$\boldsymbol{Q}^{-1} = \begin{bmatrix}1&-2&-3\\0&1&0\\0&0&1\end{bmatrix}$ を確かめよ．

(2)　$\boldsymbol{Qx} = [0, 0, 1]^{\mathrm{T}} \equiv \boldsymbol{e}_3$ を満たす $\boldsymbol{x} = [x_1, x_2, x_3]^{\mathrm{T}} \in \mathbb{R}^3$ は $\boldsymbol{Ax} = \boldsymbol{0}$ を満たすことになる．$\boldsymbol{Qx} = \boldsymbol{e}_3$ を解き，解を直接 $\boldsymbol{Ax} = \boldsymbol{0}$ に代入して検算せよ．

(3)　$\boldsymbol{A}^{\mathrm{T}} = [1, 2, 3]^{\mathrm{T}}$ の同値分解を求め，$\boldsymbol{A}^{\mathrm{T}}\boldsymbol{x} = \boldsymbol{b}$ ($\boldsymbol{x} \equiv [x_1] \in \mathbb{R}^{1\times 1}$) が解を持たないような $\boldsymbol{b} = [b_1, b_2, b_3]^{\mathrm{T}} \in \mathbb{R}^3$ の例を示せ．

問題 5.2　次を示せ：

(1)　与えられた $\boldsymbol{A} \in \mathbb{R}^{m\times n}$ に対して方程式 $\boldsymbol{Ax} = \boldsymbol{0}$ が非零解 $\boldsymbol{x} \in \mathbb{R}^n$ をもてば，$\boldsymbol{A}$ の標準形の最右端列はゼロ列である．

(2)　$\boldsymbol{Ax} = \boldsymbol{0}$ ($\boldsymbol{x} \in \mathbb{R}^n$) が零解のみをもてば，$m \geqslant n$ かつ $\boldsymbol{A}$ の標準形は $\boldsymbol{D} = \begin{bmatrix}\boldsymbol{I}_n\\\boldsymbol{0}\end{bmatrix}$ である．

問題 5.3（第 4 章の復習問題）　どんな 3 次可逆行列 $\boldsymbol{P}_1, \boldsymbol{P}_2$，4 次可逆行列 $\boldsymbol{Q}_1, \boldsymbol{Q}_2$ に対しても次の等式は成立し得ないことを示せ：

$$\boldsymbol{P}_1\begin{bmatrix}1&0&0&0\\0&0&0&0\\0&0&0&0\end{bmatrix}\boldsymbol{Q}_1 = \boldsymbol{P}_2\begin{bmatrix}1&0&0&0\\0&1&0&0\\0&0&0&0\end{bmatrix}\boldsymbol{Q}_2.$$

問題 5.4（5.3, 5.7 節の応用問題）　$m \neq n$ なら，任意の $\boldsymbol{A} \in \mathbb{R}^{m\times n}$ に対して $\boldsymbol{AX} = \boldsymbol{I}_m$ と $\boldsymbol{XA} = \boldsymbol{I}_n$ を同時に満たす $\boldsymbol{X} \in \mathbb{R}^{n\times m}$ は存在しないことを示せ．

問題 5.5（転置行列の逆行列（復習））　$\boldsymbol{A} \in \mathbb{R}^{n\times n}$ が逆行列をもてば $\boldsymbol{A}^{\mathrm{T}}$ も逆行列を持ち，$(\boldsymbol{A}^{\mathrm{T}})^{-1} = (\boldsymbol{A}^{-1})^{\mathrm{T}}$ であることを示せ（$\boldsymbol{A}^{\mathrm{TT}} = \boldsymbol{A}$ だから逆も真である）．

問題 5.6（3 個以上の積の逆行列）　n 次行列 $\boldsymbol{A}_1, \boldsymbol{A}_2, \ldots, \boldsymbol{A}_k$ に対して，$(\boldsymbol{A}_1\boldsymbol{A}_2\cdots\boldsymbol{A}_k)^{-1}$ が存在するための必要十分条件は各行列の逆行列が存在することであることを示せ．また $(\boldsymbol{A}_1\boldsymbol{A}_2\cdots\boldsymbol{A}_k)^{-1} = {\boldsymbol{A}_k}^{-1}\cdots{\boldsymbol{A}_2}^{-1}{\boldsymbol{A}_1}^{-1}$ であることを示せ．

問題 5.7（対角行列の逆行列同値性）　「$\boldsymbol{A} \in \mathbb{R}^{n\times n}$ が逆行列を持つ $\Leftrightarrow$ $\boldsymbol{Ax} = \boldsymbol{0}$ ($\boldsymbol{x} \in \mathbb{R}^n$) の解は $\boldsymbol{x} = \boldsymbol{0}$ に限る」（5.3 節）を用いて「対角行列 $\boldsymbol{D} = \mathrm{diag}\,(d_1, d_2, d_3)$ が逆行列を持つ $\Leftrightarrow$ 各対角成分 d_1, d_2, d_3 は非零である」を示せ．そして，$\boldsymbol{D}^{-1} = \mathrm{diag}\,({d_1}^{-1}, {d_2}^{-1}, {d_3}^{-1})$ を検算せよ．

問題 5.8（三角行列の逆行列）　復習：上三角行列，下三角行列（1.2 節参照）を合わせたものを三角行列という．次を示せ．

(1)　三角行列が逆行列を持つ $\Leftrightarrow$ 各対角成分が 0 ではない．

(2)　上（下）三角行列の逆行列は上（下）三角行列であり，逆行列の各対角成分は元の行列の対応する対角成分の逆数である．

例：$\mathrm{diag}\,(d_1,\, d_2,\, d_3)^{-1} = \mathrm{diag}\,(d_1^{-1},\, d_2^{-1},\, d_3^{-1})$ $(d_i \neq 0,\, i = 1,\, 2,\, 3)$.

問題 5.9　ベクトル空間 $\boldsymbol{V}$ $(\dim \boldsymbol{V} = n > 0)$ の 2 組の基底 $\{\boldsymbol{u}_1,\, \ldots,\, \boldsymbol{u}_n\}$, $\{\boldsymbol{v}_1,\, \ldots,\, \boldsymbol{v}_n\}$ を考える．基底の性質より，各 $\boldsymbol{v}_j$ $(j = 1,\, \ldots,\, n)$ は $\boldsymbol{u}_1,\, \ldots,\, \boldsymbol{u}_n$ の 1 次結合として表現できることになる．これは形式的な行列積形 $[\boldsymbol{v}_1,\, \ldots,\, \boldsymbol{v}_n] = [\boldsymbol{u}_1,\, \ldots,\, \boldsymbol{u}_n]\boldsymbol{A}$ によって表現できる．右辺の n 次行列 $\boldsymbol{A}$ は可逆行列であることを示せ．

問題 5.10（簡単な計算問題）　**(1)**　方程式 $\boldsymbol{A}\boldsymbol{x} \equiv \begin{bmatrix} 1 & 0 & 0 \\ 0 & 1 & 0 \end{bmatrix} \begin{bmatrix} x_1 \\ x_2 \\ x_3 \end{bmatrix} = \begin{bmatrix} b_1 \\ b_2 \end{bmatrix} \equiv \boldsymbol{b}$ がどんな $\boldsymbol{b} \in \mathbb{R}^2$ に対して解を持つかを，直接計算と 5.5 節の結果を使う方法の両方で調べよ．

(2)　$\boldsymbol{A}\boldsymbol{x} \equiv \begin{bmatrix} 1 & 0 \\ 0 & 1 \\ 0 & 0 \end{bmatrix} \begin{bmatrix} x_1 \\ x_2 \end{bmatrix} = \begin{bmatrix} b_1 \\ b_2 \\ b_3 \end{bmatrix} \equiv \boldsymbol{b}$ がどんな $\boldsymbol{b} \in \mathbb{R}^2$ に対して解を持つかを，直接計算と 5.5 節の結果を使う方法の両方で調べよ．

問題 5.11　$\boldsymbol{A} \in \mathbb{R}^{m \times n}$, $m \geqslant n$, $\mathrm{rank}(\boldsymbol{A}) = n$ とすれば，$\boldsymbol{A}^{\mathrm{T}}\boldsymbol{A}$ は可逆行列であることを示せ．

問題 5.12（階数に関する問題）　次を示せ：

(1)　$\boldsymbol{A} = \begin{bmatrix} \boldsymbol{B} & \boldsymbol{0} \\ \boldsymbol{0} & \boldsymbol{C} \end{bmatrix}$ $(\boldsymbol{B} \in \mathbb{R}^{k \times l},\, \boldsymbol{C} \in \mathbb{R}^{p \times q})$ とすれば $\mathrm{rank}(\boldsymbol{A}) = \mathrm{rank}(\boldsymbol{B}) + \mathrm{rank}(\boldsymbol{C})$.

(2)　$\boldsymbol{A} \in \mathbb{R}^{m \times n}$, $\boldsymbol{B} \in \mathbb{R}^{n \times p}$ なら，$\mathrm{rank}(\boldsymbol{AB}) \leqslant \mathrm{rank}(\boldsymbol{A})$, $\mathrm{rank}(\boldsymbol{AB}) \leqslant \mathrm{rank}(\boldsymbol{B})$.

(3)　可逆行列を左から掛けても，右から掛けても行列の階数は不変である．

(4)　ゼロ行またはゼロ列を付け加えても削除しても行列の階数は不変である．

問題 5.13（階数に関する復習問題）　$m \times n$ 行列 $\boldsymbol{A} = [a_{ij}]$ は「$i \neq j$ なら $a_{ij} = 0$」という性質を持つという．対角成分 $a_{11}, a_{22}, \ldots$ のうち，非零成分の個数を r とすれば，$\boldsymbol{A}$ の階数は r に等しいことを示せ．

問題 5.14（よく知られた逆行列の計算法）　**(1)**　$\boldsymbol{A} = [a_{ij}] \in \mathbb{R}^{n \times n}$ を与えられた行列とするとき，その右側に単位行列を付加してできる $n \times 2n$ 行列 $[\boldsymbol{A},\, \boldsymbol{I}]$（**拡大行列** (augumented matix) という）を考える．いま拡大行列に対して 3 種の行演算「2 行を交換する」,「特定の行を非零倍する」,「特定の行のスカラー倍を他行から引く」のみを用いて $[\boldsymbol{A},\, \boldsymbol{I}] \to [\boldsymbol{I},\, \boldsymbol{X}]$ 型行列に変換したとすれば，$\boldsymbol{X} = \boldsymbol{A}^{-1}$ であることを示せ．

(2)　以上の結果を用いて $\boldsymbol{A} = \begin{bmatrix} 3 & 7 \\ 1 & 2 \end{bmatrix}$ の逆行列を計算せよ．

(3)　同じ計算法を用いて $\begin{bmatrix} 1 & 2 & 3 \\ 1 & 3 & 3 \\ 1 & 2 & 4 \end{bmatrix}^{-1} = \begin{bmatrix} 6 & -2 & -3 \\ -1 & 1 & 0 \\ -1 & 0 & 1 \end{bmatrix}$ を示せ．

問題 5.15（階数に関する復習）　与えられた行列は 3 次可逆小行列を少なくとも 1 つ持ち，4 次以上の小行列はことごとく非可逆であるという．この行列の階数はいくらか．

問題 5.16　LU 分解 $\boldsymbol{A} \equiv \begin{bmatrix} 1 & 2 & 3 \\ 4 & 5 & 6 \\ 7 & 8 & 8 \end{bmatrix} = \begin{bmatrix} 1 & 0 & 0 \\ 4 & 1 & 0 \\ 7 & 2 & 1 \end{bmatrix} \begin{bmatrix} 1 & 2 & 3 \\ 0 & -3 & -6 \\ 0 & 0 & -1 \end{bmatrix} \equiv \boldsymbol{LU}$ を検算し，これを利用して $\boldsymbol{Ax} = [5,\ 11,\ 15]^{\mathrm{T}} \equiv \boldsymbol{b}$ を解け．

問題 5.17　定理 5.12(a), (c) の同値性を示せ．

第6章　行列式

行列式は，正方行列の各行および各列から1個かつ1個のみの成分を取り出して掛け合わせたものに適当な符号（符号の与え方は後述）を与えたものを，すべて加え合わせたものとして定義される．今日では，行列式は理論的ツールとして大きな存在意義を持つ．とくに「正方行列の可逆性とその行列式の非零性は同値である」,「連立1次方程式の解は各未知数が行列式の比で表される（クラメールの解法)」は応用が広い．また，解析幾何学における基本的な量は行列式の簡単な代数式で表される．行列式自体，それが決定する平行多面体の符号付一般化体積を表す．本章では行列式に関する基礎的事項を学ぶ．

6.1　行列式の定義

行列式 (determinant) は正方行列に対してのみ定義される．

定義 6.1　行列 $\boldsymbol{A} = [a_{ij}] \in \mathbb{R}^{n\times n}$（または $\mathbb{C}^{n\times n}$）の行列式（$\det \boldsymbol{A}$ あるいは $|\boldsymbol{A}|$ と記す）とは次式で定義されるスカラー値をいう：

$$\det \boldsymbol{A} = \det \begin{bmatrix} a_{11} & \cdots & a_{1n} \\ \vdots & \ddots & \vdots \\ a_{n1} & \cdots & a_{nn} \end{bmatrix} = \sum_{(i_1,\ldots,i_n)} \operatorname{sgn} \begin{pmatrix} 1 & \cdots & n \\ i_1 & \cdots & i_n \end{pmatrix} a_{i_1,1} \cdots a_{i_n,n}.$$

ここに右辺の和は $1, \ldots, n$ のすべての置換 $(i_1, \ldots, i_n)$ についてとり，**符号数** (signature) $\operatorname{sgn} \begin{pmatrix} 1 & \cdots & n \\ i_1 & \cdots & i_n \end{pmatrix}$ の値は基準置換 $(1, \ldots, n)$ から見て $(i_1, \ldots, i_n)$ が**偶置換** (even permutation) なら 1，**奇置換** (odd permutation) なら -1 を表す（符号数や偶置換，奇置換の定義は次節）．

上の定義式は複雑そうに見えるが，以下で述べる**グラスマン代数** (Grassmann algebra) のアイデアを借用すれば忘れにくい．すなわち，$\det \boldsymbol{A} = \det [\boldsymbol{a}_1, \ldots, \boldsymbol{a}_n] = \det [\sum a_{i1}\boldsymbol{e}_i, \ldots, \sum a_{in}\boldsymbol{e}_i]$ と書き変え，これから det 記号とカッコ記号をはずし，見かけ上の積形 $(\sum a_{i1}\boldsymbol{e}_i)\cdots(\sum a_{in}\boldsymbol{e}_i)$ に書き，順序を尊重して $\alpha\boldsymbol{e}_p\cdots\boldsymbol{e}_i\cdots\boldsymbol{e}_j\cdots\boldsymbol{e}_q$ 型の積の和（n^n 個項の和）に展開する．そして，$\boldsymbol{e}_1\cdots\boldsymbol{e}_n = 1$，代表的な積形 $\boldsymbol{e}_p\cdots\boldsymbol{e}_i\cdots\boldsymbol{e}_j\cdots\boldsymbol{e}_q$ 中の任意の 2 項 $\boldsymbol{e}_i$ と $\boldsymbol{e}_j$ を交換すれば符号のみ反転，等しい 2 項を含むものは 0（たとえば $\cdots\boldsymbol{e}_1\cdots\boldsymbol{e}_1\cdots$ の型の項は 0）という規則を適用して得られる値が $\det \boldsymbol{A}$ となる（次例参照）．グラスマン代数が行列式研究に適していることはよく知られているが，本書では通常の方法に従う．

例 6.2 2 次行列式をグラスマン代数によって求める．

$$
\begin{aligned}
\det \begin{bmatrix} a_{11} & a_{12} \\ a_{21} & a_{22} \end{bmatrix} &= \det [a_{11}\boldsymbol{e}_1 + a_{21}\boldsymbol{e}_2, a_{12}\boldsymbol{e}_1 + a_{22}\boldsymbol{e}_2] \\
&= (a_{11}\boldsymbol{e}_1 + a_{21}\boldsymbol{e}_2)(a_{12}\boldsymbol{e}_1 + a_{22}\boldsymbol{e}_2) \\
&= a_{11}a_{12}\boldsymbol{e}_1\boldsymbol{e}_1 + a_{11}a_{22}\boldsymbol{e}_1\boldsymbol{e}_2 + a_{21}a_{12}\boldsymbol{e}_2\boldsymbol{e}_1 + a_{21}a_{22}\boldsymbol{e}_2\boldsymbol{e}_2 \\
&= a_{11}a_{12}0 + a_{11}a_{22}1 + a_{21}a_{12}(-1) + a_{21}a_{22}0 \\
&\qquad (\because \boldsymbol{e}_1\boldsymbol{e}_1 = \boldsymbol{e}_2\boldsymbol{e}_2 = 0, \boldsymbol{e}_2\boldsymbol{e}_1 = -\boldsymbol{e}_1\boldsymbol{e}_2 = -1) \\
&= a_{11}a_{22} - a_{21}a_{12}.
\end{aligned}
$$

6.2 偶置換と奇置換

定義 6.3 相異なる n 個のものを並べたもの $(p_1, \ldots, p_n)$ を**置換**または**順列** (permutation) という．個々の p_i を，ここでは**成分** (component) と呼ぶことにする．例えば，(231)（区切り記号を略す）は $\{1, 2, 3\}$ の置換である．$\{1, \ldots, n\}$ の置換は $n! = n \times (n-1) \times \cdots \times 1$ 通りある．

n 個のものの置換の中から基準となるもの $(p_1, \ldots, p_n)$ を任意に 1 つとり，任意置換 $(q_1, \ldots, q_n)$ の成分のすべての順序対

$$
(q_1, q_2)(q_1, q_3)\cdots(q_1, q_n); (q_2, q_3)\cdots(q_2, q_n); \cdots\cdots; (q_{n-1}, q_n)
$$

を考える．順序対の総数は $(n-1) + \cdots + 1 = n(n-1)/2$ 個である．順序対 (q_i, q_j) における q_i と q_j の現れる順が基準置換 $(p_1, \ldots, p_n)$ 中と同じなら（すなわち，$(p_1, \ldots, q_i, \ldots, q_j, \ldots, p_n)$ となっていれば），この順序対を**正順序対**，そうでな

ければ**逆順序対**と呼ぼう．そして，逆順序対の総数が偶数なら，$(q_1, \ldots, q_n)$ を（基準置換 $(p_1, \ldots, p_n)$ に関して）**偶置換** (even permutation)，奇数なら**奇置換** (odd permutation) といい，この区別を**偶奇性** (parity) という．そして偶置換に $+1$，奇置換に -1 を対応させる関数を**符号数** (signature) といい，記号で $\mathrm{sgn}\begin{pmatrix} p_1 & \cdots & p_n \\ q_1 & \cdots & q_n \end{pmatrix}$ と書く．すなわち，

$$\mathrm{sgn}\begin{pmatrix} p_1 & \cdots & p_n \\ q_1 & \cdots & q_n \end{pmatrix} = \begin{cases} 1 & (q_1, \ldots, q_n) \text{ が } (p_1, \ldots, p_n) \text{に関して偶置換}, \\ -1 & \quad\quad〃 \quad\quad\quad \text{に関して奇置換}. \end{cases}$$

これが前節，行列式の定義式に現れた記号の意味である．

例 6.4　置換 (1 2 3) を基準にとり置換 (2 3 1) について考えると，考えるべき順序対は (2, 3)(2, 1); (3, 1) である．このうち，正順序対は (2, 3)，逆順序対は (2, 1)，(3, 1) の 2 個であるから，置換 (2 3 1) は (1 2 3) に関して偶置換である．また (3 2 1) は奇置換である（正順序対 0 個，逆順序対 3 個）．ゆえに $\mathrm{sgn}\begin{pmatrix} 1 & 2 & 3 \\ 2 & 3 & 1 \end{pmatrix} = 1$，$\mathrm{sgn}\begin{pmatrix} 1 & 2 & 3 \\ 3 & 2 & 1 \end{pmatrix} = -1$.

6.3　置換に互換を行うと偶奇性が反転する

与えられた置換において，異なる位置にある 2 成分を交換して新しい置換をつくることを**互換** (transposition) という．たとえば，置換 (2 3 1) に互換 $2 \leftrightarrow 1$ を行うと，(1 3 2) が得られる．次の事実は重要である：

定理 6.5　**(a)**　置換に互換を行うと偶奇性が反転する（偶置換は奇置換となり，奇置換は偶置換となる）．

(b)　基準置換に偶数回の互換を行って得られる置換は偶置換，奇数回の互換を行って得られる置換は奇置換である．

(c)　任意置換 $(p_1, \ldots, p_n)$ から他の任意置換 $(q_1, \ldots, q_n)$ への移行に必要な互換数は必ず偶数か必ず奇数かのいずれかである（あるやり方では偶数回の互換，他のやり方では奇数回の互換が必要となるようなことは決して起きない）．

(d)　$\mathrm{sgn}\begin{pmatrix} 1 & \cdots & n \\ i_1 & \cdots & i_n \end{pmatrix}$ は $(1, \ldots, n)$ から $(i_1, \ldots, i_n)$ へ偶数回の互換を行って移

行できるとき 1 に等しく，$(1, \ldots, n)$ から $(i_1, \ldots, i_n)$ へ奇数回の互換を行って移行できるとき -1 に等しい．

証明 (a)：隣り合う 2 成分の互換をまず考え，その結果を一般の場合に拡張するのが一番わかりやすい．基準置換を $(p_1, \ldots, p_n)$ とし，$(q_1, \ldots, q_n)$ を任意置換とする．隣り合う 2 成分 q_k, q_{k+1} を互換すると，順序対（前節参照）の世界における変更は $(q_k, q_{k+1}) \to (q_{k+1}, q_k)$ のみである．これにより逆順序対の総数は 1 だけ変化する．ゆえに偶奇性は反転する．

次に，q_k と q_l $(k < l)$ の互換は，隣り合う 2 成分の奇数回の互換により実現できる．例えば，(2 4 1 3) において互換 $2 \leftrightarrow 3$ を行うには隣り合う成分の互換を 5 回行えばよい：

$$(\underline{2}\,\underline{4}\,1\,3) \to (4\,\underline{2}\,\underline{1}\,3) \to (4\,1\,\underline{2}\,\underline{3}) \to (4\,\underline{1}\,\underline{3}\,2) \to (\underline{4}\,\underline{3}\,1\,2) \to (3\,4\,1\,2).$$

各回の互換により偶奇性は反転するから，奇数回の互換を行えば偶奇性は反転する．

(b)：(a) より明らか．

(c)：任意置換 $(p_1, \ldots, p_n)$ から他の任意置換 $(q_1, \ldots, q_n)$ へ，互換のみを用いて移行できることは明らかである．また，定義より，与えられた置換の偶奇性は基準となる置換が与えられれば一意的に定まる．これと (b) から (c) が出る．

(d)：符号数の定義と (b) から明らか． ■

6.4 定義式による行列式計算例

定義式の理解のため，行列式の値を定義に従って計算してみよう．

(a) 1 次行列式 $\det\,[a_{11}] = \operatorname{sgn}\begin{pmatrix} 1 \\ 1 \end{pmatrix} a_{11} = a_{11}.$

(b) 2 次行列式

$$\det\begin{bmatrix} a_{11} & a_{12} \\ a_{21} & a_{22} \end{bmatrix} = \sum_{(i_1, i_2)} \operatorname{sgn}\begin{pmatrix} 1 & 2 \\ i_1 & i_2 \end{pmatrix} a_{i_1,1}a_{i_2,2}$$

$$= \operatorname{sgn}\begin{pmatrix} 1 & 2 \\ 1 & 2 \end{pmatrix} a_{11}a_{22} + \operatorname{sgn}\begin{pmatrix} 1 & 2 \\ 2 & 1 \end{pmatrix} a_{21}a_{12}$$

$$= (+1)a_{11}a_{22} + (-1)a_{21}a_{12} = a_{11}a_{22} - a_{21}a_{12}.$$

(c)　3 次行列式 $\det \begin{bmatrix} a_{11} & a_{12} & a_{13} \\ a_{21} & a_{22} & a_{23} \\ a_{31} & a_{32} & a_{33} \end{bmatrix} = \sum_{(i_1, i_2, i_3)} \operatorname{sgn} \begin{pmatrix} 1 & 2 & 3 \\ i_1 & i_2 & i_3 \end{pmatrix} a_{i_1,1} a_{i_2,2} a_{i_3,3}$

$$
\begin{aligned}
&= \operatorname{sgn} \begin{pmatrix} 1 & 2 & 3 \\ 1 & 2 & 3 \end{pmatrix} a_{11}a_{22}a_{33} + \operatorname{sgn} \begin{pmatrix} 1 & 2 & 3 \\ 1 & 3 & 2 \end{pmatrix} a_{11}a_{32}a_{23} \\
&\quad + \operatorname{sgn} \begin{pmatrix} 1 & 2 & 3 \\ 2 & 3 & 1 \end{pmatrix} a_{21}a_{32}a_{13} + \operatorname{sgn} \begin{pmatrix} 1 & 2 & 3 \\ 2 & 1 & 3 \end{pmatrix} a_{21}a_{12}a_{33} \\
&\quad + \operatorname{sgn} \begin{pmatrix} 1 & 2 & 3 \\ 3 & 1 & 2 \end{pmatrix} a_{31}a_{12}a_{23} + \operatorname{sgn} \begin{pmatrix} 1 & 2 & 3 \\ 3 & 2 & 1 \end{pmatrix} a_{31}a_{22}a_{13} \\
&= (+1)a_{11}a_{22}a_{33} + (-1)a_{11}a_{32}a_{23} + (+1)a_{21}a_{32}a_{13} \\
&\quad + (-1)a_{21}a_{12}a_{33} + (+1)a_{31}a_{12}a_{23} + (-1)a_{31}a_{22}a_{13}.
\end{aligned}
$$

ここに，各項の符号数は 1 回の互換で反転することを使っている．この式の簡易記憶法として，次の図が知られている（サラスの公式）：

$$
\text{正の符号を持つ項：} \begin{bmatrix} a_{11} & & a_{12} & & a_{13} \\ & \searrow & & \searrow & \\ a_{21} & & a_{22} & & a_{23} \\ & \searrow & & \searrow & \\ a_{31} & & a_{32} & & a_{33} \end{bmatrix} \begin{matrix} +a_{11}a_{22}a_{33}, \\ +a_{21}a_{32}a_{13}, \\ +a_{31}a_{12}a_{23}. \end{matrix}
$$

$$
\text{負の符号を持つ項：} \begin{bmatrix} a_{11} & & a_{12} & & a_{13} \\ & \swarrow & & \swarrow & \\ a_{21} & & a_{22} & & a_{23} \\ & \swarrow & & \swarrow & \\ a_{31} & & a_{32} & & a_{33} \end{bmatrix} \begin{matrix} -a_{11}a_{32}a_{23}, \\ -a_{21}a_{12}a_{33}, \\ -a_{31}a_{22}a_{13}. \end{matrix}
$$

応用例：$\det \begin{bmatrix} a & b & c \\ c & a & b \\ b & c & a \end{bmatrix} = a^3 + b^3 + c^3 - 3abc.$

(d)　三角行列の行列式は対角成分の積に等しい．

下三角行列の場合：$\det \begin{bmatrix} l_{11} & & \mathbf{0} \\ \vdots & \ddots & \\ l_{n1} & \cdots & l_{nn} \end{bmatrix} = l_{11} \cdots l_{nn}.$

行列式は，各行各列から 1 個のみの成分を選んで掛け合わせたものに適当な符号をつけたものの総和であるから，下三角行列に対しては，第 n 列から左へ順に見ていけば，定義式中の非零項は対角成分を掛け合わせたものだけである．（上三角行列については，反対に第 1 列から右へ順に見る．）

(e)　ブロック三角行列の行列式は対角ブロックの行列式の積に等しい（ただし対角ブロックが正方行列（次数は異なってもよい）である場合）．

2×2 ブロック下三角行列の場合：$\det \begin{bmatrix} \boldsymbol{L}_{11} & \mathbf{0} \\ \boldsymbol{L}_{21} & \boldsymbol{L}_{22} \end{bmatrix} = \det \boldsymbol{L}_{11} \cdot \det \boldsymbol{L}_{22}.$

例によって導出法を示す．そこで

$$\boldsymbol{L} = [l_{ij}] = \begin{bmatrix} l_{11} & l_{12} & 0 & 0 & 0 \\ l_{21} & l_{22} & 0 & 0 & 0 \\ l_{31} & l_{32} & l_{33} & l_{34} & l_{35} \\ l_{41} & l_{42} & l_{43} & l_{44} & l_{45} \\ l_{51} & l_{52} & l_{53} & l_{54} & l_{55} \end{bmatrix} \equiv \begin{bmatrix} \boldsymbol{L}_{11} & \mathbf{0} \\ \boldsymbol{L}_{21} & \boldsymbol{L}_{22} \end{bmatrix}$$

の場合を考える．まず，

$$\det \boldsymbol{L} = \sum_{(i_1, \ldots, i_5)} \operatorname{sgn} \begin{pmatrix} 1 & 2 & 3 & 4 & 5 \\ i_1 & i_2 & i_3 & i_4 & i_5 \end{pmatrix} l_{i_1,1} l_{i_2,2} l_{i_3,3} l_{i_4,4} l_{i_5,5}$$

だが，第 3–5 列から選択すべき非零成分は $\boldsymbol{L}_{22}$ 部内にあるものだけである．ゆえに，考慮すべき行番号 (i_3, i_4, i_5) は $\{3, 4, 5\}$ の置換だけである．すると (i_1, i_2) は自動的に $\{1, 2\}$ の置換となる．しかもこのときは，符号数の定義より

$$\operatorname{sgn} \begin{pmatrix} 1 & 2 & 3 & 4 & 5 \\ i_1 & i_2 & i_3 & i_4 & i_5 \end{pmatrix} = \operatorname{sgn} \begin{pmatrix} 1 & 2 \\ i_1 & i_2 \end{pmatrix} \operatorname{sgn} \begin{pmatrix} 3 & 4 & 5 \\ i_3 & i_4 & i_5 \end{pmatrix}$$

が成立する．これを直前の式に使えば

$$\begin{aligned} \det \boldsymbol{L} &= \sum_{(i_1, i_2)} \operatorname{sgn} \begin{pmatrix} 1 & 2 \\ i_1 & i_2 \end{pmatrix} l_{i_1,1} l_{i_2,2} \cdot \sum_{(i_3, i_4, i_5)} \operatorname{sgn} \begin{pmatrix} 3 & 4 & 5 \\ i_3 & i_4 & i_5 \end{pmatrix} l_{i_3,3} l_{i_4,4} l_{i_5,5} \\ &= \det \boldsymbol{L}_{11} \cdot \det \boldsymbol{L}_{22}. \end{aligned}$$

(f)　置換行列の行列式 $\det\left[\boldsymbol{e}_{j_1}^{(n)}, \ldots, \boldsymbol{e}_{j_n}^{(n)}\right] = \mathrm{sgn}\begin{pmatrix} 1 & \cdots & n \\ j_1 & \cdots & j_n \end{pmatrix} = \pm 1.$

n 次行列式の定義式は n 個の数の積の $n!$ 個の和を表す．しかし，次表からわかるように，階乗関数は急速に増大するから，定義式から行列式の値を計算するのは，低次の場合や三角行列の場合などの特別な場合を除けば実際的ではない．それは $n!$ の数値例を挙げた下表から容易に分かる．

n	1	3	5	10	50	100
$n!$	1	6	120	3.6×10^6	3.0×10^{64}	9.3×10^{157}

例えば, 1 秒間に 1 兆回 (10^{12} 回) の浮動小数点演算可能な (teraflops) コンピュータを使って，50 次行列式を定義式から計算するには，天文学的時間を要する（試算されよ）．一般に，行列式の計算は後述する性質を利用して簡単化する．

6.5　ゼロ行またはゼロ列を持つ行列式の値は 0 に等しい

ゼロ行，またはゼロ列を持つ行列式は，定義式中の各項が少なくとも 1 個のゼロ因子を含むから，その値は 0 となる．

例 6.6　$\det \mathbf{0}_{n\times n} = 0$,　$\det\begin{bmatrix} * & * & * \\ 0 & 0 & 0 \\ * & * & * \end{bmatrix} = 0$,　$\det\begin{bmatrix} * & * & 0 \\ * & * & 0 \\ * & * & 0 \end{bmatrix} = 0.$

6.6　転置をとっても行列式の値は変わらない：$\det \boldsymbol{A}^{\mathrm{T}} = \det \boldsymbol{A}$

3 次行列の場合を例にとって証明する．定義式より

$$\det \boldsymbol{A} = \det\begin{bmatrix} a_{11} & a_{12} & a_{13} \\ a_{21} & a_{22} & a_{23} \\ a_{31} & a_{32} & a_{33} \end{bmatrix} = \sum_{(p,q,r)} \mathrm{sgn}\begin{pmatrix} 1 & 2 & 3 \\ p & q & r \end{pmatrix} a_{p,1}a_{q,2}a_{r,3}, \tag{6.1}$$

$$\det \boldsymbol{A}^{\mathrm{T}} = \det\begin{bmatrix} a_{11} & a_{21} & a_{31} \\ a_{12} & a_{22} & a_{32} \\ a_{13} & a_{23} & a_{33} \end{bmatrix} = \sum_{(p,q,r)} \mathrm{sgn}\begin{pmatrix} 1 & 2 & 3 \\ p & q & r \end{pmatrix} a_{1,p}a_{2,q}a_{3,r}. \tag{6.2}$$

ここで，(6.2) 式中の任意項 $\operatorname{sgn}\begin{pmatrix}1 & 2 & 3\\ p & q & r\end{pmatrix} a_{1,p}a_{2,q}a_{3,r}$ において，$a_{1,p}a_{2,q}a_{3,r}$ 中の因子の順序を入れかえて $a_{k,1}a_{l,2}a_{m,3}$ の形に書き改めると（これは確かに可能），符号数の性質から

$$\begin{aligned}\operatorname{sgn}\begin{pmatrix}1 & 2 & 3\\ p & q & r\end{pmatrix} a_{1,p}a_{2,q}a_{3,r} &= \operatorname{sgn}\begin{pmatrix}k & l & m\\ 1 & 2 & 3\end{pmatrix} a_{k,1}a_{l,2}a_{m,3}\\ &= \operatorname{sgn}\begin{pmatrix}1 & 2 & 3\\ k & l & m\end{pmatrix} a_{k,1}a_{l,2}a_{m,3}.\end{aligned} \tag{6.3}$$

また，(p, q, r) が $\{1, 2, 3\}$ のすべての置換をとれば，(k, l, m) も $\{1, 2, 3\}$ のすべての置換をとることは明らかである．この事実と (6.3) を (6.2) 式に使うと $\det \boldsymbol{A}^{\mathrm{T}} = \det \boldsymbol{A}$ が得られる．一般の場合も証明法は全く同様である．

この事実により，行列式の列に関して成り立つ性質はすべて行についても成り立つことが保証される．

6.7 行列式は各行，各列について線形である（多重線形性）

前節の結果から，「行列式は各列について線形である」ことを示せば十分である．この「列に関する線形性」であるが，例えば「第 1 列について線形である」とは，任意のスカラー c, c'，任意の $n \times 1$ 行列（n 次列ベクトル）$\boldsymbol{a}_1, \boldsymbol{a}_1', \boldsymbol{a}_2, \ldots, \boldsymbol{a}_n$ に対して

$$\begin{aligned}&\det\left[c\boldsymbol{a}_1 + c'\boldsymbol{a}_1', \boldsymbol{a}_2, \ldots, \boldsymbol{a}_n\right]\\ &\quad = c\det\left[\boldsymbol{a}_1, \boldsymbol{a}_2, \ldots, \boldsymbol{a}_n\right] + c'\det\left[\boldsymbol{a}_1', \boldsymbol{a}_2, \ldots, \boldsymbol{a}_n\right]\end{aligned}$$

が成立することである．以下，これを示す（一般の j 列についてまったく同様に示せる）．実際，$\boldsymbol{a}_j = \left[a_{1j}, \ldots, a_{nj}\right]^{\mathrm{T}}$ $(j = 1, \ldots, n)$，$\boldsymbol{a}_1' = \left[a_{11}', \ldots, a_{n1}'\right]^{\mathrm{T}}$ とすれば，行列式の定義式から

$$\begin{aligned}\det\left[c\boldsymbol{a}_1 + c'\boldsymbol{a}_1', \boldsymbol{a}_2, \ldots, \boldsymbol{a}_n\right] &= \det\begin{bmatrix}ca_{11} + c'a_{11}' & \cdots & a_{1n}\\ \vdots & \ddots & \vdots\\ ca_{n1} + c'a_{n1}' & \cdots & a_{nn}\end{bmatrix}\\ &= \sum_{(i_1, \ldots, i_n)} \operatorname{sgn}\begin{pmatrix}1 & \cdots & n\\ i_1 & \cdots & i_n\end{pmatrix}(ca_{i_1,1} + c'a_{i_1,1}')a_{i_2,2}\cdots a_{i_n,n}\end{aligned}$$

$$
\begin{aligned}
&= c \sum_{(i_1,\dots,i_n)} \operatorname{sgn}\begin{pmatrix} 1 & \cdots & n \\ i_1 & \cdots & i_n \end{pmatrix} a_{i_1,1} a_{i_2,2} \cdots a_{i_n,n} \\
&\quad + c' \sum_{(i_1,\dots,i_n)} \operatorname{sgn}\begin{pmatrix} 1 & \cdots & n \\ i_1 & \cdots & i_n \end{pmatrix} a'_{i_1,1} a_{i_2,2} \cdots a_{i_n,n} \\
&= c \det\left[\boldsymbol{a}_1,\, \boldsymbol{a}_2,\, \dots,\, \boldsymbol{a}_n\right] + c' \det\left[\boldsymbol{a}'_1,\, \boldsymbol{a}_2,\, \dots,\, \boldsymbol{a}_n\right].
\end{aligned}
$$

例 6.7

$$
\det\begin{bmatrix} -a+2a' & b \\ -c+2c' & d \end{bmatrix} = -\det\begin{bmatrix} a & b \\ c & d \end{bmatrix} + 2\cdot\det\begin{bmatrix} a' & b \\ c' & d \end{bmatrix}
$$

$$
\begin{aligned}
\det\begin{bmatrix} -a+2a' & b+b' \\ -c+2c' & d+d' \end{bmatrix} &= -\det\begin{bmatrix} a & b \\ c & d \end{bmatrix} + 2\cdot\det\begin{bmatrix} a' & b \\ c' & d \end{bmatrix} \\
&\quad -\det\begin{bmatrix} a & b' \\ c & d' \end{bmatrix} + 2\cdot\det\begin{bmatrix} a' & b' \\ c' & d' \end{bmatrix}.
\end{aligned}
$$

例 6.8　$\boldsymbol{A}$ を n 次行列とすれば，$\det(k\boldsymbol{A}) = k^n \det \boldsymbol{A}$（一般に $\det(k\boldsymbol{A}) \neq k \det \boldsymbol{A}$ に注意）.

注意　一般に $\det(\boldsymbol{A}+\boldsymbol{B}) \neq \det \boldsymbol{A} + \det \boldsymbol{B}$．例えば，$\boldsymbol{A} = \begin{bmatrix} 1 & -1 \\ 0 & -1 \end{bmatrix}$，$\boldsymbol{B} = \begin{bmatrix} -1 & 1 \\ 0 & 1 \end{bmatrix}$ としてみよ.

6.8　相等しい 2 行また 2 列を持つ行列式の値は 0 に等しい

列のみについて示せばよい．例として，3 次行列式において第 1 列 = 第 2 列なら $\det \boldsymbol{A} = -\det \boldsymbol{A}$ ($\Leftrightarrow \det \boldsymbol{A} = 0$) であることを示そう．実際，

$$
\begin{aligned}
\det \boldsymbol{A} = \det\begin{bmatrix} a_{11} & a_{12} & a_{13} \\ a_{21} & a_{22} & a_{23} \\ a_{31} & a_{32} & a_{33} \end{bmatrix} &= \sum_{(p,q,r)} \operatorname{sgn}\begin{pmatrix} 1 & 2 & 3 \\ p & q & r \end{pmatrix} a_{p,1} a_{q,2} a_{r,3} \\
&= \sum_{(q,p,r)} \operatorname{sgn}\begin{pmatrix} 1 & 2 & 3 \\ q & p & r \end{pmatrix} a_{q,1} a_{p,2} a_{r,3} \quad \text{（単なる文字の変更）}
\end{aligned}
$$

$$= \sum_{(q,p,r)} \mathrm{sgn}\begin{pmatrix} 1 & 2 & 3 \\ q & p & r \end{pmatrix} a_{q,2}a_{p,1}a_{r,3}$$

（$\because$ 第 1 列 $=$ 第 2 列ゆえ $a_{p,1} = a_{p,2}$, $a_{q,1} = a_{q,2}$）

$$= -\sum_{(q,p,r)} \mathrm{sgn}\begin{pmatrix} 1 & 2 & 3 \\ p & q & r \end{pmatrix} a_{p,1}a_{q,2}a_{r,3} = -\det \boldsymbol{A}.$$

$$\left(\because \mathrm{sgn}\begin{pmatrix} 1 & 2 & 3 \\ q & p & r \end{pmatrix} = -\mathrm{sgn}\begin{pmatrix} 1 & 2 & 3 \\ p & q & r \end{pmatrix}\right)$$

例 6.9　$\det\begin{bmatrix} 1 & 1 & 1 \\ 1 & 1 & 1 \\ 1 & 2 & 4 \end{bmatrix} = 0$，$\det\begin{bmatrix} 1 & 1 & 1 \\ 2 & 1 & 2 \\ 4 & 1 & 4 \end{bmatrix} = 0$.

6.9　2 行または 2 列を互換すると行列式の符号は反転する（交代性）

例として，3 次行列式の第 1 列と第 2 列を入れ替えれば符号が変わることを証明する．実際，問題の行列の第 j 列を $\boldsymbol{a}_j$ $(j = 1, 2, 3)$ と書けば，

$$0 = \det[\boldsymbol{a}_1 + \boldsymbol{a}_2, \boldsymbol{a}_1 + \boldsymbol{a}_2, \boldsymbol{a}_3]$$

（第 1 列 $=$ 第 2 列だから前節により行列式の値は 0）

$$= \det[\boldsymbol{a}_1, \boldsymbol{a}_1, \boldsymbol{a}_3] + \det[\boldsymbol{a}_1, \boldsymbol{a}_2, \boldsymbol{a}_3] + \det[\boldsymbol{a}_2, \boldsymbol{a}_1, \boldsymbol{a}_3] + \det[\boldsymbol{a}_2, \boldsymbol{a}_2, \boldsymbol{a}_3]$$

（多重線形性，6.7 節）

$$= 0 + \det[\boldsymbol{a}_1, \boldsymbol{a}_2, \boldsymbol{a}_3] + \det[\boldsymbol{a}_2, \boldsymbol{a}_1, \boldsymbol{a}_3] + 0 \text{（再び前節の結果を適用）}.$$

これより，$\det[\boldsymbol{a}_1, \boldsymbol{a}_2, \boldsymbol{a}_3] = -\det[\boldsymbol{a}_2, \boldsymbol{a}_1, \boldsymbol{a}_3]$ が得られる．

例 6.10　$\det\begin{bmatrix} 1 & 2 & 3 \\ 4 & 5 & 6 \\ 7 & 8 & 8 \end{bmatrix} = -\det\begin{bmatrix} 7 & 8 & 8 \\ 4 & 5 & 6 \\ 1 & 2 & 3 \end{bmatrix}$（第 1 行と第 3 行を交換）

$= \det\begin{bmatrix} 8 & 7 & 8 \\ 5 & 4 & 6 \\ 2 & 1 & 3 \end{bmatrix}$（第 1 列と第 2 列を交換）.

6.10　任意行（または列）のスカラー倍を他行（または他列）に加えても行列式の値は変わらない

例として，与えられた行列式の第 1 列に任意のスカラー c を掛けて第 2 列に加えても，行列式の値は変わらないことを示す．すなわち，$\det[\boldsymbol{a}_1, c\boldsymbol{a}_1+\boldsymbol{a}_2, \boldsymbol{a}_3, \ldots, \boldsymbol{a}_n] = \det[\boldsymbol{a}_1, \boldsymbol{a}_2, \ldots, \boldsymbol{a}_n]$ を示す．実際，

$$
\begin{aligned}
&\det[\boldsymbol{a}_1, c\boldsymbol{a}_1+\boldsymbol{a}_2, \boldsymbol{a}_3, \ldots, \boldsymbol{a}_n] \\
&\quad = c\det[\boldsymbol{a}_1, \boldsymbol{a}_1, \boldsymbol{a}_3, \ldots, \boldsymbol{a}_n] + \det[\boldsymbol{a}_1, \boldsymbol{a}_2, \boldsymbol{a}_3, \ldots, \boldsymbol{a}_n] \quad (\text{多重線形性}) \\
&\quad = 0 + \det[\boldsymbol{a}_1, \ldots, \boldsymbol{a}_n]
\end{aligned}
$$

（∵ 6.8 節により，相等しい 2 列を持つ行列式の値は 0.）

この性質は行列式の簡単化に役立つ．

例 6.11　$\det\begin{bmatrix}1&2&3\\4&5&6\\7&8&8\end{bmatrix} = \det\begin{bmatrix}1&2&3\\0&-3&-6\\0&-6&-13\end{bmatrix} = \det\begin{bmatrix}1&2&3\\0&-3&-6\\0&0&-1\end{bmatrix} = 1\cdot(-3)\cdot(-1) = 3$

と計算できる．最初の等号は第 2 行 − 第 1 行 ×4 → 第 2 行，第 3 行 − 第 1 行 ×7 → 第 3 行（第 1 列の掃き出し）を行い，次の等号は第 3 行 − 第 2 行 ×2 → 第 3 行（第 2 列の掃き出し）を行うことで得られる．

例 6.12　$a^3+b^3+c^3-3abc = \det\begin{bmatrix}a&b&c\\c&a&b\\b&c&a\end{bmatrix}$　(6.4 節例 (c))

$$= \det\begin{bmatrix}a+c+b & b+a+c & c+b+a\\ c&a&b\\ b&c&a\end{bmatrix} \quad (\text{第 2, 3 行を第 1 行に加える})$$

$$= (a+b+c)\det\begin{bmatrix}1&1&1\\c&a&b\\b&c&a\end{bmatrix} \quad (\text{多重線形性により，共通項をくくり出す})$$

$$= (a+b+c)(a^2+b^2+c^2-ab-bc-ca) \quad (\text{当初の式の因数分解形！})$$

注意　6.5 節から行列式の性質をいくつか紹介してきたが，中でも 6.7 節の多重線形性と 6.9 節の交代性は行列式の本質を表す性質である．実は，n 個の n 次ベク

トル $\boldsymbol{x}_1, \ldots, \boldsymbol{x}_n$ に対して関数 $F(\boldsymbol{x}_1, \ldots, \boldsymbol{x}_n)$ が多重線形性と交代性を持ち，さらに $F(\boldsymbol{e}_1, \ldots, \boldsymbol{e}_n) = 1$ を満たせば，$F(\boldsymbol{x}_1, \ldots, \boldsymbol{x}_n) = \det(\boldsymbol{x}_1, \ldots, \boldsymbol{x}_n)$ であることが示せる．

6.11 積の行列式は行列式の積に等しい

定理 6.13 任意の n 次行列 $\boldsymbol{A}, \boldsymbol{B}$ に対して積の公式 $\det \boldsymbol{AB} = \det \boldsymbol{A} \cdot \det \boldsymbol{B}$ が成り立つ．

証明 $n > 1$ としてよい．まず，$\boldsymbol{A}, \boldsymbol{B}$ を $\boldsymbol{A} = [\boldsymbol{a}_1, \ldots, \boldsymbol{a}_n]$, $\boldsymbol{B} = [b_{ij}]$ と書けば，

$$\begin{aligned}\det \boldsymbol{AB} &= \det [\boldsymbol{a}_1 b_{11} + \cdots + \boldsymbol{a}_n b_{n1}, \ldots, \boldsymbol{a}_1 b_{1n} + \cdots + \boldsymbol{a}_n b_{nn}] \\ &= \sum \det [\boldsymbol{a}_{k_1}, \ldots, \boldsymbol{a}_{k_n}] \cdot b_{k_1,1} \cdots b_{k_n,n} \\ &\quad (k_1, \ldots, k_n \text{ は } 1, \ldots, n \text{ のすべての値をとる.})\end{aligned}$$

右辺の行列式中，相等しい 2 列を持つものの値は 0 だから，和は $\{1, \ldots, n\}$ の置換についてだけとればよく，この場合，各 $\det [\boldsymbol{a}_{k_1}, \ldots, \boldsymbol{a}_{k_n}]$ は，適当回の列互換を行えば $(\pm 1) \cdot \det [\boldsymbol{a}_1, \ldots, \boldsymbol{a}_n]$ 型に変形できる．これを使って上式を整頓すれば，$\det(\boldsymbol{AB}) = (\det \boldsymbol{A}) \cdot \alpha$ 型の関係が得られる．ここに，α はその由来から $\boldsymbol{A}$ に依存しないスカラーを表す．ゆえに，この式で $\boldsymbol{A} = \boldsymbol{I}$ とすれば，$\alpha = \det \boldsymbol{B}$ が得られる． ■

例 6.14 $\boldsymbol{A}$ を $m \times n$ 行列，$\boldsymbol{B}$ を $n \times m$ 行列とする．$m > n$ なら $\det \boldsymbol{AB} = 0$ である．実際，$\boldsymbol{AB} = [\boldsymbol{A}, \boldsymbol{0}] \begin{bmatrix} \boldsymbol{B} \\ \boldsymbol{0} \end{bmatrix}$ の行列式をとれば（$[\boldsymbol{A}, \boldsymbol{0}]$ は $\boldsymbol{A}$ の右に $m-n\,(>0)$ 個のゼロ列を付加した m 次行列)，本節の結果より，$\det \boldsymbol{AB} = \det [\boldsymbol{A}, \boldsymbol{0}] \det \begin{bmatrix} \boldsymbol{B} \\ \boldsymbol{0} \end{bmatrix} = 0 \cdot 0 = 0$.

例 6.15 **(a)** $\boldsymbol{A}^{-1}$ が存在すれば，$\det \begin{bmatrix} \boldsymbol{A} & \boldsymbol{B} \\ \boldsymbol{C} & \boldsymbol{D} \end{bmatrix} = \det \boldsymbol{A} \cdot \det(\boldsymbol{D} - \boldsymbol{CA}^{-1}\boldsymbol{B})$.

(b) $\boldsymbol{D}^{-1}$ が存在すれば，$\det \begin{bmatrix} \boldsymbol{A} & \boldsymbol{B} \\ \boldsymbol{C} & \boldsymbol{D} \end{bmatrix} = \det(\boldsymbol{A} - \boldsymbol{BD}^{-1}\boldsymbol{C}) \cdot \det \boldsymbol{D}$.

(c) $\det(\boldsymbol{I} - \boldsymbol{ab}^{\mathrm{T}}) = 1 - \boldsymbol{b}^{\mathrm{T}}\boldsymbol{a}$ $(\boldsymbol{a}, \boldsymbol{b} : n \times 1)$.

ここに $\boldsymbol{A}, \boldsymbol{D}$ は一般に次数の異なる正方行列を表す．実際，

$$\begin{bmatrix} I & 0 \\ -CA^{-1} & I \end{bmatrix} \begin{bmatrix} A & B \\ C & D \end{bmatrix} = \begin{bmatrix} A & B \\ 0 & D - CA^{-1}B \end{bmatrix},$$

$$\begin{bmatrix} I & -BD^{-1} \\ 0 & I \end{bmatrix} \begin{bmatrix} A & B \\ C & D \end{bmatrix} = \begin{bmatrix} A - BD^{-1}C & 0 \\ C & D \end{bmatrix} \text{(ガウスの消去法)}.$$

行列式をとれば (a), (b) が出る．

(c) は (a), (b) において $A = I$, $B = a$, $C = b^{\mathrm{T}}$, $D = [1]$ とすればよい．■

例 6.16　A を $m \times n$ 行列，B を $n \times m$ 行列，λ を任意のスカラーとすれば

$$(-\lambda)^n \det(AB - \lambda I_m) = (-\lambda)^m \det(BA - \lambda I_n) \text{（I_m は m 次単位行列）}.$$

とくに，$m = n$ の場合は $\det(AB - \lambda I) = \det(BA - \lambda I)$ が成り立つ．証明は，次の計算を確認し，両辺の行列式をとればよい．

$$\begin{bmatrix} AB - \lambda I_m & 0 \\ B & -\lambda I_n \end{bmatrix} \begin{bmatrix} I_m & A \\ 0 & I_n \end{bmatrix} = \begin{bmatrix} I_m & A \\ 0 & I_n \end{bmatrix} \begin{bmatrix} -\lambda I_m & 0 \\ B & BA - \lambda I_n \end{bmatrix}.$$

■

例 6.17　A を n 次行列，V を n 次可逆行列とすれば，$\det(V^{-1}AV) = \det A$ が成り立つ．

証明　これは積の公式よりすぐに出る．実際，

$$\begin{aligned} \det(V^{-1}AV) &= \det V^{-1} \det A \det V = \det V^{-1} \det V \det A \\ &= \det(V^{-1}V) \det A = \det I \det A = 1 \cdot \det A = \det A. \end{aligned}$$

■

例 6.18　A を可逆行列とすれば $\det A^{-1} = (\det A)^{-1}$.

証明　$AA^{-1} = I$ の両辺の行列式をとれば，$\det A \cdot \det A^{-1} = 1$ が出る．ところでこれは，A^{-1} が存在すれば，$\det A \neq 0$ であることを示す．■

6.12　可逆性と行列式の非零性は同値である

定理 6.19　n 次行列 A が逆行列を持つための必要十分条件は $\det A \neq 0$ である．

証明　必要性：前節の例 6.18.
十分性：$\boldsymbol{A} = [\boldsymbol{a}_1, \ldots, \boldsymbol{a}_n]$ が可逆でなければ，$\boldsymbol{A}\boldsymbol{x} = \boldsymbol{0}$ を満たす $n \times 1$ 行列 $\boldsymbol{x} \neq \boldsymbol{0}$ が存在する．これは，$\boldsymbol{A}$ の列が 1 次従属であることを示す．ゆえに，どれかの列を他の列の 1 次結合として表現できる．これを $\det \boldsymbol{A} = \det [\boldsymbol{a}_1, \ldots, \boldsymbol{a}_n]$ に代入し，行列式の多重線形性と「相等しい 2 列を持つ行列式の値は 0」を使えば，$\det \boldsymbol{A} = 0$ が結論される．■

注意　6.14 節において逆行列の公式を示す．

例 6.20　6.4 節 (d) により，三角行列の行列式は対角成分の積に等しい．ゆえに，三角行列が可逆であるための必要十分条件は対角成分がすべて非零であることである．

例 6.21　6.4 節 (e) により，ブロック三角行列 $\begin{bmatrix} \boldsymbol{L}_{11} & \boldsymbol{0} \\ \boldsymbol{L}_{21} & \boldsymbol{L}_{22} \end{bmatrix}$ や $\begin{bmatrix} \boldsymbol{U}_{11} & \boldsymbol{U}_{12} \\ \boldsymbol{0} & \boldsymbol{U}_{22} \end{bmatrix}$ の行列式は対角ブロックの行列式の積に等しい．ゆえに，ブロック三角行列が可逆であるための必要十分条件は，各対角ブロックが可逆であることである．

6.13　行列式の特定の行または列による展開

定理 6.22　与えられた n 次行列 $\boldsymbol{A} = \begin{bmatrix} a_{11} & \cdots & a_{1n} \\ \vdots & \ddots & \vdots \\ a_{n1} & \cdots & a_{nn} \end{bmatrix}$ に対して，次の展開公式が成立する：

(a)　第 k 行による展開：$\det \boldsymbol{A} = a_{k1}A_{k1} + \cdots + a_{kn}A_{kn} = \sum_{l=1}^{n} a_{kl}A_{kl}$,

(b)　第 l 列による展開：$\det \boldsymbol{A} = a_{1l}A_{1l} + \cdots + a_{nl}A_{nl} = \sum_{k=1}^{n} a_{kl}A_{kl}$.

ここに，A_{kl} $(k, l = 1, \ldots, n)$ は $\boldsymbol{A}$ の第 k 行，第 l 列を消し去った $(n-1)$ 次行列の行列式に $(-1)^{k+l}$ を掛けたものに等しく，$\boldsymbol{A}$ の第 (k, l) **余因子** (cofactor) と呼ばれる量である．余因子の符号分布 $(-1)^{k+l} (= (-1)^{|k-l|})$ は，チェス盤模様 $\begin{bmatrix} + & - & + & \cdots \\ - & + & - & \cdots \\ + & - & + & \cdots \\ \vdots & \vdots & \vdots & \ddots \end{bmatrix}$ をなす．

証明は後述する．以上の展開公式は，n 次行列式の計算を $(n-1)$ 次行列式の計算に落している点に値打ちがある．応用上は，なるべくゼロ成分の多い行または列によって展開するのが賢明である．例を示す．

例 6.23　3 次行列式の第 1 列による展開は

$$\det\begin{bmatrix} a_{11} & a_{12} & a_{13} \\ a_{21} & a_{22} & a_{23} \\ a_{31} & a_{32} & a_{33} \end{bmatrix} = a_{11}\det\begin{bmatrix} a_{22} & a_{23} \\ a_{32} & a_{33} \end{bmatrix} - a_{21}\det\begin{bmatrix} a_{12} & a_{13} \\ a_{32} & a_{33} \end{bmatrix} + a_{31}\det\begin{bmatrix} a_{12} & a_{13} \\ a_{22} & a_{23} \end{bmatrix}.$$

また，第 2 行による展開は

$$\det\begin{bmatrix} a_{11} & a_{12} & a_{13} \\ a_{21} & a_{22} & a_{23} \\ a_{31} & a_{32} & a_{33} \end{bmatrix} = -a_{21}\det\begin{bmatrix} a_{12} & a_{13} \\ a_{32} & a_{33} \end{bmatrix} + a_{22}\det\begin{bmatrix} a_{11} & a_{13} \\ a_{31} & a_{33} \end{bmatrix} - a_{23}\det\begin{bmatrix} a_{11} & a_{12} \\ a_{31} & a_{32} \end{bmatrix}.$$

いずれもこれまでに出した公式に還元されるのは当然である．

例 6.24　三角行列に第 1 行または第 1 列による展開を繰り返し適用すれば「三角行列の行列式は対角成分の積」という既知の公式が出る．

定理 6.22 の展開公式 (a), (b) を証明する．

証明　行列式の定義式を変形していく方法が一番直接的であるから，まず，$\det \boldsymbol{A}$ の第 1 列による展開を示す．定義より

$$\begin{aligned} \det \boldsymbol{A} &= \sum_{(i_1,\ldots,i_n)} \operatorname{sgn}\begin{pmatrix} 1 & \cdots & n \\ i_1 & \cdots & i_n \end{pmatrix} a_{i_1,1}\cdots a_{i_n,n} \\ &= \sum_k a_{k1} \sum_{(i_2,\ldots,i_n)} \operatorname{sgn}\begin{pmatrix} 1 & 2 & \cdots & n \\ k & i_2 & \cdots & i_n \end{pmatrix} a_{i_2,2}\cdots a_{i_n,n}. \end{aligned}$$

ここで

$$\operatorname{sgn}\begin{pmatrix}1 & 2 & \cdots & n \\ k & i_2 & \cdots & i_n\end{pmatrix} = (-1)^{k-1}\operatorname{sgn}\begin{pmatrix}1 & \cdots & k-1 & k & k+1 & \cdots & n \\ i_2 & \cdots & i_{k-1} & k & i_{k+1} & \cdots & i_n\end{pmatrix}$$
$$= (-1)^{k-1}\operatorname{sgn}\begin{pmatrix}1 & \cdots & k-1 & k+1 & \cdots & n \\ i_2 & \cdots & i_{k-1} & i_{k+1} & \cdots & i_n\end{pmatrix}$$

ゆえ，

$$\det \boldsymbol{A} = \sum_k (-1)^{k-1} a_{k1} \sum_{(i_2,\ldots,i_n)} \operatorname{sgn}\begin{pmatrix}1 & \cdots & k-1 & k+1 & \cdots & n \\ i_2 & \cdots & i_{k-1} & i_{k+1} & \cdots & i_n\end{pmatrix} a_{i_2,2}\cdots a_{i_n,n}$$
$$(k \notin \{i_2, \ldots, i_n\})$$
$$= \sum_k (-1)^{k-1} a_{k1} A_{k1} (= \sum_k (-1)^{k+1} a_{k1} A_{k1})$$

となる．これは $\boldsymbol{A}$ の第 1 列による展開に他ならない．

第 l 列 $(l = 1, \ldots, n)$ による展開公式は，$\boldsymbol{A}$ に $(l-1)$ 回の隣り合う 2 列の互換を行い，第 l 列を第 1 列に移動させた後，第 1 列による展開を行えば得られる．すなわち，

$$\det \boldsymbol{A} = (-1)^{l-1} \sum_k (-1)^{k+1} a_{kl} A_{kl} = \sum_k (-1)^{k+l} a_{kl} A_{kl}.$$

行による展開公式は $\det \boldsymbol{A}^{\mathrm{T}}$ に列による展開を適用すればよい． ■

6.14 逆行列の公式

行列 $\begin{bmatrix} A_{11} & \cdots & A_{1n} \\ \vdots & \ddots & \vdots \\ A_{n1} & \cdots & A_{nn} \end{bmatrix}^{\mathrm{T}} \equiv \operatorname{Adj} \boldsymbol{A}$（転置演算に注意！）を，与えられた n 次行列 $\boldsymbol{A} = \begin{bmatrix} a_{11} & \cdots & a_{1n} \\ \vdots & \ddots & \vdots \\ a_{n1} & \cdots & a_{nn} \end{bmatrix}$ の**余因子行列** (cofactor matrix, adjugate matrix) という．ここに，A_{kl} は前節で定義された (k, l) 余因子を表す $(k, l = 1, \ldots, n)$.

定理 6.25 以下の式

$$\boldsymbol{A} \cdot \operatorname{Adj} \boldsymbol{A} = (\det \boldsymbol{A}) \cdot \boldsymbol{I} \tag{6.4}$$

が成り立つ．ゆえに，$\det \boldsymbol{A} \neq 0$ なら

$$\boldsymbol{A}^{-1} = \frac{1}{\det \boldsymbol{A}} \begin{bmatrix} A_{11} & \cdots & A_{1n} \\ \vdots & \ddots & \vdots \\ A_{n1} & \cdots & A_{nn} \end{bmatrix}^{\mathrm{T}} = \frac{1}{\det \boldsymbol{A}} \operatorname{Adj} \boldsymbol{A}. \tag{6.5}$$

証明　行または列による展開公式（前節，定理 6.22）による．(6.5) は (6.4) から直接出るから (6.4) のみを示す．左辺の行列積 $\boldsymbol{A} \cdot \operatorname{Adj} \boldsymbol{A} \equiv \boldsymbol{B}$ の (i, j) 成分を計算すると，

$$b_{ij} = \sum_{k=1}^{n} a_{ik} A_{jk} = a_{i1} A_{j1} + \cdots + a_{in} A_{jn} \quad (i, j = 1, \ldots, n). \tag{6.6}$$

$i = j$ の場合は前節の結果により，右辺は $\det \boldsymbol{A}$ の第 i 行による展開を表すので，$b_{ii} = \sum_{k=1}^{n} a_{ik} A_{ik} = \det \boldsymbol{A}$ $(i = 1, \ldots, n)$ となる．$i \neq j$ なら，(6.6) の右辺は $\boldsymbol{A}$ の第 j 行を第 i 行で置き換えた行列式（異なる位置にある 2 行が等しい行列式）の第 j 行による展開と見なせるから，その値は 0 である．すなわち，$b_{ij} = 0$, $i \neq j$. 以上から $\boldsymbol{B} = (\det \boldsymbol{A})\boldsymbol{I}$. ■

6.15　クラメールの公式

定理 6.26　$\boldsymbol{A} = [a_{ij}] = [\boldsymbol{a}_1, \ldots, \boldsymbol{a}_n]$ を既知の n 次可逆行列，$\boldsymbol{b} = [b_1, \ldots, b_n]^{\mathrm{T}}$ を既知の $n \times 1$ 行列とすれば，行列方程式 $\boldsymbol{A}\boldsymbol{x} = \boldsymbol{b}$ の解 $\boldsymbol{x} = \boldsymbol{A}^{-1}\boldsymbol{b} \equiv [x_1, \ldots, x_n]^{\mathrm{T}}$ の各成分は次式で与えられる：

$$x_i = \det [\boldsymbol{a}_1, \ldots, \boldsymbol{a}_{i-1}, \boldsymbol{b}, \boldsymbol{a}_{i+1}, \ldots, \boldsymbol{a}_n] / \det \boldsymbol{A} \quad (i = 1, \ldots, n). \tag{6.7}$$

ここに，分子は $\boldsymbol{A}$ の第 i 列を $\boldsymbol{b}$ で置き換えた行列の行列式を表す．これを**クラメールの公式** (Cramer's rule) という．

証明　前節の「逆行列の公式」(6.5) 式と，6.13 節，定理 6.22 の展開公式を使うのがもっとも簡単である．逆行列の公式により

$$\boldsymbol{x} = \boldsymbol{A}^{-1}\boldsymbol{b} = \frac{1}{\det \boldsymbol{A}} \begin{bmatrix} A_{11} & \cdots & A_{1n} \\ \vdots & \ddots & \vdots \\ A_{n1} & \cdots & A_{nn} \end{bmatrix}^{\mathrm{T}} \begin{bmatrix} b_1 \\ \vdots \\ b_n \end{bmatrix} = \frac{1}{\det \boldsymbol{A}} \begin{bmatrix} \sum_{k=1}^{n} A_{k1} b_k \\ \vdots \\ \sum_{k=1}^{n} A_{kn} b_k \end{bmatrix}.$$

右辺最後の行列の各成分は列による展開公式により

$$\sum_{k=1}^{n} A_{k1}b_k = \det\big[\boldsymbol{b},\, \boldsymbol{a}_2,\, \ldots,\, \boldsymbol{a}_n\big], \ldots, \sum_{k=1}^{n} A_{kn}b_k = \det\big[\boldsymbol{a}_1,\, \ldots,\, \boldsymbol{a}_{n-1},\, \boldsymbol{b}\big]. \qquad \blacksquare$$

例 6.27 行列方程式

$$\boldsymbol{A}\boldsymbol{x} \equiv \begin{bmatrix} a & b \\ c & d \end{bmatrix} \begin{bmatrix} x \\ y \end{bmatrix} = \begin{bmatrix} e \\ f \end{bmatrix} \equiv \boldsymbol{b} \quad (\det \boldsymbol{A} = ad - bc \neq 0)$$

の解はクラメールの公式により

$$x = \det \begin{bmatrix} e & b \\ f & d \end{bmatrix} / \det \begin{bmatrix} a & b \\ c & d \end{bmatrix} = \frac{ed - bf}{ad - bc},$$

$$y = \det \begin{bmatrix} a & e \\ c & f \end{bmatrix} / \det \begin{bmatrix} a & b \\ c & d \end{bmatrix} = \frac{af - ec}{ad - bc}.$$

例 6.28 3 次行列方程式

$$\boldsymbol{A}\boldsymbol{x} \equiv \begin{bmatrix} a_{11} & a_{12} & a_{13} \\ a_{21} & a_{22} & a_{23} \\ a_{31} & a_{32} & a_{33} \end{bmatrix} \begin{bmatrix} x_1 \\ x_2 \\ x_3 \end{bmatrix} = \begin{bmatrix} b_1 \\ b_2 \\ b_3 \end{bmatrix} \equiv \boldsymbol{b} \quad (\det \boldsymbol{A} \neq 0)$$

の解はクラメールの公式により

$$x_1 = \det \begin{bmatrix} b_1 & a_{12} & a_{13} \\ b_2 & a_{22} & a_{23} \\ b_3 & a_{32} & a_{33} \end{bmatrix} / \det \boldsymbol{A}, \quad x_2 = \det \begin{bmatrix} a_{11} & b_1 & a_{13} \\ a_{21} & b_2 & a_{23} \\ a_{31} & b_3 & a_{33} \end{bmatrix} / \det \boldsymbol{A},$$

$$x_3 = \det \begin{bmatrix} a_{11} & a_{12} & b_1 \\ a_{21} & a_{22} & b_2 \\ a_{31} & a_{32} & b_3 \end{bmatrix} / \det \boldsymbol{A}.$$

注意 クラメールの公式は，各成分が行列式の比として陽に表されているので，一見，並列数値計算に向いているかのように見えるが，そのまま使えば，$n = 2$ の場合においてさえ桁落ちの起こる可能性があるので使うべきではない．

6.16 ラプラス展開

「特定の 1 行または 1 列による展開」(6.13 節，定理 6.22) は，以下に示すように「特定の複数行または複数列によるラプラス (Laplace) 展開」に拡張できる．

定理 6.29　n 次行列 $\boldsymbol{A} = [a_{ij}]$ において，第 $p_1 < \cdots < p_k$ 行，第 $q_1 < \cdots < q_k$ 列 $(1 \leqslant k < n)$ の交わる位置にある成分から構成される k 次行列を

$$\boldsymbol{A}^{p_1,\ldots,p_k}_{q_1,\ldots,q_k} \equiv \begin{bmatrix} a_{p_1,q_1} & \cdots & a_{p_1,q_k} \\ \vdots & \ddots & \vdots \\ a_{p_k,q_1} & \cdots & a_{p_k,q_k} \end{bmatrix}$$

で表すと，次の**ラプラス展開** (Laplace expansion) が成立する：

$$\det \boldsymbol{A} = \sum_{p_1<\cdots<p_k} (-1)^{p_1+\cdots+p_k+q_1+\cdots+q_k} \det \boldsymbol{A}^{p_1,\ldots,p_k}_{q_1,\ldots,q_k} \det \boldsymbol{A}^{p_{k+1},\ldots,p_n}_{q_{k+1},\ldots,q_n}$$
$$(\text{第 } q_1, \ldots, q_k \text{ 列による展開}), \tag{6.8}$$

$$\det \boldsymbol{A} = \sum_{q_1<\cdots+<q_k} (-1)^{p_1+\cdots p_k+q_1+\cdots+q_k} \det \boldsymbol{A}^{p_1,\ldots,p_k}_{q_1,\ldots,q_k} \det \boldsymbol{A}^{p_{k+1},\ldots,p_n}_{q_{k+1},\ldots,q_n}$$
$$(\text{第 } p_1, \ldots, p_k \text{ 行による展開}). \tag{6.9}$$

ここに，右辺の和は可能なすべての場合についてとるものとする．また，$(q_{k+1}, \ldots, q_n)$ および $(p_{k+1}, \ldots, p_n)$ は，それぞれ $q_1, \ldots, q_k$ および $p_1, \ldots, p_k$ に現れなかった $1, \ldots, n$ を小さい順に並べたものである．

証明　(6.9) は (6.8) を $\boldsymbol{A}^{\mathrm{T}}$ に適用すれば得られるから，(6.8) のみを示す．$n = 4$，第 1, 3 列による展開，すなわち，$k = 2, q_1 = 1, q_2 = 3$（したがって $q_3 = 2$, $q_4 = 4$）の場合を例にとって証明法を説明しよう．この場合，証明すべき式は次式である：

$$\det \boldsymbol{A} = \sum_{p_1<p_2} (-1)^{p_1+p_2+q_1+q_2} \det \boldsymbol{A}^{p_1,p_2}_{q_1,q_2} \det \boldsymbol{A}^{p_3,p_4}_{q_3,q_4}. \tag{6.10}$$

証明は未定係数法によるのが早い．すなわち，$q_1 = 1, q_2 = 3$ を考慮し，4 次行列 $\boldsymbol{A} = [a_{ij}]$ の行列式をまず第 1 列によって展開する．すると，3 次行列式の 1 次結合を得る．次いで，各 3 次行列式を元の行列式 $\det \boldsymbol{A}$ の第 3 列によって展開する．結果を整理すれば

$$\det \boldsymbol{A} = \sum_{p_3<p_4} f(\boldsymbol{A}^{p_1,p_2}_{1,3}) \det \boldsymbol{A}^{p_3,p_4}_{2,4} \tag{6.11}$$

の形をとる．ここに，右辺の和は $1 \leqslant p_3 < p_4 \leqslant 4$ を満たすようなすべての p_3, p_4 についてとり，記号 $f(\boldsymbol{A}^{p_1,p_2}_{1,3})$ は小行列 $\boldsymbol{A}^{p_1,p_2}_{1,3}$ のみによって定まるスカラーを表す（$p_1 < p_2$ は $1, \ldots, 4$ から $p_3 < p_4$ を除いたもの)．

未知量 $f(\boldsymbol{A}_{1,3}^{p_1,p_2})$ を定めるため，(6.11) 式における特定の項 $\boldsymbol{A}_{1,3}^{p_1,p_2}$，$\boldsymbol{A}_{2,4}^{p_3,p_4}$ に注目し，行列 $\boldsymbol{A}$ の中でその項に含まれる成分はそのまま，それ以外の成分を 0 とおくと，(6.11) 式中の他の項はすべて 0 となる．ゆえに

$$f(\boldsymbol{A}_{1,3}^{p_1,p_2})\det \boldsymbol{A}_{2,4}^{p_3,p_4} = \det \boldsymbol{A} \tag{6.12}$$
$$\text{(ただし } a_{ij} \notin \boldsymbol{A}_{1,3}^{p_1,p_2},\ \boldsymbol{A}_{2,4}^{p_3,p_4} \Rightarrow a_{ij} = 0\text{)}.$$

たとえば，$p_3 = 1, p_4 = 4$（したがって $p_1 = 2, p_2 = 3$）なら

$$f(\boldsymbol{A}_{1,3}^{2,3})\det \boldsymbol{A}_{2,4}^{1,4} = \det \begin{bmatrix} 0 & a_{12} & 0 & a_{14} \\ a_{21} & 0 & a_{23} & 0 \\ a_{31} & 0 & a_{33} & 0 \\ 0 & a_{42} & 0 & a_{44} \end{bmatrix} \tag{6.13}$$

$$= -\det \begin{bmatrix} a_{21} & a_{23} & 0 & 0 \\ a_{31} & a_{33} & 0 & 0 \\ 0 & 0 & a_{12} & a_{14} \\ 0 & 0 & a_{42} & a_{44} \end{bmatrix} \quad \begin{array}{l}\text{(第 1 行} \leftrightarrow \text{第 2 行,} \\ \text{第 2 行} \leftrightarrow \text{第 3 行,} \\ \text{第 2 列} \leftrightarrow \text{第 3 列)}\end{array}$$

$$= -\det \begin{bmatrix} a_{21} & a_{23} \\ a_{31} & a_{33} \end{bmatrix} \det \begin{bmatrix} a_{12} & a_{14} \\ a_{42} & a_{44} \end{bmatrix}$$

$$= -\det \boldsymbol{A}_{1,3}^{2,3} \det \boldsymbol{A}_{2,4}^{1,4}$$

$$= (-1)^{2+3+1+3} \det \boldsymbol{A}_{1,3}^{2,3} \det \boldsymbol{A}_{2,4}^{1,4}.$$

一般の場合も同様の計算を行う．すなわち，(6.12) 式右辺の行列式において

- 第 p_1 行 $\to$ 第 $(p_1 - 1)$ 行 $\to \cdots \to$ 第 1 行（$(p_1 - 1)$ 回の互換），
- 第 p_2 行 $\to$ 第 $(p_2 - 1)$ 行 $\to \cdots \to$ 第 2 行（$(p_2 - 2)$ 回の互換），
- 第 q_1 列 $\to$ 第 $(q_1 - 1)$ 列 $\to \cdots \to$ 第 1 列（$(q_1 - 1)$ 回の互換），
- 第 q_2 列 $\to$ 第 $(q_2 - 1)$ 列 $\to \cdots \to$ 第 2 列（$(q_2 - 2)$ 回の互換）

を実行すると，

$$f(\boldsymbol{A}_{1,3}^{p_1,p_2})\det \boldsymbol{A}_{2,4}^{p_3,p_4} = (-1)^{p_1-1+p_2-2+q_1-1+q_2-2} \det \begin{bmatrix} \boldsymbol{A}_{q_1,q_2}^{p_1,p_2} & \boldsymbol{0} \\ \boldsymbol{0} & \boldsymbol{A}_{q_3,q_4}^{p_3,p_4} \end{bmatrix}$$
$$= (-1)^{p_1+p_2+q_1+q_2} \det \boldsymbol{A}_{q_1,q_2}^{p_1,p_2} \det \boldsymbol{A}_{q_3,q_4}^{p_3,p_4} \tag{6.14}$$

が得られる．これを (6.11) 式に代入したものが証明すべき式 (6.10) に他ならない．

復習すると，ラプラス展開はこれまでの証明から次のように書ける：

$$\begin{aligned}\det\begin{bmatrix}11&12&13&14\\21&22&23&24\\31&32&33&34\\41&42&43&44\end{bmatrix}&=\det\begin{bmatrix}11&0&13&0\\21&0&23&0\\0&32&0&34\\0&42&0&44\end{bmatrix}+\det\begin{bmatrix}11&0&13&0\\0&22&0&24\\31&0&33&0\\0&42&0&44\end{bmatrix}\\&\quad+\det\begin{bmatrix}11&0&13&0\\0&22&0&24\\0&32&0&34\\41&0&43&0\end{bmatrix}+\det\begin{bmatrix}0&12&0&14\\21&0&23&0\\31&0&33&0\\0&42&0&44\end{bmatrix}\\&\quad+\det\begin{bmatrix}0&12&0&14\\21&0&23&0\\0&32&0&34\\41&0&43&0\end{bmatrix}+\det\begin{bmatrix}0&12&0&14\\0&22&0&24\\31&0&33&0\\41&0&43&0\end{bmatrix}.\end{aligned}$$

ここに，右辺は左辺第 1, 3 列から任意に 2 行を選び，第 2, 4 列からそれ以外の 2 行を選び，選んだ成分以外の成分を 0 とおいて得られる行列式の総和を表す．そして，例えば

$$\det\begin{bmatrix}0&a&0&b\\c&0&d&0\\e&0&f&0\\0&g&0&h\end{bmatrix}=-\det\begin{bmatrix}c&d&0&0\\e&f&0&0\\0&0&a&b\\0&0&g&h\end{bmatrix}=-\det\begin{bmatrix}c&d\\e&f\end{bmatrix}\det\begin{bmatrix}a&b\\g&h\end{bmatrix}$$

のように，右辺各項に行互換または列互換を行ってブロック対角行列式に変形し，元の式に代入したものがラプラス展開 (6.10) に他ならない．■

例 6.30　$\det\begin{bmatrix}\boldsymbol{L}_{11}&\boldsymbol{0}\\\boldsymbol{L}_{21}&\boldsymbol{L}_{22}\end{bmatrix}=\det\boldsymbol{L}_{11}\det\boldsymbol{L}_{22}$．既知事項であるが，ラプラス展開から一目でわかる．

6.17　ビネ・コーシー展開

ラプラス展開（前節）は単一の行列式の展開公式であるが，ビネ・コーシー展開は $\boldsymbol{A}:m\times n$, $\boldsymbol{B}:n\times m$ の積 $\boldsymbol{AB}$ の展開公式である．ただし $m\leqslant n$ とする．

とくに $m = n$ なら，公式 $\det \boldsymbol{AB} = \det \boldsymbol{A} \cdot \det \boldsymbol{B}$ に還元する．他方，$m > n$ なら，$\det \boldsymbol{AB} = 0$（6.11 節，例 6.14）．

次の展開公式を**ビネ・コーシー展開** (Binet-Cauchy expansion) という：

定理 6.31 $m \leqslant n,\ \boldsymbol{A} = [\boldsymbol{a}_1, \ldots, \boldsymbol{a}_n] : m \times n,\ \boldsymbol{B} = \begin{bmatrix} \boldsymbol{b}_1 \\ \vdots \\ \boldsymbol{b}_n \end{bmatrix} : n \times m$ とすれば（$\boldsymbol{a}_j$ は $\boldsymbol{A}$ の第 j 列，$\boldsymbol{b}_i$ は $\boldsymbol{B}$ の第 i 行），次式

$$\det \boldsymbol{AB} = \sum_{j_1 < \cdots < j_m} \det [\boldsymbol{a}_{j_1}, \ldots, \boldsymbol{a}_{j_m}] \cdot \det \begin{bmatrix} \boldsymbol{b}_{j_1} \\ \vdots \\ \boldsymbol{b}_{j_m} \end{bmatrix} \tag{6.15}$$

（右辺は m 次行列式の積）

が成立する．ここに和は関係 $1 \leqslant j_1 < \cdots < j_m \leqslant n$ を満たす，すべての $j_1, \ldots, j_m$ についてとるものとする．

例 6.32 $2 = m < n = 3$ の場合：

$$\begin{aligned} \det \boldsymbol{AB} &\equiv \det [\boldsymbol{a}_1, \boldsymbol{a}_2, \boldsymbol{a}_3] \begin{bmatrix} \boldsymbol{b}_1 \\ \boldsymbol{b}_2 \\ \boldsymbol{b}_3 \end{bmatrix} \equiv \det \left(\begin{bmatrix} a_{11} & a_{12} & a_{13} \\ a_{21} & a_{22} & a_{23} \end{bmatrix} \begin{bmatrix} b_{11} & b_{12} \\ b_{21} & b_{22} \\ b_{31} & b_{32} \end{bmatrix} \right) \\ &= \det [\boldsymbol{a}_1, \boldsymbol{a}_2] \det \begin{bmatrix} \boldsymbol{b}_1 \\ \boldsymbol{b}_2 \end{bmatrix} + \det [\boldsymbol{a}_1, \boldsymbol{a}_3] \det \begin{bmatrix} \boldsymbol{b}_1 \\ \boldsymbol{b}_3 \end{bmatrix} + \det [\boldsymbol{a}_2, \boldsymbol{a}_3] \det \begin{bmatrix} \boldsymbol{b}_2 \\ \boldsymbol{b}_3 \end{bmatrix}. \end{aligned} \tag{6.16}$$

証明 上の例で説明する．未定係数法がわかりやすい．

$$\begin{aligned} \det \boldsymbol{AB} &= \det \left([\boldsymbol{a}_1, \boldsymbol{a}_2, \boldsymbol{a}_3] \begin{bmatrix} b_{11} & b_{12} \\ b_{21} & b_{22} \\ b_{31} & b_{32} \end{bmatrix} \right) \\ &= \det [\boldsymbol{a}_1 b_{11} + \boldsymbol{a}_2 b_{21} + \boldsymbol{a}_3 b_{31}, \boldsymbol{a}_1 b_{12} + \boldsymbol{a}_2 b_{22} + \boldsymbol{a}_3 b_{32}]. \end{aligned} \tag{6.17}$$

右辺を行列式の性質を使って整理すると

$$\det \boldsymbol{AB} = \beta_{12} \det [\boldsymbol{a}_1, \boldsymbol{a}_2] + \beta_{13} \det [\boldsymbol{a}_1, \boldsymbol{a}_3] + \beta_{23} \det [\boldsymbol{a}_2, \boldsymbol{a}_3]. \tag{6.18}$$

ここに，係数 β_{ij} は行列 $\boldsymbol{B}$ のみによって定まり，$\boldsymbol{A}$ とは全く無関係な数を表す．β_{ij} の決め方の例として β_{13} を考える．(6.18) で $\boldsymbol{a}_1 = \boldsymbol{e}_1 = [1, 0]^{\mathrm{T}}$, $\boldsymbol{a}_2 = \boldsymbol{0}$, $\boldsymbol{a}_3 = \boldsymbol{e}_2 = [0, 1]^{\mathrm{T}}$ とすれば，(6.17) より

$$
\begin{aligned}
\det \boldsymbol{AB} &= \det \begin{bmatrix} 1 & 0 & 0 \\ 0 & 0 & 1 \end{bmatrix} \begin{bmatrix} \boldsymbol{b}_1 \\ \boldsymbol{b}_2 \\ \boldsymbol{b}_3 \end{bmatrix} = \det \begin{bmatrix} \boldsymbol{b}_1 \\ \boldsymbol{b}_3 \end{bmatrix} \\
&= \beta_{12} \det [\boldsymbol{a}_1, \boldsymbol{0}] + \beta_{13} \det \boldsymbol{I}_2 + \beta_{23} \det [\boldsymbol{0}, \boldsymbol{a}_3] \qquad (6.19) \\
&= 0 + \beta_{13} \cdot 1 + 0 = \beta_{13}, \\
&\therefore \beta_{13} = \det \begin{bmatrix} \boldsymbol{b}_1 \\ \boldsymbol{b}_3 \end{bmatrix}.
\end{aligned}
$$

同様にして，$\beta_{12} = \det \begin{bmatrix} \boldsymbol{b}_1 \\ \boldsymbol{b}_2 \end{bmatrix}$ $\beta_{23} = \det \begin{bmatrix} \boldsymbol{b}_2 \\ \boldsymbol{b}_3 \end{bmatrix}$ が得られる．これらを (6.18) に代入すれば，ビネ・コーシー展開 (6.16) が得られる．■

例 6.33　$\boldsymbol{A} = \begin{bmatrix} a & b & c \\ d & e & f \end{bmatrix}$ とすれば，ビネ・コーシー展開により，

$$
\begin{aligned}
\det \boldsymbol{AA}^{\mathrm{T}} &= \det \begin{bmatrix} a^2 + b^2 + c^2 & ad + be + cf \\ ad + be + cf & d^2 + e^2 + f^2 \end{bmatrix} \\
&= \left(\det \begin{bmatrix} a & b \\ d & e \end{bmatrix} \right)^2 + \left(\det \begin{bmatrix} a & c \\ d & f \end{bmatrix} \right)^2 + \left(\det \begin{bmatrix} b & c \\ e & f \end{bmatrix} \right)^2.
\end{aligned}
$$

6.18　3 次行列式は平行六面体の符号付体積を表す

通常の 3 次元空間内に右手系直交座標系 O-xyz を導入する．ここに，右手系とは，x 軸，y 軸，z 軸の正の向きが，この順で右手の親指，人差し指，中指が指す向きに対応することをいう．そして，空間内の任意点 $P(x, y, z)$，矢線ベクトル $\overrightarrow{OP}$，列ベクトル $[x, y, z]^{\mathrm{T}}$ をすべて同一視することにする．また，任意の 3 次（実）直交行列 $\boldsymbol{Q} = [\boldsymbol{q}_1, \boldsymbol{q}_2, \boldsymbol{q}_3]$ をとれば，$\{\boldsymbol{q}_1, \boldsymbol{q}_2, \boldsymbol{q}_3\}$ は $\boldsymbol{q}_i^{\mathrm{T}} \boldsymbol{q}_j = \delta_{ij}$ $(i, j = 1, 2, 3)$ を満たすから，直交行列と $\{\boldsymbol{q}_1, \boldsymbol{q}_2, \boldsymbol{q}_3\}$ を単位ベクトルとする直交座標系は 1 対 1 対応をなす．次の事実が成り立つ：

(a)　直交行列 $\boldsymbol{Q} = [\boldsymbol{q}_1, \boldsymbol{q}_2, \boldsymbol{q}_3]$ の列 $\{\boldsymbol{q}_1, \boldsymbol{q}_2, \boldsymbol{q}_3\}$ が右手系直交座標系をなす $\Leftrightarrow$ $\det \boldsymbol{Q} = 1$.

(b)　空間内に右手系直交座標系 O-xyz を導入し，$A(a_x, a_y, a_z)$, $B(b_x, b_y, b_z)$, $C(c_x, c_y, c_z)$ を空間内の 3 点とすれば，$\det \begin{bmatrix} a_x & b_x & c_x \\ a_y & b_y & c_y \\ a_z & b_z & c_z \end{bmatrix} \equiv \det [\boldsymbol{a}, \boldsymbol{b}, \boldsymbol{c}]$ は矢線ベクトル $\overrightarrow{OA}$, $\overrightarrow{OB}$, $\overrightarrow{OC}$ によって定まる平行六面体の符号付体積を表す（図 6.1 参照）.

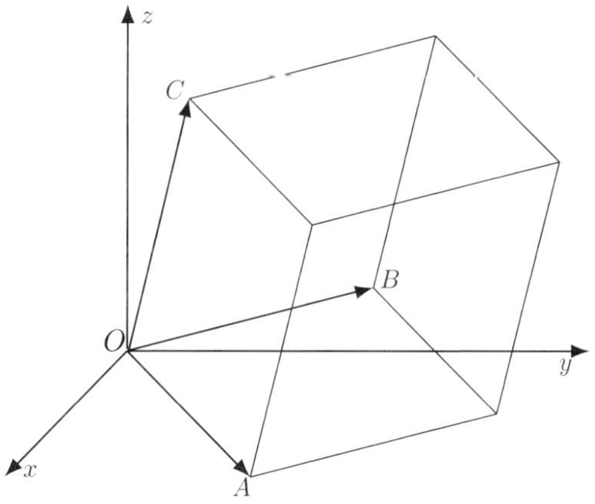

図 6.1　六面体の符号付き体積

ここに体積の符号は，点 O, A, B を通る平面内において，原点を中心に $\overrightarrow{OA}$ より $\overrightarrow{OB}$ への回転（$\angle AOB$ は 180° 以下にとる）が正となる側に（= 回転により右ねじが進む側に）$\overrightarrow{OC}$ が存在するときに正と規約する.

証明　(a)：$\{\boldsymbol{q}_1, \boldsymbol{q}_2, \boldsymbol{q}_3\}$ が右手系直交座標系を表すなら，それは原点を固定点とする回転により連続的に $\{\boldsymbol{e}_1, \boldsymbol{e}_2, \boldsymbol{e}_3\}$ に移行できることになる．$\boldsymbol{Q}^{\mathrm{T}}\boldsymbol{Q} = \boldsymbol{I}$ $(\boldsymbol{Q} = [\boldsymbol{q}_1, \boldsymbol{q}_2, \boldsymbol{q}_3])$ の行列式をとると，$(\det \boldsymbol{Q})^2 = 1$ が得られるので $\det \boldsymbol{Q} = \pm 1$．$\det \boldsymbol{Q}$ は連続的に $\det \boldsymbol{I} = 1$ に移行するから，結局解析学の「中間値の定理」により $\det \boldsymbol{Q} = -1$ の可能性は排除される．逆に $\det \boldsymbol{Q} = 1$ なら，やはり回転により $\boldsymbol{q}_1 \to \boldsymbol{e}_1$, $\boldsymbol{q}_2 \to \boldsymbol{e}_2$ とした後の $\boldsymbol{q}_3$ の最終位置は $\pm \boldsymbol{e}_3$ であるが，行列式の連続性より $\boldsymbol{q}_3 \to \boldsymbol{e}_3$ でなければならない．これは $\{\boldsymbol{q}_1, \boldsymbol{q}_2, \boldsymbol{q}_3\}$ は最初から右手系直交座標系をなすことを示す.

(b)：任意の右手系直交座標系 $\{\boldsymbol{q}_1, \boldsymbol{q}_2, \boldsymbol{q}_3\}$ をとり，これから見た $\boldsymbol{a}, \boldsymbol{b}, \boldsymbol{c}$ の座標を $A(a'_x, a'_y, a'_z), B(b'_x, b'_y, b'_z), C(c'_x, c'_y, c'_z)$ とすれば，座標変換を表す式は

$$[\boldsymbol{a}, \boldsymbol{b}, \boldsymbol{c}] = [\boldsymbol{q}_1, \boldsymbol{q}_2, \boldsymbol{q}_3] \begin{bmatrix} a'_x & b'_x & c'_x \\ a'_y & b'_y & c'_y \\ a'_z & b'_z & c'_z \end{bmatrix} \equiv [\boldsymbol{a}', \boldsymbol{b}', \boldsymbol{c}']$$

である．両辺の行列式をとると，$\det \boldsymbol{Q} = 1$ ゆえ，$\det[\boldsymbol{a}, \boldsymbol{b}, \boldsymbol{c}] = \det[\boldsymbol{a}', \boldsymbol{b}', \boldsymbol{c}']$ となる．ゆえに，行列式の値は右手系直交座標系によらない．そこで，$\overrightarrow{OA}$ を $\boldsymbol{q}_1$ 軸に，そして $\overrightarrow{OA}$ を $\overrightarrow{OB}$ 方向へ 90 度回転させた位置に $\boldsymbol{q}_2$ 軸をとり，$\boldsymbol{q}_3$ 軸は $\{\boldsymbol{q}_1, \boldsymbol{q}_2, \boldsymbol{q}_3\}$ が右手系直交座標系をなすようにとる．すると，点 A, B, C の新座標は $(a'_x, 0, 0), (b'_x, b'_y, 0), C(c'_x, c'_y, c'_z)$ の形となる．すなわち，$[\boldsymbol{a}, \boldsymbol{b}, \boldsymbol{c}] = [\boldsymbol{q}_1, \boldsymbol{q}_2, \boldsymbol{q}_3] \begin{bmatrix} a'_x & b'_x & c'_x \\ 0 & b'_y & c'_y \\ 0 & 0 & c'_z \end{bmatrix}$ の関係が成り立つことになる．両辺の行列式をとると，$\det \boldsymbol{Q} = 1$ ゆえ，$\det[\boldsymbol{a}, \boldsymbol{b}, \boldsymbol{c}] = a'_x b'_y c'_z$ が出る．この値は，今考えている平行六面体の（符号付）体積を表すことを確認できる．■

ここで示した事実を考慮すると，既知の事実「$\boldsymbol{A}^{-1}$ の存在 $\Leftrightarrow \det \boldsymbol{A} \neq 0$」は「$\boldsymbol{A}^{-1}$ が存在 $\Leftrightarrow \boldsymbol{e}_1, \boldsymbol{e}_2, \boldsymbol{e}_3$ が $\boldsymbol{A}$ の列の 1 次結合として書ける $\Leftrightarrow$ $\boldsymbol{A}$ の列によって決定される平行六面体の体積 $\neq 0$」となる．これは幾何学的直感から納得できるであろう．

6.19　ベクトル積（外積）

行列式が幾何学の基本量を表す例をもう 1 例挙げる．$\boldsymbol{a} = [a_1, a_2, a_3]^{\mathrm{T}}$，$\boldsymbol{b} = [b_1, b_2, b_3]^{\mathrm{T}}$ を与えられたベクトルとするとき

$$\boldsymbol{a} \times \boldsymbol{b} = \boldsymbol{e}_1 \det \begin{bmatrix} a_2 & a_3 \\ b_2 & b_3 \end{bmatrix} + \boldsymbol{e}_2 \det \begin{bmatrix} a_3 & a_1 \\ b_3 & b_1 \end{bmatrix} + \boldsymbol{e}_3 \det \begin{bmatrix} a_1 & a_2 \\ b_1 & b_2 \end{bmatrix} \in \mathbb{R}^3 \tag{6.20}$$

を $\boldsymbol{a}, \boldsymbol{b}$ の**ベクトル積** (vector product) または**外積** (outer product) という．ここに，右辺は形式的な行列式

$$\boldsymbol{a} \times \boldsymbol{b} = \det \begin{bmatrix} \boldsymbol{e}_1 & \boldsymbol{e}_2 & \boldsymbol{e}_3 \\ a_1 & a_2 & a_3 \\ b_1 & b_2 & b_3 \end{bmatrix} \tag{6.21}$$

を第1行で展開したものを表し，$\boldsymbol{e}_1 = [1, 0, 0]^{\mathrm{T}}$, $\boldsymbol{e}_2 = [0, 1, 0]^{\mathrm{T}}$, $\boldsymbol{e}_3 = [0, 0, 1]^{\mathrm{T}}$ は通常の単位ベクトルを表す（ベクトル解析の本では $\boldsymbol{e}_1, \boldsymbol{e}_2, \boldsymbol{e}_3$ を $\boldsymbol{i}, \boldsymbol{j}, \boldsymbol{k}$ で表すことが多い）．次の事実が成り立つ：

定理 6.34 **(a)** ベクトル積は（右手系）直交座標系のとり方にはよらない：すなわち，$[\boldsymbol{a}, \boldsymbol{b}] = \boldsymbol{Q}[\boldsymbol{a}', \boldsymbol{b}']$ $(\boldsymbol{a}, \boldsymbol{b}, \boldsymbol{a}', \boldsymbol{b}' \in \mathbb{R}^3)$, $\boldsymbol{Q}^{\mathrm{T}}\boldsymbol{Q} = \boldsymbol{I}$（直交性），$\det \boldsymbol{Q} = 1$（右手系）とすれば，$\boldsymbol{a} \times \boldsymbol{b} = \det \begin{bmatrix} \boldsymbol{e}_1 & \boldsymbol{e}_2 & \boldsymbol{e}_3 \\ a_1 & a_2 & a_3 \\ b_1 & b_2 & b_3 \end{bmatrix} = \det \begin{bmatrix} \boldsymbol{q}_1 & \boldsymbol{q}_2 & \boldsymbol{q}_3 \\ a'_1 & a'_2 & a'_3 \\ b'_1 & b'_2 & b'_3 \end{bmatrix} = \boldsymbol{a}' \times \boldsymbol{b}'$ が成立する．

(b) $\boldsymbol{a} \times \boldsymbol{b}$ は $\boldsymbol{a}, \boldsymbol{b}$ によって定まる平行四辺形の面積に等しい長さを持ち，$\boldsymbol{a}, \boldsymbol{b}$ によって定まる平面に垂直，かつ $\boldsymbol{a}$ を $\boldsymbol{b}$ に向かって（回転角が 180 度以下になるようにして）回転させたとき，右ねじの進む方向を向くベクトルを表す．

証明 (a)：最初に形式的な証明を示す．与えられた条件を形式的に使って

$$
\begin{aligned}
\boldsymbol{a} \times \boldsymbol{b} &= \det \begin{bmatrix} \boldsymbol{e}_1 & \boldsymbol{e}_2 & \boldsymbol{e}_3 \\ a_1 & a_2 & a_3 \\ b_1 & b_2 & b_3 \end{bmatrix} = \det \left(\begin{bmatrix} [\boldsymbol{q}_1, \boldsymbol{q}_2, \boldsymbol{q}_3]\boldsymbol{Q}^{\mathrm{T}} \\ \begin{bmatrix} a'_1 & a'_2 & a'_3 \\ b'_1 & b'_2 & b'_3 \end{bmatrix} \boldsymbol{Q}^{\mathrm{T}} \end{bmatrix} \right) \\
&= \det \left(\begin{bmatrix} \boldsymbol{q}_1 & \boldsymbol{q}_2 & \boldsymbol{q}_3 \\ a'_1 & a'_2 & a'_3 \\ b'_1 & b'_2 & b'_3 \end{bmatrix} \boldsymbol{Q}^{\mathrm{T}} \right) = \det \begin{bmatrix} \boldsymbol{q}_1 & \boldsymbol{q}_2 & \boldsymbol{q}_3 \\ a'_1 & a'_2 & a'_3 \\ b'_1 & b'_2 & b'_3 \end{bmatrix} \cdot \det \boldsymbol{Q}^{\mathrm{T}} \\
&= \det \begin{bmatrix} \boldsymbol{q}_1 & \boldsymbol{q}_2 & \boldsymbol{q}_3 \\ a'_1 & a'_2 & a'_3 \\ b'_1 & b'_2 & b'_3 \end{bmatrix} \quad (\because \det \boldsymbol{Q}^{\mathrm{T}} = \det \boldsymbol{Q} = 1) \\
&= \boldsymbol{a}' \times \boldsymbol{b}'.
\end{aligned}
$$

これが実際に正しいことを見るには，ベクトル積の定義を想起しつつ計算の経過を追えばよい（詳細略）．

(b)：(a) によりベクトル積は特定の右手系直交座標系によらない．そこで，$\boldsymbol{a}$ を新 x 軸，$\boldsymbol{a}, \boldsymbol{b}$ によって定まる平面内で $\boldsymbol{a}$ を $\boldsymbol{b}$ に向かって（回転の向きを $\boldsymbol{a}, \boldsymbol{b}$ 間の角度が 180 度以下になるようにして）90 度回転させたものを新 y 軸，この回転に伴う右ねじの進む向きに新 z 軸をとる．この右手系直交座標系の単位ベクトル

を $\boldsymbol{q}_1, \boldsymbol{q}_2, \boldsymbol{q}_3$ とすれば，$\boldsymbol{a}, \boldsymbol{b}$ の新座標は $\boldsymbol{a}' = \left[a_1', 0, 0\right]^{\mathrm{T}}$, $\boldsymbol{b}' = \left[b_1', b_2', 0\right]^{\mathrm{T}}$ であるから，ベクトル積は

$$\boldsymbol{a}' \times \boldsymbol{b}' = \det \begin{bmatrix} \boldsymbol{q}_1 & \boldsymbol{q}_2 & \boldsymbol{q}_3 \\ a_1' & 0 & 0 \\ b_1' & b_2' & 0 \end{bmatrix} = \boldsymbol{q}_1 0 + \boldsymbol{q}_2 0 + \boldsymbol{q}_3 \det \begin{bmatrix} a_1' & 0 \\ b_1' & b_2' \end{bmatrix} = \boldsymbol{q}_3 a_1' b_2'$$
$$= (\boldsymbol{a}', \boldsymbol{b}' \text{ によって定まる平行四辺形の面積 } (\geqslant 0))\boldsymbol{q}_3.$$

■

例 6.35　$\boldsymbol{e}_1 \times \boldsymbol{e}_2 = \boldsymbol{e}_3$, $\boldsymbol{e}_2 \times \boldsymbol{e}_3 = \boldsymbol{e}_1$, $\boldsymbol{e}_3 \times \boldsymbol{e}_1 = \boldsymbol{e}_2$．また，$\boldsymbol{a} \times \boldsymbol{a} = \boldsymbol{0}$, $\boldsymbol{a} \times \boldsymbol{b} = -(\boldsymbol{b} \times \boldsymbol{a})$, $(\boldsymbol{a} + \boldsymbol{b}) \times \boldsymbol{c} = \boldsymbol{a} \times \boldsymbol{c} + \boldsymbol{b} \times \boldsymbol{c}$, $\boldsymbol{a}^{\mathrm{T}}(\boldsymbol{b} \times \boldsymbol{c}) = \det\left[\boldsymbol{a}, \boldsymbol{b}, \boldsymbol{c}\right]$．これらはベクトル積の公式を利用すればただちに出る．

最後にひとこと

行列式は理論的考察用に広く使われるので，線形代数の必修基礎知識の一部を形成する．とくに「行列式の非零性とその行列の可逆性は同値である」ことは忘れてはならない．これは「3 次行列式の値はその 3 列によって決定される平行六面体の符号付体積を表す」という幾何学的解釈からも類推できる．クラメールの公式は，各未知数を行列式の比で表している点が面白いが，数値計算には適さない．

腕試し問題

問題 6.1　$\det \boldsymbol{A} \neq 0$ なら，行を適当に並べ替えることにより対角成分がすべて非零となるようにできることを示せ．また，列を適当に並べ替えても同じことができることを示せ．

問題 6.2　次の行列式の値を計算せよ：

$$(\mathbf{1}) \det \begin{bmatrix} 5 & 4 & 1 & 1 \\ 4 & 5 & 1 & 1 \\ 1 & 1 & 4 & 2 \\ 1 & 1 & 2 & 4 \end{bmatrix} \quad (\mathbf{2}) \det \begin{bmatrix} -73 & 78 & 24 \\ 92 & 66 & 25 \\ -80 & 37 & 10 \end{bmatrix} \quad (\mathbf{3}) \det \begin{bmatrix} 6 & -3 & 4 & 1 \\ 4 & 2 & 4 & 0 \\ 4 & -2 & 3 & 1 \\ 4 & 2 & 3 & 1 \end{bmatrix} \quad (\mathbf{4}) \det \begin{bmatrix} 2 & 2 & 2 & 2 \\ 3 & 3 & 2 & 2 \\ 2 & 0 & 4 & 2 \\ 1 & 0 & 0 & 5 \end{bmatrix}$$

問題 6.3　$\boldsymbol{A}^{\mathrm{T}} = -\boldsymbol{A}$ を満たす行列 $\boldsymbol{A}$ は**交代対称行列**または**歪対称行列** (skew-symmetric matrix) と呼ばれる（定義 1.30 参照）．交代対称行列の対角成分はすべて 0 でなければならない（問題 1.8 参照）．

(1)　奇数次交代対称行列の行列式は 0 に等しいことを示せ.

例：$\det[0]=0,\ \det\begin{bmatrix}0 & a & b\\ -a & 0 & c\\ -b & -c & 0\end{bmatrix}=0,\ \ldots.$

(2)　2 次交代対称行列，4 次交代対称行列に対する次の展開公式を示せ：

$$\det\begin{bmatrix}0 & a\\ -a & 0\end{bmatrix}=a^2,\quad \det\begin{bmatrix}0 & a & b & c\\ -a & 0 & d & e\\ -b & -d & 0 & f\\ -c & -e & -f & 0\end{bmatrix}=(af-be+cd)^2.$$

問題 6.4　前問の方法を拡張し，偶数次（$2n$ 次）交代対称行列 $\boldsymbol{A}$ の行列式は必ず $\det\boldsymbol{A}=F^2$ の形に書けることを示せ．ここに F は $\boldsymbol{A}$ の成分に関する n 次（同次）多項式を表し，パフ行列式 (Pfaffian) と呼ばれる（名称はドイツの数学者 Johann Friedrich Pfaff (1765–1825) に因む）.

問題 6.5　n 次行列 $\boldsymbol{A}$ の (k,l) 余因子（6.13 節参照）は，$\boldsymbol{A}$ において第 l 列を第 k 単位ベクトル $\boldsymbol{e}_k$ で置き換えた行列の行列式に等しいことを示せ.

問題 6.6（線形変換の行列式）　いま，$\boldsymbol{X}$ を任意の $n\,(\geqslant 1)$ 次元ベクトル空間，$\boldsymbol{A}$ を $\boldsymbol{X}$ からそれ自身への線形変換，$\{\boldsymbol{x}_1,\ldots,\boldsymbol{x}_n\}$ を $\boldsymbol{X}$ の任意基底とし，

$$\begin{aligned}\boldsymbol{A}[\boldsymbol{x}_1,\ldots,\boldsymbol{x}_n] &= [\boldsymbol{x}_1,\ldots,\boldsymbol{x}_n]\begin{bmatrix}a_{11} & \cdots & a_{1n}\\ \vdots & \ddots & \vdots\\ a_{n1} & \cdots & a_{nn}\end{bmatrix}\\ &\qquad \left(\text{すなわち，}\boldsymbol{A}\boldsymbol{x}_j=\sum_{i=1}^{n}a_{ij}\boldsymbol{x}_i\quad (j=1,\ldots,n)\right)\\ &\equiv [\boldsymbol{x}_1,\ldots,\boldsymbol{x}_n]\boldsymbol{A}_{\{\boldsymbol{x}_1,\ldots\}}\end{aligned}$$

とする．ここに $\boldsymbol{A}_{\{\boldsymbol{x}_1,\ldots\}}$ は基底 $\{\boldsymbol{x}_1,\ldots,\boldsymbol{x}_n\}$ に関する線形変換 $\boldsymbol{A}$ の行列表現である（2.18 節参照）．このとき $\det\boldsymbol{A}_{\{\boldsymbol{x}_1,\ldots\}}$ は基底の選び方に無関係な一定値を表すことを示せ．この値を線形変換 $\boldsymbol{A}$ の行列式という.

問題 6.7　$\boldsymbol{A},\boldsymbol{B}$ を任意の n 次行列，λ を任意のスカラーとすれば次式が成立することを示せ：

(1) $\begin{bmatrix}\boldsymbol{I} & \boldsymbol{0}\\ -\boldsymbol{I} & \boldsymbol{I}\end{bmatrix}\begin{bmatrix}\boldsymbol{A} & \boldsymbol{B}\\ \boldsymbol{B} & \boldsymbol{A}\end{bmatrix}\begin{bmatrix}\boldsymbol{I} & \boldsymbol{0}\\ \boldsymbol{I} & \boldsymbol{I}\end{bmatrix}=\begin{bmatrix}\boldsymbol{A}+\boldsymbol{B} & \boldsymbol{B}\\ \boldsymbol{0} & \boldsymbol{A}-\boldsymbol{B}\end{bmatrix}$ ($\begin{bmatrix}\boldsymbol{I} & \boldsymbol{0}\\ -\boldsymbol{I} & \boldsymbol{I}\end{bmatrix}\begin{bmatrix}\boldsymbol{I} & \boldsymbol{0}\\ \boldsymbol{I} & \boldsymbol{I}\end{bmatrix}=\boldsymbol{I}$ に注意)

(2) $\det\begin{bmatrix}\boldsymbol{A}-\lambda\boldsymbol{I} & \boldsymbol{B}\\ \boldsymbol{B} & \boldsymbol{A}-\lambda\boldsymbol{I}\end{bmatrix}=\det(\boldsymbol{A}+\boldsymbol{B}-\lambda\boldsymbol{I})\cdot\det(\boldsymbol{A}-\boldsymbol{B}-\lambda\boldsymbol{I})$

問題 6.8　$\det\begin{bmatrix}a & b & c\\ c & a & b\\ b & c & a\end{bmatrix}=a^3+b^3+c^3-3abc$ を利用し，次式を証明せよ：

$$(a^3+b^3+c^3-3abc)(x^3+y^3+z^3-3xyz)=X^3+Y^3+Z^3-3XYZ$$

ここに，$X=ax+bz+cy,\ Y=ay+bx+cz,\ Z=az+by+cx.$

問題 6.9　クラメールの公式を利用して次の連立1次方程式を解け：

(1) $\begin{cases} x+y=3 \\ x-y=-1 \end{cases}$　(2) $\begin{cases} x+2y-z=6 \\ 3x+z=2 \\ y+2z=0 \end{cases}$　(3) $\begin{cases} x+y+z=0 \\ x-y+z=2 \\ x-y-z=2 \end{cases}$

問題 6.10　逆行列の公式を用いて次の行列の逆行列を計算せよ：

(1) $\begin{bmatrix} 0 & 1 & 0 \\ 0 & 0 & 1 \\ 1 & 0 & 0 \end{bmatrix}$ **(2)** $\begin{bmatrix} 1 & 0 & 2 \\ 2 & -1 & 3 \\ 4 & 1 & 8 \end{bmatrix}$ **(3)** $\begin{bmatrix} 1 & 1+2i & 2+10i \\ 1+i & 3i & -5+14i \\ 1+i & 5i & -8+20i \end{bmatrix}$

問題 6.11（平面の方程式）　3次元空間内の通常の直交座標系 O-xyz に関する平面の方程式は $ax+by+cz+d=0$ $(a^2+b^2+c^2>0)$ によって与えられる．これは既知とする．すると，同一直線上にない相異なる3点 (x_i, y_i, z_i) $(i=1, 2, 3)$ によって定まる平面の方程式は

$\det\begin{bmatrix} x & y & z & 1 \\ x_1 & y_1 & z_1 & 1 \\ x_2 & y_2 & z_2 & 1 \\ x_3 & y_3 & z_3 & 1 \end{bmatrix} = 0$ によって与えられることを示せ．

問題 6.12（行列式の微分法）　n 次行列 $\boldsymbol{A} = [a_{ij}]$ において各成分 a_{ij} を実または複素変数 t の微分可能な関数とすれば，

$$\frac{d}{dt}\det\boldsymbol{A} = \det\begin{bmatrix} a'_{11} & a_{12} & \cdots & a_{1n} \\ a'_{21} & a_{22} & \cdots & a_{2n} \\ \vdots & \vdots & \ddots & \vdots \\ a'_{n1} & a_{n2} & \cdots & a_{nn} \end{bmatrix} + \det\begin{bmatrix} a_{11} & a'_{12} & \cdots & a_{1n} \\ a_{21} & a'_{22} & \cdots & a_{2n} \\ \vdots & \vdots & \ddots & \vdots \\ a_{n1} & a'_{n2} & \cdots & a_{nn} \end{bmatrix}$$

$$+ \cdots + \det\begin{bmatrix} a_{11} & a_{12} & \cdots & a'_{1n} \\ a_{21} & a_{22} & \cdots & a'_{2n} \\ \vdots & \vdots & \ddots & \vdots \\ a_{n1} & a_{n2} & \cdots & a'_{nn} \end{bmatrix},$$

$$= \det\begin{bmatrix} a'_{11} & a'_{12} & \cdots & a'_{1n} \\ a_{21} & a_{22} & \cdots & a_{2n} \\ \vdots & \vdots & \ddots & \vdots \\ a_{n1} & a_{n2} & \cdots & a_{nn} \end{bmatrix} + \cdots + \det\begin{bmatrix} a_{11} & a_{12} & \cdots & a_{1n} \\ a_{21} & a_{22} & \cdots & a_{2n} \\ \vdots & \vdots & \ddots & \vdots \\ a'_{n1} & a'_{n2} & \cdots & a'_{nn} \end{bmatrix}$$

が成り立つことを示せ $\left({}' = \dfrac{d}{dt}\right)$.

第7章　内積

本章では複素ベクトル空間上の内積について学ぶ．その重要例は $\mathbb{C}^n$ 上の内積 $\boldsymbol{a}^*\boldsymbol{b}$ である．内積の定義されたベクトル空間を「内積空間」という．内積の話は実内積空間から出発することも可能だが，固有値問題との関連から，最初から複素内積空間という全体設定で出発する方がかえって便利である．本章における代表的話題は「内積の一般的定義とその行列表現」，「直交性」，「グラム・シュミット直交化法」，「直交基底」，「直交補空間」，「コーシー・シュワルツ不等式」，「三角不等式」，「平行四辺形の法則」である．

7.1　内積の公理

複素ベクトル空間 X 内のベクトル $\boldsymbol{x}, \boldsymbol{y}$ の複素関数 $(\boldsymbol{x},\, \boldsymbol{y})$ が次の性質 (1), (2), (3) を満たすとき，これを X 上の**内積** (inner product) という：

(1)　$(\boldsymbol{x},\, \alpha\boldsymbol{y} + \beta\boldsymbol{z}) = \alpha(\boldsymbol{x},\, \boldsymbol{y}) + \beta(\boldsymbol{x},\, \boldsymbol{z})$　$(\boldsymbol{x},\, \boldsymbol{y},\, \boldsymbol{z} \in X,\ \alpha, \beta$ は任意複素数)

(2)　$\overline{(\boldsymbol{x},\, \boldsymbol{y})} = (\boldsymbol{y},\, \boldsymbol{x})$

(3)　$(\boldsymbol{x},\, \boldsymbol{x}) \geqslant 0, \quad (\boldsymbol{x},\, \boldsymbol{x}) = 0 \Leftrightarrow \boldsymbol{x} = \boldsymbol{0}$

(1), (2) より，

(4)　$(\alpha\boldsymbol{x} + \beta\boldsymbol{y},\, \boldsymbol{z}) = \overline{\alpha}(\boldsymbol{x},\, \boldsymbol{z}) + \overline{\beta}(\boldsymbol{y},\, \boldsymbol{z})$

も成り立つ．また，(1) において $\alpha = \beta = 0$ と置けば，

(5)　任意の $\boldsymbol{x} \in X$ に対して $(\boldsymbol{x},\, \boldsymbol{0}) = 0$

が出る．そして，$\sqrt{(\boldsymbol{x}, \boldsymbol{x})} \equiv \|\boldsymbol{x}\|$ を $\boldsymbol{x}$ の **2 ノルム**（2-norm；本章では単に**ノルム** (norm)）という．内積の定義された（複素）ベクトル空間を**内積空間** (inner product space)，ときに**ユニタリ空間** (unitary space) という．

注意　(1) の代わりに $(\boldsymbol{x}, \alpha\boldsymbol{y}+\beta\boldsymbol{z}) = \overline{\alpha}(\boldsymbol{x}, \boldsymbol{y}) + \overline{\beta}(\boldsymbol{x}, \boldsymbol{z})$ が採用されることも多いが，ここでは便宜上 (1) の形を選ぶ．

内積空間 X 内のベクトル $\boldsymbol{x}, \boldsymbol{y}$ が $(\boldsymbol{x}, \boldsymbol{y}) = 0$ を満たすとき，$\boldsymbol{x} \perp \boldsymbol{y}$ (“$\boldsymbol{x}$ perp $\boldsymbol{y}$” と読む) と書き，$\boldsymbol{x}$ と $\boldsymbol{y}$ は**直交する** (orthogonal)，または**垂直である** (perpendicular) という．また，$\|\boldsymbol{x}\| = 1$ なら $\boldsymbol{x}$ は**単位長さを持つ** (of unit length)，または**正規化されている** (normalized) という．

例 7.1　$\boldsymbol{x} = [x_1, \ldots, x_n]^{\mathrm{T}}, \boldsymbol{y} = [y_1, \ldots, y_n]^{\mathrm{T}} \in \mathbb{C}^n$ に対して $(\boldsymbol{x}, \boldsymbol{y}) = \boldsymbol{x}^*\boldsymbol{y} = \overline{x_1}y_1 + \cdots + \overline{x_n}y_n$ と定義すれば，これは $\mathbb{C}^n$ 上の内積を表す．$n = 2, \boldsymbol{x} = \frac{1}{\sqrt{2}}[1, i]^{\mathrm{T}}$, $\boldsymbol{y} = \frac{1}{\sqrt{2}}[1, -i]^{\mathrm{T}}$ とすれば，$\boldsymbol{x}, \boldsymbol{y}$ は直交している．また，$\boldsymbol{x}, \boldsymbol{y}$ はどちらも単位長さを持つ（＝正規化されている）．

例 7.2　n を自然数，X を閉区間 $[0, 1]$ 上で定義された高々 n 次の複素係数多項式全体の集合，$(f, g) = \int_0^1 \overline{f(z)}g(z)dz$ $(f, g \in X)$ とすれば，(f, g) は X 上の内積を表す．

7.2　正定値行列

本節は次節のための準備である．n 次エルミート行列 $\boldsymbol{P}$ が**正定値行列** (positive-definite matrix) であるとは，$\boldsymbol{x} \neq \boldsymbol{0}$ である任意の $\boldsymbol{x} \in \mathbb{C}^n$ に対して $\boldsymbol{x}^*\boldsymbol{P}\boldsymbol{x} > 0$ が成り立つことである（$\overline{\boldsymbol{x}^*\boldsymbol{P}\boldsymbol{x}} = \boldsymbol{x}^*\boldsymbol{P}\boldsymbol{x}$ ゆえ，$\boldsymbol{x}^*\boldsymbol{P}\boldsymbol{x}$ は実数）．正定値行列 $\boldsymbol{P}$ は，$\boldsymbol{P}\boldsymbol{x} = \boldsymbol{0} \Rightarrow \boldsymbol{x} = \boldsymbol{0}$ を満たすので可逆である．

定理 7.3　$\boldsymbol{P} = [p_{ij}] \in \mathbb{C}^{n\times n}$ をエルミート行列とすれば，次の (1), (2) は同値である：

(1)　（正定値性の定義）任意の $\boldsymbol{0} \neq \boldsymbol{x} \in \mathbb{C}^n$ に対して $\boldsymbol{x}^*\boldsymbol{P}\boldsymbol{x} > 0$.

(2)　$\boldsymbol{P}$ は**コレスキー分解** (Cholesky decomposition) 可能である，すなわち，$\boldsymbol{P} = \boldsymbol{L}\boldsymbol{L}^*$ 型分解が可能である．ここに，$\boldsymbol{L} = [l_{ij}], l_{ij} = 0$ $(i < j)$, $l_{ii} > 0$ は下三角行列を表す．

証明　(1)⇒(2)：$\boldsymbol{P}$ の正定値性により，$0 < \boldsymbol{e}_1^*\boldsymbol{P}\boldsymbol{e}_1 = p_{11}$．ゆえに，$\boldsymbol{P}$ の (1, 1) 成分を軸とし，$\boldsymbol{P}$ の第1行と第1列にガウスの消去法が適用でき，結果は $\begin{bmatrix} 1 & \boldsymbol{0} \\ \boldsymbol{u} & \boldsymbol{I} \end{bmatrix} \boldsymbol{P} \begin{bmatrix} 1 & \boldsymbol{u}^* \\ \boldsymbol{0} & \boldsymbol{I} \end{bmatrix} =$

$\begin{bmatrix} p_{11} & \mathbf{0} \\ \mathbf{0} & \boldsymbol{P}' \end{bmatrix}$ と表現できる（4.3 節参照）．$\boldsymbol{P}$ は正定値行列だから，$\boldsymbol{P}'$ も正定値行列を表すことが簡単にわかる．そこで，これまでと同じ操作を右下 (2, 2) ブロックに適用すれば，4.3 節の方法により $\boldsymbol{P}$ の LDU 分解 $\boldsymbol{P} = \boldsymbol{L}\boldsymbol{D}\boldsymbol{L}^*$ が得られる．ここに $\boldsymbol{L}$ は単位下三角行列，$\boldsymbol{D} = \mathrm{diag}\left(d_1, \ldots, d_n\right)$ $(d_1, \ldots, d_n > 0)$ である．そこで，$\boldsymbol{L}_1 = \boldsymbol{L}\,\mathrm{diag}\left(\sqrt{d_1}, \ldots, \sqrt{d_n}\right)$ とおけば，コレスキー分解 $\boldsymbol{P} = \boldsymbol{L}_1\boldsymbol{L}_1^*$ が得られる．

(2)⇒(1)：明らか．■

例 7.4　$\boldsymbol{A} \in \mathbb{C}^{n\times n}$ を可逆行列とすれば，任意の $\boldsymbol{x} \neq \mathbf{0}$ に対して，$0 < (\boldsymbol{A}\boldsymbol{x})^*(\boldsymbol{A}\boldsymbol{x}) = \boldsymbol{x}^*(\boldsymbol{A}^*\boldsymbol{A})\boldsymbol{x}$ かつ $\boldsymbol{A}^*\boldsymbol{A}$ はエルミート行列ゆえ，$\boldsymbol{A}^*\boldsymbol{A}$ は正定値行列を表す．

また，任意の $\boldsymbol{x} \in \mathbb{C}^n$ に対して $\boldsymbol{x}^*\boldsymbol{P}\boldsymbol{x} \geqslant 0$ を満たすエルミート行列 $\boldsymbol{P}$ を**半正定値行列** (positive semidefinite matrix) という．半正定値行列は可逆とは限らないが，下三角行列 $\boldsymbol{L}$ を用いて $\boldsymbol{P} = \boldsymbol{L}\boldsymbol{L}^*$ と表せることは正定値行列と同じである（ただし，$\boldsymbol{L}$ の対角成分は $\geqslant 0$）．

7.3　内積の行列表現

この節では，一般の内積が $\mathbb{C}^n$ 上の内積として表現できることを示す

定理 7.5　$\{\boldsymbol{a}_1, \ldots, \boldsymbol{a}_n\}$ を与えられた n 次元内積空間 X の基底とし，任意のベクトル $\boldsymbol{x}, \boldsymbol{y} \in X$ をこの基底によって展開したものを

$$\boldsymbol{x} = [\boldsymbol{a}_1, \ldots, \boldsymbol{a}_n]\boldsymbol{x}',\ \boldsymbol{y} = [\boldsymbol{a}_1, \ldots, \boldsymbol{a}_n]\boldsymbol{y}' \quad (\boldsymbol{x}', \boldsymbol{y}' \in \mathbb{C}^n) \tag{7.1}$$

とすれば，

$$(\boldsymbol{x}, \boldsymbol{y}) = (\boldsymbol{x}')^*\boldsymbol{P}\boldsymbol{y}' \tag{7.2}$$

の形に表現できる．ここに，**グラム行列** (Gramian matrix)

$$\boldsymbol{P} = [p_{ij}], \quad p_{ij} = (\boldsymbol{a}_i, \boldsymbol{a}_j), \quad i, j = 1, \ldots, n \tag{7.3}$$

は正定値行列を表し，(7.2) の右辺は $\mathbb{C}^n$ 上の内積を表す．

証明　(7.2) は，$\boldsymbol{x} = [\boldsymbol{a}_1, \ldots, \boldsymbol{a}_n]\boldsymbol{x}'$, $\boldsymbol{y} = [\boldsymbol{a}_1, \ldots, \boldsymbol{a}_n]\boldsymbol{y}'$ を $(\boldsymbol{x}, \boldsymbol{y})$ に代入すれば出る．$\boldsymbol{P}$ の正定値性を示す．実際，$\overline{p_{ji}} = \overline{(\boldsymbol{a}_j, \boldsymbol{a}_i)} = (\boldsymbol{a}_i, \boldsymbol{a}_j) = p_{ij}$ なので，

エルミート性 $\boldsymbol{P}^* = \boldsymbol{P}$ は満たされている．次に任意の $\mathbf{0} \neq \boldsymbol{x}' \in \mathbb{C}^n$ に対して，$\boldsymbol{x} = [\boldsymbol{a}_1, \ldots, \boldsymbol{a}_n]\boldsymbol{x}' \neq \mathbf{0}$ をとれば，$0 < (\boldsymbol{x}, \boldsymbol{x}) = (\boldsymbol{x}')^*\boldsymbol{P}\boldsymbol{x}'$．前節の結果により，これは $\boldsymbol{P}$ の正定値性を意味する．また，$(\boldsymbol{x}')^*\boldsymbol{P}\boldsymbol{y}' \equiv (\boldsymbol{x}', \boldsymbol{y}')$ は $\mathbb{C}^n$ 上の内積を表す（検算は練習問題とする）．■

例 7.6　$\boldsymbol{A} \in \mathbb{C}^{n\times n}$ を可逆行列とすれば，$\boldsymbol{A}^*\boldsymbol{A}$ は正定値行列を表す（例 7.4）．ゆえに，$(\boldsymbol{x}, \boldsymbol{y}) = \boldsymbol{x}^*\boldsymbol{A}^*\boldsymbol{A}\boldsymbol{y}$ は $\mathbb{C}^n$ 上の内積を表す．

7.4　正規直交系に関する補題

内積空間 X 内のベクトルの集合 $\{\boldsymbol{q}_1, \ldots, \boldsymbol{q}_k\}$ が $(\boldsymbol{q}_i, \boldsymbol{q}_j) = \delta_{ij}$ ($i, j = 1, \ldots, k$, δ_{ij} はクロネッカーのデルタ記号) を満たすとき，この集合は**正規直交系** (orthonormal system) をなすといい，異なる番号のベクトルが単に直交していれば，**直交系** (orthogonal system) をなすという．$\boldsymbol{q}$ を任意の単位長さのベクトル，$\boldsymbol{x} \in X$ を与えられた任意のベクトルとすれば，$\boldsymbol{q}(\boldsymbol{q}, \boldsymbol{x})$ を **$\boldsymbol{x}$ の $\boldsymbol{q}$ 方向への成分** (the component along $\boldsymbol{q}$) という．これは便利な呼び方である．

例 7.7　$\boldsymbol{Q}^*\boldsymbol{Q} = \boldsymbol{I}_k$ を満たす $\boldsymbol{Q} = [\boldsymbol{q}_1, \ldots, \boldsymbol{q}_k] \in \mathbb{C}^{n\times k}$ の列 $\{\boldsymbol{q}_1, \ldots, \boldsymbol{q}_k\}$ は $(\boldsymbol{q}_i, \boldsymbol{q}_j) = \boldsymbol{q}_i^*\boldsymbol{q}_j = \delta_{ij}$ を満たすから，通常の内積に関して正規直交系をなしている．

次の簡単な補題は，次節で述べるグラム・シュミット法の重要部分を担う．

補題 7.8　$\{\boldsymbol{q}_1, \ldots, \boldsymbol{q}_k\}$ を内積空間 X 内の正規直交系，$\boldsymbol{x} \in X$ とすれば，

$$\boldsymbol{x} - c_1\boldsymbol{q}_1 - \cdots - c_k\boldsymbol{q}_k \perp \boldsymbol{q}_1, \ldots, \boldsymbol{q}_k \Leftrightarrow c_1 = (\boldsymbol{q}_1, \boldsymbol{x}), \ldots, c_k = (\boldsymbol{q}_k, \boldsymbol{x}).$$

いいかえると，$\boldsymbol{x}$ からその $\boldsymbol{q}_1, \ldots, \boldsymbol{q}_k$ 成分をすべて引き去ったものは各 $\boldsymbol{q}_i$ に直交し，$\boldsymbol{x} - c_1\boldsymbol{q}_1 - \cdots - c_k\boldsymbol{q}_k$ 型ベクトルのうち，各 $\boldsymbol{q}_i$ に直交するものはこれしかない．

証明　$(\boldsymbol{q}_i, \boldsymbol{q}_j) = \delta_{ij}$ を利用すれば簡単に出る：$i = 1, \ldots, k$ に対して以下の式を検算すればよい．

$(\Rightarrow) : 0 = (\boldsymbol{q}_i, \boldsymbol{x} - c_1\boldsymbol{q}_1 - \cdots - c_k\boldsymbol{q}_k) = (\boldsymbol{q}_i, \boldsymbol{x}) - \sum_{j=1}^{k} c_j(\boldsymbol{q}_i, \boldsymbol{q}_j) = (\boldsymbol{q}_i, \boldsymbol{x}) - c_i.$

$(\Leftarrow) : (\boldsymbol{q}_i, \boldsymbol{x} - \boldsymbol{q}_1(\boldsymbol{q}_1, \boldsymbol{x}) - \cdots - \boldsymbol{q}_k(\boldsymbol{q}_k, \boldsymbol{x})) = 0.$ ■

注意 $\boldsymbol{X} = \mathbb{C}^n$ なら，この補題は，$\boldsymbol{Q}^*\boldsymbol{Q} = \boldsymbol{I}_k$ を満たす $\boldsymbol{Q} \in \mathbb{C}^{n\times k}$ と任意の $\boldsymbol{x} \in \mathbb{C}^n$ に対して「$\boldsymbol{Q}^*(\boldsymbol{x} - \boldsymbol{Q}\boldsymbol{c}) = \boldsymbol{0} \Leftrightarrow \boldsymbol{c} = \boldsymbol{Q}^*\boldsymbol{x}$」が成り立つことを示している．また，$\boldsymbol{X} = \mathbb{R}^n$ における内積 $(\boldsymbol{x}, \boldsymbol{y}) = \boldsymbol{x}^{\mathrm{T}}\boldsymbol{y}$ の場合，ベクトル $\boldsymbol{x} - (\boldsymbol{q}, \boldsymbol{x})\boldsymbol{q} = \boldsymbol{x} - (\boldsymbol{q}^{\mathrm{T}}\boldsymbol{x})\boldsymbol{q}$ の幾何学的意味は図 7.1 を見れば明快であろう．

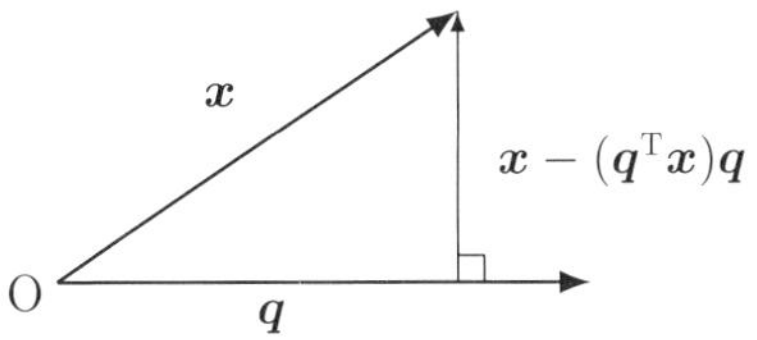

図 7.1 内積の幾何学的意味

系 7.9 $\{\boldsymbol{q}_1, \ldots, \boldsymbol{q}_n\}$ を n 次元内積空間 X の正規直交基底とすれば，任意の $\boldsymbol{x} \in X$ はこの基底により $\boldsymbol{x} = \boldsymbol{q}_1(\boldsymbol{q}_1, \boldsymbol{x}) + \cdots + \boldsymbol{q}_n(\boldsymbol{q}_n, \boldsymbol{x})$ の形に展開できる．

7.5 グラム・シュミット法

次に述べるグラム・シュミット法は「内積空間内の任意の部分空間 $(\neq \{\boldsymbol{0}\})$ は正規直交基底を持つ」，「内積空間内の部分空間の正規直交系は親空間の正規直交基底に拡大できる」という事実の証明として有名であるが，QR 分解（8.5 節参照）の一法としてもよく知られている．

定理 7.10 X を n 次元内積空間とし，$\{\boldsymbol{a}_1, \ldots, \boldsymbol{a}_k\}$ $(k \leqslant n)$ を X 内の 1 次独立なベクトルの組とする．これらに対して

$$\boldsymbol{A} \equiv [\boldsymbol{a}_1, \ldots, \boldsymbol{a}_k] = [\boldsymbol{q}_1, \ldots, \boldsymbol{q}_k] \begin{bmatrix} r_{11} & r_{12} & \cdots & r_{1k} \\ & r_{22} & \cdots & r_{2k} \\ & & \ddots & \vdots \\ \boldsymbol{0} & & & r_{kk} \end{bmatrix} \equiv \boldsymbol{Q}\boldsymbol{R}. \tag{7.4}$$

すなわち，

$$\boldsymbol{a}_j = \boldsymbol{q}_1 r_{1j} + \boldsymbol{q}_2 r_{2j} + \cdots + \boldsymbol{q}_j r_{jj}, \quad (j = 1, \ldots, k) \tag{7.5}$$

を満たすような正規直交系 $\{\boldsymbol{q}_1, \ldots, \boldsymbol{q}_k\}$ とスカラー $r_{11}, r_{12}, \ldots$（ただし，$r_{ii} > 0$, $i = 1, \ldots, k$）が構成できる．

証明　**グラム・シュミット (直交化) 法** (Gram-Schmidt orthogonalization process) (実際には，**改良グラム・シュミット法** (modified Gram-Schmidt process)) と呼ばれる次の算法を適用すればよい．$j=1$ とし，以下 (I)–(IV) を実行する：

(I)　$(\boldsymbol{q}_i,\, \boldsymbol{a}_j - \boldsymbol{q}_1 r_{1j} - \cdots - \boldsymbol{q}_{i-1} r_{i-1,j}) = r_{ij}, \quad i = 1, \ldots, j-1$
(詳しくいうと，$(\boldsymbol{q}_1, \boldsymbol{a}_j) = r_{1j}$, $(\boldsymbol{q}_2, \boldsymbol{a}_j - \boldsymbol{q}_1 r_{1j}) = r_{2j}$, $(\boldsymbol{q}_3, \boldsymbol{a}_j - \boldsymbol{q}_1 r_{1j} - \boldsymbol{q}_2 r_{2j}) = r_{3j}, \ldots$)

(II)　$r_{jj} = \|\boldsymbol{a}_j - \boldsymbol{q}_1 r_{1j} - \cdots - \boldsymbol{q}_{j-1} r_{j-1,j}\|$

(III)　$\boldsymbol{q}_j = (\boldsymbol{a}_j - \boldsymbol{q}_1 r_{1j} - \cdots - \boldsymbol{q}_{j-1} r_{j-1,j})/r_{jj}$

この時点において $\{\boldsymbol{q}_1, \ldots, \boldsymbol{q}_j\}$ は正規直交系をなし，$r_{ii} > 0$ $(i = 1, \ldots, j)$，そして

$$(\dagger) \qquad [\boldsymbol{a}_1, \ldots, \boldsymbol{a}_j] = [\boldsymbol{q}_1, \ldots, \boldsymbol{q}_j] \begin{bmatrix} r_{11} & r_{12} & \cdots & r_{1j} \\ & r_{22} & \cdots & r_{2j} \\ & & \ddots & \vdots \\ \mathbf{0} & & & r_{jj} \end{bmatrix}$$

が成立している．

(IV)　$j < k$ なら，$j+1 \to j$ とし (I) に戻る．$j = k$ なら停止する．

■

注意　(I) 式の左辺は，$\boldsymbol{q}_i$ と，$\boldsymbol{a}_j$ からその $\boldsymbol{q}_1, \ldots, \boldsymbol{q}_{i-1}$ 成分を引き去ったものとの内積を表す．ここに，$(\boldsymbol{q}_i, \boldsymbol{q}_1) = \cdots = (\boldsymbol{q}_i, \boldsymbol{q}_{i-1}) = 0$ なので，(I) を $(\boldsymbol{q}_i, \boldsymbol{a}_j) = r_{ij}$ と書いても正しい．実際，これは通常のグラム・シュミット法における r_{ij} の計算式である．あえて (I) の形を選ぶのが誤差解析論に基づく工夫であり，改良グラム・シュミット法の特徴である．また，(7.4) は

$$\mathrm{span}\{\boldsymbol{a}_1, \ldots, \boldsymbol{a}_j\} = \mathrm{span}\{\boldsymbol{q}_1, \ldots, \boldsymbol{q}_j\}, \quad j = 1, \ldots, k$$

を意味することに注意する．グラム・シュミット法は (7.4) の形で記憶すると忘れない．

説明　(I)–(IV) について追加説明する．(7.5) 式において $j=1$ とすれば $\boldsymbol{a}_1 = \boldsymbol{q}_1 r_{11}$ となる．ノルムをとると，$\{\boldsymbol{a}_1, \ldots, \boldsymbol{a}_k\}$ の1次独立性により $0 < \|\boldsymbol{a}_1\| = r_{11}$ が

出る．r_{11} が知られたので，$\boldsymbol{q}_1$ は $\boldsymbol{q}_1 = \boldsymbol{a}_1/r_{11}$ より定まる．そして，この時点において (†) 式は確かに成立している．以上が，$j = 1$ の場合の (I)–(III) に他ならない．$j+1 \to j$ とし（$j = 2$ となる），この値に対応する (7.5) 式：$\boldsymbol{a}_2 = \boldsymbol{q}_1 r_{12} + \boldsymbol{q}_2 r_{22}$ を考える．$\{\boldsymbol{q}_1, \boldsymbol{q}_2\}$ は正規直交系をなすように要請しているから，$(\boldsymbol{q}_1, \boldsymbol{a}_2) = r_{12}$ が得られる．次に，$\boldsymbol{a}_2 - \boldsymbol{q}_1 r_{12} = \boldsymbol{q}_2 r_{22}$ のノルムをとると，これまでの計算から，左辺は $\boldsymbol{a}_2 + c\boldsymbol{a}_1$ 型の 1 次結合ゆえ，$\neq \boldsymbol{0}$ である．以上から，$0 < \|\boldsymbol{a}_2 - \boldsymbol{q}_1 r_{12}\| = r_{22}$．これより，$\boldsymbol{q}_2 = (\boldsymbol{a}_2 - \boldsymbol{q}_1 r_{12})/r_{22}$ となる．そして，この時点において (†) 式：$[\boldsymbol{a}_1, \boldsymbol{a}_2] = [\boldsymbol{q}_1, \boldsymbol{q}_2] \begin{bmatrix} r_{11} & r_{12} \\ 0 & r_{22} \end{bmatrix}$ は確かに成立し，$r_{11}, r_{22} > 0$ ゆえ，$[\boldsymbol{a}_1, \boldsymbol{a}_2] \begin{bmatrix} r_{11} & r_{12} \\ 0 & r_{22} \end{bmatrix}^{-1} = [\boldsymbol{q}_1, \boldsymbol{q}_2]$ も真である．ゆえに，$\boldsymbol{q}_1, \boldsymbol{q}_2$ はそれぞれ $\boldsymbol{a}_1, \boldsymbol{a}_2$ の 1 次結合として表現できる．以上は $j = 2$ の場合の (I)–(III) を表す．$j+1 \to j$ とする（$j = 3$ となる）．以下同様に進行する．ただ，以上の説明は，グラム・シュミット法が主張通りの結果を生むことの証明にはなっていない．証明は前節の補題を利用すればできるのだが，その詳細は練習問題として残しておく．

系 7.11　内積空間の部分空間は正規直交基底を持つ．

証明　部分空間の任意基底をグラム・シュミット法で正規直交化すればよい．■

系 7.12　内積空間の部分空間内の正規直交系は，親空間の正規直交基底に拡大できる．

証明　与えられた正規直交系を親空間の基底に拡大したのち，グラム・シュミット法で正規直交化すればよい．正規直交系 $\{\boldsymbol{a}_1, \ldots, \boldsymbol{a}_k\}$ にグラム・シュミット法を適用すると，条件 $r_{11}, \ldots, r_{kk} > 0$ が効いて，$r_{11} = \cdots = r_{kk} = 1$, $\boldsymbol{q}_1 = \boldsymbol{a}_1, \ldots, \boldsymbol{q}_k = \boldsymbol{a}_k$ が成立し，$\{\boldsymbol{a}_1, \ldots, \boldsymbol{a}_k\}$ は保存される．■

例 7.13　$\left\{ \boldsymbol{a}_1 = \begin{bmatrix} 1 \\ 1 \\ 0 \end{bmatrix}, \boldsymbol{a}_2 = \begin{bmatrix} 1 \\ 0 \\ 1 \end{bmatrix}, \boldsymbol{a}_3 = \begin{bmatrix} 0 \\ 1 \\ 1 \end{bmatrix} \right\}$ にグラム・シュミット法を適用する．ここに，内積は通常のもの：$(\boldsymbol{a}, \boldsymbol{b}) = \boldsymbol{a}^*\boldsymbol{b}$ とする．$\det[\boldsymbol{a}_1, \boldsymbol{a}_2, \boldsymbol{a}_3] = -2$ ゆえ，$\{\boldsymbol{a}_1, \boldsymbol{a}_2, \boldsymbol{a}_3\}$ は 1 次独立である．

$$r_{11} = \|\boldsymbol{a}_1\| = \sqrt{2}, \quad \boldsymbol{q}_1 = \boldsymbol{a}_1/r_{11} = \frac{1}{\sqrt{2}}\begin{bmatrix}1\\1\\0\end{bmatrix},$$

$$r_{12} = (\boldsymbol{q}_1, \boldsymbol{a}_2) = \frac{1}{\sqrt{2}}[1,\,1,\,0]\begin{bmatrix}1\\0\\1\end{bmatrix} = \frac{1}{\sqrt{2}},$$

$$\boldsymbol{a}_2 - \boldsymbol{q}_1 r_{12} = \begin{bmatrix}1\\0\\1\end{bmatrix} - \frac{1}{\sqrt{2}}\begin{bmatrix}1\\1\\0\end{bmatrix}\frac{1}{\sqrt{2}} = \frac{1}{2}\begin{bmatrix}1\\-1\\2\end{bmatrix},$$

$$r_{22} = \|\boldsymbol{a}_2 - \boldsymbol{q}_1 r_{12}\| = \frac{\sqrt{6}}{2}, \quad \boldsymbol{q}_2 = \frac{\boldsymbol{a}_2 - \boldsymbol{q}_1 r_{12}}{r_{22}} = \frac{1}{\sqrt{6}}\begin{bmatrix}1\\-1\\2\end{bmatrix},$$

$$r_{13} = (\boldsymbol{q}_1,\, \boldsymbol{a}_3) = \frac{1}{\sqrt{2}},\ r_{23} = (\boldsymbol{q}_2,\, \boldsymbol{a}_3 - \boldsymbol{q}_1 r_{13}) = \frac{1}{\sqrt{6}},$$

$$\boldsymbol{a}_3 - \boldsymbol{q}_1 r_{13} - \boldsymbol{q}_2 r_{23} = \frac{2}{3}\begin{bmatrix}-1\\1\\1\end{bmatrix},\ r_{33} = \|\boldsymbol{a}_3 - \boldsymbol{q}_1 r_{13} - \boldsymbol{q}_2 r_{23}\| = \frac{2}{\sqrt{3}},$$

$$\boldsymbol{q}_3 = \frac{\boldsymbol{a}_3 - \boldsymbol{q}_1 r_{13} - \boldsymbol{q}_2 r_{23}}{r_{33}} = \frac{1}{\sqrt{3}}\begin{bmatrix}-1\\1\\1\end{bmatrix}.$$

念のため，(7.4) 式を検算せよ．

7.6　直交補空間

X を n 次元内積空間とし，S を任意の (空でない) 部分集合とする．$\boldsymbol{x} \in X$ が S 内のすべてのベクトルに直交するとき，$\boldsymbol{x}$ は S に**直交する** (orthogonal, perpendicular) といい，$\boldsymbol{x} \perp S$（"$\boldsymbol{x}$ perp S" と読む）と書く．S に直交するベクトル全体を S の**直交補空間** (orthogonal complement) といい，記号 $S^{\perp}$（"S perp" と読む）で表す．ゆえに，$\boldsymbol{x} \in S^{\perp} \Leftrightarrow \boldsymbol{x} \perp S$．内積の公理より「任意の $\boldsymbol{x},\, \boldsymbol{y} \in S^{\perp}$，任意のスカラー α, β に対して $\alpha\boldsymbol{x} + \beta\boldsymbol{y} \in S^{\perp}$」は真であるからから，たとえ S が部分空間でなくても「$S^{\perp}$ は必ず部分空間である」．

例 7.14　$X = \mathbb{C}^n$, $(\boldsymbol{x},\, \boldsymbol{y}) = \boldsymbol{x}^*\boldsymbol{y}$ $(\boldsymbol{x},\, \boldsymbol{y} \in \mathbb{C}^n)$，$S = \{\boldsymbol{a}\}$（$\boldsymbol{a} \in \mathbb{C}^n$ は与えられた特

定のベクトル）なら，$S^{\perp}$ は $\boldsymbol{a}^{*}\boldsymbol{x}=0$ を満たすすべてのベクトル $\boldsymbol{x}\in\mathbb{C}^{n}$ の集まりによって与えられる．

例 7.15　$\{\mathbf{0}\}^{\perp}=X$.

例 7.16　$X^{\perp}=\{\mathbf{0}\}$ が成り立つ．このためには「X の任意の基底に直交するベクトルは $\mathbf{0}$ しかない」ことをいえばよい．実際，$\{\boldsymbol{a}_1,\ldots,\boldsymbol{a}_n\}$ を X の基底，$\boldsymbol{x}=x_1\boldsymbol{a}_1+\cdots+x_n\boldsymbol{a}_n$, $(\boldsymbol{a}_i,\boldsymbol{x})=0\,(i=1,\ldots,n)$ とすれば，$\boldsymbol{P}[x_1,\ldots,x_n]^{\mathrm{T}}=\mathbf{0}$, ここに $\boldsymbol{P}=[(\boldsymbol{a}_i,\boldsymbol{a}_j)]$ はグラム行列を表す．グラム行列は正定値（ゆえに可逆）だからこれより $\boldsymbol{x}=\mathbf{0}$.

X を n 次元内積空間とすると次の定理が成り立つ．

定理 7.17　次の (1), (2) が成り立つ．

(1)　S を部分空間とし，$0\leqslant\dim S\equiv k\leqslant n$, S の正規直交基底 $\{\boldsymbol{q}_1,\ldots,\boldsymbol{q}_k\}$ を 1 組とり（前節の結果により可能），これを X 全体の正規直交基底に拡大したものを $\{\boldsymbol{q}_1,\ldots,\boldsymbol{q}_k,\boldsymbol{q}_{k+1},\ldots,\boldsymbol{q}_n\}$ とすれば（前節の結果により可能），$S=\mathrm{span}\{\boldsymbol{q}_1,\ldots,\boldsymbol{q}_k\}$, $S^{\perp}=\mathrm{span}\{\boldsymbol{q}_{k+1},\ldots,\boldsymbol{q}_n\}$ が成り立つ．ただし, $\mathrm{span}\{\emptyset\}=\{\mathbf{0}\}$ と規約する．

(2)　任意の部分空間 S, T に対して次の関係が成り立つ

$$S^{\perp\perp}=S,\ (S+T)^{\perp}=S^{\perp}\cap T^{\perp},\ (S\cap T)^{\perp}=S^{\perp}+T^{\perp}.$$

証明　(1)：$k=0, n$ なら，主張 (1) は例 7.15，例 7.16 によって真である．そこで $0<k<n$ とする．前半の主張は明らかだから，$S^{\perp}=\mathrm{span}\{\boldsymbol{q}_{k+1},\ldots,\boldsymbol{q}_n\}$ のみを示す．任意の $\boldsymbol{x}\in X$ を $\{\boldsymbol{q}_1,\ldots,\boldsymbol{q}_n\}$ で展開し，$\boldsymbol{x}=c_1\boldsymbol{q}_1+\cdots+c_n\boldsymbol{q}_n$ と書けば,

$$\begin{aligned}\boldsymbol{x}\in S^{\perp}&\Leftrightarrow(\boldsymbol{q}_i,\boldsymbol{x})=0\,(i=1,\ldots,k)\\&\Leftrightarrow c_i=0\,(i=1,\ldots,k)\Leftrightarrow\boldsymbol{x}\in\mathrm{span}\{\boldsymbol{q}_{k+1},\ldots,\boldsymbol{q}_n\}.\end{aligned}$$

(2)：「$S^{\perp\perp}=S$」は (1) より明らか.「$(S+T)^{\perp}=S^{\perp}\cap T^{\perp}$」を示す．$S\cap T$ の基底を $\{\boldsymbol{a}_i\}_{i=1}^{\alpha}$ とし，これを S, T の基底 $\{\boldsymbol{a}_i\}_{i=1}^{\alpha}\cup\{\boldsymbol{b}_j\}_{j=1}^{\beta}$, $\{\boldsymbol{a}_i\}_{i=1}^{\alpha}\cup\{\boldsymbol{c}_k\}_{k=1}^{\gamma}$ に拡大する．すると，$\{\boldsymbol{a}_i\}_{i=1}^{\alpha}\cup\{\boldsymbol{b}_j\}_{j=1}^{\beta}\cup\{\boldsymbol{c}_k\}_{k=1}^{\gamma}$ は $S+T$ の基底を表す．ゆえに

$$\begin{aligned}\boldsymbol{x}\in(S+T)^{\perp}&\Leftrightarrow\boldsymbol{x}\perp\{\boldsymbol{a}_i\}\cup\{\boldsymbol{b}_j\}\cup\{\boldsymbol{c}_k\}\\&\Leftrightarrow(\boldsymbol{x}\perp S\ \text{かつ}\ \boldsymbol{x}\perp T)\Leftrightarrow\boldsymbol{x}\in S^{\perp}\cap T^{\perp}.\end{aligned}$$

「$(S \cap T)^\perp = S^\perp + T^\perp$」は練習問題とする． ■

系 7.18 与えられた $\boldsymbol{A} \in \mathbb{C}^{m\times n}$, $\boldsymbol{b} \in \mathbb{C}^m$ に対して行列方程式 $\boldsymbol{A}\boldsymbol{x} = \boldsymbol{b}$ ($\boldsymbol{x} \in \mathbb{C}^n$) が可解であるための必要十分条件は，$\boldsymbol{y}^*\boldsymbol{A} = \boldsymbol{0}$ を満たすすべての $\boldsymbol{y} \in \mathbb{C}^m$ に対して $\boldsymbol{y}^*\boldsymbol{b} = 0$，いいかえると，$R(\boldsymbol{A}) = N(\boldsymbol{A}^*)^\perp$ である．ここに，$R(\boldsymbol{A})$ は $\boldsymbol{A}$ の値域，$N(\boldsymbol{A}^*)$ は $\boldsymbol{A}^*$ の零空間を表す．

証明 $S = R(\boldsymbol{A})$ に $S^{\perp\perp} = S$ を適用すればよい．ここに $\mathbb{C}^m$ 上の内積は通常のものをとる．実際，

$$\text{「}\boldsymbol{A}\boldsymbol{x} = \boldsymbol{b} \text{ は可解である」} \Leftrightarrow \boldsymbol{b} \in R(\boldsymbol{A}) \Leftrightarrow \boldsymbol{b} \in R(\boldsymbol{A})^{\perp\perp} \Leftrightarrow \boldsymbol{b} \perp R(\boldsymbol{A})^\perp$$
$$\Leftrightarrow \text{「すべての } \boldsymbol{y} \in R(\boldsymbol{A})^\perp \text{ に対して } \boldsymbol{y}^*\boldsymbol{b} = 0\text{」}. \quad (*)$$

ところが，

$$\begin{aligned} \boldsymbol{y} \in R(\boldsymbol{A})^\perp &\Leftrightarrow \boldsymbol{y} \perp R(\boldsymbol{A}) \\ &\Leftrightarrow \text{「すべての } \boldsymbol{x} \in \mathbb{C}^n \text{ に対して } \boldsymbol{y}^*\boldsymbol{A}\boldsymbol{x} = 0\text{」} \\ &\Leftrightarrow \boldsymbol{y}^*\boldsymbol{A} = \boldsymbol{0}. \end{aligned}$$

ゆえに $(*)$ は「$\boldsymbol{y}^*\boldsymbol{A} = \boldsymbol{0}$ なら $\boldsymbol{y}^*\boldsymbol{b} = 0$」と同値である（前半の証了）．これは $\boldsymbol{b} \in N(\boldsymbol{A}^*)^\perp$ と同値である． ■

注意 系 7.18 は同値分解からも得られる結果である（5.5 節参照）．

系 7.19 次の (1), (2) が成り立つ．

(1) $R(\boldsymbol{A}\boldsymbol{A}^*) = R(\boldsymbol{A}) = N(\boldsymbol{A}^*)^\perp$.

(2) $\mathrm{rank}(\boldsymbol{A}\boldsymbol{A}^*) = \mathrm{rank}(\boldsymbol{A}) = \mathrm{rank}(\boldsymbol{A}^*) = \mathrm{rank}(\boldsymbol{A}^*\boldsymbol{A})$.

証明 (1)：後半の相等関係は系 7.18 で証明済みである．$R(\boldsymbol{A}\boldsymbol{A}^*) = R(\boldsymbol{A})$ を示す．実際，

$$(\dagger) \quad \boldsymbol{b} \in R(\boldsymbol{A}\boldsymbol{A}^*) \Leftrightarrow \text{「}\boldsymbol{A}\boldsymbol{A}^*\boldsymbol{x} = \boldsymbol{b} \text{ が可解」} \Leftrightarrow \text{「}\boldsymbol{y}^*\boldsymbol{A}\boldsymbol{A}^* = \boldsymbol{0} \text{ なら } \boldsymbol{y}^*\boldsymbol{b} = 0\text{」}.$$

ところが，

$$\boldsymbol{y}^*\boldsymbol{A}\boldsymbol{A}^* = \boldsymbol{0} \Rightarrow \boldsymbol{y}^*\boldsymbol{A}\boldsymbol{A}^*\boldsymbol{y} = 0 \Rightarrow (\boldsymbol{y}^*\boldsymbol{A})(\boldsymbol{y}^*\boldsymbol{A})^* = 0 \Rightarrow \boldsymbol{y}^*\boldsymbol{A} = \boldsymbol{0}$$

となり，この逆は明らかに真だから，結局 $\boldsymbol{y}^*\boldsymbol{A}\boldsymbol{A}^* = \boldsymbol{0} \Leftrightarrow \boldsymbol{y}^*\boldsymbol{A} = \boldsymbol{0}$ となる．ゆえに，条件 (†) は「$\boldsymbol{y}^*\boldsymbol{A} = \boldsymbol{0}$ なら必ず $\boldsymbol{y}^*\boldsymbol{b} = 0$」と同値である．これは系 7.18 により，$\boldsymbol{b} \in R(\boldsymbol{A})$ と同値である．

(2)：「$\mathrm{rank}(\boldsymbol{A}) = \dim R(\boldsymbol{A}) = \dim R(\boldsymbol{A}\boldsymbol{A}^*)$, $\mathrm{rank}(\boldsymbol{A}) = \mathrm{rank}(\boldsymbol{A}^*)$」より出る．■

注意 系 7.19 も 5.6 節で得られている．

例 7.20 $\boldsymbol{A} = \begin{bmatrix} 1 \\ i \end{bmatrix}$ に系 7.18 を適用してみる．

まず，$R(\boldsymbol{A}) = \left\{ \begin{bmatrix} 1 \\ i \end{bmatrix} [z] : \boldsymbol{z} \in \mathbb{C} \right\} = \left\{ z \begin{bmatrix} 1 \\ i \end{bmatrix} : z \in \mathbb{C} \right\}$. 次に，$\boldsymbol{A}^* = [1, -i]$ なので，$N(\boldsymbol{A}^*) = \left\{ \begin{bmatrix} y_1 \\ y_2 \end{bmatrix} : [1, -i] \begin{bmatrix} y_1 \\ y_2 \end{bmatrix} = 0 \right\} = \left\{ y \begin{bmatrix} i \\ 1 \end{bmatrix} : y \in \mathbb{C} \right\}$. ゆえに

$$N(\boldsymbol{A}^*)^\perp = \left\{ \begin{bmatrix} z_1 \\ z_2 \end{bmatrix} : [-i, 1] \begin{bmatrix} z_1 \\ z_2 \end{bmatrix} = 0 \right\} = \left\{ z \begin{bmatrix} 1 \\ i \end{bmatrix} : z \in \mathbb{C} \right\} = R(\boldsymbol{A}).$$

次に系 7.18 を適用してみる．

$$\boldsymbol{A}\boldsymbol{A}^* \begin{bmatrix} z_1 \\ z_2 \end{bmatrix} = \begin{bmatrix} 1 & -i \\ i & 1 \end{bmatrix} \begin{bmatrix} z_1 \\ z_2 \end{bmatrix} = (z_1 - iz_2) \begin{bmatrix} 1 \\ i \end{bmatrix} \quad (z_1, z_2 \in \mathbb{C}).$$

これより，$R(\boldsymbol{A}\boldsymbol{A}^*) = R(\boldsymbol{A})$ が従う．また，$\boldsymbol{A}^*\boldsymbol{A} = [1 - i^2] = [2]$ なので，$\mathrm{rank}(\boldsymbol{A}\boldsymbol{A}^*) = \mathrm{rank}(\boldsymbol{A}) = \mathrm{rank}(\boldsymbol{A}^*) = \mathrm{rank}(\boldsymbol{A}^*\boldsymbol{A}) = 1$ も確かに成り立っている．

7.7 コーシー・シュワルツの不等式と三角不等式

以下の不等式はコーシー・シュワルツの不等式と呼ばれ，線形代数では頻繁に使われているものである．

定理 7.21［コーシー・シュワルツ不等式 **(Cauchy-Schwarz inequality)**］ 与えられた内積空間 X 内の任意ベクトル $\boldsymbol{x}, \boldsymbol{y}$ に対して

$$|(\boldsymbol{x}, \boldsymbol{y})| \leqslant \|\boldsymbol{x}\| \, \|\boldsymbol{y}\| \tag{7.6}$$

が成り立つ．等号成立の必要十分条件は $\boldsymbol{x}, \boldsymbol{y}$ の一方が他方の複素数倍であることである．

証明　$\boldsymbol{x}=\boldsymbol{0}$ または $\boldsymbol{y}=\boldsymbol{0}$ の場合は等号が成立し，一方が他方の 0 倍となっている．$\boldsymbol{x}\neq\boldsymbol{0}, \boldsymbol{y}\neq\boldsymbol{0}, (\boldsymbol{x},\boldsymbol{y})=0$ の場合は，(7.6) において不等号が成立している．残るは $\boldsymbol{x}\neq\boldsymbol{0}, \boldsymbol{y}\neq\boldsymbol{0}, (\boldsymbol{x},\boldsymbol{y})\neq 0$ の場合であるが，この場合は $\lambda=|(\boldsymbol{x},\boldsymbol{y})|/(\boldsymbol{x},\boldsymbol{y})\neq 0$ とすれば単純な計算により

$$0\leqslant\left\|\frac{\boldsymbol{x}}{\|\boldsymbol{x}\|}-\lambda\frac{\boldsymbol{y}}{\|\boldsymbol{y}\|}\right\|^2=2\left(1-\frac{|(\boldsymbol{x},\boldsymbol{y})|}{\|\boldsymbol{x}\|\cdot\|\boldsymbol{y}\|}\right) \tag{7.7}$$

が出る．これより (7.6) が従う．「(7.6) における等号の成立」と「(7.7) の右辺 $=0$」は同値であり，これは $\frac{\boldsymbol{x}}{\|\boldsymbol{x}\|}-\lambda\frac{\boldsymbol{y}}{\|\boldsymbol{y}\|}=\boldsymbol{0}$ と同値である．この式は $\boldsymbol{x}, \boldsymbol{y}$ の一方が他方の複素数倍であることを示す．逆に，$\boldsymbol{x}, \boldsymbol{y}$ の一方が他方の複素数倍なら，(7.7) においては確かに等号が成立する．■

定理 7.22［**三角不等式 (triangular inequality)**］　内積空間 X 内の任意ベクトル $\boldsymbol{x}, \boldsymbol{y}$ に対して

$$\|\boldsymbol{x}+\boldsymbol{y}\|\leqslant\|\boldsymbol{x}\|+\|\boldsymbol{y}\| \tag{7.8}$$

が成立する．等号成立の必要十分条件は，$\boldsymbol{x}, \boldsymbol{y}$ の一方が他方の**負でない実数倍**であることである．

証明　$\boldsymbol{x}\neq\boldsymbol{0}, \boldsymbol{y}\neq\boldsymbol{0}$ の場合だけを考えておけば十分である．

$$\begin{aligned}\|\boldsymbol{x}+\boldsymbol{y}\|^2&=(\boldsymbol{x}+\boldsymbol{y},\boldsymbol{x}+\boldsymbol{y})=\|\boldsymbol{x}\|^2+2\cdot\mathrm{Re}(\boldsymbol{x},\boldsymbol{y})+\|\boldsymbol{y}\|^2\\&\leqslant\|\boldsymbol{x}\|^2+2\,|(\boldsymbol{x},\boldsymbol{y})|+\|\boldsymbol{y}\|^2\\&\leqslant\|\boldsymbol{x}\|^2+2\,\|\boldsymbol{x}\|\,\|\boldsymbol{y}\|+\|\boldsymbol{y}\|^2\quad\text{（コーシー・シュワルツの不等式）}\\&=(\|\boldsymbol{x}\|+\|\boldsymbol{y}\|)^2.\end{aligned} \tag{7.9}$$

これは前半の証明を与えている．等号成立の必要十分条件は，(7.9) より $\mathrm{Re}(\boldsymbol{x},\boldsymbol{y})=|(\boldsymbol{x},\boldsymbol{y})|=\|\boldsymbol{x}\|\,\|\boldsymbol{y}\|$ であるが，最初の相等関係は $(\boldsymbol{x},\boldsymbol{y})\geqslant 0$ と同値，後半の相等関係はコーシー・シュワルツの不等式により，$\boldsymbol{y}=\lambda\boldsymbol{x}$（$\lambda\neq 0$ は適当な複素数）と同値である．この 2 つの条件を合わせたものは，明らかに「$\boldsymbol{y}=\lambda\boldsymbol{x}$ かつ $\lambda\geqslant 0$」と同値である．■

定理 7.23［**ノルムの連続性**］　与えられた内積空間 X 内の任意ベクトル $\boldsymbol{x}, \boldsymbol{y}$ に対して以下の不等式が成り立つ．

$$|\,\|\boldsymbol{x}\|-\|\boldsymbol{y}\|\,|\leqslant\|\boldsymbol{x}-\boldsymbol{y}\|. \tag{7.10}$$

これは「ベクトル間の差が小さければ，ノルム値間の差も小さい」ことを示す．

証明 $\boldsymbol{x} = (\boldsymbol{x}-\boldsymbol{y})+\boldsymbol{y}$ のノルムをとると，三角不等式より $\|\boldsymbol{x}\| \leqslant \|\boldsymbol{x}-\boldsymbol{y}\| + \|\boldsymbol{y}\|$ が得られる．同様にして $\|\boldsymbol{y}\| \leqslant \|\boldsymbol{y}-\boldsymbol{x}\| + \|\boldsymbol{x}\|$ も出る．$\|\boldsymbol{x}-\boldsymbol{y}\| = \|\boldsymbol{y}-\boldsymbol{x}\|$ に注意すれば，これらから (7.10) が得られる． ■

7.8 平行四辺形の法則

この節では内積空間に対して成立する重要等式を 2 つ証明する．

定理 7.24［平行四辺形の法則 (parallelogram law)］ 内積空間内の任意ベクトル $\boldsymbol{x}, \boldsymbol{y}$ に対して次の関係が成り立つ：

$$\|\boldsymbol{x}+\boldsymbol{y}\|^2 + \|\boldsymbol{x}-\boldsymbol{y}\|^2 = 2(\|\boldsymbol{x}\|^2 + \|\boldsymbol{y}\|^2). \tag{7.11}$$

これを**平行四辺形の法則** (parallelogram law)，または**中線定理**という．これは内積空間の著しい特徴を表す（腕試し問題 7.4 参照）．とくに，通常の 3 次元内積空間において，実ベクトル $\boldsymbol{x}, \boldsymbol{y}$ をとれば，(7.11) は「平行四辺形の各辺の長さの自乗和は各対角線の長さの自乗和に等しい」ことをいっている．これが名前の由来である（図 7.2 参照）．

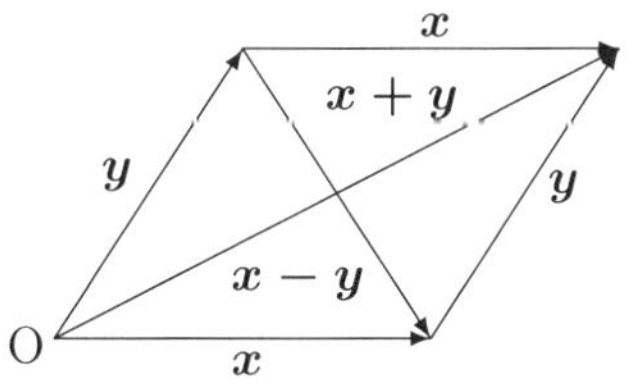

図 7.2 平行四辺形の法則

証明 内積の公理を使って $(\boldsymbol{x}+\boldsymbol{y}, \boldsymbol{x}+\boldsymbol{y}) + (\boldsymbol{x}-\boldsymbol{y}, \boldsymbol{x}-\boldsymbol{y}) = 2\{(\boldsymbol{x}, \boldsymbol{x}) + (\boldsymbol{y}, \boldsymbol{y})\}$ が成立することを確認すればよい． ■

定理 7.25［内積とノルムの関係］ 次式が成り立つ：

$$4(\boldsymbol{x}, \boldsymbol{y}) = \|\boldsymbol{x}+\boldsymbol{y}\|^2 - \|\boldsymbol{x}-\boldsymbol{y}\|^2 + i(\|\boldsymbol{x}-i\boldsymbol{y}\|^2 - \|\boldsymbol{x}+i\boldsymbol{y}\|^2). \tag{7.12}$$

証明 内積の公理を使って右辺を展開し，左辺に等しいことを示せばよい． ■

最後にひとこと

本章のポイントは内積空間の公理的扱いである．とくに「グラム・シュミット法」，「コーシー・シュワルツの不等式」，「三角不等式」，「公式 $S^{\perp\perp} = S$，ただし $S =$ 部分空間」，「平行四辺形の法則」は重要である．腕試し問題において，内積空間は「ノルムに関する約束 + 平行四辺形の法則」として特徴づけられることを示す．

腕試し問題

問題 7.1　$\{\boldsymbol{a}_1, \ldots, \boldsymbol{a}_n\}$ を n 次元内積空間 X の任意基底，$\boldsymbol{x} \in X$ とする．$\boldsymbol{x}$ がすべての基底ベクトルに直交すれば，$\boldsymbol{x} = \boldsymbol{0}$ が成り立つ（例 7.15）．これは「$\boldsymbol{A}$ が可逆行列なら $\boldsymbol{A}^*\boldsymbol{x} = \boldsymbol{0}$ は $\boldsymbol{x} = \boldsymbol{0}$ を意味する」の拡張を表すことを示せ．

問題 7.2　$\boldsymbol{a}_1 = \begin{bmatrix} 1 \\ i \end{bmatrix}, \boldsymbol{a}_2 = \begin{bmatrix} 1 \\ -2i \end{bmatrix}$ とすれば $\{\boldsymbol{a}_1, \boldsymbol{a}_2\}$ は 1 次独立であることを示し，グラム・シュミット法により正規直交化せよ．

問題 7.3　$\boldsymbol{a} = [a_1, \ldots, a_n]^{\mathrm{T}}$ とするとき，$\|\boldsymbol{a}\|_1 = |a_1| + \cdots + |a_n|$ を $\boldsymbol{a}$ の 1 ノルム，$\|\boldsymbol{a}\|_\infty = \max\{|a_1|, \ldots, |a_n|\}$ を ∞ ノルムという．どちらのノルムに対しても平行四辺形の法則は成り立たないことを示せ．一方，$\boldsymbol{a} = [a_1, a_2]^{\mathrm{T}}, \boldsymbol{b} = [b_1, b_2]^{\mathrm{T}}, a_1 \geqslant b_1 \geqslant 0, a_2 \geqslant b_2 \geqslant 0$ なら，$\|\boldsymbol{a}+\boldsymbol{b}\|_1^2 + \|\boldsymbol{a}-\boldsymbol{b}\|_1^2 = 2(\|\boldsymbol{a}\|_1^2 + \|\boldsymbol{b}\|_1^2)$ は成立することを示せ．

問題 7.4　平行四辺形の法則より $\|\boldsymbol{a}+2\boldsymbol{b}\|^2 - \|\boldsymbol{a}-2\boldsymbol{b}\|^2 = 2(\|\boldsymbol{a}+\boldsymbol{b}\|^2 - \|\boldsymbol{a}-\boldsymbol{b}\|^2)$ が従うことを示せ．ここに $\boldsymbol{a}, \boldsymbol{b}$ は任意ベクトルを表す．

問題 7.5　内積空間 X においてノルム $\|\cdot\|$ は以下の性質を満たすことを示せ．

(a) $\boldsymbol{x} = \boldsymbol{0} \Leftrightarrow \|\boldsymbol{x}\| = 0$

(b) $\|c\boldsymbol{x}\| = |c|\,\|\boldsymbol{x}\|$

(c) $\|\boldsymbol{x}+\boldsymbol{y}\| \leqslant \|\boldsymbol{x}\| + \|\boldsymbol{y}\|$

問題 7.6（内積空間の特徴づけ）　複素ベクトル空間 X において，前問の (a), (b), (c) を満たす X から非負実数への写像 $\|\cdot\|$ を考える（このような写像 $\|\cdot\|$ を X 上の**ノルム**，X を**ノルム空間**という；12.3 節参照）．平行四辺形の法則を満たすノルム空間は内積空間に他ならないことを示せ．すなわち，与えられた複素ベクトル空間 X における写像 $\|\cdot\|$ が (a), (b), (c) に加えて平行四辺形の法則

$$\text{(1)} \qquad \|\boldsymbol{x}+\boldsymbol{y}\|^2 + \|\boldsymbol{x}-\boldsymbol{y}\|^2 = 2(\|\boldsymbol{x}\|^2 + \|\boldsymbol{y}\|^2) \quad (\boldsymbol{x}, \boldsymbol{y} \in X)$$

を満たせば，$\boldsymbol{x}, \boldsymbol{y} \in X$ に対して

$$\text{(2)} \qquad (\boldsymbol{x}, \boldsymbol{y}) = \frac{1}{4}\{\|\boldsymbol{x}+\boldsymbol{y}\|^2 - \|\boldsymbol{x}-\boldsymbol{y}\|^2 + i(\|\boldsymbol{x}-i\boldsymbol{y}\|^2 - \|\boldsymbol{x}+i\boldsymbol{y}\|^2)\}$$

は X 上の内積を表し，$(\boldsymbol{x}, \boldsymbol{x}) = \|\boldsymbol{x}\|^2$ も真であることを示せ．

第8章　シュア分解とQR分解 Part I

これ以降の4つの章は固有値問題が主題である．本章と次章ではシュア分解とQR分解を扱い，続く2つの章ではジョルダン分解を扱う．シュア分解はユニタリ相似変換による三角行列化が可能であることを保証する，固有値問題に関する基礎的定理である．これはジョルダン分解（第10, 11章），特異値分解（第12章）の基礎となる定理であるのみならず，このシュア分解によって対角化可能な行列，すなわち正規行列は，応用上大切なエルミート行列，実対称行列を含んでいる．ジョルダン分解の数値計算は一般に困難であるが，シュア分解に対してはQR分解に基礎を置くQR法による計算法が安定な算法として知られている（数値解析のテキスト参照）．シュア分解はシュア (I. Schur, 1875–1941) の論文「行列固有値問題とその積分方程式への応用について」[22] によって世に知られた．

QR分解は，与えられた $\boldsymbol{A} \in \mathbb{C}^{m\times n}$ $(m \geqslant n)$ を $\boldsymbol{A} = \boldsymbol{QR}$（$\boldsymbol{Q}$：$m$ 次ユニタリ行列，$\boldsymbol{R}$：$m \times n$ 上三角行列）に因数分解する．これは，反射行列（ハウスホルダー行列）を用いるハウスホルダー法か，グラム・シュミット法の使用により実現できるため，シュア分解，特異値分解，最小自乗法（後述）の数値計算用によく用いられる．すでに行列式の幾何学的意味を議論するときにも現れている（6.18節）．

8.1　固有値と固有ベクトル

この節では，固有値と固有ベクトルの定義を行う．

定義 8.1　与えられた $\boldsymbol{A} \in \mathbb{C}^{n\times n}$ に対して，$\boldsymbol{A} - \lambda \boldsymbol{I}$ が非可逆行列となるような複素数 λ の値を $\boldsymbol{A}$ の**固有値** (eigenvalue) という．ゆえに，特定の複素数 λ が $\boldsymbol{A}$ の固有値であるための必要十分条件は $\det(\boldsymbol{A} - \lambda \boldsymbol{I}) = 0$ である．これを $\boldsymbol{A}$ の**特性方程式** (characteristic equation) という．さらに $\boldsymbol{Ax} = \lambda \boldsymbol{x}$ である $\boldsymbol{x} \neq \boldsymbol{0}$ が存在することも，λ が $\boldsymbol{A}$ の固有値であることの必要十分条件である．そのような $\boldsymbol{x} \neq \boldsymbol{0}$

を $\boldsymbol{A}$ の（λ に対する，または対応する）**固有ベクトル** (eigenvector) という．ゆえに，固有ベクトルの非零スカラー倍もやはり固有ベクトルを表す．

$\det(\boldsymbol{A}-\lambda\boldsymbol{I})$ を展開すると $(-\lambda)^n + c_1\lambda^{n-1} + \cdots + c_{n-1}\lambda + c_n$ 型の n 次多項式となる．これを $\boldsymbol{A}$ の**特性多項式** (characteristic polynomial) と呼ぶ．代数学の基本定理により，これは $\det(\boldsymbol{A}-\lambda\boldsymbol{I}) = (\lambda_1-\lambda)\cdots(\lambda_n-\lambda)$ 型に因数分解可能である．ここに $\lambda_1, \ldots, \lambda_n$ は（順序を無視すれば）$\boldsymbol{A}$ によって一意的に定まる複素数を表す．ゆえに，n 次行列の固有値は，重複するものを重複する回数（**重複度** (multiplicity) という）だけ数えることにすれば，必ず n 個存在することになる．これらはすべて相異なるとは限らないし，たとえ $\boldsymbol{A}$ が実行列であっても一般には複素数となる．また，$\boldsymbol{A}$ の n 個の固有値の積は $\boldsymbol{A}$ の行列式の値に等しい．これは，特性多項式において $\lambda = 0$ とすればただちに得られる．行列 $\boldsymbol{A}$ の固有値をまとめて $\boldsymbol{A}$ の**スペクトル** (spectrum) という．

例 8.2　$\boldsymbol{A} = \begin{bmatrix} 0 & -1 \\ 1 & 0 \end{bmatrix}$ の特性多項式は $\det(\boldsymbol{A}-\lambda\boldsymbol{I}) = \det\begin{bmatrix} -\lambda & -1 \\ 1 & -\lambda \end{bmatrix} = \lambda^2+1 = (\lambda+i)(\lambda-i)$．ゆえに，$\boldsymbol{A}$ の固有値は $\pm i$ である．このように，実行列の固有値も一般に複素数である．なお，ベクトル $\boldsymbol{v}_1 = \begin{bmatrix}1, -i\end{bmatrix}^{\mathrm{T}}, \boldsymbol{v}_2 = \begin{bmatrix}1, i\end{bmatrix}^{\mathrm{T}}$ は $\boldsymbol{A}\boldsymbol{v}_1 = \begin{bmatrix}i, 1\end{bmatrix}^{\mathrm{T}} = (i)\boldsymbol{v}_1$, $\boldsymbol{A}\boldsymbol{v}_2 = \begin{bmatrix}-i, 1\end{bmatrix}^{\mathrm{T}} = (-i)\boldsymbol{v}_2$ を満たすので，$\boldsymbol{v}_1$ は固有値 i に対する固有ベクトル，$\boldsymbol{v}_2$ は固有値 $-i$ に対する固有ベクトルである．また，$\boldsymbol{B} = \begin{bmatrix} 0 & 1 \\ 1 & 0 \end{bmatrix}$ の特性多項式は $\det(\boldsymbol{B}-\lambda\boldsymbol{I}) = \det\begin{bmatrix} -\lambda & 1 \\ 1 & -\lambda \end{bmatrix} = \lambda^2-1 = (\lambda+1)(\lambda-1)$ なので，$\boldsymbol{B}$ の固有値は ± 1 である．ベクトル $\boldsymbol{u}_1 = \begin{bmatrix}1, 1\end{bmatrix}^{\mathrm{T}}, \boldsymbol{u}_2 = \begin{bmatrix}1, -1\end{bmatrix}^{\mathrm{T}}$ は，それぞれ固有値 $1, -1$ に対する固有ベクトルである．

例 8.3　$\boldsymbol{A} = \begin{bmatrix} 1 & 1 & -1 \\ 1 & 0 & 0 \\ 0 & 1 & 0 \end{bmatrix}$ の特性多項式は

$$\det(\boldsymbol{A}-\lambda\boldsymbol{I}) = \det\begin{bmatrix} 1-\lambda & 1 & -1 \\ 1 & -\lambda & 0 \\ 0 & 1 & -\lambda \end{bmatrix} = -\lambda^3+\lambda^2+\lambda-1 = (1-\lambda)^2(-1-\lambda).$$

ゆえに $\boldsymbol{A}$ の固有値は $1, 1, -1$ によって与えられる．ベクトル $\boldsymbol{v}_1 = \begin{bmatrix}1, -1, 1\end{bmatrix}^{\mathrm{T}}$,

$\boldsymbol{v}_2 = [1, 1, 1]^{\mathrm{T}}$ は $\boldsymbol{A}\boldsymbol{v}_1 = -\boldsymbol{v}_1$, $\boldsymbol{A}\boldsymbol{v}_2 = \boldsymbol{v}_2$ を満たすので，$\boldsymbol{v}_1$ は固有値 -1 に対する固有ベクトル，$\boldsymbol{v}_2$ は固有値 1 に対する固有ベクトルである．なお，固有値 1 について $(\boldsymbol{A} - \boldsymbol{I})\boldsymbol{x} = \boldsymbol{0}$ を考えると

$$\begin{bmatrix} 0 & 1 & -1 \\ 1 & -1 & 0 \\ 0 & 1 & -1 \end{bmatrix} \begin{bmatrix} x_1 \\ x_2 \\ x_3 \end{bmatrix} = \begin{bmatrix} 0 \\ 0 \\ 0 \end{bmatrix} \quad \Leftrightarrow \quad \begin{bmatrix} x_1 \\ x_2 \\ x_3 \end{bmatrix} = t \begin{bmatrix} 1 \\ 1 \\ 1 \end{bmatrix}.$$

より，重複度は 2 であっても，1 次独立な固有ベクトルは 1 つしかない．

例 8.4　$\boldsymbol{A} = \begin{bmatrix} 0 & 1 & 0 \\ 1 & 0 & 0 \\ 0 & 0 & 1 \end{bmatrix}$ の特性多項式は

$$\det(\boldsymbol{A} - \lambda\boldsymbol{I}) = \det \begin{bmatrix} -\lambda & 1 & 0 \\ 1 & -\lambda & 0 \\ 0 & 0 & 1-\lambda \end{bmatrix} = (\lambda^2 - 1)(1 - \lambda) = (1 - \lambda)^2(-1 - \lambda).$$

ゆえに，$\boldsymbol{A}$ の固有値は 1, 1, -1 によって与えられる．ベクトル $\boldsymbol{v}_1 = [1, -1, 0]^{\mathrm{T}}$, $\boldsymbol{v}_2 = [1, 1, 1]^{\mathrm{T}}$, $\boldsymbol{v}_3 = [1, 1, -2]^{\mathrm{T}}$ は，$\boldsymbol{A}\boldsymbol{v}_1 = -\boldsymbol{v}_1$, $\boldsymbol{A}\boldsymbol{v}_2 = \boldsymbol{v}_2$, $\boldsymbol{A}\boldsymbol{v}_3 = \boldsymbol{v}_3$ を満たすので，$\boldsymbol{v}_1$ は固有値 -1 に対する固有ベクトル，$\boldsymbol{v}_2$, $\boldsymbol{v}_3$ は固有値 1 に対する固有ベクトルである．なお，固有値 1 について $(\boldsymbol{A} - \boldsymbol{I})\boldsymbol{x} = \boldsymbol{0}$ を考えると

$$\begin{bmatrix} -1 & 1 & 0 \\ 1 & -1 & 0 \\ 0 & 0 & 0 \end{bmatrix} \begin{bmatrix} x_1 \\ x_2 \\ x_3 \end{bmatrix} = \begin{bmatrix} 0 \\ 0 \\ 0 \end{bmatrix} \quad \Leftrightarrow \quad x_1 = x_2.$$

となるので，1 次独立な固有ベクトルが最大 2 つとれる．

例 8.5　三角行列の固有値は対角成分と一致する．これは特性多項式を考えればすぐに出る．

例 8.6　$f(\lambda) = \lambda^3 + a_1\lambda^2 + a_2\lambda + a_3$（$a_1, a_2, a_3$ は既知複素数），
$\boldsymbol{A} = \begin{bmatrix} -a_1 & -a_2 & -a_3 \\ 1 & 0 & 0 \\ 0 & 1 & 0 \end{bmatrix}$ とすれば，$\det(\boldsymbol{A} - \lambda\boldsymbol{I}) = -f(\lambda)$．行列 $\boldsymbol{A}$ を $f(\lambda)$ のコン

パニオン行列 (companion matrix) という．ゆえに，$f(\lambda)=0$ の根はコンパニオン行列の固有値と一致する．

特定の固有値 λ_0 に対して，$(\boldsymbol{A}-\lambda_0\boldsymbol{I})\boldsymbol{v}=\boldsymbol{0}$ を満たす $\boldsymbol{v}\in\mathbb{C}^n$ 全体の集合は $\mathbb{C}^n$ の部分空間を表す．これを λ_0 に対応する**固有空間** (eigenspace) と呼ぶ．固有空間の次元が固有値の重複度に一致するとは限らないが，次に定義する一般固有ベクトル，一般固有空間まで考えると，固有値の重複度と同じ次元を持つ一般固有空間が存在する．

8.2　固有値問題入門

この節では，一般固有ベクトルと固有値問題の定義を行う．

いま，λ_0 を n 次行列 $\boldsymbol{A}$ の固有値とすれば，$\boldsymbol{A}-\lambda_0\boldsymbol{I}$, $(\boldsymbol{A}-\lambda_0\boldsymbol{I})^2$, $(\boldsymbol{A}-\lambda_0\boldsymbol{I})^3$, ... はすべて非可逆行列だから，任意の自然数 k に対して $(\boldsymbol{A}-\lambda_0\boldsymbol{I})^k\boldsymbol{v}=\boldsymbol{0}$ を満たす $\boldsymbol{0}\neq\boldsymbol{v}\in\mathbb{C}^n$ が少なくとも 1 個存在する．$(\boldsymbol{A}-\lambda_0\boldsymbol{I})^k\boldsymbol{v}=0$, $(\boldsymbol{A}-\lambda_0\boldsymbol{I})^{k-1}\boldsymbol{v}\neq 0$ を満たすような $\boldsymbol{v}\in\mathbb{C}^n$ を，固有値 λ_0 に対応する **k 階一般固有ベクトル** (generalized eigenvector of rank k) という．ここに $(\boldsymbol{A}-\lambda_0\boldsymbol{I})^0\equiv\boldsymbol{I}$ と規約している．$k=1$ の場合，すなわち 1 階一般固有ベクトルは前節で定義した固有ベクトルである．すべての固有値と対応する一般固有ベクトルの構造を解明する問題を**固有値問題** (eigenvalue problem) という．

例 8.7　$\boldsymbol{A}=\begin{bmatrix}1&1&-1\\1&0&0\\0&1&0\end{bmatrix}$　(例 8.3 の行列)，$\boldsymbol{V}=\begin{bmatrix}1&1&1\\-1&1&0\\1&1&-1\end{bmatrix}\equiv[\boldsymbol{v}_1,\,\boldsymbol{v}_2,\,\boldsymbol{v}_3]$, $\boldsymbol{J}=\begin{bmatrix}-1&0&0\\0&1&1\\0&0&1\end{bmatrix}$ とすれば，$\boldsymbol{AV}=\boldsymbol{VJ}$ が成立する．これを展開すれば，$(\boldsymbol{A}+\boldsymbol{I})\boldsymbol{v}_1=\boldsymbol{0}$, $(\boldsymbol{A}-\boldsymbol{I})\boldsymbol{v}_2=\boldsymbol{0}$, $(\boldsymbol{A}-\boldsymbol{I})\boldsymbol{v}_3=\boldsymbol{v}_2$ が得られるから，$\boldsymbol{v}_1$ は固有値 -1 に対応する固有ベクトル，$\boldsymbol{v}_2$ は固有値 1 に対応する固有ベクトル，$\boldsymbol{v}_3$ は同じ固有値 1 に対応する 2 階一般固有ベクトルを表す．また，$\det\boldsymbol{V}=-4\neq 0$ ゆえ $\boldsymbol{V}^{-1}$ が存在し，$\{\boldsymbol{v}_1,\,\boldsymbol{v}_2,\,\boldsymbol{v}_3\}$ は $\mathbb{C}^3$ の基底を表す．ゆえに，$\boldsymbol{AV}=\boldsymbol{VJ}$ は $\boldsymbol{V}^{-1}\boldsymbol{AV}=\boldsymbol{J}$ と書いてよく，後者を $\boldsymbol{A}$ のジョルダン分解といい，$\boldsymbol{J}$ をジョルダン標準形という（詳しくは第 10 章参照)．ジョルダン分解がわかれば，固有値問題は解けている．

いま，$\boldsymbol{v}$ を固有値 λ_0 に対応する k 階一般固有ベクトルとすれば，**鎖列** (chain) $\{(\boldsymbol{A}-\lambda_0\boldsymbol{I})^{k-1}\boldsymbol{v}, (\boldsymbol{A}-\lambda_0\boldsymbol{I})^{k-2}\boldsymbol{v}, \ldots, (\boldsymbol{A}-\lambda_0\boldsymbol{I})\boldsymbol{v}, \boldsymbol{v}\}$ は，第 1 階，…，第 $(k-1)$ 階，第 k 階一般固有ベクトルからなる 1 次独立な集合を表す．これは 1 次結合 $= \boldsymbol{0}$ とおき，左から $(\boldsymbol{A}-\lambda_0\boldsymbol{I})^j$ $(j = 1, \ldots, k-2, k-1)$ を乗じればわかる．ゆえに，n 次行列の一般固有ベクトルの階数は高々 n である．

例 8.8 例 8.7 において，$\{\boldsymbol{v}_1\}$ は固有値 -1 に対応する鎖列，$\{\boldsymbol{v}_2, \boldsymbol{v}_3\}$ は固有値 1 に対応する鎖列を表す．

特定の固有値 λ_0 に対して，$(\boldsymbol{A}-\lambda_0\boldsymbol{I})^k\boldsymbol{v} = \boldsymbol{0}$ を満たす $\boldsymbol{v} \in \mathbb{C}^n$ 全体の集合は $\mathbb{C}^n$ の部分空間を表す．これを λ_0 に対応する k **階一般固有空間** (generalized eigenspace of rank k) と呼ぶ．$k = 1$ の場合は，前節で定義した**固有空間**になる．これを $N_k(\lambda_0)$ で表せば，明らかに $\{\boldsymbol{0}\} = N_0(\lambda_0) \subsetneqq N_1(\lambda_0) \subseteq N_2(\lambda_0) \subseteq \cdots \subseteq \mathbb{C}^n$ が成り立つ（"$\cdots \subsetneqq \cdots$" は左辺が右辺の真部分集合であることを表す）．しかも n 次行列の一般固有ベクトルの階数は高々 n であるから，$\{\boldsymbol{0}\} = N_0(\lambda_0) \subsetneqq N_1(\lambda_0) \subsetneqq \cdots \subsetneqq N_l(\lambda_0) = N_{l+1}(\lambda_0) = \cdots$ を満たす自然数 $l\,(\leqslant n)$ が一意的に定まることは明らかである．

例 8.9 例 8.7 において，固有値 -1 に対応する 1 階固有空間 $N_1(-1)$ は $\mathrm{span}\{\boldsymbol{v}_1\}$，固有値 1 に対応する 1 階固有空間 $N_1(1)$ は $\mathrm{span}\{\boldsymbol{v}_2\}$，2 階固有空間 $N_2(1)$ は $\mathrm{span}\{\boldsymbol{v}_2, \boldsymbol{v}_3\}$ である．

一般の行列に対する固有値問題の解を記述するには相似変換の概念が必要となる．相似変換については次節で述べる．

8.3 相似変換

n 次行列 $\boldsymbol{A}, \boldsymbol{B}$ が適当な可逆行列 $\boldsymbol{V}$ を介して $\boldsymbol{V}^{-1}\boldsymbol{A}\boldsymbol{V} = \boldsymbol{B}$ の関係にあるとき，$\boldsymbol{A}$ は $\boldsymbol{B}$ に**相似である** (similar) といい，$\boldsymbol{B}$ を $\boldsymbol{A}$ の $\boldsymbol{V}$ による**相似変換** (similarity transform) という．相似関係は同値関係を表す．すなわち，$\boldsymbol{A}$ が $\boldsymbol{B}$ に相似であることを $\boldsymbol{A} \sim \boldsymbol{B}$ によって表すと，「反射性：$\boldsymbol{A} \sim \boldsymbol{A}$，対称性：$\boldsymbol{A} \sim \boldsymbol{B}$ なら $\boldsymbol{B} \sim \boldsymbol{A}$，推移性：$\boldsymbol{A} \sim \boldsymbol{B}, \boldsymbol{B} \sim \boldsymbol{C}$ なら $\boldsymbol{A} \sim \boldsymbol{C}$」が成り立つ．この証明は練習問題とする．

相似変換 $\boldsymbol{V}^{-1}\boldsymbol{A}\boldsymbol{V} = \boldsymbol{B}$ を幾何学的に説明しよう．変換 $\boldsymbol{y} = \boldsymbol{A}\boldsymbol{x}$ に座標変換 $\boldsymbol{x} = \boldsymbol{V}\boldsymbol{x}', \boldsymbol{y} = \boldsymbol{V}\boldsymbol{y}'$ を施すと，$\boldsymbol{y}' = \boldsymbol{V}^{-1}\boldsymbol{A}\boldsymbol{V}\boldsymbol{x}' = \boldsymbol{B}\boldsymbol{x}'$ となる．すなわち，「$\boldsymbol{B}$ は

$\boldsymbol{A}$ の振舞いを単一の座標系 $\boldsymbol{V}$ から見た姿である」と解釈できる．固有値問題は「与えられた行列を相似変換によってどこまで簡単化できるか」という問題ともいえる．これは「与えられた行列の振舞いは，どんな座標系から見れば，もっとも簡単に見えるか」と同意義である．

とくに，$\boldsymbol{B}$ が対角行列となるような $\boldsymbol{V}$ が存在する場合，$\boldsymbol{A}$ は**相似対角化可能**といい，三角行列となる場合は**相似三角化可能**という．後述するシュア分解（8.6 節）は，ユニタリ行列による相似三角化を保証する．また，ジョルダン分解は適当な可逆行列による相似ジョルダン標準形化（相似三角化の特別の場合）を保証する定理であり，全く任意の行列の固有値問題に対するもっとも完全な答えを表す（第 10 章）．例 8.7 はその一例に過ぎない．

以上の考察から「固有値は相似変換に対して不変である」，すなわち，「特性多項式は相似変換に対して不変である」ことが予想される．これは真であることを実際に確認できる：

$$
\begin{aligned}
\det(\boldsymbol{V}^{-1}\boldsymbol{A}\boldsymbol{V}-\lambda\boldsymbol{I}) &= \det\{\boldsymbol{V}^{-1}(\boldsymbol{A}-\lambda\boldsymbol{I})\boldsymbol{V}\} \\
&= (\det\boldsymbol{V}^{-1})(\det(\boldsymbol{A}-\lambda\boldsymbol{I}))(\det\boldsymbol{V}) \\
&= (\det(\boldsymbol{V}^{-1}\boldsymbol{V}))(\det(\boldsymbol{A}-\lambda\boldsymbol{I})) = \det(\boldsymbol{A}-\lambda\boldsymbol{I}).
\end{aligned}
$$

例 8.10　相異なる固有値を持つ行列は相似対角化可能であることを示そう．そこで，与えられた n 次行列を $\boldsymbol{A}$, $\det(\boldsymbol{A}-\lambda\boldsymbol{I})=(\lambda_1-\lambda)\cdots(\lambda_n-\lambda)$, $\lambda_i\neq\lambda_j\ (i\neq j)$, $\boldsymbol{A}\boldsymbol{v}_i=\lambda_i\boldsymbol{v}_i\ (\boldsymbol{v}_i\neq\boldsymbol{0},\ i=1,\ldots,n)$ とする．$\boldsymbol{V}=[\boldsymbol{v}_1,\ldots,\boldsymbol{v}_n]$ とすれば，以上の関係は $\boldsymbol{A}\boldsymbol{V}=\boldsymbol{V}\,\mathrm{diag}\,(\lambda_1,\ldots,\lambda_n)\equiv\boldsymbol{V}\boldsymbol{D}$ と書ける．$\{\boldsymbol{v}_1,\ldots,\boldsymbol{v}_n\}$ は 1 次独立であることを示す．実際，$c_1\boldsymbol{v}_1+\cdots+c_n\boldsymbol{v}_n=\boldsymbol{0}$ とし，左から $(\boldsymbol{A}-\lambda_2\boldsymbol{I})\cdots(\boldsymbol{A}-\lambda_n\boldsymbol{I})$ を乗じると，$c_1(\lambda_1-\lambda_2)\cdots(\lambda_1-\lambda_n)\boldsymbol{v}_1=\boldsymbol{0}$ が出る（$\boldsymbol{A}-\lambda_2\boldsymbol{I},\ldots$ の可換性に注意）．$\lambda_1,\ldots,\lambda_n$ はすべて相異なり，$\boldsymbol{v}_1\neq\boldsymbol{0}$ であるから，これは $c_1=0$ を意味する．同様にして $c_2,\ldots$ も 0 となる．ゆえに $\boldsymbol{V}$ は可逆行列を表し，先に得た $\boldsymbol{A}\boldsymbol{V}=\boldsymbol{V}\boldsymbol{D}$ は $\boldsymbol{V}^{-1}\boldsymbol{A}\boldsymbol{V}=\boldsymbol{D}$ と同値となり，$\boldsymbol{A}$ は確かに相似対角化可能である．相似対角化可能な行列が 2 階以上の一般固有ベクトルを持ち得ないことは，腕試し問題 8.13 において示す．■

8.4 ユニタリ行列，反射行列（ハウスホルダー行列）

本節では，QR 分解およびシュア分解の導出に必要なユニタリ行列について説明する．1.13 節，定義 1.34 で述べたように，$\boldsymbol{Q} \in \mathbb{C}^{n\times n}$ がユニタリ行列であるとは $\boldsymbol{Q}^*\boldsymbol{Q} = \boldsymbol{I}\,(\Leftrightarrow \boldsymbol{Q}^* = \boldsymbol{Q}^{-1})$ であることをいう．$\boldsymbol{Q}$ を列に分割し $\boldsymbol{Q} = [\boldsymbol{q}_1, \ldots, \boldsymbol{q}_n]$ と書けば，これは $\boldsymbol{q}_i^*\boldsymbol{q}_j = \delta_{ij}$ $(i, j = 1, \ldots, n)$（δ_{ij} はクロネッカーのデルタ記号）と同値であるので，$\{\boldsymbol{q}_1, \ldots, \boldsymbol{q}_n\}$ は**正規直交系**（orthonormal system, 7.4 節）である．

とくに $n = 3$ の場合は，任意の $\boldsymbol{a}, \boldsymbol{b} \in \mathbb{R}^3$ に対して，$\boldsymbol{a}^{\mathrm{T}}\boldsymbol{b} = \|\boldsymbol{a}\| \cdot \|\boldsymbol{b}\| \cos\theta$（$\theta = \boldsymbol{a}, \boldsymbol{b}$ のなす角，$\|\boldsymbol{a}\| = \sqrt{\boldsymbol{a}^{\mathrm{T}}\boldsymbol{a}}$）であるから（3.5 節），3 次実正規直交系 $\{\boldsymbol{q}_1, \boldsymbol{q}_2, \boldsymbol{q}_3\}$ は長さ 1 の互いに直交する矢線ベクトルで表せる．シュア分解の導出に必要となるのはユニタリ行列の特別の場合である反射行列である．

定理 8.11　$0 \neq \boldsymbol{c} \in \mathbb{C}^n$ のとき，$\boldsymbol{H} \equiv \boldsymbol{I} - 2\boldsymbol{c}\boldsymbol{c}^*/\boldsymbol{c}^*\boldsymbol{c}$ 型の行列を**反射行列** (reflection matrix)，または**ハウスホルダー行列** (Householder matrix) という．この行列は次の性質を持つ：

(a)　$\boldsymbol{H}$ はエルミート行列である：$\boldsymbol{H}^* = \boldsymbol{H}$,

(b)　$\boldsymbol{H}$ はユニタリ行列である：$\boldsymbol{H}^*\boldsymbol{H} = \boldsymbol{I}$,

(c)　$\boldsymbol{H}$ の逆行列はそれ自身である：$\boldsymbol{H}^{-1} = \boldsymbol{H}$,

(d)　すべての $\boldsymbol{x} \in \mathbb{C}^n$，$\boldsymbol{y}^*\boldsymbol{c} = 0$ を満たすすべての $\boldsymbol{y} \in \mathbb{C}^n$ に対して，
　　$\boldsymbol{y}^*(\boldsymbol{x} - \boldsymbol{H}\boldsymbol{x}) = 0$,

(e)　すべての $\boldsymbol{x} \in \mathbb{C}^n$ に対して，$\boldsymbol{c}^*(\boldsymbol{x} + \boldsymbol{H}\boldsymbol{x}) = 0$,

(f)　$\det \boldsymbol{H} = -1$,

(g)　$\boldsymbol{a}, \boldsymbol{b} \in \mathbb{C}^n (\boldsymbol{a} \neq \boldsymbol{b})$, $\|\boldsymbol{a}\| = \|\boldsymbol{b}\|$ $(\|\boldsymbol{a}\| = \sqrt{\boldsymbol{a}^*\boldsymbol{a}})$, $\boldsymbol{a}^*\boldsymbol{b} = \boldsymbol{b}^*\boldsymbol{a}$（$\Leftrightarrow$ $\boldsymbol{a}^*\boldsymbol{b}$ は実数），
　　$\boldsymbol{c} = \boldsymbol{a} - \boldsymbol{b}$ なら，$\boldsymbol{H}\boldsymbol{a} = \boldsymbol{b}$,

(h)　(g) において，$\boldsymbol{a} = \boldsymbol{e}_1 = [1, 0, \ldots, 0]^{\mathrm{T}}$, $\|\boldsymbol{b}\| = 1$, $\boldsymbol{e}_1 \neq \boldsymbol{b}$, $\boldsymbol{b}$ の第 1 成分 = 実数，$\boldsymbol{c} = \boldsymbol{a} - \boldsymbol{b}$ とすれば，$\boldsymbol{H}\boldsymbol{e}_1 = \boldsymbol{b}$ ゆえ，$\boldsymbol{H}$ は与えられた $\boldsymbol{b}$ を第 1 列とするユニタリ行列を表す．

証明は練習問題とする．(d) は任意の $\boldsymbol{x}$ に対して，$\boldsymbol{x} - \boldsymbol{H}\boldsymbol{x}$ は「平面」$S : \boldsymbol{c}^*\boldsymbol{y} = 0$ に直交することを意味し，(e) は任意の $\boldsymbol{x}$ に対して $\boldsymbol{x}$ と $\boldsymbol{H}\boldsymbol{x}$ の中点 $((1/2)(\boldsymbol{x} + \boldsymbol{H}\boldsymbol{x}))$ は平面 S に属することを示す．以上より，$\boldsymbol{x}$ と $\boldsymbol{H}\boldsymbol{x}$ は平面 S に関して互いに鏡像関係にあることがわかる．これが反射行列の名の由来である．(f) の証明に

は「$\boldsymbol{a}, \boldsymbol{b} \in \mathbb{C}^n$ なら $\det(\boldsymbol{I} - \boldsymbol{a}\boldsymbol{b}^{\mathrm{T}}) = 1 - \boldsymbol{b}^{\mathrm{T}}\boldsymbol{a}$」(6.11 節，例 6.15) において，$\boldsymbol{a} = 2\boldsymbol{c}/(\boldsymbol{c}^*\boldsymbol{c})$, $\boldsymbol{b} = \overline{\boldsymbol{c}}$ とすればよい．(g) は QR 分解の証明に必要となる．(h) はシュア分解の証明で使う．

例 8.12　$\boldsymbol{a} = [1, 0]^{\mathrm{T}}$, $\boldsymbol{b} = [0, 1]^{\mathrm{T}}$ なら，$\boldsymbol{c} = \boldsymbol{a} - \boldsymbol{b} = [1, -1]^{\mathrm{T}}$, $\boldsymbol{H} = \boldsymbol{I} - 2\boldsymbol{c}\boldsymbol{c}^{\mathrm{T}}/\boldsymbol{c}^{\mathrm{T}}\boldsymbol{c} = \begin{bmatrix} 0 & 1 \\ 1 & 0 \end{bmatrix}$ となり，$\boldsymbol{H}\boldsymbol{x} \equiv \begin{bmatrix} 0 & 1 \\ 1 & 0 \end{bmatrix}\begin{bmatrix} x \\ y \end{bmatrix} = \begin{bmatrix} y \\ x \end{bmatrix}$ は，確かに直線 $0 = [1, -1]\begin{bmatrix} x \\ y \end{bmatrix} = x - y$ に関する，$\boldsymbol{x} = \begin{bmatrix} x \\ y \end{bmatrix}$ の鏡像を表している．

例 8.13　$\boldsymbol{H} \equiv \begin{bmatrix} \cos\theta & \sin\theta \\ \sin\theta & -\cos\theta \end{bmatrix} = \boldsymbol{I} - 2\boldsymbol{c}\boldsymbol{c}^{\mathrm{T}}$，ここに $\boldsymbol{c} = [-\sin(\theta/2), \cos(\theta/2)]^{\mathrm{T}}$, $\boldsymbol{c}^{\mathrm{T}}\boldsymbol{c} = 1$．ゆえに，$\boldsymbol{H}$ は反射行列を表す．この場合，$\boldsymbol{H}\boldsymbol{x}$ は直線 $0 = -x\sin(\theta/2) + y\cos(\theta/2)$ (原点を通り，傾き $\theta/2$ の直線) に関する，点 $\boldsymbol{x} = [x, y]^{\mathrm{T}}$ の鏡像を表している．

8.5　QR 分解

定理 8.14　与えられた行列 $\boldsymbol{0} \neq \boldsymbol{A} = [\boldsymbol{a}_1, \ldots, \boldsymbol{a}_k] \in \mathbb{C}^{n\times k}$ (ただし $k \leqslant n$) は **QR 分解** (QR decomposition)：

$$\boldsymbol{A} = [\boldsymbol{q}_1, \ldots, \boldsymbol{q}_k, \ldots, \boldsymbol{q}_n]\left[\begin{array}{cccc} r_{11} & r_{12} & \cdots & r_{1k} \\ & r_{22} & \cdots & r_{2k} \\ & & \ddots & \vdots \\ \boldsymbol{0} & & & r_{kk} \\ \hline & \multicolumn{2}{c}{\boldsymbol{0}} & \end{array}\right] \equiv \boldsymbol{Q}\begin{bmatrix} \boldsymbol{R} \\ \boldsymbol{0} \end{bmatrix} = [\boldsymbol{q}_1, \ldots, \boldsymbol{q}_k]\boldsymbol{R}$$

の形に分解できる．ここに，$\boldsymbol{Q}$ は n 次ユニタリ行列，$\boldsymbol{R}$ は k 次上三角行列を表し，その対角成分は $r_{11}, \ldots, r_{kk} \geqslant 0$ を満たす．とくに，$\mathrm{rank}(\boldsymbol{A}) = k$ なら $r_{11}, \ldots, r_{kk} > 0$ である．また，$\boldsymbol{A}$ が実行列なら $\boldsymbol{Q}$ と $\boldsymbol{R}$ も実行列にとれる．

証明　構成的証明を示す．グラム・シュミット法によっても構築できるが (7.5 節参照)，ここでは前節で学んだ反射行列を使う．

まず，$n = 1$ の場合は $\boldsymbol{A} = [a_{11}] = [a_{11}/|a_{11}|][|a_{11}|] \equiv \boldsymbol{Q}\boldsymbol{R}$ ($\because a_{11} \neq 0$) でよい．そこで $n > 1$ とする．$\boldsymbol{a}_1$ の形が $\boldsymbol{a}_1 = [a_{11}, 0, \ldots, 0]^{\mathrm{T}}(a_{11} \neq 0)$ の場合は

$\boldsymbol{Q}_1 = \begin{bmatrix} \overline{a_{11}}/|a_{11}| & \boldsymbol{0} \\ \boldsymbol{0} & \boldsymbol{I}_{n-1} \end{bmatrix}$ とすれば，$\boldsymbol{Q}_1$ は明らかにユニタリ行列を表し，

$$\boldsymbol{Q}_1\boldsymbol{A} = [\boldsymbol{Q}_1\boldsymbol{a}_1, \ldots, \boldsymbol{Q}_1\boldsymbol{a}_k] = \begin{bmatrix} |a_{11}| & * \cdots & * \\ 0 & * \cdots & * \\ \vdots & \vdots & \vdots \\ 0 & * \cdots & * \end{bmatrix}$$

$$\equiv \begin{bmatrix} r_{11} & * \cdots * \\ \boldsymbol{0} & \boldsymbol{A}_1 \end{bmatrix} \quad (r_{11} \geqslant 0) \tag{8.1}$$

となる．$\boldsymbol{a}_1 = \boldsymbol{0}$ なら，$\boldsymbol{Q}_1 = \boldsymbol{I}$ をとればやはりこの関係が成り立つ．

次に，$\boldsymbol{a}_1$ の形が $\boldsymbol{a}_1 = \begin{bmatrix} a_{11} \\ \boldsymbol{p}_1 \end{bmatrix}$ $(\boldsymbol{p}_1 \neq \boldsymbol{0},\ a_{11} \neq 0)$ の場合は，$\boldsymbol{b}_1 = [\pm(a_{11}/|a_{11}|)\,\|\boldsymbol{a}_1\|,\ 0, \ldots, 0]^{\mathrm{T}}$ をとれば，$\boldsymbol{a}_1 \neq \boldsymbol{b}_1$, $\|\boldsymbol{a}_1\| = \|\boldsymbol{b}_1\|$, $\boldsymbol{a}_1^*\boldsymbol{b}_1 =$ 実数の条件が満たされる．ゆえに前節 (g) により，$\boldsymbol{Q}_1$ として反射行列 $\boldsymbol{Q}_1 = \boldsymbol{I} - 2\boldsymbol{c}_1\boldsymbol{c}_1^{\mathrm{T}}/\boldsymbol{c}_1^{\mathrm{T}}\boldsymbol{c}_1$ $(\boldsymbol{c}_1 = \boldsymbol{a}_1 - \boldsymbol{b}_1)$ をとれば，$\boldsymbol{Q}_1\boldsymbol{a}_1 = \boldsymbol{b}_1$ が満たされる．ゆえに，$\boldsymbol{Q}_1\boldsymbol{A} = [\boldsymbol{Q}_1\boldsymbol{a}_1, \ldots, \boldsymbol{Q}_1\boldsymbol{a}_k] = \begin{bmatrix} r_{11} & * \cdots * \\ \boldsymbol{0} & \boldsymbol{A}_1 \end{bmatrix}$ となり，ここに，$r_{11} = \pm(a_{11}/|a_{11}|)\,\|\boldsymbol{a}_1\| \neq 0$ である．右辺は (8.1) の右辺の行列と同じ形であるが，r_{11} は一般には複素数だから，$\boldsymbol{Q}_1$ の $|r_{11}|/r_{11}$ 倍を再度 $\boldsymbol{Q}_1$ と呼べば，$\boldsymbol{Q}_1$ のユニタリ性も $\boldsymbol{Q}_1\boldsymbol{A}$ の形も保存され，$\boldsymbol{Q}_1\boldsymbol{A}$ の 1 行 1 列の成分が $|r_{11}|$ となる．最後に $\boldsymbol{a}_1 = \begin{bmatrix} 0 \\ \boldsymbol{p}_1 \end{bmatrix}$ $(\boldsymbol{p}_1 \neq \boldsymbol{0})$ の場合は，$\boldsymbol{b}_1 = [\|\boldsymbol{p}_1\|, 0, \cdots, 0]^{\mathrm{T}}$, $\boldsymbol{c}_1 = \boldsymbol{a}_1 - \boldsymbol{b}_1$ をとれば，やはり $\boldsymbol{Q}_1\boldsymbol{A}$ の形は (8.1) 式右辺の行列と同じになる．

同様の手続きを，(8.1) 式右辺の右下偶の $(n-1)\times(k-1)$ 行列 $\boldsymbol{A}_1$ に対して適用すれば，

$$\boldsymbol{Q}_2'\boldsymbol{A}_1 = \begin{bmatrix} r_{22} & * \cdots * \\ \boldsymbol{0} & \boldsymbol{A}_2 \end{bmatrix} \quad (r_{22} \geqslant 0) \tag{8.2}$$

が得られる．ここに，$\boldsymbol{Q}_2'$ は $(n-1)$ 次ユニタリ行列である．$\boldsymbol{Q}_2 = \begin{bmatrix} 1 & \boldsymbol{0} \\ \boldsymbol{0} & \boldsymbol{Q}_2' \end{bmatrix}$ とおければ，$\boldsymbol{Q}_2\boldsymbol{Q}_1\boldsymbol{A} = \left[\begin{array}{cc|c} r_{11} & * & * \cdots * \\ 0 & r_{22} & * \cdots * \\ \hline \multicolumn{2}{c|}{\boldsymbol{0}} & \boldsymbol{A}_3 \end{array}\right]$ となる．同様の手続きを継続すれば，最終的

に，$Q_{k-1}\cdots Q_1 A = \begin{bmatrix} R \\ 0 \end{bmatrix}$ が得られることは明らかである．ここに，$Q_1, \ldots, Q_{k-1}$ はすべてユニタリ行列（あるものは単位行列でありうる），$R = [r_{ij}]$ は $k \times k$ 上三角行列 $(r_{11}, \ldots, r_{kk} \geqslant 0)$ を表す．$Q = Q_1^* \cdots Q_{k-1}^*$ と置けば，$A = Q \begin{bmatrix} R \\ 0 \end{bmatrix}$ が出る．ここに，Q もユニタリ行列を表す．これは QR 分解に他ならない．

一般に，$\mathrm{rank}(A) = \mathrm{rank}(R)$ ゆえ，$\mathrm{rank}(A) = k$ なら $r_{11}, \ldots, r_{kk} > 0$ でなければならない．A が実行列の場合への特化は練習問題とする．■

8.6　複素行列のシュア分解

次の分解を**シュア分解**（Schur decomposition; シュール分解，シューア分解，シュアー分解とも呼ばれる）という：

定理 8.15　与えられた $A \in \mathbb{C}^{n\times n}$ の特性多項式を $\det(A-\lambda I) = (\lambda_1-\lambda)\cdots(\lambda_n-\lambda)$ とすれば，適当なユニタリ行列 Q による相似変換が $\lambda_1, \ldots, \lambda_n$ を主対角線成分とする上三角行列となる：

$$Q^* A Q = \begin{bmatrix} \lambda_1 & \cdots & \cdots & \cdots \\ & \lambda_2 & \cdots & \cdots \\ & & \ddots & \vdots \\ \mathbf{0} & & & \lambda_n \end{bmatrix} \equiv T \text{ あるいは } A = QTQ^* \tag{8.3}$$

とくに，A が実行列で，その固有値 $\lambda_1, \ldots, \lambda_n$ もすべて実数なら，Q も実直交行列にとれる．

証明　まず，$(A - \lambda_1 I)q_1 = 0$, $q_1^* q_1 = 1$, q_1 の第 1 成分 $\geqslant 0$ を満たす q_1 を 1 つとる．ここで，$q_1 \neq e_1$ なら，8.4 節，定理 8.11(h) により q_1 を第 1 列とする反射行列（ユニタリ行列）が存在するから，これを $Q_1 = [q_1, \ldots, q_n]$ とすると，$AQ_1 = A[q_1, \ldots, q_n] = [Aq_1, \ldots, Aq_n] = [\lambda_1 q_1, Aq_2, \ldots, Aq_n]$ となる．ゆえに

$$
Q_1^* A Q_1 = \begin{bmatrix} q_1^* \\ \vdots \\ q_n^* \end{bmatrix} [\lambda_1 q_1,\ Aq_2,\ \ldots,\ Aq_n] = \begin{bmatrix} \lambda_1 q_1^* q_1 & \cdots \\ \vdots & \cdots \\ \lambda_1 q_n^* q_1 & \cdots \end{bmatrix}
$$

$$
= \begin{bmatrix} \lambda_1 & * & \cdots & * \\ 0 & * & \cdots & * \\ \vdots & \vdots & & \vdots \\ 0 & * & \cdots & * \end{bmatrix} \equiv \begin{bmatrix} \lambda_1 & \cdots \\ \mathbf{0} & A_1 \end{bmatrix}. \tag{8.4}
$$

$q_1 = e_1$ の場合は，$Ae_1 = \lambda_1 e_1$ だから，A の第 1 列は最初から $[\lambda_1, 0, \ldots, 0]^{\mathrm{T}}$ の形をしている．したがって，この場合は $Q_1 = I$（これもユニタリ行列！）をとれば，(8.4) が成り立つ．

さて，(8.4) を使うと，$\det(A - \lambda I) = \det(Q_1^* A Q_1 - \lambda I) = (\lambda_1 - \lambda)\det(A_1 - \lambda I)$ となる．これより，$(n-1)$ 次行列 A_1 の特性多項式は，$\det(A_1 - \lambda I) = (\lambda_2 - \lambda)\cdots(\lambda_n - \lambda)$ で与えられることがわかる．

これまでの手続きを A_1 に適用すれば，適当な $(n-1)$ 次ユニタリ行列 P_2 に対して

$$
P_2^* A_1 P_2 = \begin{bmatrix} \lambda_2 & \cdots \\ \mathbf{0} & A_2 \end{bmatrix},\ \det(A_2 - \lambda I) = (\lambda_3 - \lambda)\cdots(\lambda_n - \lambda) \tag{8.5}
$$

となる．そして n 次ユニタリ行列 $Q_2 = \begin{bmatrix} 1 & \mathbf{0} \\ \mathbf{0} & P_2 \end{bmatrix}$ を定義すると，

$$
Q_2^* Q_1^* A Q_1 Q_2 = \begin{bmatrix} \lambda_1 & \cdots & \cdots \\ 0 & \lambda_2 & \cdots \\ \mathbf{0} & \mathbf{0} & A_2 \end{bmatrix}. \tag{8.6}
$$

以下同様の作業を継続すれば，結局

$$
Q_{n-1}^* \cdots Q_1^* A Q_1 \cdots Q_{n-1} = \begin{bmatrix} \lambda_1 & \cdots & \cdots & \cdots \\ & \lambda_2 & \cdots & \cdots \\ & & \ddots & \cdots \\ \mathbf{0} & & & \lambda_n \end{bmatrix} \equiv T \tag{8.7}
$$

が得られる．ここに，$Q_1, \ldots, Q_{n-1}$ はすべてユニタリ行列である．そして，$Q = Q_1 \cdots Q_{n-1}$ とすれば Q もユニタリ行列を表し，直前の式は $Q^* A Q = T$ となり，これは A のシュア分解に他ならない．

とくに $\boldsymbol{A}$ が実行列で，その固有値もすべて実数であれば，これまでに出てきた $\boldsymbol{q}_1, \ldots, \boldsymbol{Q}_1, \ldots$ もすべて実行列にとれる．したがって，$\boldsymbol{T}$ もまた実行列となる．

■

8.7　実行列のシュア分解

実行列の固有値は一般に複素数であるから，実行列のシュア分解も前節以上の結果は望めない．しかし，シュア分解を多少変更すれば，実演算の世界に話を限っても実用的な結果が得られる．本節ではこれについて説明しよう．

まず，実係数の多項式 $f(\lambda) = a_0\lambda^n + \cdots + a_1\lambda + a_n$ ($a_0, \ldots, a_n$ は実数) の零点は，実数であるか，一対の共役複素数である．実際，$f(\lambda_0) = a_0\lambda_0^n + \cdots + a_1\lambda_0 + a_n = 0$ とし，複素共役をとると，$0 = \overline{f(\lambda_0)} = a_0\overline{\lambda_0}^n + \cdots + a_1\overline{\lambda_0} + a_n = f(\overline{\lambda_0})$ となる．実行列の特性多項式は実係数の多項式であるから，実行列の実数でない固有値は必ず $\alpha \pm i\beta$（α, β：実数）のように，対となって現れることがわかる．

実行列に対するユニタリ相似変換を実直交相似変換に限定すれば，次のシュア分解の変形版が得られる：

定理 8.16　n 次実行列 $\boldsymbol{A}\,(n > 1)$ の特性多項式を $\det(\boldsymbol{A} - \lambda\boldsymbol{I}) = (\lambda_1 - \lambda)(\lambda_2 - \lambda)\cdots(\lambda_n - \lambda)$ とする．ただし，一対の複素共役固有値に対応する項は隣り合うように書くものとする．すると，適当な（実）直交行列 $\boldsymbol{Q}$ をとれば

$$\boldsymbol{Q}^{\mathrm{T}}\boldsymbol{A}\boldsymbol{Q} = \begin{bmatrix} \boldsymbol{T}_{11} & \boldsymbol{T}_{12} & \cdots & \boldsymbol{T}_{1k} \\ & \boldsymbol{T}_{22} & \cdots & \vdots \\ & & \ddots & \vdots \\ \boldsymbol{0} & & & \boldsymbol{T}_{kk} \end{bmatrix} \equiv \boldsymbol{T} \tag{8.8}$$

となる．ここに，対角ブロック $\boldsymbol{T}_{11}, \ldots, \boldsymbol{T}_{kk}$ は 1×1 または 2×2 であり，後者の場合，その固有値は一対の共役複素数 $\alpha \pm i\beta$（α, β は実数，$\beta \neq 0$）である．

証明　複素行列のシュア分解にくらべて，共役複素固有値の扱いに差が生じる．

まず，λ_1 が実固有値の場合は，複素行列に対する手続きと全く同じ手続きを踏み，$\boldsymbol{Q}_1^{\mathrm{T}}\boldsymbol{A}\boldsymbol{Q}_1 = \begin{bmatrix} \lambda_1 & \boldsymbol{B}_1 \\ \boldsymbol{0} & \boldsymbol{A}_1 \end{bmatrix}$ とする．ここに，$\boldsymbol{Q}_1$ は実直交行列，$\det(\boldsymbol{A}_1 - \lambda\boldsymbol{I}) = (\lambda_2 - \lambda)\cdots(\lambda_n - \lambda)$ である．

次に $\lambda_1, \lambda_2 = \alpha \pm i\beta$（$\alpha, \beta$ は実数，$\beta \neq 0$）なら，$\lambda_1 = \alpha + i\beta$ に対応する固有ベクトルを $\boldsymbol{z} = \boldsymbol{x} + i\boldsymbol{y}$（$\boldsymbol{x}, \boldsymbol{y}$ は実ベクトル）とし，$\boldsymbol{A}\boldsymbol{z} = \lambda_1\boldsymbol{z}$ に代入して実部，虚部を等値すれば，$[\boldsymbol{A}\boldsymbol{x}, \boldsymbol{A}\boldsymbol{y}] = [\boldsymbol{x}, \boldsymbol{y}]\begin{bmatrix}\alpha & \beta\\ -\beta & \alpha\end{bmatrix}$ が得られる．ここに，右辺の 2×2 行列の固有値は，$\lambda_1, \lambda_2 = \alpha \pm i\beta$ である．

また，$\{\boldsymbol{x}, \boldsymbol{y}\}$ は 1 次独立である．実際，$\lambda_1 \neq \overline{\lambda_1}$ だから $\{\boldsymbol{z}, \overline{\boldsymbol{z}}\}$ は 1 次独立である（$\because c_1\boldsymbol{z} + c_2\overline{\boldsymbol{z}} = \boldsymbol{0}$ に左から $\boldsymbol{A} - \lambda_1\boldsymbol{I}$ を乗じて $c_1\boldsymbol{0} + c_2(\overline{\lambda_1} - \lambda_1)\overline{\boldsymbol{z}} = \boldsymbol{0}$，これに $\overline{\lambda_1} - \lambda_1 \neq 0, \overline{\boldsymbol{z}} \neq \boldsymbol{0}$ を考慮すると $c_2 = 0$，したがって，また $c_1 = 0$ が得られる）．一方，$\boldsymbol{x} = (\boldsymbol{z} + \overline{\boldsymbol{z}})/2, \boldsymbol{y} = (\boldsymbol{z} - \overline{\boldsymbol{z}})/(2i)$ を行列形 $[\boldsymbol{x}, \boldsymbol{y}] = (1/2)[\boldsymbol{z}, \overline{\boldsymbol{z}}]\begin{bmatrix}1 & -i\\ 1 & i\end{bmatrix}$ に書き，$\det\begin{vmatrix}1 & -i\\ 1 & i\end{vmatrix} = 2i \neq 0$ に注意すると，$\{\boldsymbol{z}, \overline{\boldsymbol{z}}\}$ は 1 次独立ゆえ，$\{\boldsymbol{x}, \boldsymbol{y}\}$ も 1 次独立であることがわかる．

ここで，$[\boldsymbol{x}, \boldsymbol{y}]$ に前節の QR 分解を適用すれば，$[\boldsymbol{x}, \boldsymbol{y}] = [\boldsymbol{q}_1, \boldsymbol{q}_2]\begin{bmatrix}r_{11} & r_{12}\\ 0 & r_{22}\end{bmatrix}$ $(r_{11}, r_{22} > 0)$ となる．ここに，$\{\boldsymbol{q}_1, \boldsymbol{q}_2\}$ は (実) 正規直交系をなす．系 7.12 により，$\{\boldsymbol{q}_1, \boldsymbol{q}_2\}$ を $\mathbb{R}^n$ の正規直交基底 $\{\boldsymbol{q}_1, \boldsymbol{q}_2, \ldots, \boldsymbol{q}_n\}$ に拡張し，$\boldsymbol{Q}_1 = [\boldsymbol{q}_1, \boldsymbol{q}_2, \ldots, \boldsymbol{q}_n]$ とおく．これまでの結果を使うと，

$$
\begin{aligned}
\boldsymbol{A}\boldsymbol{Q}_1 = \boldsymbol{A}[\boldsymbol{q}_1, \boldsymbol{q}_2, \ldots, \boldsymbol{q}_n] &= \boldsymbol{A}\left[[\boldsymbol{x}, \boldsymbol{y}]\begin{bmatrix}r_{11} & r_{12}\\ 0 & r_{22}\end{bmatrix}^{-1}, \boldsymbol{q}_3, \ldots, \boldsymbol{q}_n\right]\\
&= \left[[\boldsymbol{A}\boldsymbol{x}, \boldsymbol{A}\boldsymbol{y}]\begin{bmatrix}r_{11} & r_{12}\\ 0 & r_{22}\end{bmatrix}^{-1}, \boldsymbol{A}\boldsymbol{q}_3, \ldots, \boldsymbol{A}\boldsymbol{q}_n\right]\\
&= \left[[\boldsymbol{x}, \boldsymbol{y}]\begin{bmatrix}\alpha & \beta\\ -\beta & \alpha\end{bmatrix}\begin{bmatrix}r_{11} & r_{12}\\ 0 & r_{22}\end{bmatrix}^{-1}, \boldsymbol{A}\boldsymbol{q}_3, \ldots, \boldsymbol{A}\boldsymbol{q}_n\right] \qquad (8.9)\\
&= \left[[\boldsymbol{q}_1, \boldsymbol{q}_2]\begin{bmatrix}r_{11} & r_{12}\\ 0 & r_{22}\end{bmatrix}\begin{bmatrix}\alpha & \beta\\ -\beta & \alpha\end{bmatrix}\begin{bmatrix}r_{11} & r_{12}\\ 0 & r_{22}\end{bmatrix}^{-1}, \boldsymbol{A}\boldsymbol{q}_3, \ldots, \boldsymbol{A}\boldsymbol{q}_n\right]\\
&= [\boldsymbol{q}_1, \boldsymbol{q}_2, \ldots, \boldsymbol{q}_n]\begin{bmatrix}\begin{bmatrix}r_{11} & r_{12}\\ 0 & r_{22}\end{bmatrix}\begin{bmatrix}\alpha & \beta\\ -\beta & \alpha\end{bmatrix}\begin{bmatrix}r_{11} & r_{12}\\ 0 & r_{22}\end{bmatrix}^{-1} & \boldsymbol{B}_1\\ \boldsymbol{0} & \boldsymbol{A}_1\end{bmatrix}.
\end{aligned}
$$

ゆえに

$$Q_1^{\mathrm{T}} A Q_1 = \begin{bmatrix} \begin{bmatrix} r_{11} & r_{12} \\ 0 & r_{22} \end{bmatrix} \begin{bmatrix} \alpha & \beta \\ -\beta & \alpha \end{bmatrix} \begin{bmatrix} r_{11} & r_{12} \\ 0 & r_{22} \end{bmatrix}^{-1} & B_1 \\ \mathbf{0} & A_1 \end{bmatrix}.$$

ここに，左上 2×2 行列の固有値は $\alpha \pm i\beta (= \lambda_1, \lambda_2)$，$\det(A_1 - \lambda I) = (\lambda_3 - \lambda) \cdots (\lambda_n - \lambda)$ であることは明らかである．

以上の結果を要約すれば，適当な直交行列 Q_1 に対して

$$Q_1^{\mathrm{T}} A Q_1 = \begin{bmatrix} T_{11} & \cdots \\ \mathbf{0} & A_1 \end{bmatrix} \tag{8.10}$$

となる．ここに，T_{11} は 1×1 または 2×2 実行列であり，後者の固有値は一対の実でない共役複素数である．

(8.10) 式中の A_1 に対してこれまでと同じ作業を繰り返し，$P_2^{\mathrm{T}} A_1 P_2 = \begin{bmatrix} T_{22} & \cdots \\ \mathbf{0} & A_2 \end{bmatrix}$ (T_{22} : 1×1 または 2×2 実行列，P_2 は実直交行列）とし，$Q_2 = \begin{bmatrix} I & 0 \\ 0 & P_2 \end{bmatrix}$ を定義すれば，Q_2 も直交行列となり，まとめれば $Q_2^{\mathrm{T}} Q_1^{\mathrm{T}} A Q_1 Q_2 = \begin{bmatrix} T_{11} & \cdots & \cdots \\ \mathbf{0} & T_{22} & \cdots \\ \mathbf{0} & \mathbf{0} & A_3 \end{bmatrix}$ となる．ここに $Q_1 Q_2$ も直交行列を表す．

以上の作業を継続すれば，シュア分解 (8.8) が得られることは明らかである．■

実行列の固有値問題数値解法用 QR 法は，本節のシュア分解の近似計算を目指すものである（行列算法解説書参照）．本節以降はシュア分解の特化と応用例を述べる．

8.8　エルミート行列はユニタリ相似変換によって実対角化できる

シュア分解をエルミート行列 ($A^* = A$) や（実）対称行列 ($\overline{A} = A$, $A^{\mathrm{T}} = A$) に特化すると，応用の広い結果が得られる（応用例は次章で学ぶ）：

定理 8.17 エルミート行列はユニタリ相似変換により実対角化できる．すなわち，$\boldsymbol{A}$ を n 次エルミート行列，特性多項式を $\det(\boldsymbol{A}-\lambda\boldsymbol{I}) = (\lambda_1-\lambda)\cdots(\lambda_n-\lambda)$ とすれば，適当なユニタリ行列 $\boldsymbol{Q} = \left[\boldsymbol{q}_1, \ldots, \boldsymbol{q}_n\right]$ に対して，$\boldsymbol{Q}^*\boldsymbol{A}\boldsymbol{Q} = \mathrm{diag}\left(\lambda_1, \ldots, \lambda_n\right) \equiv \boldsymbol{D}$ = 実対角行列となる．ゆえに，$\boldsymbol{A}$ の固有値 $\lambda_1, \ldots, \lambda_n$ はすべて実数であり，$\boldsymbol{A}\boldsymbol{q}_j = \lambda_j\boldsymbol{q}_j$, $\boldsymbol{q}_i^*\boldsymbol{q}_j = \delta_{ij}\,(i, j = 1, \ldots, n)$ なので，$\boldsymbol{Q}$ の列は正規直交固有ベクトル系を表す．$\boldsymbol{A}$ が実対称行列なら，$\boldsymbol{Q}$ は実直交行列にとれる．

証明 $\boldsymbol{A}$ のシュア分解を $\boldsymbol{Q}^*\boldsymbol{A}\boldsymbol{Q} = \begin{bmatrix} \lambda_1 & \cdots & \cdots \\ & \ddots & \cdots \\ \boldsymbol{0} & & \lambda_n \end{bmatrix} \equiv \boldsymbol{T}$ とし（$\boldsymbol{Q}$ はユニタリ行列），共役転置をとると，エルミート性により $\boldsymbol{Q}^*\boldsymbol{A}\boldsymbol{Q} = (\boldsymbol{Q}^*\boldsymbol{A}\boldsymbol{Q})^* = \begin{bmatrix} \overline{\lambda_1} & & \boldsymbol{0} \\ \cdots & \ddots & \\ \cdots & \cdots & \overline{\lambda_n} \end{bmatrix} = \boldsymbol{T}^*$ となる．この 2 式より $\boldsymbol{T} = \boldsymbol{T}^*$ が出る．ゆえに，$\lambda_i = \overline{\lambda_i}\ (i = 1, \ldots, n)$（すなわち，$\lambda_1, \ldots$ は実数）であり，$\boldsymbol{T}$ は対角行列でなければならない．$\boldsymbol{A}$ が実対称行列なら，その固有値も実数だから，前節の結果により，$\boldsymbol{Q}$ は実直交行列にとれる．■

8.9 シュア分解により対角化可能な行列は正規行列である

前節ではエルミート行列はユニタリ相似対角化可能であることを学んだ．では逆に，ユニタリ相似対角化が可能であるための必要十分条件は何か？ 答えは単純明快な「正規性」である．

$\boldsymbol{A}\boldsymbol{A}^* = \boldsymbol{A}^*\boldsymbol{A}$ を満たす $\boldsymbol{A} \in \mathbb{C}^{n\times n}$ を**正規行列** (normal matrix) という．正規行列がユニタリ行列 ($\boldsymbol{A}^*\boldsymbol{A} = \boldsymbol{I}$)，エルミート行列 ($\boldsymbol{A}^* = \boldsymbol{A}$) を含むことは明らかである．次の事実が成り立つ：

定理 8.18 **(a)** 与えられた $\boldsymbol{A} \in \mathbb{C}^{n\times n}$ がユニタリ相似対角化可能であるための必要十分条件は，それが正規行列であることである．

(b) $\boldsymbol{A}$ を正規行列，そのシュア分解を $\boldsymbol{Q}^*\boldsymbol{A}\boldsymbol{Q} = \mathrm{diag}\left(\lambda_1, \ldots, \lambda_n\right) \equiv \boldsymbol{D}$（$\boldsymbol{Q}$ はユニタリ行列）とすれば，$\boldsymbol{A}\boldsymbol{q}_j = \lambda_j\boldsymbol{q}_j$ および $\boldsymbol{A}^*\boldsymbol{q}_j = \overline{\lambda_j}\boldsymbol{q}_j\,(j = 1, \ldots, n)$ が成り立つ．すなわち，λ_j が $\boldsymbol{A}$ の固有値なら，$\overline{\lambda_j}$ は $\boldsymbol{A}^*$ の固有値を表し，両者は固有ベクトルを共有する．また，エルミート行列の場合と同様，$\boldsymbol{Q}$ の列は正規直交固有ベクトル系を表す．

証明　(a)：(必要性) $\boldsymbol{Q}^*\boldsymbol{A}\boldsymbol{Q} = \boldsymbol{D} =$ 対角行列（$\boldsymbol{Q}$ はユニタリ行列）あるいは $\boldsymbol{A} = \boldsymbol{Q}\boldsymbol{D}\boldsymbol{Q}^*$ なら，簡単な計算で $\boldsymbol{A}\boldsymbol{A}^* = \boldsymbol{A}^*\boldsymbol{A}$ が出る ($\because \boldsymbol{D}\boldsymbol{D}^* = \boldsymbol{D}^*\boldsymbol{D}$).

(十分性) $\boldsymbol{A}$ を正規行列とする．特性多項式を $\det(\boldsymbol{A} - \lambda\boldsymbol{I}) = (\lambda_1 - \lambda)\cdots(\lambda_n - \lambda)$ とし，シュア分解を $\boldsymbol{Q}^*\boldsymbol{A}\boldsymbol{Q} = \begin{bmatrix} \lambda_1 & \cdots & \cdots \\ & \ddots & \cdots \\ \boldsymbol{0} & & \lambda_n \end{bmatrix} \equiv [t_{ij}] \equiv \boldsymbol{T}$ とする．これに正規性 $\boldsymbol{A}\boldsymbol{A}^* = \boldsymbol{A}^*\boldsymbol{A}$ を考慮すると $\boldsymbol{T}\boldsymbol{T}^* = \boldsymbol{T}^*\boldsymbol{T}$（すなわち，$\boldsymbol{T}$ も正規行列)，すなわち，

$$\begin{bmatrix} t_{11} & \cdots & t_{1n} \\ & \ddots & \vdots \\ \boldsymbol{0} & & t_{nn} \end{bmatrix} \begin{bmatrix} \overline{t_{11}} & & \boldsymbol{0} \\ \vdots & \ddots & \\ \overline{t_{1n}} & \cdots & \overline{t_{nn}} \end{bmatrix} = \begin{bmatrix} \overline{t_{11}} & & \boldsymbol{0} \\ \vdots & \ddots & \\ \overline{t_{1n}} & \cdots & \overline{t_{nn}} \end{bmatrix} \begin{bmatrix} t_{11} & \cdots & t_{1n} \\ & \ddots & \vdots \\ \boldsymbol{0} & & t_{nn} \end{bmatrix}$$

が出る．対角成分を等置すれば，$\sum_{k=1}^{n} |t_{ik}|^2 = \sum_{k=1}^{n} |t_{ki}|^2$ $(i = 1, \ldots, n,\ t_{ij} \equiv 0,\ i > j)$ となり，これより $t_{ij} = 0,\ i \neq j$ が得られる．すなわち，$\boldsymbol{T}$ は対角行列である．

(b)：$\boldsymbol{Q}^*\boldsymbol{A}\boldsymbol{Q} = \boldsymbol{D}$ を $\boldsymbol{A}\boldsymbol{Q} = \boldsymbol{Q}\boldsymbol{D}$ と書き直し，対応する列を等置すれば $\boldsymbol{A}\boldsymbol{q}_j = \lambda_j\boldsymbol{q}_j$ が出る．他方，$\boldsymbol{Q}^*\boldsymbol{A}\boldsymbol{Q} = \boldsymbol{D}$ の共役転置をとれば，$\boldsymbol{Q}^*\boldsymbol{A}^*\boldsymbol{Q} = \boldsymbol{D}^*$ あるいは $\boldsymbol{A}^*\boldsymbol{Q} = \boldsymbol{Q}\boldsymbol{D}^*$ が出る．対応する列を等置すれば $\boldsymbol{A}^*\boldsymbol{q}_j = \overline{\lambda_j}\boldsymbol{q}_j$ が出る．■

8.10　2 次形式

2 次形式は，統計の多変量解析や制御工学において多くの応用を持つ有用なものであり，シュア分解が威力を発揮する対象の 1 つでもある．本節では 2 次形式について紹介する．

定義 8.19　n 個の変数 $x_1, \ldots, x_n$ に関する，以下のような実係数の 2 次式

$$f(x_1, \ldots, x_n) \equiv \sum_{i=1}^{n}\sum_{j=1}^{n} a_{ij}x_ix_j = \boldsymbol{x}^{\mathrm{T}}\boldsymbol{A}\boldsymbol{x}$$

を **2 次形式** (quadratic form) という．与えられた 2 次形式において，x_ix_j の係数は $a_{ij} + a_{ji}$ であるから a_{ij}, a_{ji} のとり方はたくさんあるが，通常は $a_{ij} = a_{ji}$，すなわち $\boldsymbol{A}$ を，実対称行列と約束する．行列 $\boldsymbol{A}$ を，2 次形式 $f(x_1, \ldots, x_n)$ を表す行列という．

例 8.20 $n=3$ における 2 次形式 $x_1^2-2x_2^2+3x_3^2+2x_1x_2+4x_1x_3-6x_2x_3$ を表す行列は $\begin{bmatrix}1 & 1 & 2\\ 1 & -2 & -3\\ 2 & -3 & 3\end{bmatrix}$ である．

例 8.21 **主成分分析** (principal component analysis) とは統計学における重要な分析手法で，多次元データからその隠れた特徴や構造を見つけるため使われる．脳科学から画像解析に至るまで幅広く適用されている方法であるが，2 次形式を道具の柱としている．

例えば 10 人の学生の英語と数学の成績が表 8.1 のようにあったとしよう．

表 8.1 10 人の学生の英語と数学の成績

学生	1	2	3	4	5	6	7	8	9	10
英語	30	30	80	50	50	60	70	50	50	30
数学	20	60	60	70	30	60	80	60	80	80

各学生の総合力を算出する場合，多くの場合は点数の単純合計を用いるが，英語と数学では平均と分散が異なるため，これは最良の方法ではない．そこで，英語には重み係数 a_1，数学には重み係数 a_2 $(a_1^2+a_2^2=1)$ をそれぞれ乗じて加えた合成得点で算出することを考える．このように，データを一元化すると情報が失われるが，失われた情報量を最小にするためには合成得点の分散を最大にすればよい．導出過程は省略するが，合成得点の分散は次の 2 次形式で与えられる：

$$a_1^2s_{11}^2+2a_1a_2s_{12}+a_2^2s_{22}^2=[a_1,\ a_2]\begin{bmatrix}s_{11} & s_{12}\\ s_{12} & s_{22}\end{bmatrix}\begin{bmatrix}a_1\\ a_2\end{bmatrix}.$$

ここに，s_{11}, s_{12}, s_{22} は学生 i の英語の点数を X_{i1}，数学の点数を X_{i2}，英語の平均を μ_1，数学の平均を μ_2 として次式で計算される定数である．

$$s_{jk}=\frac{1}{10}\sum_{i=1}^{10}(X_{ij}-\mu_j)(X_{ik}-\mu_k)\quad (j,\ k=1,\ 2).$$

そして，合成得点の分散を最大にする重み係数 a_1, a_2 は，行列 $\begin{bmatrix}s_{11} & s_{12}\\ s_{12} & s_{22}\end{bmatrix}\equiv \boldsymbol{S}$ の最大の固有値に対する固有ベクトルで与えられる．表 8.1 の場合，この行列は

$\boldsymbol{S} = \begin{bmatrix} 260 & 80 \\ 80 & 380 \end{bmatrix}$ となり，固有値は 420 と 220 で，固有値 420 に対する単位長さの固有ベクトルは $(1/\sqrt{5})[1, 2]^{\mathrm{T}}$ である．したがって，合成得点を算出する場合は $a_1 = 1/\sqrt{5}$, $a_2 = 2/\sqrt{5}$ を用いるのが最良である．

一般には，n 個の要因からなるデータを m 組扱うが，データの第 i 組の第 j 要因の値を X_{ij} とし，第 j 要因の平均を μ_j として，上の場合と同様に $s_{jk} = 1/m\sum_{i=1}^{m}(X_{ij} - \mu_j)(X_{ik} - \mu_k)$ とすれば，重み係数 $a_1, \ldots, a_n$ に対する合成点数の分散は，2 次形式

$$\sum_{j=1}^{n}\sum_{k=1}^{n} s_{jk}a_j a_k$$

で与えられる．この分散を最大にする $a_1, \ldots, a_n$ は，行列 $\boldsymbol{S}$ の最大固有値に対応する固有ベクトルから求められる．

注意　例において，行列 $\begin{bmatrix} s_{11} & \cdots & s_{1n} \\ \vdots & \ddots & \vdots \\ s_{n1} & \cdots & s_{nn} \end{bmatrix}$ は**分散共分散行列** (variance-covariance matrix) と呼ばれる．

次に n 次実対称行列 $\boldsymbol{A}$ によって定まる 2 次形式 $\boldsymbol{x}^{\mathrm{T}}\boldsymbol{A}\boldsymbol{x}$ を，できるだけ簡単な形で表現することを考える．定理 8.17 から $\boldsymbol{A}$ の固有値を $\lambda_1, \ldots, \lambda_n$ とすると

$$\boldsymbol{Q}^{\mathrm{T}}\boldsymbol{A}\boldsymbol{Q} = \mathrm{diag}\,(\lambda_1, \ldots, \lambda_n) \quad \Leftrightarrow \quad \boldsymbol{A} = \boldsymbol{Q}\,\mathrm{diag}\,(\lambda_1, \ldots, \lambda_n)\boldsymbol{Q}^{\mathrm{T}}$$

をみたす実直交行列 $\boldsymbol{Q}$ が存在する．よって

$$\boldsymbol{x}^{\mathrm{T}}\boldsymbol{A}\boldsymbol{x} = \boldsymbol{x}^{\mathrm{T}}\boldsymbol{Q}\,\mathrm{diag}\,(\lambda_1, \ldots, \lambda_n)\boldsymbol{Q}^{\mathrm{T}}\boldsymbol{x} = (\boldsymbol{Q}^{\mathrm{T}}\boldsymbol{x})^{\mathrm{T}}\,\mathrm{diag}\,(\lambda_1, \ldots, \lambda_n)(\boldsymbol{Q}^{\mathrm{T}}\boldsymbol{x})$$

である．ここで，$\boldsymbol{Q}^{\mathrm{T}}\boldsymbol{x} = \boldsymbol{y}$ と書き直すと，$\boldsymbol{x}^{\mathrm{T}}\boldsymbol{A}\boldsymbol{x} = \lambda_1 y_1^2 + \cdots + \lambda_n y_n^2$ が得られる．上の変換：$\boldsymbol{Q}^{\mathrm{T}}\boldsymbol{x} = \boldsymbol{y}$ は $\boldsymbol{Q}^{\mathrm{T}} = \boldsymbol{Q}^{-1}$ であることに注意すると，8.3 節で述べた通り，2 次形式 $\boldsymbol{x}^{\mathrm{T}}\boldsymbol{A}\boldsymbol{x}$ を $\boldsymbol{Q}$ の列がなす基底（正規直交基底）から観察していることになる．

今の結果を使って，n 次実対称行列 $\boldsymbol{A}$ と n 次元実ベクトル $\boldsymbol{b}$, 実数 c に対して 2 次方程式 $\boldsymbol{x}^{\mathrm{T}}\boldsymbol{A}\boldsymbol{x} + 2\boldsymbol{b}^{\mathrm{T}}\boldsymbol{x} = c$ の解集合について考えてみよう．上の変数変換 $\boldsymbol{y} = \boldsymbol{Q}^{\mathrm{T}}\boldsymbol{x}$ を使い，$\boldsymbol{b}^{\mathrm{T}}\boldsymbol{Q}$ を改めて $\boldsymbol{b}'$ とおけば 2 次方程式は

$$\lambda_1 y_1^2 + \cdots + \lambda_n y_n^2 + 2b'_1 y_1 + \cdots + 2b'_n y_n = c$$

と書き直せる．この形状は $\boldsymbol{A}$ の固有値の符号パターンによって分類できるが，冗長な議論を避けるため，$\lambda_1 > 0$（正の固有値を 1 つ以上持つ）と仮定する．また，ここではごく概要を示すので，詳しくは [1] などを参照してほしい．

例 8.22 $n = 2$ のとき，解集合は特殊な場合を除き，**2 次曲線** (quadratic curve, conic section) になる．

(a) 2 つの固有値がともに正のとき：座標の平行移動 $z_1 = y_1 - b'_1/\lambda_1$, $z_2 = y_2 - b'_2/\lambda_2$ を行うことによって，方程式は $\lambda_1 z_1^2 + \lambda_2 z_2^2 = c - (b'_1/\lambda_1)^2 - (b'_2/\lambda_2)^2 \equiv c'$ と書き直せる．$c' > 0$ なら，$y_1^2/(\sqrt{c'/\lambda_1}^2) + y_2^2/(\sqrt{c'/\lambda_2}^2) = 1$ と変形できるので，解集合は**楕円** (ellipse) になる．もちろん，$c' = 0$ なら解は 1 点のみになり，$c' < 0$ なら解は存在しない．

(b) 一方が正，他方が負のとき：$\lambda_2 < 0$ として，(a) と同様に座標の平行移動 $z_1 = y_1 - b'_1/\lambda_1$, $z_2 = y_2 - b'_2/\lambda_2$ を行い，$\lambda_1 z_1^2 + \lambda_2 z_2^2 = c - (b'_1/\lambda_1)^2 - (b'_2/\lambda_2)^2 \equiv c'$ と書き直す．$c' \neq 0$ なら，$y_1^2/(\sqrt{|c'|/\lambda_1}^2) - y_2^2/(\sqrt{|c'|/(-\lambda_2)}^2) = 1$ または -1 と変形できるので，解集合は**双曲線** (hyperbola) になる．$c' = 0$ のとき，$y_2 = \pm\sqrt{\lambda_1/(-\lambda_2)}\, y_1$ なので解集合は原点で交わる 2 直線になる．

(c) 一方が正，他方が 0 のとき：$\lambda_2 = 0$ として，座標の平行移動 $z_1 = y_1 - b'_1/\lambda_1$, $z_2 = y_2$ を行うことによって，方程式は $\lambda_1 z_1^2 + 2b'_2 z_2 = c - (b'_1/\lambda_1)^2 \equiv c'$ と変形できるので，$b'_2 \neq 0$ なら c' の値に関わらず解集合は**放物線** (parabola) になる．一方，$b'_2 = 0, c' > 0$ なら解は平行な 2 直線，$b'_2 = 0, c' = 0$ なら 1 つの直線，$b'_2 = 0, c' < 0$ なら解は存在しない．

例 8.23 $n = 3$ のとき，解集合は特殊な場合を除き，**2 次曲面** (quadric, quadratic surface) になる．その形状は，結果のみを述べると以下のように分類できる．

(a) 3 つの固有値がすべて正のとき：座標の平行移動 $z_i = y_i - b'_i/\lambda_i$ $(i = 1, 2, 3)$ を施すと，（c' を適切に定めれば）方程式は $\sqrt{\lambda_1}^2 z_1^2 + \sqrt{\lambda_2}^2 z_2^2 + \sqrt{\lambda_3}^2 z_3^2 = c'$ と変形できる．$c' > 0$ ならば，これは**楕円面** (ellipsoid) と呼ばれる曲面である．また，$c' = 0$ なら解は 1 点になり，$c' < 0$ なら解は存在しない．

(b) 2 つの固有値が正，1 つが負のとき：$\lambda_3 < 0$ として，座標の平行移動 $z_i = y_i - b'_i/\lambda_i$ $(i = 1, 2, 3)$ を施し，（c' を適切に定めて）$\sqrt{\lambda_1}^2 z_1^2 + \sqrt{\lambda_2}^2 z_2^2 - \sqrt{-\lambda_3}^2 z_3^2 = c'$ と書き直す．これは，$c' > 0$ のとき**一葉双曲面** (one-sheeted hyperboloid)，$c' = 0$ のとき**楕円錐面** (elliptic cone)，$c' < 0$ のとき**二葉双曲面** (two-sheeted hyperboloid) になる．

(c)　2 つの固有値が正，1 つが 0 のとき：$\lambda_3 = 0$ として，座標の平行移動 $z_i = y_i - b'_i/\lambda_i$ $(i = 1, 2)$, $z_3 = y_3$ を行うと，$\sqrt{\lambda_1}^2 z_1^2 + \sqrt{\lambda_2}^2 z_2^2 + 2b'_3 z_3 = c'$ と変形できる．$b'_3 \neq 0$ のとき，（c' の値と無関係に）これは**楕円放物面** (elliptic paraboloid) と呼ばれる曲面になり，$b'_3 = 0, c' > 0$ のときは**楕円柱面** (elliptic cylinder) になる．また，$b'_3 = 0, c' = 0$ のときは 1 点，$b'_3 = 0, c' < 0$ のときは空集合になる．

(d)　1 つが正，1 つが負，1 つが 0 のとき：$\lambda_2 < 0, \lambda_3 = 0$ として，座標の平行移動 $z_i = y_i - b'_i/\lambda_i$ $(i = 1, 2)$, $z_3 = y_3$ を行うと，$\sqrt{\lambda_1}^2 z_1^2 - \sqrt{-\lambda_2}^2 z_2^2 + 2b'_3 z_3 = c'$ と変形できる．$b'_3 \neq 0$ のとき，（c' の値と無関係に）これは**双曲放物面** (hyperbolic paraboloid) と呼ばれる曲面になり，$b'_3 = 0, c' \neq 0$ のときは**双曲柱面** (hyperbolic cylinder) になる．また，$b'_3 = 0, c' = 0$ のときは交わる 2 平面が現れる．

(e)　1 つが正，2 つが 0 のとき：$\lambda_2 = 0, \lambda_3 = 0$ として，座標の平行移動 $z_1 = y_1 - b'_1/\lambda_1$, $z_i = y_i$ $(i = 2, 3)$ を行うと，$\sqrt{\lambda_1}^2 z_1^2 + 2b'_2 z_2 + 2b'_3 z_3 = c'$ と表せる．これは，b'_2, b'_3 の少なくとも一方が 0 でなければ**放物柱面** (parabolic cylinder) になり，$b'_2 = b'_3 = 0, c' > 0$ のとき平行な 2 平面，$b'_2 = b'_3 = c' = 0$ のとき平面，$b'_2 = b'_3 = 0, c' < 0$ のとき空集合になる．

その他の場合は，本質的に上の (a)–(e) のいずれかと同じになるのは明らかであろう．

8.11　ケイリー・ハミルトンの定理

この節では有名な**ケイリー・ハミルトンの定理** (Cayley-Hamilton theorem) を証明する．

定理 8.24［ケイリー・ハミルトンの定理］　$\boldsymbol{A}$ を n 次複素行列, その特性多項式を $f(\lambda) \equiv \det(\boldsymbol{A} - \lambda \boldsymbol{I}) = (\lambda_1 - \lambda) \cdots (\lambda_n - \lambda)$ とすれば $f(\boldsymbol{A}) = (\lambda_1 \boldsymbol{I} - \boldsymbol{A}) \cdots (\lambda_n \boldsymbol{I} - \boldsymbol{A}) = \boldsymbol{0}$ である．

証明に進む前に定理の意味を説明しよう．$\det(\boldsymbol{A} - \lambda \boldsymbol{I})$ 中の λ に $\boldsymbol{A}$ を代入すれば 0 となるから，一見証明不要に見えるが，$f(\boldsymbol{A})$ の意味は特性多項式 $\det(\boldsymbol{A} - \lambda \boldsymbol{I})$ を展開した後に，λ に $\boldsymbol{A}$ を代入したもの，である．組織的な行列論の始まりとして有名なケイリーの論文 [21] の 23–24 ページにおいて，ケイリーはこの定理を $n = 2, 3$ の場合について検算した後，“... but I have not thought it necessary to undertake the labour of a formal proof of the theorem in the general case of a matrix of any degree"（……しかし，任意次の一般行列に対して正式な証明の労を払う必要があるとは考えていない）と述べ，完全な証明を与えていない．ケイリーはなぜそのように考えたのであろうか？ 答えは永遠の謎である．

証明 多くの証明法が知られているが，シュア分解を使えば簡単である．実際，$\boldsymbol{A}$ のシュア分解 $\boldsymbol{Q}^*\boldsymbol{A}\boldsymbol{Q} = \begin{bmatrix} \lambda_1 & \cdots & \cdots \\ & \ddots & \cdots \\ \boldsymbol{0} & & \lambda_n \end{bmatrix} \equiv \boldsymbol{T}$ $(\boldsymbol{Q}^*\boldsymbol{Q} = \boldsymbol{I})$ より，$f(\boldsymbol{A}) = \boldsymbol{Q}(\lambda_1\boldsymbol{I} - \boldsymbol{T})\cdots(\lambda_n\boldsymbol{I} - \boldsymbol{T})\boldsymbol{Q}^*$ が出る．ここで行列積 $(\lambda_1\boldsymbol{I} - \boldsymbol{T})\cdots(\lambda_n\boldsymbol{I} - \boldsymbol{T})$ を右から左へ計算していけば $\boldsymbol{0}$ となる． ■

この定理からの結果として「n 次行列 $\boldsymbol{A}$ の任意の多項式および分数式は $\boldsymbol{A}$ の高々 $(n-1)$ 次多項式として表せる」ことが出る．これは腕試し問題 8.11 の中で示すことにする．

8.12 トレースと固有値局所化定理

定義から始める．$\boldsymbol{A} = [a_{ij}]$ の対角成分の和を**トレース** (trace) といい，$\mathrm{trace}(\boldsymbol{A})$ で表す：$\mathrm{trace}(\boldsymbol{A}) = a_{11} + \cdots + a_{nn}$．トレースの重要性は次の性質に由来する：任意の n 次行列 $\boldsymbol{A}$, $\boldsymbol{B}$ に対して，$\mathrm{trace}(\boldsymbol{AB}) = \mathrm{trace}(\boldsymbol{BA})$（証明は練習問題とする）．ゆえに，任意の可逆行列 $\boldsymbol{V}$ に対して $\mathrm{trace}(\boldsymbol{V}^{-1}\boldsymbol{AV}) = \mathrm{trace}(\boldsymbol{AVV}^{-1}) = \mathrm{trace}(\boldsymbol{A})$．すなわち，トレースは相似変換の下で不変に保たれる．これは簡単な事実だが，以下に示すように面白い応用がある（これは，本章の最初に挙げたシュアの論文に報告されている）．

定理 8.25 $\boldsymbol{A} = [a_{ij}] \in \mathbb{C}^{n\times n}$ とし，その特性多項式を $f(\lambda) \equiv \det(\boldsymbol{A} - \lambda\boldsymbol{I}) = (\lambda_1 - \lambda)\cdots(\lambda_n - \lambda)$ とすれば，

(a) $\lambda_1 + \cdots + \lambda_n = a_{11} + \cdots + a_{nn}$ $(= \mathrm{trace}(\boldsymbol{A}))$

(b) $|\lambda_1|^2 + \cdots + |\lambda_n|^2 \leqslant \sum_{i,j}^{n} |a_{ij}|^2$

(c) (b) において，とくに $\boldsymbol{A}$ のシュア分解が対角行列の場合（すなわち，$\boldsymbol{A}$ が正規行列の場合）は等号が成立する：$|\lambda_1|^2 + \cdots + |\lambda_n|^2 = \sum_{i,j}^{n} |a_{ij}|^2$.

(a)–(c) は行列のトレースの性質とシュア分解を使えば簡単に出るが，直接の検証は $n=2$ の場合でさえ簡単ではない．不等式 (b) は，$\max_k |\lambda_k| \leqslant \sqrt{\sum_{i,j}^{n} |a_{ij}|^2}$ を意味し，固有値の存在範囲を特定している．

証明　$\boldsymbol{A}$ のシュア分解を $\boldsymbol{Q}^*\boldsymbol{A}\boldsymbol{Q} = \begin{bmatrix} \lambda_1 & \cdots & \cdots \\ & \ddots & \cdots \\ \boldsymbol{0} & & \lambda_n \end{bmatrix} \equiv \boldsymbol{T} \equiv \begin{bmatrix} t_{ij} \end{bmatrix}$ $(\boldsymbol{Q}^*\boldsymbol{Q} = \boldsymbol{I})$ とすれば，$\boldsymbol{Q}^*(\boldsymbol{A}^*\boldsymbol{A})\boldsymbol{Q} = (\boldsymbol{Q}^*\boldsymbol{A}^*\boldsymbol{Q})(\boldsymbol{Q}^*\boldsymbol{A}\boldsymbol{Q}) = \boldsymbol{T}^*\boldsymbol{T}$ なので，トレースをとると $\mathrm{trace}(\boldsymbol{A}^*\boldsymbol{A}) = \mathrm{trace}(\boldsymbol{T}^*\boldsymbol{T})$ が出る．ここで, $\mathrm{trace}(\boldsymbol{A}^*\boldsymbol{A}) = \sum_{i,j}^{n} |a_{ij}|^2$, $\mathrm{trace}(\boldsymbol{T}^*\boldsymbol{T}) = \sum_{i,j}^{n} |t_{ij}|^2 = |\lambda_1|^2 + \cdots + |\lambda_n|^2 + \sum_{i<j}^{n} |t_{ij}|^2$ である．ゆえに，$|\lambda_1|^2 + \cdots + |\lambda_n|^2 + \sum_{i<j}^{n} |t_{ij}|^2 = \sum_{i,j}^{n} |a_{ij}|^2$ が得られる．これから不等式 (b) が従う．$\boldsymbol{T}$ が対角行列なら，$t_{ij} = 0$ $(i \neq j)$ だから (c) が出る． ■

例 8.26　$\boldsymbol{A} = \begin{bmatrix} a & b \\ b & a \end{bmatrix}$ とすれば，$\det(\boldsymbol{A} - \lambda\boldsymbol{I}) = (a+b-\lambda)(a-b-\lambda)$ なので，$\boldsymbol{A}$ の固有値は $\lambda_1, \lambda_2 = a \pm b$ で与えられる．$\boldsymbol{Q} = (1/\sqrt{2})\begin{bmatrix} 1 & 1 \\ 1 & -1 \end{bmatrix}$ とおけば，$\boldsymbol{Q}^{\mathrm{T}}\boldsymbol{Q} = \boldsymbol{I}$, $\boldsymbol{A}\boldsymbol{Q} = \boldsymbol{Q}\begin{bmatrix} a+b & 0 \\ 0 & a-b \end{bmatrix}$ が成り立つ．ゆえに，$\boldsymbol{Q}^{\mathrm{T}}\boldsymbol{A}\boldsymbol{Q} = \begin{bmatrix} a+b & 0 \\ 0 & a-b \end{bmatrix} \equiv \boldsymbol{T}$（対角行列）は $\boldsymbol{A}$ のシュア分解を表す．

上の結果によれば $|\lambda_1|^2 + |\lambda_2|^2 = 2(|a|^2 + |b|^2)$，すなわち，$|a+b|^2 + |a-b|^2 = 2(|a^2| + |b|^2)$ が成立していることになる．これは直接検算して確かめることができる．

最後にひとこと

本章の核心は QR 分解とシュア分解である．両分解の応用は広く，本章で述べた特化例と応用例は一部に過ぎない．次章で別の応用例を語ることにする．

腕試し問題

問題 8.1　次の各式は $\boldsymbol{AV} = \boldsymbol{VJ}$ の形に書かれている．各式および $\det \boldsymbol{V} \neq 0$ を確かめ，$\boldsymbol{A}$ の特性多項式，固有値，固有ベクトルを読み取れ：

(1) $\begin{bmatrix} 1 & 2 \\ 1 & 2 \end{bmatrix} \begin{bmatrix} 2 & 1 \\ -1 & 1 \end{bmatrix} = \begin{bmatrix} 2 & 1 \\ -1 & 1 \end{bmatrix} \begin{bmatrix} 0 & 0 \\ 0 & 3 \end{bmatrix}$　**(2)** $\begin{bmatrix} 1 & -i \\ i & 1 \end{bmatrix} \begin{bmatrix} i & 1 \\ 1 & i \end{bmatrix} = \begin{bmatrix} i & 1 \\ 1 & i \end{bmatrix} \begin{bmatrix} 0 & 0 \\ 0 & 2 \end{bmatrix}$

(3) $\begin{bmatrix} 1 & -1 & -1 \\ -1 & 1 & -1 \\ -2 & -2 & 0 \end{bmatrix} \begin{bmatrix} 1 & -1 & 1 \\ 1 & 1 & 1 \\ 2 & 0 & -2 \end{bmatrix} = \begin{bmatrix} 1 & -1 & 1 \\ 1 & 1 & 1 \\ 2 & 0 & -2 \end{bmatrix} \begin{bmatrix} -2 & 0 & 0 \\ 0 & 2 & 0 \\ 0 & 0 & 2 \end{bmatrix}$

問題 8.2　$\boldsymbol{A} = \begin{bmatrix} 0 & 1 & 0 \\ 0 & 0 & 1 \\ 0 & 0 & 0 \end{bmatrix}$ の固有値問題を解け．

問題 8.3（部分空間に関する反射と正射影）　$\boldsymbol{A} \in \mathbb{R}^{n \times k}$ $(1 \leqslant k < n)$, $\mathrm{rank}(\boldsymbol{A}) = k$, $\boldsymbol{S} = \{\boldsymbol{x} \in \mathbb{R}^n : \boldsymbol{A}^{\mathrm{T}}\boldsymbol{x} = \boldsymbol{0}\}$ とする．$\dim \boldsymbol{S} = n - k > 0$ に注意．

(I) 次の性質を満たす写像 $\boldsymbol{H}$ を $\boldsymbol{S}$ に関する**反射** (reflection) と呼ぼう：

(1) 任意の $\boldsymbol{x} \in \mathbb{R}^n$ に対して $\boldsymbol{x}$ と $\boldsymbol{Hx}$ の中点は $\boldsymbol{S}$ 上にある：$\boldsymbol{A}^{\mathrm{T}}\{(1/2)(\boldsymbol{x} + \boldsymbol{Hx})\} = \boldsymbol{0}$,

(2) 任意の $\boldsymbol{x}$ と $\boldsymbol{Hx}$ を結ぶ線分は $\boldsymbol{S}$ に直交する：$\boldsymbol{A}^{\mathrm{T}}\boldsymbol{y} = \boldsymbol{0}$ なら必ず $\boldsymbol{y}^{\mathrm{T}}(\boldsymbol{x} - \boldsymbol{Hx}) = 0$.

$\boldsymbol{H}$ は $\boldsymbol{H} = \boldsymbol{I} - 2\boldsymbol{A}(\boldsymbol{A}^{\mathrm{T}}\boldsymbol{A})^{-1}\boldsymbol{A}^{\mathrm{T}}$ によって与えられることを示し，あわせて $\boldsymbol{H} = \boldsymbol{H}^{\mathrm{T}} = \boldsymbol{H}^{-1}$ が成り立つことを示せ．また，$k = 1$ の場合，$\boldsymbol{H}$ は 8.4 節で定義した反射行列に他ならないことを示せ．

(II) 次の条件を満たす写像 $\boldsymbol{P} : \mathbb{R}^n \to \boldsymbol{S}$ を $\boldsymbol{S}$ 上への**正射影** (orthogonal projection) という．

(3) 任意の $\boldsymbol{x} \in \mathbb{R}^n$ に対して $\boldsymbol{Px}$ は $\boldsymbol{S}$ 上にある，

(4) 任意の $\boldsymbol{x}$ と $\boldsymbol{Px}$ を結ぶ線分は $\boldsymbol{S}$ に直交する：$\boldsymbol{A}^{\mathrm{T}}\boldsymbol{y} = \boldsymbol{0}$ なら必ず $\boldsymbol{y}^{\mathrm{T}}(\boldsymbol{x} - \boldsymbol{Px}) = 0$.

次式を証明せよ：

(5) $\boldsymbol{P} = \boldsymbol{I} - \boldsymbol{A}(\boldsymbol{A}^{\mathrm{T}}\boldsymbol{A})^{-1}\boldsymbol{A}^{\mathrm{T}}$

(6) $\boldsymbol{P}^2 = \boldsymbol{P} = \boldsymbol{P}^{\mathrm{T}}$

(7) $\boldsymbol{H} = 2\boldsymbol{P} - \boldsymbol{I}$

(III) S が $S = \{\boldsymbol{Ax} : \boldsymbol{x} \in \mathbb{R}^n\}$, $\boldsymbol{A} \in \mathbb{R}^{n \times k}$ $(1 \leqslant k < n)$, $\mathrm{rank}(\boldsymbol{A}) = k$, の形で表現されている場合は，$S$ に関する反射および S 上への正射影は次式で与えられることを示せ：

(8) $\boldsymbol{H} = 2\boldsymbol{A}(\boldsymbol{A}^{\mathrm{T}}\boldsymbol{A})^{-1}\boldsymbol{A}^{\mathrm{T}} - \boldsymbol{I}$

(9) $\boldsymbol{P} = \boldsymbol{A}(\boldsymbol{A}^{\mathrm{T}}\boldsymbol{A})^{-1}\boldsymbol{A}^{\mathrm{T}}$

問題 8.4　n 次行列 $\boldsymbol{A}$ の特性多項式を $\det(\boldsymbol{A} - \lambda\boldsymbol{I}) = (\lambda_1 - \lambda)\cdots(\lambda_n - \lambda)$ とする．シュア分解を用いて，$\det(\alpha\boldsymbol{A} - \lambda\boldsymbol{I}) = (\alpha\lambda_1 - \lambda)\cdots(\alpha\lambda_n - \lambda)$ を示せ．また $\boldsymbol{A} - \beta\boldsymbol{I}$ の固有値は $\lambda_1 - \beta, \ldots, \lambda_n - \beta$ によって与えられることを示せ．

問題 8.5　次の行列のうち，エルミート行列はどれか？

(1) $\begin{bmatrix} 1 & i \\ i & -1 \end{bmatrix}$　**(2)** $\begin{bmatrix} 1 & i \\ -i & -1 \end{bmatrix}$　**(3)** $\begin{bmatrix} 2 & 1 \\ 1 & 3 \end{bmatrix}$　**(4)** $\begin{bmatrix} 1 & -2 \\ 3 & 1 \end{bmatrix}$　**(5)** $\begin{bmatrix} i & i \\ i & -i \end{bmatrix} = i\begin{bmatrix} 1 & 1 \\ 1 & -1 \end{bmatrix}$

問題 8.6　$\boldsymbol{A}$ をエルミート行列 ($\boldsymbol{A}^* = \boldsymbol{A}$) とし，$\mu$ を任意の固有値，$\boldsymbol{v}$ を対応する固有ベクトルとする ($\boldsymbol{Av} = \mu\boldsymbol{v}$, $\boldsymbol{v} \neq \boldsymbol{0}$)．シュア分解を使わないで以下を示せ：

(1)　μ は実数である．
(2)　μ_1, μ_2 を異なる固有値，$\boldsymbol{v}_1, \boldsymbol{v}_2$ を対応する固有ベクトルとすれば $\boldsymbol{v}_1^* \boldsymbol{v}_2 = 0$ である．

問題 8.7　実対称行列 $\boldsymbol{A} = \begin{bmatrix} 7 & 2 & 0 \\ 2 & 6 & -2 \\ 0 & -2 & 5 \end{bmatrix}$, $\boldsymbol{B} = \begin{bmatrix} -1 & -4 & 2 \\ -4 & -1 & 2 \\ 2 & 2 & 2 \end{bmatrix}$ のシュア分解を求めよ．

問題 8.8（2 次正規行列）　**(1)**　$\boldsymbol{A} = \begin{bmatrix} a & b \\ c & a \end{bmatrix}$ 型の行列が正規行列であるための必要十分条件は $|b| = |c|$ であることを示せ．

(2)　$\boldsymbol{A} = \begin{bmatrix} a & b \\ c & d \end{bmatrix}$ $(a \neq d)$ が正規行列であるための必要十分条件は $(a-d)\overline{c} = (\overline{a} - \overline{d})b$ であることを示せ．

問題 8.9　$\boldsymbol{A}$ を n 次正規行列とする．

(1)　任意の複素数 α に対して，$\boldsymbol{A} - \alpha\boldsymbol{I}$ も正規行列であることを示せ．
(2)　μ を $\boldsymbol{A}$ の固有値，$\boldsymbol{v}$ を対応する固有ベクトル $(\boldsymbol{A}\boldsymbol{v} = \mu\boldsymbol{v}, \boldsymbol{v} \neq \boldsymbol{0})$ とすれば，$\boldsymbol{A}^*\boldsymbol{v} = \overline{\mu} \cdot \boldsymbol{v}$ も真であることを示せ．
(3)　λ_1, λ_2 を $\boldsymbol{A}$ の異なる固有値とすれば，対応する固有ベクトル $\boldsymbol{v}_1, \boldsymbol{v}_2$ は直交することを示せ．

問題 8.10　ケイリー・ハミルトンの定理を 2 次行列について検算せよ：$\boldsymbol{A} = \begin{bmatrix} a & b \\ c & d \end{bmatrix}$ をその特性多項式 $f(\lambda) \equiv \det(\boldsymbol{A} - \lambda\boldsymbol{I}) = \det \begin{bmatrix} a-\lambda & b \\ c & d-\lambda \end{bmatrix} = \lambda^2 - (a+d)\lambda + ad - bc$ 中の λ に代入したものがゼロ行列に等しいこと，すなわち，$f(\boldsymbol{A}) = \boldsymbol{A}^2 - (a+d)\boldsymbol{A} - (ad-bc)\boldsymbol{I} = \boldsymbol{0}$ が成立することを検算せよ．

問題 8.11　$\boldsymbol{A}$ を任意の n 次行列とする．ケイリー・ハミルトンの定理を用いて次を示せ：

(1)　$\boldsymbol{A}^n$ は $\boldsymbol{A}$ の高々 $(n-1)$ 次多項式として表せる．
(2)　$\boldsymbol{A}$ の任意の多項式は高々 $(n-1)$ 次多項式として表せる．
(3)　$\boldsymbol{A}^{-1}$ は $\boldsymbol{A}$ の高々 $(n-1)$ 次多項式として表せる．
(4)　$\boldsymbol{A}$ の任意の分数式 $p(\boldsymbol{A}) \cdot q^{-1}(\boldsymbol{A})\,(= q^{-1}(\boldsymbol{A}) \cdot p(\boldsymbol{A}))$（$p(\boldsymbol{A}), q(\boldsymbol{A})$ は多項式）は $\boldsymbol{A}$ の高々 $(n-1)$ 次多項式として表せる．

問題 8.12　実対称行列 $\boldsymbol{A} = \begin{bmatrix} 7 & 2 & 0 \\ 2 & 6 & -2 \\ 0 & -2 & 5 \end{bmatrix}$, $\boldsymbol{B} = \begin{bmatrix} -1 & -4 & 2 \\ -4 & -1 & 2 \\ 2 & 2 & 2 \end{bmatrix}$ の固有値は，それぞれ，3, 6, 9 および 3, 3, −6 によって与えられる（問題 8.7）．これらの行列に対して 8.12 節の公式

$$|\lambda_1|^2 + \cdots + |\lambda_n|^2 = \sum_{i,j}^{n} |a_{ij}|^2$$ を検算せよ．

問題 8.13　相似対角化可能な行列は 2 階以上の一般固有ベクトルを持たないことを示せ．

問題 8.14　n 次エルミート行列 $\boldsymbol{A}$ が正定値（7.2 節）である必要十分条件は $\boldsymbol{A}$ の固有値がすべて正あることを示せ．

第9章　シュア分解とQR分解 Part II

この章ではエルミート行列の固有値問題および直交行列の固有値問題のさらなる展開を学ぶ．まず，エルミート行列の固有値単調定理および分離定理，次いで固有値のミニマックス特徴づけである，クーラン・フィッシャーの定理を学ぶ．これは，部分空間に関する有名な次元等式（5.8 節，定理 5.21）

$$\dim(\boldsymbol{S} \cap \boldsymbol{T}) = \dim \boldsymbol{S} + \dim \boldsymbol{T} - \dim(\boldsymbol{S} + \boldsymbol{T})$$

のよい応用例でもある．次いで，エルミート行列の単純固有値をレーリー商で近似すれば，誤差は残差ノルムの 2 乗のオーダーであることを示し，レーリー商が固有値近似に有力な手段であることを示す．次に，やや大型の問題として，弾性バネで結合された質点系の自由振動問題（連成振動）を扱い，その解法が実対称 3 重対角行列の固有値問題に還元することを示す．最後に 2 次および 3 次直交行列の標準形を詳しく学ぶ．

9.1　エルミート行列とレーリー商

この節では次節以降への準備事項を学ぶ．8.8 節の結果を復習すると，任意の n 次エルミート行列 $\boldsymbol{A}$ は $\boldsymbol{Q}^*\boldsymbol{A}\boldsymbol{Q} = \boldsymbol{D}$ 型のシュア分解を許す．ここに，$\boldsymbol{Q} = [\boldsymbol{q}_1, \ldots, \boldsymbol{q}_n]$ は適当なユニタリ行列 $(\boldsymbol{Q}^*\boldsymbol{Q} = \boldsymbol{I})$，$\boldsymbol{D} = \mathrm{diag}(\lambda_1, \ldots, \lambda_n)$ は実対角行列を表す．展開すれば，$\boldsymbol{A}\boldsymbol{q}_i = \lambda_i \boldsymbol{q}_i$, $\boldsymbol{q}_i^*\boldsymbol{q}_j = \delta_{ij}$ $(i, j = 1, \ldots, n)$ となり，実数 $\lambda_1, \ldots, \lambda_n$ は $\boldsymbol{A}$ の固有値，$\boldsymbol{q}_1, \ldots, \boldsymbol{q}_n$ は対応する固有ベクトル，$\{\boldsymbol{q}_1, \ldots, \boldsymbol{q}_n\}$ は $\mathbb{C}^n$ の正規直交基底を表す．シュア分解の一般論から，$\lambda_1, \ldots, \lambda_n$ が $\boldsymbol{D}$ 中に並ぶ順序は任意に指定できる．以上は復習である．

与えられたエルミート行列 $\boldsymbol{A} \in \mathbb{C}^{n \times n}$ と任意の $\boldsymbol{0} \neq \boldsymbol{x} \in \mathbb{C}^n$ から作った商 $\rho(\boldsymbol{x}) \equiv \boldsymbol{x}^*\boldsymbol{A}\boldsymbol{x}/\boldsymbol{x}^*\boldsymbol{x}$ を**レーリー商** (Rayleigh quotient) という．$\boldsymbol{x}^*\boldsymbol{x} = 1$ なら $\rho(\boldsymbol{x}) = \boldsymbol{x}^*\boldsymbol{A}\boldsymbol{x}$ となる．また，$\rho(\boldsymbol{q}_i) = \lambda_i$ に注意 ($\because$ $\boldsymbol{A}\boldsymbol{q}_i = \lambda_i \boldsymbol{q}_i$, $\boldsymbol{q}_i^*\boldsymbol{q}_j = \delta_{ij}$,

$i, j = 1, \ldots, n$). レーリー商は，エルミート行列の固有値近似問題において重要な役割を果たす．次に，以下数節で必要となるレーリー商に関する補題を証明する．

補題 9.1　$\boldsymbol{A}$ を n 次エルミート行列，$\lambda_1 \leqslant \cdots \leqslant \lambda_n$ をその固有値，固有値—固有ベクトル関係を $\boldsymbol{A}q_i = \lambda_i \boldsymbol{q}_i$, $\boldsymbol{q}_i^* \boldsymbol{q}_j = \delta_{ij}\,(i, j = 1, \ldots, n)$ とする．すると，

(1)　$\boldsymbol{x}^*\boldsymbol{x} = 1$ を満たす任意の $\boldsymbol{x} \in \mathbb{C}^n$ に対して，$\lambda_1 \leqslant \boldsymbol{x}^*\boldsymbol{A}\boldsymbol{x} \leqslant \lambda_n$ が成立する．

(2)　$\boldsymbol{x}^*\boldsymbol{x} = 1$ を満たす任意の $\boldsymbol{x} \in \mathrm{span}\{\boldsymbol{q}_r, \boldsymbol{q}_s, \ldots, \boldsymbol{q}_t\}$ $(1 \leqslant r < s < \cdots < t \leqslant n)$ に対して，$\lambda_r \leqslant \boldsymbol{x}^*\boldsymbol{A}\boldsymbol{x} \leqslant \lambda_t$ が成立する．

証明　(1)：$\boldsymbol{x}^*\boldsymbol{x} = 1$ を満たす任意の $\boldsymbol{x} \in \mathbb{C}^n$ を $\{\boldsymbol{q}_1, \ldots, \boldsymbol{q}_n\}$ で展開し，$\boldsymbol{x} = y_1\boldsymbol{q}_1 + \cdots + y_n\boldsymbol{q}_n$ とすれば，$\boldsymbol{A}\boldsymbol{q}_i = \lambda_i\boldsymbol{q}_i$, $\boldsymbol{q}_i^*\boldsymbol{q}_j = \delta_{ij}\,(i, j = 1, \ldots, n)$ により，$1 = \boldsymbol{x}^*\boldsymbol{x} = |y_1|^2 + \cdots + |y_n|^2$ および $\boldsymbol{x}^*\boldsymbol{A}\boldsymbol{x} = \lambda_1|y_1|^2 + \cdots + \lambda_n|y_n|^2$ が出る．ここで $\lambda_1 \leqslant \cdots \leqslant \lambda_n$ を考慮すれば，$\lambda_1 \leqslant \boldsymbol{x}^*\boldsymbol{A}\boldsymbol{x} \leqslant \lambda_n$ が出る．不等式 (2) も全く同様な論法で得られる．■

9.2　単調定理

定理 9.2　n 次エルミート行列 $\boldsymbol{A}, \boldsymbol{B}, \boldsymbol{C}$ が $\boldsymbol{A}+\boldsymbol{B} = \boldsymbol{C}$ を満たすとする．$\boldsymbol{B} = [b_{ij}]$ とし，$\boldsymbol{A}, \boldsymbol{B}, \boldsymbol{C}$ の固有値（すべて実数）をそれぞれ $\alpha_1 \leqslant \cdots \leqslant \alpha_n$, $\beta_1 \leqslant \cdots \leqslant \beta_n$, $\gamma_1 \leqslant \cdots \leqslant \gamma_n$ とすれば，次の不等式 (9.1)–(9.4) が成り立つ：

$$\alpha_i + \beta_1 \leqslant \gamma_i \leqslant \alpha_i + \beta_n \quad (i = 1, \ldots, n), \tag{9.1}$$

$$|b_{ij}| \leqslant \varepsilon\ (i, j = 1, \ldots, n) \text{ なら } |\beta_i| \leqslant n\varepsilon\ (i = 1, \ldots, n), \tag{9.2}$$

$$\alpha_j + \beta_{i-j+1} \leqslant \gamma_i \quad (i \geqslant j), \tag{9.3}$$

$$\gamma_i \leqslant \alpha_j + \beta_{i-j+n} \quad (i \leqslant j). \tag{9.4}$$

定理 9.2 は**単調定理** (monotonicity theorem) とよばれている．(9.1) によれば，$\boldsymbol{A}$ に $\boldsymbol{B}$ を加えれば，$\boldsymbol{A}$ の各固有値はすべて少なくとも β_1 だけ増加し，β_n より多くは増加しない．しかも (9.1) は，$\boldsymbol{A}$ と $\boldsymbol{A}+\boldsymbol{B}$ の同一番目の固有値を比較している．これが (9.1) の値打ちであり，一般の行列に対しては成立しない関係である．(9.2) は，エルミート行列 $\boldsymbol{B}$ のすべての要素が小さければ，$\beta_i\ (i = 1, \ldots, n)$ もすべて小さいことを示す．(9.3), (9.4) は (9.1) の一般化を表し，$i = j$ と置けば (9.1) に戻る．

証明　次元等式を利用する．まず，前節で復習したように，固有値—固有ベクトルの関係は次のように書ける：

$$\boldsymbol{A}\boldsymbol{u}_i = \alpha_i \boldsymbol{u}_i, \quad \boldsymbol{B}\boldsymbol{v}_i = \beta_i \boldsymbol{v}_i, \quad \boldsymbol{C}\boldsymbol{w}_i = \gamma_i \boldsymbol{w}_i, \qquad (i = 1, \ldots, n)$$
$$\bigl(\delta_{ij} = \boldsymbol{u}_i^* \boldsymbol{u}_j = \boldsymbol{v}_i^* \boldsymbol{v}_j = \boldsymbol{w}_i^* \boldsymbol{w}_j \quad (i, j = 1, \ldots, n)\bigr).$$

(9.1) の証明：$1 \leqslant i \leqslant n$ について，部分空間 $\boldsymbol{S} = \mathrm{span}\{\boldsymbol{u}_i, \ldots, \boldsymbol{u}_n\}, \boldsymbol{T} = \mathrm{span}\{\boldsymbol{w}_1, \ldots, \boldsymbol{w}_i\}$ を考えると，次元等式により

$$\dim(\boldsymbol{S} \cap \boldsymbol{T}) = \dim \boldsymbol{S} + \dim \boldsymbol{T} - \dim(\boldsymbol{S} + \boldsymbol{T}) \geqslant (n - i + 1) + i - n = 1.$$

ゆえに，$\boldsymbol{S} \cap \boldsymbol{T}$ は非零ベクトルを含む．そこで，$\boldsymbol{x} \in \boldsymbol{S} \cap \boldsymbol{T}$ かつ $\boldsymbol{x}^* \boldsymbol{x} = 1$ を満たす $\boldsymbol{x}$ をとれば，前節の補題により，

$$\begin{aligned} \alpha_i + \beta_1 &\leqslant \boldsymbol{x}^* \boldsymbol{A} \boldsymbol{x} + \boldsymbol{x}^* \boldsymbol{B} \boldsymbol{x} \quad (\because \boldsymbol{x} \in \boldsymbol{S}) \\ &= \boldsymbol{x}^* (\boldsymbol{A} + \boldsymbol{B}) \boldsymbol{x} = \boldsymbol{x}^* \boldsymbol{C} \boldsymbol{x} \leqslant \gamma_i \quad (\because \boldsymbol{x} \in T). \end{aligned}$$

すなわち，(9.1) の前半が出た．

次に，$\boldsymbol{C} + (-\boldsymbol{B}) = \boldsymbol{A}$ に上の結果を適用すれば，シュア分解から $-\boldsymbol{B}$ の固有値は $-\beta_n \leqslant \cdots \leqslant -\beta_1$ なので，$\gamma_i + (-\beta_n) \leqslant \alpha_i$ が従う．これは (9.1) の後半に他ならない．

(9.2) の証明：前章 8.12 節の結果により，$|\beta_1|^2 + \cdots + |\beta_n|^2 = \sum_{i,j=1}^{n} |b_{ij}|^2$ が成り立つ．ゆえに $|\beta_i|^2 \leqslant \sum_{i,j=1}^{n} |b_{ij}|^2 \leqslant n^2 \varepsilon^2$ $(\because |b_{ij}| \leqslant \varepsilon)$．(9.2) はこれからただちに出る．

(9.3) の証明：$1 \leqslant j \leqslant i \leqslant n$ とし，

$$\boldsymbol{S} = \mathrm{span}\{\boldsymbol{u}_j, \ldots, \boldsymbol{u}_n\}, \boldsymbol{T} = \mathrm{span}\{\boldsymbol{v}_{i-j+1}, \ldots, \boldsymbol{v}_n\}, \boldsymbol{U} = \mathrm{span}\{\boldsymbol{w}_1, \ldots, \boldsymbol{w}_i\}$$

を定義すると（どれも空集合でないことに注意），次元等式より

$$\begin{aligned} &\dim(\boldsymbol{S} \cap \boldsymbol{T} \cap \boldsymbol{U}) \\ &\quad = \dim(\boldsymbol{S} \cap \boldsymbol{T}) + \dim \boldsymbol{U} - \dim((\boldsymbol{S} \cap \boldsymbol{T}) + \boldsymbol{U}) \\ &\quad = \dim \boldsymbol{S} + \dim \boldsymbol{T} - \dim(\boldsymbol{S} + \boldsymbol{T}) + \dim \boldsymbol{U} - \dim((\boldsymbol{S} \cap \boldsymbol{T}) + \boldsymbol{U}) \\ &\quad \geqslant (n - j + 1) + (n - i + j) - n + i - n = 1. \end{aligned}$$

そこで，$\boldsymbol{x}^* \boldsymbol{x} = 1$ を満たす $\boldsymbol{x} \in \boldsymbol{S} \cap \boldsymbol{T} \cap \boldsymbol{U}$ をとり，前節の補題 9.1 を使えば，

$$\begin{aligned}\alpha_j + \beta_{i-j+1} &\leqslant \boldsymbol{x}^*\boldsymbol{A}\boldsymbol{x} + \boldsymbol{x}^*\boldsymbol{B}\boldsymbol{x} \quad (\because \boldsymbol{x} \in \boldsymbol{S},\ \boldsymbol{x} \in \boldsymbol{T})\\ &= \boldsymbol{x}^*(\boldsymbol{A}+\boldsymbol{B})\boldsymbol{x} = \boldsymbol{x}^*\boldsymbol{C}\boldsymbol{x} \leqslant \gamma_i \quad (\because \boldsymbol{x} \in \boldsymbol{U})\end{aligned}$$

となり，(9.3) が得られる．

(9.4) の証明：$\boldsymbol{C} + (-\boldsymbol{B}) = \boldsymbol{A}$ に (9.3) を適用すれば，$\gamma_j + (-\beta_{n-i+j}) \leqslant \alpha_i$ $(1 \leqslant j \leqslant i \leqslant n)$（$\because -\boldsymbol{B}$ の小さい方から $i-j+1$ 番目の固有値は $-\beta_{n-i+j}$）が出る．ここで i, j の役割を交換すれば，$\gamma_i + (-\beta_{n-j+i}) \leqslant \alpha_j$ $(1 \leqslant i \leqslant j \leqslant n)$ が得られる．これは不等式 (9.4) に他ならない．■

例 9.3　$\boldsymbol{A}+\boldsymbol{B} = \begin{bmatrix} 1 & 2 \\ 2 & -2 \end{bmatrix} + \begin{bmatrix} 1 & 1+i \\ 1-i & 1 \end{bmatrix} = \begin{bmatrix} 2 & 3+i \\ 3-i & -1 \end{bmatrix} = \boldsymbol{C}$ の場合．

$\boldsymbol{A}$ の固有値：$\alpha_1 = -3 \leqslant \alpha_2 = 2$.

$\boldsymbol{B}$ の固有値：$\beta_1 = 1-\sqrt{2} = -0.4142\cdots \leqslant \beta_2 = 1+\sqrt{2} = 2.4142\cdots$.

$\boldsymbol{C}$ の固有値：$\gamma_1 = -3 \leqslant \gamma_2 = 4$.

単調定理の主張をそのまま述べると：

$$\begin{aligned}\alpha_1 + \beta_1 \leqslant \gamma_1 \leqslant \alpha_1 + \beta_2 &: -3 - 0.4142\cdots \leqslant -3 \leqslant -3 + 2.4142\cdots,\\ \alpha_2 + \beta_1 \leqslant \gamma_2 \leqslant \alpha_2 + \beta_2 &: 2 - 0.4142\cdots \leqslant 4 \leqslant 2 + 2.4142\cdots,\\ \gamma_1 \leqslant \alpha_2 + \beta_1 &: -3 \leqslant 2 - 0.4142\cdots,\\ \alpha_1 + \beta_2 \leqslant \gamma_2 &: -3 + 2.4142\cdots \leqslant 4.\end{aligned}$$

例 9.4　$\boldsymbol{A}+\boldsymbol{B} = \begin{bmatrix} 1 & 2 \\ 2 & -2 \end{bmatrix} + \begin{bmatrix} b_{11} & b_{12} \\ b_{21} & b_{22} \end{bmatrix} = \boldsymbol{C}$ $(\boldsymbol{B}^* = \boldsymbol{B})$ とする．いま $|b_{ij}| \leqslant \varepsilon$ $(i, j = 1, 2)$ なら $\alpha_i - 2\varepsilon \leqslant \gamma_i \leqslant \alpha_i + 2\varepsilon$ $(i = 1, 2)$.

本節 (9.2) 式の結果は「エルミート行列の固有値は安定である」ことを意味している．すなわち，与えられた n 次エルミート行列 $\boldsymbol{A}$ にエルミート変動 $\boldsymbol{B} = [b_{ij}]$ $(|b_{ij}| \leqslant \varepsilon)$ を加えても，固有値は高々 $n\varepsilon$ 変動するに過ぎない．すなわち，エルミート行列の固有値は**安定である** (stable)（=**良条件である** (well-conditioned)）．

一般に，与えられた行列 $\boldsymbol{A}$ の計算固有値は $\boldsymbol{A}$ に小さな変動 $\boldsymbol{B}$ を加えた $\boldsymbol{A}+\boldsymbol{B}$ の厳密な固有値になっていることがよく知られている（後退誤差解析）．$\boldsymbol{B}$ が小さいような算法を**安定な算法** (stable algorithm) という（算法の安定性と固有値の安定性とは全く別概念なので混同しないこと）．ゆえに，安定な算法を使って計算されたエルミート行列の計算固有値は，真の固有値からわずかにずれているに過ぎない．しかし，一般の行列に対してはこのような保証はない．標準的行列計算パッケージ LAPACK，MATLAB，MATHEMATICA が高品質パッケージと呼ばれるのは，安定な算法を提供しているからである．

参考　$\boldsymbol{A}, \boldsymbol{B}, \boldsymbol{C}$ をエルミート行列とし，$\boldsymbol{A}+\boldsymbol{B}=\boldsymbol{C}$ とする．固有値をこれまでと同じように，それぞれ，$\alpha_1 \leqslant \cdots \leqslant \alpha_n$, $\beta_1 \leqslant \cdots \leqslant \beta_n$, $\gamma_1 \leqslant \cdots \leqslant \gamma_n$ と記すと，**ウィーランド・ホフマンの定理** (Wielandt-Hoffman theorem)

$$\sum_{i=1}^{n} (\gamma_i - \alpha_i)^2 \leqslant \sum_{i=1}^{n} \beta_i^2 = \sum_{i,j=1}^{n} |b_{ij}|^2 \quad (\boldsymbol{B} = [b_{ij}])$$

が成立することが知られている．これは明らかに単調定理と関連しているが，単調定理から導くことはできない．証明は文献 [13] 参照．

9.3　分離定理（コーシーの入れ子定理）

いま，$\boldsymbol{A} = \begin{bmatrix} \boldsymbol{B} & \boldsymbol{C} \\ \boldsymbol{C}^* & \boldsymbol{D} \end{bmatrix}$ を n 次エルミート行列とし，$\boldsymbol{B}$ の次数を $m\,(m<n)$，$\boldsymbol{A}$ の固有値を $\alpha_1 \leqslant \cdots \leqslant \alpha_n$，$\boldsymbol{B}$ の固有値を $\beta_1 \leqslant \cdots \leqslant \beta_m$ とする．すると，**分離定理** (separation theorem)（**コーシーの入れ子定理** (Cauchy's interlace theorem)）と呼ばれる次の定理が成り立つ：

定理 9.5　**(1)**　$\alpha_k \leqslant \beta_k \leqslant \alpha_{k+n-m}$ $(k-1, \ldots, m)$.

(2)　とくに $m=n-1$ の場合は，$\alpha_1 \leqslant \beta_1 \leqslant \alpha_2 \leqslant \beta_2 \leqslant \cdots \leqslant \beta_{n-1} \leqslant \alpha_n$（入れ子構造）.

(3)　$\boldsymbol{A}$ が 3 重対角行列 $\boldsymbol{A} = \begin{bmatrix} d_1 & e_2 & & \boldsymbol{0} \\ \overline{e_2} & d_2 & \ddots & \\ & \ddots & \ddots & e_n \\ \boldsymbol{0} & & \overline{e_n} & d_n \end{bmatrix}$（ただし，$e_i \neq 0, i=2, \ldots, n$）なら，(2) は強分離 $\alpha_1 < \beta_1 < \alpha_2 < \beta_2 < \cdots < \beta_{n-1} < \alpha_n$ となり，$\boldsymbol{A}$ の固有値はすべて相異なる.

証明　$\boldsymbol{A}, \boldsymbol{B}$ の固有値—固有ベクトル関係を，$\boldsymbol{A}\boldsymbol{u}_i = \alpha_i \boldsymbol{u}_i$, $\boldsymbol{u}_i^* \boldsymbol{u}_j = \delta_{ij}$ $(i, j = 1, \ldots, n)$, $\boldsymbol{B}\boldsymbol{v}_i = \beta_i \boldsymbol{v}_i$, $\boldsymbol{v}_i^* \boldsymbol{v}_j = \delta_{ij}$ $(i, j = 1, \ldots, m)$ とし，$\boldsymbol{w}_i \equiv \begin{bmatrix} \boldsymbol{v}_i \\ \boldsymbol{0} \end{bmatrix} \in \mathbb{C}^n$

$(i = 1, \ldots, m)$ とおく．いま $1 \leqslant k \leqslant m$ を満たす任意の k に対して，部分空間 $\boldsymbol{S} = \mathrm{span}\{\boldsymbol{u}_k, \ldots, \boldsymbol{u}_n\}$, $\boldsymbol{T} = \mathrm{span}\{\boldsymbol{w}_1, \ldots, \boldsymbol{w}_k\}$ を定義すれば

$$\dim(\boldsymbol{S} \cap \boldsymbol{T}) = \dim\boldsymbol{S} + \dim\boldsymbol{T} - \dim(\boldsymbol{S} + \boldsymbol{T}) \geqslant (n-k+1) + k - n = 1.$$

ゆえに，$\boldsymbol{x}^*\boldsymbol{x} = 1$, $\boldsymbol{x} \in \boldsymbol{S} \cap \boldsymbol{T}$ を満たす $\boldsymbol{x} \in \mathbb{C}^n$ がとれる．すると，9.1 節，補題 9.1 により，

$$\begin{aligned}
\alpha_k &\leqslant \boldsymbol{x}^*\boldsymbol{A}\boldsymbol{x} \quad (\because \boldsymbol{x} \in \boldsymbol{S}) \\
&= \begin{bmatrix} \boldsymbol{y} \\ \boldsymbol{0} \end{bmatrix}^* \boldsymbol{A} \begin{bmatrix} \boldsymbol{y} \\ \boldsymbol{0} \end{bmatrix} \ (\because \boldsymbol{x} \in \boldsymbol{T},\ \boldsymbol{y} \in \mathrm{span}\{\boldsymbol{v}_1, \ldots, \boldsymbol{v}_k\},\ \boldsymbol{x}^*\boldsymbol{x} = 1 \Rightarrow \boldsymbol{y}^*\boldsymbol{y} = 1) \\
&= \boldsymbol{y}^*\boldsymbol{B}\boldsymbol{y} \leqslant \beta_k.
\end{aligned}$$

これは (1) の前半の関係である．この関係を $-\boldsymbol{A} = \begin{bmatrix} -\boldsymbol{B} & -\boldsymbol{C} \\ -\boldsymbol{C}^* & -\boldsymbol{D} \end{bmatrix}$ に適用すると，$-\boldsymbol{A}$ の固有値は $-\alpha_n \leqslant \cdots \leqslant -\alpha_1$，$-\boldsymbol{B}$ の固有値は $-\beta_m \leqslant \cdots \leqslant -\beta_1$（小さい方から数えて同一番目にある固有値の添字の値の間には常に $n-m$ だけの差がある）だから，$-\alpha_{k+n-m} \leqslant -\beta_k$ $(k = 1, \ldots, m)$ が得られる．これは (1) の後半の関係に他ならない．

(2) は (1) において $m = n-1$ とおいた場合である．

(3) を示す．$\boldsymbol{A}$ の k 次切断行列（左上 $k \times k$ 小行列のこと）を $\boldsymbol{A}^{(k)}$，その特性多項式を $f_k(\lambda)$ と書けば，$\boldsymbol{A}^{(n)} = \boldsymbol{A}$, $\boldsymbol{A}^{(n-1)} = \boldsymbol{B}$ であり，行列式の展開公式（6.13 節，定理 6.22）を使えば，$f_0(\lambda) \equiv 1$ として，$k = 2, \ldots, n$ について

$$(*) \qquad \det(\boldsymbol{A}^{(k)} - \lambda\boldsymbol{I}) = f_k(\lambda) = (d_k - \lambda)f_{k-1}(\lambda) - |e_k|^2 f_{k-2}(\lambda)$$

が得られる．ここで，$\alpha_1 \leqslant \beta_1 \leqslant \alpha_2 \leqslant \beta_2 \leqslant \cdots \leqslant \beta_{n-1} \leqslant \alpha_n$ はすでに成立しているから，強分離性を示すには $f_n(\lambda) = 0$ と $f_{n-1}(\lambda) = 0$ が共通根 λ_0 を持つと仮定し，矛盾が起こることを示せば十分である．$(*)$ 式に $0 = f_n(\lambda_0) = f_{n-1}(\lambda_0)$ を $k = n, \ldots, 2$ の順に使うと，$e_i \neq 0$ $(i = 2, \ldots, n)$ なので，$f_0(\lambda_0) = 0$ が出る．これは $f_0(\lambda) = 1$ と矛盾する．■

例 9.6　$n \geqslant 2$ として恒等関係

$$\begin{bmatrix} 0 & 1 & 0 & \cdots & \mathbf{0} \\ 1 & 0 & 1 & \cdots & \vdots \\ & \ddots & \ddots & \ddots & \vdots \\ & & \ddots & \ddots & 1 \\ \mathbf{0} & & & 1 & 0 \end{bmatrix} \begin{bmatrix} \sin x \\ \sin 2x \\ \vdots \\ \sin nx \end{bmatrix} = 2\cos x \begin{bmatrix} \sin x \\ \sin 2x \\ \vdots \\ \sin nx \end{bmatrix} - \begin{bmatrix} 0 \\ \vdots \\ 0 \\ \sin(n+1)x \end{bmatrix}$$

を考える．これは三角関数の加法定理 $\sin u + \sin v = 2\sin\{(u+v)/2\}\cdot\cos\{(u-v)/2\}$ を使って出る関係 $\sin(k-1)x + \sin(k+1)x = 2\cos x \cdot \sin kx$ $(k = 1, 2, \ldots)$ を行列形に書き直したものに過ぎない．行列形に書いた式を見ると，$(n+1)x = k\pi$ $(k = 1, 2, \ldots, n)$ を満たす x に対して $\sin(n+1)x = 0$ となり，$2\cos x$ は左辺の実3重対角行列（$\boldsymbol{T}_n$ と呼ぼう）の固有値となることがわかる（$\because$ $(n+1)x = k\pi$ $(k = 1, 2, \ldots, n)$ なら，$[\sin x, \sin 2x, \ldots, \sin nx]^{\mathrm{T}} \neq \mathbf{0}$）．ゆえに，$\lambda_k^{(n)} = 2\cos\{k\pi/(n+1)\}$ $(k = 1, 2, \ldots, n)$ と書けば，$\boldsymbol{T}_n$ の固有値は $\lambda_n^{(n)} < \lambda_{n-1}^{(n)} < \cdots < \lambda_1^{(n)}$ によって与えられる．分離定理によれば $\lambda_{k+1}^{(n)} < \lambda_k^{(n-1)} < \lambda_k^{(n)}$ $(k = 1, \ldots, n-1)$ が成立していることになる．すなわち，$2\cos\frac{(k+1)\pi}{n+1} < 2\cos\frac{k\pi}{n} < 2\cos\frac{k\pi}{n+1}$ が成立していることになる．$1 > \frac{k+1}{n+1} > \frac{k}{n} > \frac{k}{n+1} > 0$ ゆえ，これは確かに真である．

9.4 クーラン・フィッシャーの定理

定理 9.7 与えられた n 次エルミート行列 $\boldsymbol{A}$ の固有値を $\alpha_1 \leqslant \cdots \leqslant \alpha_n$ とすれば，次式が成立する：

$$\alpha_k = \min_{\boldsymbol{S}^k} \max\{\boldsymbol{x}^*\boldsymbol{A}\boldsymbol{x} : \boldsymbol{x} \in \boldsymbol{S}^k,\ \boldsymbol{x}^*\boldsymbol{x} = 1\} \quad (k = 1, \ldots, n), \tag{9.5}$$

$$\alpha_k = \max_{\boldsymbol{S}^{n-k+1}} \min\{\boldsymbol{y}^*\boldsymbol{A}\boldsymbol{y} : \boldsymbol{y} \in \boldsymbol{S}^{n-k+1},\ \boldsymbol{y}^*\boldsymbol{y} = 1\} \quad (k = 1, \ldots, n). \tag{9.6}$$

ここに，$\boldsymbol{S}^k$ は $\mathbb{C}^n$ 内の任意の k 次元部分空間を表す $(1 \leqslant k \leqslant n)$．これを**クーラン・フィッシャーの定理** (Courant-Fischer theorem)，または**ミニマックス原理** (minimax principle) という．(9.5) は，任意の k 次元部分空間 $\boldsymbol{S}^k$ について，条件 $\boldsymbol{x} \in \boldsymbol{S}^k$, $\boldsymbol{x}^*\boldsymbol{x} = 1$ の下で $\boldsymbol{x}^*\boldsymbol{A}\boldsymbol{x}$ を最大化し，その最大値をすべての $\boldsymbol{S}^k$ について最小化すると α_k に等しくなることを示している．(9.6) は，任意の $(n-k+1)$ 次元部分空間 $\boldsymbol{S}^{n-k+1}$ について，条件 $\boldsymbol{y} \in \boldsymbol{S}^{n-k+1}$, $\boldsymbol{y}^*\boldsymbol{y} = 1$ の下で $\boldsymbol{y}^*\boldsymbol{A}\boldsymbol{y}$ を最小化し，その最小値をすべての $\boldsymbol{S}^{n-k+1}$ について最大化すると α_k に等しくなることを示している．

証明　このよく知られた定理も，次元公式を使えば簡単に証明される．まず，固有値—固有ベクトル関係を $\boldsymbol{A}\boldsymbol{q}_i = \alpha_i \boldsymbol{q}_i,\ \boldsymbol{q}_i^* \boldsymbol{q}_j = \delta_{ij}\,(i,\ j = 1,\ \ldots,\ n)$ とする．

(9.5) の証明：$f(\boldsymbol{S}^k) \equiv \max\{\boldsymbol{x}^*\boldsymbol{A}\boldsymbol{x} : \boldsymbol{x} \in \boldsymbol{S}^k,\ \boldsymbol{x}^*\boldsymbol{x} = 1\} = \boldsymbol{x}_k^*\boldsymbol{A}\boldsymbol{x}_k\,(\boldsymbol{x}_k \in \boldsymbol{S}^k,\ \boldsymbol{x}_k^*\boldsymbol{x}_k = 1)$ とする．このような $\boldsymbol{x}_k$ が実際に存在することは，解析学からの結果である（14.3 節参照）．とくに，$\boldsymbol{S}^k$ として $\boldsymbol{S}^k = \mathrm{span}\{\boldsymbol{q}_1,\ \ldots,\ \boldsymbol{q}_k\}$ をとれば，補題 9.1 により $\alpha_1 \leqslant f(\boldsymbol{S}^k) \leqslant \alpha_k$ だが，$\boldsymbol{q}_k^*\boldsymbol{A}\boldsymbol{q}_k = \alpha_k$ なので $f(\boldsymbol{S}^k) = \alpha_k$ となる．

次に，任意の $\boldsymbol{S}^k$ に対して，$\boldsymbol{S} = \mathrm{span}\{\boldsymbol{q}_k,\ \ldots,\ \boldsymbol{q}_n\},\ \boldsymbol{T} = \boldsymbol{S}^k$ とすれば，次元等式より $\dim(\boldsymbol{S} \cap \boldsymbol{T}) = \dim \boldsymbol{S} + \dim \boldsymbol{T} - \dim(\boldsymbol{S} + \boldsymbol{T}) \geqslant n - k + 1 + k - n = 1$ が出る．ゆえに，$\boldsymbol{x}_0 \in \boldsymbol{S} \cap \boldsymbol{T},\ \boldsymbol{x}_0^*\boldsymbol{x}_0 = 1$ を満たす $\boldsymbol{x}_0$ が存在し，この $\boldsymbol{x}_0 \in \boldsymbol{S}^k$ は $\boldsymbol{x}_0^*\boldsymbol{A}\boldsymbol{x}_0 \geqslant \alpha_k$ をも満たす ($\because \boldsymbol{x}_0 \in \boldsymbol{S} = \mathrm{span}\{\boldsymbol{q}_k,\ \ldots,\ \boldsymbol{q}_n\}$)．これは $f(\boldsymbol{S}^k) \geqslant \alpha_k$ を示す．

(9.6) の証明：$g(\boldsymbol{S}^{n-k+1}) \equiv \min\{\boldsymbol{y}^*\boldsymbol{A}\boldsymbol{y} : \boldsymbol{y} \in \boldsymbol{S}^{n-k+1},\ \boldsymbol{y}^*\boldsymbol{y} = 1\} = \boldsymbol{y}_k^*\boldsymbol{A}\boldsymbol{y}_k$ $(\boldsymbol{y}_k \in \boldsymbol{S}^{n-k+1},\ \boldsymbol{y}_k^*\boldsymbol{y}_k = 1)$ とする．このような $\boldsymbol{y}_k$ は実際に存在する（14.3 節参照）．とくに，$\boldsymbol{S}^{n-k+1} = \mathrm{span}\{\boldsymbol{q}_k,\ \ldots,\ \boldsymbol{q}_n\}$ をとれば，9.1 節の補題 9.1 により $\alpha_k \leqslant g(\boldsymbol{S}^{n-k+1}) \leqslant \alpha_n$ だが，$\boldsymbol{q}_k^*\boldsymbol{A}\boldsymbol{q}_k = \alpha_k$ なので $g(\boldsymbol{S}^{n-k+1}) = \alpha_k$ となる．

次に，任意の $\boldsymbol{S}^{n-k+1}$ に対して，$\boldsymbol{S} = \mathrm{span}\{\boldsymbol{q}_1,\ \ldots,\ \boldsymbol{q}_k\},\ \boldsymbol{T} = \boldsymbol{S}^{n-k+1}$ とすれば，次元等式より $\dim(\boldsymbol{S}\cap\boldsymbol{T}) = \dim\boldsymbol{S} + \dim\boldsymbol{T} - \dim(\boldsymbol{S}+\boldsymbol{T}) \geqslant k+n-k+1-n = 1$ が出る．ゆえに，$\boldsymbol{y}_0 \in \boldsymbol{S}\cap\boldsymbol{T},\ \boldsymbol{y}_0^*\boldsymbol{y}_0 = 1$ を満たす $\boldsymbol{y}_0$ が存在し，この $\boldsymbol{y}_0$ は $\alpha_k \geqslant \boldsymbol{y}_0^*\boldsymbol{A}\boldsymbol{y}_0$ をも満たす ($\because \boldsymbol{y}_0 \in \boldsymbol{S} = \mathrm{span}\{\boldsymbol{q}_1,\ \ldots,\ \boldsymbol{q}_k\}$)．これは $g(\boldsymbol{S}^{n-k+1}) \leqslant \alpha_k$ を示す．■

クーラン・フィッシャーの定理から単調定理 (9.2 節, 定理 9.2), 分離定理 (9.3 節, 定理 9.5) が導出されることはよく知られているが，この 3 者の証明が，次元等式を利用すればそれぞれ独立に行うことができるのはご覧の通りである．これらは次元等式の応用例としても面白い．

9.5　ゲルシュゴーリンの定理

本節の定理は簡単ながら，全く一般の行列に対して成立する実用性の高い定理である．ここで述べる理由は単調定理（9.2 節）との対比のためである．次の定理を**ゲルシュゴーリンの定理** (Gerschgorin's theorem) という：

定理 9.8　$\boldsymbol{A} = [a_{ij}] \in \mathbb{C}^{n\times n}$ の任意の固有値 α は**ゲルシュゴーリン円板** (Gerschgorin disk)

$$G_i = \{z \in \boldsymbol{C} : |z - a_{ii}| \leqslant \sum_{j \neq i} |a_{ij}|\} \quad (i = 1, \ldots, n)$$

のどれか1つに含まれる．そして，k 個の円板の合併集合が連結集合（＝集合内の任意の2点を，その集合内に存在する折線のみで結べるような集合）をつくり，他の円板とは共通部分がない場合，その合併集合にはちょうど k 個の固有値が含まれる（ただし，重複固有値は重複度だけ数えるものとする）．

証明 前半は簡単である．任意の固有値 α をとり，対応する固有ベクトル $\boldsymbol{x} = [x_1, \ldots, x_n]^{\mathrm{T}}$ を $\max_{1 \leqslant j \leqslant n} |x_j| = 1$ を満たすようにとる．いま，$|x_k| = 1$ とし，$\boldsymbol{A}\boldsymbol{x} = \alpha\boldsymbol{x}$ の第 k 成分を書き下すと $a_{k1}x_1 + \cdots + a_{kn}x_n = \alpha x_k$ が得られる．これを $(a_{kk} - \alpha)x_k = -\sum_{j \neq k}^{n} a_{kj}x_j$ と変形し，絶対値をとれば $|a_{kk} - \alpha| = |a_{kk} - \alpha|\,|x_k| \leqslant \sum_{j \neq k}^{n} |a_{kj}|\,|x_j| \leqslant \sum_{j \neq k}^{n} |a_{kj}| \cdot 1$ が出る．これは $\alpha \in G_k$ を意味する．

後半の証明のために，$\boldsymbol{A} = \boldsymbol{D} + \boldsymbol{F}$, $\boldsymbol{D} = \mathrm{diag}\,(a_{11}, \ldots, a_{nn})$ とおき，$\boldsymbol{A}(t) = \boldsymbol{D} + t\boldsymbol{F}$ $(0 \leqslant t \leqslant 1)$ を考える．明らかに $\boldsymbol{A}(0) = \boldsymbol{D}$, $\boldsymbol{A}(1) = \boldsymbol{A}$ が成り立つ．複素関数論によれば，$\lambda_i(0) = a_{ii}$ $(i = 1, \ldots, n)$ を満たし，$\det(\boldsymbol{A}(t) - \lambda) = (\lambda_1(t) - \lambda) \cdots (\lambda_n(t) - \lambda)$ を満たすような，$0 \leqslant t \leqslant 1$ 上で連続な実変数 t の複素関数 $\lambda_i(t)$ をとることができる．ここに，$\lambda_1(t), \ldots, \lambda_n(t)$ はいうまでもなく $\boldsymbol{A}(t)$ の固有値を表す．前半の結果により，変数 t の各値に対して各 $\lambda_i(t)$ はゲルシュゴーリン円板 $G_j(t) = \{z \in \boldsymbol{C} : |z - a_{jj}| \leqslant t\sum_{i \neq j}^{n} |a_{ij}|\}$ のどれかに入っているが，$t = 0$ のときは $G_i(0) = \{a_{ii}\}$ に入っている．t の値が0から1へ増大していくとき，各円板の中心は動かず，半径のみが単調増大していく．また各 $\lambda_i(t)$ は連続関数である．ゆえに，最終的に k 個の円板 $G_i = G_i(1)$ の合併集合が連結集合をつくり，他の円板とは共通部分がない場合，この合併集合の中には初期値がこれら各円板の中心に等しいような固有値のみが存在し続け，いかなる t の値に対してもこの合併集合外に出ることは不可能である．これで定理の後半が証明された． ■

例 9.9 $\boldsymbol{A}(t) = \begin{bmatrix} 1 & -t \\ t & 2 \end{bmatrix}$ $(0 \leqslant t \leqslant 1)$ とおく．すると，$\boldsymbol{A}(0) = \begin{bmatrix} 1 & 0 \\ 0 & 2 \end{bmatrix}$, $\boldsymbol{A}(1) = \begin{bmatrix} 1 & -1 \\ 1 & 2 \end{bmatrix}$ である．

$\boldsymbol{A}(t)$ の固有値は，$\lambda_1(t), \lambda_2(t) = (1/2)(3 \pm \sqrt{1 - 4t^2})$ である．すなわち，$0 \leqslant t \leqslant 1/2$ なら固有値は実数，$1/2 < t \leqslant 1$ なら固有値は $\lambda_1(t), \lambda_2(t) = (1/2)(3 \pm$

$i\sqrt{4t^2-1}$) で与えられる．詳しく見ると，$\lambda_1(t)$ は $\lambda_1(0)=2$ から出発し，実軸上を $\lambda_1(1/2)=3/2$ まで減少し，ここから複素平面上を真上に折れて $\lambda_1(1)=3/2+i\sqrt{3}/2$ まで連続的に移動する．$\lambda_2(t)$ は $\lambda_2(0)=1$ から実軸上を $\lambda_2(1/2)=3/2$ まで増加し，真下に折れて $\lambda_2(1)=3/2-i\sqrt{3}/2$ まで連続的に移動する．

ゲルシュゴーリン円板 $G_1(t)=\{z\in \boldsymbol{C}:|z-1|\leqslant t\}=$「$z=1$ を中心とする半径 t の円板」および $G_2(t)=\{z\in \boldsymbol{C}:|z-2|\leqslant t\}=$「$z=2$ を中心とする半径 t の円板」は，$0\leqslant t<1/2$ では共通部分を持たないから，すでに見た通り，それぞれ 1 個の固有値を含む．$1/2\leqslant t\leqslant 1$ では $G_1(t)\cup G_2(t)$ は連結集合となり，固有値 $\lambda_1(t)$, $\lambda_2(t)$ はつねに両円周の交点上に存在する．■

以上の一般的結果は単調定理より弱い結果である．正規行列 $\boldsymbol{A}$ ($\boldsymbol{A}^*\boldsymbol{A}=\boldsymbol{A}\boldsymbol{A}^*$) に限定しても，「各ゲルシュゴーリン円板は，連結状態に関係なく，少なくとも 1 個の固有値を含む」ことがいえるに過ぎない（問題 9.5）．

9.6　連成振動解析

よく話題となる免震構造の基礎は振動解析である．構造物のもっとも簡単な振動モデルとして知られているのが，変形量に比例する復元力が働くような，弾性バネで結合された質点系の振動（連成振動）である（図 9.1）．このモデルは分子内原子の振動モデルとしても使われる．復元力が線形でなく，変形量の指数関数であるような力学系は，広範な応用を持つ戸田格子方程式として知られている．これについては，[25] を参照して頂きたい．

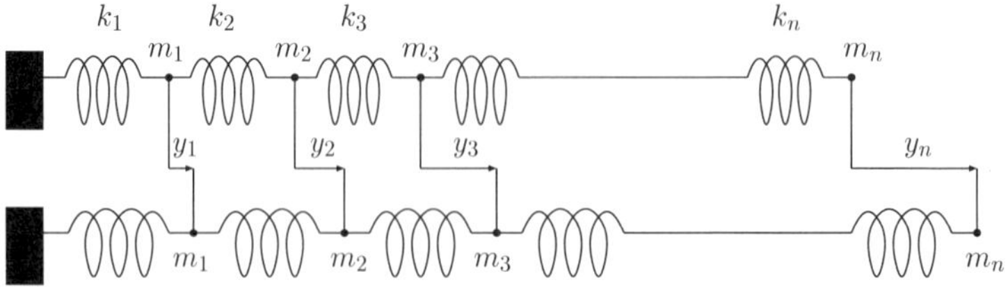

図 9.1　弾性バネで結合された質点系の振動

この節の主題である，線形連成振動解析の核をなすのは実対称行列の固有値問題である．簡単のため，自由振動（＝外力が作用しない場合の振動）のみを考える．

ここに $m_1, \ldots, m_n$ は質点の質量，$k_1, \ldots, k_n$ はバネ定数を表す $(k_1, \ldots, k_n > 0)$．すると，平衡点からの変位にバネ定数を乗じたものが復元力を与えることになり，各質点の運動方程式は次式で与えられる：

$$\begin{aligned} m_1 \frac{d^2 y_1}{dt^2} &= -k_1 y_1 + k_2(y_2 - y_1), \\ m_j \frac{d^2 y_j}{dt^2} &= -k_j(y_j - y_{j-1}) + k_{j+1}(y_{j+1} - y_j), \quad (1 < j < n) \\ m_n \frac{d^2 y_n}{dt^2} &= -k_n(y_n - y_{n-1}). \end{aligned} \tag{9.7}$$

ここに，$y_i = y_i(t)$ は質点 m_i の平衡位置からの変位 $(i = 1, \ldots, n)$，t は時間を表す．行列形に書くと

$$\begin{bmatrix} m_1 & & \mathbf{0} \\ & \ddots & \\ \mathbf{0} & & m_n \end{bmatrix} \frac{d^2}{dt^2} \begin{bmatrix} y_1 \\ \vdots \\ y_n \end{bmatrix} = - \begin{bmatrix} k_1 + k_2 & -k_2 & & & \mathbf{0} \\ -k_2 & k_2 + k_3 & -k_3 & & \\ & \ddots & \ddots & \ddots & \\ & & \ddots & \ddots & -k_n \\ \mathbf{0} & & & -k_n & k_n \end{bmatrix} \begin{bmatrix} y_1 \\ \vdots \\ y_n \end{bmatrix}.$$

これは定係数 2 階線形同次連立微分方程式を表す．左辺左側の対角行列を $\boldsymbol{M}$，未知ベクトルを $\boldsymbol{y} = [y_1, \ldots, y_n]^{\mathrm{T}}$，右辺左側の実対称 3 重対角行列を $\boldsymbol{K}$ とすれば，これは簡潔に次の形に書ける：

$$\boldsymbol{M} \frac{d^2 \boldsymbol{y}}{dt^2} = -\boldsymbol{K} \boldsymbol{y}. \tag{9.8}$$

上式 (9.8) はさらに次のように変形できる：

$$\frac{d^2 \boldsymbol{z}}{dt^2} = -\boldsymbol{L} \boldsymbol{z}. \tag{9.9}$$

ここに，

$$\boldsymbol{z} = \boldsymbol{M}^{1/2} \boldsymbol{y}, \quad \boldsymbol{L} = \boldsymbol{M}^{-1/2} \boldsymbol{K} \boldsymbol{M}^{-1/2}$$
$$\boldsymbol{M}^{1/2} \equiv \mathrm{diag}\left(\sqrt{m_1}, \ldots, \sqrt{m_n}\right), \quad \boldsymbol{M}^{-1/2} = (\boldsymbol{M}^{1/2})^{-1}.$$

$\boldsymbol{L}$ も実対称 3 重対角行列である．

(9.9) は $\boldsymbol{L}$ のシュア分解がわかれば解けるので，以下これを示す．実際，次の事実が成り立つ：

(I)　$\boldsymbol{K}$ の固有値はすべて相異なる正数である．

(II)　$\boldsymbol{L}$ の固有値もすべて相異なる正数である．

(III)　$\boldsymbol{L}$ のシュア分解を

$$\boldsymbol{L} = \boldsymbol{Q}\boldsymbol{D}\boldsymbol{Q}^{\mathrm{T}} = [\boldsymbol{q}_1, \ldots, \boldsymbol{q}_n] \operatorname{diag}(\omega_1^2, \ldots, \omega_n^2) [\boldsymbol{q}_1, \ldots, \boldsymbol{q}_n]^{\mathrm{T}} \tag{9.10}$$

$(0 < \omega_1 < \cdots < \omega_n)$ とすれば元の式 (9.7) の解は次式で与えられる：

$$\boldsymbol{y} = \boldsymbol{M}^{-1/2}\boldsymbol{Q} \begin{bmatrix} C_{11}\cos\omega_1 t + C_{12}\sin\omega_1 t \\ \vdots \\ C_{n1}\cos\omega_n t + C_{n2}\sin\omega_n t \end{bmatrix}. \tag{9.11}$$

ここに $C_{11}, \ldots$ は任意定数を表す．ここで，$\boldsymbol{M}^{-1/2}\boldsymbol{Q} \equiv \boldsymbol{S} = [\boldsymbol{s}_1, \ldots, \boldsymbol{s}_n]$ と書けば，上式は

$$\boldsymbol{y} = \sum_{i=1}^{n} (C_{i1}\boldsymbol{s}_i \cos\omega_i t + C_{i2}\boldsymbol{s}_i \sin\omega_i t) \tag{9.12}$$

となる．ここに，右辺各 $\boldsymbol{s}_i \cos\omega_i t$, $\boldsymbol{s}_i \sin\omega_i t$ を**固有振動** (eigenvibration)，ω_i を**固有角振動数** (angular eigenfrequency)，$\omega_i/(2\pi)$ を**固有振動数** (eigenfrequency)，$\boldsymbol{M}^{-1/2}\boldsymbol{Q}$ の各列 $\boldsymbol{s}_i$ を**固有モード** (eigenmode) という．初期条件，すなわち，$t = 0$ における各質点の位置と初速度が与えられれば，定数 $C_{11}, \ldots$ の値はすべて確定する．

証明　(I)：分離定理（9.3 節）により，$\boldsymbol{K}$ の固有値はすべて相異なる実数である．これを $\kappa_1 < \cdots < \kappa_n$ とする．ゲルシュゴーリンの定理により $0 \leqslant \kappa_i$ $(i = 1, \ldots, n)$ は明らか．さらに，$\boldsymbol{K}$ は固有値 0 を持たないことを証明できる．これは「$\boldsymbol{K}$ は優対角行列であり，そのグラフは強連結である」ことから従う．詳しくは最終章（15.5 節）を見て頂きたい．

(II)：$\boldsymbol{L}$ は必ずしも優対角行列ではないため，(I) の方法は使えない．ここでは，任意の $\boldsymbol{0} \neq \boldsymbol{x} \in \mathbb{R}^n$ に対して $\boldsymbol{x}^{\mathrm{T}}\boldsymbol{L}\boldsymbol{x} > 0$ が満たされること，すなわち，$\boldsymbol{L}$ が正定値（7.2 節）であることを示す．$\boldsymbol{L}$ が正定値であることと $\boldsymbol{L}$ の固有値がすべて正であることは同値である（問題 8.14）．実際，(I) により $\boldsymbol{K}$ は正定値行列であるから，$\boldsymbol{0} \neq \boldsymbol{x} \in \mathbb{R}^n$ なら $\boldsymbol{x}^{\mathrm{T}}\boldsymbol{L}\boldsymbol{x} = \boldsymbol{x}^{\mathrm{T}}\boldsymbol{M}^{-1/2}\boldsymbol{K}\boldsymbol{M}^{-1/2}\boldsymbol{x} = (\boldsymbol{M}^{-1/2}\boldsymbol{x})^{\mathrm{T}}\boldsymbol{K}(\boldsymbol{M}^{-1/2}\boldsymbol{x}) > 0$ となる．

(III)：シュア分解 (9.10) を (9.9) に代入すれば

$$\frac{d^2}{dt^2}(\boldsymbol{Q}^{\mathrm{T}}\boldsymbol{z}) = -\boldsymbol{D}(\boldsymbol{Q}^{\mathrm{T}}\boldsymbol{z}) = \mathrm{diag}\left(-\omega_1^2, \ldots, -\omega_n^2\right)(\boldsymbol{Q}^{\mathrm{T}}\boldsymbol{z})$$

となる．$\boldsymbol{Q}^{\mathrm{T}}\boldsymbol{z} = \boldsymbol{w} = \left[w_1, \ldots, w_n\right]^{\mathrm{T}}$ とおけば，直前の式は

$$\frac{d^2 w_i(t)}{dt^2} = -\omega_i^2 w_i(t) \quad (\omega_i > 0)$$

型の**単振動** (simple vibration) の方程式となり，その解は $w_i(t) = C_{i1}\cos\omega_i t + C_{i2}\sin\omega_i t$ (C_{i1}, C_{i2} は任意定数) によって与えられることがよく知られている．ゆえに，$\boldsymbol{w} = \boldsymbol{Q}^{\mathrm{T}}\boldsymbol{z} = \begin{bmatrix} C_{11}\cos\omega_1 t + C_{12}\sin\omega_1 t \\ \vdots \\ C_{n1}\cos\omega_n t + C_{n2}\sin\omega_n t \end{bmatrix}$ となる．$\boldsymbol{z} = \boldsymbol{M}^{1/2}\boldsymbol{y}$ を想起すれば，(9.11) 式が得られる．(9.12) は (9.11) の簡単な書き換えに過ぎない． ■

例 9.10　$n = 2, m_1 = 4, m_2 = 1, k_1 = 6, k_2 = 2$ の場合，(9.8) に対応する運動方程式は

$$\boldsymbol{M}\frac{d^2\boldsymbol{y}}{dt^2} = -\boldsymbol{K}\boldsymbol{y} \quad \text{すなわち，} \quad \frac{d^2}{dt^2}\begin{bmatrix} 4y_1 \\ y_2 \end{bmatrix} = -\begin{bmatrix} 8 & -2 \\ -2 & 2 \end{bmatrix}\begin{bmatrix} y_1 \\ y_2 \end{bmatrix}$$

である．ここに

$$\boldsymbol{M} = \begin{bmatrix} m_1 & 0 \\ 0 & m_2 \end{bmatrix} = \begin{bmatrix} 4 & 0 \\ 0 & 1 \end{bmatrix}, \boldsymbol{y} = \begin{bmatrix} y_1 \\ y_2 \end{bmatrix}, \boldsymbol{K} = \begin{bmatrix} k_1 + k_2 & -k_2 \\ -k_2 & k_2 \end{bmatrix} = \begin{bmatrix} 8 & -2 \\ -2 & 2 \end{bmatrix}.$$

$$\boldsymbol{L} = \boldsymbol{M}^{-1/2}\boldsymbol{K}\boldsymbol{M}^{-1/2} = \begin{bmatrix} 2 & -1 \\ -1 & 2 \end{bmatrix}, \quad \boldsymbol{z} = \boldsymbol{M}^{1/2}\boldsymbol{y} = \begin{bmatrix} 2y_1 \\ y_2 \end{bmatrix}$$

であるから，(9.9) に対応する方程式は

$$\frac{d^2\boldsymbol{z}}{dt^2} = -\boldsymbol{L}\boldsymbol{z} \quad \text{すなわち，} \quad \frac{d^2}{dt^2}\begin{bmatrix} 2y_1 \\ y_2 \end{bmatrix} = -\begin{bmatrix} 2 & -1 \\ -1 & 2 \end{bmatrix}\begin{bmatrix} 2y_1 \\ y_2 \end{bmatrix}$$

となる．$\boldsymbol{L}$ のシュア分解は

$$\boldsymbol{L} = \begin{bmatrix} 2 & -1 \\ -1 & 2 \end{bmatrix} = \left(\frac{1}{\sqrt{2}}\begin{bmatrix} 1 & 1 \\ 1 & -1 \end{bmatrix}\right)\begin{bmatrix} 1 & 0 \\ 0 & 3 \end{bmatrix}\left(\frac{1}{\sqrt{2}}\begin{bmatrix} 1 & 1 \\ 1 & -1 \end{bmatrix}\right)$$
$$\equiv \boldsymbol{Q}\boldsymbol{D}\boldsymbol{Q}^{\mathrm{T}} \quad (\text{したがって } 1 = \omega_1^2,\ 3 = \omega_2^2)$$

であるから，未知ベクトル $\boldsymbol{y}$ は次式によって与えられる：

$$\begin{aligned}\boldsymbol{y} &= \boldsymbol{M}^{-1/2}\boldsymbol{Q}\begin{bmatrix} C_{11}\cos\omega_1 t + C_{12}\sin\omega_1 t \\ C_{21}\cos\omega_2 t + C_{22}\sin\omega_2 t \end{bmatrix} \\ &= \begin{bmatrix} 1/2 & 0 \\ 0 & 1 \end{bmatrix} \frac{1}{\sqrt{2}} \begin{bmatrix} 1 & 1 \\ 1 & -1 \end{bmatrix} \begin{bmatrix} C_{11}\cos t + C_{12}\sin t \\ C_{21}\cos\sqrt{3}t + C_{22}\sin\sqrt{3}t \end{bmatrix} \\ &= \frac{1}{2\sqrt{2}} \begin{bmatrix} 1 & 1 \\ 2 & -2 \end{bmatrix} \begin{bmatrix} C_{11}\cos t + C_{12}\sin t \\ C_{21}\cos\sqrt{3}t + C_{22}\sin\sqrt{3}t \end{bmatrix}.\end{aligned}$$

固有振動は $\begin{bmatrix} 1 \\ 2 \end{bmatrix}\cos t$, $\begin{bmatrix} 1 \\ 2 \end{bmatrix}\sin t$, $\begin{bmatrix} 1 \\ -2 \end{bmatrix}\cos\sqrt{3}t$, $\begin{bmatrix} 1 \\ -2 \end{bmatrix}\sin\sqrt{3}t$ である． ■

9.7　3 つの重要不等式

線形代数における重要な不等式はたくさんあるが，ここに挙げる 3 つは特に応用が広い．そのうちの 2 つはすでに 7.7 節で登場しているが，重要性を強調するために改めて述べておく．また，14.6 節ではこれらをさらに一般化した不等式を扱う．

任意の $\boldsymbol{x} = [x_1, \ldots, x_n]^{\mathrm{T}} \in \mathbb{R}^n$ に対して，$\|\boldsymbol{x}\| = \sqrt{\boldsymbol{x}^{\mathrm{T}}\boldsymbol{x}} = \sqrt{x_1^2 + \cdots + x_n^2} \geqslant 0$ を $\boldsymbol{x}$ の**ノルム** (norm)（または 2 ノルム）という．もちろん，$\boldsymbol{X} = \mathbb{R}^n$ については $(\boldsymbol{x}, \boldsymbol{y}) = \boldsymbol{x}^{\mathrm{T}}\boldsymbol{y}$ は内積の公理を満たすので（7.1 節，例 7.1），上のノルムは第 7 章におけるノルムの特殊ケースである．

定理 9.11　**(1)**　$|\boldsymbol{x}^{\mathrm{T}}\boldsymbol{y}| \leqslant \|\boldsymbol{x}\| \cdot \|\boldsymbol{y}\|$（コーシー・シュワルツ不等式）．
(2)　任意の $\boldsymbol{x}, \boldsymbol{y} \in \mathbb{R}^n$ に対して，$\|\boldsymbol{x} + \boldsymbol{y}\| \leqslant \|\boldsymbol{x}\| + \|\boldsymbol{y}\|$（三角不等式）．
(3)　任意の $\boldsymbol{x} \in \mathbb{R}^m$, $\boldsymbol{A} \in \mathbb{R}^{m\times n}$, $\boldsymbol{y} \in \mathbb{R}^n$ に対して，$|\boldsymbol{x}^{\mathrm{T}}\boldsymbol{A}\boldsymbol{y}| \leqslant \|\boldsymbol{x}\| \cdot \|\boldsymbol{y}\| \sqrt{\lambda_{\max}(\boldsymbol{A}^{\mathrm{T}}\boldsymbol{A})}$ が成り立つ．ここに，$\lambda_{\max}(\boldsymbol{A}^{\mathrm{T}}\boldsymbol{A})$ は $\boldsymbol{A}^{\mathrm{T}}\boldsymbol{A}$ の最大固有値を表す．$\boldsymbol{A} = \boldsymbol{I}$ なら (1) に還元する．

証明　(1), (2) については 7.7 節で証明済みであるから (3) のみ示す．実際，(1) より $|\boldsymbol{x}^{\mathrm{T}}\boldsymbol{A}\boldsymbol{y}| \leqslant \|\boldsymbol{x}\| \cdot \|\boldsymbol{A}\boldsymbol{y}\| = \|\boldsymbol{x}\| \sqrt{\boldsymbol{y}^{\mathrm{T}}\boldsymbol{A}^{\mathrm{T}}\boldsymbol{A}\boldsymbol{y}}$ なので，$\boldsymbol{y}^{\mathrm{T}}\boldsymbol{A}^{\mathrm{T}}\boldsymbol{A}\boldsymbol{y} \leqslant \lambda_{\max}(\boldsymbol{A}^{\mathrm{T}}\boldsymbol{A})\,\|\boldsymbol{y}\|^2$ を示せばよい．$\boldsymbol{A}^{\mathrm{T}}\boldsymbol{A}$ のシュア分解を $\boldsymbol{A}^{\mathrm{T}}\boldsymbol{A} = \boldsymbol{Q}\boldsymbol{D}\boldsymbol{Q}^{\mathrm{T}}$（ここに $\boldsymbol{Q}^{\mathrm{T}}\boldsymbol{Q} = \boldsymbol{I}$, $\boldsymbol{D} = \mathrm{diag}\,(d_1, \ldots, d_n)$）とすれば，$0 \leqslant (\boldsymbol{A}\boldsymbol{y})^{\mathrm{T}}(\boldsymbol{A}\boldsymbol{y}) = \boldsymbol{y}^{\mathrm{T}}\boldsymbol{A}^{\mathrm{T}}\boldsymbol{A}\boldsymbol{y} = \boldsymbol{y}^{\mathrm{T}}\boldsymbol{Q}\boldsymbol{D}\boldsymbol{Q}^{\mathrm{T}}\boldsymbol{y} = (\boldsymbol{Q}^{\mathrm{T}}\boldsymbol{y})^{\mathrm{T}}\boldsymbol{D}(\boldsymbol{Q}^{\mathrm{T}}\boldsymbol{y}) = d_1 z_1^2 + \cdots + d_n z_n^2$ が成り立つ．ただし，$\boldsymbol{Q}^{\mathrm{T}}\boldsymbol{y} \equiv \boldsymbol{z} = [z_1, \ldots, z_n]^{\mathrm{T}}$

とおいている．これより，$d_1, \ldots, d_n \geqslant 0$ となり，$\boldsymbol{y}^{\mathrm{T}}\boldsymbol{A}^{\mathrm{T}}\boldsymbol{A}\boldsymbol{y} \leqslant \max_{1\leqslant i\leqslant n} d_i \|\boldsymbol{z}\|^2 = \lambda_{\max}(\boldsymbol{A}^{\mathrm{T}}\boldsymbol{A})\left\|\boldsymbol{Q}^{\mathrm{T}}\boldsymbol{y}\right\|^2 = \lambda_{\max}(\boldsymbol{A}^{\mathrm{T}}\boldsymbol{A})\|\boldsymbol{y}\|^2$ $(\because \boldsymbol{Q}^{\mathrm{T}}\boldsymbol{Q} = \boldsymbol{I})$. ■

注意 複素ベクトル $\boldsymbol{x}, \boldsymbol{y} \in \mathbb{C}^n$ の場合，上記の定理において転置 ^{T} をすべて共役転置 * に置き換えた不等式が成り立つ．

9.8 レーリー商と固有値近似

レーリー商の定義については 9.1 節を参照せよ．この節では，話を実対称行列に限定し，レーリー商は優れた固有値近似法であることを示す．そこで，$\boldsymbol{A} = [a_{ij}] \in \mathbb{R}^{n\times n}$ を与えられた実対称行列とし，その固有値を $\lambda_1 \leqslant \cdots \leqslant \lambda_n$ とする．いま，$\boldsymbol{0} \neq \boldsymbol{v} \in \mathbb{R}^n$ を任意に 1 つとり，レーリー商 $\rho(\boldsymbol{v}) = \boldsymbol{v}^T\boldsymbol{A}\boldsymbol{v}/\boldsymbol{v}^{\mathrm{T}}\boldsymbol{v}$ を作れば，$\lambda_1 \leqslant \rho(\boldsymbol{v}) \leqslant \lambda_n$ が成り立つことはすでに知っている (9.1 節)．これをもとに次の (I)–(IV) を証明しよう．

(I) $f(\lambda) \equiv \|\boldsymbol{A}\boldsymbol{v} - \lambda\boldsymbol{v}\|^2$ は $\lambda = \rho(\boldsymbol{v}) = \boldsymbol{v}^{\mathrm{T}}\boldsymbol{A}\boldsymbol{v}/\boldsymbol{v}^{\mathrm{T}}\boldsymbol{v}$ のとき最小化される ($\boldsymbol{v}$ がたまたま固有ベクトルなら $f(\lambda)$ の最小値は 0 であることに注意)．

証明 $\boldsymbol{A}$ は実対称行列であることに注意して $f(\lambda)$ を展開すれば，

$$f(\lambda)/\|\boldsymbol{v}\|^2 = (\lambda - \rho(\boldsymbol{v}))^2 - \rho^2(\boldsymbol{v}) + \|\boldsymbol{A}\boldsymbol{v}\|^2/\|\boldsymbol{v}\|^2$$

となる．これより $f(\lambda)$ は $\lambda = \rho(\boldsymbol{v})$ のとき，最小値 $\|\boldsymbol{A}\boldsymbol{v}\|^2 - (\rho(\boldsymbol{v})\|\boldsymbol{v}\|)^2$ をとることがわかる． ■

(II) (幾何学的解釈) $\rho(\boldsymbol{v})\boldsymbol{v}$ は直線 $\{t\boldsymbol{v} : -\infty < t < +\infty\}$ 上への $\boldsymbol{A}\boldsymbol{v}$ からの正射影を表す (図 9.2)．

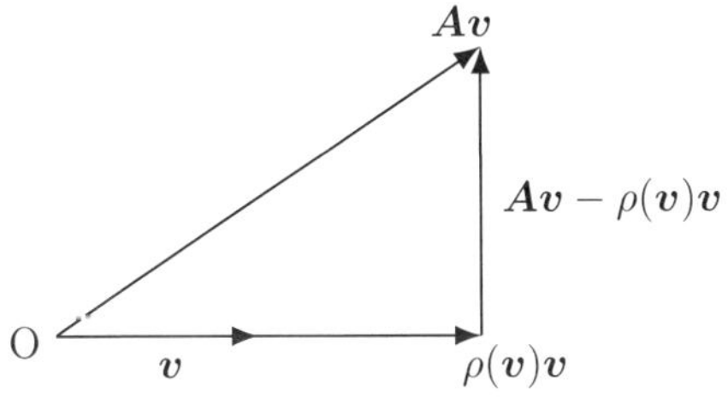

図 9.2 正射影の幾何学的解釈

説明　レーリー商の定義から，$\boldsymbol{v}^{\mathrm{T}}(\boldsymbol{A}\boldsymbol{v}-\rho(\boldsymbol{v})\boldsymbol{v})=0$ が成り立つ．これはベクトル $\boldsymbol{A}\boldsymbol{v}-\rho(\boldsymbol{v})\boldsymbol{v}$ と $\boldsymbol{v}$ の直交条件に他ならない．

(III)（誤差評価）　λ_1 を $\boldsymbol{A}$ の単純固有値（特性方程式の単根である固有値）とすれば，

$$|\rho(\boldsymbol{v})-\lambda_1| \leqslant \frac{\|\boldsymbol{A}\boldsymbol{v}-\lambda_1\boldsymbol{v}\|^2 / \|\boldsymbol{v}\|^2}{\min\limits_{\lambda_i \neq \lambda_1} |\lambda_i-\lambda_1|}. \tag{9.13}$$

ここに，分母 $\min\limits_{\lambda_i \neq \lambda_1} |\lambda_i-\lambda_1|$ は λ_1 から最短距離にある他の固有値までの距離を表す．

(9.13) より，$\|\boldsymbol{A}\boldsymbol{v}-\lambda_1\boldsymbol{v}\| / \|\boldsymbol{v}\| = \epsilon$ なら，$|\rho(\boldsymbol{v})-\lambda_1|$ は ϵ^2 のオーダーとなることがわかる．大まかないい方をすれば，これは $\boldsymbol{v}$ がよい近似固有ベクトルなら，$\rho(\boldsymbol{v})$ は（固有値 λ_1 の）1 オーダー上の近似を与えることを示す．

証明　$\boldsymbol{v}^{\mathrm{T}}\boldsymbol{v}=1$ と仮定してよい．すると，$\rho(\boldsymbol{v})-\lambda_1=\boldsymbol{v}^{\mathrm{T}}\boldsymbol{A}\boldsymbol{v}-\lambda_1=\boldsymbol{v}^{\mathrm{T}}(\boldsymbol{A}-\lambda_1\boldsymbol{I})\boldsymbol{v}$ が出る．ここで，$\boldsymbol{r}\equiv(\boldsymbol{A}-\lambda_1\boldsymbol{I})\boldsymbol{v}$ とおく．$\boldsymbol{A}$ のシュア分解を $\boldsymbol{A}=\boldsymbol{Q}\boldsymbol{D}\boldsymbol{Q}^{\mathrm{T}}$, $\boldsymbol{Q}^{\mathrm{T}}\boldsymbol{Q}=\boldsymbol{I}$, $\boldsymbol{D}=\begin{bmatrix}\lambda_1\boldsymbol{I} & \boldsymbol{0}\\ \boldsymbol{0} & \boldsymbol{D}_1\end{bmatrix}$ とする．ここに $\boldsymbol{D}_1$ は λ_1 とは異なる固有値を持つ対角行列を表す．すると

$$\boldsymbol{r}=(\boldsymbol{A}-\lambda_1\boldsymbol{I})\boldsymbol{v}=\boldsymbol{Q}(\boldsymbol{D}-\lambda_1\boldsymbol{I})\boldsymbol{Q}^{\mathrm{T}}\boldsymbol{v}=\boldsymbol{Q}\begin{bmatrix}0 & 0\\ 0 & \boldsymbol{D}_1-\lambda_1\boldsymbol{I}\end{bmatrix}\boldsymbol{Q}^{\mathrm{T}}\boldsymbol{v}.$$

ゆえに，

$$\begin{aligned}\rho(\boldsymbol{v})-\lambda_1 &= \boldsymbol{v}^{\mathrm{T}}\boldsymbol{r}=\boldsymbol{v}^{\mathrm{T}}\boldsymbol{Q}\begin{bmatrix}0 & 0\\ 0 & \boldsymbol{D}_1-\lambda_1\boldsymbol{I}\end{bmatrix}\boldsymbol{Q}^{\mathrm{T}}\boldsymbol{v}\\ &= \left(\boldsymbol{v}^{\mathrm{T}}\boldsymbol{Q}\begin{bmatrix}0 & 0\\ 0 & \boldsymbol{D}_1-\lambda_1\boldsymbol{I}\end{bmatrix}\boldsymbol{Q}^{\mathrm{T}}\right)\left(\boldsymbol{Q}\begin{bmatrix}0 & 0\\ 0 & (\boldsymbol{D}_1-\lambda_1\boldsymbol{I})^{-1}\end{bmatrix}\boldsymbol{Q}^{\mathrm{T}}\right)\\ &\quad\times\left(\boldsymbol{Q}\begin{bmatrix}0 & 0\\ 0 & \boldsymbol{D}_1-\lambda_1\boldsymbol{I}\end{bmatrix}\boldsymbol{Q}^{\mathrm{T}}\boldsymbol{v}\right)\\ &= (\boldsymbol{Q}^{\mathrm{T}}\boldsymbol{r})^{\mathrm{T}}\begin{bmatrix}0 & 0\\ 0 & (\boldsymbol{D}_1-\lambda_1\boldsymbol{I})^{-1}\end{bmatrix}(\boldsymbol{Q}^{\mathrm{T}}\boldsymbol{r})\equiv(\boldsymbol{Q}^{\mathrm{T}}\boldsymbol{r})^{\mathrm{T}}\boldsymbol{D}_2(\boldsymbol{Q}^{\mathrm{T}}\boldsymbol{r}).\end{aligned}$$

絶対値をとり，前節の不等式（定理 9.11(3)）を使うと（$\left\|\boldsymbol{Q}^{\mathrm{T}}\boldsymbol{r}\right\|=\|\boldsymbol{r}\|$ に注意），

$$|\rho(\boldsymbol{v})-\lambda_1| = \left|(\boldsymbol{Q}^{\mathrm{T}}\boldsymbol{r})^{\mathrm{T}}\boldsymbol{D}_2(\boldsymbol{Q}^{\mathrm{T}}\boldsymbol{r})\right| \leqslant \left\|\boldsymbol{Q}^{\mathrm{T}}\boldsymbol{r}\right\|^2 \sqrt{\lambda_{\max}(\boldsymbol{D}_2^{\mathrm{T}}\boldsymbol{D}_2)}$$
$$= \|\boldsymbol{r}\|^2 / \min\{|\lambda_i-\lambda_1| : \lambda_i \neq \lambda_1\}.$$

これは証明すべき不等式 (9.13) に他ならない. ■

問題 9.5 によれば, $\boldsymbol{A}$ を実対称行列, λ を任意の実数, $\boldsymbol{v}^{\mathrm{T}}\boldsymbol{v}=1$ ($\boldsymbol{v}\in\mathbb{R}^n$) とすれば, $|\lambda-\lambda_1| \leqslant \|\boldsymbol{Av}-\lambda\boldsymbol{v}\|$ を満たす $\boldsymbol{A}$ の固有値 λ_1 が存在する. これを (9.13) 式と比較すると, 右辺の $\|\cdots\|$ のべき乗の値が違う. これは $\lambda=\rho(\boldsymbol{v})$ という特別うまい選び方のお陰といえる.

(IV) (誤差評価 ([8, Theorem12.14])) いま, λ_1 を $\boldsymbol{A}$ の固有値, $\boldsymbol{Aq}_1=\lambda_1\boldsymbol{q}_1$, $\|\boldsymbol{q}_1\|=1$, $\|\boldsymbol{z}\|=1$ ($\boldsymbol{q}_1$, $\boldsymbol{z}\subset\mathbb{R}^n$), $\boldsymbol{v}=\boldsymbol{q}_1+\varepsilon\boldsymbol{z}$ とすれば,

$$\boldsymbol{Av}-\lambda_1\boldsymbol{v} = \varepsilon(\boldsymbol{Az}-\lambda_1\boldsymbol{z}) \tag{9.14}$$

$$|\rho(\boldsymbol{v})-\lambda_1| \leqslant \frac{\varepsilon^2\|\boldsymbol{Az}-\lambda_1\boldsymbol{z}\|^2}{\min\limits_{\lambda_i\neq\lambda_1}|\lambda_i-\lambda_1|\cdot\|\boldsymbol{v}\|^2} \tag{9.15}$$

$$\rho(\boldsymbol{v})-\lambda_1 = \varepsilon^2(\rho(\boldsymbol{z})-\lambda_1)/\|\boldsymbol{v}\|^2 \tag{9.16}$$

証明 $\boldsymbol{Aq}_1=\lambda_1\boldsymbol{q}_1$ と定義式 $\boldsymbol{v}=\boldsymbol{q}_1+\varepsilon\boldsymbol{z}$ を使えば, (9.14) 式は簡単に出る. これを (9.13) に代入すれば不等式 (9.15) が従う. 次に, $\|\boldsymbol{q}_1\|=1$, $\|\boldsymbol{z}\|=1$ を考慮すると

$$\|\boldsymbol{v}\|^2 = \boldsymbol{v}^{\mathrm{T}}\boldsymbol{v} = (\boldsymbol{q}_1+\varepsilon\boldsymbol{z})^{\mathrm{T}}(\boldsymbol{q}_1+\varepsilon\boldsymbol{z}) = 1+2\alpha\varepsilon+\varepsilon^2 \quad (\alpha\equiv\boldsymbol{q}_1^{\mathrm{T}}\boldsymbol{z})$$

ゆえに,

$$\begin{aligned}&(\rho(\boldsymbol{v})-\lambda_1)\boldsymbol{v}^{\mathrm{T}}\boldsymbol{v}\\ &\quad= \boldsymbol{v}^{\mathrm{T}}\boldsymbol{Av}-\lambda_1\boldsymbol{v}^{\mathrm{T}}\boldsymbol{v} = (\boldsymbol{q}_1+\varepsilon\boldsymbol{z})^{\mathrm{T}}\boldsymbol{A}(\boldsymbol{q}_1+\varepsilon\boldsymbol{z})-\lambda_1\boldsymbol{v}^{\mathrm{T}}\boldsymbol{v}\\ &\quad= \lambda_1+2\lambda_1\alpha\varepsilon+\varepsilon^2\boldsymbol{z}^{\mathrm{T}}\boldsymbol{Az}-\lambda_1(1+2\alpha\varepsilon+\varepsilon^2) = \varepsilon^2(\rho(\boldsymbol{z})-\lambda_1).\end{aligned}$$

■

(9.15) を見ると, $|\varepsilon|\ll 1$ なら, $|\rho(\boldsymbol{v})-\lambda_1|$ は高々 ε^2 の定数倍で抑えられる. これは再び, レーリー商が固有値近似手段として優れていることを物語っている. では「$\boldsymbol{A}v_k-\rho_k\boldsymbol{v}_k\to 0$, $\rho_k=\boldsymbol{v}_k^{\mathrm{T}}\boldsymbol{Av}_k\to\lambda_1$ ($k\to\infty$, $\boldsymbol{v}_k^{\mathrm{T}}\boldsymbol{v}_k=1$)」を満たすようなベクトル列 $\{\boldsymbol{v}_k\}$ をどう構築すればよいか? 数値解析の専門書によれば, 答えは**レーリー商逆反復法** (Rayleigh quotient inverse iteration) である (次例参照).

例 9.12　9.6 節の例を使う．すなわち，シュア分解

$$A = \begin{bmatrix} 2 & -1 \\ -1 & 2 \end{bmatrix} = \left(\frac{1}{\sqrt{2}} \begin{bmatrix} 1 & 1 \\ 1 & -1 \end{bmatrix} \right) \begin{bmatrix} 1 & 0 \\ 0 & 3 \end{bmatrix} \left(\frac{1}{\sqrt{2}} \begin{bmatrix} 1 & 1 \\ 1 & -1 \end{bmatrix} \right) \equiv QDQ^{\mathrm{T}}$$

を考えると，A の固有値は $\lambda_1 = 1$, $\lambda_2 = 3$，対応する正規直交固有ベクトル系は

$$\left\{ q_1 = \frac{1}{\sqrt{2}} \begin{bmatrix} 1 \\ 1 \end{bmatrix} = \begin{bmatrix} 0.7071\cdots \\ 0.7071\cdots \end{bmatrix}, q_2 = \frac{1}{\sqrt{2}} \begin{bmatrix} 1 \\ -1 \end{bmatrix} = \begin{bmatrix} 0.7071\cdots \\ -0.7071\cdots \end{bmatrix} \right\}$$

である．

いま，試みに，$v = v_1 = [0.6,\ 0.8]^{\mathrm{T}}$ $(\|v_1\| = 1)$ をとると，

$$\rho_1 \equiv \rho(v_1) = v_1^{\mathrm{T}} A v_1 = 1.04 \approx \lambda_1\ (= 1).$$

上で証明した誤差評価式 (9.13) を用いると

$$0.04 = |1.04 - 1| = |\rho_1 - \lambda_1| \leqslant \|(A - \lambda_1 I)v_1\|^2 \,/\, |1 - 3| = 0.04.$$

ここに，「$\leqslant$」は実際には「$=$」となっているが，これは偶然のなせるわざである．

レーリー商逆反復法によれば改良近似固有ベクトル v_2 は

$$(A - \rho_1 I)v_2 = v_1 : \begin{bmatrix} 0.99 & -1 \\ -1 & 0.99 \end{bmatrix} v_2 = \begin{bmatrix} 0.6 \\ 0.8 \end{bmatrix}$$

の解 v_2 をとることになっている．計算すると

$$v_2 = -\begin{bmatrix} 70.05 \\ 69.95 \end{bmatrix}, \|v_2\| = \sqrt{9800} = 98.99,\ \text{よって},\ \frac{v_2}{\|v_2\|} = -\begin{bmatrix} 0.7076 \\ 0.7066 \end{bmatrix}.$$

固有ベクトルのスカラー倍だけの自由度があるから，v_2 は厳密な固有ベクトル q_1 に近いことがわかる．これから計算したレーリー商は

$$\rho_2 \equiv \rho(v_2) = \frac{v_2^{\mathrm{T}} A v_2}{v_2^{\mathrm{T}} v_2} = 1.0003.$$

この値は ρ_1 に比べて，さらによい $\lambda_1 = 1$ の近似値となっていることは明らかである．

第 2 の試みとして，$v = v_1 = [0.6,\ -0.8]^{\mathrm{T}}$ をとった場合は $\lambda_2 = 3$ に対応する固有ベクトルへの収束が得られることを確認されよ．

第 3 の試みとして $\boldsymbol{v}_1 = [1, 0]^{\mathrm{T}}$ をとると $\rho_1 \equiv \rho(\boldsymbol{v}_1) = \boldsymbol{v}_1^{\mathrm{T}}\boldsymbol{A}\boldsymbol{v}_1 = 2$.

レーリー逆反復法による改良近似固有ベクトルとして $\boldsymbol{v}_2 = [0, -1]^{\mathrm{T}}$ が得られる．ゆえに，改良近似固有値は $\rho_2 \equiv \rho(\boldsymbol{v}_2) = 2 = \rho_1$．すなわち，もとに戻ってしまった．もう一度使うと $\boldsymbol{v}_2$ から $\boldsymbol{v}_1$ が得られ，収束しない（これも偶然のなせるわざだが，ともかく失敗してしまった）.

以上の試みから，出発ベクトルが異なれば，レーリー商と対応近似ベクトルの収束先も異なり，ときに収束しないこともわかる．本例は簡単ながら教示的である.

■

固有値近似に関する話題は以上とし，これ以降は直交行列の表現論と応用を話題とする.

9.9　2 次直交行列の標準形

与えられた 2 次直交行列 $\boldsymbol{L}$ は必ず次のどちらかの型に属する：

(I)　$\det \boldsymbol{L} = 1$ なら $\boldsymbol{L} = \begin{bmatrix} \cos\theta & -\sin\theta \\ \sin\theta & \cos\theta \end{bmatrix}$ と書け，$\boldsymbol{Q}_1 = \frac{1}{\sqrt{2}}\begin{bmatrix} 1 & 1 \\ -i & i \end{bmatrix}$ $(\boldsymbol{Q}_1^*\boldsymbol{Q}_1 = \boldsymbol{I})$ とすれば $\boldsymbol{L} = \boldsymbol{Q}_1 \begin{bmatrix} \cos\theta + i\sin\theta & 0 \\ 0 & \cos\theta - i\sin\theta \end{bmatrix} \boldsymbol{Q}_1^*$（シュア分解）である．この場合，$\boldsymbol{L}$ は原点のまわりに角 θ だけ回転する演算を表す.

(II)　$\det \boldsymbol{L} = -1$ なら $\boldsymbol{L} = \begin{bmatrix} \cos\theta & \sin\theta \\ \sin\theta & -\cos\theta \end{bmatrix}$ と書け，$\boldsymbol{n}^{\mathrm{T}} = [-\sin\frac{\theta}{2}, \cos\frac{\theta}{2}]$, $\boldsymbol{Q}_2 = \begin{bmatrix} \cos\frac{\theta}{2} & -\sin\frac{\theta}{2} \\ \sin\frac{\theta}{2} & \cos\frac{\theta}{2} \end{bmatrix}$ $(\boldsymbol{Q}_2^{\mathrm{T}}\boldsymbol{Q}_2 = \boldsymbol{I})$ とすれば $\boldsymbol{L} = \boldsymbol{I} - 2\boldsymbol{n}\boldsymbol{n}^{\mathrm{T}} = \boldsymbol{Q}_2 \begin{bmatrix} 1 & 0 \\ 0 & -1 \end{bmatrix} \boldsymbol{Q}_2^{\mathrm{T}}$（シュア分解）である．この場合，$\boldsymbol{L}$ は原点を通り，ベクトル $\boldsymbol{n}$ に垂直な直線に関する反射を表す．これは，8.4 節で扱った反射行列の特別な場合である.

証明　$\boldsymbol{L} = \begin{bmatrix} a & b \\ c & d \end{bmatrix}$ を与えられた直交行列とすれば，$\boldsymbol{L}^{\mathrm{T}}\boldsymbol{L} = \boldsymbol{I}$ より，$a^2 + c^2 = 1$, $b^2 + d^2 = 1$. $ab + cd = 0$ より，点 $P(a, c), Q(b, d)$ は単位円周上にあり，ベクトル $\overrightarrow{OP}, \overrightarrow{OQ}$ は直交する．ゆえに，$a = \cos\theta, c = \sin\theta, b = \cos(\theta \pm \pi/2)$, $d = \sin(\theta \pm \pi/2)$ と書ける．これは，$\boldsymbol{L}$ が (I) または (II) の形を持つことに他ならない．その他の事実の検算は練習問題とする. ■

例 9.13　$\boldsymbol{L}_1 = (1/2)\begin{bmatrix} \sqrt{3} & -1 \\ 1 & \sqrt{3} \end{bmatrix} = \begin{bmatrix} c & -s \\ s & c \end{bmatrix}$ $(c = \cos(\pi/6),\ s = \sin(\pi/6))$ とすれば，任意の $\boldsymbol{x} \in \mathbb{R}^2$ に対して，$\boldsymbol{L}_1\boldsymbol{x}$ は $\boldsymbol{x}$ を原点の周りに角 $\pi/6$ だけ正方向に回転したものを表す．

$\boldsymbol{L}_2 = (1/2)\begin{bmatrix} 1 & \sqrt{3} \\ \sqrt{3} & -1 \end{bmatrix} = \begin{bmatrix} c & s \\ s & -c \end{bmatrix}$ $(c = \cos(\pi/3),\ s = \sin(\pi/3))$ とすれば，任意の $\boldsymbol{L}_2\boldsymbol{x}$ は，原点を通り，$\boldsymbol{n} = (1/2)\left[-1, \sqrt{3}\right]^{\mathrm{T}}$ に垂直な直線に関する $\boldsymbol{x}$ の鏡像を表す．

9.10　3 次直交行列の標準形

3 次直交行列は剛体の運動解析やコンピュータグラフィックスへの応用上重要である．この節では，任意の 3 次直交行列 $\boldsymbol{L}$ は，$\det \boldsymbol{L} = 1$ なら空間の回転を表し，$\det \boldsymbol{L} = -1$ なら回転と反射の合成を表すことを学ぶ．まず，$\boldsymbol{L} = \begin{bmatrix} l_{11} & l_{12} & l_{13} \\ l_{21} & l_{22} & l_{23} \\ l_{31} & l_{32} & l_{33} \end{bmatrix}$ を 3 次実直交行列とすれば，$\boldsymbol{L}^{\mathrm{T}}\boldsymbol{L} = 1$ なので $\det \boldsymbol{L} = \pm 1$ である．ここで，次の事実が成り立つ：

(I)　$\det \boldsymbol{L} = 1$ の場合（ただし $\boldsymbol{L} \neq \boldsymbol{I}$ とする）

(A)　$\boldsymbol{L}$ の固有値は $1, \cos\theta \pm i \sin\theta$ の形に表現できる．

(B)　$\boldsymbol{L}\boldsymbol{n} = \boldsymbol{n} \equiv \left[n_1, n_2, n_3\right]^{\mathrm{T}}$, $\boldsymbol{n}^{\mathrm{T}}\boldsymbol{n} = 1$ とすれば，$\boldsymbol{L}$ は，

$$\boldsymbol{L} = \boldsymbol{n}\boldsymbol{n}^{\mathrm{T}} + (\boldsymbol{I} - \boldsymbol{n}\boldsymbol{n}^{\mathrm{T}})\cos\theta + \boldsymbol{N}\sin\theta \qquad \text{ここに } \boldsymbol{N} \equiv \begin{bmatrix} 0 & -n_3 & n_2 \\ n_3 & 0 & -n_1 \\ -n_2 & n_1 & 0 \end{bmatrix}$$

の形に書ける．また，任意の $\boldsymbol{x} = \left[x_1, x_2, x_3\right]^{\mathrm{T}}$ に対して，$\boldsymbol{N}\boldsymbol{x} = \boldsymbol{n} \times \boldsymbol{x} = \det \begin{bmatrix} \boldsymbol{i} & n_1 & x_1 \\ \boldsymbol{j} & n_2 & x_2 \\ \boldsymbol{k} & n_3 & x_3 \end{bmatrix}$ $\left(\boldsymbol{i} = \begin{bmatrix} 1 \\ 0 \\ 0 \end{bmatrix}, \boldsymbol{j} = \begin{bmatrix} 0 \\ 1 \\ 0 \end{bmatrix}, \boldsymbol{k} = \begin{bmatrix} 0 \\ 0 \\ 1 \end{bmatrix}\right.$, 6.19 節参照)，$\boldsymbol{x}^{\mathrm{T}}\boldsymbol{N}\boldsymbol{x} = 0$, $\boldsymbol{N}\boldsymbol{n} = \boldsymbol{0}$, $\boldsymbol{N}^{\mathrm{T}} = -\boldsymbol{N}$, $\boldsymbol{N}^{\mathrm{T}}\boldsymbol{N} = -\boldsymbol{N}^2 = \boldsymbol{I} - \boldsymbol{n}\boldsymbol{n}^{\mathrm{T}}$ が成り立つ．$\boldsymbol{L}$ を展開し，$\cos\theta$ を cos，$\sin\theta$ を sin で略記すれば，$\boldsymbol{L}$ は以下の行列と等しくなる：

$$\begin{bmatrix} n_1^2+(1-n_1^2)\cos & n_1n_2(1-\cos)-n_3\sin & n_1n_3(1-\cos)+n_2\sin \\ n_1n_2(1-\cos)+n_3\sin & n_2^2+(1-n_2^2)\cos & n_2n_3(1-\cos)-n_1\sin \\ n_3n_1(1-\cos)-n_2\sin & n_3n_2(1-\cos)+n_1\sin & n_3^2+(1-n_3^2)\cos \end{bmatrix}.$$

(C) $\boldsymbol{n}, \cos\theta, \sin\theta$ は次式から得られる：

$$\boldsymbol{c}_1 \equiv \begin{bmatrix} 1+l_{11}-l_{22}-l_{33} \\ l_{12}+l_{21} \\ l_{13}+l_{31} \end{bmatrix} = 2(1-\cos\theta)n_1\boldsymbol{n},$$

$$\boldsymbol{c}_2 \equiv \begin{bmatrix} l_{12}+l_{21} \\ 1-l_{11}+l_{22}-l_{33} \\ l_{23}+l_{32} \end{bmatrix} = 2(1-\cos\theta)n_2\boldsymbol{n},$$

$$\boldsymbol{c}_3 \equiv \begin{bmatrix} l_{13}+l_{31} \\ l_{23}+l_{32} \\ 1-l_{11}-l_{22}+l_{33} \end{bmatrix} = 2(1-\cos\theta)n_3\boldsymbol{n}.$$

ゆえに，任意の $\boldsymbol{c}_i \neq \boldsymbol{0}$ を 1 つとれば，$\boldsymbol{n}$ は $\boldsymbol{n} = \pm\boldsymbol{c}_i/\sqrt{\boldsymbol{c}_i^{\mathrm{T}}\boldsymbol{c}_i}$ によって定まる．ここに，ベクトル $\boldsymbol{c}_1, \boldsymbol{c}_2, \boldsymbol{c}_3$ は同時に $\boldsymbol{0}$ とはならない ($\because \boldsymbol{n} \neq \boldsymbol{0}, \boldsymbol{L} \neq \boldsymbol{I}$). $\cos\theta$, $\sin\theta$ は次式から定まる：

$$2\cos\theta = l_{11}+l_{22}+l_{33}-1,$$
$$2n_1\sin\theta = l_{32}-l_{23},\ 2n_2\sin\theta = l_{13}-l_{31},\ 2n_3\sin\theta = l_{21}-l_{12}.$$

(D) （幾何学的解釈）　任意の $\boldsymbol{x} \in \mathbb{R}^3$ に対して $\boldsymbol{y} = \boldsymbol{L}\boldsymbol{x}$ は $\boldsymbol{x}$ を $\boldsymbol{n}$ のまわりに θ だけ回転して得られるベクトルを表す．ここに，回転の正の向きは，$\boldsymbol{n}$ の向きに右ネジを進めさせるような向きである．また，$\boldsymbol{L}\boldsymbol{x} = \boldsymbol{n}(\boldsymbol{n}^{\mathrm{T}}\boldsymbol{x})+(\boldsymbol{I}-\boldsymbol{n}\boldsymbol{n}^{\mathrm{T}})\boldsymbol{x}\cos\theta+\boldsymbol{N}\boldsymbol{x}\sin\theta$ における，右辺各項は直交するベクトルを表す．各項の幾何学的解釈を得るには，次の作図を行う：まず $\boldsymbol{x} = \overrightarrow{OP}$, $\boldsymbol{L}\boldsymbol{x} = \overrightarrow{OQ}$ により点 P, Q を定め，P, Q を通り $\boldsymbol{n}$ に垂直な平面を H と呼ぶ．そして，原点を通り $\boldsymbol{n}$ 方向の直線が平面 H と交わる点を R とする．次に，点 Q より線分 $\overline{RP}$ に下した垂線の足を S と定義する．すると上式の各項は次のように特定できる：

$$\boldsymbol{n}(\boldsymbol{n}^{\mathrm{T}}\boldsymbol{x}) = \overrightarrow{OR},\ (\boldsymbol{I}-\boldsymbol{n}\boldsymbol{n}^{\mathrm{T}})\boldsymbol{x}\cos\theta = \overrightarrow{RS},\ \boldsymbol{N}\boldsymbol{x}\sin\theta = \overrightarrow{SQ},\ \angle PRQ = \theta.$$

図 9.3, 9.4 参照（[8, Ex.12.51] による）：

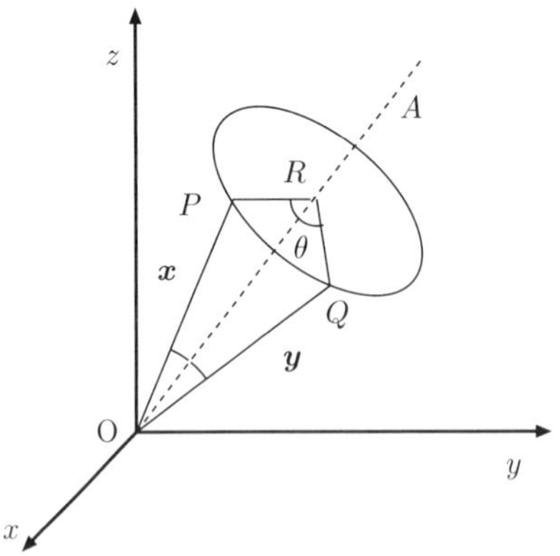

図 **9.3**　3 次直交行列の標準形：幾何学的解釈

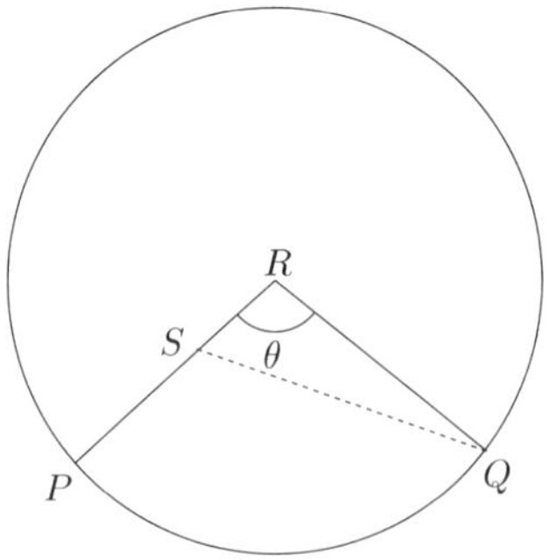

図 **9.4**　3 次直交行列の標準形：PQR 平面

(E)　任意の $\boldsymbol{n} = \left[n_1,\, n_2,\, n_3\right]^{\mathrm{T}}$ $(\boldsymbol{n}^{\mathrm{T}}\boldsymbol{n} = 1)$, θ に対して

$$\boldsymbol{L} = \boldsymbol{n}\boldsymbol{n}^{\mathrm{T}} + (\boldsymbol{I} - \boldsymbol{n}\boldsymbol{n}^{\mathrm{T}})\cos\theta + \boldsymbol{N}\sin\theta \quad \left(\boldsymbol{N} = \begin{bmatrix} 0 & -n_3 & n_2 \\ n_3 & 0 & -n_1 \\ -n_2 & n_1 & 0 \end{bmatrix}\right)$$

で定義される $\boldsymbol{L}$ は $\det \boldsymbol{L} = 1$ を満たす直交行列を表す．

証明　幾何学的作図に基づく証明も知られているが，ここではシュア分解の応用として代数的証明を与える．

(A)：$\det(\boldsymbol{L} - \boldsymbol{I}) = \det(\boldsymbol{L} - \boldsymbol{L}\boldsymbol{L}^{\mathrm{T}}) = \det \boldsymbol{L} \det(\boldsymbol{I} - \boldsymbol{L}^{\mathrm{T}}) = 1 \cdot (-1)^3 \det(\boldsymbol{L} - \boldsymbol{I})$ $(\because \det \boldsymbol{L} = 1)$．ゆえに，$\det(\boldsymbol{L} - \boldsymbol{I}) = 0$．これは 1 が $\boldsymbol{L}$ の固有値であることを示している．他固有値が $\cos\theta \pm i\sin\theta$ の形に書けることは次項 (B) 中で示す．

(B)：$\boldsymbol{n}$ を第 1 列に持つ任意の直交行列 $\boldsymbol{Q} = \left[\boldsymbol{n},\, \boldsymbol{a},\, \boldsymbol{b}\right]$（ただし，$\det \boldsymbol{Q} = 1$）を考えると，直接計算により

$$\boldsymbol{Q}^{\mathrm{T}}\boldsymbol{L}\boldsymbol{Q} = \begin{bmatrix} \boldsymbol{n}^{\mathrm{T}} \\ \boldsymbol{a}^{\mathrm{T}} \\ \boldsymbol{b}^{\mathrm{T}} \end{bmatrix} \boldsymbol{L}\left[\boldsymbol{n},\, \boldsymbol{a},\, \boldsymbol{b}\right] = \begin{bmatrix} \boldsymbol{n}^{\mathrm{T}} \\ \boldsymbol{a}^{\mathrm{T}} \\ \boldsymbol{b}^{\mathrm{T}} \end{bmatrix} \left[\boldsymbol{L}\boldsymbol{n},\, \boldsymbol{L}\boldsymbol{a},\, \boldsymbol{L}\boldsymbol{b}\right]$$

$$= \begin{bmatrix} \boldsymbol{n}^{\mathrm{T}} \\ \boldsymbol{a}^{\mathrm{T}} \\ \boldsymbol{b}^{\mathrm{T}} \end{bmatrix} [\boldsymbol{n}, \boldsymbol{L}\boldsymbol{a}, \boldsymbol{L}\boldsymbol{b}] = \begin{bmatrix} 1 & c & d \\ 0 & e & f \\ 0 & g & h \end{bmatrix} \equiv \begin{bmatrix} 1 & \boldsymbol{u} \\ \boldsymbol{0} & \boldsymbol{L}_1 \end{bmatrix}.$$

$\boldsymbol{Q}, \boldsymbol{L}$ は直交行列だから，$\boldsymbol{Q}^{\mathrm{T}}\boldsymbol{L}\boldsymbol{Q}$ も直交行列である．これより，$\boldsymbol{u} = \boldsymbol{0}$ および $\boldsymbol{L}_1$ は 2 次直交行列であることがわかる．上式の行列式をとり，$\det \boldsymbol{L} = 1$, $\det \boldsymbol{Q} = 1$ を考慮すると，$\det \boldsymbol{L}_1 = 1$ が得られる．したがって，前節の結果により，$\boldsymbol{L}_1$ は $\boldsymbol{L}_1 = \begin{bmatrix} \cos\theta & -\sin\theta \\ \sin\theta & \cos\theta \end{bmatrix}$ の形に書ける．以上を前式に代入し，$\boldsymbol{L}$ について解けば

$$\begin{aligned} \boldsymbol{L} &= [\boldsymbol{n}, \boldsymbol{a}, \boldsymbol{b}] \begin{bmatrix} 1 & 0 & 0 \\ 0 & \cos\theta & -\sin\theta \\ 0 & \sin\theta & \cos\theta \end{bmatrix} \begin{bmatrix} \boldsymbol{n}^{\mathrm{T}} \\ \boldsymbol{a}^{\mathrm{T}} \\ \boldsymbol{b}^{\mathrm{T}} \end{bmatrix} \\ &= \boldsymbol{n}\boldsymbol{n}^{\mathrm{T}} + (\boldsymbol{a}\boldsymbol{a}^{\mathrm{T}} + \boldsymbol{b}\boldsymbol{b}^{\mathrm{T}}) \cos\theta + (\boldsymbol{b}\boldsymbol{a}^{\mathrm{T}} - \boldsymbol{a}\boldsymbol{b}^{\mathrm{T}}) \sin\theta. \end{aligned}$$

これは $\boldsymbol{L}$ のシュア分解形に相当する．これより，$\boldsymbol{L}$ の固有値は $1, \cos\theta \pm i \sin\theta$ である．

さて，上式右辺から $\boldsymbol{a}, \boldsymbol{b}$ を消去しよう．まず

$$\boldsymbol{I} = \boldsymbol{Q}\boldsymbol{Q}^{\mathrm{T}} = \boldsymbol{n}\boldsymbol{n}^{\mathrm{T}} + \boldsymbol{a}\boldsymbol{a}^{\mathrm{T}} + \boldsymbol{b}\boldsymbol{b}^{\mathrm{T}} \Rightarrow \boldsymbol{a}\boldsymbol{a}^{\mathrm{T}} + \boldsymbol{b}\boldsymbol{b}^{\mathrm{T}} = \boldsymbol{I} - \boldsymbol{n}\boldsymbol{n}^{\mathrm{T}}.$$

これを使えば，$\boldsymbol{L}$ は

$$\boldsymbol{L} = \boldsymbol{n}\boldsymbol{n}^{\mathrm{T}} + (\boldsymbol{I} - \boldsymbol{n}\boldsymbol{n}^{\mathrm{T}}) \cos\theta + (\boldsymbol{b}\boldsymbol{a}^{\mathrm{T}} - \boldsymbol{a}\boldsymbol{b}^{\mathrm{T}}) \sin\theta$$

となる．次に，$\boldsymbol{Q}^{\mathrm{T}} = \boldsymbol{Q}^{-1} = (1/\det \boldsymbol{Q}) \operatorname{Adj} \boldsymbol{Q} = \operatorname{Adj} \boldsymbol{Q}$ ($\because \det \boldsymbol{Q} = 1$)（$\operatorname{Adj} \boldsymbol{Q}$ は $\boldsymbol{Q}$ の余因子行列を表す），すなわち，$\boldsymbol{Q} = (\operatorname{Adj} \boldsymbol{Q})^{\mathrm{T}}$ が成立する．第 1 列を等置すれば，$\boldsymbol{n} = [n_1, n_2, n_3]^{\mathrm{T}} = [a_2 b_3 - a_3 b_2, a_3 b_1 - a_1 b_3, a_1 b_2 - a_2 b_1]^{\mathrm{T}} = \boldsymbol{a} \times \boldsymbol{b}$（ベクトル積，6.19 節）．

これより，$\boldsymbol{b}\boldsymbol{a}^{\mathrm{T}} - \boldsymbol{a}\boldsymbol{b}^{\mathrm{T}} = \begin{bmatrix} 0 & -n_3 & n_2 \\ n_3 & 0 & -n_1 \\ -n_2 & n_1 & 0 \end{bmatrix} = \boldsymbol{N}$ が得られる．これを $\boldsymbol{L}$ の式に代入すれば，$\boldsymbol{L} = \boldsymbol{n}\boldsymbol{n}^{\mathrm{T}} + (\boldsymbol{I} - \boldsymbol{n}\boldsymbol{n}^{\mathrm{T}}) \cos\theta + \boldsymbol{N} \sin\theta$ となり，(B) の前半が出る．後半の関係 $\boldsymbol{N}\boldsymbol{x} = \boldsymbol{n} \times \boldsymbol{x}$ は，ベクトル積の定義から明らかである．関係式 $\boldsymbol{x}^{\mathrm{T}}\boldsymbol{N}\boldsymbol{x} = 0$, $\boldsymbol{N}\boldsymbol{n} = \boldsymbol{0}$, $\boldsymbol{N}^{\mathrm{T}} = -\boldsymbol{N}$, $\boldsymbol{N}^{\mathrm{T}}\boldsymbol{N} = \boldsymbol{I} - \boldsymbol{n}\boldsymbol{n}^{\mathrm{T}}$ および $\boldsymbol{L}$ の展開式も直接計算によって確認できる．

(C)：直接検算による．

(D)：$\boldsymbol{L}\boldsymbol{x} = \boldsymbol{n}(\boldsymbol{n}^{\mathrm{T}}\boldsymbol{x}) + (\boldsymbol{I} - \boldsymbol{n}\boldsymbol{n}^{\mathrm{T}})\boldsymbol{x}\cos\theta + \boldsymbol{N}\boldsymbol{x}\sin\theta$ における右辺各項が直交することは，これまでに得られた関係式から検証できる．これと作図から幾何学的解釈（$\boldsymbol{n}(\boldsymbol{n}^{\mathrm{T}}\boldsymbol{x}) = \overrightarrow{OR}$，ほか）が得られる．

(E)：$\boldsymbol{n}^{\mathrm{T}}\boldsymbol{n} = 1$ のとき，任意の θ に対して $\boldsymbol{L} = \boldsymbol{n}\boldsymbol{n}^{\mathrm{T}} + (\boldsymbol{I} - \boldsymbol{n}\boldsymbol{n}^{\mathrm{T}})\cos\theta + \boldsymbol{N}\sin\theta$ が直交行列を表すことは，$\boldsymbol{L}^{\mathrm{T}}\boldsymbol{L} = \boldsymbol{I}$ の直接検証から確認できる．$\det\boldsymbol{L} = 1$ を確かめるには，解析学の初歩的知識を使う．まず，$f(\theta) \equiv \det\boldsymbol{L} = \det\boldsymbol{L}(\theta)$ は θ の実連続関数である．$\boldsymbol{L}(\theta)$ は常に直交行列だから $f(\theta) = \pm 1$，また $\boldsymbol{L}(0) = \boldsymbol{I}$ なので，$f(0) = 1$ である．仮に $f(\theta_1) = -1$ となる θ_1 が存在したとすれば，中間値の定理により，$f(\theta_2) = 0$ となる値 θ_2 が 0 と θ_1 の間に存在しなければならない．これは，常に $f(\theta) = \pm 1$ であることと矛盾する．■

(II)　$\det\boldsymbol{L} = -1$ の場合（問題 9.12 参照）

例 9.14　$\boldsymbol{L} = \dfrac{1}{3}\begin{bmatrix} 1 & -2 & 2 \\ -2 & 1 & 2 \\ -2 & -2 & -1 \end{bmatrix}$ は $\det\boldsymbol{L} = 1$ を満たす直交行列を表す．ゆえに，$\boldsymbol{L}$ は空間の回転を表す．回転軸と回転角を求めてみよう．

試みに，(I)(C) における $\boldsymbol{c}_1 = \begin{bmatrix} 1 + l_{11} - l_{22} - l_{33} \\ l_{12} + l_{21} \\ l_{13} + l_{31} \end{bmatrix} = 2(1 - \cos\theta)n_1\boldsymbol{n}$ をとると，

$$\boldsymbol{c}_1 = \left[1 + \frac{1}{3} - \frac{1}{3} + \frac{1}{3},\ -\frac{2}{3} - \frac{2}{3},\ \frac{2}{3} - \frac{2}{3}\right]^{\mathrm{T}} = \frac{4}{3}[1,\ -1,\ 0]^{\mathrm{T}} \neq 0.$$

これが $\boldsymbol{n}$ のスカラー倍となるので，$\boldsymbol{n}$ として $\boldsymbol{n} = 1/\sqrt{2}[1,\ -1,\ 0]^{\mathrm{T}}$ をとる（$\boldsymbol{n} = 1/\sqrt{2}[-1,\ 1,\ 0]^{\mathrm{T}}$ をとってもよい）．すると，

$$\cos\theta = (l_{11} + l_{22} + l_{33} - 1)/2 = \{(1/3)(1 + 1 - 1) - 1\}/2 = -1/3 = -0.3333,$$
$$\sin\theta = (l_{32} - l_{23})/(2n_1) = (-2/3 - 2/3)/\{2(1/\sqrt{2})\} = -2\sqrt{2}/3 = -0.9428.$$

以上により，$\boldsymbol{L}$ の回転軸は原点から点 $[1,\ -1,\ 0]^{\mathrm{T}}$ に向かう直線で与えられ，回転角は $\theta = -160.53°$ で与えられる．

例 9.15　原点より点 $[1, 1, 1]^{\mathrm{T}}$ へ向かう直線のまわりの $\theta = +30^\circ$ 回転を表す直交行列を求めよう．

回転軸を表す単位ベクトルは，$\boldsymbol{n} = (1/\sqrt{3})[1, 1, 1]^{\mathrm{T}}$ で与えられる．すると (I)(D) により，求める行列は $\boldsymbol{L} = \boldsymbol{n}\boldsymbol{n}^{\mathrm{T}} + (\boldsymbol{I} - \boldsymbol{n}\boldsymbol{n}^{\mathrm{T}})\cos\theta + \boldsymbol{N}\sin\theta$ で与えられる．ここに，$\boldsymbol{N} = \begin{bmatrix} 0 & -n_3 & n_2 \\ n_3 & 0 & -n_1 \\ -n_2 & n_1 & 0 \end{bmatrix} = (1/\sqrt{3})\begin{bmatrix} 0 & -1 & 1 \\ 1 & 0 & -1 \\ -1 & 1 & 0 \end{bmatrix}$ である．

以上により $\boldsymbol{L} = \dfrac{1}{3}\begin{bmatrix} 1+\sqrt{3} & 1-\sqrt{3} & 1 \\ 1 & 1+\sqrt{3} & 1-\sqrt{3} \\ 1-\sqrt{3} & 1 & 1+\sqrt{3} \end{bmatrix}$.

最後にひとこと

この章と前章はシュア分解のオンパレードであった．シュア分解は後の章でもよく出てくる．正規行列 ($\boldsymbol{A}^*\boldsymbol{A} = \boldsymbol{A}\boldsymbol{A}^*$) のシュア分解は対角行列であり，逆にシュア分解が対角行列なら，その行列は正規行列を表すという事実は記憶に値する．実務計算において頻出する，エルミート行列とユニタリ行列が正規行列である事実は，シュア分解の実用性を保証する．以上でシュア分解の話はひとまず終わりにし，次の章では線形代数の最高峰とされるジョルダン分解の話に移る．

腕試し問題

問題 9.1（エルミート行列の固有値単調定理）　$\boldsymbol{A}$ を n 次エルミート行列，$\boldsymbol{b}$ を n 次列ベクトル，$\boldsymbol{B} = \boldsymbol{b}\boldsymbol{b}^*$（これもエルミート行列），$\boldsymbol{A}+\boldsymbol{B} = \boldsymbol{C}$ とする．$\boldsymbol{A}$ の固有値（実数）を $\alpha_1 \leqslant \cdots \leqslant \alpha_n$，$\boldsymbol{C}$ の固有値を $\gamma_1 \leqslant \cdots \leqslant \gamma_n$ とすれば，

$$\alpha_1 \leqslant \gamma_1 \leqslant \alpha_2 \leqslant \gamma_2 \leqslant \cdots \leqslant \alpha_n \leqslant \gamma_n \leqslant \alpha_n + \boldsymbol{b}^*\boldsymbol{b}$$

が成立することを示せ．

問題 9.2（実 3 重対角行列の相似対称化）　$n\,(\geqslant 2)$ 次実 3 重対角行列

$$\boldsymbol{T} = \begin{bmatrix} d_1 & e_2 & & & \boldsymbol{0} \\ f_2 & d_2 & e_3 & & \\ & \ddots & \ddots & \ddots & \\ & & \ddots & \ddots & e_n \\ \boldsymbol{0} & & & f_n & d_n \end{bmatrix}$$

は，$e_if_i > 0$ $(i = 2, \ldots, n)$ なら，適当な可逆対角行列 $\boldsymbol{D}$ をとれば，$\boldsymbol{D}^{-1}\boldsymbol{T}\boldsymbol{D}$ が対称行列となることを示せ．

問題 9.3（シルベスターの慣性法則）　与えられた n 次実対称行列 $\boldsymbol{A}, \boldsymbol{B}$ が実可逆行列 $\boldsymbol{P}$ を介して $\boldsymbol{P}^{\mathrm{T}}\boldsymbol{A}\boldsymbol{P} = \boldsymbol{B}$ の関係にあるとき，$\boldsymbol{A}$ は $\boldsymbol{B}$ に**合同である** (congruent) という．この関係は，反射性，対称性，推移性を満たすゆえ，同値関係を表す．また，$\boldsymbol{P}$ を適当にとれば，$\boldsymbol{B}$ は対角行列になることが知られている（証明略）．**シルベスターの慣性法則** (Sylvester's law of inertia) によれば，

$$\boldsymbol{P}^{\mathrm{T}}\boldsymbol{A}\boldsymbol{P} = \mathrm{diag}\,(d_1, \ldots, d_n)$$

における，正の対角成分の総数 p と負の対角成分の総数 m は $\boldsymbol{A}$ のみによって定まり，$\boldsymbol{P}$ には依存しない．これを次元等式を用いて証明せよ．

問題 9.4（ゲルシュゴーリンの定理）　行列 $\boldsymbol{A}(t) = \begin{bmatrix} 0 & t \\ -2t & 2 \end{bmatrix}$，$0 \leqslant t \leqslant 1$ の固有値を $\lambda_1(t)$, $\lambda_2(t)$ とする．ゲルシュゴーリン円板は，$G_1(t) = \{z \in \boldsymbol{C} : |z| \leqslant t\}$, $G_2(t) = \{z \in \boldsymbol{C} : |z-2| \leqslant 2t\}$ によって与えられる．ゲルシュゴーリンの定理によれば，固有値 $\lambda_1(t), \lambda_2(t)$ はつねに $G_1(t) \cup G_2(t)$ に含まれる．次の結果を検算せよ：

(1)　$0 \leqslant t < 2/3$ のとき：$\lambda_1(t) = 1-\sqrt{1-2t^2}$, $\lambda_2(t) = 1+\sqrt{1-2t^2}$ は実数, $G_1(t) \cap G_2(t) = \emptyset$, $\lambda_1(t) \in G_1(t)$, $\lambda_2(t) \in G_2(t)$ である．

(2)　$t = 2/3$ のとき：$\lambda_1(t) = 2/3$, $\lambda_2(t) = 4/3$, $G_1(t)$, $G_2(t)$ は 1 点 $z = 2/3$ において接し，$\lambda_1(t)$ は接点上に，$\lambda_2(t)$ は $G_2(t)$ の内部に存在する．

(3)　$2/3 < t \leqslant 1/\sqrt{2}$ のとき：$\lambda_1(t) = 1-\sqrt{1-2t^2}$, $\lambda_2(t) = 1+\sqrt{1-2t^2}$ は実数，$G_1(t) \cap G_2(t) \neq \emptyset$（$G_1(t) \cup G_2(t)$ は連結集合），$G_1(t)$ は $\lambda_1(t)$ も $\lambda_2(t)$ も含まず，$G_2(t)$ は $\lambda_1(t)$, $\lambda_2(t)$ を含む．

(4)　$1/\sqrt{2} < t \leqslant 1$ のとき：$\lambda_1(t) = 1-i\sqrt{2t^2-1}$, $\lambda_2(t) = 1+i\sqrt{2t^2-1}$ は複素数，$G_1(t) \cap G_2(t) \neq \emptyset$（$G_1(t) \cup G_2(t)$ は連結集合），$G_1(t)$ は $\lambda_1(t)$ も $\lambda_2(t)$ も含まず，$G_2(t)$ は $\lambda_1(t)$, $\lambda_2(t)$ を含む．

ゆえに，$2/3 < t \leqslant 1$ なら，2 つの固有値は連結集合 $G_1(t) \cup G_2(t)$ に含まれるが，$G_1(t)$ は固有値を全く含まず，$G_2(t)$ が両固有値を含む．

問題 9.5　正規行列 $\boldsymbol{A} = [a_{ij}] \in \mathbb{C}^{n \times n}$ $(\boldsymbol{A}^*\boldsymbol{A} = \boldsymbol{A}\boldsymbol{A}^*)$ の各ゲルシュゴーリン円板は，連結状態に関係なく，少なくとも 1 個の固有値を含むことを，次の手順で示せ．

(1)　λ を任意の複素数，$\boldsymbol{v}^*\boldsymbol{v} = 1$ $(\boldsymbol{v} \in \mathbb{C}^n)$, $\boldsymbol{r} = \boldsymbol{A}\boldsymbol{v} - \lambda\boldsymbol{v}$ とすると，円板 $\boldsymbol{D} \equiv \{z \in \boldsymbol{C} : |z-\lambda| \leqslant \sqrt{\boldsymbol{r}^*\boldsymbol{r}}\}$ は $\boldsymbol{A}$ の固有値を少なくとも 1 個含む．

(2)　とくに，$\boldsymbol{v} = \boldsymbol{e}_j$ $(\boldsymbol{e}_1 = [1, 0, \ldots, 0]^{\mathrm{T}}, \ldots, \boldsymbol{e}_n = [0, \ldots, 0, 1]^{\mathrm{T}})$，$\lambda = a_{jj}$ をとることにより，$\boldsymbol{D}_j \equiv \left\{z \in \boldsymbol{C} : |z-\lambda| \leqslant \sqrt{\boldsymbol{r}^*\boldsymbol{r}}\right\} = \{z \in \boldsymbol{C} : |z-a_{jj}| \leqslant \sqrt{\sum_{i, i \neq j}^{n} |a_{ij}|^2}\}$ は $\boldsymbol{A}$ の固有値を少なくとも 1 個含むことを示せ $(j = 1, \ldots, n)$．

この結果を $\boldsymbol{A}^{\mathrm{T}}$ に適用すれば，円板 $F_i \equiv \left\{z \in \boldsymbol{C} : |z-a_{ii}| \leqslant \sqrt{\sum_{j \neq i}^{n} |a_{ij}|^2}\right\}$ は $\boldsymbol{A}$ の固有値を少なくとも 1 個含むことがわかる．さらに，$\sqrt{\sum_{j, j \neq i}^{n} |a_{ij}|^2} \leqslant \sum_{j, j \neq i}^{n} |a_{ij}|$ なので，ゲルシュゴー

リン円板 $G_i = \left\{ z \in \boldsymbol{C} : |z - a_{ii}| \leqslant \sum_{j \neq i}^{n} |a_{ij}| \right\}$ は F_i を含む．ゆえに，正規行列の各ゲルシュゴーリン円板は，連結状態に関係なく，少なくとも 1 個の固有値を含む．この結果は単調定理よりは弱い結果であるが，適用範囲は広がっている．

問題 9.6　3 重対角行列 $\boldsymbol{T} = [t_{ij}]$ が $t_{ii} = 0\ (i = 1, \ldots, n)$ を満たせば，$\boldsymbol{D}^{-1}\boldsymbol{T}\boldsymbol{D} = -\boldsymbol{T}$ を満たす対角行列 $\boldsymbol{D}$ が存在することを示せ（ゆえに，$\boldsymbol{T}$ は $-\boldsymbol{T}$ に相似である）．

問題 9.7（直交多項式の零点）　次の **3 項漸化式** (three-term recurrence relation) によって定義される多項式を**ルジャンドル多項式** (Legendre polynomial) という：

$$
\begin{aligned}
&P_0(x) = 1,\ P_1(x) = x, \\
&(k-1)P_{k-2}(x) - (2k-1)xP_{k-1}(x) + kP_k(x) = 0 \quad (k = 2, 3, \ldots). \qquad (9.17)
\end{aligned}
$$

最初のいくつかを計算すると，

$$
P_2(x) = \frac{3}{2}x^2 - \frac{1}{2}, \quad P_3(x) = \frac{5}{2}x^3 - \frac{3}{2}x, \quad P_4(x) = \frac{35}{8}x^4 - \frac{15}{4}x^2 + \frac{3}{8}.
$$

次の諸性質が知られている（証明略）：

直交性：

$$
\int_{-1}^{1} P_i(x)P_j(x)dx = 0\,(i \neq j),\ \int_{-1}^{1} P_k^2(x)dx = \frac{2}{2k+1}. \qquad (9.18)
$$

任意の n 次多項式 $p(x)$ は $P_0(x), \ldots, P_n(x)$ の 1 次結合として一意的に表される：

$$
p(x) = c_0P_0(x) + c_1P_1(x) + \cdots + c_nP_n(x).
$$

ここに，係数 $c_0, c_1, \ldots$ は直交性 (9.18) を利用すれば，次式よりただちに定まる：

$$
\int_{-1}^{1} P_k(x)p(x)dx = 0 + \cdots + 0 + c_k\frac{2}{2k+1} + 0 + \cdots + 0 \quad \text{（左辺は既知量）.}
$$

　さて，応用上は各 $P_n(x)$ の零点の値を必要とすることが多い．本問ではこれを実対称 3 重対角行列固有値問題の応用として，$P_n(x)$ の零点は原点に対称に分布する異なる実数であることを以下の手順で示せ．

(I)　まず，(9.17) より

$$
\begin{aligned}
&\frac{k-1}{2k-1}P_{k-2} + \frac{k}{2k-1}P_k = xP_{k-1}\,(k = 2, 3, \ldots, P_k \equiv P_k(x), \ldots) \\
&P_1 = xP_0,\ \frac{1}{3}P_0 + \frac{2}{3}P_2 = xP_1,\ \frac{2}{5}P_1 + \frac{3}{5}P_3 = xP_2,\ \frac{3}{7}P_2 + \frac{4}{7}P_4 = xP_3, \ldots
\end{aligned}
$$

が成り立つことを示せ．次に，これらは次の行列形に書けることを示せ：

$$
\boldsymbol{Tp} \equiv \begin{bmatrix} 0 & e_2 & 0 & \cdots & \boldsymbol{0} \\ f_2 & 0 & e_3 & 0 & \\ & \ddots & \ddots & \ddots & \\ & & \ddots & \ddots & e_n \\ \boldsymbol{0} & & & f_n & 0 \end{bmatrix} \begin{bmatrix} P_0 \\ P_1 \\ \vdots \\ P_{n-1} \end{bmatrix}
$$

$$= x\begin{bmatrix} P_0 \\ P_1 \\ \vdots \\ P_{n-1} \end{bmatrix} + \begin{bmatrix} 0 \\ \vdots \\ 0 \\ -\frac{n}{2n-1}P_n \end{bmatrix} = x\boldsymbol{p} + \begin{bmatrix} 0 \\ \vdots \\ 0 \\ -\frac{n}{2n-1}P_n \end{bmatrix} \quad (n = 2,\, 3,\, \ldots).$$

ここに $e_k = \frac{k-1}{2k-3}$, $f_k = \frac{k-1}{2k-1}$ $(k = 2,\, 3,\, \ldots)$.

(II)　$P_n(x) = 0$ であるための必要十分条件は x が行列 $\boldsymbol{T}$ の固有値を表すことであることを示せ.

(III)　問題 9.2 の結果を利用し，$\boldsymbol{T}$ は実対称 3 重対角行列に相似であることを示し，これに分離定理（9.3 節）を適用し，$P_n(x)$ の零点はすべて相異なる実数であることを示せ.

(IV)　前問の結果により，$\boldsymbol{T}$ は $-\boldsymbol{T}$ に相似であるから，$P_n(x)$ の零点は必ず正負の対 $\pm\lambda$ の形で現れることを示せ（これは $P_n(x)$ の形からも明らか).

参考　偶数次 $P_n(x)$ は x^2 の多項式であり，奇数次 $P_n(x)$ は $x\cdot(x^2$ の多項式) の形をしている. この事実を考慮すると，上の方法で零点計算を行う場合は，P_{i-2}, P_i, P_{i+2} を結ぶ漸化式（1 つ跳びの漸化式）を導き，x^2 に相当する固有値を求め，その平方根をとればよい（詳細略). また，3 項漸化式に基礎を置く同様の方法は**特殊関数** (special function) である，第 1 種ベッセル関数および導関数の零点計算，逆に，零点を与えて階数を計算する逆問題，マシュー関数 (Mathieu functions) の固有値計算と逆問題，正則クーロン波動関数および導関数の零点計算，スフェロイド関数の固有値計算にも応用できるが，これらは無限行列の固有値問題となる．詳しくは [26], [27], [28], [29] 参照.

問題 9.8　$\boldsymbol{L} = \dfrac{1}{3}\begin{bmatrix} 1 & -2 & -2 \\ -2 & 1 & -2 \\ -2 & -2 & 1 \end{bmatrix}$ とする．これは第 3 列の符号を除いて，9.10 節，例 9.14 の直交行列と同じ行列である．実際，$\boldsymbol{L} = \boldsymbol{I} - 2\boldsymbol{n}\boldsymbol{n}^{\mathrm{T}}$ $(\boldsymbol{n} = (1/\sqrt{3})\,[1,\, 1,\, 1]^{\mathrm{T}})$ および $\det \boldsymbol{L} = -1$ であることを確かめよ.

問題 9.9　$\boldsymbol{n} = [n_1,\, n_2,\, n_3]^{\mathrm{T}}$, $\boldsymbol{n}^{\mathrm{T}}\boldsymbol{n} = 1$, $\boldsymbol{N} = \begin{bmatrix} 0 & -n_3 & n_2 \\ n_3 & 0 & -n_1 \\ -n_2 & n_1 & 0 \end{bmatrix}$ とすれば $e^{\theta\boldsymbol{N}} = \boldsymbol{n}\boldsymbol{n}^{\mathrm{T}} + (\boldsymbol{I} - \boldsymbol{n}\boldsymbol{n}^{\mathrm{T}})\cos\theta + \boldsymbol{N}\sin\theta$ であることを示せ．ここに

$$(*) \qquad e^{\theta\boldsymbol{N}} = \boldsymbol{I} + \theta\boldsymbol{N} + (\theta\boldsymbol{N})^2/2! + (\theta\boldsymbol{N})^3/3! + \cdots.$$

右辺の行列関数の意味については第 11 章で詳しく述べる.

問題 9.10　本問題は 9.10 節の「3 次直交行列」に関連し，テンソル (tensor) 入門である．[8, Ex.12.56] 参照.

$\boldsymbol{L} = [\boldsymbol{a},\, \boldsymbol{b},\, \boldsymbol{c}]$ $(\boldsymbol{a},\, \boldsymbol{b},\, \boldsymbol{c} \in \mathbb{R}^3)$ を $\det \boldsymbol{L} = 1$ を満たす任意の直行行列とする．次の事実 (I), (II), (III) を示せ（ベクトル積の定義は 6.19 節参照).

(I)　$\boldsymbol{a} \times \boldsymbol{b} = \boldsymbol{c}$, $\boldsymbol{b} \times \boldsymbol{c} = \boldsymbol{a}$, $\boldsymbol{c} \times \boldsymbol{a} = \boldsymbol{b}$ が成り立つ.

(II)　任意の $\boldsymbol{x} = \left[x_1,\, x_2,\, x_3\right]^{\mathrm{T}}$, $\boldsymbol{y} = \left[y_1,\, y_2,\, y_3\right]^{\mathrm{T}} \in \mathbb{R}^3$ に対して $\boldsymbol{L}(\boldsymbol{x} \times \boldsymbol{y}) = \boldsymbol{L}\boldsymbol{x} \times \boldsymbol{L}\boldsymbol{y}$ が成立する．

(III)　任意の $\boldsymbol{x} = \left[x_1,\, x_2,\, x_3\right]^{\mathrm{T}} \in \mathbb{R}^3$ に対して

$$f(\boldsymbol{x}) = f\left(\begin{bmatrix} x_1 \\ x_2 \\ x_3 \end{bmatrix}\right) \equiv \begin{bmatrix} 0 & -x_3 & x_2 \\ x_3 & 0 & -x_1 \\ -x_2 & x_1 & 0 \end{bmatrix} = -(f(\boldsymbol{x}))^{\mathrm{T}}$$

とすれば，$f(\boldsymbol{x})\boldsymbol{y} = \boldsymbol{x} \times \boldsymbol{y}$ $(\boldsymbol{y} \in \mathbb{R}^3)$ および $f(\boldsymbol{L}\boldsymbol{x}) = \boldsymbol{L}f(\boldsymbol{x})\boldsymbol{L}^{\mathrm{T}}$ が成立する．逆に，$f(\boldsymbol{y}) = \boldsymbol{L}f(\boldsymbol{x})\boldsymbol{L}^{\mathrm{T}}$ なら，$\boldsymbol{y} = \boldsymbol{L}\boldsymbol{x}$ である．

参考　テンソルとは，同じ物理量の異なる座標系から観測した表現間に存在する変換法則をいう．実際には，特定の型の変換法則に従う物理量をテンソルといういい方をする．点，速度，加速度は **1 階デカルトテンソル** (Cartesian tensor of order 1)，または**物理ベクトル** (physical vector) の例であり，上で定義した $f(\boldsymbol{x})$ は **2 階デカルトテンソル** (Cartesian tensor of order 2) の例である．

問題 9.11　n 次（実）直交行列 $\boldsymbol{L}$ のシュア分解は次の形で与えられることを示せ：

$\boldsymbol{Q}^{\mathrm{T}}\boldsymbol{L}\boldsymbol{Q} = \mathrm{diag}\left(\boldsymbol{D}_1,\, \ldots,\, \boldsymbol{D}_n\right) \equiv \boldsymbol{D}$，ここに，$\boldsymbol{Q}^{\mathrm{T}}\boldsymbol{Q} = \boldsymbol{I}$, $\boldsymbol{Q} \in \mathbb{R}^{n\times n}$, $\boldsymbol{D}_i = \left[1\right]$, $\left[-1\right]$ または $\begin{bmatrix} \cos\theta & -\sin\theta \\ \sin\theta & \cos\theta \end{bmatrix}$ である．

問題 9.12（3 次直交行列 $\boldsymbol{L}$ の標準形 (II)：$\det \boldsymbol{L} = -1$ の場合）　以下を示せ：

(A)　$\boldsymbol{L}$ の固有値は -1, $\cos\theta \pm i\sin\theta$ の形に表現できる．

(B)　$\boldsymbol{L}\boldsymbol{n} = -\boldsymbol{n} \equiv -\left[n_1,\, n_2,\, n_3\right]^{\mathrm{T}}$ $(\boldsymbol{n}^{\mathrm{T}}\boldsymbol{n} = 1)$ とすれば，$\boldsymbol{L}$ は次の形に表現できる：

$$\boldsymbol{L} = (\boldsymbol{I} - 2\boldsymbol{n}\boldsymbol{n}^{\mathrm{T}})\{\boldsymbol{n}\boldsymbol{n}^{\mathrm{T}} + (\boldsymbol{I} - \boldsymbol{n}\boldsymbol{n}^{\mathrm{T}})\cos\theta + \boldsymbol{N}\sin\theta\} = -\boldsymbol{n}\boldsymbol{n}^{\mathrm{T}} + (\boldsymbol{I} - \boldsymbol{n}\boldsymbol{n}^{\mathrm{T}})\cos\theta + \boldsymbol{N}\sin\theta$$

$$= \begin{bmatrix} -n_1^2 + (1 - n_1^2)\cos\theta & -n_1n_2(1+\cos\theta) - n_3\sin\theta & -n_1n_3(1+\cos\theta) + n_2\sin\theta \\ -n_1n_2(1+\cos\theta) + n_3\sin\theta & -n_2^2 + (1 - n_2^2)\cos\theta & -n_2n_3(1+\cos\theta) - n_1\sin\theta \\ -n_3n_1(1+\cos\theta) - n_2\sin\theta & -n_3n_2(1+\cos\theta) + n_1\sin\theta & -n_3^2 + (1 - n_3^2)\cos\theta \end{bmatrix}.$$

ここに，$\boldsymbol{N} = \begin{bmatrix} 0 & -n_3 & n_2 \\ n_3 & 0 & -n_1 \\ -n_2 & n_1 & 0 \end{bmatrix}$ であり，任意の $\boldsymbol{x} = \left[x_1,\, x_2,\, x_3\right]^{\mathrm{T}}$ に対して，$\boldsymbol{N}\boldsymbol{x}$ はベクトル積 $\boldsymbol{n} \times \boldsymbol{x}$ を表し，$\boldsymbol{x}^{\mathrm{T}}\boldsymbol{N}\boldsymbol{x} = 0$, $\boldsymbol{N}n = \boldsymbol{0}$, $\boldsymbol{N}^{\mathrm{T}} = -\boldsymbol{N}$, $\boldsymbol{N}^{\mathrm{T}}\boldsymbol{N} = -\boldsymbol{N}^2 = \boldsymbol{I} - \boldsymbol{n}\boldsymbol{n}^{\mathrm{T}}$ が成り立つ．

(C)（$\boldsymbol{n}$, $\cos\theta$, $\sin\theta$ の計算）　まず，

$$\boldsymbol{d}_1 \equiv \begin{bmatrix} 1 - l_{11} + l_{22} + l_{33} \\ -l_{12} - l_{21} \\ -l_{13} - l_{31} \end{bmatrix} = 2(1 + \cos\theta)n_1\boldsymbol{n},$$

$$\boldsymbol{d}_2 \equiv \begin{bmatrix} -l_{12} - l_{21} \\ 1 + l_{11} - l_{22} + l_{33} \\ -l_{23} - l_{32} \end{bmatrix} = 2(1 + \cos\theta)n_2\boldsymbol{n},$$

$$\boldsymbol{d}_3 \equiv \begin{bmatrix} -l_{13}-l_{31} \\ -l_{23}-l_{32} \\ 1+l_{11}+l_{22}-l_{33} \end{bmatrix} = 2(1+\cos\theta)n_3\boldsymbol{n}.$$

ゆえに，$\boldsymbol{n}$ は任意の $\boldsymbol{d}_i \neq \boldsymbol{0}$ を 1 つとり，$\boldsymbol{n} = \pm\boldsymbol{d}_i/\sqrt{\boldsymbol{d}_i^{\mathrm{T}}\boldsymbol{d}_i}$ によって定める．ここに，$\boldsymbol{d}_1, \boldsymbol{d}_2, \boldsymbol{d}_3$ は同時には $\boldsymbol{0}$ とならない ($\because \boldsymbol{n} \neq \boldsymbol{0}, \boldsymbol{L} \neq \boldsymbol{I}$)．$\cos\theta, \sin\theta$ は次式から定まる：

$$\begin{aligned} 2\cos\theta &= l_{11}+l_{22}+l_{33}-1 \\ 2n_1\sin\theta &= l_{32}-l_{23},\ 2n_2\sin\theta = l_{13}-l_{31},\ 2n_3\sin\theta = l_{21}-l_{12}. \end{aligned}$$

(D)（幾何学的解釈）　任意の $\boldsymbol{x} \in \mathbb{R}^3$ に対して

$$\boldsymbol{L}\boldsymbol{x} = (\boldsymbol{I}-2\boldsymbol{n}\boldsymbol{n}^{\mathrm{T}}) \cdot \{\boldsymbol{n}(\boldsymbol{n}^{\mathrm{T}}\boldsymbol{x}) + (\boldsymbol{I}-\boldsymbol{n}\boldsymbol{n}^{\mathrm{T}})\boldsymbol{x}\cos\theta + \boldsymbol{N}\boldsymbol{x}\sin\theta\}.$$

ここに，右辺の積の第 2 因子は，$\det\boldsymbol{L} = 1$ の場合の $\boldsymbol{L}\boldsymbol{x}$ と全く同一の形を持ち，$\boldsymbol{x}$ を $\boldsymbol{n}$ のまわりに角 θ だけ回転して得られるベクトルを表す．第 1 因子はこの回転結果を，原点を通り $\boldsymbol{n}$ に垂直な平面に関して反射して得られるベクトルを表す．

(E)　任意の $\boldsymbol{n} = [n_1, n_2, n_3]^{\mathrm{T}}$ ($\boldsymbol{n}^{\mathrm{T}}\boldsymbol{n} = 1$)，任意の θ に対して $\boldsymbol{L} = -\boldsymbol{n}\boldsymbol{n}^{\mathrm{T}} + (\boldsymbol{I}-\boldsymbol{n}\boldsymbol{n}^{\mathrm{T}})\cos\theta + \boldsymbol{N}\sin\theta = (\boldsymbol{I}-2\boldsymbol{n}\boldsymbol{n}^{\mathrm{T}})\{\boldsymbol{n}n^{\mathrm{T}} + (\boldsymbol{I}-\boldsymbol{n}\boldsymbol{n}^{\mathrm{T}})\cos\theta + \boldsymbol{N}\sin\theta\}$ は $\det\boldsymbol{L} = -1$ を満たす直交行列を表す．ここに $\boldsymbol{N}$ は以前と同じ意味を持つ．

第10章　ジョルダン分解 Part I

シュア分解（第8章）は，与えられた行列 $\boldsymbol{A}$ をユニタリ相似変換の範囲内で三角行列にまで簡単化できることを保証する．すなわち，$\boldsymbol{A} = \boldsymbol{Q}^*\boldsymbol{T}\boldsymbol{Q}$（$\boldsymbol{Q} =$ ユニタリ行列，$\boldsymbol{T} =$ 上三角行列）型の分解が可能である．これに対して，本章の主題であるジョルダン分解は，相似変換の範囲を一般の可逆行列によるものにまで拡大すれば，$\boldsymbol{A}$ をジョルダン標準形と呼ばれる特殊なブロック対角行列（各対角ブロックは特殊な上2重対角行列）にまで簡単化できることを保証する．すなわち，$\boldsymbol{A} = \boldsymbol{V}\boldsymbol{J}\boldsymbol{V}^{-1}$（$\boldsymbol{V} =$ 可逆行列，$\boldsymbol{J} =$ ジョルダン標準形）型の分解が可能である．そして，これは新しい応用を約束する（次章で示す）．

ジョルダン分解は線形代数における最高峰の定理とされるだけあって，記述は簡単だが，証明はそれだけ長くなるため，入門書では敬遠されがちである．しかし，分解の構造を調べ，何を証明すべきかを最初に抑えれば，証明の道筋はきわめて明快となる．実際，分解の構造を調べると，$\boldsymbol{J}$ は一般固有空間の次元に関する簡単な代数式によって一意的に定まること，$\boldsymbol{V}$ の列は，一般固有ベクトルからなる複数本の鎖列（ジョルダン鎖列）からなること，したがってジョルダン分解を構築するには，このような鎖列を（1次独立性を保ちつつ）必要な数だけ構築することと同値であることが明らかになる．実際の構築には，通常の1次独立性を拡張した「部分空間からの独立性」の概念を必要とする．構築手続きの実際は，のちほど一歩一歩丁寧に示す．

「ジョルダン分解」の発見者は，「ジョルダン曲線定理」（複素解析の有名な定理）の発見者としても知られている，フランス人数学者，カミーユ・ジョルダン (Camille Jordan, 1838–1922) である．

10.1　ジョルダン分解の一般形

最初にジョルダン分解の一般形を述べる．与えられた $\boldsymbol{A} \in \mathbb{C}^{n\times n}$ に対して可逆行列 $\boldsymbol{V}$ を適当に選ぶと，

$$\boldsymbol{A} = \boldsymbol{V}\boldsymbol{J}\boldsymbol{V}^{-1},$$

$$\boldsymbol{J} = \begin{bmatrix} \begin{bmatrix} \lambda_1 & 1 & & \mathbf{0} \\ & \lambda_1 & \ddots & \\ & & \ddots & 1 \\ \mathbf{0} & & & \lambda_1 \end{bmatrix} & & & \mathbf{0} \\ & \ddots & & \\ & & \ddots & \\ \mathbf{0} & & & \begin{bmatrix} \lambda_r & 1 & & \mathbf{0} \\ & \lambda_r & \ddots & \\ & & \ddots & 1 \\ \mathbf{0} & & & \lambda_r \end{bmatrix} \end{bmatrix} \tag{10.1}$$

という型の分解が成立する．ここに，$\boldsymbol{J}$ を**ジョルダン標準形** (Jordan canonical form, Jordan normal form)，各対角ブロックを**ジョルダンブロック** (Jordan block, Jordan cell) という．また，$\lambda_1, \ldots, \lambda_r$ は $\boldsymbol{A}$ の固有値を表し，すべて相異なるとは限らない．各ジョルダンブロックが 1×1 なら，ジョルダン標準形は $\boldsymbol{J} = \mathrm{diag}\,(\lambda_1, \ldots, \lambda_n) =$ 対角行列となり，$\boldsymbol{A}$ は（相似）**対角化可能** (diagonalizable) であるという．以上を**ジョルダン分解** (Jordan decomposition) という．

スペース節約のため，(10.1) 式の $\boldsymbol{J}$ を以下のように書くこともある．

$$\boldsymbol{J} = \mathrm{diag}\left(\begin{bmatrix} \lambda_1 & 1 & & \mathbf{0} \\ & \lambda_1 & \ddots & \\ & & \ddots & 1 \\ \mathbf{0} & & & \lambda_1 \end{bmatrix}, \ldots, \begin{bmatrix} \lambda_r & 1 & & \mathbf{0} \\ & \lambda_r & \ddots & \\ & & \ddots & 1 \\ \mathbf{0} & & & \lambda_r \end{bmatrix} \right).$$

例 10.1　ジョルダン標準形の例

$$\begin{bmatrix} 0 & 0 \\ 0 & 0 \end{bmatrix}$$ （対角行列，ジョルダンブロック数 $=2$，固有値：$0, 0$），

$$\begin{bmatrix} 1 & 0 \\ 0 & 1 \end{bmatrix}$$ （対角行列，ジョルダンブロック数 $=2$，固有値：$1, 1$），

$$\begin{bmatrix} 1 & 1 \\ 0 & 1 \end{bmatrix}$$ （ジョルダンブロック数 $=1$，固有値：$1, 1$），

$$\begin{bmatrix} 1+i & 1 & 0 \\ 0 & 1+i & 0 \\ 0 & 0 & 1-i \end{bmatrix}$$ （ジョルダンブロック数 $=2$，固有値：$1+i, 1+i, 1-i$）．

例 10.2 $\boldsymbol{A} \in \mathbb{C}^{n\times n}$ は対角化可能 $\Leftrightarrow$ $\boldsymbol{A}$ が n 個の 1 次独立な固有ベクトルを持つ．

証明 $(\Rightarrow)$：$\boldsymbol{A} = \boldsymbol{V}\boldsymbol{J}\boldsymbol{V}^{-1}$（$\boldsymbol{J}$ は対角行列）を $\boldsymbol{A}\boldsymbol{V} = \boldsymbol{V}\boldsymbol{J}$ と書き直し，対応する列を等置すれば，$\boldsymbol{A}\boldsymbol{v}_j = \boldsymbol{v}_j\lambda_j\,(j = 1, \ldots, n)$．ここに，固有ベクトルの集合 $\{\boldsymbol{v}_1, \ldots, \boldsymbol{v}_n\}$ は可逆行列の列全体の集合であるから 1 次独立である．

$(\Leftarrow)$ 上の証明を逆行すればよい． ■

n 次行列 $\boldsymbol{A}$ の相異なる固有値を $\lambda_1, \ldots, \lambda_p$ とする（ジョルダン分解 (10.1) の中の $\lambda_1, \ldots$ の意味と違っているので注意）．今後，λ_j に対応する k 階一般固有空間，すなわち，$(\boldsymbol{A} - \lambda_j\boldsymbol{I})^k$ の零空間を $N_k(\lambda_j)$ で表すことにする[1)]$(j = 1, \ldots, p,$ $k = 0, 1, 2, \ldots,$ $N_0(\lambda_j) = \{\boldsymbol{0}\})$．すると，特定の固有値 λ_j に対応するジョルダンブロックの分布は $\dim N_k(\lambda_j)$ $(k = 0, 1, 2, \ldots)$ の値のみによって確定する．実際，次の公式が成立する（証明は次節）：

固有値 λ_j に対応する k 次ジョルダンブロックの総数
$$= 2\dim N_k(\lambda_j) - \dim N_{k-1}(\lambda_j) - \dim N_{k+1}(\lambda_j) \geqslant 0\,(k = 1, 2, \ldots), \quad (10.2)$$
固有値 λ_j に対応する，ジョルダンブロックの総数 $= \dim N_1(\lambda_j)$
$=$ 固有値 λ_j に対応する 1 次独立な固有ベクトルの総数． (10.3)

一般固有空間 $N_k(\lambda_j)$ は $\boldsymbol{A}$ のみによって一意的に定まるから，上式 (10.2) は，ジョルダンブロックの配列順序を無視すれば，ジョルダン標準形が $\boldsymbol{A}$ のみによって一意的に定まり，特定の $\boldsymbol{V}$ の選び方には無関係であることを意味する．

---
1) 本章では部分空間を（太文字でない）通常の英文字で表す．

例 10.3　ある 5 次行列 $\boldsymbol{A}$ の相異なる固有値は $\lambda_1 = 1, \lambda_2 = 1 + i$，また，

$$\dim N_1(\lambda_1) = 2 < \dim N_2(\lambda_1) = \dim N_3(\lambda_1) = \cdots = 3,$$
$$\dim N_1(\lambda_2) = 1 < \dim N_2(\lambda_2) = \dim N_3(\lambda_2) = \cdots = 2$$

であるという．$\boldsymbol{A}$ のジョルダン標準形 $\boldsymbol{J}$ を求める．まず，以下の表を作る：

j	λ_j	k	$\dim N_k(\lambda_j)$	$2\dim N_k(\lambda_j) - \dim N_{k-1}(\lambda_j) - \dim N_{k+1}(\lambda_j)$
1	1	0	0	
		1	2	1 ($= 2 \times 2 - 0 - 3$)
		2	3	1 ($= 2 \times 3 - 2 - 3$)
		3	3	0 ($= 2 \times 3 - 3 - 3$)
		4	3	0 (同上)
2	$1+i$	0	0	
		1	1	0 ($= 2 \times 1 - 0 - 2$)
		2	2	1 ($= 2 \times 2 - 1 - 2$)
		3	2	0 ($= 2 \times 2 - 2 - 2$)
		4	2	0 (同上)

すると，公式 (10.2) により $\boldsymbol{J} = \begin{bmatrix} 1 & & & & \boldsymbol{0} \\ & 1 & 1 & & \\ & 0 & 1 & & \\ & & & 1+i & 1 \\ \boldsymbol{0} & & & 0 & 1+i \end{bmatrix}$.

10.2　ジョルダン分解の構造

この節では，ジョルダン分解の構造を詳しく調べ，前節の公式 (10.2), (10.3) を証明する．記号の意味については前節を参照せよ．また，一般固有ベクトルおよび鎖列の定義については 8.2 節を参照せよ．

例を用いて説明するのがわかりやすい．そこで例として，次のジョルダン分解を考える：

$$\begin{aligned} \boldsymbol{A} &= \boldsymbol{V}\boldsymbol{J}\boldsymbol{V}^{-1} \\ &= \boldsymbol{V} \operatorname{diag}\left([\lambda_1], \begin{bmatrix} \lambda_1 & 1 \\ 0 & \lambda_1 \end{bmatrix}, \begin{bmatrix} \lambda_1 & 1 & 0 \\ 0 & \lambda_1 & 1 \\ 0 & 0 & \lambda_1 \end{bmatrix}, \begin{bmatrix} \lambda_2 & 1 & 0 \\ 0 & \lambda_2 & 1 \\ 0 & 0 & \lambda_2 \end{bmatrix} \right) \boldsymbol{V}^{-1} \end{aligned}$$

$$\equiv \boldsymbol{V} \operatorname{diag}(\boldsymbol{J}_{1,1}, \boldsymbol{J}_{1,2}, \boldsymbol{J}_{1,3}, \boldsymbol{J}_{2,1}) \boldsymbol{V}^{-1} \quad (\lambda_1 \neq \lambda_2).$$

まず，$\boldsymbol{V} = [\boldsymbol{v}_1, \ldots, \boldsymbol{v}_6, \boldsymbol{w}_1, \boldsymbol{w}_2, \boldsymbol{w}_3]$ と書き，上式を $\boldsymbol{AV} = \boldsymbol{VJ}$ と書き直して，対応する列を等置すれば，次の関係が得られる：

$$\begin{aligned}
&\boldsymbol{A}\boldsymbol{v}_1 = \boldsymbol{v}_1\lambda_1,\\
&\boldsymbol{A}\boldsymbol{v}_2 = \boldsymbol{v}_2\lambda_1, \quad \boldsymbol{A}\boldsymbol{v}_3 = \boldsymbol{v}_2 + \boldsymbol{v}_3\lambda_1,\\
&\boldsymbol{A}\boldsymbol{v}_4 = \boldsymbol{v}_4\lambda_1, \quad \boldsymbol{A}\boldsymbol{v}_5 = \boldsymbol{v}_4 + \boldsymbol{v}_5\lambda_1, \quad \boldsymbol{A}\boldsymbol{v}_6 = \boldsymbol{v}_5 + \boldsymbol{v}_6\lambda_1,\\
&\boldsymbol{A}\boldsymbol{w}_1 = \boldsymbol{w}_1\lambda_2, \quad \boldsymbol{A}\boldsymbol{w}_2 = \boldsymbol{w}_1 + \boldsymbol{w}_2\lambda_2, \quad \boldsymbol{A}\boldsymbol{w}_3 = \boldsymbol{w}_2 + \boldsymbol{w}_3\lambda_2..
\end{aligned}$$

簡単のため，$\boldsymbol{B}_1 = \boldsymbol{A} - \lambda_1\boldsymbol{I}$, $\boldsymbol{B}_2 \equiv \boldsymbol{A} - \lambda_2\boldsymbol{I}$ と記せば，上の式は次のように書き直せる：

$$\begin{aligned}
&\boldsymbol{B}_1\boldsymbol{v}_1 = \boldsymbol{0},\\
&\boldsymbol{B}_1^2\boldsymbol{v}_3 = \boldsymbol{0}, \quad \boldsymbol{v}_2 = \boldsymbol{B}_1\boldsymbol{v}_3,\\
&\boldsymbol{B}_1^3\boldsymbol{v}_6 = \boldsymbol{0}, \quad \boldsymbol{v}_4 = \boldsymbol{B}_1^2\boldsymbol{v}_6, \quad \boldsymbol{v}_5 = \boldsymbol{B}_1\boldsymbol{v}_6,\\
&\boldsymbol{B}_2^3\boldsymbol{w}_3 = \boldsymbol{0}, \quad \boldsymbol{w}_1 = \boldsymbol{B}_2^2\boldsymbol{w}_3, \quad \boldsymbol{w}_2 = \boldsymbol{B}_2\boldsymbol{w}_3.
\end{aligned}$$

以上の計算から得られる結論をまとめると，表 10.1 のようになり，次の結論が得られる：

表 10.1 固有値—一般固有ベクトルとその階数

固有値	対応する一般固有ベクトル	階数
λ_1	$\boldsymbol{v}_1$ $(\boldsymbol{B}_1\boldsymbol{v}_1 = \boldsymbol{0})$	1
	$\boldsymbol{v}_2 = \boldsymbol{B}_1\boldsymbol{v}_3$ $(\boldsymbol{B}_1^2\boldsymbol{v}_3 = \boldsymbol{0})$	1
	$\boldsymbol{v}_3$	2
	$\boldsymbol{v}_4 = \boldsymbol{B}_1^2\boldsymbol{v}_6$ $(\boldsymbol{B}_1^3\boldsymbol{v}_6 = \boldsymbol{0})$	1
	$\boldsymbol{v}_5 = \boldsymbol{B}_1\boldsymbol{v}_6$	2
	$\boldsymbol{v}_6$	3
λ_2	$\boldsymbol{w}_1 = \boldsymbol{B}_2^2\boldsymbol{w}_3$ $(\boldsymbol{B}_2^3\boldsymbol{w}_3 = \boldsymbol{0})$	1
	$\boldsymbol{w}_2 = \boldsymbol{B}_2\boldsymbol{w}_3$	2
	$\boldsymbol{w}_3$	3

(I) 以下の 4 つの集合 $C_{1,1}, \ldots, C_{2,1}$：

$$C_{1,1} \equiv \{\boldsymbol{v}_1\} \quad (\boldsymbol{v}_1 \neq \boldsymbol{0}, \boldsymbol{B}_1\boldsymbol{v}_1 = \boldsymbol{0}),$$

$$C_{1,2} \equiv \{\boldsymbol{v}_2 = \boldsymbol{B}\boldsymbol{v}_3,\ \boldsymbol{v}_3\} \quad (\boldsymbol{B}_1\boldsymbol{v}_3 \neq \boldsymbol{0},\ \boldsymbol{B}_1^2\boldsymbol{v}_3 = \boldsymbol{0}),$$

$$C_{1,3} \equiv \{\boldsymbol{v}_4 = \boldsymbol{B}_1^2\boldsymbol{v}_6,\ \boldsymbol{v}_5 = \boldsymbol{B}_1\boldsymbol{v}_6,\ \boldsymbol{v}_6\} \quad (\boldsymbol{B}_1^2\boldsymbol{v}_6 \neq \boldsymbol{0},\ \boldsymbol{B}_1^3\boldsymbol{v}_6 = \boldsymbol{0}),$$

$$C_{2,1} \equiv \{\boldsymbol{w}_1 = \boldsymbol{B}_2^2\boldsymbol{w}_3,\ \boldsymbol{w}_2 = \boldsymbol{B}_2\boldsymbol{w}_3,\ \boldsymbol{w}_3\} \quad (\boldsymbol{B}_2^2\boldsymbol{w}_3 \neq \boldsymbol{0},\ \boldsymbol{B}_2^3\boldsymbol{w}_3 = \boldsymbol{0})$$

はすべて鎖列を表す．それぞれ，特定のジョルダンブロックと 1 対 1 対応し，合併集合は全空間（この場合は $\mathbb{C}^9$）の基底となっている．このような性質を持つ鎖列を**ジョルダン鎖列** (Jordan chain) と呼ぶことにする．

(II)　各鎖列に含まれるベクトルの総数をその鎖列の**次数** (order) と呼ぶことにすれば，鎖列 $C_{1,1}$, $C_{1,2}$, $C_{1,3}$, $C_{2,1}$ 中の k 次以上の各鎖列は k 階一般固有ベクトルを 1 個のみ含む ($k = 1, 2, \ldots$)．実際，$\boldsymbol{v}_1, \ldots, \boldsymbol{v}_6$ は，固有値 λ_1 に対応する，階数 $1, 1, 2, 1, 2, 3$ の一般固有ベクトルを表し，$\boldsymbol{w}_1$, $\boldsymbol{w}_2$, $\boldsymbol{w}_3$ は，固有値 λ_2 に対応する，階数 $1, 2, 3$ の一般固有ベクトルを表す．

(III)　$N_k(\lambda_j) = \mathrm{span}\{\lambda_j$ に対応する，鎖列 $C_{1,1}$, $C_{1,2}$, $C_{1,3}$, $C_{2,1}$ 中の k 階以下の一般固有ベクトルの集合$\}$ ($k = 1, 2, \ldots$)．

詳しくいえば

$$N_1(\lambda_1) = \mathrm{span}\{\boldsymbol{v}_1,\ \boldsymbol{v}_2,\ \boldsymbol{v}_4\} \quad (\boldsymbol{v}_1,\ \boldsymbol{v}_2,\ \boldsymbol{v}_4 \text{ の階数はすべて } 1),$$

$$N_2(\lambda_1) = \mathrm{span}\{\boldsymbol{v}_1,\ \boldsymbol{v}_2,\ \boldsymbol{v}_4,\ \boldsymbol{v}_3,\ \boldsymbol{v}_5\} \quad (\boldsymbol{v}_3,\ \boldsymbol{v}_5 \text{ の階数は } 2),$$

$$N_3(\lambda_1) = \mathrm{span}\{\boldsymbol{v}_1,\ \boldsymbol{v}_2,\ \boldsymbol{v}_4,\ \boldsymbol{v}_3,\ \boldsymbol{v}_5,\ \boldsymbol{v}_6\} = N_4(\lambda_1) = \cdots \quad (\boldsymbol{v}_6 \text{ の階数は } 3),$$

$$N_1(\lambda_2) = \mathrm{span}\{\boldsymbol{w}_1\} \quad (\boldsymbol{w}_1 \text{ の階数は } 1),$$

$$N_2(\lambda_2) = \mathrm{span}\{\boldsymbol{w}_1,\ \boldsymbol{w}_2\} \quad (\boldsymbol{w}_2 \text{ の階数は } 2),$$

$$N_3(\lambda_2) = \mathrm{span}\{\boldsymbol{w}_1,\ \boldsymbol{w}_2,\ \boldsymbol{w}_3\} = N_4(\lambda_2) = N_5(\lambda_2) = \cdots (\boldsymbol{w}_3 \text{ の階数は } 3)$$

$$(\text{直和構造 } N_3(\lambda_1) \oplus N_3(\lambda_2) = \mathbb{C}^9 \text{ に注意}).$$

この結果は，$\boldsymbol{x} \in N_k(\lambda_j) \Leftrightarrow \boldsymbol{B}_j^k\boldsymbol{x} = (\boldsymbol{A} - \lambda_j\boldsymbol{I})^k\boldsymbol{x} = \boldsymbol{0} \Leftrightarrow (\boldsymbol{J} - \lambda_j\boldsymbol{I})^k\boldsymbol{y} = \boldsymbol{0}$ ($\boldsymbol{y} = \boldsymbol{V}^{-1}\boldsymbol{x}$) ($k = 1, 2, \ldots$) に注目し，最後の式を解けば得られる（確認せよ）．

以上の結果について説明する．

(I) は「(I) を満たす鎖列（ジョルダン鎖列）の構築 = ジョルダン分解の構築」であることを意味する．実際，次の 4 つの鎖列

$$C_{1,1} = \{\boldsymbol{p}\} \quad (\boldsymbol{p} \neq \boldsymbol{0},\ \boldsymbol{B}_1\boldsymbol{p} = \boldsymbol{0}),$$

$$C_{1,2} = \{\boldsymbol{B}_1\boldsymbol{q},\ \boldsymbol{q}\} \quad (\boldsymbol{B}_1\boldsymbol{q} \neq \boldsymbol{0},\ \boldsymbol{B}_1^2\boldsymbol{q} = \boldsymbol{0}),$$

$$C_{1,3} = \{\boldsymbol{B}_1^2\boldsymbol{r},\, \boldsymbol{B}_1\boldsymbol{r},\, \boldsymbol{r}\} \quad (\boldsymbol{B}_1^2\boldsymbol{r} \neq \boldsymbol{0},\, \boldsymbol{B}_1^3\boldsymbol{r} = \boldsymbol{0}),$$
$$C_{2,1} = \{\boldsymbol{B}_2^2\boldsymbol{s},\, \boldsymbol{B}_2\boldsymbol{s},\, \boldsymbol{s}\} \quad (\boldsymbol{B}_2^2\boldsymbol{s} \neq \boldsymbol{0},\, \boldsymbol{B}_2^3\boldsymbol{s} = \boldsymbol{0})$$

を，$\boldsymbol{p}, \boldsymbol{q}, \boldsymbol{r}, \boldsymbol{s}$ をうまく選び，これらの鎖列の合併集合が全空間（この場合は $\mathbb{C}^9$）の基底をなすように構築できたものとすれば，鎖列を横に並べて作った行列

$$\boldsymbol{V} = \big[\boldsymbol{p} \,|\, \boldsymbol{B}_1\boldsymbol{q},\, \boldsymbol{q} \mid \boldsymbol{B}_1^2\boldsymbol{r},\, \boldsymbol{B}_1\boldsymbol{r},\, \boldsymbol{r} \mid \boldsymbol{B}_2^2\boldsymbol{s},\, \boldsymbol{B}_2\boldsymbol{s},\, \boldsymbol{s}\big]$$

は，仮定により可逆行列となり，

$$\boldsymbol{AV} = \boldsymbol{VJ},$$
$$\boldsymbol{J} = \mathrm{diag}\left([\lambda_1],\, \begin{bmatrix} \lambda_1 & 1 \\ 0 & \lambda_1 \end{bmatrix},\, \begin{bmatrix} \lambda_1 & 1 & 0 \\ 0 & \lambda_1 & 1 \\ 0 & 0 & \lambda_1 \end{bmatrix},\, \begin{bmatrix} \lambda_2 & 1 & 0 \\ 0 & \lambda_2 & 1 \\ 0 & 0 & \lambda_2 \end{bmatrix} \right)$$

も成立する．ゆえに，これはジョルダン分解を表す．

上の事実こそ，ジョルダン分解構築の道筋を示すものである．実際には，上のような要請を満たす鎖列の構築には通常の1次独立性を拡張した「部分空間からの独立性」の概念が新たに必要となるので，これを次節で説明する．

次に，(II), (III) から次の関係が従う：

λ_jに対応する,k 次以上のジョルダンブロックの総数
$= \lambda_j$に対応する，鎖列 $C_{1,1}, C_{1,2}, C_{1,3}, C_{2,1}$中の k 階一般固有ベクトルの総数
$= (\lambda_j$に対応する，鎖列 $C_{1,1}, C_{1,2}, C_{1,3}, C_{2,1}$中の
k 階以下の一般固有ベクトルの総数$)$
$-(\lambda_j$に対応する，鎖列 $C_{1,1}, C_{1,2}, C_{1,3}, C_{2,1}$中の
$(k-1)$ 階以下の一般固有ベクトルの総数$)$
$= \dim N_k(\lambda_j) - \dim N_{k-1}(\lambda_j).$

とくに $k=1$ とおけば，$N_0 = \{\boldsymbol{0}\}$ ゆえ，

$$\lambda_j \text{ に対応するジョルダンブロックの総数} = \dim N_1(\lambda_j).$$

これは前節の公式 (10.3) に他ならない．さらに，

$$
\begin{aligned}
&\lambda_j \text{に対応する}, k\text{次ジョルダンブロックの総数}\\
&= (\lambda_j\text{に対応する}, k\text{次以上のジョルダンブロックの総数})\\
&\quad -(\lambda_j\text{に対応する}, (k+1)\text{次以上のジョルダンブロックの総数})\\
&= (\dim N_k(\lambda_j) - \dim N_{k-1}(\lambda_j)) - (\dim N_{k+1}(\lambda_j) - \dim N_k(\lambda_j))\\
&= 2\dim N_k(\lambda_j) - \dim N_{k-1}(\lambda_j) - \dim N_{k+1}(\lambda_j).
\end{aligned}
$$

これは前節の公式 (10.2) に他ならない.

以上は特定の例についての分析であるが，これらの結果が一般の場合に拡張可能であることは明らかであろう.

10.3　1次独立性に関する補題

前節で示したように，ジョルダン分解を構築するにはジョルダン鎖列を必要な数だけ構築すればよい．このために不可欠な概念が「与えられた部分空間から1次独立なベクトル」の概念である．以下で示すように，これは通常の1次独立性の概念の拡張になっている.

任意のベクトル空間内のベクトルの集合 $\{\boldsymbol{a}_1, \ldots, \boldsymbol{a}_l\}$ が与えられた**部分空間 M から1次独立である**（記号で $\{\boldsymbol{a}_1, \ldots, \boldsymbol{a}_l\} \perp M$（これはこの章だけで使う便宜上の記号である））とは，$c_1\boldsymbol{a}_1 + \cdots + c_l\boldsymbol{a}_l \in M$ となるのが $c_1 = \cdots = c_l = 0$ のときに限ることをいう.

とくに，$M = \{\boldsymbol{0}\}$ なら通常の1次独立性の定義に戻ることは明らかである．また，特定の部分空間から1次独立なベクトルは通常の意味で1次独立であることも明らかである.

次の例からわかるように，「M から1次独立なベクトル $\boldsymbol{a}_1, \ldots, \boldsymbol{a}_l$」と「$M$ 外の1次独立なベクトル $\boldsymbol{a}_1, \ldots, \boldsymbol{a}_l$」とは似て非なるものである.

例 10.4　$\left\{\boldsymbol{a}_1 = [1,\,1]^{\mathrm{T}},\, \boldsymbol{a}_2 = [1,\,-1]^{\mathrm{T}}\right\}$ は $M = \mathrm{span}\left\{[1,\,0]^{\mathrm{T}}\right\}$ 外に存在し，かつ1次独立であるが，$1\cdot\boldsymbol{a}_1 + 1\cdot\boldsymbol{a}_2 = [2,\,0]^{\mathrm{T}} \in M$ であるから，$\{\boldsymbol{a}_1, \boldsymbol{a}_2\} \perp M$ とはいえない.

次に示す補題10.5，補題10.8はジョルダン鎖列構築の中心部を担う重要な補題である.

補題 10.5 $\{\boldsymbol{a}_1, \ldots, \boldsymbol{a}_l\} \perp M \Leftrightarrow M$ の任意の基底 $\{\boldsymbol{b}_1, \ldots, \boldsymbol{b}_m\}$ に対して, $\{\boldsymbol{a}_1, \ldots, \boldsymbol{a}_l, \boldsymbol{b}_1, \ldots, \boldsymbol{b}_m\}$ は1次独立.

証明 $(\Rightarrow)$：$\{\boldsymbol{a}_1, \ldots, \boldsymbol{a}_l\} \perp M$ を仮定し，$\alpha_1 \boldsymbol{a}_1 + \cdots + \alpha_l \boldsymbol{a}_l + \beta_1 \boldsymbol{b}_1 + \cdots + \beta_m \boldsymbol{b}_m = \boldsymbol{0}$ を満たすスカラー $\alpha_1, \ldots, \beta_m$ がすべて 0 であることをいえばよい．実際，上式を変形すれば，$\alpha \boldsymbol{a}_1 + \cdots + \alpha_l \boldsymbol{a}_l = -\beta_1 \boldsymbol{b}_1 - \cdots - \beta_m \boldsymbol{b}_m \in M$ （$\because \{\boldsymbol{b}_1, \ldots, \boldsymbol{b}_m\}$ は M の基底）．ゆえに $\alpha \boldsymbol{a}_1 + \cdots + \alpha_l \boldsymbol{a}_l \in M$．$\{\boldsymbol{a}_1, \ldots, \boldsymbol{a}_l\} \perp M$ であるので，これは $\alpha_1 = \cdots = \alpha_l = 0$ を意味する．すると，最初の式より $\beta_1 \boldsymbol{b}_1 + \cdots + \beta_m \boldsymbol{b}_m = \boldsymbol{0}$. $\{\boldsymbol{b}_1, \ldots, \boldsymbol{b}_m\}$ は M の基底ゆえ，$\beta_1 = \cdots = \beta_m = 0$.
$(\Leftarrow)$：練習問題とする． ■

例 10.6 $S \subsetneq T$ を与えられたベクトル空間内の部分空間, $s = \dim S < \dim T = t$, $t - s = r$ とし，S の任意の基底を $\{\boldsymbol{s}_1, \ldots, \boldsymbol{s}_s\}$ とすれば，これに T 内から適当に選んだ r 個のベクトル $\{\boldsymbol{t}_1, \ldots, \boldsymbol{t}_r\}$ を付加して $\boldsymbol{T}$ の基底とすることができる（「$S \subsetneq T$」は「$S \subseteq T$ かつ $S \neq T$」を意味するものとする）．すると，補題 10.5 により $\{\boldsymbol{t}_1, \ldots, \boldsymbol{t}_r\} \perp \boldsymbol{S}$ が成り立つ．この事実はのちほどよく使う．

例 10.7 $\boldsymbol{V} = [\boldsymbol{v}_1, \ldots, \boldsymbol{v}_n]$ を n 次可逆行列とすれば，$\{\boldsymbol{v}_1, \ldots, \boldsymbol{v}_n\}$ は1次独立であるから，その任意の分割 $P \cup Q = \{\boldsymbol{v}_1, \ldots, \boldsymbol{v}_n\}$, $P \cap Q = \emptyset$, $P \neq \emptyset$, $Q \neq \emptyset$ に対して，$P \perp \operatorname{span} Q$ が成り立つ．

補題 10.8 λ_1 を与えられた行列 $\boldsymbol{A}$ の任意の固有値，$\boldsymbol{B} \equiv \boldsymbol{A} - \lambda_1 \boldsymbol{I}$ とし，$\boldsymbol{B}^k$ の零空間（$= \lambda_1$ に対応する k 階一般固有空間）を N_k $(k = 1, 2, \ldots)$ と書くと，$\{\boldsymbol{x}, \boldsymbol{y}, \ldots\} \perp N_k$ が真なら $\{\boldsymbol{B}\boldsymbol{x}, \boldsymbol{B}\boldsymbol{y}, \ldots\} \perp N_{k-1}$ も真である．

証明 $c_1 \boldsymbol{B}\boldsymbol{x} + c_2 \boldsymbol{B}\boldsymbol{y} + \cdots \in N_{k-1} \Rightarrow \boldsymbol{B}^{k-1}(c_1 \boldsymbol{B}\boldsymbol{x} + c_2 \boldsymbol{B}\boldsymbol{y} + \cdots) = \boldsymbol{0} \Rightarrow \boldsymbol{B}^k(c_1 \boldsymbol{x} + c_2 \boldsymbol{y} + \cdots) = \boldsymbol{0} \Rightarrow c_1 \boldsymbol{x} + c_2 \boldsymbol{y} + \cdots \in N_k \Rightarrow c_1 = c_2 = \cdots = 0$ $(\because \{\boldsymbol{x}, \boldsymbol{y}, \ldots\} \perp N_k)$. これは $\{\boldsymbol{x}, \boldsymbol{y}, \ldots\} \perp N_k$ なら，$\{\boldsymbol{B}\boldsymbol{x}, \boldsymbol{B}\boldsymbol{y}, \ldots\} \perp N_{k-1}$ が成り立つことを示す． ■

次の補題 10.9 は異なる固有値が共存する場合を扱うために必要となる．

補題 10.9 与えられた n 次行列 $\boldsymbol{A}$ の相異なる固有値を $\lambda_1, \ldots, \lambda_p$，それぞれの重複度を $n_1, \ldots, n_p$ とする．すなわち，$\boldsymbol{A}$ の特性多項式を $\det(\boldsymbol{A} - \lambda \boldsymbol{I}) = (\lambda_1 - \lambda)^{n_1} \cdots (\lambda_p - \lambda)^{n_p}$ $(n_1 + \cdots + n_p = n)$ とする．任意の固有値 λ_1 に着目し，これまで同様，$\boldsymbol{B} = \boldsymbol{A} - \lambda_1 \boldsymbol{I}$, $N_k \equiv N_k(\lambda_1) = \boldsymbol{B}^k$ の零空間（$= \lambda_1$ に対応する k

階一般固有空間）とする．すると，包含関係

$$(*)\quad \{\mathbf{0}\} = N_0 \subsetneqq N_1 \subsetneqq \cdots \subsetneqq N_r = N_{r+1} = \cdots$$

を満たすような $r \leqslant n_1$ が一意的に定まる．ここに, $\dim N_r = \dim N_{r+1} = \cdots = n_1$ が成り立つ．すなわち，零空間 $N_1, N_2, \ldots$ は，次元がその固有値の重複度に達するまで膨張し続ける．ゆえにまた，一般固有ベクトルの最大階数は対応する固有値の重複度を超えない．

証明　n_1 個の λ_1 をすべて左上に集めた, $\boldsymbol{A}$ のシュア分解形 $\boldsymbol{Q}^*\boldsymbol{A}\boldsymbol{Q} \equiv \boldsymbol{T}$ $(\boldsymbol{Q}^*\boldsymbol{Q} = \boldsymbol{I})$ を考える．すると，直接計算により，$k \geqslant n_1$ なら

$$\begin{aligned}\boldsymbol{Q}^*\boldsymbol{B}^k\boldsymbol{Q} &= \boldsymbol{Q}^*(\boldsymbol{A} - \lambda_1\boldsymbol{I})^k\boldsymbol{Q} \\ &= (\boldsymbol{T} - \lambda_1\boldsymbol{I})^k = \begin{bmatrix} 0 \cdots & \mathbf{0} & & & & \\ \ddots & \cdots & & & & \\ \mathbf{0} & 0 & \cdots & & & \\ & & (\lambda_2 - \lambda_1)^k & \cdots & & \\ & & & \ddots & \cdots & \\ \mathbf{0} & & & & & (\lambda_p - \lambda_1)^k \end{bmatrix}\end{aligned}$$

ここに, $(\boldsymbol{T} - \lambda_1\boldsymbol{I})^k$ の最初の n_1 列はすべて $\mathbf{0}$，また $\lambda_2 - \lambda_1 \neq 0, \ldots, \lambda_p - \lambda_1 \neq 0$ である．これより, $k \geqslant n_1$ なら, $\boldsymbol{B}^k\boldsymbol{x} = \mathbf{0}$ の解は $\boldsymbol{Q}$ の最初の n_1 列の 1 次結合全体で与えられることがわかる．すなわち，$N_{n_1} = N_{n_1+1} = \cdots = \mathrm{span}\{\boldsymbol{q}_1, \ldots, \boldsymbol{q}_{n_1}\}$ $(\dim N_{n_1} = n_1)$ が成り立つ．一方，一旦 $N_r = N_{r+1}$ が成立すれば，$N_r = N_{r+1} = N_{r+2} = \cdots$ が成立する．実際，任意の $k = 2, 3, \ldots$ に対して $\mathbf{0} = \boldsymbol{B}^{r+k}\boldsymbol{x} = \boldsymbol{B}^{r+1}(\boldsymbol{B}^{k-1}\boldsymbol{x}) \Rightarrow \mathbf{0} = \boldsymbol{B}^r(\boldsymbol{B}^{k-1}\boldsymbol{x}) = \boldsymbol{B}^{r+k-1}\boldsymbol{x} \Rightarrow \cdots \Rightarrow \mathbf{0} = \boldsymbol{B}^{r+1}\boldsymbol{x} \Rightarrow \mathbf{0} = \boldsymbol{B}^r\boldsymbol{x}$. 以上を総合すれば，包含関係 $(*)$ を満たす自然数 r が一意的に定まることは明らかである．■

10.4　単一固有値を持つ行列のジョルダン分解 Part I

この節では，与えられた n 次行列 $\boldsymbol{A}$ が単一固有値 λ_1 を持つ場合を考え，$\dim N_k$ $(k = 1, 2, \ldots)$ の値がわかれば，前節の補題を使ってジョルダン分解 $\boldsymbol{A} = \boldsymbol{V}\boldsymbol{J}\boldsymbol{V}^{-1}$ を構築できることを示す．ここに，$N_k \equiv N_k(\lambda_1)$ はこれまで通り $\boldsymbol{B}^k \equiv (\boldsymbol{A} - \lambda_1\boldsymbol{I})^k$ の零空間（すなわち，k 階一般固有空間）を表す．

まず，λ_1 の重複度は n であるから，前節の補題 10.9 により，包含関係 $\{\mathbf{0}\} = N_0 \subsetneqq N_1 \subsetneqq \cdots \subsetneqq N_r = N_{r+1} = \cdots = \mathbb{C}^n$ を満たすような自然数 $r\,(\leqslant n)$ が一意的に定まる．

例として，$n = 7$ とし，与えられた 7 次行列 $\boldsymbol{A}$ が単一固有値 λ_1（7 重固有値）のみを持ち，

$$(*)\quad \dim N_1 = 3 < \dim N_2 = 5 < \dim N_3 = 6 < \dim N_4 = \dim N_5 = \cdots = 7$$

とする．ジョルダン分解の構築手続きを以下に示す．

(I) $(*)$ より，一般固有ベクトルの最高階数は 4 である．そして，$\dim N_4 - \dim N_3 = 7 - 6 = 1$ だから，前節の補題 10.5 により，$\{\boldsymbol{w}\} \perp N_3$ を満たす $\boldsymbol{w} \in N_4$ がとれる．これを頂点とする以下の鎖列を作る：

$$C_1 \equiv \{\boldsymbol{B}^3\boldsymbol{w},\, \boldsymbol{B}^2\boldsymbol{w},\, \boldsymbol{B}\boldsymbol{w},\, \boldsymbol{w}\} \quad (\boldsymbol{B}^3\boldsymbol{w} \neq \mathbf{0},\, \boldsymbol{B}^4\boldsymbol{w} = \mathbf{0}).$$

前節の補題 10.8 により以下の関係が成り立つ：

$$\{\boldsymbol{B}\boldsymbol{w}\} \perp N_2,\, \{\boldsymbol{B}^2\boldsymbol{w}\} \perp N_1,\, \{\boldsymbol{B}^3\boldsymbol{w}\} \perp N_0 = \{\mathbf{0}\}.$$

(II) $\dim N_3 - \dim N_2 = 6 - 5 = 1$ だから，$\{\boldsymbol{x}\} \perp N_2$ を満たす $\boldsymbol{x} \in N_3$ が 1 個とれる（2 個はとれない）．このような $\boldsymbol{x}$ として $\boldsymbol{B}\boldsymbol{w} \in C_1$ がすでに存在する．したがって，この段階ではこれ以上何もしない．

(III) $\dim N_2 - \dim N_1 = 5 - 3 = 2$ だから，$\{\boldsymbol{y},\, \boldsymbol{z}\} \perp N_1$ を満たす $\boldsymbol{y},\, \boldsymbol{z} \in N_2$ が 2 個とれる（3 個はとれない）．このようなベクトルの 1 つとして，すでに $\boldsymbol{B}^2\boldsymbol{w} \in C_1$ が存在する．そこで，$\boldsymbol{y} = \boldsymbol{B}^2\boldsymbol{w}$ とし，$\{\boldsymbol{B}^2\boldsymbol{w},\, \boldsymbol{z}\} \perp N_1$ を満たす $\boldsymbol{z} \in N_2$ を選び，これを頂点とする以下の鎖列を作る．

$$C_2 = \{\boldsymbol{z},\, \boldsymbol{B}\boldsymbol{z}\} \quad (\boldsymbol{B}\boldsymbol{z} \neq \mathbf{0},\, \boldsymbol{B}^2\boldsymbol{z} = \mathbf{0}).$$

(IV) $\dim N_1 - \dim N_0 = 3 - 0 = 3$ $(N_0 = \{\mathbf{0}\})$ だから，$\{\boldsymbol{t},\, \boldsymbol{u},\, \boldsymbol{v}\} \perp N_0$ を満たす $\boldsymbol{t},\, \boldsymbol{u},\, \boldsymbol{v} \in N_1$ が 3 個とれる（4 個はとれない）．このような $\boldsymbol{t},\, \boldsymbol{u}$ として，すでに鎖列 $C_1,\, C_2$ 中に $\boldsymbol{B}^3\boldsymbol{w} \in C_1,\, \boldsymbol{B}\boldsymbol{z} \in C_2$ が存在する（前節補題 10.8）．そこで，$\{\boldsymbol{B}^3\boldsymbol{w},\, \boldsymbol{B}\boldsymbol{z},\, \boldsymbol{v}\} \perp N_0$ を満たす $\boldsymbol{v} \in N_1$ を選ぶ．そして以下の鎖列を作る．

$$C_3 = \{\boldsymbol{v}\} \quad (\boldsymbol{v} \neq \mathbf{0},\, \boldsymbol{B}\boldsymbol{v} = \mathbf{0}).$$

(V)　$\boldsymbol{V} \equiv \left[\boldsymbol{v}, \boldsymbol{Bz}, \boldsymbol{z}, \boldsymbol{B}^3\boldsymbol{w}, \boldsymbol{B}^2\boldsymbol{w}, \boldsymbol{Bw}, \boldsymbol{w}\right]$ を作る．すると，これまでに何度も行った計算により，以下の関係が得られる：

$$(**)\qquad \boldsymbol{AV} = \boldsymbol{V}\,\mathrm{diag}\left(\begin{bmatrix}\lambda_1\end{bmatrix}, \begin{bmatrix}\lambda_1 & 1\\ 0 & \lambda_1\end{bmatrix}, \begin{bmatrix}\lambda_1 & 1 & 0 & 0\\ 0 & \lambda_1 & 1 & 0\\ 0 & 0 & \lambda_1 & 1\\ 0 & 0 & 0 & \lambda_1\end{bmatrix}\right)$$
$$\equiv \boldsymbol{V}\,\mathrm{diag}\left(\boldsymbol{J}_1, \boldsymbol{J}_2, \boldsymbol{J}_3\right) \equiv \boldsymbol{VJ}$$

(VI)　残る作業は $\boldsymbol{V}$ の可逆性，すなわち，$\boldsymbol{V}$ の列全体が 1 次独立であること，すなわち，

$$a_1\boldsymbol{w} + a_2\boldsymbol{Bw} + a_3\boldsymbol{B}^2\boldsymbol{w} + a_4\boldsymbol{B}^3\boldsymbol{w} + b_1\boldsymbol{z} + b_2\boldsymbol{Bz} + c_1\boldsymbol{v} = \boldsymbol{0} \Rightarrow a_1 = \cdots = c_1 = 0$$

を示すことのみである．まず，$a_1\boldsymbol{w} = -a_2\boldsymbol{Bw} - \cdots \in N_3$（$\because \boldsymbol{B}^3\{-a_2\boldsymbol{Bw} - \cdots\} = \boldsymbol{0}$）に $\{\boldsymbol{w}\} \perp N_3$ を考慮すると，$a_1 = 0$ が従う．これを使うと，$a_2\boldsymbol{Bw} = -a_3\boldsymbol{B}^2\boldsymbol{w} - \cdots \in N_2$（$\because \boldsymbol{B}^2\{-a_3\boldsymbol{B}^2\boldsymbol{w} - \cdots\} = \boldsymbol{0}$）．$\boldsymbol{Bw} \perp N_2$ ゆえ，$a_2 = 0$ が出る．$a_1 = a_2 = 0$ を使うと，$a_3\boldsymbol{B}^2\boldsymbol{w} + b_1\boldsymbol{z} = -a_4\boldsymbol{B}^3\boldsymbol{w} - b_2\boldsymbol{Bz} - c_1\boldsymbol{v} \in N_1$（$\because \boldsymbol{B}\{-a_4\boldsymbol{B}^3\boldsymbol{w} - \cdots\} = \boldsymbol{0}$）．(III) より $\{\boldsymbol{B}^2\boldsymbol{w}, \boldsymbol{z}\} \perp N_1$ であるから，$a_3 = b_1 = 0$ が従う．以上から，$a_4\boldsymbol{B}^3\boldsymbol{w} + b_2\boldsymbol{Bz} + c_1\boldsymbol{v} = \boldsymbol{0} \in N_0$．ところが (IV) から，$\{\boldsymbol{B}^3\boldsymbol{w}, \boldsymbol{Bz}, \boldsymbol{v}\} \perp N_0 = \{\boldsymbol{0}\}$（すなわち，$\{\boldsymbol{B}^3\boldsymbol{w}, \boldsymbol{Bz}, \boldsymbol{v}\}$ は 1 次独立）であるから，$a_4 = b_2 = c_1 = 0$ が出る．以上により，問題の 1 次結合の係数はすべて 0 であることが確認されたので，$\boldsymbol{V}$ の列は 1 次独立である．

以上により (**) がジョルダン分解を表すことがわかった．

一般に，$\boldsymbol{V}$ は一意的には定まらない．これは，これまでの構築法から明らかであろう．また，$\boldsymbol{X} = \left[\boldsymbol{B}^3\boldsymbol{w}, \boldsymbol{B}^2\boldsymbol{w}, \boldsymbol{Bw}, \boldsymbol{w}, \boldsymbol{v}, \boldsymbol{Bz}, \boldsymbol{z}\right]$ とすれば，

$$\boldsymbol{A} = \boldsymbol{XJ}'\boldsymbol{X}^{-1}, \quad \boldsymbol{J}' = \mathrm{diag}\left(\boldsymbol{J}_3, \boldsymbol{J}_2, \boldsymbol{J}_1\right)$$

が成り立つ．これもジョルダン分解である．

10.5　単一固有値を持つ行列のジョルダン分解 Part II

前節では例を使ってジョルダン分解の構築法を説明した．ここでは単一固有値の仮定はそのまま引継ぎ，これまでの成果を一般論の形に整理する．

与えられた行列を $\boldsymbol{A} \in \mathbb{C}^{n \times n}$ とし，特性多項式を $\det(\boldsymbol{A} - \lambda \boldsymbol{I}) = (\lambda_1 - \lambda)^n$ とする．これまで通り，$\boldsymbol{B} \equiv \boldsymbol{A} - \lambda_1 \boldsymbol{I}$, $N_k \equiv \boldsymbol{B}^k$ の零空間，$d_k = \dim N_k$, $f(k) = 2d_k - d_{k-1} - d_{k+1}$ とおく ($k = 1, 2, \ldots, N_0 \equiv \{\boldsymbol{0}\}$).

(I)　10.3 節，補題 10.9 により $\{\boldsymbol{0}\} = N_0 \subsetneqq N_1 \subsetneqq \cdots \subsetneqq N_r = N_{r+1} = \cdots$ を満たす自然数 $r \leqslant n$ が一意的に定まる．ここに，$\dim N_r = \dim N_{r+1} = \cdots = n$ が成り立つ．

(II)　(I) より，一般固有ベクトルの最高階数は r である．すると，$d_r = d_{r+1}$ となり，$f(r) = 2d_r - d_{r-1} - d_{r+1} = d_r - d_{r-1} = n - \dim N_{r-1}$．すると，10.3 節，補題 10.5 により $\{\boldsymbol{w}_1^{(r)}, \ldots, \boldsymbol{w}_{f(r)}^{(r)}\} \perp N_{r-1}$ を満たす $\boldsymbol{w}_1^{(r)}, \ldots, \boldsymbol{w}_{f(r)}^{(r)} \in N_r$ がとれる．そして，これらを頂点とする，$f(r)$ 個の鎖列を定義する：

$$C_1^{(r)} \equiv \left\{\boldsymbol{B}^{r-1}\boldsymbol{w}_1^{(r)}, \boldsymbol{B}^{r-2}\boldsymbol{w}_1^{(r)}, \ldots, \boldsymbol{B}\boldsymbol{w}_1^{(r)}, \boldsymbol{w}_1^{(r)}\right\}$$
$$(\boldsymbol{B}^{r-1}\boldsymbol{w}_1^{(r)} \neq \boldsymbol{0}, \boldsymbol{B}^r \boldsymbol{w}_1^{(r)} = \boldsymbol{0}),$$
$$\vdots$$
$$C_{f(r)}^{(r)} \equiv \left\{\boldsymbol{B}^{r-1}\boldsymbol{w}_{f(r)}^{(r)}, \boldsymbol{B}^{r-2}\boldsymbol{w}_{f(r)}^{(r)}, \ldots, \boldsymbol{B}\boldsymbol{w}_{f(r)}^{(r)}, \boldsymbol{w}_{f(r)}^{(r)}\right\}$$
$$(\boldsymbol{B}^{r-1}\boldsymbol{w}_{f(r)}^{(r)} \neq \boldsymbol{0}, \boldsymbol{B}^r \boldsymbol{w}_{f(r)}^{(r)} = \boldsymbol{0}).$$

これらは結果的に，r 次ジョルダンブロックに対応するジョルダン鎖列となる．

(III)　$\dim N_{r-1} - \dim N_{r-2} = d_{r-1} - d_{r-2}$ なので，10.3 節，補題 10.5 により，$\{\boldsymbol{x}, \boldsymbol{y}, \ldots\} \perp N_{n-2}$ を満たす $d_{r-1} - d_{r-2}$ 個のベクトル $\boldsymbol{x}, \boldsymbol{y}, \ldots \in N_{r-1}$ が存在する．しかし，$\boldsymbol{B}\boldsymbol{w}_1^{(r)}, \ldots, \boldsymbol{B}\boldsymbol{w}_{f(r)}^{(r)} \in N_{r-1}$ であり，10.3 節，補題 10.8 により，$\left\{\boldsymbol{B}w_1^{(r)}, \ldots, \boldsymbol{B}\boldsymbol{w}_{f(r)}^{(r)}\right\} \perp N_{r-2}$ である．ゆえに，これらに最大

$$d_{r-1} - d_{r-2} - f(r) = d_{r-1} - d_{r-2} - (d_r - d_{r-1}) = 2d_{r-1} - d_{r-2} - d_r = f(r-1)$$

個のベクトル $\boldsymbol{w}_1^{(r-1)}, \ldots, \boldsymbol{w}_{f(r-1)}^{(r-1)} \in N_{r-1}$ を，次の関係が成り立つように追加できる：$\left\{\boldsymbol{B}\boldsymbol{w}_1^{(r)}, \ldots, \boldsymbol{B}\boldsymbol{w}_{f(r)}^{(r)}, \boldsymbol{w}_1^{(r-1)}, \ldots, \boldsymbol{w}_{f(r-1)}^{(r-1)}\right\} \perp N_{r-2}$．($N_{r-2}$ の任意の基底に，$\boldsymbol{B}\boldsymbol{w}_1^{(r)}, \ldots, \boldsymbol{B}\boldsymbol{w}_{f(r)}^{(r)}, \boldsymbol{w}_1^{(r-1)}, \ldots, \boldsymbol{w}_{f(r-1)}^{(r-1)}$ という，$f(r) + f(r-1) = d_{r-1} - d_{r-2}$ 個のベクトルを追加すると N_{r-1} の基底となる.)

$\boldsymbol{w}_1^{(r-1)}, \ldots, \boldsymbol{w}_{f(r-1)}^{(r-1)}$ を頂点とする，$f(r-1)$ 個の鎖列を定義する：

$$C_1^{(r-1)} \equiv \left\{ \boldsymbol{B}^{r-2}\boldsymbol{w}_1^{(r-1)},\, \boldsymbol{B}^{r-3}\boldsymbol{w}_1^{(r-1)},\, \ldots,\, \boldsymbol{B}\boldsymbol{w}_1^{(r-1)},\, \boldsymbol{w}_1^{(r-1)} \right\}$$
$$\left(\boldsymbol{B}^{r-2}\boldsymbol{w}_1^{(r-1)} \neq \boldsymbol{0},\, \boldsymbol{B}^{r-1}\boldsymbol{w}_1^{(r-1)} = \boldsymbol{0}\right),$$
$$\vdots$$
$$C_1^{(r-1)} \equiv \left\{ \boldsymbol{B}^{r-2}\boldsymbol{w}_{f(r-1)}^{(r-1)},\, \boldsymbol{B}^{r-3}\boldsymbol{w}_{f(r-1)}^{(r-1)},\, \ldots,\, \boldsymbol{B}w_{f(r-1)}^{(r-1)},\, \boldsymbol{w}_{f(r-1)}^{(r-1)} \right\}$$
$$\left(\boldsymbol{B}^{r-2}\boldsymbol{w}_{f(r-1)}^{(r-1)} \neq \boldsymbol{0},\, \boldsymbol{B}^{r-1}\boldsymbol{w}_{f(r-1)}^{(r-1)} = \boldsymbol{0}\right).$$

これらは結果的に $(r-1)$ 次ジョルダンブロックに対応するジョルダン鎖列を表すことになる．

(IV)　以下，これまでと同様の作業を繰り返す．結果を表の形にまとめて示すと：

$$C_1^{(r)} \equiv \left\{ \boldsymbol{B}^{r-1}\boldsymbol{w}_1^{(r)},\, \boldsymbol{B}^{r-2}\boldsymbol{w}_1^{(r)},\, \ldots,\, \boldsymbol{B}\boldsymbol{w}_1^{(r)},\, \boldsymbol{w}_1^{(r)} \right\}$$
$$\left(\boldsymbol{B}^{r-1}\boldsymbol{w}_1^{(r)} \neq \boldsymbol{0},\, \boldsymbol{B}^{r}\boldsymbol{w}_1^{(r)} = \boldsymbol{0}\right),$$
$$\vdots$$
$$C_{f(r)}^{(r)} \equiv \left\{ \boldsymbol{B}^{r-1}\boldsymbol{w}_{f(r)}^{(r)},\, \boldsymbol{B}^{r-2}\boldsymbol{w}_{f(r)}^{(r)},\, \ldots,\, \boldsymbol{B}\boldsymbol{w}_{f(r)}^{(r)},\, \boldsymbol{w}_{f(r)}^{(r)} \right\}$$
$$\left(\boldsymbol{B}^{r-1}\boldsymbol{w}_{f(r)}^{(r)} \neq \boldsymbol{0},\, \boldsymbol{B}^{r}\boldsymbol{w}_{f(r)}^{(r)} = \boldsymbol{0}\right),$$
$$C_1^{(r-1)} \equiv \left\{ \boldsymbol{B}^{r-2}\boldsymbol{w}_1^{(r-1)},\, \boldsymbol{B}^{r-3}\boldsymbol{w}_1^{(r-1)},\, \ldots,\, \boldsymbol{B}\boldsymbol{w}_1^{(r-1)},\, \boldsymbol{w}_1^{(r-1)} \right\}$$
$$\left(\boldsymbol{B}^{r-2}\boldsymbol{w}_1^{(r-1)} \neq \boldsymbol{0},\, \boldsymbol{B}^{r-1}\boldsymbol{w}_1^{(r-1)} = \boldsymbol{0}\right),$$
$$\vdots$$
$$C_{f(r)}^{(r-1)} \equiv \left\{ \boldsymbol{B}^{r-2}\boldsymbol{w}_{f(r-1)}^{(r-1)},\, \boldsymbol{B}^{r-3}\boldsymbol{w}_{f(r-1)}^{(r-1)},\, \ldots,\, \boldsymbol{B}w_{f(r-1)}^{(r-1)},\, \boldsymbol{w}_{f(r-1)}^{(r-1)} \right\}$$
$$\left(\boldsymbol{B}^{r-2}\boldsymbol{w}_{f(r-1)}^{(r-1)} \neq \boldsymbol{0},\, \boldsymbol{B}^{r-1}\boldsymbol{w}_{f(r-1)}^{(r-1)} = \boldsymbol{0}\right),$$
$$\vdots$$
$$C_1^{(1)} \equiv \left\{ \boldsymbol{w}_1^{(1)} \right\} \quad \left(\boldsymbol{w}_1^{(1)} \neq \boldsymbol{0},\, \boldsymbol{B}\boldsymbol{w}_1^{(1)} = \boldsymbol{0}\right),$$
$$\vdots$$
$$C_{f(1)}^{(1)} \equiv \left\{ \boldsymbol{w}_{f(1)}^{(1)} \right\} \quad \left(\boldsymbol{w}_{f(1)}^{(1)} \neq \boldsymbol{0}, \boldsymbol{B}\boldsymbol{w}_{f(1)}^{(1)} = \boldsymbol{0}\right).$$

この表中のベクトルの総数は n に等しい．実際，同一階数のベクトルを数えていくと，総数 $= f(r) + \{f(r) + f(r-1)\} + \{f(r) + f(r-1) + f(r-2)\} + \cdots + \{f(r) + \cdots + f(1)\} = (d_r - d_{r-1}) + (d_{r-1} - d_{r-2}) + \cdots + (d_1 - d_0) = d_r = \dim N_r = n$．前節で使った論法を使えば「表中のベクトルは全体として 1 次独立である」ことが証明される．実際，「上の表中のすべてのベクトルの 1 次結合 $= \boldsymbol{0}$」とおいた式

を考え，これを r 階一般固有ベクトル $\boldsymbol{w}_1^{(r)}, \ldots, \boldsymbol{w}_{f(r)}^{(r)}$ の 1 次結合 $=(r-1)$ 階以下の一般固有ベクトルの 1 次結合の形に変形すれば，$\{\boldsymbol{w}_1^{(r)}, \ldots, \boldsymbol{w}_{f(r)}^{(r)}\} \perp N_{r-1}$ ゆえ，左辺の係数はすべて 0 でなければならない．ゆえに，上式は「表中の $(r-1)$ 階以下の一般固有ベクトルの 1 次結合 $=\mathbf{0}$」となる．上と同様に進めば，問題の 1 次独立性が証明される．

(V)　n 次行列 $\boldsymbol{V} = \left[\text{“}C_1^{(r)}\text{”} \ldots \text{“}C_{f(r)}^{(r)}\text{”} \ldots\ldots \text{“}C_1^{(1)}\text{”} \ldots \text{“}C_{f(1)}^{(1)}\text{”}\right]$ を定義する．ただし “$C_1^{(r)}$”, ... は，それぞれ，鎖列 $C_1^{(r)}, \ldots$ を構成するベクトルを順に並べて得られる $n \times r$ 行列，すなわち，$\left[\boldsymbol{B}^{r-1}\boldsymbol{w}_1^{(r)}, \boldsymbol{B}^{r-2}\boldsymbol{w}_1^{(r)}, \ldots, \boldsymbol{B}\boldsymbol{w}_1^{(r)}, \boldsymbol{w}_1^{(r)}\right], \ldots$ を表す．すると

$$\boldsymbol{A}\boldsymbol{V} = \boldsymbol{V}\boldsymbol{J}, \quad \boldsymbol{J} = \operatorname{diag}\left(\boldsymbol{J}_1^{(r)}, \ldots, \boldsymbol{J}_{f(r)}^{(r)}, \ldots, \boldsymbol{J}_1^{(1)}, \ldots, \boldsymbol{J}_{f(1)}^{(1)}\right).$$

ここに

$$\boldsymbol{J}_1^{(r)} = \cdots = \boldsymbol{J}_{f(r)}^{(r)} = \begin{bmatrix} \lambda_1 & 1 & & \mathbf{0} \\ & \lambda_1 & \ddots & \\ & & \ddots & 1 \\ \mathbf{0} & & & \lambda_1 \end{bmatrix} \quad (r \times r \text{ 行列}),$$

$$\vdots$$

$$\boldsymbol{J}_1^{(1)} = \cdots = \boldsymbol{J}_{f(1)}^{(1)} = [\lambda_1] \quad (1 \times 1 \text{ 行列}).$$

すでに証明したように，$\boldsymbol{V}$ の列は全体として 1 次独立であるから，$\boldsymbol{V}$ は可逆行列であり，上式はジョルダン分解 $\boldsymbol{A} = \boldsymbol{V}\boldsymbol{J}\boldsymbol{V}^{-1}$ と同値である．

以上で単一固有値の場合のジョルダン分解の構築の話が済んだので，次節では数個の異なる固有値を持つ行列のジョルダン分解の構築の話に移るが，これまでの話に付け加えるべきは，異なる固有値ごとにこれまでの方法を適用し，結果を総合することだけに過ぎない．

10.6　異なる固有値を持つ行列のジョルダン分解

いま，$\boldsymbol{A}$ を与えられた n 次行列，$\lambda_1, \ldots, \lambda_p$ を相異なる固有値，それぞれの重複度を $n_1, \ldots, n_p$ とする．すなわち，$\det(\boldsymbol{A} - \lambda\boldsymbol{I}) = (\lambda_1 - \lambda)^{n_1} \cdots (\lambda_p - \lambda)^{n_p}$ $(n_1 + \cdots + n_p = n)$ とする．いま，$\boldsymbol{B}_i = \boldsymbol{A} - \lambda_i\boldsymbol{I}$, $N_k(\lambda_i) = \boldsymbol{B}_i^k$ の零空間 $(= \lambda_i$ に

対応する k 階一般固有空間）とすれば，10.3 節，補題 10.9 により，$\{\mathbf{0}\} = N_0(\lambda_i) \subsetneqq N_1(\lambda_i) \subsetneqq \cdots \subsetneqq N_{r(i)}(\lambda_i) = N_{r(i)+1}(\lambda_i) = \cdots$, $\dim N_{r(i)}(\lambda_i) = \dim N_{r(i)+1}(\lambda_i) = \cdots = n_i$ を満たすような自然数 $r(i) \leqslant n_i$ が一意的に定まる $(i = 1, \ldots, p)$.

(I)　前節と全く同一の方法を用いて，異なる固有値 λ_i $(i = 1, \ldots, p)$ ごとに部分的なジョルダン分解を構築する：

$$\boldsymbol{A}\boldsymbol{V}^{(i)} = \boldsymbol{V}^{(i)}\boldsymbol{J}^{(i)}, \quad \boldsymbol{J}^{(i)} = \mathrm{diag}\left(\boldsymbol{J}_1^{(i)}, \boldsymbol{J}_2^{(i)}, \ldots\right) : n_i \times n_i.$$

ここに $\boldsymbol{J}_1^{(i)}, \ldots$ の形は $[\lambda_i]$ または $\begin{bmatrix} \lambda_i & 1 & \mathbf{0} \\ & \ddots & \ddots \\ \mathbf{0} & & \lambda_i \end{bmatrix}$（2 次以上の場合）であり，$\boldsymbol{V}^{(i)}$ は λ_i に対応する 1 次独立な一般固有ベクトル n_i 個の列から構成される $n \times n_i$ 行列を表す.

(II)　(I) で得られた結果を統合する．すなわち，n 次行列 $\boldsymbol{V} = \left[\boldsymbol{V}^{(1)}, \ldots, \boldsymbol{V}^{(p)}\right]$ $(n_1 + \cdots + n_p = n)$ を定義すれば，$\boldsymbol{A}\boldsymbol{V} = \boldsymbol{V}\boldsymbol{J}$, $\boldsymbol{J} = \mathrm{diag}\left(\boldsymbol{J}^{(1)}, \ldots, \boldsymbol{J}^{(p)}\right)$ が成り立つことは明らかである．しかも，以下で示すように，$\boldsymbol{V}$ の列は 1 次独立である．ゆえに，$\boldsymbol{V}^{-1}$ は確かに存在し，最後の式はジョルダン分解 $\boldsymbol{A} = \boldsymbol{V}\boldsymbol{J}\boldsymbol{V}^{-1}$ と同値となる.

$\boldsymbol{V}$ の列が 1 次独立であることを示す．そこで列全体の 1 次結合 $= \mathbf{0}$ と置いた式

$$(*) \quad \boldsymbol{V}^{(1)}\boldsymbol{c}^{(1)} + \cdots + \boldsymbol{V}^{(p)}\boldsymbol{c}^{(p)} = \mathbf{0}$$

を考える．ここに $\boldsymbol{c}^{(1)} = \left[c_1^{(1)}, \ldots, c_{n_1}^{(1)}\right]^{\mathrm{T}}, \ldots$ は未知係数からなるベクトルを表す．$\boldsymbol{c}^{(1)} = \mathbf{0}$ を示せば十分である．仮に $\boldsymbol{c}^{(1)} \neq \mathbf{0}$ とすれば，$\boldsymbol{V}^{(1)}$ の列の 1 次独立性より $\boldsymbol{V}^{(1)}\boldsymbol{c}^{(1)} \neq \mathbf{0}$ となり，これは固有値 λ_1 に対応する一般固有ベクトルの 1 次結合だから，やはり固有値 λ_1 に対応する一般固有ベクトルを表す．その階数を m $(1 \leqslant m \leqslant n_1)$ とすれば,

$$\boldsymbol{v} \equiv (\boldsymbol{A} - \lambda_1\boldsymbol{I})^{m-1}\boldsymbol{V}^{(1)}\boldsymbol{c}^{(1)} \neq \mathbf{0}, \quad (\boldsymbol{A} - \lambda_1\boldsymbol{I})\boldsymbol{v} = \mathbf{0} \quad (\boldsymbol{A}\boldsymbol{v} = \lambda_1\boldsymbol{v})$$

が成り立つ．次に，$f_1(\boldsymbol{A}) \equiv (\boldsymbol{A} - \lambda_1\boldsymbol{I})^{m-1}(\boldsymbol{A} - \lambda_2\boldsymbol{I})^{n_2} \cdots (\boldsymbol{A} - \lambda_p\boldsymbol{I})^{n_p}$ を $(*)$ に左から乗じると

$$\begin{aligned} (**) \quad \mathbf{0} &= f_1(\boldsymbol{A})(\boldsymbol{V}^{(1)}\boldsymbol{c}^{(1)} + \cdots + \boldsymbol{V}^{(p)}\boldsymbol{c}^{(p)}) \\ &= f_1(\boldsymbol{A})\boldsymbol{V}^{(1)}\boldsymbol{c}^{(1)} + f_1(\boldsymbol{A})\boldsymbol{V}^{(2)}\boldsymbol{c}^{(2)} + \cdots + f_1(\boldsymbol{A})\boldsymbol{V}^{(p)}\boldsymbol{c}^{(p)}. \end{aligned}$$

$f_1(\boldsymbol{A})$ の中の各因子は互いに可換であり，$i=2,\ldots,p$ に対して $\boldsymbol{V}^{(i)}$ の各列は λ_i に対応する高々 n_i 階の一般固有ベクトルゆえ，$(\boldsymbol{A}-\lambda_i\boldsymbol{I})^{n_i}\boldsymbol{V}^{(i)}=\boldsymbol{0}$ $(i=2,\ldots,p)$．ゆえに，$f_1(\boldsymbol{A})\boldsymbol{V}^{(i)}\boldsymbol{c}^{(i)}=\boldsymbol{0}$ $(i=2,\ldots,p)$ が出る．一方，$f_1(\boldsymbol{A})\boldsymbol{V}^{(1)}\boldsymbol{c}^{(1)}$ は，$\boldsymbol{Av}=\lambda_1\boldsymbol{v}$ ゆえ，

$$\begin{aligned}
f_1(\boldsymbol{A})\boldsymbol{V}^{(1)}\boldsymbol{c}^{(1)} &= (\boldsymbol{A}-\lambda_2\boldsymbol{I})^{n_2}\cdots(\boldsymbol{A}-\lambda_p\boldsymbol{I})^{n_p}(\boldsymbol{A}-\lambda_1\boldsymbol{I})^{m-1}\boldsymbol{V}^{(1)}\boldsymbol{c}^{(1)}\\
&= (\boldsymbol{A}-\lambda_2\boldsymbol{I})^{n_2}\cdots(\boldsymbol{A}-\lambda_p\boldsymbol{I})^{n_p}\boldsymbol{v}\\
&= (\lambda_1-\lambda_2)^{n_2}\cdots(\lambda_1-\lambda_p)^{n_p}\boldsymbol{v}.
\end{aligned}$$

以上により，$(**)$ 式より，$\boldsymbol{0}=(\lambda_1-\lambda_2)^{n_2}\cdots(\lambda_1-\lambda_p)^{n_p}\boldsymbol{v}$ が出る．$\lambda_1,\ldots,\lambda_p$ は相異なるから，これは $\boldsymbol{v}=\boldsymbol{0}$ を意味する．しかしこれは $\boldsymbol{v}\neq\boldsymbol{0}$ と矛盾する．

以上によって 10.1 節で述べたジョルダン分解の一般形が完全に証明された．ジョルダン分解は，述べ方は簡単だが，証明には手間を要した．こういう定理は応用性に富むのが普通である．応用の説明は次の章で行う．

最後にひとこと

ジョルダン分解 $\boldsymbol{A}=\boldsymbol{VJV}^{-1}$ の理解は，これを $\boldsymbol{AV}=\boldsymbol{VJ}$ と書き直し，対応する列を等置し，$\boldsymbol{V}$ の列が鎖列の合併集合をなすこと，各鎖列（ジョルダン鎖列）とジョルダンブロックが 1 対 1 対応をなすことに着目することから始まる．わからなくなったら，もう一度この出発点に帰ればよい．$\boldsymbol{J}$ は異なる固有値ごとに各階の一般固有空間の次元がわかれば確定する．$\boldsymbol{V}$ は各階の一般固有空間内のベクトルから巧妙な手続きで構築される．次の章ではジョルダン分解の応用を扱う．

腕試し問題

問題 10.1　ある 10 次行列 $\boldsymbol{A}$ のジョルダン分解が次式によってあたえられるという：

$$\boldsymbol{A}=\boldsymbol{V}\,\mathrm{diag}\,(\boldsymbol{J}_1,\ldots,\boldsymbol{J}_5)\boldsymbol{V}^{-1}\in\mathbb{C}^{10\times10},\quad \boldsymbol{V}=[\boldsymbol{v}_1,\ldots,\boldsymbol{v}_{10}]\in\mathbb{C}^{10\times10}.$$

ここに

$$\boldsymbol{J}_1=[2],\ \boldsymbol{J}_2=\begin{bmatrix}2&1\\0&2\end{bmatrix},\ \boldsymbol{J}_3=[3],\ \boldsymbol{J}_4=\begin{bmatrix}4&1\\0&4\end{bmatrix},\ \boldsymbol{J}_5=\begin{bmatrix}4&1&0&0\\0&4&1&0\\0&0&4&1\\0&0&0&4\end{bmatrix}.$$

(1) 次表の空欄を埋めよ：

固有値	対応する一般固有ベクトル	階数
2	$\boldsymbol{v}_1$ $\boldsymbol{v}_2$ $\boldsymbol{v}_3$	
	$\boldsymbol{v}_4$	1
4		1 2

(2) $(\boldsymbol{A}-2\boldsymbol{I})\boldsymbol{w}=\boldsymbol{v}_3$ を満たす $\boldsymbol{w}\in\mathbb{C}^{10}$ は存在しないことを示せ．同様に $(\boldsymbol{A}-3\boldsymbol{I})\boldsymbol{w}=\boldsymbol{v}_4$, $(\boldsymbol{A}-4\boldsymbol{I})\boldsymbol{w}=\boldsymbol{v}_6$, $(\boldsymbol{A}-4\boldsymbol{I})\boldsymbol{w}=\boldsymbol{v}_{10}$ も解を持たないことを示せ．以上はジョルダン鎖列の最大性を示す．

問題 10.2　ある 4 次行列 $\boldsymbol{A}$ の特性多項式は $\det(\boldsymbol{A}-\lambda\boldsymbol{I})=(3-\lambda)^4$ によって与えられるという．可能な $\boldsymbol{A}$ のジョルダン標準形をすべてあげよ．

問題 10.3　ある 10 次行列 $\boldsymbol{A}$ は単一固有値 λ_1 を持ち, $N_k\equiv$「$(\boldsymbol{A}-\lambda_1\boldsymbol{I})^k$ の零空間」$(k=1,2,\ldots)$ について，$\dim N_1=5$, $\dim N_2=8$, $\dim N_3=10$ が知られているという．$\boldsymbol{A}$ のジョルダン標準形を求めよ．

問題 10.4　ある 4 次行列 $\boldsymbol{A}$ は特性多項式 $\det(\boldsymbol{A}-\lambda\boldsymbol{I})=(1+\lambda)^4$ を持ち，4 階一般固有ベクトル $\boldsymbol{w}$ が存在するという．$\boldsymbol{A}$ のジョルダン分解を求めよ．

問題 10.5　3 次行列 $\boldsymbol{A}=\begin{bmatrix}2&-2&-1\\1&-1&-1\\-1&2&2\end{bmatrix}$ の特性多項式を求め，$\boldsymbol{A}$ の固有値は $\lambda_1=1$（3 重固有値）であることを示し，$\boldsymbol{A}$ のジョルダン分解 $\boldsymbol{A}=\boldsymbol{V}\boldsymbol{J}\boldsymbol{V}^{-1}$ を求めよ．

問題 10.6　与えられた 13 次行列 $\boldsymbol{A}$ について，$\det(\boldsymbol{A}-\lambda\boldsymbol{I})=(\lambda_1-\lambda)^{13}$ および $\dim N_1=7$, $\dim N_2=11$, $\dim N_3=13=\dim N_4=\cdots$ が知られているという．ここに，$N_k=(\boldsymbol{A}-\lambda_1\boldsymbol{I})^k$ の零空間 $(k=0,1,2,\ldots, N_0\equiv\{\boldsymbol{0}\})$．$\boldsymbol{A}$ のジョルダン分解を構築せよ．

問題 10.7　$\boldsymbol{A}=\begin{bmatrix}2&0&0&1&1&1\\0&2&0&0&1&1\\0&0&2&0&0&1\\0&0&0&2&0&1\\0&0&0&0&2&0\\0&0&0&0&0&2\end{bmatrix}$ のジョルダン分解を求めよ．

問題 10.8（コンパニオン行列のジョルダン標準形）　3 次方程式 $f(\lambda)\equiv\lambda^3-a_1\lambda^2-a_2\lambda-$

$a_3 = 0$（a_1, a_2, a_3 は既知複素数）のコンパニオン行列 $\boldsymbol{K} \equiv \begin{bmatrix} a_1 & a_2 & a_3 \\ 1 & 0 & 0 \\ 0 & 1 & 0 \end{bmatrix}$ の特性多項式は $\det(\boldsymbol{K} - \lambda \boldsymbol{I}) = -f(\lambda)$ なので，「$f(\lambda_1) = 0 \Leftrightarrow \lambda_1$ は $\boldsymbol{K}$ の固有値」が成り立つ（コンパニオン行列は 8.1 節の例 8.6 参照）．

(1)　λ_1 を $\boldsymbol{K}$ の固有値とすれば，対応する固有ベクトルは $[\lambda_1^2, \lambda_1, 1]^{\mathrm{T}}$ のスカラー倍に限られることを示せ（これより相異なる固有値に対応するジョルダンブロックは 1 個のみであることがわかる）．

(2)　与えられた n 次多項式を

$$f(\lambda) = \lambda^n - a_1\lambda^{n-1} - \cdots - a_n = (\lambda - \lambda_1)^{n_1} \cdots (\lambda - \lambda_p)^{n_p} \quad (n_1 + \cdots + n_p = n)$$

とする．ここに $\lambda_1, \ldots, \lambda_p$ は相異なる複素数を表す．すると，$f(\lambda)$ のコンパニオン行列

$\boldsymbol{K} \equiv \begin{bmatrix} a_1 & a_2 & \cdots & a_n \\ 1 & 0 & \cdots & 0 \\ & \ddots & \ddots & \vdots \\ \boldsymbol{0} & & 1 & 0 \end{bmatrix}$ の特性多項式は $\det(\boldsymbol{K} - \lambda\boldsymbol{I}) = (-1)^n f(\lambda)$ によって与えられることを示せ．また，$\boldsymbol{K}$ のジョルダン標準形は

$$\boldsymbol{J} = \begin{bmatrix} \boldsymbol{J}_1 & & \boldsymbol{0} \\ & \ddots & \\ \boldsymbol{0} & & \boldsymbol{J}_p \end{bmatrix}, \quad \boldsymbol{J}_1 = \begin{bmatrix} \lambda_1 & 1 & & \boldsymbol{0} \\ & \lambda_1 & \ddots & \\ & & \ddots & 1 \\ \boldsymbol{0} & & & \lambda_1 \end{bmatrix} : n_1 \times n_1, \cdots$$

によって与えられることを示せ．

(3)　$f(\lambda) = 0$ の根 $\lambda_1, \ldots, \lambda_n$ がすべて相異なるとき，$\boldsymbol{K}$ のジョルダン分解は

$$\boldsymbol{K} = \boldsymbol{V}\boldsymbol{J}\boldsymbol{V}^{-1}, \quad \boldsymbol{J} = \mathrm{diag}\,(\lambda_1, \ldots, \lambda_n), \quad \boldsymbol{V} = \begin{bmatrix} \lambda_1^{n-1} & \lambda_2^{n-1} & \cdots & \lambda_n^{n-1} \\ \lambda_1^{n-2} & \lambda_2^{n-2} & \cdots & \lambda_n^{n-2} \\ \vdots & \vdots & & \vdots \\ \lambda_1 & \lambda_2 & \cdots & \lambda_n \\ 1 & 1 & \cdots & 1 \end{bmatrix}$$

によって与えられることを示せ．また，

$$\det \boldsymbol{V} = \{(\lambda_1 - \lambda_2)(\lambda_1 - \lambda_3) \cdots (\lambda_1 - \lambda_n)\}\{(\lambda_2 - \lambda_3) \cdots (\lambda_2 - \lambda_n)\} \cdots (\lambda_{n-1} - \lambda_n)$$

を示せ．ここに，$\boldsymbol{V}$ は**ヴァンデルモンド行列** (Vandermonde matrix) と呼ばれる行列である．名は 18 世紀のフランス人数学者・音楽家，アレクサンドレ・テオフィール・ヴァンデルモンド (Alexandre-Théophile Vandermonde, 1735–96) に因む．

問題 10.9　多項式 $g(\lambda)$ が n 次行列 $\boldsymbol{A}$ の**最小多項式** (minimal polynomial) であるとはそれが $g(\boldsymbol{A}) = \boldsymbol{0}$ を満たす最小次の多項式であることをいう．いま，$\boldsymbol{A}$ の相異なる固有値を $\lambda_1, \ldots, \lambda_p$，特性多項式を $\det(\boldsymbol{A} - \lambda \boldsymbol{I}) = (\lambda_1 - \lambda)^{n_1} \cdots (\lambda_p - \lambda)^{n_p}$ $(n_1 + \cdots + n_p = n)$，固有値 λ_k に対応するジョルダンブロックの最大次数を l_k とすれば $(k = 1, \ldots, p)$，$\boldsymbol{A}$ の最小多項式は $g(\lambda) = c \cdot (\lambda - \lambda_1)^{l_1} \cdots (\lambda - \lambda_p)^{l_p}$ $(c \neq 0)$ によって与えられることを示せ．

問題 10.10　行列 $\boldsymbol{A} = \begin{bmatrix} a & \varepsilon \\ 0 & a \end{bmatrix}$ $(\varepsilon \neq 0)$ のジョルダン分解を求めよ．$\varepsilon = 0$ の場合はどうか？

第11章　ジョルダン分解 Part II

この章では, ジョルダン分解の応用として, 行列関数の定義, スペクトル写像定理, 微分方程式解法を扱う. 行列関数 $f(\boldsymbol{A})$ の定義には, 和, スカラー倍, 積を保存する $\boldsymbol{M}$ 演算 (本書だけの仮称) による方法がわかりやすい. 直接代入形 ⇒ ジョルダン分解代入形である $\boldsymbol{M}$ 演算形 ⇒ コーシーの積分公式 $f(\boldsymbol{A}) = \frac{1}{2\pi i}\int_C f(\lambda)(\lambda\boldsymbol{I}-\boldsymbol{A})^{-1}d\lambda$ の順に一般化していく. ここに, $f(\lambda)$ は $\boldsymbol{A}$ のスペクトル (固有値全体) を含む, 複素領域内でいたるところ微分可能な関数, C は $\boldsymbol{A}$ のスペクトルを内部に含むその領域内の閉積分路を表す. $\boldsymbol{M}$ 演算形から, スペクトル写像定理「$\det(\boldsymbol{A}-\lambda\boldsymbol{I}) = (\lambda_1-\lambda)\cdots(\lambda_n-\lambda)$ ならば $\det(f(\boldsymbol{A})-\lambda\boldsymbol{I}) = (f(\lambda_1)-\lambda)\cdots(f(\lambda_n)-\lambda)$」が簡単に出る. 最後に, 行列関数 $e^{t\boldsymbol{A}}$ の定係数線形微分方程式の解法への応用を示す. 複素解析からの必要な知識はその都度述べる.

11.1　$\boldsymbol{M}$ 演算

$f(\lambda)$ を微分可能な複素関数とし (今はどんな集合上で微分可能かは問題としない), $f(\lambda)$ に対応して次の n 次上三角行列を定義する ($n = 1, 2, \ldots$) :

$$\boldsymbol{M}^{(n)}(f) \equiv \boldsymbol{M}(f) = \begin{bmatrix} f & f^{(1)} & f^{(2)}/2! & \cdots & f^{(n-1)}/(n-1)! \\ & f & f^{(1)} & \cdots & f^{(n-2)}/(n-2)! \\ & & \ddots & \ddots & \vdots \\ & & & f & f^{(1)} \\ \boldsymbol{0} & & & & f \end{bmatrix} \tag{11.1}$$

ただし, 記号 $\boldsymbol{M}(f)$ は, n の値が前後関係から明らかな場合にのみ使う. $\boldsymbol{M}(f)$ の主対角成分はすべて $f(\lambda)$, その1本上の対角成分はすべて $f^{(1)}(\lambda) \equiv f'(\lambda)$, そのまた1本上の対角成分はすべて $f^{(2)}(\lambda)/2!, \ldots$ である. 演算 $f \to \boldsymbol{M}(f)$ を仮に $\boldsymbol{M}$ 演算 ($\boldsymbol{M}$ operation) と呼んでおく. ただし, この対応関係はよく知られ, ガ

ントマヘル (Gantmacher)[5, 第 V 章] では，本章とはやや異なる方法で行列関数の導入に使われている．

例 11.1　$f(\lambda)=0$ なら，$\boldsymbol{M}(f)=\boldsymbol{M}(0)=\mathbf{0}$.

$f(\lambda)=1$ なら，$\boldsymbol{M}(f)=\boldsymbol{M}(1)=\boldsymbol{I}$（単位行列）.

$f(\lambda)=\lambda$ なら，$\boldsymbol{M}(f)=\boldsymbol{M}(\lambda)=\begin{bmatrix}\lambda & 1 & & \mathbf{0}\\ & \lambda & \ddots & \\ & & \ddots & 1\\ \mathbf{0} & & & \lambda\end{bmatrix}\equiv \boldsymbol{J}^{(n)}(\lambda)$（ジョルダンブロックと同形）.

$\boldsymbol{M}$ 演算の価値は次の算法が成立する点にある．

定理 11.2　$\boldsymbol{M}$ 演算に関して次式が成立する：

$$\boldsymbol{M}(f\pm g)=\boldsymbol{M}(f)\pm\boldsymbol{M}(g) \tag{11.2}$$

$$\boldsymbol{M}(cf)=c\boldsymbol{M}(f)\quad (c\text{ は複素定数}) \tag{11.3}$$

$$\boldsymbol{M}(fg)=\boldsymbol{M}(f)\boldsymbol{M}(g)=\boldsymbol{M}(g)\boldsymbol{M}(f) \tag{11.4}$$

$$\boldsymbol{M}(f^{-1})=\boldsymbol{M}^{-1}(f)\quad (f\neq 0) \tag{11.5}$$

$$\boldsymbol{M}(f/g)=\boldsymbol{M}(f)\cdot\boldsymbol{M}^{-1}(g)=\boldsymbol{M}^{-1}(g)\cdot\boldsymbol{M}(f)\quad (g\neq 0) \tag{11.6}$$

いいかえれば，$\boldsymbol{M}$ 演算は和，スカラー倍，積を保存する．

証明　(11.2), (11.3) は明らか．(11.4) は，積の高階微分に関するライプニッツの定理

$$\frac{(fg)^{(n)}}{n!}=\sum_{k=0}^{n}\frac{f^{(k)}}{k!}\frac{g^{(n-k)}}{(n-k)!}$$

から出る．(11.5) は $\boldsymbol{I}=\boldsymbol{M}(1)=\boldsymbol{M}(f\cdot f^{-1})$ に (11.4) を適用すればよい．最後の関係は $\boldsymbol{M}(f/g)=\boldsymbol{M}(f\cdot g^{-1})=\boldsymbol{M}(f)\cdot\boldsymbol{M}(g^{-1})$（(11.4) による）$=\boldsymbol{M}(f)\cdot\boldsymbol{M}^{-1}(g)$（(11.5) による）. ■

例 11.3　(11.5) より $\boldsymbol{M}^{-1}(\lambda)=\boldsymbol{M}(\lambda^{-1})$ が成り立つ．展開すれば

$$
(\boldsymbol{J}^{(n)}(\lambda))^{-1} = \begin{bmatrix} \lambda & 1 & & \mathbf{0} \\ & \lambda & \ddots & \\ & & \ddots & 1 \\ \mathbf{0} & & & \lambda \end{bmatrix}^{-1} = \begin{bmatrix} \lambda^{-1} & -\lambda^{-2} & \lambda^{-3} & \cdots & (-1)^{n-1}\lambda^{-n} \\ & \lambda^{-1} & -\lambda^{-2} & \cdots & (-1)^{n-2}\lambda^{n-1} \\ & & \ddots & \ddots & \vdots \\ & & & \lambda^{-1} & -\lambda^{-2} \\ \mathbf{0} & & & & \lambda^{-1} \end{bmatrix}
$$

$(\lambda \neq 0)\,(\because (\lambda^{-1})^{(k)}/k! = (-1)^k \lambda^{-1-k},\ k = 1, 2, \ldots)$.

例 11.4 公式 (11.4) より

$$
\begin{aligned}
&\boldsymbol{M}(a_0\lambda^p + a_1\lambda^{p-1} + \cdots + a_{p-1}\lambda + a_p) \\
&= a_0\boldsymbol{M}(\lambda)^p + a_1\boldsymbol{M}(\lambda)^{p-1} + \cdots + a_{p-1}\boldsymbol{M}(\lambda) + a_p\boldsymbol{M}(1) \\
&= a_0\boldsymbol{J}^p + a_1\boldsymbol{J}^{p-1} + \cdots + a_{p-1}\boldsymbol{J} + a_p\boldsymbol{I} \quad (\boldsymbol{J} \equiv \boldsymbol{J}^{(n)}(\lambda),\ \text{例 11.1 参照}).
\end{aligned}
$$

例 11.5 前例の結果と公式 (11.6) より

$$
\begin{aligned}
&\boldsymbol{M}\left(\frac{a_0\lambda^p + \cdots + a_{p-1}\lambda + a_p}{b_0\lambda^q + \cdots + b_{q-1}\lambda + b_q}\right) \quad (\text{ただし，} b_0\lambda^q + \cdots + b_{q-1}\lambda + b_q \neq 0) \\
&= (a_0\boldsymbol{J}^p + \cdots + a_{p-1}\boldsymbol{J} + a_p\boldsymbol{I})(b_0\boldsymbol{J}^q + \cdots + b_{q-1}\boldsymbol{J} + b_q\boldsymbol{I})^{-1} \\
&= (b_0\boldsymbol{J}^q + \cdots + b_{q-1}\boldsymbol{J} + b_q\boldsymbol{I})^{-1}(a_0\boldsymbol{J}^p + \cdots + a_{p-1}\boldsymbol{J} + a_p\boldsymbol{I}).
\end{aligned}
$$

11.2 多項式 $P(\boldsymbol{A})$

いま，$P(\lambda) = a_0\lambda^p + a_1\lambda^{p-1} + \cdots + a_{p-1}\lambda + a_p$ を与えられた多項式とし，$P(\boldsymbol{A}) = a_0\boldsymbol{A}^p + a_1\boldsymbol{A}^{p-1} + \cdots + a_{p-1}\boldsymbol{A} + a_p\boldsymbol{I}$ について考える．ここに，$\boldsymbol{A}$ は与えられた n 次行列を表し，そのジョルダン分解を $\boldsymbol{A} = \boldsymbol{V}\boldsymbol{J}\boldsymbol{V}^{-1}$ とする．ここに

$$
\boldsymbol{J} = \mathrm{diag}\left(\boldsymbol{J}^{(n_1)}(\lambda_1), \ldots, \boldsymbol{J}^{(n_r)}(\lambda_r)\right)
$$

（n_k $(k = 1, \ldots, r)$ は次数，前節の例 11.1 で使った記法と同じ）とする．ゆえに，$\boldsymbol{A}$ の特性多項式は $\det(\boldsymbol{A} - \lambda\boldsymbol{I}) = (\lambda_1 - \lambda)^{n_1} \cdots (\lambda_r - \lambda)^{n_r}$ である．すると次の関係が成り立つ：

定理 11.6

$$\begin{aligned} P(\boldsymbol{A}) &= \boldsymbol{V} \cdot \mathrm{diag}\big(P(\boldsymbol{J}^{(n_1)}(\lambda_1)), \ldots, P(\boldsymbol{J}^{(n_r)}(\lambda_r))\big) \cdot \boldsymbol{V}^{-1} \\ &= \boldsymbol{V} \cdot \mathrm{diag}\big(\boldsymbol{M}^{(n_1)}(P(\lambda_1)), \ldots, \boldsymbol{M}^{(n_r)}(P(\lambda_r))\big) \cdot \boldsymbol{V}^{-1}. \end{aligned} \tag{11.7}$$

ここに，$\boldsymbol{M}^{(n_k)}(P(\lambda_k))$ とは $\boldsymbol{M}^{(n_k)}(P(\lambda))$ に $\lambda = \lambda_k$ を代入した値を意味する．

$$\det(P(\boldsymbol{A}) - \lambda \boldsymbol{I}) = (P(\lambda_1) - \lambda)^{n_1} \cdots (P(\lambda_r) - \lambda)^{n_r}. \tag{11.8}$$

すなわち，$P(\boldsymbol{A})$ の固有値は $\{P(\lambda_1), \ldots, P(\lambda_1); \ldots; P(\lambda_r), \ldots, P(\lambda_r)\}$ によって与えられる．原行列の固有値 $\{\lambda_1, \ldots, \lambda_1; \ldots; \lambda_r, \ldots, \lambda_r\}$ と対比する立場から，この事実を**スペクトル写像定理** (spectral mapping theorem) という．

証明

$$\begin{aligned} P(\boldsymbol{A}) &= P(\boldsymbol{V}\boldsymbol{J}\boldsymbol{V}^{-1}) = \boldsymbol{V}P(\boldsymbol{J})\boldsymbol{V}^{-1} \quad \text{（直接計算）} \\ &= \boldsymbol{V} \cdot \mathrm{diag}\big(P(\boldsymbol{J}^{(n_1)}(\lambda_1)), \ldots, P(\boldsymbol{J}^{(n_r)}(\lambda_r))\big) \cdot \boldsymbol{V}^{-1} \quad \text{（直接計算）} \\ &= \boldsymbol{V} \cdot \mathrm{diag}\big(\boldsymbol{M}^{(n_1)}(P(\lambda_1)), \ldots, \boldsymbol{M}^{(n_r)}(P(\lambda_r))\big) \cdot \boldsymbol{V}^{-1} \quad \text{（前節，例 11.4）}. \end{aligned}$$

これで (11.7) が示された．最後の式内の $\mathrm{diag}(\cdots)$ は，$\{P(\lambda_1), \ldots, P(\lambda_1); \ldots; P(\lambda_r), \ldots, P(\lambda_r)\}$ を対角成分として持つ上三角行列になる．これより (11.8) が従う． ■

以上の結果を見ると，(11.7) 式は $P(\boldsymbol{A})$ を前節で定義した $\boldsymbol{M}$ 演算によって表現している．第 2 に，この式中における $P(\lambda)$ の関与は $\boldsymbol{A}$ のスペクトル（= 固有値全体）上における $P, P', P^{(2)}, \ldots$ の値だけである．これは，多項式以外の複素関数 $f(\lambda)$ に対して $f(\boldsymbol{A})$ を定義する場合に，鍵となる事実である．

例 11.7　いま，$P(\lambda) = \lambda^2 - 2\lambda - 1$，与えられた 3 次行列 $\boldsymbol{A}$ のジョルダン分解を $\boldsymbol{A} = \boldsymbol{V}\boldsymbol{J}^{(3)}(\alpha)\boldsymbol{V}^{-1}$ とする．$\boldsymbol{A}$ の特性多項式は $\det(\boldsymbol{A} - \lambda\boldsymbol{I}) = (\alpha - \lambda)^3$ によって与えられる．上式 (11.7) により

$$P(\boldsymbol{A}) = \boldsymbol{V}\boldsymbol{M}^{(3)}(P(\alpha))\boldsymbol{V}^{-1} = \boldsymbol{V} \begin{bmatrix} P(a) & P'(\alpha) & P''(\alpha)/2 \\ 0 & P(a) & P'(\alpha) \\ 0 & 0 & P(a) \end{bmatrix} \boldsymbol{V}^{-1}$$

$$= \boldsymbol{V}\begin{bmatrix} \alpha^2-2\alpha-1 & 2\alpha-2 & 1 \\ 0 & \alpha^2-2\alpha-1 & 2\alpha-2 \\ 0 & 0 & \alpha^2-2\alpha-1 \end{bmatrix}\boldsymbol{V}^{-1}.$$

ゆえに，$P(\boldsymbol{A}) = \boldsymbol{A}^2 - 2\boldsymbol{A} - \boldsymbol{I}$ の特性多項式は確かに $\det(P(\boldsymbol{A}) - \lambda\boldsymbol{I}) = (\alpha^2 - 2\alpha - 1 - \lambda)^3 = (P(\alpha) - \lambda)^3$ によって与えられる．

例 11.8　$\boldsymbol{A}$, $P(\boldsymbol{A})$ は一般に異なるジョルダン標準形を持つ．実際，$\boldsymbol{A} = \begin{bmatrix} 0&1&0\\0&0&1\\0&0&0 \end{bmatrix}$ なら，$\boldsymbol{A}^2 = \begin{bmatrix} 0&0&1\\0&0&0\\0&0&0 \end{bmatrix}$, $\boldsymbol{A}^3 = \boldsymbol{0}$ である．$\boldsymbol{A}$, $\boldsymbol{A}^2$, $\boldsymbol{A}^3$ の 1 次独立な固有ベクトルは，それぞれ 1, 2, 3 個存在する．ゆえに，10.2 節の結果により，ジョルダンブロックの総数は，それぞれ 1, 2, 3 である．すなわち，$\boldsymbol{A}$, $\boldsymbol{A}^2$, $\boldsymbol{A}^3$ のジョルダン標準形は，それぞれ $\boldsymbol{A}$ 自体，$\begin{bmatrix} 0&0&0\\0&0&1\\0&0&0 \end{bmatrix}$, $\boldsymbol{0}$ である．

11.3　分数関数 $P(\boldsymbol{A})Q^{-1}(\boldsymbol{A})$

$P(\lambda) = a_0\lambda^p + a_1\lambda^{p-1} + \cdots + a_{p-1}\lambda + a_p$, $Q(\lambda) = b_0\lambda^q + b_1\lambda^{q-1} + \cdots + b_{q-1}\lambda + b_q$ を与えられた多項式，$\boldsymbol{A}$ を与えられた n 次行列とすれば，$P(\lambda)Q(\lambda) = Q(\lambda)P(\lambda)$ が成り立つから，$P(\boldsymbol{A})Q(\boldsymbol{A}) = Q(\boldsymbol{A})P(\boldsymbol{A})$ も成り立つ．$Q^{-1}(\boldsymbol{A})$ が存在すれば，これより $Q^{-1}(\boldsymbol{A})P(\boldsymbol{A}) = P(\boldsymbol{A})Q^{-1}(\boldsymbol{A})$ も出る．そこで，これを分数関数 $R(\lambda) \equiv P(\lambda)/Q(\lambda)$ 中の "λ に $\boldsymbol{A}$ を代入したもの" と定義する．すなわち，

(1)　$R(\boldsymbol{A}) \equiv Q^{-1}(\boldsymbol{A})P(\boldsymbol{A}) = P(\boldsymbol{A})Q^{-1}(\boldsymbol{A})$

そして，$\boldsymbol{A}$ のジョルダン分解を前節初めに与えた形とすれば，

(2)　$Q^{-1}(\boldsymbol{A})$ が存在する $\Leftrightarrow$ $Q(\boldsymbol{A})$ の固有値はすべて非零 $\Leftrightarrow$ $Q(\lambda_1), \ldots, Q(\lambda_r) \neq 0$

(最後の同値性は前節の定理 11.6 による)．

定理 11.9　$Q(\lambda_1), \ldots, Q(\lambda_r) \neq 0$ なら

$$\begin{aligned} R(\boldsymbol{A}) &= \boldsymbol{V}\cdot\mathrm{diag}\left(R(\boldsymbol{J}^{(n_1)}(\lambda_1)), \ldots, R(\boldsymbol{J}^{(n_r)}(\lambda_r))\right)\cdot\boldsymbol{V}^{-1} \\ &= \boldsymbol{V}\cdot\mathrm{diag}\left(\boldsymbol{M}^{(n_1)}(R(\lambda_1)), \ldots, \boldsymbol{M}^{(n_r)}(R(\lambda_r))\right)\cdot\boldsymbol{V}^{-1}, \end{aligned} \tag{11.9}$$

$R(\boldsymbol{A})$ の特性多項式は以下の式によって与えられる．

$$\det(R(\boldsymbol{A}) - \lambda \boldsymbol{I}) = (R(\lambda_1) - \lambda)^{n_1} \cdots (R(\lambda_r) - \lambda)^{n_r}. \tag{11.10}$$

証明は練習問題とする．

例 11.10　$f(\lambda) = 1/\lambda$, $\boldsymbol{A} = \boldsymbol{V}\boldsymbol{J}^{(3)}(\alpha)\boldsymbol{V}^{-1} = \boldsymbol{V}\begin{bmatrix} \alpha & 1 & 0 \\ 0 & \alpha & 1 \\ 0 & 0 & \alpha \end{bmatrix}\boldsymbol{V}^{-1}$ とする．11.1 節，例 11.3 を利用すれば，

$$f(\boldsymbol{A}) = \boldsymbol{A}^{-1} = \boldsymbol{V}[\boldsymbol{M}(\lambda^{-1})]_{\lambda=\alpha}\boldsymbol{V}^{-1} = \boldsymbol{V}\begin{bmatrix} \alpha^{-1} & -\alpha^{-2} & \alpha^{-3} \\ 0 & \alpha^{-1} & -\alpha^{-2} \\ 0 & 0 & \alpha^{-1} \end{bmatrix}\boldsymbol{V}^{-1}.$$

ゆえに $\det(\boldsymbol{A}^{-1} - \lambda \boldsymbol{I}) = (\alpha^{-1} - \lambda)^3$.

11.4　コーシーの積分公式

前の 2 節において，$f(\lambda) =$ 多項式または分数関数の場合は，関係式

$$f(\boldsymbol{A}) = \boldsymbol{V} \cdot \mathrm{diag}\big(\boldsymbol{M}^{(n_1)}(f(\lambda_1)), \ldots, \boldsymbol{M}^{(n_r)}(f(\lambda_r))\big) \cdot \boldsymbol{V}^{-1} \tag{11.11}$$

の成立することが示された．

(11.11) 式を見ると，右辺は $\boldsymbol{A}$ のジョルダン分解形と $\boldsymbol{A}$ のスペクトル上における $f, f^{(1)}, f^{(2)}, \ldots$ の値のみを与えれば確定することが見てとれる．そこで，分数関数以外の関数 $f(\lambda)$ に対しても，(11.11) を $f(\boldsymbol{A})$ の定義として採用するのが自然であろう．そして $f(\lambda)$ の属する関数族をどこまで拡大できるかは，むしろ応用上の問題である．

そこで以下では与えられた $\boldsymbol{A}$ に対して，

(∗)　$f(\lambda) = \boldsymbol{A}$ のスペクトルを含む複素平面上の領域 (region) G 内の各点で微分可能な関数

のみを考えることにする．ここに，「領域」とは**開連結集合** (open connected set) をいう．正確な定義は専門書に譲るが，全平面，実部 > 0 を満たす複素数の集合，周を含まない円板，三角形，長方形などの内部はよく出てくる領域の例である．解析学の教えるところによれば，(∗) 型の関数は G 内の至るところで無限回微分可能である．

$(*)$ 型の関数の重要な例は，11.2–11.3 節で扱った「λ の多項式」，「分母が G 内の各点で 0 とならないような分数関数」の他，「G 内の定点を中心とし，G を収束円の内部に含むような冪（ベキ）級数」が知られている．冪級数についてはのちほど詳しく述べる．

(I) 定義 $(*)$ 型の関数 $f(\lambda)$ に対して $f(\boldsymbol{A})$ を (11.11) により定義する．

例 11.11 分数関数 $f(\lambda) = P(\lambda)/Q(\lambda)$ に対応する領域 G の例（図 11.1 参照）．ここに，$\bullet$ 印 $= \boldsymbol{A}$ の固有値，$\times$ 印 $=$ 分母 $Q(\lambda)$ の零点を表す．分母 $Q(\lambda)$ の零点はすべて G の外にあるので，$f(\lambda)$ は G 内の各点で微分可能である．また，$\boldsymbol{A}$ のスペクトルは G 内にあるため，$Q(\lambda)$ の各零点は $\boldsymbol{A}$ のどの固有値とも重ならない．ゆえに，$Q^{-1}(\boldsymbol{A})$ が存在し，$f(\boldsymbol{A})$ の定義 (11.11) は意味を持つ． ■

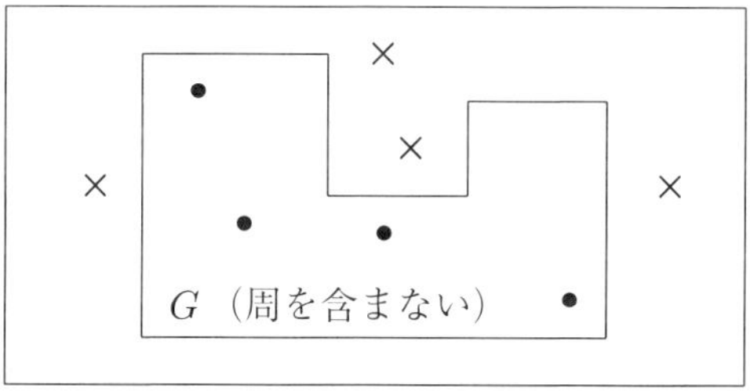

図 11.1 分数関数に対応する領域の例

(II) 以下に示す，スペクトル写像定理が成立する．

定理 11.12 $\det(\boldsymbol{A} - \lambda \boldsymbol{I}) = (\lambda_1 - \lambda)\cdots(\lambda_n - \lambda)$ なら $\det(f(\boldsymbol{A}) - \lambda \boldsymbol{I}) = \bigl(f(\lambda_1) - \lambda\bigr)\cdots\bigl(f(\lambda_n) - \lambda\bigr)$．

証明 これは定義式 (11.11) から明らかである． ■

(III) $(*)$ 型の関数に対して，本節の主題である，次の**コーシーの積分公式** (Cauchy's integral formula) が成立する：

定理 11.13

$$f(\boldsymbol{A}) = \frac{1}{2\pi i}\int_C f(\lambda)\cdot(\lambda \boldsymbol{I} - \boldsymbol{A})^{-1} d\lambda. \tag{11.12}$$

ここに C は $\boldsymbol{A}$ のスペクトルを内部に含む領域 G 内の閉積分路を表し，右辺の積分は成分ごとの積分，すなわち

$$f(\boldsymbol{A})|_{(p,q)} = \frac{1}{2\pi i}\int_C f(\lambda)\cdot(\lambda\boldsymbol{I}-\boldsymbol{A})^{-1}|_{(p,q)}d\lambda \quad (p,\, q=1,\,\ldots,\,n)$$

を表す．

証明　まず，複素関数論の重要公式である，コーシーの積分公式

$$f(a) = \frac{1}{2\pi i}\int_C \frac{f(\lambda)}{\lambda - a}d\lambda \tag{11.13}$$

および

$$\frac{f^{(k)}(a)}{k!} = \frac{1}{2\pi i}\int_C \frac{f(\lambda)}{(\lambda-a)^{k+1}}d\lambda \quad (k=1,\,2,\,\ldots)$$

は既知であるとする．ここに，a は C の内部にある任意点を表す．

次に，$\boldsymbol{J}^{(n_k)}(\lambda_k)$ を $\boldsymbol{J}_k$ $(k=1,\ldots,r)$ と書けば，与えられたジョルダン分解より

$$\begin{aligned}(\lambda\boldsymbol{I}-\boldsymbol{A})^{-1} &= \boldsymbol{V}(\lambda\boldsymbol{I}-\boldsymbol{J})^{-1}\boldsymbol{V}^{-1}\\ &= \boldsymbol{V}\mathrm{diag}\big((\lambda\boldsymbol{I}-\boldsymbol{J}_1)^{-1},\,\ldots,\,(\lambda\boldsymbol{I}-\boldsymbol{J}_r)^{-1}\big)\boldsymbol{V}^{-1}.\end{aligned}$$

これを (11.12) の右辺に代入すると，積分の線形性により

$$\begin{aligned}&\frac{1}{2\pi i}\int_C f(\lambda)\cdot(\lambda\boldsymbol{I}-\boldsymbol{A})^{-1}d\lambda = \boldsymbol{V}\left\{\frac{1}{2\pi i}\int_C f(\lambda)\cdot(\lambda\boldsymbol{I}-\boldsymbol{J})^{-1}d\lambda\right\}\boldsymbol{V}^{-1}\\ &= \boldsymbol{V}\mathrm{diag}\left(\frac{1}{2\pi i}\int_C f(\lambda)(\lambda\boldsymbol{I}-\boldsymbol{J}_1)^{-1}d\lambda,\,\ldots,\,\frac{1}{2\pi i}\int_C f(\lambda)(\lambda\boldsymbol{I}-\boldsymbol{J}_r)^{-1}d\lambda\right)\boldsymbol{V}^{-1}.\end{aligned} \tag{11.14}$$

ここで，11.1 節，例 11.3 を利用すると

$$(\lambda\boldsymbol{I}-\boldsymbol{J}_k)^{-1} = \begin{bmatrix}(\lambda-\lambda_k)^{-1} & (\lambda-\lambda_k)^{-2} & \cdots & (\lambda-\lambda_k)^{-n_k}\\ & \ddots & \ddots & \vdots\\ & & (\lambda-\lambda_k)^{-1} & (\lambda-\lambda_k)^{-2}\\ \boldsymbol{0} & & & (\lambda-\lambda_k)^{-1}\end{bmatrix} (k=1,\,\ldots,\,r)$$

が得られる．これを上式に代入すると

$$\frac{1}{2\pi i}\int_C f(\lambda)\cdot(\lambda\boldsymbol{I}-\boldsymbol{J}_k)^{-1}d\lambda = \begin{bmatrix}c_0 & c_1 & \cdots & \cdots & c_{n_k-1}\\ & c_0 & c_1 & \cdots & c_{n_k-2}\\ & & \ddots & \ddots & \vdots\\ & & & c_0 & c_1\\ \boldsymbol{0} & & & & c_0\end{bmatrix}.$$

ここに，コーシーの積分公式 (11.13) により，

$$c_0 = \frac{1}{2\pi i}\int_C f(\lambda)\cdot(\lambda-\lambda_k)^{-1}d\lambda = f(\lambda_k),$$

$$c_m = \frac{1}{2\pi i}\int_C f(\lambda)\cdot(\lambda-\lambda_k)^{-(m+1)}d\lambda = \frac{f^{(m)}(\lambda_k)}{m!} \quad (m=1,\,2,\,\ldots).$$

ゆえに，1 つ前の式の右辺は $\boldsymbol{M}$ 演算で書けて

$$\frac{1}{2\pi i}\int_C f(\lambda)\cdot(\lambda\boldsymbol{I}-\boldsymbol{J}_k)^{-1}d\lambda = \boldsymbol{M}^{(n_k)}(f(\lambda_k)).$$

これを (11.14) に代入し，$f(\boldsymbol{A})$ の定義式 (11.11) を参照すれば，

$$\begin{aligned} f(\boldsymbol{A}) &= \boldsymbol{V}\cdot\mathrm{diag}\left(\boldsymbol{M}^{(n_1)}(f(\lambda_1)),\,\ldots,\,\boldsymbol{M}^{(n_r)}(f(\lambda_r))\right)\cdot\boldsymbol{V}^{-1} \\ &= \frac{1}{2\pi i}\int_C f(\lambda)(\lambda\boldsymbol{I}-\boldsymbol{A})^{-1}d\lambda. \end{aligned}$$

■

先へ進む前に，これまでに得られた結果を簡単に復習すると，多項式 $f(\lambda) = a_0\lambda^p + a_1\lambda^{p-1} + \cdots + a_{p-1}\lambda + a_p$ に対する $f(\boldsymbol{A})$ の表現形式には 3 種ある：

- 直接代入形 $f(\boldsymbol{A}) = a_0\boldsymbol{A}^p + a_1\boldsymbol{A}^{p-1} + \cdots + a_{p-1}\boldsymbol{A} + a_p\boldsymbol{I}$,
- $\boldsymbol{M}$ 演算形 $f(\boldsymbol{A}) = \boldsymbol{V}\cdot\mathrm{diag}\bigl(\boldsymbol{M}^{(n_1)}(f(\lambda_1)),\,\ldots,\,\boldsymbol{M}^{(n_r)}(f(\lambda_r))\bigr)\cdot\boldsymbol{V}^{-1}$,
- コーシーの積分公式 $f(\boldsymbol{A}) = \frac{1}{2\pi i}\int_C f(\lambda)\cdot(\lambda\boldsymbol{I}-\boldsymbol{A})^{-1}d\lambda$.

分数関数に対しても同様である．$\boldsymbol{M}$ 演算形はもともと直接代入形にジョルダン分解を代入して得られたものであるが，その形から多項式，分数関数以外の関数族，すなわち，特定の領域内の至るところで微分可能な関数に対する $f(\boldsymbol{A})$ の定義式として採用された．コーシーの積分公式を定義式として採用すれば，$\boldsymbol{M}$ 演算形は結果となる．分数関数を含み，一定の領域内で至るところ微分可能な関数族として，応用上重要な幂級数が知られている．ゆえに，$f(\lambda)$ が幂級数を表す場合は，$f(\boldsymbol{A})$ の定義が可能となる．そこで，次節以降は行列幂級数の話をする．

11.5 行列幂（ベキ）級数

最初に必要な予備知識を述べる．

(I) **幂級数** (power series) とは

$$f(z) = c_0 + c_1 z + c_2 z^2 + \cdots = \sum_{k=0}^{\infty} c_k z^k \tag{11.15}$$

型の無限級数，すなわち，**部分和** (partial sum) $f_l(z) = \sum_{k=0}^{l} c_k z^k$ $(l = 0, 1, 2, \ldots)$ の（無限）列のことをいう．ここに $c_0, c_1, \ldots$ は与えられた複素数，z は複素変数を表す．そして部分和の列が $z = a$ で収束すれば，極限値を冪級数の $z = a$ における**和** (sum) という．慣例により元の冪級数自体を和の表現としても使う．すなわち，和を $f(a) = c_0 + c_1 a + c_2 a^2 + \cdots = \sum_{k=0}^{\infty} c_k a^k$ と書く．冪級数論は解析学の教科書に詳しい解説がある．

冪級数の際立った特徴は次の (a), (b) である：

(a)　収束半径の存在：$|z| < R$ なら収束し，$|z| > R$ なら発散する（= 収束しない）ような数 $R > 0$ が存在するか，$z = 0$ においてのみ収束する（後者の場合は $R = 0$ とする）．R を冪級数 (11.15) の**収束半径** (radius of convergence) という．また，$|z| = R$ を満たす z 全体を**収束円** (circle of convergence) という．収束半径は $R = 1/\limsup_{l\to\infty} \sqrt[l]{|c_l|}$ によって与えられることが知られている（分母 = 0 の場合は $R = \infty$，分母 = ∞ の場合は $R = 0$ とする）．収束円上での冪級数の挙動は多様である（例 11.14 参照）．

(b)　微分可能性：$R > 0$ なら，冪級数は収束円の内部（周は除外）で至るところ無限回微分可能な関数を表し，各階の導関数は項別微分で求めてよく，その収束半径は元の級数と同一である．すなわち，$f(z) = c_0 + c_1 z + c_2 z^2 + \cdots = \sum_{k=0}^{\infty} c_k z^k$ の収束半径を $R > 0$ とすれば，収束円の内部で

$$f^{(1)}(z) = \frac{df}{dz}(z) = c_1 + 2c_2 z + 3c_3 z^2 + \cdots = \sum_{k=1}^{\infty} k c_k z^{k-1},$$

$$f^{(2)}(z) = 2c_2 + 6c_3 z + 12 c_4 z^2 + \cdots = \sum_{k=2}^{\infty} k(k-1) c_k z^{k-2}, \ldots$$

が成立し，$f^{(1)}(z), f^{(2)}(z)$ などもすべて収束半径 R を持つ．

例 11.14　応用上重要な冪級数と収束半径（証明略）：

冪級数	収束半径	収束円上の挙動
$e^z = 1 + z + \frac{z^2}{2!} + \frac{z^3}{3!} + \cdots$	∞	
$\sin z = z - \frac{z^3}{3!} + \frac{z^5}{5!} - \cdots$	∞	
$\cos z = 1 - \frac{z^2}{2!} + \frac{z^4}{4!} - \cdots$	∞	
$\frac{1}{1-z} = 1 + z + z^2 + z^3 + \cdots$	1	$\lvert z\rvert = 1$ なら発散
$1 + z + \frac{z^2}{2} + \frac{z^3}{3} + \cdots$	1	$z = 1$ を除き，$\lvert z\rvert = 1$ 上で収束
$1 + z + \frac{z^2}{2^2} + \frac{z^3}{3^2} + \cdots$	1	$\lvert z\rvert = 1$ 上の各点で収束

$$\frac{d}{dz}e^z = e^z, \quad \frac{d}{dz}\sin z = \cos z, \quad \frac{d}{dz}\cos z = -\sin z \quad (|z| < \infty)$$
$$\frac{d}{dz}(1-z)^{-1} = (1-z)^{-2} = 1 + 2z + 3z^2 + \cdots = \sum_{k=1}^{\infty} kz^{k-1} \quad (|z| < 1)$$
$$\frac{d}{dz}\left(1 + z + \frac{z^2}{2} + \frac{z^3}{3} + \cdots\right) = 1 + z + z^2 + \cdots = (1-z)^{-1} \quad (|z| < 1)$$
$$\frac{d}{dz}\left(1 + z + \frac{z^2}{2^2} + \frac{z^3}{3^2} + \cdots\right) = 1 + \frac{z^2}{2} + \frac{z^3}{3} + \cdots \quad (|z| < 1)$$

■

(II) 行列冪級数：行列の（無限）列 $\{\boldsymbol{A}_k\}$ $(\boldsymbol{A}_k = \left[a_{ij}^{(k)}\right] \in \mathbb{C}^{m\times n},\ k = 1, 2, \ldots)$ が $\boldsymbol{A} \in \mathbb{C}^{m\times n}$ に収束するとは**成分ごとに収束する** (converge componentwise)，すなわち，すべての i, j について $a_{ij}^{(k)} \to a_{ij}$ $(k \to \infty)$ を意味するものと定義する．これが任意の行列ノルム $\|\cdot\|$ に関する収束 $\|\boldsymbol{A}_k - \boldsymbol{A}\| \to 0$ と同値であることは14.3 節，定理 14.7 で証明する．無限級数 $c_0\boldsymbol{I} + c_1\boldsymbol{A} + c_2\boldsymbol{A}^2 + \cdots = \sum_{k=0}^{\infty} c_k\boldsymbol{A}^k$ とは，スカラー級数の場合と同じく，部分和の（無限）列を意味するものとする．そして，この列が収束するとき，元の冪級数は収束するといい，級数表現自体を和の表現として使う．極限値を和と呼ぶこともスカラー級数の場合と同じである．

例 11.15 $\left(\boldsymbol{J}^{(n)}(\lambda)\right)^k \to \boldsymbol{0}$ $(k \to \infty) \Leftrightarrow |\lambda| < 1$.

証明 簡単のために $\boldsymbol{J}^{(n)}(\lambda) = \boldsymbol{J}$ と書き，11.1 節で学んだ $\boldsymbol{M}$ 演算を使えば

$$\begin{aligned}\boldsymbol{J}^k &= \boldsymbol{M}^k(\lambda) = \boldsymbol{M}(\lambda^k)\\ &= \begin{bmatrix} c_0^{(k)}\lambda^k & c_1^{(k)}\lambda^{k-1} & \cdots & c_{n-1}^{(k)}\lambda^{k-n+1} \\ & c_0^{(k)}\lambda^k & \ddots & \vdots \\ & & \ddots & \vdots \\ & & & c_1^{(k)}\lambda^{k-1} \\ \boldsymbol{0} & & & c_0^{(k)}\lambda^k \end{bmatrix}.\end{aligned}$$

ここに $c_l^{(k)} = \dfrac{k!}{l!(k-l)!} = \dfrac{k(k-1)\cdots(k-l+1)}{l!} = O(k^l)$ $(k = 0, 1, \ldots, l = 0, 1, \ldots, n-1)$．ゆえに，$k \to \infty$ のとき，$|\lambda| < 1$ なら $c_l^{(k)}\lambda^{k-l} \to 0$，$|\lambda| \geqslant 1$ なら $\left|c_l^{(k)}\lambda^{k-l}\right| \to \infty$. ■

(III)　直接代入形の成立

定理 11.16　いま, $\boldsymbol{A}$ を与えられた n 次行列, $f(\lambda)=c_0+c_1\lambda+c_2\lambda^2+\cdots=\sum_{k=0}^{\infty}c_k\lambda^k$ を $\boldsymbol{A}$ のスペクトルを収束円の内部に含むような冪級数とすれば,

$$f(\boldsymbol{A})=c_0\boldsymbol{I}+c_1\boldsymbol{A}+c_2\boldsymbol{A}^2+\cdots=\sum_{k=0}^{\infty}c_k\boldsymbol{A}^k \quad \text{(直接代入形)}, \tag{11.16}$$

$$f(\boldsymbol{A})=\boldsymbol{V}\cdot\mathrm{diag}\big(\boldsymbol{M}^{(n_1)}(f(\lambda_1)),\,\ldots,\,\boldsymbol{M}^{(n_r)}(f(\lambda_r))\big)\cdot\boldsymbol{V}^{-1}, \tag{11.17}$$

$$f(\boldsymbol{A})=\frac{1}{2\pi i}\int_C f(\lambda)\cdot(\lambda\boldsymbol{I}-\boldsymbol{A})^{-1}d\lambda\boldsymbol{A} \quad \text{(コーシーの積分公式)} \tag{11.18}$$

はすべて同一の行列を表す．ここに $\boldsymbol{A}$ のジョルダン分解は 11.2 節と同一形にとっている．

証明　(I) を受け入れれば, $f(\boldsymbol{A})$ は定理 11.13 で示したように, $\boldsymbol{M}$ 演算形またはコーシーの積分公式によって定義でき, 両者は等しい．ゆえに, (11.16) の右辺 = (11.17) の右辺を示せばよい．冪級数の第 k 部分和 $f_k(\lambda)=\sum_{l=0}^{k}c_l\lambda^l$ $(l=0,\,1,\,\ldots)$ に対しては, (11.16) の右辺 = (11.17) の右辺が成立しているから

$$f_k(\boldsymbol{A})=\sum_{l=0}^{k}c_l\boldsymbol{A}^l=\boldsymbol{V}\cdot\mathrm{diag}\big(\boldsymbol{M}^{(n_1)}(f_k(\lambda_1)),\,\ldots,\,\boldsymbol{M}^{(n_r)}(f_k(\lambda_r))\big)\cdot\boldsymbol{V}^{-1}.$$

ここで $k\to\infty$ とすれば, (I) で述べた冪級数の性質 (a), (b) と各 $\boldsymbol{M}$ 演算の形から, 右辺は $\boldsymbol{V}\cdot\mathrm{diag}\big(\boldsymbol{M}^{(n_1)}(f(\lambda_1)),\,\ldots,\,\boldsymbol{M}^{(n_r)}(f(\lambda_r))\big)\cdot\boldsymbol{V}^{-1}$ に収束する．ゆえに,

$$\lim_{k\to\infty}\sum_{l=0}^{k}c_l\boldsymbol{A}^l=\sum_{l=0}^{\infty}c_l\boldsymbol{A}^l=\boldsymbol{V}\cdot\mathrm{diag}\big(\boldsymbol{M}^{(n_1)}(f_k(\lambda_1)),\,\ldots,\,\boldsymbol{M}^{(n_r)}(f_k(\lambda_r))\big)\cdot\boldsymbol{V}^{-1}.$$

これは証明すべき式に他ならない．■

例 11.17　行列指数関数 $e^{t\boldsymbol{A}}$：冪級数 $e^{\lambda}=1+\lambda+\frac{\lambda^2}{2!}+\frac{\lambda^3}{3!}+\cdots$ の収束半径は ∞ であるから, 任意のスカラー定数 t, 任意の複素変数 λ に対して, $f(\lambda)\equiv e^{t\lambda}=1+t\lambda+\frac{t^2\lambda^2}{2!}+\frac{t^3\lambda^3}{3!}+\cdots$ も収束する．ゆえに, 任意の t, 任意の n 次行列 $\boldsymbol{A}$ に対して $f(\boldsymbol{A})=e^{t\boldsymbol{A}}=1+t\boldsymbol{A}+\frac{t^2\boldsymbol{A}^2}{2!}+\frac{t^3\boldsymbol{A}^3}{3!}+\cdots$ も収束する．すると, 上の一般論から

$$e^{t\boldsymbol{A}}=f(\boldsymbol{A})=\boldsymbol{V}\cdot\mathrm{diag}\big(\boldsymbol{M}^{(n_1)}(f(\lambda_1)),\,\ldots,\,\boldsymbol{M}^{(n_r)}(f(\lambda_r))\big)\cdot\boldsymbol{V}^{-1}.$$

そして，右辺の各対角ブロック $\boldsymbol{M}^{(n_k)}(f(\lambda_k))$ は直接計算から次式によって与えられる：

$$\boldsymbol{M}^{(n_k)}(f(\lambda_k)) = e^{t\lambda_k}\begin{bmatrix} 1 & t & t^2/2! & \cdots & t^{n_k-1}/(n_k-1)! \\ & 1 & t & \cdots & t^{n_k-2}/(n_k-2)! \\ & & \ddots & \ddots & \vdots \\ & & & 1 & t \\ \mathbf{0} & & & & 1 \end{bmatrix}$$

$(k=1, \ldots, r)$．例として，3 次行列 $\boldsymbol{A}$ のジョルダン分解を

$$\begin{aligned}\boldsymbol{A} = \begin{bmatrix} 2 & 0 & 0 \\ 0 & 2 & 0 \\ 1 & 0 & 2 \end{bmatrix} &= \begin{bmatrix} 0 & 0 & 1 \\ 1 & 0 & 0 \\ 0 & 1 & 0 \end{bmatrix}\begin{bmatrix} 2 & 0 & 0 \\ 0 & 2 & 1 \\ 0 & 0 & 2 \end{bmatrix}\begin{bmatrix} 0 & 1 & 0 \\ 0 & 0 & 1 \\ 1 & 0 & 0 \end{bmatrix} \\ &\equiv \boldsymbol{V}\boldsymbol{J}\boldsymbol{V}^{-1} \equiv \boldsymbol{V}\begin{bmatrix} \boldsymbol{J}^{(1)}(2) & \mathbf{0} \\ \mathbf{0} & \boldsymbol{J}^{(2)}(2) \end{bmatrix}\boldsymbol{V}^{-1}\end{aligned}$$

とすれば，$e^{t\boldsymbol{A}}$ は次式によって与えられる：

$$\begin{aligned} e^{t\boldsymbol{A}} &= \boldsymbol{V}\begin{bmatrix} e^{2t}\,[1] & \mathbf{0} \\ \mathbf{0} & e^{2t}\begin{bmatrix} 1 & t \\ 0 & 1 \end{bmatrix} \end{bmatrix}\boldsymbol{V}^{-1} \\ &= \begin{bmatrix} 0 & 0 & 1 \\ 1 & 0 & 0 \\ 0 & 1 & 0 \end{bmatrix}\left(e^{2t}\begin{bmatrix} 1 & 0 & 0 \\ 0 & 1 & t \\ 0 & 0 & 1 \end{bmatrix}\right)\begin{bmatrix} 0 & 1 & 0 \\ 0 & 0 & 1 \\ 1 & 0 & 0 \end{bmatrix} = e^{2t}\begin{bmatrix} 1 & 0 & 0 \\ 0 & 1 & 0 \\ t & 0 & 1 \end{bmatrix}. \end{aligned}$$

11.6 定係数線形微分方程式への応用 Part I

本節では前節の例 11.17 で定義した行列指数関数 $e^{t\boldsymbol{A}}$ の応用として，定係数線形同次微分方程式

$$\begin{bmatrix} \frac{d}{dt}y_0(t) \\ \vdots \\ \frac{d}{dt}y_{n-1}(t) \end{bmatrix} \equiv \frac{d}{dt}\begin{bmatrix} y_0(t) \\ \vdots \\ y_{n-1}(t) \end{bmatrix} = \begin{bmatrix} a_{11} & \cdots & a_{1n} \\ \vdots & \ddots & \vdots \\ a_{n1} & \cdots & a_{nn} \end{bmatrix}\begin{bmatrix} y_0(t) \\ \vdots \\ y_{n-1}(t) \end{bmatrix} \tag{11.19}$$

（行列形：$\dfrac{d\boldsymbol{y}(t)}{dt} = \boldsymbol{A}\boldsymbol{y}(t)$）について考える．ここに $a_{11}, \ldots$ は既知（複素）定数，$y_1(t), \ldots$ は未知関数，t は独立変数を表し，「行列の微分は成分ごとの微分」と定

義する．最初に

$$\frac{d}{dt}e^{t\boldsymbol{A}} = \boldsymbol{A}e^{t\boldsymbol{A}} \tag{11.20}$$

を示す．実際，前節の例 11.17 で示したように，任意の t，任意の $\boldsymbol{A}$ に対して，冪級数展開 $e^{t\boldsymbol{A}} = \boldsymbol{I} + t\boldsymbol{A} + t^2\frac{\boldsymbol{A}^2}{2!} + t^3\frac{\boldsymbol{A}^3}{3!} + \cdots$ が成立する．ゆえに，右辺の各行列成分は t に関して収束半径 ∞ の冪級数を表す．ゆえに，各成分の微分は項別微分に等しく，これは $e^{t\boldsymbol{A}}$ の微分において右辺を直接 t で微分してよいことを意味する．ゆえに，

$$\frac{d}{dt}e^{t\boldsymbol{A}} = \frac{d}{dt}(\boldsymbol{I} + t\boldsymbol{A} + t^2\frac{\boldsymbol{A}^2}{2!} + t^3\frac{\boldsymbol{A}^3}{3!} + \cdots) = \boldsymbol{0} + \boldsymbol{A} + t\boldsymbol{A}^2 + t^2\frac{\boldsymbol{A}^3}{2!} + \cdots = \boldsymbol{A}e^{t\boldsymbol{A}}.$$

(11.20) の両辺に右から任意ベクトル $\boldsymbol{c} = [c_1, \ldots, c_n]^{\mathrm{T}}$ を乗じると，$\frac{d}{dt}e^{t\boldsymbol{A}}\boldsymbol{c} = \boldsymbol{A}e^{t\boldsymbol{A}}\boldsymbol{c}$ となるから，$\boldsymbol{y} = e^{t\boldsymbol{A}}\boldsymbol{c}$ は (11.19) の解を表すことがわかる．そして，(11.19) の解がこれ以外にないことは微分方程式論の教えるところである．結論として，微分方程式 (11.19) の解法は $e^{t\boldsymbol{A}}$ の計算に帰すことがわかる．

例 11.18　$\boldsymbol{A} = \begin{bmatrix} 2 & 0 & 0 \\ 0 & 2 & 0 \\ 1 & 0 & 2 \end{bmatrix}$ なら，$e^{t\boldsymbol{A}} = e^{2t}\begin{bmatrix} 1 & 0 & 0 \\ 0 & 1 & 0 \\ t & 0 & 1 \end{bmatrix}$（前節，例 11.17）なので，$\frac{d\boldsymbol{y}(t)}{dt} = \boldsymbol{A}\boldsymbol{y}(t)$ の解は $\boldsymbol{y} = e^{t\boldsymbol{A}}\boldsymbol{c} = e^{2t}\begin{bmatrix} 1 & 0 & 0 \\ 0 & 1 & 0 \\ t & 0 & 1 \end{bmatrix}\boldsymbol{c} = e^{2t}\begin{bmatrix} c_1 \\ c_2 \\ c_1t + c_3 \end{bmatrix}$ によって与えられる．ここに，c_1, c_2, c_3 は任意定数を表す．微分方程式に代入すれば検算できる．

11.7　定係数線形微分方程式への応用 Part II

本節では前節の方法により，定係数常微分方程式

$$a_0y + a_1y^{(1)} + \cdots + a_{n-1}y^{(n-1)} - y^{(n)} = 0 \quad \left(y = y(t),\ y^{(1)} = \frac{dy(t)}{dt}, \ldots\right) \tag{11.21}$$

が解けることを示す．ここに $a_0, \ldots, a_{n-1}$ は既知（複素）定数を表す．(11.21) に対応して多項式

$$\begin{aligned} f(\lambda) &= a_0 + a_1\lambda + a_2\lambda^2 + \cdots + a_{n-1}\lambda^{n-1} - \lambda^n \qquad (11.22) \\ &= -(\lambda - \lambda_1)^{n_1} \cdots (\lambda - \lambda_r)^{n_r} \end{aligned}$$

を考え, (11.21) の特性多項式という．ここに右辺の因数分解形における $\lambda_1, \ldots, \lambda_r$ は異なる（複素）数を表し，$n_1 + \cdots + n_r = n$ としている．

前節の方法を適用するため，まず (11.21) を次のように行列形に書き直す：

$$\begin{bmatrix} 0 & 1 & 0 & \cdots & 0 & 0 \\ 0 & 0 & 1 & \cdots & 0 & 0 \\ & & \ddots & \ddots & & \\ & & & \ddots & \ddots & \\ 0 & 0 & \cdots & \cdots & 0 & 1 \\ a_0 & a_1 & \cdots & \cdots & a_{n-2} & a_{n-1} \end{bmatrix} \begin{bmatrix} y \\ y^{(1)} \\ \vdots \\ y^{(n-1)} \end{bmatrix} = \frac{d}{dt} \begin{bmatrix} y \\ y^{(1)} \\ \vdots \\ y^{(n-1)} \end{bmatrix} \quad \left(\boldsymbol{A}\boldsymbol{y} = \frac{d\boldsymbol{y}}{dt} \right) \tag{11.23}$$

としよう．左辺の $n \times n$ 行列 $\boldsymbol{A}$ は, (11.21) の**コンパニオン行列** (companion matrix) と呼ばれる（8.1 節，例 8.6 参照）．$\boldsymbol{A}$ の特性多項式と微分方程式 (11.21) の特性多項式との間には $(\boldsymbol{A} - \lambda \boldsymbol{I}) = (-1)^{n+1} f(\lambda)$ という関係が成立している（検算してみよ）．また，$\boldsymbol{A}$ の任意の固有値 α に対応する固有ベクトルは，$(\boldsymbol{A} - \alpha \boldsymbol{I})\boldsymbol{x} = \boldsymbol{0}$ を解けば簡単に出るように，$\left[1, \alpha, \alpha^2, \alpha^3, \ldots\right]^{\mathrm{T}}$ のスカラー倍に限られる．ゆえに，各異なる固有値に対応するジョルダンブロックは 1 個のみ存在し，$\boldsymbol{A}$ のジョルダン分解は

$$\boldsymbol{A} = \boldsymbol{V}\boldsymbol{J}\boldsymbol{V}^{-1} = \boldsymbol{V} \cdot \mathrm{diag}\bigl(\boldsymbol{J}^{(n_1)}(\lambda_1), \ldots, \boldsymbol{J}^{(n_r)}(\lambda_r)\bigr) \cdot \boldsymbol{V}^{-1}. \tag{11.24}$$

すると，11.5 節，11.6 節の結果から (11.23) の解は

$$\begin{aligned} \boldsymbol{y} &= e^{t\boldsymbol{A}} \boldsymbol{c}' \\ &= \boldsymbol{V} \cdot \mathrm{diag} \left(e^{t\lambda_1} \begin{bmatrix} 1 & t & t^2/2! & \cdots & t^{n_k-1}/(n_k-1)! \\ & \ddots & \ddots & & \vdots \\ & & \ddots & \ddots & t^2/2! \\ & & & 1 & t \\ \boldsymbol{0} & & & & 1 \end{bmatrix}, \cdots\cdots \right) \cdot \boldsymbol{c} \end{aligned} \tag{11.25}$$

によって与えられる．ここに $\boldsymbol{c}'$ は任意ベクトルを表す（ゆえに $\boldsymbol{c} = \boldsymbol{V}^{-1}\boldsymbol{c}'$ も任意）．求める未知関数 $y(t)$ は $\boldsymbol{y}$ の第 1 成分であるから

$$y = \boldsymbol{e}_1^{\mathrm{T}} \boldsymbol{y} = (\boldsymbol{e}_1^{\mathrm{T}} \boldsymbol{V}) \cdot \mathrm{diag}(\cdots) \cdot \boldsymbol{c} \quad \left(\boldsymbol{e}_1 = \left[1, 0, 0, \ldots, 0\right]^{\mathrm{T}}\right). \tag{11.26}$$

ゆえに，特性多項式の各零点，その重複度，$\boldsymbol{V}$ の第 1 行がわかれば未知関数 y が定まることになる．幸い，特性多項式 $f(\lambda)$ の零点と重複度がわかれば，$\boldsymbol{V}$ は陽に記述できる．例によって示す．

例 11.19 $n=5$ とし，次の微分方程式を考える：

$$a_0y + a_1y^{(1)} + a_2y^{(2)} + a_3y^{(3)} + a_4y^{(4)} - y^{(5)} = 0 \quad (a_0, \ldots, a_4 \text{は既知複素定数}).$$

特性多項式は次式で与えられる：

$$f(\lambda) = a_0 + a_1\lambda + a_2\lambda^2 + a_3\lambda^3 + a_4\lambda^4 - \lambda^5$$

微分方程式を行列形で書くと

$$\begin{bmatrix} 0 & 1 & 0 & 0 & 0 \\ 0 & 0 & 1 & 0 & 0 \\ 0 & 0 & 0 & 1 & 0 \\ 0 & 0 & 0 & 0 & 1 \\ a_0 & a_1 & a_2 & a_3 & a_4 \end{bmatrix} \begin{bmatrix} y \\ y^{(1)} \\ y^{(2)} \\ y^{(3)} \\ y^{(4)} \end{bmatrix} = \frac{d}{dt} \begin{bmatrix} y \\ y^{(1)} \\ y^{(2)} \\ y^{(3)} \\ y^{(4)} \end{bmatrix} : \boldsymbol{A}\boldsymbol{y} = \frac{d\boldsymbol{y}}{dt}$$

この場合は $\det(\boldsymbol{A} - \lambda\boldsymbol{I}) = f(\lambda)$ である．

ここから先の話は $f(\lambda)$ の因数分解形に依存する．

(A) $f(\lambda) = 0$ が 5 重根を持つ場合：$f(\lambda) = -(\lambda - \alpha)^5$ とする．すると，次の 5 式が成立する：

$$0 = f(\alpha)/0! = a_0 + a_1\alpha + a_2\alpha^2 + a_3\alpha^3 + a_4\alpha^4 - \alpha^5$$

$$0 = f^{(1)}(\alpha)/1! = a_1 + a_2 2\alpha + a_3 3\alpha^2 + a_4 4\alpha^3 - 5\alpha^4$$

$$0 = f^{(2)}(\alpha)/2! = a_2 + a_3 3\alpha + a_4 6\alpha^2 - 10\alpha^3$$

$$0 = f^{(3)}(\alpha)/3! = a_3 + a_4 4\alpha - 10\alpha^2$$

$$0 = f^{(4)}(\alpha)/4! = a_4 - 5\alpha$$

これは次の行列形に書ける：$\boldsymbol{AV} = \boldsymbol{VJ}$:

$$\begin{bmatrix} 0 & 1 & 0 & 0 & 0 \\ 0 & 0 & 1 & 0 & 0 \\ 0 & 0 & 0 & 1 & 0 \\ 0 & 0 & 0 & 0 & 1 \\ a_0 & a_1 & a_2 & a_3 & a_4 \end{bmatrix} \begin{bmatrix} 1 & 0 & 0 & 0 & 0 \\ \alpha & 1 & 0 & 0 & 0 \\ \alpha^2 & 2\alpha & 1 & 0 & 0 \\ \alpha^3 & 3\alpha^2 & 3\alpha & 1 & 0 \\ \alpha^4 & 4\alpha^3 & 6\alpha^2 & 4\alpha & 1 \end{bmatrix}$$

$$= \begin{bmatrix} 1 & 0 & 0 & 0 & 0 \\ \alpha & 1 & 0 & 0 & 0 \\ \alpha^2 & 2\alpha & 1 & 0 & 0 \\ \alpha^3 & 3\alpha^2 & 3\alpha & 1 & 0 \\ \alpha^4 & 4\alpha^3 & 6\alpha^2 & 4\alpha & 1 \end{bmatrix} \begin{bmatrix} \alpha & 1 & 0 & 0 & 0 \\ 0 & \alpha & 1 & 0 & 0 \\ 0 & 0 & \alpha & 1 & 0 \\ 0 & 0 & 0 & \alpha & 1 \\ 0 & 0 & 0 & 0 & \alpha \end{bmatrix}.$$

これは実際に乗算を実行すれば確認できる．ここに，$\boldsymbol{V}$ の各列は各式 $0 = f(\alpha)$, $0 = f^{(1)}(\alpha)$, $0 = f^{(2)}(\alpha)/2!$, ... 中における $a_0, \ldots, a_4$ の係数を読み取って，上から順に並べたものになっている．また，各行は見かけ上，$(\alpha+1)^0$, $(\alpha+1)^1$, $(\alpha+1)^2$, ... を展開し左から降冪順に並べたものになっている．$\boldsymbol{V}$ は可逆行列 ($\because \det \boldsymbol{V} = 1$) であるから，上式は $\boldsymbol{A}$ のジョルダン分解形を与えている．

以上により，y は次式によって与えられる：

$$\begin{aligned} y &= \boldsymbol{e}_1^{\mathrm{T}} e^{t\alpha} \begin{bmatrix} 1 & t & t^2/2! & t^3/3! & t^4/4! \\ & 1 & t & t^2/2! & t^3/3! \\ & & 1 & t & t^2/2! \\ & & & 1 & t \\ & & & & 1 \end{bmatrix} \boldsymbol{c} \\ &= e^{t\alpha} \left[1, t, t^2/2!, t^3/3!, t^4/4!\right] \boldsymbol{c}. \end{aligned}$$

すなわち，$y(t)$ は $e^{t\alpha}, te^{t\alpha}, t^2e^{t\alpha}, t^3e^{t\alpha}, t^4e^{t\alpha}$ の任意の 1 次結合によって与えられる．念のため $(D-\alpha)^5(t^k e^{t\alpha}) = 0$（ここに $k = 0, 1, 2, 3, 4$, $D = d/dt$）を検算してみるとよい．

(B) $f(\lambda) = 0$ が単根 5 個を持つ場合：
$f(\lambda) = -(\lambda-\alpha)(\lambda-\beta)(\lambda-\gamma)(\lambda-\delta)(\lambda-\varepsilon)$ とする．すると次の 5 式が成立する：

$$\begin{aligned} 0 &= f(\alpha) = a_0 + a_1\alpha + a_2\alpha^2 + a_3\alpha^3 + a_4\alpha^4 - \alpha^5 \\ &\vdots \\ 0 &= f(\varepsilon) = a_0 + a_1\varepsilon + a_2\varepsilon^2 + a_3\varepsilon^3 + a_4\varepsilon^4 - \varepsilon^5 \end{aligned}$$

これは以下の行列 $\boldsymbol{V}$, $\boldsymbol{J}$ に対して，行列形で $\boldsymbol{AV} = \boldsymbol{VJ}$ で書ける：

$$\boldsymbol{V} = \begin{bmatrix} 1 & 1 & 1 & 1 & 1 \\ \alpha & \beta & \gamma & \delta & \varepsilon \\ \alpha^2 & \beta^2 & \gamma^2 & \delta^2 & \varepsilon^2 \\ \alpha^3 & \beta^3 & \gamma^3 & \delta^3 & \varepsilon^3 \\ \alpha^4 & \beta^4 & \gamma^4 & \delta^4 & \varepsilon^4 \end{bmatrix}, \quad \boldsymbol{J} = \begin{bmatrix} \alpha & 0 & 0 & 0 & 0 \\ 0 & \beta & 0 & 0 & 0 \\ 0 & 0 & \gamma & 0 & 0 \\ 0 & 0 & 0 & \delta & 0 \\ 0 & 0 & 0 & 0 & \varepsilon \end{bmatrix}.$$

$\alpha, \ldots, \varepsilon$ は相異なる数だから，$\boldsymbol{V}$（ヴァンデルモンド行列，問題 10.8 参照）は可逆行列を表し，$\boldsymbol{AV} = \boldsymbol{VJ}$ は $\boldsymbol{A}$ のジョルダン分解を与えている．実際，

$$\det \boldsymbol{V} = (\alpha-\beta)(\alpha-\gamma)(\alpha-\delta)(\alpha-\varepsilon)(\beta-\gamma)(\beta-\delta)(\beta-\varepsilon)(\gamma-\delta)(\gamma-\varepsilon)(\delta-\varepsilon) \neq 0.$$

解 y は次式によって与えられる：

$$\begin{aligned} y &= [1,\,1,\,1,\,1,\,1]\operatorname{diag}([e^{t\alpha}],\,[e^{t\beta}],\,[e^{t\gamma}],\,[e^{t\delta}],\,[e^{t\varepsilon}])\boldsymbol{c} \\ &= [e^{t\alpha},\,e^{t\beta},\,e^{t\gamma},\,e^{t\delta},\,e^{t\varepsilon}]\,\boldsymbol{c}. \end{aligned}$$

すなわち，y は $e^{t\alpha}, e^{t\beta}, e^{t\gamma}, e^{t\delta}, e^{t\varepsilon}$ の任意 1 次結合によって与えられる．

(C)（中間的場合の例）　$f(\lambda) = 0$ が異なる 2 重根 2 個と単根を持つ場合：$f(\lambda) = -(\lambda-\alpha)^2(\lambda-\beta)^2(\lambda-\gamma)$（$\alpha, \beta, \gamma$ は相異なる数）とすれば，次の 5 式が成立する：

$$\begin{aligned} 0 &= f(\alpha)/0! = a_0 + a_1\alpha + a_2\alpha^2 + a_3\alpha^3 + a_4\alpha^4 - \alpha^5 \\ 0 &= f^{(1)}(\alpha)/1! = a_1 + a_2 2\alpha + a_3 3\alpha^2 + a_4 4\alpha^3 - 5\alpha^4 \\ 0 &= f(\beta)/0! = a_0 + a_1\beta + a_2\beta^2 + a_3\beta^3 + a_4\beta^4 - \beta^5 \\ 0 &= f^{(1)}(\beta)/1! = a_1 + a_2 2\beta + a_3 3\beta^2 + a_4 4\beta^3 - 5\beta^4 \\ 0 &= f(\gamma)/0! = a_0 + a_1\gamma + a_2\gamma^2 + a_3\gamma^3 + a_4\gamma^4 - \gamma^5 \end{aligned}$$

これは以下の行列 $\boldsymbol{V}, \boldsymbol{J}$ に対して，行列形で $\boldsymbol{AV} = \boldsymbol{VJ}$ で書ける：

$$\boldsymbol{V} = \begin{bmatrix} 1 & 0 & 1 & 0 & 1 \\ \alpha & 1 & \beta & 1 & \gamma \\ \alpha^2 & 2\alpha & \beta^2 & 2\beta & \gamma^2 \\ \alpha^3 & 3\alpha^2 & \beta^3 & 3\beta^2 & \gamma^3 \\ \alpha^4 & 4\alpha^3 & \beta^4 & 4\beta^3 & \gamma^4 \end{bmatrix}, \quad \boldsymbol{J} = \begin{bmatrix} \alpha & 1 & 0 & 0 & 0 \\ 0 & \alpha & 0 & 0 & 0 \\ 0 & 0 & \beta & 1 & 0 \\ 0 & 0 & 0 & \beta & 0 \\ 0 & 0 & 0 & 0 & \gamma \end{bmatrix}.$$

ここに $\boldsymbol{V}$ は可逆行列を表し，$\boldsymbol{AV} = \boldsymbol{VJ}$ は $\boldsymbol{A}$ のジョルダン分解を表すことになる．実際，$\det \boldsymbol{V} = (\alpha-\beta)^4(\alpha-\gamma)^2(\beta-\gamma)^2 \neq 0$．この関係の導出には，$\det \boldsymbol{V} = F = F(\alpha, \beta, \gamma)$ とおき，$\boldsymbol{V}$ の構成法から

$$0 = (F)_{\alpha=\beta} = \left(\frac{\partial F}{\partial \alpha}\right)_{\alpha=\beta} = \left(\frac{\partial^2 F}{\partial \alpha^2}\right)_{\alpha=\beta} = \left(\frac{\partial^3 F}{\partial \alpha^3}\right)_{\alpha=\beta}$$
$$0 = (F)_{\alpha=\gamma} = \left(\frac{\partial F}{\partial \alpha}\right)_{\alpha=\gamma},\ 0 = (F)_{\beta=\gamma} = \left(\frac{\partial F}{\partial \beta}\right)_{\beta=\gamma}$$

が成立することを確かめ，$\det \boldsymbol{V}$ が α, β, γ に関する多項式であることに着目すればよい（詳細略）．行列式の微分法については問題 6.12 参照．

以上から，解 y は次式によって与えられる：

$$\begin{aligned} y &= [1,\,0,\,1,\,0,\,1]\operatorname{diag}\left(e^{t\alpha}\begin{bmatrix}1 & t\\ 0 & 1\end{bmatrix},\, e^{t\beta}\begin{bmatrix}1 & t\\ 0 & 1\end{bmatrix},\, e^{t\gamma}\,[1]\right)\boldsymbol{c} \\ &= \left[e^{t\alpha},\, te^{t\alpha},\, e^{t\beta},\, te^{t\beta},\, e^{t\gamma}\right]\boldsymbol{c} \end{aligned}$$

すなわち，y は $e^{t\alpha}, te^{t\alpha}, e^{t\beta}, te^{t\beta}, e^{t\gamma}$ の任意 1 次結合によって与えられる． ■

以上から得られる一般的結論は次の通りである：

特性多項式の因数分解形 (11.22) がわかれば，(11.21) の解は次の n 個の解（基本解）

$$e^{t\lambda_k},\, te^{t\lambda_k},\, \ldots,\, t^{n_k-1}e^{t\lambda_k}\ (k = 1,\, \ldots,\, r)$$

の任意の 1 次結合によって与えられる．

この結論は次のようにして検算できる：

$D \equiv \dfrac{d}{dt}, D^2 = \dfrac{d}{dt}\left(\dfrac{d}{dt}\right) = \dfrac{d^2}{dt^2}, \ldots$ と書くと，(11.21) は $f(D)y = -(D-\lambda_1)^{n_1}\cdots(D-\lambda_r)^{n_r}y = 0$ と書ける．各基本解を代入すれば，

$$(D-\lambda_k)^{n_k}e^{\lambda_k t} = 0,\, \ldots,\, (D-\lambda_k)^{n_k}t^{n_k-1}e^{\lambda_k t} = 0 \quad (k = 1,\, \ldots,\, r)$$

が成り立ち，$D-\lambda_1, \ldots, D-\lambda_r$ は可換であるから（作用させる順序を変えてよいから），結局基本解はすべて (11.21) を満たし，その任意 1 次結合も (11.21) を満たす．念のため，簡単な例を追加する：

例 11.20 $-2y + 7y^{(1)} - 9y^{(2)} + 5y^{(3)} - y^{(4)} = 0$.

$$f(\lambda) = -2 + 7\lambda - 9\lambda^2 + 5\lambda^3 - \lambda^4 = -(\lambda-1)^3(\lambda-2)$$

ゆえに，解 y は次の 4 個の基本解 e^{t}, te^{t}, t^2e^{t}, e^{2t} の任意 1 次結合によって与えられる．

この節で示した行列法による解法が複雑化したのは，解 y を求める問題を未知ベクトル $\left[y, y^{(1)}, \ldots, y^{(n-1)}\right]^{\mathrm{T}}$ を求める問題として定式化したからである．

最後にひとこと

この章の華は，「行列関数 $f(\boldsymbol{A})$」の定義に 3 種類あることを示す過程，その副産物である「スペクトル写像定理」，「行列指数関数 $e^{t\boldsymbol{A}}$」の定係数微分方程式の解法への応用である．

腕試し問題

問題 11.1　$\boldsymbol{M}$ 演算（11.1 節）を利用して次の関係を証明せよ：

$$(\mathbf{1})\quad \begin{bmatrix}\lambda & 1 & 0\\ 0 & \lambda & 1\\ 0 & 0 & \lambda\end{bmatrix}^{k} = \begin{bmatrix}\lambda^{k} & k\lambda^{k-1} & \{k(k-1)/2\}\lambda^{k-2}\\ 0 & \lambda^{k} & k\lambda^{k-1}\\ 0 & 0 & \lambda^{k}\end{bmatrix}\quad (k=1,2,\ldots)$$

$$(\mathbf{2})\quad \begin{bmatrix}\lambda & 1 & 0\\ 0 & \lambda & 1\\ 0 & 0 & \lambda\end{bmatrix}^{-k} = \begin{bmatrix}\lambda^{-k} & -k\lambda^{-k-1} & \{k(k+1)/2\}\lambda^{-k-2}\\ 0 & \lambda^{-k} & -\lambda^{-k-1}\\ 0 & 0 & \lambda^{-k}\end{bmatrix}\quad (k=1,2,\ldots)$$

問題 11.2　$\boldsymbol{A}^2=\boldsymbol{A}$ を満たす 2 次行列 $\boldsymbol{A}$ をすべて求めよ．

問題 11.3　2 次行列のジョルダン分解

$\boldsymbol{A} \equiv \begin{bmatrix}-6 & 4\\ -25 & 14\end{bmatrix} = \begin{bmatrix}2 & 1\\ 5 & 3\end{bmatrix}\begin{bmatrix}4 & 1\\ 0 & 4\end{bmatrix}\begin{bmatrix}3 & -1\\ -5 & 2\end{bmatrix} \equiv \boldsymbol{VJV}^{-1}$ を利用し，$\boldsymbol{X}^2=\boldsymbol{A}$ を解け．

問題 11.4　$\boldsymbol{A}$ のジョルダン標準形が $\boldsymbol{J} = \begin{bmatrix}2 & 0 & 0\\ 0 & -1 & 1\\ 0 & 0 & -1\end{bmatrix}$ であるとき，$h(\boldsymbol{A}) = (\boldsymbol{A}-\boldsymbol{I})(\boldsymbol{A}^2+\boldsymbol{A}+\boldsymbol{I})^{-1}$ の特性多項式 $\det\{h(\boldsymbol{A})-\lambda\boldsymbol{I}\}$ を求めよ．

問題 11.5（プロジェクト型問題）　「$\boldsymbol{A}$ を n 次行列とすれば，$f(\boldsymbol{A})$ は必ず $\boldsymbol{A}$ に関する高々 $(n-1)$ 次多項式によって表現できる」を示せ．

問題 11.6（前問の応用問題）　$\boldsymbol{A} = \begin{bmatrix}0 & 1\\ -4 & 4\end{bmatrix} = \begin{bmatrix}1 & 2\\ 2 & 5\end{bmatrix}\begin{bmatrix}2 & 1\\ 0 & 2\end{bmatrix}\begin{bmatrix}5 & -2\\ -2 & 1\end{bmatrix} \equiv \boldsymbol{VJV}^{-1}$ とする．

(1)　$(2\boldsymbol{A}+\boldsymbol{I})(\boldsymbol{A}^2+\boldsymbol{A}+\boldsymbol{I})^{-1} = \alpha_0\boldsymbol{I}+\alpha_1(\boldsymbol{A}-2\boldsymbol{I})$ を満たす α_0, α_1 を求めよ．

(2)　$e^{\boldsymbol{A}} = \beta_0\boldsymbol{I}+\beta_1(\boldsymbol{A}-2\boldsymbol{I})$ を満たす定数 β_0, β_1 を求めよ．

問題 11.7 ジョルダン分解

$$\boldsymbol{A} = \begin{bmatrix} -14 & 2 & 3 \\ -26 & 5 & 5 \\ -64 & 8 & 14 \end{bmatrix} = \begin{bmatrix} 2 & 1 & 0 \\ 3 & 2 & -1 \\ 8 & 4 & 1 \end{bmatrix} \begin{bmatrix} 1 & 0 & 0 \\ 0 & 2 & 1 \\ 0 & 0 & 2 \end{bmatrix} \begin{bmatrix} 6 & -1 & -1 \\ -11 & 2 & 2 \\ -4 & 0 & 1 \end{bmatrix} = \boldsymbol{VJV}^{-1}$$

を利用して微分方程式 $\dfrac{d}{dt}\begin{bmatrix} y_1 \\ y_2 \\ y_3 \end{bmatrix} = \boldsymbol{A}\begin{bmatrix} y_1 \\ y_2 \\ y_3 \end{bmatrix}$ を解け．

問題 11.8（スペクトル写像定理の応用） 与えられた 3 次行列 $\boldsymbol{A}$ の特性多項式が $\det(\boldsymbol{A} - \lambda\boldsymbol{I}) = (1-\lambda)(2-\lambda)^2$ であるとき，次の行列の特性多項式を求めよ．

(1) $p(\boldsymbol{A}) = \boldsymbol{A}^2 - \boldsymbol{I}$

(2) $q(\boldsymbol{A}) = (\boldsymbol{A} - \boldsymbol{I})(\boldsymbol{A} + \boldsymbol{I})^{-1}$

(3) $r(\boldsymbol{A}) = (\boldsymbol{I} - \boldsymbol{A})e^{c\boldsymbol{A}}$

(4) $f(\boldsymbol{A}) = \dfrac{1}{2\pi i}\displaystyle\int_C f(\lambda)(\lambda\boldsymbol{I} - \boldsymbol{A})^{-1}d\lambda$

ただし，(d) の $f(\lambda)$ は点 1, 2 を含む複素領域内で至るところ微分可能とし，閉積分路 C はこの領域内にあって点 1, 2 を内部に含むものとする．

問題 11.9 **(1)** $y - y^{(2)} = 0$ を解け． **(2)** $-y - y^{(2)} = 0$ を解け．

問題 11.10 次の各場合に対して微分方程式

$$f(D)y = a_0 y + a_1 y^{(1)} + a_2 y^{(2)} - y^{(3)} = 0$$

（$D = d/dt$, a_0, a_1, a_2 は与えられた定数，$y = y(t)$, $y^{(1)} = dy/dt, \ldots$）のコンパニオン行列のジョルダン分解と微分方程式の解を求めよ．

(1) $f(\lambda) = a_0 + a_1\lambda + a_2\lambda^2 - \lambda^3 = (1-\lambda)^3$ の場合．

(2) $f(\lambda) = (1-\lambda)(2-\lambda)^2$ の場合．

(3) $f(\lambda) = (1-\lambda)(2-\lambda)(-1-\lambda)$ の場合．

問題 11.11 次の行列のジョルダン分解を求めよ：

(1) $\boldsymbol{A} = \begin{bmatrix} 0 & 1 & 0 & 0 \\ 0 & 0 & 1 & 0 \\ 0 & 0 & 0 & 1 \\ -1 & -4 & -6 & -4 \end{bmatrix}$ **(2)** $\boldsymbol{A} = \begin{bmatrix} 0 & 1 & 0 & 0 \\ 0 & 0 & 1 & 0 \\ 0 & 0 & 0 & 1 \\ -4 & -4 & 3 & 2 \end{bmatrix}$

問題 11.12（差分商と差分商行列に関するプロジェクト型問題） いま，$n\,(\geqslant 2)$ を与えられた自然数，$z_1, z_2, \ldots$ を複素平面上の異なる点，$w = f(z)$ を少なくとも $\{z_1, \ldots, z_n\}$ 上で定義された複素関数とするとき，

$$\text{(1)} \quad f(z_i, z_j) = \frac{f(z_i) - f(z_j)}{z_i - z_j} \quad (i \neq j)$$

型の数を（1 階）**差分商** (divided difference) という．高階差分商は再帰的に次式によって定義される：

$$(2)\quad f(z_1,\, z_2,\, \ldots,\, z_n) = \frac{f(z_1,\, \ldots,\, z_{n-1}) - f(z_2,\, \ldots,\, z_n)}{z_1 - z_n} \quad (n-1 \text{ 階差分商 } (n \geqslant 2)).$$

そして関数値自体，$f(z_1), \ldots$ は 0 階差分商と見なす．差分商は数値計算上の重要なツールとして古くからよく知られている．

2 階差分商の例

$$f(z_1,\, z_2,\, z_3) = \frac{f(z_1,\, z_2) - f(z_2,\, z_3)}{z_1 - z_3},\; f(z_2,\, z_3,\, z_1) = \frac{f(z_2,\, z_3) - f(z_3,\, z_1)}{z_2 - z_1}, \ldots$$

展開すればわかるようにこの両者は相等しい．

(A)　$f(z_1,\, \ldots,\, z_n)$ の値は $z_1,\, \ldots,\, z_n$ の配列順序に無関係である．実際，

$$(3)\quad f(z_1,\, \ldots,\, z_n) = \frac{1}{2\pi i}\int_C \frac{f(\lambda)}{(\lambda - z_1)\cdots(\lambda - z_n)}\,d\lambda \equiv g(z_1,\, \ldots,\, z_n)$$

が成り立つことを次の手順に従って示せ．ここに，$f(\lambda)$ は $z_1,\, \ldots,\, z_n$ を含むある領域内で至るところ微分可能な複素関数，C は $z_1,\, \ldots,\, z_n$ をその内部に含む，その領域内の閉積分路を表す．まず，部分分数展開

$$\frac{1}{(\lambda - z_1)\cdots(\lambda - z_n)} = \frac{1}{z_1 - z_n}\left\{\frac{1}{(\lambda - z_1)\cdots(\lambda - z_{n-1})} - \frac{1}{(\lambda - z_2)\cdots(\lambda - z_n)}\right\}$$

を代入すると $g(z_1,\, \ldots,\, z_n) = \{g(z_1,\, \ldots,\, z_{n-1}) - g(z_2,\, \ldots,\, z_n)\}/(z_1 - z_n)$ がでる．またコーシーの積分公式 $f(z_k) = \dfrac{1}{2\pi i}\displaystyle\int_C \frac{f(\lambda)}{\lambda - z_k}\,d\lambda\ (k = 1,\, \ldots,\, n)$ により，$f(z_k) = g(z_k),\ k = 1,\, \ldots,\, n$ が成り立つ．以上と差分商の定義から $f(z_1,\, \ldots,\, z_n) = g(z_1,\, \ldots,\, z_n)$ が従う．

(B)　差分商行列（ここから行列の話になる）

11.1，11.2 節で学んだ行列関数の $\boldsymbol{M}$ 演算の算法によく似た事実が差分商に対しても成立することを示す．差分商は次の表形式で提示されることが多い：

$$\begin{array}{cccc}
f(z_1) & & & \\
 & f(z_1,\, z_2) & & \\
f(z_2) & & f(z_1,\, z_2,\, z_3) & \\
 & f(z_2,\, z_3) & & \\
f(z_3) & & f(z_2,\, z_3,\, z_4) & \\
\vdots & \vdots & \vdots &
\end{array}$$

上の表の形をいくらか変えて次の行列形に書く：

$$\boldsymbol{D}(f) \equiv \boldsymbol{D}(f(z_1,\, \ldots,\, z_n)) = \begin{bmatrix} f_1 & f_{12} & f_{123} & \cdots & f_{12\cdots n} \\ & f_2 & f_{23} & \cdots & f_{23\cdots n} \\ & & \ddots & \ddots & \vdots \\ & & & f_{n-1} & f_{(n-1)n} \\ \mathbf{0} & & & & f_n \end{bmatrix} \quad (f_1 \equiv f(z_1),\, f_{12} \equiv f(z_1,\, z_2),\, \ldots).$$

$\boldsymbol{D}(f)$ を **D 演算** (D operation) と仮に呼び，この右辺を**差分商行列**と呼ぶことにする．これは，11.1 節で定義した $\boldsymbol{M}(f)$ と深い関係がある．すなわち，「$z=a$ が考えている領域内の点なら，$z_1, \ldots, z_n \to a$ のとき，$f(z_1) \to f(a)$, $f(z_1, z_2) \to \dfrac{f^{(1)}(a)}{1!}, \ldots, f(z_1, \ldots, z_n) \to \dfrac{f^{(n-1)}(a)}{(n-1)!}$，すなわち，$\boldsymbol{D}(f(z_1, \ldots, z_n)) \to \boldsymbol{M}(f(a)))$」が成り立つことが知られている．実際，(3) とコーシーの積分公式 $\dfrac{f^{(k)}(a)}{k!} = \dfrac{1}{2\pi i}\displaystyle\int_C \frac{f(\lambda)}{(\lambda-a)^{k+1}}d\lambda$ $(k=0, 1, 2, \ldots)$ から出るのだが，詳細は略する．

例 11.21　$f(z)=z$ のときの $\boldsymbol{D}(f)$ を $\boldsymbol{D}(z)$ と書けば

$$\boldsymbol{D}(0)=\boldsymbol{0},\ \boldsymbol{D}(1)=\boldsymbol{I},\ \boldsymbol{D}(z)=\begin{bmatrix} z_1 & 1 & & & \boldsymbol{0} \\ & z_2 & 1 & & \\ & & \ddots & \ddots & \\ & & & z_{n-1} & 1 \\ \boldsymbol{0} & & & & z_n \end{bmatrix}.$$

(C)　積の高階差分商に関するライプニッツの法則

定理 11.22　f, g を $z_1, \ldots, z_n$ 上で定義された関数とすれば次式が成立する：

$$(fg)_{12\cdots n} = f_1 g_{12\cdots n} + f_{12} g_{23\cdots n} + \cdots + f_{12\cdots n-1} g_{(n-1)n} + f_{12\cdots n} g_n$$
$$(f_1 = f(z_1),\ f_{12} = f(z_1, z_2), \ldots).$$

この定理を示せ．

(D)　差分商行列 $\boldsymbol{D}(f)$ の算法に関する公式

差分商行列 $\boldsymbol{D}(f)$ の算法に関して次式が成立することを示せ：

定理 11.23　**(a)**　$\boldsymbol{D}(f \pm g) = \boldsymbol{D}(f) \pm \boldsymbol{D}(g)$

(b)　$\boldsymbol{D}(cf) = c\boldsymbol{D}(f)$　(c は定数)

(c)　$\boldsymbol{D}(fg) = \boldsymbol{D}(f)\boldsymbol{D}(g) = \boldsymbol{D}(g)\boldsymbol{D}(f)$

(d)　$\boldsymbol{D}(f^{-1}) = \boldsymbol{D}^{-1}(f)$　$(f_1 = f(z_1) \neq 0, \ldots, f_n = f(z_n) \neq 0)$

(e)　$\boldsymbol{D}(f/g) = \boldsymbol{D}(f)\boldsymbol{D}^{-1}(g) = \boldsymbol{D}^{-1}(g)\boldsymbol{D}(f)$　$(g_1 = g(z_1) \neq 0, \ldots, g_n = g(z_n) \neq 0)$

例 11.24　(d) を $f(z)=z$ に適用すると（ただし $z_1, \ldots, z_n \neq 0$），

$$\begin{bmatrix} z_1 & 1 & & & \boldsymbol{0} \\ & z_2 & 1 & & \\ & & \ddots & \ddots & \\ & & & z_{n-1} & 1 \\ \boldsymbol{0} & & & & z_n \end{bmatrix}^{-1} = \begin{bmatrix} y_1 & -y_1y_2 & y_1y_2y_3 & \cdots & (-1)^{n+1}y_1\cdots y_n \\ & y_2 & -y_2y_3 & \cdots & (-1)^{n+2}y_2\cdots y_n \\ & & \ddots & \ddots & \vdots \\ & & & y_{n-1} & -y_{n-1}y_n \\ \boldsymbol{0} & & & & y_n \end{bmatrix} \quad (y_k = z_k^{-1},\ k=1, \ldots, n).$$

ここに，右辺の (p,q) 成分は $(-1)^{p+q}y_p y_{p+1}\cdots y_q$ に等しい $(p \leqslant q)$．検算せよ．

(E)　直前の式において $z_k = -x_k\ (\neq 0,\ k = 1, \ldots, n)$ と書き変え，次式を導出せよ（のちほど必要となる）：

$$\begin{bmatrix} x_1 & -1 & & & \mathbf{0} \\ & x_2 & -1 & & \\ & & \ddots & \ddots & \\ & & & x_{n-1} & -1 \\ \mathbf{0} & & & & x_n \end{bmatrix}^{-1} = \begin{bmatrix} w_1 & w_1w_2 & w_1w_2w_3 & \cdots & w_1\cdots w_n \\ & w_2 & w_2w_3 & \cdots & w_2\cdots w_n \\ & & \ddots & \ddots & \vdots \\ & & & w_{n-1} & w_{n-1}w_n \\ \mathbf{0} & & & & w_n \end{bmatrix}$$

$(w_k = x_k^{-1},\ k = 1, \ldots, n)$．ここに，右辺の $(p,\ q)$ 成分は $w_pw_{p+1}\cdots w_q$ に等しい $(p \leqslant q)$．

(F)　(E) の結果を利用して次式を導け：

$$\begin{aligned}&(\lambda\boldsymbol{I} - \boldsymbol{D}(z))^{-1} \\ &= \begin{bmatrix} \lambda - z_1 & -1 & & & & \mathbf{0} \\ & \lambda - z_2 & -1 & & & \\ & & \ddots & \ddots & & \\ & & & \ddots & \ddots & \\ & & & & \lambda - z_{n-1} & -1 \\ \mathbf{0} & & & & & \lambda - z_n \end{bmatrix}^{-1} \equiv \begin{bmatrix} p_{11} & p_{12} & \cdots & p_{1n} \\ & p_{22} & \cdots & p_{2n} \\ & & \ddots & \vdots \\ \mathbf{0} & & & p_{nn} \end{bmatrix}.\end{aligned}$$

ここに，$p_{ij} = \dfrac{1}{(\lambda - z_i)(\lambda - z_{i+1})\cdots(\lambda - z_j)} \quad (i \leqslant j)$.

(G)　差分商行列に対するコーシー積分公式

定理 11.25

$$\boldsymbol{D}(f)(z_1, \ldots, z_n) = \frac{1}{2\pi i}\int_C f(\lambda)(\lambda\boldsymbol{I} - \boldsymbol{D}(z))^{-1}d\lambda = f(\boldsymbol{D}(z)).$$

この定理を導け．ここに，$f(\boldsymbol{D}(z))$ は 11.4 節で定義した行列関数である．

第12章　特異値分解

第12章の主題は，$m \times n$ 行列 $\boldsymbol{A}$ の特異値分解 $\boldsymbol{A} = \boldsymbol{U} \cdot \mathrm{diag}\,(\sigma_1, \ldots, \sigma_r, \boldsymbol{0}) \cdot \boldsymbol{V}^*$ である．ここに $\sigma_1 \geqslant \cdots \geqslant \sigma_r > 0$, $r = \mathrm{rank}(\boldsymbol{A})$, $\boldsymbol{U}^{-1} = \boldsymbol{U}^*$, $\boldsymbol{V}^{-1} = \boldsymbol{V}^*$ である．これは $\boldsymbol{A}^*\boldsymbol{A}$ または $\boldsymbol{A}\boldsymbol{A}^*$ のシュア分解をいくらか変形したものと見なせる．そして $\boldsymbol{A}$ の最大特異値 σ_1 は $\boldsymbol{A}$ の演算子2ノルムに等しい．$\boldsymbol{A}$ が n 次可逆行列なら，$\boldsymbol{A}$ を中心とする半径 σ_n の開球は可逆行列のみを含む．また，σ_n^{-1} は $\boldsymbol{A}^{-1}$ の演算子2ノルムに等しい．特異値分解の用途は，階数分析，行列方程式の誤差解析，最小自乗法，次章の主題であるCS分解など，多彩である．

12.1　特異値分解定理

参照上の便宜を考慮し，実行列と複素行列の特異値分解を別個に述べる．

定理 12.1　与えられた $m \times n$ 実行列 $\boldsymbol{A}$ は適当な m 次実直交行列 $\boldsymbol{U}$ ($\boldsymbol{U}^{-1} = \boldsymbol{U}^{\mathrm{T}}$) および n 次実直交行列 $\boldsymbol{V}$ ($\boldsymbol{V}^{-1} = \boldsymbol{V}^{\mathrm{T}}$) をとれば，

$$\boldsymbol{A} = \boldsymbol{U} \left[\begin{array}{ccc|c} \sigma_1 & & \boldsymbol{0} & \\ & \ddots & & \boldsymbol{0} \\ \boldsymbol{0} & & \sigma_r & \\ \hline & \boldsymbol{0} & & \boldsymbol{0} \end{array}\right] \boldsymbol{V}^{\mathrm{T}} \equiv \boldsymbol{U}\,\mathrm{diag}\,(\sigma_1, \ldots, \sigma_r, \boldsymbol{0})\boldsymbol{V}^{\mathrm{T}} \equiv \boldsymbol{U}\boldsymbol{\Sigma}\boldsymbol{V}^{\mathrm{T}} \qquad (12.1)$$

の形に分解できる．ここに，$\sigma_1 \geqslant \cdots \geqslant \sigma_r > \sigma_{r+1} = \cdots = \sigma_{m \wedge n} = 0$ を $\boldsymbol{A}$ の**特異値** (singular value) といい，(12.1) を $\boldsymbol{A}$ の**特異値分解** (singular value decomposition, SVD) という．ただし $r = \mathrm{rank}(\boldsymbol{A})$, $m \wedge n \equiv \min\{m, n\}$．そして，$\boldsymbol{\Sigma}$ を特異値分解の**標準形** (canonical form) という．証明は後述する．

今後，行列 $\boldsymbol{A}$ に対し，$\boldsymbol{A}$ の k 番目に大きい特異値を $\sigma_k(\boldsymbol{A})$ と書くことにする．とくに，$\boldsymbol{A}$ の最大特異値および最小特異値をそれぞれ $\sigma_{\max}(\boldsymbol{A})$, $\sigma_{\min}(\boldsymbol{A})$ で表す．

(12.1) を受け入れると，

$$\boldsymbol{V}^{\mathrm{T}}(\boldsymbol{A}^{\mathrm{T}}\boldsymbol{A})\boldsymbol{V} = \boldsymbol{\Sigma}^{\mathrm{T}}\boldsymbol{\Sigma} = \mathrm{diag}\left(\sigma_1^2, \ldots, \sigma_r^2, \mathbf{0}\right) : n \times n,$$
$$\boldsymbol{U}^{\mathrm{T}}(\boldsymbol{A}\boldsymbol{A}^{\mathrm{T}})\boldsymbol{U} = \boldsymbol{\Sigma}\boldsymbol{\Sigma}^{\mathrm{T}} = \mathrm{diag}\left(\sigma_1^2, \ldots, \sigma_r^2, \mathbf{0}\right) : m \times m$$

が従う．ゆえに，$\boldsymbol{A}$ の各特異値は $\boldsymbol{A}^{\mathrm{T}}\boldsymbol{A}$ または $\boldsymbol{A}\boldsymbol{A}^{\mathrm{T}}$ の大きい方から $m \wedge n$ 個の固有値の平方根に等しい．これより，特異値と標準形 $\boldsymbol{\Sigma}$ は $\boldsymbol{A}$ によって一意的に定まることがわかる．また，$\boldsymbol{A}$ と $\boldsymbol{B} \equiv \boldsymbol{PAQ}$（ただし，$\boldsymbol{P}, \boldsymbol{Q}$ は任意の直交行列）は同一の標準形を持つことがわかる．この関係を $\boldsymbol{A} \sim \boldsymbol{B}$ によって表せば，関係「$\sim$」は反射性，対称性，推移性を満たすので，同値関係を表す．また，直前の 2 式より，$\boldsymbol{U}$ の各列は $\boldsymbol{A}\boldsymbol{A}^{\mathrm{T}}$ の固有ベクトル，$\boldsymbol{V}$ の各列は $\boldsymbol{A}^{\mathrm{T}}\boldsymbol{A}$ の固有ベクトルを表すこともわかる．$\boldsymbol{U}$ の各列を $\boldsymbol{A}$ の**左特異ベクトル** (left singular vector)，$\boldsymbol{V}$ の各列を**右特異ベクトル** (right singular vector) という．$\mathbb{R}^n$, $\mathbb{R}^m$ 内に直交座標変換 $\boldsymbol{x} = \boldsymbol{V}\boldsymbol{x}'$, $\boldsymbol{y} = \boldsymbol{U}\boldsymbol{y}'$ を導入すれば，$\boldsymbol{y} = \boldsymbol{A}\boldsymbol{x}$ は $\boldsymbol{y}' = \boldsymbol{U}^{\mathrm{T}}\boldsymbol{A}\boldsymbol{V}\boldsymbol{x}' = \boldsymbol{\Sigma}\boldsymbol{x}'$ となる．すなわち，$\boldsymbol{\Sigma}$ は今導入した新座標系から見た $\boldsymbol{A}$ の姿を表すものと解釈できる．

証明　$r = \mathrm{rank}(\boldsymbol{A})$ とし，n 次実対称行列 $\boldsymbol{A}^{\mathrm{T}}\boldsymbol{A}$ のシュア分解（8.8 節）を以下のようにおく：

$$(*) \quad \boldsymbol{V}^{\mathrm{T}}(\boldsymbol{A}^{\mathrm{T}}\boldsymbol{A})\boldsymbol{V} = \boldsymbol{D} \equiv \mathrm{diag}\left(d_1, \ldots, d_n\right) = \mathrm{diag}\left(d_1, \ldots, d_r, \mathbf{0}\right).$$

ここに $\boldsymbol{V}$ は適当な n 次直交行列を表し，$d_1 \geqslant \cdots \geqslant d_n$ にとるものとする．すると，すべての i $(1 \leq i \leq n)$ について

$$0 \leqslant (\boldsymbol{A}\boldsymbol{V}\boldsymbol{e}_i)^{\mathrm{T}}(\boldsymbol{A}\boldsymbol{V}\boldsymbol{e}_i) = (\boldsymbol{V}\boldsymbol{e}_i)^{\mathrm{T}}(\boldsymbol{V}\boldsymbol{D}\boldsymbol{V}^{\mathrm{T}})(\boldsymbol{V}\boldsymbol{e}_i) = \boldsymbol{e}_i^{\mathrm{T}}\boldsymbol{D}\boldsymbol{e}_i = d_i.$$

ここに $\boldsymbol{e}_i$ は第 i 単位ベクトルを表す $(i = 1, \ldots, n)$．そこで $d_i = \sigma_i^2, \sigma_i \geqslant 0$ と書き，$(*)$ を

$$\boldsymbol{V}^{\mathrm{T}}(\boldsymbol{A}^{\mathrm{T}}\boldsymbol{A})\boldsymbol{V} = (\boldsymbol{A}\boldsymbol{V})^{\mathrm{T}}(\boldsymbol{A}\boldsymbol{V}) = \boldsymbol{D} = \mathrm{diag}\left(\sigma_1^2, \ldots, \sigma_r^2, \mathbf{0}\right) \quad (\sigma_1 \geqslant \cdots \geqslant \sigma_r > 0)$$

と書き直し，$\boldsymbol{A}\boldsymbol{V} = [\boldsymbol{p}_1, \ldots, \boldsymbol{p}_r, \ldots, \boldsymbol{p}_n] : m \times n$ と書けば，直前の式は

$$(\boldsymbol{p}_i/\sigma_i)^{\mathrm{T}}(\boldsymbol{p}_j/\sigma_j) = \delta_{ij} \quad (i, j = 1, \ldots, r), \quad \boldsymbol{p}_j = \mathbf{0} \quad (r < j \leqslant n)$$

を意味する．すなわち，$\{\boldsymbol{u}_1 \equiv \boldsymbol{p}_1/\sigma_1, \ldots, \boldsymbol{u}_r \equiv \boldsymbol{p}_r/\sigma_r\}$ は正規直交系をなす．これを $\mathbb{R}^m$ の正規直交基底 $\{\boldsymbol{u}_1, \ldots, \boldsymbol{u}_r, \boldsymbol{u}_{r+1}, \ldots, \boldsymbol{u}_m\}$ に拡大し，これらを列とす

る行列 $\boldsymbol{U}=[\boldsymbol{u}_1,\ \ldots,\ \boldsymbol{u}_m]: m\times m$ を定義すると，$\boldsymbol{U}$ は $\boldsymbol{U}^{\mathrm{T}}\boldsymbol{U}=\boldsymbol{I}$ を満たし，

$$\boldsymbol{U}^{\mathrm{T}}\boldsymbol{A}\boldsymbol{V}=[\boldsymbol{u}_1,\ \ldots,\boldsymbol{u}_r,\ \ldots,\boldsymbol{u}_m]^{\mathrm{T}}[\boldsymbol{p}_1,\ \ldots,\ \boldsymbol{p}_r,\ \boldsymbol{0},\ \ldots,\ \boldsymbol{0}]=\mathrm{diag}\,(\sigma_1,\ \ldots,\ \sigma_r,\ \boldsymbol{0})$$

となる．これは $\boldsymbol{A}$ の特異値分解に他ならない．$\boldsymbol{A}\boldsymbol{A}^{\mathrm{T}}$ のシュア分解 $\boldsymbol{U}^{\mathrm{T}}(\boldsymbol{A}\boldsymbol{A}^{\mathrm{T}})\boldsymbol{U}$: $m\times m$ から出発しても，同様の手続きを踏めば，やはり $\boldsymbol{A}$ の特異値分解を導出できる． ■

(12.1) において，$\boldsymbol{U}=[\boldsymbol{u}_1,\ \ldots,\ \boldsymbol{u}_m]$, $\boldsymbol{V}=[\boldsymbol{v}_1,\ \ldots,\ \boldsymbol{v}_n]$ と書けば，次の関係が得られる：

$$\boldsymbol{A}\boldsymbol{V}=\boldsymbol{U}\boldsymbol{\Sigma},\ \text{すなわち}\ \boldsymbol{A}\boldsymbol{v}_j=\sigma_j\boldsymbol{u}_j\quad(j=1,\ldots,r),\tag{12.2}$$

$$\boldsymbol{A}=\boldsymbol{U}\boldsymbol{\Sigma}\boldsymbol{V}^{\mathrm{T}}=\sigma_1\boldsymbol{u}_1\boldsymbol{v}_1^{\mathrm{T}}+\cdots+\sigma_r\boldsymbol{u}_r\boldsymbol{v}_r^{\mathrm{T}}.\tag{12.3}$$

(12.2), (12.3) も有用な式である．

例 12.2 $\boldsymbol{A}=\begin{bmatrix}-1&0\\0&2\end{bmatrix}=\begin{bmatrix}0&1\\1&0\end{bmatrix}\begin{bmatrix}2&0\\0&1\end{bmatrix}\begin{bmatrix}0&1\\-1&0\end{bmatrix}\equiv\boldsymbol{U}\boldsymbol{\Sigma}\boldsymbol{V}^{\mathrm{T}}$ は $\boldsymbol{A}$ の特異値分解を表す．特異値は $\sigma_1=2,\ \sigma_2=1$ によって与えられる．

例 12.3 $\boldsymbol{A}=\begin{bmatrix}a_1\\a_2\end{bmatrix}=\left(\frac{1}{\alpha}\begin{bmatrix}a_1&-a_2\\a_2&a_1\end{bmatrix}\right)\cdot\begin{bmatrix}\alpha\\0\end{bmatrix}\cdot[1]\equiv\boldsymbol{U}\boldsymbol{\Sigma}\boldsymbol{V}^{\mathrm{T}}$（ただし，$\alpha\equiv\sqrt{a_1^2+a_2^2}>0$）は $\boldsymbol{A}$ の特異値分解を表す．特異値は $\sigma_1=\alpha$ の 1 個のみである．

例 12.4 $\boldsymbol{A}=\begin{bmatrix}a_1\\\vdots\\a_m\end{bmatrix}$ の特異値は $\boldsymbol{A}^{\mathrm{T}}\boldsymbol{A}=[a_1^2+\cdots+a_m^2]:1\times 1$ の固有値の平方根，すなわち $\sigma_1=\alpha$ $(\alpha\equiv\sqrt{a_1^2+\cdots+a_m^2}>0)$ によって与えられる．特異値分解を考えると，$a_2=\cdots=a_n=0$ の場合は $\boldsymbol{A}=\pm\boldsymbol{I}\cdot[|a_1|,\ 0,\ \ldots,\ 0]^{\mathrm{T}}\cdot[1]$ としてよく，$a_2^2+\cdots+a_n^2>0$ の場合は，$\boldsymbol{H}\boldsymbol{A}=\alpha\boldsymbol{e}_1$ を満たす反射行列 $\boldsymbol{H}=\boldsymbol{I}-2\boldsymbol{w}\boldsymbol{w}^{\mathrm{T}}/\boldsymbol{w}^{\mathrm{T}}\boldsymbol{w}$ $(\boldsymbol{w}=\boldsymbol{A}-\alpha\boldsymbol{e}_1\neq\boldsymbol{0})$ をとれば，この式自体が特異値分解を表す．反射行列については 8.4 節参照.

例 12.5 $\boldsymbol{D}=\mathrm{diag}\,(d_1,\ \ldots,\ d_n)\in\mathbb{R}^{n\times n}$ については $d_1,\ \ldots,\ d_n$ を絶対値の減少する順に並べかえたものを $d_{\alpha_1},\ d_{\alpha_2},\ \ldots,\ d_{\alpha_k}$ とし，行列 $\boldsymbol{P}=[\mathrm{sgn}(d_{\alpha_1})\boldsymbol{e}_{\alpha_1},\ \mathrm{sgn}(d_{\alpha_2})\boldsymbol{e}_{\alpha_2},\ \ldots,\ \mathrm{sgn}(d_{\alpha_k})\boldsymbol{e}_{\alpha_k}]$（ただし $\boldsymbol{e}_{\alpha_1},\ldots$ は単位列ベクトル，$\mathrm{sgn}(a)=1$

$(a \geqslant 0)$, -1 $(a < 0)$，すなわち $\operatorname{sgn}(a)\cdot a = |a|$)，$\boldsymbol{Q} = [\boldsymbol{e}_{\alpha_1}, \boldsymbol{e}_{\alpha_2}, \ldots, \boldsymbol{e}_{\alpha_n}]$ とすれば，$\boldsymbol{P}^{\mathrm{T}}\boldsymbol{P} = \boldsymbol{Q}^{\mathrm{T}}\boldsymbol{Q} = \boldsymbol{I}$ が成り立ち，$\boldsymbol{P}^{\mathrm{T}}\boldsymbol{D}\boldsymbol{Q} = \operatorname{diag}\left(|d_{\alpha_1}|, |d_{\alpha_2}|, \ldots, |d_{\alpha_k}|\right)$ は $\boldsymbol{D}$ の特異値分解を与える．

次に複素行列に対する特異値分解を述べる．それは見かけ上，実行列の特異値分解において直交行列 $\boldsymbol{U}, \boldsymbol{V}$ をユニタリ行列とするだけでよい．

定理 12.6　与えられた $\boldsymbol{A} \in \mathbb{C}^{m\times n}$ は，適当なユニタリ行列 $\boldsymbol{U} \in \mathbb{C}^{m\times m}$, $\boldsymbol{V} \in \mathbb{C}^{n\times n}$ $(\boldsymbol{U}^{-1} = \boldsymbol{U}^*, \boldsymbol{V}^{-1} = \boldsymbol{V}^*)$ に対して

$$\boldsymbol{A} = \boldsymbol{U}\operatorname{diag}\left(\sigma_1, \ldots, \sigma_r, \boldsymbol{0}\right)\boldsymbol{V}^* \equiv \boldsymbol{U}\boldsymbol{\Sigma}\boldsymbol{V}^* \quad (\sigma_1 \geqslant \sigma_2 \geqslant \cdots \geqslant \sigma_r > 0) \tag{12.4}$$

の形に分解できる．ここで $r = \operatorname{rank}(\boldsymbol{A})$ である．

これを複素行列 $\boldsymbol{A}$ の特異値分解という．

証明法は，前節の実行列に対するものを多少変更すればよい．

12.2　ベクトル 2 ノルム

一般の内積から生成されるノルムはすでに 7.1 節で登場しているが，この節では $\mathbb{C}^n$ 上の内積 $(\boldsymbol{a}, \boldsymbol{b}) = \boldsymbol{a}^*\boldsymbol{b}$ から生成される **2 ノルム** (2-norm)：

$$\|\boldsymbol{x}\|_2 \equiv \|\boldsymbol{x}\| \equiv \sqrt{\boldsymbol{x}^*\boldsymbol{x}} = \sqrt{|x_1|^2 + \cdots + |x_n|^2} \quad \left(\boldsymbol{x} = [x_1, \ldots, x_n]^{\mathrm{T}} \in \mathbb{C}^n\right) \tag{12.5}$$

についてのちほど必要となる事項を復習する．これ以降，後述する演算子ノルムとの対比上から，(12.5) を**ベクトル 2 ノルム**，**ベクトルノルム**，あるいは（誤解の恐れがない場合は単に）**ノルム**といってよいものとする．

以上の定義から次の事実が従う：

(1) $\boldsymbol{x} = \boldsymbol{0} \Leftrightarrow \|\boldsymbol{x}\| = 0$.

(2) $\|c\boldsymbol{x}\| = |c|\,\|\boldsymbol{x}\|$　(c は任意の複素数).

(3) $\boldsymbol{Q} : m \times n$ $(n \leqslant m)$, $\boldsymbol{Q}^*\boldsymbol{Q} = \boldsymbol{I}_n, \boldsymbol{x} \in \mathbb{C}^n$ ならば $\|\boldsymbol{Q}\boldsymbol{x}\| = \|\boldsymbol{x}\|$ ($\boldsymbol{Q}\boldsymbol{x}$：$m \times 1$, $\boldsymbol{x}$：$n \times 1$ に注意).

((1), (2) の証明は問題 7.5 で行っている.）さらに，以下の**コーシー・シュワルツ不等式** (Cauchy- Schwartz inequality) が成立する．

(4) 任意の $\boldsymbol{x}, \boldsymbol{y} \in \mathbb{C}^n$ に対して，

$$|\boldsymbol{x}^*\boldsymbol{y}| \leqslant \|\boldsymbol{x}\|\,\|\boldsymbol{y}\| \tag{12.6}$$

が成立する．$\boldsymbol{x}^*\boldsymbol{y} \neq 0$ の場合，等号成立の必要十分条件は $\boldsymbol{x}, \boldsymbol{y}$ の一方が他方の複素数倍であることである．

証明　7.7 節で証明済みであるが，ここでは特異値分解を用いた別証を与える．

$n \times 2$ 行列 $\boldsymbol{A} = [(\boldsymbol{x}, \boldsymbol{y})]$ $(\boldsymbol{x}, \boldsymbol{y} \in \mathbb{C}^n)$ を考えると，$\boldsymbol{A}^*\boldsymbol{A} = \begin{bmatrix} \boldsymbol{x}^*\boldsymbol{x} & \boldsymbol{x}^*\boldsymbol{y} \\ \boldsymbol{y}^*\boldsymbol{x} & \boldsymbol{y}^*\boldsymbol{y} \end{bmatrix} : 2 \times 2.$
$\boldsymbol{A}$ の特異値を $\sigma_1 \geqslant \sigma_2 \geqslant 0$ とすれば，$\boldsymbol{A}^*\boldsymbol{A}$ の固有値は σ_1^2, σ_2^2 だから，

$$0 \leqslant \sigma_1^2\sigma_2^2 = \det(\boldsymbol{A}^*\boldsymbol{A}) = \boldsymbol{x}^*\boldsymbol{x} \cdot \boldsymbol{y}^*\boldsymbol{y} - (\boldsymbol{x}^*\boldsymbol{y})(\boldsymbol{y}^*\boldsymbol{x}) = \|\boldsymbol{x}\|^2 \|\boldsymbol{y}\|^2 - |\boldsymbol{x}^*\boldsymbol{y}|^2 .$$

次に，$|\boldsymbol{x}^*\boldsymbol{y}| = \|\boldsymbol{x}\| \cdot \|\boldsymbol{y}\|$ は $\det(\boldsymbol{A}^*\boldsymbol{A}) = 0$ と同値，これは $\mathrm{rank}(\boldsymbol{A}^*\boldsymbol{A}) = \mathrm{rank}(\boldsymbol{A}) \leqslant 1$ と同値である．「階数」+「零空間の次元」= 列数 = 2 なので，これは $\boldsymbol{A}$ の零空間の次元は 1 以上であること，すなわち，$[\boldsymbol{x}, \boldsymbol{y}] \begin{bmatrix} \alpha \\ \beta \end{bmatrix} = \boldsymbol{0}$ が非零解 $\begin{bmatrix} \alpha \\ \beta \end{bmatrix} \neq \boldsymbol{0}$ を持つこと，すなわち，$\boldsymbol{x} = \lambda\boldsymbol{y}$ か $\boldsymbol{y} = \mu\boldsymbol{x}$ を満たす複素数 λ, μ が存在することと同値である．■

最後に，7.7 節の再掲として**三角不等式** (triangular inequality) も述べると，
(5) 任意の $\boldsymbol{x}, \boldsymbol{y} \in \mathbb{C}^n$ に対して，

$$\|\boldsymbol{x} + \boldsymbol{y}\| \leqslant \|\boldsymbol{x}\| + \|\boldsymbol{y}\| \tag{12.7}$$

が成立する．等号が成立するための必要十分条件は，$\boldsymbol{x}, \boldsymbol{y}$ の一方が他方の**負でない実数倍**であることである．

三角不等式の別形として次式も 7.7 節で学んでいる．

$$|\,\|\boldsymbol{x}\| - \|\boldsymbol{y}\|\,| \leqslant \|\boldsymbol{x} - \boldsymbol{y}\| . \tag{12.8}$$

これは「ノルムの連続性」(ベクトル間の差が小さければ，ノルム値間の差も小さい) を示す．

12.3　ノルム空間

前節において定義したベクトル 2 ノルムは $\mathbb{C}^n$ から負でない実数全体への写像を表し，任意の $\boldsymbol{x}, \boldsymbol{y} \in \mathbb{C}^n$，任意の複素数 c に対して次の 3 性質を満たす：

(1)　$\boldsymbol{x} = \boldsymbol{0} \Leftrightarrow \|\boldsymbol{x}\| = 0,$

(2)　$\|c\boldsymbol{x}\| = |c|\,\|\boldsymbol{x}\|,$

(3) $\|\boldsymbol{x}+\boldsymbol{y}\| \leqslant \|\boldsymbol{x}\|+\|\boldsymbol{y}\|$.

このような構造は線形代数ではよく現れる．そこで一般に，与えられた複素ベクトル空間 X から負でない実数への写像 $\|\cdot\|$ が上の3性質を満たすとき，$\|\cdot\|$ を X 上の**ノルム** (norm), X を**ノルム空間** (normed space) という．有限次元ノルム空間の詳しい話は第14章で行う．

与えられたノルム空間 X 内の任意の $\boldsymbol{x}, \boldsymbol{y}$ に対して，$\boldsymbol{x}, \boldsymbol{y}$ 間の距離を $d(\boldsymbol{x}, \boldsymbol{y}) = \|\boldsymbol{x}-\boldsymbol{y}\|$ によって定義すれば，ノルムの性質から，任意の $\boldsymbol{x}, \boldsymbol{y}, \boldsymbol{z} \in X$ に対して

(4) $d(\boldsymbol{x}, \boldsymbol{y}) \geqslant 0\,;\, d(\boldsymbol{x}, \boldsymbol{y})=0 \Leftrightarrow \boldsymbol{x}=\boldsymbol{y}$,

(5) $d(\boldsymbol{x}, \boldsymbol{y})=d(\boldsymbol{y}, \boldsymbol{x})$,

(6) $d(\boldsymbol{x}, \boldsymbol{y})+d(\boldsymbol{y}, \boldsymbol{z}) \geqslant d(\boldsymbol{x}, \boldsymbol{z})$（三角不等式）

が成り立つ．一般に，任意の集合 X 上にこのような性質を満たす写像 $d(\cdot, \cdot)$ が定義された空間を**距離空間** (metric space) といい，$d(\cdot, \cdot)$ を**距離** (metric) という．また，任意の集合 X に対して，$d(\boldsymbol{x}, \boldsymbol{y})=0 \Leftrightarrow \boldsymbol{x}=\boldsymbol{y}$, $d(\boldsymbol{x}, \boldsymbol{y})=1 \Leftrightarrow \boldsymbol{x} \neq \boldsymbol{y}$ とおけば，X は距離空間となるので（確かめよ），距離空間に何らかの構造的特徴はないことがわかる．本書で現れる距離空間はノルム空間のみである．

ノルム空間の話をする場合，よく現れるのが，与えられたベクトル $\boldsymbol{a}$ を中心とする半径 $\rho>0$ の**開球** (open ball) $\{\boldsymbol{x} \in X : \|\boldsymbol{x}-\boldsymbol{a}\|<\rho\}$ である．その**表面** (surface) $\{\boldsymbol{x} \in X : \|\boldsymbol{x}-\boldsymbol{a}\|=\rho\}$ との合併集合を，$\boldsymbol{a}$ を中心とする半径 $\rho>0$ の**閉球** (closed ball) という．

12.4 行列ノルム（演算子2ノルム）

定義 12.7 与えられた $\boldsymbol{A}=[a_{ij}] \in \mathbb{C}^{m \times n}$ の特異値分解（12.1節）を

$$\boldsymbol{A}=\boldsymbol{U}\boldsymbol{\Sigma}\boldsymbol{V}^{*} \equiv \boldsymbol{U} \operatorname{diag}(\sigma_1, \ldots, \sigma_r, \boldsymbol{0}) \boldsymbol{V}^{*} \tag{12.9}$$

（ただし $\sigma_1 \geqslant \sigma_2 \geqslant \cdots \geqslant \sigma_r>0$, $\boldsymbol{U}^{-1}=\boldsymbol{U}^{*}$, $\boldsymbol{V}^{-1}=\boldsymbol{V}^{*}$）とすれば

$$\begin{aligned}\|\boldsymbol{A}\boldsymbol{x}\|^2 &= \|\boldsymbol{U}\boldsymbol{\Sigma}\boldsymbol{V}^{*}\boldsymbol{x}\|^2=\boldsymbol{x}^{*}\boldsymbol{V}\boldsymbol{\Sigma}^{*}\boldsymbol{U}^{*}\boldsymbol{U}\boldsymbol{\Sigma}\boldsymbol{V}^{*}\boldsymbol{x}=\|\boldsymbol{\Sigma}\boldsymbol{y}\|^2 \\ &= \sigma_1^2|y_1|^2+\cdots+\sigma_r^2|y_r|^2\end{aligned} \tag{12.10}$$

が成り立つ．ただし，$\boldsymbol{y} \equiv \boldsymbol{V}^{*}\boldsymbol{x} \equiv [y_1, \ldots, y_n]^{\mathrm{T}}$ である．いま，$\boldsymbol{x} \in \mathbb{C}^n$ が $\|\boldsymbol{x}\|=1$ を満たすすべての値をとるとき，$\boldsymbol{y}$ は $\|\boldsymbol{y}\|=\|\boldsymbol{V}^{*}\boldsymbol{x}\|=\|\boldsymbol{x}\|=1$ を満たすすべての値をとる．ゆえに，(12.10) より，$\|\boldsymbol{A}\boldsymbol{x}\|$ は $\boldsymbol{y}=\boldsymbol{e}_1$ のとき，すなわち，$\boldsymbol{x}=\boldsymbol{V}\boldsymbol{e}_1$

のとき，最大値 σ_1 をとる．ゆえに，$\max\limits_{\|\boldsymbol{x}\|=1}\|\boldsymbol{Ax}\| = \|\boldsymbol{AVe}_1\| = \sigma_1$ である．この量を $\boldsymbol{A}$ の**演算子 2 ノルム** (operator 2-norm) といい（以下，単に**演算子ノルム**），記号 $\|\boldsymbol{A}\|$ で表す：

$$\|\boldsymbol{A}\| = \max_{\boldsymbol{x}\in\mathbb{C}^n,\,\|\boldsymbol{x}\|=1}\|\boldsymbol{Ax}\| = \|\boldsymbol{A}(\boldsymbol{Ve}_1)\| = \sigma_1. \tag{12.11}$$

すなわち，演算子ノルム $\|\boldsymbol{A}\|$ とは $\boldsymbol{x}$ が $\mathbb{C}^n$ の単位球表面を自由に動いたときの $\|\boldsymbol{Ax}\|$ の最大値を表し，その値は $\boldsymbol{A}$ の最大特異値 σ_1 に等しい．

定理 12.8 任意の $\boldsymbol{A}\in\mathbb{C}^{m\times n}$，任意の $\boldsymbol{x}\in\mathbb{C}^n$ に対して $\|\boldsymbol{Ax}\|\leqslant\|\boldsymbol{A}\|\,\|\boldsymbol{x}\|$.

証明 $\boldsymbol{x}\neq\boldsymbol{0}$ としてよい．すると，$\|\boldsymbol{x}/\|\boldsymbol{x}\|\| = 1$ なので，(12.11) より $\left\|\boldsymbol{A}\frac{\boldsymbol{x}}{\|\boldsymbol{x}\|}\right\|\leqslant\|\boldsymbol{A}\|$. ■

定理 12.9 $\boldsymbol{A}\in\mathbb{R}^{m\times n}$ なら，$\|\boldsymbol{A}\| = \max\limits_{\boldsymbol{x}\in\mathbb{R}^n,\,\|\boldsymbol{x}\|=1}\|\boldsymbol{Ax}\| = \max\limits_{\boldsymbol{x}\in\mathbb{C}^n,\,\|\boldsymbol{x}\|=1}\|\boldsymbol{Ax}\|$. ゆえに，実行列の演算子ノルムを，このどちらの式によって定義しても，混乱は生じない．

証明 $\alpha\equiv\max\limits_{\boldsymbol{x}\in\mathbb{R}^n,\,\|\boldsymbol{x}\|=1}\|\boldsymbol{Ax}\|$, $\beta\equiv\max\limits_{\boldsymbol{x}\in\mathbb{C}^n,\,\|\boldsymbol{x}\|=1}\|\boldsymbol{Ax}\|$ とおけば，明らかに $\alpha\leqslant\beta$ が成り立つから，$\beta\leqslant\alpha$ を示せば十分である．そこで，任意の $\boldsymbol{z}=\boldsymbol{x}+i\boldsymbol{y}\in\mathbb{C}^n$ $(\boldsymbol{x},\,\boldsymbol{y}\in\mathbb{R}^n)$ をとれば

$$\begin{aligned}\|\boldsymbol{Az}\|^2 &= \|\boldsymbol{A}(\boldsymbol{x}+i\boldsymbol{y})\|^2 = \|\boldsymbol{Ax}+i\boldsymbol{Ay}\|^2\\ &= \|\boldsymbol{Ax}\|^2+\|\boldsymbol{Ay}\|^2 \quad (\because \boldsymbol{A},\boldsymbol{x},\boldsymbol{y}\text{ は実行列})\\ &\leqslant \alpha^2(\|\boldsymbol{x}\|^2+\|\boldsymbol{y}\|^2) = \alpha^2\|\boldsymbol{x}+i\boldsymbol{y}\|^2 = \alpha^2\|\boldsymbol{z}\|^2.\end{aligned}$$

$\boldsymbol{z}\in\mathbb{C}^n$ は全く任意であったので，この式は $\beta\leqslant\alpha$ を示す． ■

この定理には以下のような別証もある．

証明 実行列 $\boldsymbol{A}$ に対しては，実行列の特異値分解（12.1 節）を使い，$\boldsymbol{x}$ を実ベクトルに制限すれば，$\|\boldsymbol{A}\| = \max\limits_{\boldsymbol{x}\in\mathbb{R}^n,\,\|\boldsymbol{x}\|=1}\|\boldsymbol{Ax}\| = \|\boldsymbol{A}(\boldsymbol{Ve}_1)\| = \sigma_1$ がいえる． ■

例 12.10 演算子ノルムの定義 (12.11) から

$$\left\|\begin{bmatrix}-2&0&0\\0&1&0\end{bmatrix}\right\| = \left\|\begin{bmatrix}1&0&0\\0&-2&0\end{bmatrix}\right\| = \left\|\begin{bmatrix}1&0\\0&-2\end{bmatrix}\right\| = 2.$$

例 12.11　$\boldsymbol{a} = \left[a_1, \ldots, a_n\right]^{\mathrm{T}} \in \mathbb{C}^n$ の演算子ノルムとベクトルノルムの値は一致する．実際，前者を $\|\boldsymbol{a}\|_{op}$ と書くと，(12.11) と例 12.4 により，$\|\boldsymbol{a}\|_{op} = \sigma_1 = \sqrt{\boldsymbol{a}^*\boldsymbol{a}} = \|\boldsymbol{a}\|$（ベクトルノルム）．ゆえに，両者に同じ記号を使っても混乱は起きない．

12.5　演算子ノルムの性質

本節では演算子ノルムの性質 (I)–(XII) を証明する．以下，とくに断らない限り，$\boldsymbol{A} \in \mathbb{C}^{m\times n}$ は与えられた行列とする．

(I)　すべての $\boldsymbol{x} \in \mathbb{C}^n$ に対して，$\|\boldsymbol{A}\boldsymbol{x}\| \leqslant \|\boldsymbol{A}\| \cdot \|\boldsymbol{x}\|$（前節から再掲）．

(II)（**$\|\boldsymbol{A}\|$ の最小性**）　与えられた実定数 α に対して，$\|\boldsymbol{A}\boldsymbol{x}\| \leqslant \alpha \|\boldsymbol{x}\|$ がすべての $\boldsymbol{x} \in \mathbb{C}^n$ に対して成立するなら，$\|\boldsymbol{A}\| \leqslant \alpha$ が成り立つ．

証明　$\|\boldsymbol{A}\| = \|\boldsymbol{A}\boldsymbol{x}_0\|$ を満たす $\boldsymbol{x}_0 \in \mathbb{C}^n (\|\boldsymbol{x}_0\| = 1)$ をとれば，$\|\boldsymbol{A}\| = \|\boldsymbol{A}\boldsymbol{x}_0\| \leqslant \alpha \|\boldsymbol{x}_0\| = \alpha$. ■

(III)　$\|\boldsymbol{A}\| = 0 \Leftrightarrow \boldsymbol{A} = \boldsymbol{0}$.

証明　$\|\boldsymbol{A}\| = 0$ なら，すべての $\boldsymbol{x} \neq \boldsymbol{0}$ に対して $\|\boldsymbol{A}(\boldsymbol{x}/\|\boldsymbol{x}\|)\| = 0$．ゆえに，すべての $\boldsymbol{x} \neq \boldsymbol{0}$ に対して $\|\boldsymbol{A}\boldsymbol{x}\| = 0$，すなわち，$\boldsymbol{A}\boldsymbol{x} = \boldsymbol{0}$．これは $\boldsymbol{A} = \boldsymbol{0}$ を意味する．逆は明らかに真. ■

(IV)　任意の複素数 c，任意の $\boldsymbol{A} \in \mathbb{C}^{m\times n}$ に対して

$$\|c\boldsymbol{A}\| = |c| \cdot \|\boldsymbol{A}\|. \tag{12.12}$$

証明　行列ノルムの定義からただちに得られる. ■

(V)（**三角不等式**）　任意の $\boldsymbol{A}, \boldsymbol{B} \in \mathbb{C}^{m\times n}$ に対して

$$\|\boldsymbol{A} + \boldsymbol{B}\| \leqslant \|\boldsymbol{A}\| + \|\boldsymbol{B}\|. \tag{12.13}$$

証明　任意の $\boldsymbol{x} \in \mathbb{C}^n$ に対して

$$\begin{aligned}
\|(\boldsymbol{A} + \boldsymbol{B})\boldsymbol{x}\| &= \|\boldsymbol{A}\boldsymbol{x} + \boldsymbol{B}\boldsymbol{x}\| \\
&\leqslant \|\boldsymbol{A}\boldsymbol{x}\| + \|\boldsymbol{B}\boldsymbol{x}\| \quad \text{（ベクトルに対する三角不等式；(12.7)）} \\
&\leqslant \|\boldsymbol{A}\| \|\boldsymbol{x}\| + \|\boldsymbol{B}\| \|\boldsymbol{x}\| \quad \text{((I) による)}
\end{aligned}$$

$$= (\|\boldsymbol{A}\| + \|\boldsymbol{B}\|)\,\|\boldsymbol{x}\|\,.$$

これに (II) を適用して，$\|\boldsymbol{A} + \boldsymbol{B}\| \leqslant \|\boldsymbol{A}\| + \|\boldsymbol{B}\|$. ■

(III), (IV), (V) より，「演算子ノルムは $\mathbb{C}^{m \times n}$ 上のノルムを表す」ことがわかる．

(VI)（演算子ノルムの連続性） 任意の $\boldsymbol{A}, \boldsymbol{B} \in \mathbb{R}^{m \times n}$ に対して

$$|\|\boldsymbol{A}\| - \|\boldsymbol{B}\|| \leqslant \|\boldsymbol{A} - \boldsymbol{B}\|\,. \tag{12.14}$$

この証明は練習問題とする．（12.2 節，(12.8) 参照.）

(VII)（積のノルムに関する不等式） $\boldsymbol{A} \in \mathbb{C}^{m \times n}$, $\boldsymbol{B} \in \mathbb{C}^{n \times p}$ なら

$$\|\boldsymbol{AB}\| \leqslant \|\boldsymbol{A}\| \cdot \|\boldsymbol{B}\|\,. \tag{12.15}$$

証明 (I) により，すべての $\boldsymbol{x} \in \mathbb{C}^p$ に対して $\|(\boldsymbol{AB})\boldsymbol{x}\| = \|\boldsymbol{A}(\boldsymbol{Bx})\| \leqslant \|\boldsymbol{A}\| \cdot \|\boldsymbol{Bx}\| \leqslant \|\boldsymbol{A}\| \cdot \|\boldsymbol{B}\| \cdot \|\boldsymbol{x}\|$ が成り立つ．これに (II) を適用する． ■

(VIII) $\boldsymbol{P} \in \mathbb{C}^{l \times m}$ $(l \geqslant m)$ が $\boldsymbol{P}^*\boldsymbol{P} = \boldsymbol{I}_m$ を満たせば，$\|\boldsymbol{P}\| = 1$ が成り立つ．ゆえに，ユニタリ行列の演算子ノルムは 1 に等しい．

証明 任意の $\boldsymbol{y} \in \mathbb{C}^m$ に対して，$\|\boldsymbol{Py}\|^2 = \boldsymbol{y}^*\boldsymbol{P}^*\boldsymbol{Py} = \boldsymbol{y}^*\boldsymbol{I}_m\boldsymbol{y} = \|\boldsymbol{y}\|^2$. ■

(IX) $\|\boldsymbol{A}\| = \|\boldsymbol{A}^*\|$.

証明 $\boldsymbol{A}$ と $\boldsymbol{A}^*$ は全く同一の特異値を共有することから明らか. ■

(X) 任意の $\boldsymbol{A} \in \mathbb{C}^{m \times n}$，任意の n 次ユニタリ行列 $\boldsymbol{Q}$，$\boldsymbol{P}^*\boldsymbol{P} = \boldsymbol{I}_m$ を満たす任意の $\boldsymbol{P} \in \mathbb{C}^{l \times m}$ $(l \geqslant m)$ に対して，$\|\boldsymbol{PAQ}\| = \|\boldsymbol{A}\|$ が成り立つ．

証明 (VII), (VIII) により，$\|\boldsymbol{PAQ}\| \leqslant \|\boldsymbol{P}\|\,\|\boldsymbol{A}\|\,\|\boldsymbol{Q}\| = 1 \cdot \|\boldsymbol{A}\| \cdot 1 = \|\boldsymbol{A}\|$ が成り立つ．次に，$\|\boldsymbol{A}\| = \|\boldsymbol{Ax}_0\|$ を満たす $\boldsymbol{x}_0 \in \mathbb{C}^n$ $(\|\boldsymbol{x}_0\| = 1)$ をとり，$\boldsymbol{y}_0 = \boldsymbol{Q}^*\boldsymbol{x}_0$ とおけば，$\|\boldsymbol{y}_0\| = 1$（$\boldsymbol{Q}$ のユニタリ性による）．そして $\|\boldsymbol{PAQy}_0\| = \|\boldsymbol{AQy}_0\|$（前項による）$= \|\boldsymbol{AQ}\ \boldsymbol{Q}^*\boldsymbol{x}_0\| = \|\boldsymbol{Ax}_0\| = \|\boldsymbol{A}\|$．これより $\|\boldsymbol{PAQ}\| \geqslant \|\boldsymbol{A}\|$ が出る． ■

(XI) 任意の行列 $\boldsymbol{A}, \boldsymbol{B}$ に対して

$$\left\| \begin{bmatrix} \boldsymbol{A} & \boldsymbol{0} \\ \boldsymbol{0} & \boldsymbol{B} \end{bmatrix} \right\| = \left\| \begin{bmatrix} \boldsymbol{0} & \boldsymbol{B} \\ \boldsymbol{A} & \boldsymbol{0} \end{bmatrix} \right\| = \|\boldsymbol{A}\| \vee \|\boldsymbol{B}\| \quad (\equiv \max\{\|\boldsymbol{A}\|, \|\boldsymbol{B}\|\}). \tag{12.16}$$

証明　$\boldsymbol{A} \in \mathbb{C}^{m\times n}$, $\boldsymbol{B} \in \mathbb{C}^{p\times q}$ とし，$\boldsymbol{X} = \begin{bmatrix} \boldsymbol{A} & \boldsymbol{0} \\ \boldsymbol{0} & \boldsymbol{B} \end{bmatrix}$ とおけば，任意の $\boldsymbol{x} \in \mathbb{C}^n$, $\boldsymbol{y} \in \mathbb{C}^q$ に対して

$$\left\| \boldsymbol{X} \begin{bmatrix} \boldsymbol{x} \\ \boldsymbol{y} \end{bmatrix} \right\|^2 = \left\| \begin{bmatrix} \boldsymbol{Ax} \\ \boldsymbol{By} \end{bmatrix} \right\|^2 = \|\boldsymbol{Ax}\|^2 + \|\boldsymbol{By}\|^2$$

$$\leqslant (\|\boldsymbol{A}\|^2 \vee \|\boldsymbol{B}\|^2)(\|\boldsymbol{x}\|^2 + \|\boldsymbol{y}\|^2) = (\|\boldsymbol{A}\|^2 \vee \|\boldsymbol{B}\|^2) \left(\left\| \begin{bmatrix} \boldsymbol{x} \\ \boldsymbol{y} \end{bmatrix} \right\|^2 \right)$$

となる．これより $\|\boldsymbol{X}\| \leqslant \|\boldsymbol{A}\| \vee \|\boldsymbol{B}\|$．他方, $\|\boldsymbol{Au}_0\| = \|\boldsymbol{A}\|$ $(\|\boldsymbol{u}_0\| = 1)$, $\|\boldsymbol{Bv}_0\| = \|\boldsymbol{B}\|$ $(\|\boldsymbol{v}_0\| = 1)$ を満たす $\boldsymbol{u}_0 \in \mathbb{C}^n$, $\boldsymbol{v}_0 \in \mathbb{C}^q$ をとれば,

$$\left\| \boldsymbol{X} \begin{bmatrix} \boldsymbol{u}_0 \\ \boldsymbol{0} \end{bmatrix} \right\| = \|\boldsymbol{A}\|, \left\| \boldsymbol{X} \begin{bmatrix} \boldsymbol{0} \\ \boldsymbol{v}_0 \end{bmatrix} \right\| = \|\boldsymbol{B}\| \left(\left\| \begin{bmatrix} \boldsymbol{u}_0 \\ \boldsymbol{0} \end{bmatrix} \right\| = 1, \left\| \begin{bmatrix} \boldsymbol{v}_0 \\ \boldsymbol{0} \end{bmatrix} \right\| = 1 \right).$$

ゆえに，$\|\boldsymbol{X}\| \geqslant \|\boldsymbol{A}\| \vee \|\boldsymbol{B}\|$．他の相等関係も同様の手続きで証明できる．■

(XII)　$\boldsymbol{A} \in \mathbb{C}^{n\times n}$ の任意の固有値 λ に対して $|\lambda| \leqslant \|\boldsymbol{A}\|$ が成立する．

証明　固有値—固有ベクトル間の関係式 $\lambda\boldsymbol{x} = \boldsymbol{Ax}$ $(\boldsymbol{x} \neq \boldsymbol{0})$ のノルムをとればよい．■

12.6　階数分析への応用

この節では便宜上実行列を扱う．

与えられた行列 $\boldsymbol{A} \in \mathbb{R}^{m\times n}$ の階数を $r\,(>0)$ とし，$r-1$ またはそれ以下の特定の階数を持つ行列までの最短距離を求める問題を考える．特異値分解を使えば，実に明快な答えが出ることを示す．

定理 12.12　$\boldsymbol{A}$ の特異値分解を

$$\boldsymbol{A} = \boldsymbol{U\Sigma V}^{\mathrm{T}} \equiv [\boldsymbol{u}_1, \ldots, \boldsymbol{u}_m]\,\mathrm{diag}\,(\sigma_1, \ldots, \sigma_r, \boldsymbol{0}) \begin{bmatrix} \boldsymbol{v}_1^{\mathrm{T}} \\ \vdots \\ \boldsymbol{v}_n^{\mathrm{T}} \end{bmatrix}$$

$$= \sum_{i=1}^{r} \sigma_i \boldsymbol{u}_i \boldsymbol{v}_i^{\mathrm{T}} \quad (r = \mathrm{rank}(\boldsymbol{A})) \tag{12.17}$$

とし，$\boldsymbol{A}_k = \boldsymbol{U}\boldsymbol{\Sigma}_k \boldsymbol{V}^{\mathrm{T}} \equiv \boldsymbol{U}\,\mathrm{diag}\,(\sigma_1,\,\ldots,\sigma_k,\,\boldsymbol{0})\boldsymbol{V}^{\mathrm{T}} = \sum_{i=1}^{k} \sigma_i \boldsymbol{u}_i \boldsymbol{v}_i^{\mathrm{T}}$ $(0 \leqslant k < r)$ とすれば

$$\min_{\mathrm{rank}(\boldsymbol{X}) \leqslant k} \|\boldsymbol{X} - \boldsymbol{A}\| = \|\boldsymbol{A}_k - \boldsymbol{A}\| = \sigma_{k+1}(\boldsymbol{A}) = \min_{\mathrm{rank}(\boldsymbol{X}) = k} \|\boldsymbol{X} - \boldsymbol{A}\| \tag{12.18}$$

$(\mathrm{rank}(\boldsymbol{A}_k) = k$ に注意！）が成り立つ．

すなわち，「$\boldsymbol{A}$ から階数 k 以下の行列までの最短距離は σ_{k+1} に等しく，これは階数 k の行列 $\boldsymbol{A}_k$ によって実現される」．いいかえれば，「$\boldsymbol{A}$ を中心とする半径 σ_{k+1} の開球は階数が少なくとも $k+1$ またはそれ以上の行列のみを含み，その表面上に階数 k の行列 $\boldsymbol{A}_k$ が存在する（$\sigma_{k+1} \geqslant \sigma_r > 0$ に注意）」．とくに，「n 次可逆行列 $\boldsymbol{A}$ から非可逆行列までの最短距離は σ_n に等しく $(\because \sigma_1 \geqslant \cdots \geqslant \sigma_n > 0)$，それは階数 $n-1$ の行列 $\boldsymbol{A}_{n-1} = \sum_{i=1}^{n-1} \sigma_i \boldsymbol{u}_i \boldsymbol{v}_i^T$ によって実現され，$\boldsymbol{A}$ を中心とする半径 σ_n の開球は可逆行列のみを含む」．

証明　まず，$\boldsymbol{A}_k$ の形から $\mathrm{rank}(\boldsymbol{A}_k) = k$ は明らかである．そして，$\boldsymbol{U}, \boldsymbol{V}$ は直交行列ゆえ，前節 (X) を適用して

$$\begin{aligned}\|\boldsymbol{A}_k - \boldsymbol{A}\| &= \left\|\boldsymbol{U}(\boldsymbol{\Sigma}_k - \boldsymbol{\Sigma})\boldsymbol{V}^T\right\| = \|(\boldsymbol{\Sigma}_k - \boldsymbol{\Sigma})\| \\ &= \left\|\mathrm{diag}\,(\boldsymbol{0},\, \sigma_{k+1},\, \ldots,\, \sigma_r,\, \boldsymbol{0})\right\| = \sigma_{k+1} \quad (\because 12.1\ \text{節，例}\ 12.5).\end{aligned}$$

次に，$\mathrm{rank}(\boldsymbol{X}) \leqslant k$ なら，$\|\boldsymbol{X} - \boldsymbol{A}\| \geqslant \sigma_{k+1}$ が成立することを示す．実際，$\boldsymbol{X}$ の零空間を $N(\boldsymbol{X})$ と書けば，$\dim N(\boldsymbol{X}) = n - \mathrm{rank}(\boldsymbol{X}) \geqslant n - k$ なので，$S = N(\boldsymbol{X})$，$T = \mathrm{span}\{\boldsymbol{v}_1, \ldots,\, \boldsymbol{v}_{k+1}\}$ に次元公式を適用し，

$$\dim(S \cap T) = \dim S + \dim T - \dim(S + T) \geqslant n - k + k + 1 - n = 1$$

が得られる．ゆえに，$\|\boldsymbol{x}\| = 1$ を満たす $\boldsymbol{x} \in S \cap T$ が存在する．すると

$$\begin{aligned}\|\boldsymbol{X} - \boldsymbol{A}\| &\geqslant \|(\boldsymbol{X} - \boldsymbol{A})\boldsymbol{x}\| = \|\boldsymbol{X}\boldsymbol{x} - \boldsymbol{A}\boldsymbol{x}\| = \|\boldsymbol{0} - \boldsymbol{A}\boldsymbol{x}\| \quad (\because \boldsymbol{x} \in N(\boldsymbol{X})) \\ &= \left\|\boldsymbol{A}\boldsymbol{V}\begin{bmatrix}\boldsymbol{y} \\ \boldsymbol{0}\end{bmatrix}\right\|\end{aligned}$$

$$(\because \boldsymbol{x} \in T = \mathrm{span}\{\boldsymbol{v}_1, \ldots, \boldsymbol{v}_{k+1}\} \text{ より } \boldsymbol{x} = \boldsymbol{V}\begin{bmatrix}\boldsymbol{y}\\ \boldsymbol{0}\end{bmatrix}, \boldsymbol{y} : (k+1)\times 1 \text{ と書ける})$$

$$= \left\|\boldsymbol{U\Sigma V}^{\mathrm{T}}\boldsymbol{V}\begin{bmatrix}\boldsymbol{y}\\ \boldsymbol{0}\end{bmatrix}\right\| = \left\|\boldsymbol{\Sigma}\begin{bmatrix}\boldsymbol{y}\\ \boldsymbol{0}\end{bmatrix}\right\| \geqslant \sigma_{k+1}.$$

なお，最後の不等号は $\|\boldsymbol{x}\| = 1$ から得られる $\|\boldsymbol{y}\| = 1$ を用いている． ■

例 12.13　$\boldsymbol{A} = \begin{bmatrix}7 & 2 & 0\\ 2 & 6 & -2\\ 0 & -2 & 5\end{bmatrix}$ に対して $\boldsymbol{U} = \frac{1}{3}\begin{bmatrix}-2 & -2 & 1\\ -2 & 1 & -2\\ 1 & -2 & -2\end{bmatrix}$ $(\boldsymbol{U}^T\boldsymbol{U} = \boldsymbol{I})$ とすれば，$\boldsymbol{A} = \boldsymbol{U}\,\mathrm{diag}\,(9, 6, 3)\boldsymbol{U}^{\mathrm{T}}$ は $\boldsymbol{A}$ の特異値分解（かつシュア分解）を表し，特異値は $\sigma_1 = 9, \sigma_2 = 6, \sigma_3 = 3$ によって与えられる．ゆえに，

$$3 = \sigma_3 = \min_{\mathrm{rank}(\boldsymbol{X})\leqslant 2}\|\boldsymbol{X} - \boldsymbol{A}\| = \|\boldsymbol{A}_2 - \boldsymbol{A}\|,\ \boldsymbol{A}_2 = \boldsymbol{U}\,\mathrm{diag}\,(9, 6, 0)\boldsymbol{U}^{\mathrm{T}},$$

$$6 = \sigma_2 = \min_{\mathrm{rank}(\boldsymbol{X})\leqslant 1}\|\boldsymbol{X} - \boldsymbol{A}\| = \|\boldsymbol{A}_1 - \boldsymbol{A}\|,\ \boldsymbol{A}_1 = \boldsymbol{U}\,\mathrm{diag}\,(9, 0, 0)\boldsymbol{U}^{\mathrm{T}},$$

$$9 = \sigma_1 = \min_{\mathrm{rank}(\boldsymbol{X})\leqslant 0}\|\boldsymbol{X} - \boldsymbol{A}\| = \|\boldsymbol{A}_0 - \boldsymbol{A}\|,\ \boldsymbol{A}_0 = \boldsymbol{U}\,\mathrm{diag}\,(0, 0, 0)\boldsymbol{U}^{\mathrm{T}} = \boldsymbol{0}.$$

$\boldsymbol{A}$ を中心とする半径，それぞれ，$\sigma_3, \sigma_2, \sigma_1$ の開球を S_3, S_2, S_1 と呼べば，S_3 は階数 3 の行列（＝可逆行列）のみ，S_2 は階数 2 以上のもの，S_1 は階数 1 以上のもの（＝非零行列）のみを含む．

ただ，$\boldsymbol{A}$ の非零実数倍はやはり可逆行列であるから，S_1 の他にも可逆行列が存在することは明らかである．

例 12.14　与えられた行列 $\boldsymbol{A} \in \mathbb{R}^{m\times n}$ の特異値分解を数値計算によって求めると，得られた特異値分解は $\boldsymbol{A} + \boldsymbol{X}_0 \equiv \boldsymbol{A}_c$ の厳密な特異値分解となっていることが知られている．ここに $\boldsymbol{X}_0$ は計算誤差を表す行列である．$\mathrm{rank}(\boldsymbol{A}_c) = \rho$ とする．もし $\|\boldsymbol{X}_0\| < \sigma_\rho(\boldsymbol{A}_c)$ が保証されれば，$\boldsymbol{A}$ は $\boldsymbol{A}_c$ を中心とする半径 $\sigma_\rho(\boldsymbol{A}_c)$ の開球内に存在することになり $(\because \|\boldsymbol{A} - \boldsymbol{A}_c\| = \|\boldsymbol{X}_0\| < \sigma_\rho(\boldsymbol{A}_c))$，その階数は ρ またはそれ以上であることが保証される．反対に，$\|\boldsymbol{X}_0\| > \sigma_\rho(\boldsymbol{A}_c)$ なら，$\boldsymbol{A}$ は問題の開球の外側にあるため，$\mathrm{rank}(\boldsymbol{A}) \geqslant \rho$ の保証はない．

12.7 行列方程式への応用

この節では特異値分解の応用として，行列方程式の解摂動問題，すなわち，「データの変動に解がどう反応するか」を考える．そこで，$\boldsymbol{A} \in \mathbb{R}^{n\times n}$ を可逆行列とし，その特異値分解を

$$\boldsymbol{A} = \boldsymbol{U\Sigma V}^{\mathrm{T}} \equiv [\boldsymbol{u}_1, \ldots, \boldsymbol{u}_n]\,\mathrm{diag}\,(\sigma_1, \ldots, \sigma_n) \begin{bmatrix} \boldsymbol{v}_1^{\mathrm{T}} \\ \vdots \\ \boldsymbol{v}_n^{\mathrm{T}} \end{bmatrix} = \sum_{i=1}^{n} \sigma_i \boldsymbol{u}_i \boldsymbol{v}_i^{\mathrm{T}} \tag{12.19}$$

$$(\sigma_1 \geqslant \cdots \geqslant \sigma_n > 0)$$

とすれば，方程式 $\boldsymbol{Ax} = \boldsymbol{b}$（$\boldsymbol{b} \in \mathbb{R}^n$ は既知）の解は次式によって与えられる：

$$\boldsymbol{x} = \boldsymbol{A}^{-1}\boldsymbol{b} = \boldsymbol{V\Sigma}^{-1}\boldsymbol{U}^{\mathrm{T}}\boldsymbol{b} \equiv \boldsymbol{V}\,\mathrm{diag}\,(\sigma_1^{-1}, \ldots, \sigma_n^{-1})\,\boldsymbol{U}^{\mathrm{T}} = \sum_{i=1}^{n} \sigma_i^{-1} \boldsymbol{v}_i (\boldsymbol{u}_i^{\mathrm{T}} \boldsymbol{b}). \tag{12.20}$$

特異値分解は LDU 分解に比べて計算量が大きいから，この式を使って (12.19) を解くことは通常行われないが，この式から $\boldsymbol{A}$ の変動に解がどう反応するかについての定性的な性質を見ることができる．すなわち，(12.20) 式を見ると，小さな特異値の変動に，解がより敏感に反応することが読み取れる（$y = 1/x$ の原点付近の挙動を考えればよい）．

定量的な解析を示そう．そこで，行列方程式 $\boldsymbol{Ax} = \boldsymbol{b} (\neq \boldsymbol{0})$ にデータの変動 $\boldsymbol{A} \to \boldsymbol{A} + \Delta\boldsymbol{A}$, $\boldsymbol{b} \to \boldsymbol{b} + \Delta\boldsymbol{b}$ を与えたとき，解の変動 $\boldsymbol{x} \to \boldsymbol{x} + \Delta\boldsymbol{x}$ をどう評価できるかについて考える．次の結果が成り立つ：

定理 12.15 $\boldsymbol{Ax} = \boldsymbol{b}$, $(\boldsymbol{A} + \Delta\boldsymbol{A})(\boldsymbol{x} + \Delta\boldsymbol{x}) = \boldsymbol{b} + \Delta\boldsymbol{b}$, $\|\Delta\boldsymbol{A}\| < \sigma_n$ とすれば，$(\boldsymbol{A} + \Delta\boldsymbol{A})^{-1}$ が存在し，

$$\frac{\|\Delta\boldsymbol{x}\|}{\|\boldsymbol{x}\|} \leqslant \frac{\mathrm{cond}(\boldsymbol{A})}{1 - (\|\Delta\boldsymbol{A}\|/\sigma_n)} \left(\frac{\|\Delta\boldsymbol{A}\|}{\|\boldsymbol{A}\|} + \frac{\|\Delta\boldsymbol{b}\|}{\|\boldsymbol{b}\|} \right). \tag{12.21}$$

ここに，$\mathrm{cond}(\boldsymbol{A}) \equiv \|\boldsymbol{A}\| \cdot \|\boldsymbol{A}^{-1}\| = \frac{\sigma_1}{\sigma_n} \geqslant 1$ は $\boldsymbol{A}$ の**条件数** (condition number) と呼ばれる．この式を見ると，「$\|\Delta\boldsymbol{A}\|/\sigma_n \ll 1$ なら，データ $\boldsymbol{A}, \boldsymbol{b}$ の相対変動率の和がほぼ条件数倍されて，解の相対変動率に伝播しうる」ことがわかる．

証明 与えられた条件 $\|\Delta\boldsymbol{A}\| < \sigma_n$ は，$\boldsymbol{A} + \Delta\boldsymbol{A}$ が $\boldsymbol{A}$ を中心とする半径 σ_n の開球内にあることを示す．ゆえに，$(\boldsymbol{A} + \Delta\boldsymbol{A})^{-1}$ が存在する（前節参照）．すると，

与えられた 2 方程式から，

$$\Delta \boldsymbol{x} = (\boldsymbol{A} + \Delta \boldsymbol{A})^{-1}(-\Delta \boldsymbol{A} \cdot \boldsymbol{x} + \Delta \boldsymbol{b}) = (\boldsymbol{I} + \boldsymbol{A}^{-1}\Delta \boldsymbol{A})^{-1}\boldsymbol{A}^{-1}(-\Delta \boldsymbol{A} \cdot \boldsymbol{x} + \Delta \boldsymbol{b}).$$

ここに，$\boldsymbol{I} + \boldsymbol{A}^{-1}\Delta \boldsymbol{A} = \boldsymbol{A}^{-1}(\boldsymbol{A} + \Delta \boldsymbol{A})$ なので，$\boldsymbol{I} + \boldsymbol{A}^{-1}\Delta \boldsymbol{A}$ の逆行列は確かに存在する．ノルムをとり，$\|\boldsymbol{x}\|$ で割ると，

$$(*) \quad \frac{\|\Delta \boldsymbol{x}\|}{\|\boldsymbol{x}\|} \leqslant \left\|(\boldsymbol{I} + \boldsymbol{A}^{-1}\Delta \boldsymbol{A})^{-1}\right\| \left\|\boldsymbol{A}^{-1}\right\| \left(\|\Delta \boldsymbol{A}\| + \frac{\|\Delta \boldsymbol{b}\|}{\|\boldsymbol{x}\|}\right).$$

ここで，$\boldsymbol{Y} = \boldsymbol{A}^{-1}\Delta \boldsymbol{A}$ とおけば，$\|\boldsymbol{Y}\| \leqslant \left\|\boldsymbol{A}^{-1}\right\| \|\Delta \boldsymbol{A}\| = \sigma_n^{-1} \|\Delta \boldsymbol{A}\| < 1$．また，$(\boldsymbol{I} + \boldsymbol{Y})(\boldsymbol{I} + \boldsymbol{Y})^{-1} = \boldsymbol{I}$ より，$(\boldsymbol{I} + \boldsymbol{Y})^{-1} = \boldsymbol{I} - \boldsymbol{Y}(\boldsymbol{I} + \boldsymbol{Y})^{-1}$ だから，ノルムをとれば $\|(\boldsymbol{I} + \boldsymbol{Y})^{-1}\| \leqslant 1 + \|\boldsymbol{Y}\| \|(\boldsymbol{I} + \boldsymbol{Y})^{-1}\|$．これを $\|(\boldsymbol{I} + \boldsymbol{Y})^{-1}\|$ について解けば $\|(\boldsymbol{I} + \boldsymbol{Y})^{-1}\| \leqslant (1 - \|\boldsymbol{Y}\|)^{-1}$ ($\because \|\boldsymbol{Y}\| < 1$)．また，$\boldsymbol{A}\boldsymbol{x} = \boldsymbol{b}$ のノルムをとれば，$1/\|\boldsymbol{x}\| \leqslant \|\boldsymbol{A}\| / \|\boldsymbol{b}\|$．以上を $(*)$ に使うと (12.21) が出る．■

(12.21) について追加説明を行う．条件数の逆数 $(\|\boldsymbol{A}\| \cdot \left\|\boldsymbol{A}^{-1}\right\|)^{-1} = \sigma_n/\sigma_1$ は，$\boldsymbol{A}$ から非可逆行列までの最短距離を $\|\boldsymbol{A}\|$ で割った商に等しい．$\boldsymbol{A}$ を c 倍すれば，特異値は $|c|$ 倍されるから，σ_n/σ_1 は「$\boldsymbol{A}$ から非可逆行列までの正規化された最短距離」を表すと考えてよい．ゆえに，「条件数が大きい（＝**悪条件である** (ill-conditioned)）ほど，その行列は非可逆行列に近い」と考えてよい．したがって，$\boldsymbol{A}$ が悪条件なら，$\boldsymbol{A}\boldsymbol{x} = \boldsymbol{b}$ は“解きにくい”ことが予想される．(12.21) 式は，このことを定量的に示すものと解釈できる．$\boldsymbol{A}$ が直交行列なら $\sigma_1 = \cdots = \sigma_n = 1$ だから，直交行列の条件数は 1 に等しい．条件数が過度に大きくない $\boldsymbol{A}$ を**良条件である** (well-conditioned) という．$\boldsymbol{A}\boldsymbol{x} = \boldsymbol{b}$ をよい算法を使って数値的に解き，$\boldsymbol{x}_c$ が得られたとすれば，$\boldsymbol{x}_c$ は小さな $\Delta \boldsymbol{A}$, $\Delta \boldsymbol{b}$ に対して $(\boldsymbol{A} + \Delta \boldsymbol{A})\boldsymbol{x}_c = \boldsymbol{b} + \Delta \boldsymbol{b}$ の厳密解になっていることが知られている．しかし，$\boldsymbol{A}$ が悪条件なら，たとえ $\Delta \boldsymbol{A}, \Delta \boldsymbol{b}$ が小さくても，$\boldsymbol{x}_c$ は (12.21) 式の意味で原方程式の解 $\boldsymbol{x}$ と大きく違っていることがあり得るわけである．

12.8　最小自乗法への応用

最小自乗法（あるいは最小自乗問題）とは何か，一般論の前に例による説明を行う．

例 12.16　ある物理量（例：温度の変化量）に正比例する他の物理量（例：均質な細い棒の伸縮量）という理論模型を考える．そこで，基準温度からの温度変

化量を t，これに伴う棒の長さの変化量を l とし，理論模型を $l = \alpha t$ とする．ここに，α は実験的に定めるべき定数を表す．実験を行い，データの組 (l_1, t_1), $\ldots$, (l_m, t_m) が得られたとしよう．模型が正しく，実験誤差がなければ，$l_i = \alpha t_i$ $(i = 1, \ldots, m)$ のすべてを満たす比例定数 α が定まるはずだが，実際にはそうはならない．誤差が一定の統計的分布（正規分布）に従うとすれば，

$$(l_1 - \alpha t_1)^2 + \cdots + (l_m - \alpha t_m)^2 \equiv f(\alpha) = \text{最小} \tag{12.22}$$

となるような $\alpha = \alpha_{opt}$ があることが知られている．(12.22) 式を，**最小自乗法**または**最小自乗問題** (least square method or problem) という．左辺は α の 2 次式であり，$\sum t_i^2 > 0$ を仮定すれば，

$$\begin{aligned} f(\alpha) &= \sum l_i^2 - 2\left(\sum l_i t_i\right)\alpha + \left(\sum t_i^2\right)\alpha^2 \\ &\equiv C - 2B\alpha + A\alpha^2 = C - \frac{B^2}{A} + A\left(\alpha - \frac{B}{A}\right)^2 \end{aligned}$$

と変形できるから，α_{opt} の値と $f(\alpha_{opt})$ は次式によって与えられる：

$$\alpha_{opt} = \frac{B}{A} = \frac{\sum l_i t_i}{\sum t_i^2}, \quad f(\alpha_{opt}) = \frac{CA - B^2}{A} = \frac{\sum l_i^2 \sum t_i^2 - (\sum l_i t_i)^2}{\sum t_i^2}. \tag{12.23}$$

いま，$\boldsymbol{l} = [l_1, \ldots, l_m]^{\mathrm{T}}$, $\boldsymbol{t} = [t_1, \ldots, t_m]^{\mathrm{T}} \neq \boldsymbol{0}$ とおけば，(12.22), (12.23) は簡潔に次のように書ける：

$$\|\boldsymbol{t}[\alpha] - \boldsymbol{l}\|^2 = \text{最小}\ (\boldsymbol{t} \neq \boldsymbol{0}), \quad \alpha_{opt} = \frac{\boldsymbol{l}^{\mathrm{T}}\boldsymbol{t}}{\|\boldsymbol{t}\|^2}, \quad f(\alpha_{opt}) = \frac{\|\boldsymbol{l}\|^2 \cdot \|\boldsymbol{t}\|^2 - (\boldsymbol{l}^{\mathrm{T}}\boldsymbol{t})^2}{\|\boldsymbol{t}\|^2}. \tag{12.24}$$

方程式 $\boldsymbol{t}[\alpha] = \boldsymbol{l}$ は先ほど述べたように，一般に可解ではないが，左から $\boldsymbol{t}^{\mathrm{T}}$ を乗じた**正規方程式** (normal equation) $\boldsymbol{t}^{\mathrm{T}}\boldsymbol{t}[\alpha] = \boldsymbol{t}^{\mathrm{T}}\boldsymbol{l}$ は常に可解であり，これを満たす α が α_{opt} に他ならないことに注目する．

一般に，$m \times n$ 実行列方程式

$$\boldsymbol{A}\boldsymbol{x} = \boldsymbol{b} \quad (\boldsymbol{A} \in \mathbb{R}^{m \times n},\ \boldsymbol{b} \in \mathbb{R}^m \text{ は既知},\ \boldsymbol{x} \in \mathbb{R}^n \text{ は未知}) \tag{12.25}$$

を最小自乗法の意味で解くとは，$\boldsymbol{x} \in \mathbb{R}^n$ を自由に変えて

$$\|\boldsymbol{A}\boldsymbol{x} - \boldsymbol{b}\|^2 = \text{最小} \quad (\Leftrightarrow \|\boldsymbol{A}\boldsymbol{x} - \boldsymbol{b}\| = \text{最小}) \tag{12.26}$$

となる $\boldsymbol{x} = \boldsymbol{x}_{opt}$ を求める問題である．応用上は $m \gg n$ の場合が多く，

$$r(\boldsymbol{x}) \equiv \|\boldsymbol{Ax} - \boldsymbol{b}\|$$

は**残差** (residual) と呼ばれることが多い．

幾何学的にいえば，最小自乗法とは与えられた点 $\boldsymbol{b} \in \mathbb{R}^m$ から $\boldsymbol{A} \in \mathbb{R}^{m \times n}$ の値域へ垂線を引く問題に他ならない．垂線の足を $\boldsymbol{y}_0$ と書けば，$\boldsymbol{Ax} = \boldsymbol{y}_0$ を満たす解 $\boldsymbol{x}_0 \in \mathbb{R}^n$ が最小自乗法の解を与え，距離 $\|\boldsymbol{Ax}_0 - \boldsymbol{b}\|$ が残差の最小値を与えることになる．

本章の主題である特異値分解を応用すれば，最小自乗問題の解法は以下のようになる．$\boldsymbol{A}$ の特異値分解を

$$\boldsymbol{A} = \boldsymbol{U\Sigma V}^{\mathrm{T}} \equiv \boldsymbol{U} \cdot \mathrm{diag}\,(\sigma_1,\, \ldots,\, \sigma_r,\, \boldsymbol{0}) \cdot \boldsymbol{V}^{\mathrm{T}} \tag{12.27}$$

とする．以下，場合に分けて考える．

(a)　$\mathrm{rank}(\boldsymbol{A}) = n$ の場合

この場合は必然的に「$m \geqslant n$ かつ $\sigma_1 \geqslant \cdots \geqslant \sigma_n > 0$」が満たされ，特異値分解を $\boldsymbol{\Sigma}_1 = \mathrm{diag}\,(\sigma_1,\, \ldots,\, \sigma_n)$ とすれば

$$\boldsymbol{A} = \boldsymbol{U\Sigma V}^{\mathrm{T}} \equiv \boldsymbol{U}\,\mathrm{diag}\,(\sigma_1,\, \ldots,\, \sigma_n,\, \boldsymbol{0})\boldsymbol{V}^{\mathrm{T}} = \mathbf{U}\begin{bmatrix} \boldsymbol{\Sigma}_1 \\ \boldsymbol{0} \end{bmatrix}\boldsymbol{V}^{\mathrm{T}} \tag{12.28}$$

の形をとる．最小化すべき式にこれを使って変形していくと

$$\begin{aligned}
\|\boldsymbol{Ax} - \boldsymbol{b}\|^2 &= \left\|\boldsymbol{U\Sigma V}^{\mathrm{T}}\boldsymbol{x} - \boldsymbol{b}\right\|^2 = \left\|\boldsymbol{U}(\boldsymbol{\Sigma V}^{\mathrm{T}}\boldsymbol{x} - \boldsymbol{U}^{\mathrm{T}}\boldsymbol{b})\right\|^2 \\
&= \left\|\boldsymbol{\Sigma V}^{\mathrm{T}}\boldsymbol{x} - \boldsymbol{U}^{\mathrm{T}}\boldsymbol{b}\right\|^2 \quad (\because \boldsymbol{U}^{-1} = \boldsymbol{U}^{\mathrm{T}}) \\
&\equiv \|\boldsymbol{\Sigma y} - \boldsymbol{c}\|^2 \;\; (\boldsymbol{y} \equiv \boldsymbol{V}^{\mathrm{T}}\boldsymbol{x},\, \boldsymbol{c} \equiv \boldsymbol{U}^{\mathrm{T}}\boldsymbol{b}) \\
&\equiv \left\| \begin{bmatrix} \boldsymbol{\Sigma}_1 \\ \boldsymbol{0} \end{bmatrix} \boldsymbol{y} - \begin{bmatrix} \boldsymbol{c}_1 \\ \boldsymbol{c}_2 \end{bmatrix} \right\|^2 = \left\| \begin{bmatrix} \boldsymbol{\Sigma}_1\boldsymbol{y} - \boldsymbol{c}_1 \\ \boldsymbol{0} - \boldsymbol{c}_2 \end{bmatrix} \right\|^2 \\
&= \|\boldsymbol{\Sigma}_1\boldsymbol{y} - \boldsymbol{c}_1\|^2 + \|\boldsymbol{c}_2\|^2 .
\end{aligned}$$

これより $\boldsymbol{U} \equiv [\boldsymbol{U}_1,\, \boldsymbol{U}_2],\, \boldsymbol{U}_1 : m \times n$ とすれば $\|\boldsymbol{Ax} - \boldsymbol{b}\|^2 =$ 最小 の一意的に

$$\boldsymbol{x} = \boldsymbol{x}_{opt} = \boldsymbol{V}(\boldsymbol{\Sigma}_1^{-1}\boldsymbol{c}_1) = \boldsymbol{V}\,\mathrm{diag}\,(\sigma_1^{-1},\, \ldots,\, \sigma_n^{-1})\boldsymbol{U}_1^{\mathrm{T}}\boldsymbol{b}$$

$$\|\boldsymbol{A}\boldsymbol{x}_{opt} - \boldsymbol{b}\|^2 = \|\boldsymbol{c}_2\|^2 = \left\|\boldsymbol{U}_2^{\mathrm{T}}\boldsymbol{b}\right\|^2 = \|\boldsymbol{b}\|^2 - \left\|\boldsymbol{U}_1^{\mathrm{T}}\boldsymbol{b}\right\|^2 \tag{12.29}$$

によって与えられる.

(b) $0 < \mathrm{rank}(\boldsymbol{A}) \equiv r < n$ の場合

解は (a) の場合と同様の計算を行えば出てくるが，一意ではない．実際，この場合の $\boldsymbol{A}$ の特異値分解は $\boldsymbol{\Sigma}_1 = \mathrm{diag}\,(\sigma_1, \ldots, \sigma_r)$ として

$$\boldsymbol{A} = \boldsymbol{U}\boldsymbol{\Sigma}\boldsymbol{V}^{\mathrm{T}} \equiv \boldsymbol{U}\begin{bmatrix}\boldsymbol{\Sigma}_1 & \boldsymbol{0}\\ \boldsymbol{0} & \boldsymbol{0}\end{bmatrix}\boldsymbol{V}^{\mathrm{T}} \tag{12.30}$$

の形をとるから，$\boldsymbol{U} = [\boldsymbol{U}_1, \boldsymbol{U}_2]$, $\boldsymbol{V} = [\boldsymbol{V}_1, \boldsymbol{V}_2]$, $\boldsymbol{U}_1 : m \times r$, $\boldsymbol{V}_1 : n \times r$ として

$$\|\boldsymbol{A}\boldsymbol{x} - \boldsymbol{b}\|^2 = \left\|\boldsymbol{\Sigma}_1\boldsymbol{V}_1^{\mathrm{T}}\boldsymbol{x} - \boldsymbol{U}_1^{\mathrm{T}}\boldsymbol{b}\right\|^2 + \left\|\boldsymbol{U}_2^{\mathrm{T}}\boldsymbol{b}\right\|^2$$

となる．ここに，$\boldsymbol{\Sigma}_1\boldsymbol{V}_1^{\mathrm{T}}\boldsymbol{x} - \boldsymbol{U}_1^{\mathrm{T}}\boldsymbol{b} = \boldsymbol{0}$ は $r \times n$ 行列方程式である．その特解の 1 つは明らかに $\boldsymbol{x} = \boldsymbol{V}_1\boldsymbol{\Sigma}_1^{-1}\boldsymbol{U}_1^{\mathrm{T}}\boldsymbol{b}$ であり，同次方程式 $\boldsymbol{\Sigma}_1\boldsymbol{V}_1^{\mathrm{T}}\boldsymbol{x} = \boldsymbol{0}$ の一般解は $\boldsymbol{x} = \boldsymbol{V}_2\boldsymbol{c}$ ($\boldsymbol{c} : (n-r) \times 1$) （$\boldsymbol{x} = \boldsymbol{V}\boldsymbol{y}$ ($\boldsymbol{y} : n \times 1$) と書けばわかる）だから，結局 $\boldsymbol{\Sigma}_1\boldsymbol{V}_1^{\mathrm{T}}\boldsymbol{x} - \boldsymbol{U}_1^{\mathrm{T}}\boldsymbol{b} = \boldsymbol{0}$ の一般解（すなわち，$\boldsymbol{x}_{opt}$）は

$$\boldsymbol{x}_{opt} = \boldsymbol{V}_1\boldsymbol{\Sigma}_1^{-1}\boldsymbol{U}_1^{\mathrm{T}}\boldsymbol{b} + \boldsymbol{V}_2\boldsymbol{c} = [\boldsymbol{V}_1, \boldsymbol{V}_2]\begin{bmatrix}\boldsymbol{\Sigma}_1^{-1}\boldsymbol{U}_1\boldsymbol{b}\\ \boldsymbol{c}\end{bmatrix} = \boldsymbol{V}\begin{bmatrix}\boldsymbol{\Sigma}_1^{-1}\boldsymbol{U}_1\boldsymbol{b}\\ \boldsymbol{c}\end{bmatrix} \tag{12.31}$$

によって与えられる．このうちで最小のノルムを持つもの $\boldsymbol{x}_{opt}^{(0)}$ は，明らかに次式によって与えられる：

$$\boldsymbol{x}_{opt}^{(0)} = \boldsymbol{V}\begin{bmatrix}\boldsymbol{\Sigma}_1^{-1}\boldsymbol{U}_1\boldsymbol{b}\\ \boldsymbol{0}\end{bmatrix} = \boldsymbol{V}_1\boldsymbol{\Sigma}_1^{-1}\boldsymbol{U}_1\boldsymbol{b}. \tag{12.32}$$

上の一般的結果を例 12.16 に適用してみよう．最小自乗問題は，$\boldsymbol{A} = \boldsymbol{t} = [t_1, \ldots, t_m]^{\mathrm{T}}$, $\boldsymbol{b} = \boldsymbol{l} = [l_1, \ldots, l_m]^{\mathrm{T}}$, $\boldsymbol{x} \equiv [\alpha] : 1 \times 1$, $\|\boldsymbol{A}\boldsymbol{x} - \boldsymbol{b}\| =$ 最小である．$\boldsymbol{t}$ の特異値は $\sigma_1 = \sqrt{\boldsymbol{t}^{\mathrm{T}}\boldsymbol{t}}\,(= \|\boldsymbol{t}\|) > 0$ のみであるから，一般論 (a) の場合になる．$\boldsymbol{t}$ の特異値分解の形は

$$\boldsymbol{t} = \begin{bmatrix}t_1\\ \vdots\\ t_m\end{bmatrix} = \begin{bmatrix}t_1\sigma_1^{-1} & * & \cdots & *\\ \vdots & \vdots & & \vdots\\ t_m\sigma_1^{-1} & * & \cdots & *\end{bmatrix}\begin{bmatrix}\sigma_1\\ 0\\ \vdots\\ 0\end{bmatrix}[1] \equiv \boldsymbol{U}\boldsymbol{\Sigma}\boldsymbol{V}^{\mathrm{T}}\,(\boldsymbol{U}^{-1} = \boldsymbol{U}^{\mathrm{T}}, \boldsymbol{V} = [1])$$

でなければならないから，$\boldsymbol{U}_1 = \left[t_1\sigma_1^{-1},\, \ldots,\, t_m\sigma_1^{-1}\right]^{\mathrm{T}}$, $\boldsymbol{\Sigma}_1 = \left[\sigma_1\right] : 1 \times 1$ とすれば (12.29) 式より，

$$\boldsymbol{x}_{opt} = \boldsymbol{V}\boldsymbol{\Sigma}_1\boldsymbol{U}_1^{\mathrm{T}}\boldsymbol{b} = [1]\left[\sigma_1^{-1}\right]\left[t_1\sigma_1^{-1},\, \ldots,\, t_m\sigma_1^{-1}\right]\begin{bmatrix} l_1 \\ \vdots \\ l_m \end{bmatrix} = \frac{\boldsymbol{t}^{\mathrm{T}}\boldsymbol{l}}{\sigma_1^2} = \frac{\boldsymbol{t}^{\mathrm{T}}\boldsymbol{l}}{\boldsymbol{t}^{\mathrm{T}}\boldsymbol{t}},$$

$$\begin{aligned} \|\boldsymbol{A}\boldsymbol{x}_{opt} - \boldsymbol{b}\|^2 &= \|\boldsymbol{b}\|^2 - \left\|\boldsymbol{U}_1\boldsymbol{b}^{\mathrm{T}}\right\|^2 = \boldsymbol{l}^{\mathrm{T}}\boldsymbol{l} - \left(\frac{\boldsymbol{t}^{\mathrm{T}}\boldsymbol{l}}{\sigma_1}\right)^2 \\ &= \frac{\boldsymbol{l}^{\mathrm{T}}\boldsymbol{l}\cdot\boldsymbol{t}^{\mathrm{T}}\boldsymbol{t} - \boldsymbol{t}^{\mathrm{T}}\boldsymbol{l}}{\boldsymbol{t}^{\mathrm{T}}\boldsymbol{t}} = \frac{\|\boldsymbol{l}\|^2\cdot\|\boldsymbol{t}\|^2 - \boldsymbol{t}^{\mathrm{T}}\boldsymbol{l}}{\|\boldsymbol{t}\|^2} \end{aligned}$$

によって与えられる．以上は例 12.16 で得られた結果と一致する．

最小自乗法に関する話題はまだまだあるが，続きは腕試し問題に回すことにする．

最後にひとこと

上で見たように，特異値分解は理論解析用にも実務計算用にも価値の高い分解である．（実）$m \times n$ 行列 $\boldsymbol{A}$ の特異値分解とは，$\boldsymbol{A}^{\mathrm{T}}\boldsymbol{A}$ のシュア分解をいくらか変形したものであることを忘れないこと．

腕試し問題

問題 12.1　3 次行列 $\boldsymbol{D} = \mathrm{diag}\,(0,\, -1,\, 2)$ の特異値分解と特異値を求めよ．

問題 12.2（特異値分解計算の簡略化）　まず，8.4 節，定理 8.11 からの既知事実を述べる：

$\boldsymbol{a} = \left[a_1,\, \ldots,\, a_m\right]^{\mathrm{T}}$ $(a_2^2 + \cdots + a_m^2 > 0)$, $\boldsymbol{b} = \left[\sqrt{\boldsymbol{a}^{\mathrm{T}}\boldsymbol{a}},\, 0,\, \ldots,\, 0\right]^{\mathrm{T}} \in \mathbb{R}^m$,

$$\boldsymbol{H} = \boldsymbol{I} - \frac{2\boldsymbol{c}\boldsymbol{c}^{\mathrm{T}}}{\boldsymbol{c}^{\mathrm{T}}\boldsymbol{c}}\ (\boldsymbol{c} \equiv \boldsymbol{a} - \boldsymbol{b}) \Rightarrow \boldsymbol{H}\boldsymbol{a} = \boldsymbol{b}$$

ここに $\boldsymbol{H}$ は「反射行列」または「ハウスホルダー行列」と呼ばれ，$\boldsymbol{H}^{\mathrm{T}} = \boldsymbol{H}$, $\boldsymbol{H}^2 = \boldsymbol{I}$ を満たすから，実対称直交行列を表す．

$\boldsymbol{A} = \left[a_{ij}\right] \in \mathbb{R}^{m\times n}$ $(m \geqslant n)$ を与えられた行列とすれば，適当な m, n 次反射行列または単位行列 $\boldsymbol{U}_1, \ldots, \boldsymbol{U}_{m-1}, \boldsymbol{V}_1, \ldots, \boldsymbol{V}_{n-2}$ をとれば，$(\boldsymbol{U}_{m-1}\cdots\boldsymbol{U}_1)\boldsymbol{A}(\boldsymbol{V}_1\cdots\boldsymbol{V}_{n-2})$ を 2 重対角行列形

$$\begin{bmatrix} * & * & & \boldsymbol{0} \\ & \ddots & \ddots & \\ & & * & * \\ \boldsymbol{0} & & & * \end{bmatrix} \equiv \boldsymbol{B}$$

に変形できることを示せ．これにより，$\boldsymbol{B}$ の特異値分解がわかれば，$\boldsymbol{A}$ の特異値分解も計算できることになる．

問題 12.3　$|\,\|\boldsymbol{x}\| - \|\boldsymbol{y}\|\,| \leqslant \|\boldsymbol{x} - \boldsymbol{y}\|$ において等号が成立するための必要十分条件は何か．ただし，$\|\cdot\|$ は $\mathbb{C}^n$ 上で定義された 2 ノルムを表す．

問題 12.4（最小自乗法）　最小自乗問題

$$(1) \qquad \|\boldsymbol{Ax} - \boldsymbol{b}\|^2 = \text{最小} \quad (\boldsymbol{A} \in \mathbb{R}^{m\times n}, \boldsymbol{b} \in \mathbb{R}^m \text{ は既知，} \boldsymbol{x} \in \mathbb{R}^n \text{ は未知})$$

を考える．正規方程式

$$(2) \qquad \boldsymbol{A}^{\mathrm{T}}\boldsymbol{Ax} = \boldsymbol{A}^{\mathrm{T}}\boldsymbol{b}$$

は常に可解であり（$\mathrm{rank}(\boldsymbol{A}) = n$ なら，$\boldsymbol{A}^{\mathrm{T}}\boldsymbol{A}$ は可逆行列となる），(1), (2) の解は一致することを示せ．また，任意解 $\boldsymbol{x}_{opt}$ に対応する残差は次式によって与えられることを示せ：

$$(3) \qquad \|\boldsymbol{Ax}_{opt} - \boldsymbol{b}\|^2 = \boldsymbol{b}^{\mathrm{T}}(\boldsymbol{b} - \boldsymbol{Ax}_{opt}) = \|\boldsymbol{b}\|^2 - \|\boldsymbol{Ax}_{opt}\|^2.$$

注意　(2) は「すべての $\boldsymbol{w} \in \mathbb{R}^n$ に対して $(\boldsymbol{Aw})^{\mathrm{T}}(\boldsymbol{b} - \boldsymbol{Ax}) = 0$」と同値である．この条件は「$\boldsymbol{b} - \boldsymbol{Ax}$ が $\boldsymbol{A}$ の値域と直交する」に他ならないから，最小自乗問題 (1) とは $\boldsymbol{b}$ から $\boldsymbol{A}$ の値域へ垂線を下す問題に他ならず，(3) はピタゴラスの定理（三平方の定理）を表す．また，誤差解析上の理由から，正規方程式を解くことはお奨めできない．

問題 12.5（最小自乗法と QR 分解）　最小自乗問題

$$(1) \qquad \|\boldsymbol{Ax} - \boldsymbol{b}\|^2 = \text{最小} \quad (\boldsymbol{A} \in \mathbb{R}^{m\times n}, \boldsymbol{b} \in \mathbb{R}^m \text{ は既知，} \boldsymbol{x} \in \mathbb{R}^n \text{ は未知})$$

を QR 分解（8.5 節参照）を使って解け．ただし，$\boldsymbol{A}$ の QR 分解を

$$(2) \qquad \boldsymbol{A} = \boldsymbol{QR} \equiv \boldsymbol{Q}\begin{bmatrix} r_{11} & \cdots & r_{1n} \\ & \ddots & \\ & & r_{nn} \\ & \boldsymbol{0} & \end{bmatrix} \equiv [\boldsymbol{Q}_1, \boldsymbol{Q}_2]\begin{bmatrix} \boldsymbol{R}_1 \\ \boldsymbol{0} \end{bmatrix}$$
$$(\boldsymbol{Q}_1 : m \times n,\ \boldsymbol{Q}_2 : m \times (m-n),\ \boldsymbol{Q}^{-1} = \boldsymbol{Q}^{\mathrm{T}})$$

とし，$r_{11}, \ldots, r_{nn} > 0$ とする．

問題 12.6（特異値と固有値の関係）　複素 n 次正方行列 $\boldsymbol{A}$ の固有値を $\lambda_1, \ldots, \lambda_n$ とし，特異値を $(0 \leqslant)\sigma_{\min} \leqslant \cdots \leqslant \sigma_{\max}$ とすれば，$\sigma_{\min} \leqslant \min_i |\lambda_i| \leqslant \max_i |\lambda_i| \leqslant \sigma_{\max}$ が成り立つことを示せ．

第13章　CS分解

本章では，特異値分解の応用としてページ・サンダース (Paige-Saunders; P-S) 型 CS 分解を学ぶ．これは，ユニタリ行列（この章では便宜上実直交行列）を任意に 4 分割し，すべてのブロックを（8 個ではなく）4 個の直交行列によって同時に特異値分解するものである．結果は，各ブロックの特異値はすべて 0 と 1 の間にあり，これらが単純な関係で結ばれていることを示す．特異値 1, 0 と他の特異値が陽に区別されている点に特徴があり，これと分割の任意性が一般性と使いやすさの素になっている．次に，応用への予備知識として，正射影を丁寧に解説する．次いで，応用例として，2 つの部分空間の間の距離の定義と評価，$\boldsymbol{B}^{-1}$ を陽に計算することなく行う $\boldsymbol{A}\boldsymbol{B}^{-1}$ 型行列の特異値分解法を学ぶ．CS 分解はさらに商 CS 分解 (quotient CS decomposition) と積 CS 分解 (product CS decomposition) に発展するが，これらについては参考文献に譲る．Stewart [10], p.77 によれば，「CS 分解」という名称はスチュワート自身の命名による．

この章の準備には，文献 Paige and Saunders [18], Golub and Van Loan [6], Paige and Wei [23], Stewart [19], Stewart [10]（とくに論文 [18]）を 1 次資料として利用した．この場を借りて著者各位に深甚の謝意を表す．

13.1　ページ・サンダース型（P-S 型）CS 分解

直交行列を 4 分割し，すべてのブロックを個別に特異値分解すれば，8 個の直交行列を必要とする．これを 4 個のみの直交行列を用いて，同時に特異値分解できるというのが，ページ・サンダース (P-S) 型 CS 分解の主張である．これを可能にするのは，むろん，親行列の直交性である．

P-S 型 CS 分解は薄型 CS 分解 (Golub & Van Loan [6, p. 77])，スチュワート型 CS 分解 (Theorem A.1 [19, Theorem 4.38, p.75]) の一般化に相当する．この節では P-S 型 CS 分解の説明のみを行い，証明は次節で行う．

与えられた直交行列 $\boldsymbol{Q}$ を $\boldsymbol{Q}=\begin{bmatrix}\boldsymbol{Q}_{11} & \boldsymbol{Q}_{12}\\ \boldsymbol{Q}_{21} & \boldsymbol{Q}_{22}\end{bmatrix}=\left[\begin{array}{c|c} m\times k & m\times q\\ \hline p\times k & p\times q\end{array}\right]$ と分割するものとする．ここに，k, m, p, q の大小関係についての制約はまったくない．

$$\text{分割例：}\boldsymbol{Q}=\left[\begin{array}{ccc|c} * & * & * & *\\ \hline * & * & * & *\\ * & * & * & *\\ * & * & * & *\end{array}\right]=\left[\begin{array}{c|c}1\times 3 & 1\times 1\\ \hline 3\times 3 & 3\times 1\end{array}\right]=\begin{bmatrix}\boldsymbol{Q}_{11} & \boldsymbol{Q}_{12}\\ \boldsymbol{Q}_{21} & \boldsymbol{Q}_{22}\end{bmatrix}.$$

すると，適当な直交行列 $\boldsymbol{U}_1$（m 次），$\boldsymbol{U}_2$（p 次），$\boldsymbol{V}_1$（k 次），$\boldsymbol{V}_2$（q 次）をとれば，次の P-S 型 CS 分解が成立する（記号使いは [18] より踏襲）：

$$\boldsymbol{U}^{\mathrm{T}}\boldsymbol{Q}\boldsymbol{V}\equiv\underset{m\quad p}{\begin{bmatrix}\boldsymbol{U}_1^{\mathrm{T}} & \mathbf{0}\\ \mathbf{0} & \boldsymbol{U}_2^{\mathrm{T}}\end{bmatrix}}\begin{bmatrix}\boldsymbol{Q}_{11} & \boldsymbol{Q}_{12}\\ \boldsymbol{Q}_{21} & \boldsymbol{Q}_{22}\end{bmatrix}\underset{k\quad q}{\begin{bmatrix}\boldsymbol{V}_1 & \mathbf{0}\\ \mathbf{0} & \boldsymbol{V}_2\end{bmatrix}}=\underset{k\qquad\qquad q}{\begin{bmatrix}\boldsymbol{U}_1^{\mathrm{T}}\boldsymbol{Q}_{11}\boldsymbol{V}_1 & \boldsymbol{U}_1^{\mathrm{T}}\boldsymbol{Q}_{12}\boldsymbol{V}_2\\ \boldsymbol{U}_2^{\mathrm{T}}\boldsymbol{Q}_{21}\boldsymbol{V}_1 & \boldsymbol{U}_2^{\mathrm{T}}\boldsymbol{Q}_{22}\boldsymbol{V}_2\end{bmatrix}}\begin{matrix}m\\ p\end{matrix}$$

$$=\left[\begin{array}{ccc|ccc}\boldsymbol{I} & & & \mathbf{0}_S^{\mathrm{T}} & & \\ & \boldsymbol{C} & & & \boldsymbol{S} & \\ & & \mathbf{0}_C & & & \boldsymbol{I}\\ \hline \mathbf{0}_S & & & \boldsymbol{I} & & \\ & \boldsymbol{S} & & & -\boldsymbol{C} & \\ & & \boldsymbol{I} & & & \mathbf{0}_C^{\mathrm{T}}\end{array}\right]\begin{matrix}r\\ s\\ m-r-s\\ p-k+r\\ s\\ k-r-s\end{matrix}$$

$$\qquad r\qquad s\quad k-r-s\quad q-m+r\quad s\quad m-r-s$$

$$\equiv\begin{bmatrix}\boldsymbol{\Sigma}_{11} & \boldsymbol{\Sigma}_{12}\\ \boldsymbol{\Sigma}_{21} & \boldsymbol{\Sigma}_{22}\end{bmatrix}\equiv\boldsymbol{\Sigma}. \tag{13.1}$$

この最終形 $\boldsymbol{\Sigma}$ を便宜上（P-S 型 CS 分解の）**標準形** (Paige-Saunders canonical CS decomposition) と呼ぶことにする．

ここに：

(a)　$\boldsymbol{\Sigma}$ 自体も直交行列を表す（$\because \boldsymbol{U}, \boldsymbol{V}, \boldsymbol{Q}$ は直交行列）．

(b)　空欄部のブロックはすべてゼロブロックを表す．$\mathbf{0}_C, \mathbf{0}_S$ もゼロブロックを表す．

(c)　行列の傍に記した式は対応する行列の列数または行数を表す．例えば $\boldsymbol{U}_1 : m\times m$, $\boldsymbol{V}_2 : q\times q$, $\boldsymbol{C} : s\times s$, $\mathbf{0}_C : (m-r-s)\times(k-r-s)$.

(d)　$\boldsymbol{I}, \boldsymbol{C}, \mathbf{0}_C, \ldots$ の中には空ブロックのものもあり得る．

(e)　$\boldsymbol{Q}_{11}, \ldots, \boldsymbol{Q}_{22}$ の特異値は標準形内の対応するブロック $\boldsymbol{\Sigma}_{11}, \ldots, \boldsymbol{\Sigma}_{22}$ の対角成分から直接読み取れる．

$\boldsymbol{Q}_{11}$ の特異値：後述するように，これらは 0 と 1 の間にあるので，

$$\underset{(r\text{ 個})}{1, \ldots, 1}, \quad \underset{(s\text{ 個})}{(1 >)\, c_{r+1} \geqslant \cdots \geqslant c_{r+s} (> 0)}, \quad \underset{(\min\{m,\, k\}-r-s\text{ 個})}{0, \ldots, 0}$$

に分類する．$r = 0$ または $s = 0$ の場合もあり得る．そして，$\mathrm{diag}\,(c_{r+1}, \ldots, c_{r+s}) \equiv \boldsymbol{C}$, $\mathrm{diag}\,(s_{r+1}, \ldots, s_{r+s}) \equiv \boldsymbol{S}$ と定義する．ここに，$s_i = \sqrt{1-c_i^2}$ $(i = r+1, \ldots, r+s)$．ゆえに，$0 < s_{r+1} \leqslant \cdots \leqslant s_{r+s} < 1$ である．

$c_i = \cos\theta_i$ $(0 < \theta_i < \pi/2)$ と書けば，$s_i = \sin\theta_i$ となる．CS 分解の名はここから来ている．$\boldsymbol{C}^{-1}$, $\boldsymbol{S}^{-1}$ の存在性と $\boldsymbol{C}^2 + \boldsymbol{S}^2 = \boldsymbol{I}$ に注意のこと．

$\boldsymbol{Q}_{21}$ の特異値：$\boldsymbol{I}_{k-r-s}$, $\boldsymbol{S}$ の対角成分および $\min\{p, k\} - k + r$ 個の 0．

$\boldsymbol{Q}_{12}$ の特異値：$\boldsymbol{I}_{m-r-s}$, $\boldsymbol{S}$ の対角成分および $\min\{m, q\} - m + r$ 個の 0．

$\boldsymbol{Q}_{22}$ の特異値：$\boldsymbol{I}_{p-k+r}$, $\boldsymbol{C}$ の対角成分および $\min\{m, k\} - r - s$ 個の 0．

ここに，$m + p = k + q$ に注意する．

(f)　$\boldsymbol{\Sigma}_{11}, \ldots, \boldsymbol{\Sigma}_{22}$ のどれか 1 つが定まれば，r, s の値が定まり，したがって標準形 $\boldsymbol{\Sigma}$ の形も確定する．

結局，$\boldsymbol{Q}_{11}, \ldots, \boldsymbol{Q}_{22}$ の特異値は，そのどれか 1 つの特異値がわかれば，他ブロックの特異値も一意的に定まってしまう．

例 13.1　$\boldsymbol{Q} = \begin{bmatrix} \boldsymbol{Q}_{11} & \boldsymbol{Q}_{12} \\ \boldsymbol{Q}_{21} & \boldsymbol{Q}_{22} \end{bmatrix} = \left[\begin{array}{ccc|cc} 1 & 0 & 0 & 0 & 0 \\ 0 & 0 & 0 & 0 & 1 \\ 0 & 1 & 0 & 0 & 0 \\ \hline 0 & 0 & 1 & 0 & 0 \\ 0 & 0 & 0 & 1 & 0 \end{array}\right] \begin{pmatrix} m = k = 3 \\ p = q = 2 \end{pmatrix}$ とすれば，$\boldsymbol{Q}$ は確かに直交行列を表す．$\boldsymbol{Q}_{22} = \begin{bmatrix} 0 & 0 \\ 1 & 0 \end{bmatrix}$ に着目すると，$\boldsymbol{Q}_{22}^{\mathrm{T}} \boldsymbol{Q}_{22} = \begin{bmatrix} 1 & 0 \\ 0 & 0 \end{bmatrix}$ だから，その特異値は $\{1, 0\}$ によって与えられる．これを一般形に照らせば，$p - k + r = 1$, $s = 0$．これより，$r = 2$ が得られ，標準形は以下の $\boldsymbol{\Sigma}$ によって与えられる：

$$\boldsymbol{\Sigma} = \left[\begin{array}{cc|cc} \boldsymbol{I}_2 & \boldsymbol{0} & \boldsymbol{0}_S^{\mathrm{T}} & \boldsymbol{0} \\ \boldsymbol{0} & \boldsymbol{0}_C & \boldsymbol{0} & \boldsymbol{I}_1 \\ \hline \boldsymbol{0}_S & \boldsymbol{0} & \boldsymbol{I}_1 & \boldsymbol{0} \\ \boldsymbol{0} & \boldsymbol{I}_1 & \boldsymbol{0} & \boldsymbol{0}_C \end{array}\right]\begin{array}{l}2\\1\\1\\1\end{array} .$$
$$\quad 2 \quad 1 \quad 1 \quad 1$$

例 13.2　ある 8 次直交行列 $\boldsymbol{Q}$ を $\boldsymbol{Q} = \begin{bmatrix} \boldsymbol{Q}_{11} & \boldsymbol{Q}_{12} \\ \boldsymbol{Q}_{21} & \boldsymbol{Q}_{22} \end{bmatrix}$（ここに $\boldsymbol{Q}_{21} : 5 \times 1$）のように分割したところ，$\boldsymbol{Q}_{21}$ の特異値は α $(0 < \alpha < 1)$ であったという．このとき，$\boldsymbol{\Sigma}$ は以下のように求めることができる．まず，標準形 (13.1) に照らせば，$m = 3$, $p = 5$, $k = 1$, $q = 7$, $\boldsymbol{\Sigma}_{21} = \begin{bmatrix} \boldsymbol{0} \\ \boldsymbol{S} \end{bmatrix} = [0, 0, 0, 0, \alpha]^{\mathrm{T}}$ $(\boldsymbol{S} = [\alpha] : 1 \times 1)$, $r = 0$, $s = 1$ となる．ゆえに，

$$\boldsymbol{\Sigma} = \left[\begin{array}{c|ccc} \boldsymbol{C} & \boldsymbol{0} & \boldsymbol{S} & \boldsymbol{0} \\ \boldsymbol{0} & \boldsymbol{0} & \boldsymbol{0} & \boldsymbol{I}_2 \\ \hline \boldsymbol{0} & \boldsymbol{I}_4 & \boldsymbol{0} & \boldsymbol{0} \\ \boldsymbol{S} & \boldsymbol{0} & -\boldsymbol{C} & \boldsymbol{0} \end{array}\right]\begin{array}{l}1\\2\\4\\1\end{array} \quad (\boldsymbol{C} = [\sqrt{1-\alpha^2}]).$$
$$\quad 1 \quad 4 \quad 1 \quad 2$$

例 13.3　ある 6 次直交行列の標準形 $\boldsymbol{\Sigma}$ の $\boldsymbol{\Sigma}_{21}$ ブロックが $[0]$ (1×1) であるという．このとき，標準形は以下のように与えられる．

$$\boldsymbol{\Sigma} = \left[\begin{array}{c|cc} \boldsymbol{I}_1 & \boldsymbol{0} & \boldsymbol{0} \\ \boldsymbol{0} & \boldsymbol{0} & \boldsymbol{I}_4 \\ \hline \boldsymbol{0} & \boldsymbol{I}_1 & \boldsymbol{0} \end{array}\right]\begin{array}{l}1\\4\\1\end{array}$$
$$\quad 1 \quad 1 \quad 4$$

例 13.4　一般形 (13.1) の特別の場合として，直交行列を上下または左右に 2 分割した場合を考える．直交行列 $\boldsymbol{Q} = \left[\begin{array}{c} \boldsymbol{Q}_{11} \\ \hline \boldsymbol{Q}_{21} \end{array}\right]\begin{array}{l} m \\ p \end{array}$ $(m + p = n)$ の P-S 型分解標準形は以下のように与えられる：

$$\boldsymbol{\Sigma} = \left[\begin{array}{c|c} \boldsymbol{I}_m & \boldsymbol{0} \\ \hline \boldsymbol{0} & \boldsymbol{I}_p \end{array}\right] \quad (\because \boldsymbol{Q}_{11}\boldsymbol{Q}_{11}^{\mathrm{T}} = \boldsymbol{I}_m,\ \boldsymbol{Q}_{21}\boldsymbol{Q}_{21}^{\mathrm{T}} = \boldsymbol{I}_p).$$

また，$\boldsymbol{Q} = [\boldsymbol{Q}_{11} \mid \boldsymbol{Q}_{12}]$ ($\boldsymbol{Q}_{11} : n \times k$, $\boldsymbol{Q}_{12} : n \times q$, $k + q = n$) と分割すれば，標準形は $\boldsymbol{\Sigma} = \left[\begin{array}{c|c} \boldsymbol{I}_k & \boldsymbol{0} \\ \hline \boldsymbol{0} & \boldsymbol{I}_q \end{array}\right]$ となる ($\because \boldsymbol{Q}_{11}^{\mathrm{T}}\boldsymbol{Q}_{11} = \boldsymbol{I}_k$, $\boldsymbol{Q}_{12}^{\mathrm{T}}\boldsymbol{Q}_{12} = \boldsymbol{I}_q$).

例 13.5　最後の例として，標準形 $\boldsymbol{\Sigma}$ を区分けの形状に無関係に与えることはできないことを示す．

3 次行列 $\boldsymbol{\Sigma} = \left[\begin{array}{cc|c} 0 & 0 & * \\ 0 & 0 & * \\ \hline * & * & * \end{array}\right]$ 型の標準形はあり得ない．仮に可能だとすれば，$\boldsymbol{\Sigma}$ 自体も直交行列を表すので，最初の 2 列は正規直交系をなすべきであるが，これは不可能である．ゆえに，標準形の $(1,1)$ ブロックはゼロブロックではあり得ず，$[\boldsymbol{I}]$ 型，$\begin{bmatrix} \boldsymbol{I} & \boldsymbol{0} \\ \boldsymbol{0} & \boldsymbol{C} \end{bmatrix}$ 型，$[\boldsymbol{C}]$ 型，または $\begin{bmatrix} \boldsymbol{C} & \boldsymbol{0} \\ \boldsymbol{0} & \boldsymbol{0} \end{bmatrix}$ 型のいずれかでなければならない．

13.2　P-S 型 CS 分解の証明

この節における記号の意味は 13.1 節から引き継ぐものとする．証明のポイントは直交性の繰り返し利用である．

(I)　$\boldsymbol{Q}$ の第 1 列の特異値分解

$\boldsymbol{Q}^{\mathrm{T}}\boldsymbol{Q} = \boldsymbol{I}_n$ ($n \equiv m + p = k + q$) より，（ブロックとしての）第 1 列に関して，$\boldsymbol{Q}_{11}^{\mathrm{T}}\boldsymbol{Q}_{11} + \boldsymbol{Q}_{21}^{\mathrm{T}}\boldsymbol{Q}_{21} = \boldsymbol{I}_k$ ($\because \boldsymbol{Q}_{11} : m \times k$, $\boldsymbol{Q}_{21} : p \times k$) が成立する．ここに，左辺の各項は実対称行列を表す．第 1 項をシュア分解すれば，その固有値はすべて正または 0 でなければならないから，これを $\boldsymbol{V}_1^{\mathrm{T}}\boldsymbol{Q}_{11}^{\mathrm{T}}\boldsymbol{Q}_{11}\boldsymbol{V}_1 = \mathrm{diag}\,(c_1^2, \ldots, c_k^2)$ ($c_1 \geqslant \cdots \geqslant c_k \geqslant 0$) とする．すると，$\boldsymbol{V}_1^{\mathrm{T}}\boldsymbol{Q}_{21}^{\mathrm{T}}\boldsymbol{Q}_{21}\boldsymbol{V}_1 = \boldsymbol{I} - \boldsymbol{V}_1^{\mathrm{T}}\boldsymbol{Q}_{11}^{\mathrm{T}}\boldsymbol{Q}_{11}\boldsymbol{V}_1 = \mathrm{diag}\,(1 - c_1^2, \ldots, 1 - c_k^2)$ となる．ゆえに，$\boldsymbol{Q}_{21}^{\mathrm{T}}\boldsymbol{Q}_{21}$ の固有値は $1 - c_1^2, \ldots, 1 - c_k^2$ によって与えられる．$\boldsymbol{Q}_{21}^{\mathrm{T}}\boldsymbol{Q}_{21}$ の形から，これらもすべて正または 0 でなければならないから，

$$1 \geqslant c_1 \geqslant \cdots \geqslant c_k \geqslant 0 \text{ および } 0 \leqslant s_1 \equiv \sqrt{1 - c_1^2} \leqslant \cdots \leqslant s_k \equiv \sqrt{1 - c_k^2} \leqslant 1$$

が真でなければならない．

ここで，$c_1, \ldots$ の値を 1 のもの，1 と 0 の中間にあるもの，および 0 に分類し，1 のものの個数を r，中間にあるものの個数を s とすれば，

$$c_1 = \cdots = c_r = 1 > c_{r+1} \geqslant \cdots \geqslant c_{r+s} > 0 = c_{r+s+1} = \cdots = c_k$$

$$s_1 = \cdots = s_r = 0 < s_{r+1} \leqslant \cdots \leqslant s_{r+s} < 1 = s_{r+s+1} = \cdots = s_k$$

となる．これ以降

$$\boldsymbol{C} \equiv \operatorname{diag}\left(c_{r+1},\, \ldots,\, c_{r+s}\right), \quad \boldsymbol{S} \equiv \operatorname{diag}\left(s_{r+1},\, \ldots,\, s_{r+s}\right)$$

と書くことにする（対角成分 c_i, s_i はすべて $0 < c_i$, $s_i < 1$ を満たすことに注意）．これまでの結果をまとめると

$$\boldsymbol{V}_1^{\mathrm{T}}\boldsymbol{Q}_{11}^{\mathrm{T}}\boldsymbol{Q}_{11}\boldsymbol{V}_1 = \operatorname{diag}\left(c_1^2,\, \ldots,\, c_k^2\right) = \operatorname{diag}\left(\boldsymbol{I}_r,\, \boldsymbol{C}^2,\, \boldsymbol{0}_{k-r-s}\right)$$
$$(1 \geqslant c_1 \geqslant \cdots \geqslant c_k \geqslant 0), \qquad (13.2)$$

$$\boldsymbol{V}_1^{\mathrm{T}}\boldsymbol{Q}_{21}^{\mathrm{T}}\boldsymbol{Q}_{21}\boldsymbol{V}_1 = \operatorname{diag}\left(s_1^2,\, \ldots,\, s_k^2\right) = \operatorname{diag}\left(\boldsymbol{0}_r,\, \boldsymbol{S}^2,\, \boldsymbol{I}_{k-r-s}\right)$$
$$(0 \leqslant s_1 \leqslant \cdots \leqslant s_k \leqslant 1). \qquad (13.3)$$

この 2 式と任意の行列 $\boldsymbol{A}$ に対して成立する関係 $\operatorname{rank}(\boldsymbol{A}^{\mathrm{T}}\boldsymbol{A}) = \operatorname{rank}(\boldsymbol{A}\boldsymbol{A}^{\mathrm{T}}) = \operatorname{rank}(\boldsymbol{A})$ の事実から

$$\begin{aligned} \min\{m,\, k\} &\geqslant \operatorname{rank}(\boldsymbol{Q}_{11}) = \operatorname{rank}(\boldsymbol{Q}_{11}\boldsymbol{V}_1) \\ &= \operatorname{rank}(\boldsymbol{V}_1^{\mathrm{T}}\boldsymbol{Q}_{11}^{\mathrm{T}}\boldsymbol{Q}_{11}\boldsymbol{V}_1) = r + s, \end{aligned} \qquad (13.4)$$

$$\begin{aligned} \min\{p,\, k\} &\geqslant \operatorname{rank}(\boldsymbol{Q}_{21}) = \operatorname{rank}(\boldsymbol{Q}_{21}\boldsymbol{V}_1) \\ &= \operatorname{rank}(\boldsymbol{V}_1^{\mathrm{T}}\boldsymbol{Q}_{21}^{\mathrm{T}}\boldsymbol{Q}_{21}\boldsymbol{V}_1) = s + (k - r - s) = k - r. \end{aligned} \qquad (13.5)$$

次に, $\boldsymbol{U}_1$, $\boldsymbol{U}_2$ を構築する．$\boldsymbol{Q}_{11}\boldsymbol{V}_1 \equiv \boldsymbol{X} \equiv \left[\boldsymbol{x}_1,\, \ldots,\boldsymbol{x}_k\right] : m \times k$ と書けば, (13.2) は $\boldsymbol{X}^{\mathrm{T}}\boldsymbol{X} = \operatorname{diag}\left(\boldsymbol{I}_r,\, \boldsymbol{C}^2,\, \boldsymbol{0}_{k-r-s}\right) : k \times k$ を意味し，これは $\boldsymbol{X}$ の列は互いに直交し，かつ

$$\boldsymbol{x}_1^{\mathrm{T}}\boldsymbol{x}_1 = \cdots = \boldsymbol{x}_r^{\mathrm{T}}\boldsymbol{x}_r = 1,$$
$$\boldsymbol{x}_{r+1}^{\mathrm{T}}\boldsymbol{x}_{r+1} = c_{r+1}^2,\, \ldots,\, \boldsymbol{x}_{r+s}^{\mathrm{T}}\boldsymbol{x}_{r+s} = c_{r+s}^2,$$
$$\boldsymbol{x}_{r+s+1} = \cdots = \boldsymbol{x}_k = \boldsymbol{0}$$

が成り立っていることを意味する．これより，$\left\{\boldsymbol{x}_1,\, \ldots,\, \boldsymbol{x}_r,\, \frac{\boldsymbol{x}_{r+1}}{c_{r+1}},\, \ldots,\, \frac{\boldsymbol{x}_{r+s}}{c_{r+s}}\right\}$ は正規直交系を表す.

ここで (13.4) 式，$\min\{m,\, k\} \geqslant r + s$ を考慮すると，$m - r - s\,(\geqslant 0)$ 本のベクトル $\boldsymbol{x}_{r+s+1},\, \ldots,\, \boldsymbol{x}_m$ を適当に選択すれば,

$$\boldsymbol{U}_1 \equiv \left[\boldsymbol{x}_1,\, \ldots,\, \boldsymbol{x}_r,\, \frac{\boldsymbol{x}_{r+1}}{c_{r+1}},\, \ldots,\, \frac{\boldsymbol{x}_{r+s}}{c_{r+s}},\, \boldsymbol{x}_{r+s+1},\, \ldots,\, \boldsymbol{x}_m\right] : m \times m \qquad (13.6)$$

が直交行列を表すようにできる．すると

$$
\begin{aligned}
\boldsymbol{U}_1^{\mathrm{T}}\boldsymbol{Q}_{11}\boldsymbol{V}_1 = \boldsymbol{U}_1^{\mathrm{T}}\boldsymbol{X} &= \left[\boldsymbol{x}_1, \ldots, \boldsymbol{x}_r, \frac{\boldsymbol{x}_{r+1}}{c_{r+1}}, \ldots, \frac{\boldsymbol{x}_{r+s}}{c_{r+s}}, \boldsymbol{x}_{r+s+1}, \ldots, \boldsymbol{x}_m\right]^{\mathrm{T}} \\
&\qquad \times \left[\boldsymbol{x}_1, \ldots, \boldsymbol{x}_r, \boldsymbol{x}_{r+1}, \ldots, \boldsymbol{x}_{r+s}, \boldsymbol{0}, \ldots \boldsymbol{0}\right] \\
&= \begin{bmatrix} \boldsymbol{I} & \boldsymbol{0} & \boldsymbol{0} \\ \boldsymbol{0} & \boldsymbol{C} & \boldsymbol{0} \\ \boldsymbol{0} & \boldsymbol{0} & \boldsymbol{0} \end{bmatrix} \begin{matrix} r \\ s \\ m-r-s \end{matrix} \\
&\qquad\ \ \begin{matrix} r & \ s & \ k-r-s \end{matrix}
\end{aligned}
\tag{13.7}
$$

次に，$\boldsymbol{Q}_{21}\boldsymbol{V}_1 \equiv \boldsymbol{Z} \equiv [\boldsymbol{z}_1, \ldots, \boldsymbol{z}_k] : p \times k$ と書けば，(13.3) は $\boldsymbol{Z}^{\mathrm{T}}\boldsymbol{Z} = \mathrm{diag}\,(\boldsymbol{0}_r, \boldsymbol{S}^2, \boldsymbol{I}_{k-r-s}) : k \times k$ となる．これは $\boldsymbol{Z}$ の列は直交し，かつ

$$
\begin{aligned}
\boldsymbol{z}_1 = \cdots = \boldsymbol{z}_r &= \boldsymbol{0}, \\
\boldsymbol{z}_{r+1}^{\mathrm{T}}\boldsymbol{z}_{r+1} = s_{r+1}^2, \ldots, \boldsymbol{z}_{r+s}^{\mathrm{T}}\boldsymbol{z}_{r+s} &= s_{r+s}^2, \\
\boldsymbol{z}_{r+s+1}^{\mathrm{T}}\boldsymbol{z}_{r+s+1} = \cdots = \boldsymbol{z}_k^{\mathrm{T}}\boldsymbol{z}_k &= 1
\end{aligned}
$$

を示している．ここで，(13.5) より $\min\{p, k\} \geqslant k - r$ だから，$p - k + r\,(\geqslant 0)$ 本のベクトル $\boldsymbol{z}_1, \ldots, \boldsymbol{z}_{p-k+r}$ を適当に選択すれば，

$$
\boldsymbol{U}_2 \equiv \left[\boldsymbol{z}_1, \ldots, \boldsymbol{z}_{p-k+r}, \frac{\boldsymbol{z}_{r+1}}{s_{r+1}}, \ldots, \frac{\boldsymbol{z}_{r+s}}{s_{r+s}}, \boldsymbol{z}_{r+s+1}, \ldots, \boldsymbol{z}_k\right] : p \times p \tag{13.8}
$$

が直交行列を表すようにできる．すると

$$
\begin{aligned}
\boldsymbol{U}_2^{\mathrm{T}}\boldsymbol{Q}_{21}\boldsymbol{V}_1 = \boldsymbol{U}_2^{\mathrm{T}}\boldsymbol{Z} &= \left[\boldsymbol{z}_1, \ldots, \boldsymbol{z}_{p-k+r}, \frac{\boldsymbol{z}_{r+1}}{s_{r+1}}, \ldots, \frac{\boldsymbol{z}_{r+s}}{s_{r+s}}, \boldsymbol{z}_{r+s+1}, \ldots, \boldsymbol{z}_k\right]^{\mathrm{T}} \\
&\qquad \times \left[\boldsymbol{0}, \ldots, \boldsymbol{0}, \boldsymbol{z}_{r+1}, \ldots, \boldsymbol{z}_{r+s}, \boldsymbol{z}_{r+s+1}, \ldots, \boldsymbol{z}_k\right] \\
&= \begin{bmatrix} \boldsymbol{0}_S & \boldsymbol{0} & \boldsymbol{0} \\ \boldsymbol{0} & \boldsymbol{S} & \boldsymbol{0} \\ \boldsymbol{0} & \boldsymbol{0} & \boldsymbol{I} \end{bmatrix} \begin{matrix} p-k+r \\ s \\ k-r-s \end{matrix} \\
&\qquad\ \ \begin{matrix} r & \ s & \ k-r-s \end{matrix}
\end{aligned}
\tag{13.9}
$$

以上をまとめると，

$$\begin{bmatrix} \boldsymbol{U}_1^{\mathrm{T}} & \mathbf{0} \\ \mathbf{0} & \boldsymbol{U}_2^{\mathrm{T}} \end{bmatrix} \begin{bmatrix} \boldsymbol{Q}_{11} \\ \boldsymbol{Q}_{21} \end{bmatrix} \boldsymbol{V}_1 = \left[\begin{array}{ccc} \boldsymbol{I} & \mathbf{0} & \mathbf{0} \\ \mathbf{0} & \boldsymbol{C} & \mathbf{0} \\ \mathbf{0} & \mathbf{0} & \mathbf{0}_C \\ \hline \mathbf{0}_S & \mathbf{0} & \mathbf{0} \\ \mathbf{0} & \boldsymbol{S} & \mathbf{0} \\ \mathbf{0} & \mathbf{0} & \boldsymbol{I} \end{array}\right] \begin{array}{l} r \\ s \\ m-r-s \\ p-k+r \\ s \\ k-r-s \end{array} \quad \begin{array}{ccc} \scriptstyle r & \scriptstyle s & \scriptstyle k-r-s \end{array} \tag{13.10}$$

この式は $\begin{bmatrix} \boldsymbol{Q}_{11} \\ \boldsymbol{Q}_{21} \end{bmatrix}$ の列が正規直交系をなす，すなわち，$\boldsymbol{Q}_{11}^{\mathrm{T}}\boldsymbol{Q}_{11} + \boldsymbol{Q}_{21}^{\mathrm{T}}\boldsymbol{Q}_{21} = \boldsymbol{I}_k$ だけを使って導いた関係である．(13.10) 式は Golub & Van Loan [6, p. 77] の**薄型 CS 分解** (thin version CS decomposition) に相当する．

(II)　$\boldsymbol{Q}$ の第 1 行の特異値分解

$\boldsymbol{Q}^{\mathrm{T}} = \begin{bmatrix} \boldsymbol{Q}_{11}^{\mathrm{T}} & \boldsymbol{Q}_{21}^{\mathrm{T}} \\ \boldsymbol{Q}_{12}^{\mathrm{T}} & \boldsymbol{Q}_{22}^{\mathrm{T}} \end{bmatrix}$ も直交行列だから，その第 1 列に (I) の結果を適用し，転置をとれば

$$\boldsymbol{U}_1^{\mathrm{T}}[\boldsymbol{Q}_{11}, \boldsymbol{Q}_{12}] \begin{bmatrix} \boldsymbol{V}_1 & \mathbf{0} \\ \mathbf{0} & \boldsymbol{V}_2 \end{bmatrix} = \left[\begin{array}{ccc|ccc} \boldsymbol{I} & & & \mathbf{0}_S^{\mathrm{T}} & & \\ & \boldsymbol{C} & & & \boldsymbol{S} & \\ & & \mathbf{0}_C & & & \boldsymbol{I} \end{array}\right] \begin{array}{l} r \\ s \\ m-r-s \end{array} \quad \begin{array}{cccccc} \scriptstyle r & \scriptstyle s & \scriptstyle k-r-s & \scriptstyle q-m+r & \scriptstyle s & \scriptstyle m-r-s \end{array} \tag{13.11}$$

を満たす直交行列 $\boldsymbol{V}_2 : q \times q$ がとれる．ここに，$\mathbf{0}_S : (q-m+r) \times r$ である．

以上，(13.10), (13.11) を使うと

$$\begin{bmatrix} \boldsymbol{U}_1^{\mathrm{T}} & \boldsymbol{0} \\ \boldsymbol{0} & \boldsymbol{U}_2^{\mathrm{T}} \end{bmatrix} \begin{bmatrix} \boldsymbol{Q}_{11} & \boldsymbol{Q}_{12} \\ \boldsymbol{Q}_{21} & \boldsymbol{Q}_{22} \end{bmatrix} \begin{bmatrix} \boldsymbol{V}_1 & \boldsymbol{0} \\ \boldsymbol{0} & \boldsymbol{V}_2 \end{bmatrix} = \begin{bmatrix} \boldsymbol{U}_1^{\mathrm{T}}\boldsymbol{Q}_{11}\boldsymbol{V}_1 & \boldsymbol{U}_1^{\mathrm{T}}\boldsymbol{Q}_{12}\boldsymbol{V}_2 \\ \boldsymbol{U}_2^{\mathrm{T}}\boldsymbol{Q}_{21}\boldsymbol{V}_1 & \boldsymbol{U}_2^{\mathrm{T}}\boldsymbol{Q}_{22}\boldsymbol{V}_2 \end{bmatrix} \begin{matrix} m \\ p \end{matrix}$$
$$\quad m \quad p \qquad k \quad q \qquad k \quad q \qquad\qquad k \qquad q$$

$$= \left[\begin{array}{ccc|ccc} \boldsymbol{I} & & & \boldsymbol{0}_S^{\mathrm{T}} & & \\ & \boldsymbol{C} & & & \boldsymbol{S} & \\ & & \boldsymbol{0}_C & & & \boldsymbol{I} \\ \hline \boldsymbol{0}_S & & & \boldsymbol{X}_{11} & \boldsymbol{X}_{12} & \boldsymbol{X}_{13} \\ & \boldsymbol{S} & & \boldsymbol{X}_{21} & \boldsymbol{X}_{22} & \boldsymbol{X}_{23} \\ & & \boldsymbol{I} & \boldsymbol{X}_{31} & \boldsymbol{X}_{32} & \boldsymbol{X}_{33} \end{array}\right] \begin{matrix} r \\ s \\ m-r-s \\ p-k+r \\ s \\ k-r-s \end{matrix} \tag{13.12}$$
$$r \qquad s \quad k-r-s \quad q-m+r \quad s \quad m-r-s$$

となる（$m+p=k+q$ なので，$p-k+r=q-m+r$ に注意）．

ここに，$\boldsymbol{X}_{11}, \ldots, \boldsymbol{X}_{33}$ は未知行列であるが，以下で示すように，直交性を利用すれば定まる．実際，(13.12) の左辺は直交行列を表すから，最終辺も直交行列を表す．$\boldsymbol{C}^{\mathrm{T}}=\boldsymbol{C}, \boldsymbol{S}^{\mathrm{T}}=\boldsymbol{S}, \boldsymbol{CS}=\boldsymbol{SC}$, $\boldsymbol{C}^{-1}, \boldsymbol{S}^{-1}$ の存在性，および $\boldsymbol{C}^2+\boldsymbol{S}^2=\boldsymbol{I}$ を使うと，次の関係が出る：

- 2 列 ⊥ 4 列：$\boldsymbol{S}^{\mathrm{T}}\boldsymbol{X}_{21}=\boldsymbol{0} \Rightarrow \boldsymbol{X}_{21}=\boldsymbol{0}$
- 2 列 ⊥ 5 列：$\boldsymbol{C}^{\mathrm{T}}\boldsymbol{S}+\boldsymbol{S}^{\mathrm{T}}\boldsymbol{X}_{22}=\boldsymbol{0} \Rightarrow \boldsymbol{X}_{22}=-\boldsymbol{C}$
- 2 列 ⊥ 6 列：$\boldsymbol{S}^{\mathrm{T}}\boldsymbol{X}_{23}=\boldsymbol{0} \Rightarrow \boldsymbol{X}_{23}=\boldsymbol{0}$
- 3 列 ⊥ 4 列：$\boldsymbol{I}\boldsymbol{X}_{31}=\boldsymbol{0} \Rightarrow \boldsymbol{X}_{31}=\boldsymbol{0}$
- 3 列 ⊥ 5 列：$\boldsymbol{I}\boldsymbol{X}_{32}=\boldsymbol{0} \Rightarrow \boldsymbol{X}_{32}=\boldsymbol{0}.$
- 3 列 ⊥ 6 列：$\boldsymbol{I}\boldsymbol{X}_{33}=\boldsymbol{0} \Rightarrow \boldsymbol{X}_{33}=\boldsymbol{0}=\boldsymbol{0}_C^{\mathrm{T}}$
- 3 行 ⊥ 4 行：$\boldsymbol{I}\boldsymbol{X}_{13}=\boldsymbol{0} \Rightarrow \boldsymbol{X}_{13}=\boldsymbol{0}$
- $(4\text{ 列})^{\mathrm{T}}(4\text{ 列})=\boldsymbol{I}$：$\boldsymbol{X}_{11}^{\mathrm{T}}\boldsymbol{X}_{11}=\boldsymbol{I}$, $(\boldsymbol{X}_{11}:(p-k+r)\times(p-k+r))$
  $\Rightarrow \boldsymbol{X}_{11}$ は $p-k+r$ 次直交行列
- $(5\text{ 列})^{\mathrm{T}}(5\text{ 列})=\boldsymbol{I}$：$\boldsymbol{S}^2+\boldsymbol{X}_{12}^{\mathrm{T}}\boldsymbol{X}_{12}+\boldsymbol{C}^2=\boldsymbol{I} \Rightarrow \boldsymbol{X}_{12}=\boldsymbol{0}$

まとめると

$$\begin{bmatrix} \boldsymbol{X}_{11} & \boldsymbol{X}_{12} & \boldsymbol{X}_{13} \\ \boldsymbol{X}_{21} & \boldsymbol{X}_{22} & \boldsymbol{X}_{23} \\ \boldsymbol{X}_{31} & \boldsymbol{X}_{32} & \boldsymbol{X}_{33} \end{bmatrix} = \begin{bmatrix} \boldsymbol{X}_{11} & \boldsymbol{0} & \boldsymbol{0} \\ \boldsymbol{0} & -\boldsymbol{C} & \boldsymbol{0} \\ \boldsymbol{0} & \boldsymbol{0} & \boldsymbol{0}_C^{\mathrm{T}} \end{bmatrix}. \tag{13.13}$$

ただし，$\boldsymbol{X}_{11}$ は $p-k+r\,(=q-m+r)$ 次直交行列である．

仕上げは $\boldsymbol{X}_{11}$ 部が $\boldsymbol{I}_{p-k+r}$ になるように，$\boldsymbol{U}_2$ または $\boldsymbol{V}_2$ の定義を変更すればよ

い．すなわち，

$$\boldsymbol{U}_2 \text{ を } \boldsymbol{U}_2 \begin{bmatrix} \boldsymbol{X}_{11} & & \\ & \boldsymbol{I} & \\ & & \boldsymbol{I} \end{bmatrix} \equiv \boldsymbol{U}_2' \quad \text{または} \quad \boldsymbol{V}_2 \text{ を } \boldsymbol{V}_2 \begin{bmatrix} \boldsymbol{X}_{11}^{\mathrm{T}} & & \\ & \boldsymbol{I} & \\ & & \boldsymbol{I} \end{bmatrix} \equiv \boldsymbol{V}_2'$$

に変更すれば $\boldsymbol{U}_2'$, $\boldsymbol{V}_2'$ も直交行列を表し，最終的に

$$\underset{m \quad p}{\begin{bmatrix} \boldsymbol{U}_1^{\mathrm{T}} & \boldsymbol{0} \\ \boldsymbol{0} & \boldsymbol{U}_2'^{\mathrm{T}} \end{bmatrix}} \begin{bmatrix} \boldsymbol{Q}_{11} & \boldsymbol{Q}_{12} \\ \boldsymbol{Q}_{21} & \boldsymbol{Q}_{22} \end{bmatrix} \underset{k \quad q}{\begin{bmatrix} \boldsymbol{V}_1 & \boldsymbol{0} \\ \boldsymbol{0} & \boldsymbol{V}_2 \end{bmatrix}} = \underset{m \quad p}{\begin{bmatrix} \boldsymbol{U}_1^{\mathrm{T}} & \boldsymbol{0} \\ \boldsymbol{0} & \boldsymbol{U}_2^{\mathrm{T}} \end{bmatrix}} \begin{bmatrix} \boldsymbol{Q}_{11} & \boldsymbol{Q}_{12} \\ \boldsymbol{Q}_{21} & \boldsymbol{Q}_{22} \end{bmatrix} \underset{k \quad q}{\begin{bmatrix} \boldsymbol{V}_1 & \boldsymbol{0} \\ \boldsymbol{0} & \boldsymbol{V}_2' \end{bmatrix}} \begin{matrix} m \\ p \end{matrix}$$

$$= \left[\begin{array}{ccc|ccc} \boldsymbol{I} & & & \boldsymbol{0}_S^{\mathrm{T}} & & \\ & \boldsymbol{C} & & & \boldsymbol{S} & \\ & & \boldsymbol{0}_C & & & \boldsymbol{I} \\ \hline \boldsymbol{0}_S & & & \boldsymbol{I} & & \\ & \boldsymbol{S} & & & -\boldsymbol{C} & \\ & & \boldsymbol{I} & & & \boldsymbol{0}_C^{\mathrm{T}} \end{array}\right] \begin{matrix} r \\ s \\ m-r-s \\ p-k+r \\ s \\ k-r-s \end{matrix} \tag{13.14}$$
$$\qquad r \quad s \quad k-r-s \quad q-m+r \quad s \quad m-r-s$$

証明は以上で完了した．

13.3　$p \geqslant m \geqslant k$ の場合

$p \geqslant m \geqslant k$ の場合に特化した P-S 型 CS 分解について考える．このときは当然 $q = m + p - k \geqslant k$ となる．とくに，$p \geqslant m = k$ の場合は，後述する「スチュワート (Stewart) 型 CS 分解」(Stewart [19, Theorem A.1]) に還元することを示そう．

さて，$p \geqslant m \geqslant k$ の場合，P-S 型 CS 分解における $\boldsymbol{Q}_{11}$, $\boldsymbol{Q}_{21}$ の特異値は，それぞれ以下のような $k \times k$ 行列 $\boldsymbol{C}'$, $\boldsymbol{S}'$：

$$\boldsymbol{C}' \equiv \underset{r \quad s \quad k-r-s}{\begin{bmatrix} \boldsymbol{I} & \boldsymbol{0} & \boldsymbol{0} \\ \boldsymbol{0} & \boldsymbol{C} & \boldsymbol{0} \\ \boldsymbol{0} & \boldsymbol{0} & \boldsymbol{0}_C \end{bmatrix}} \begin{matrix} r \\ s \\ k-r-s \end{matrix}, \qquad \boldsymbol{S}' \equiv \underset{r \quad s \quad k-r-s}{\begin{bmatrix} \boldsymbol{0}_S & \boldsymbol{0} & \boldsymbol{0} \\ \boldsymbol{0} & \boldsymbol{S} & \boldsymbol{0} \\ \boldsymbol{0} & \boldsymbol{0} & \boldsymbol{I} \end{bmatrix}} \begin{matrix} r \\ s \\ k-r-s \end{matrix} \quad (\boldsymbol{C}'^2 + \boldsymbol{S}'^2 = \boldsymbol{I}) \tag{13.15}$$

の特異値（$\boldsymbol{C}'$, $\boldsymbol{S}'$ の対角成分はそれぞれ k 個）によって与えられる．ゆえに，P-S 型 CS 分解の標準形 $\boldsymbol{\Sigma}$ は次のようになる：

$$\boldsymbol{\Sigma} = \left[\begin{array}{ccc|ccccc} \boldsymbol{I}_r & \mathbf{0} & \mathbf{0} & \mathbf{0} & \mathbf{0} & \mathbf{0} & \mathbf{0} & \mathbf{0} \\ \mathbf{0} & \boldsymbol{C} & \mathbf{0} & \mathbf{0} & \mathbf{0} & \boldsymbol{S} & \mathbf{0} & \mathbf{0} \\ \mathbf{0} & \mathbf{0} & \mathbf{0} & \mathbf{0} & \mathbf{0} & \mathbf{0} & \boldsymbol{I}_{k-r-s} & \mathbf{0} \\ \mathbf{0} & \mathbf{0} & \mathbf{0} & \mathbf{0} & \mathbf{0} & \mathbf{0} & \mathbf{0} & \boldsymbol{I}_{m-k} \\ \hline \mathbf{0} & \mathbf{0} & \mathbf{0} & \boldsymbol{I}_{p-k} & \mathbf{0} & \mathbf{0} & \mathbf{0} & \mathbf{0} \\ \mathbf{0} & \mathbf{0} & \mathbf{0} & \mathbf{0} & \boldsymbol{I}_r & \mathbf{0} & \mathbf{0} & \mathbf{0} \\ \mathbf{0} & \boldsymbol{S} & \mathbf{0} & \mathbf{0} & \mathbf{0} & -\boldsymbol{C} & \mathbf{0} & \mathbf{0} \\ \mathbf{0} & \mathbf{0} & \boldsymbol{I}_{k-r-s} & \mathbf{0} & \mathbf{0} & \mathbf{0} & \mathbf{0} & \mathbf{0} \end{array}\right] \begin{array}{l} r \\ s \\ k-r-s \\ m-k \\ p-k \\ r \\ s \\ k-r-s \end{array}$$
$$\qquad\quad r \quad s \quad k-r-s \quad p-k \quad r \quad s \quad k-r-s \quad m-k$$

$$= \left[\begin{array}{c|ccc} \boldsymbol{C}' & \mathbf{0} & \boldsymbol{S}' & \mathbf{0} \\ \mathbf{0} & \mathbf{0} & \mathbf{0} & \boldsymbol{I}_{m-k} \\ \hline \mathbf{0} & \boldsymbol{I}_{p-k} & \mathbf{0} & \mathbf{0} \\ \boldsymbol{S}' & \mathbf{0} & -\boldsymbol{C}' & \mathbf{0} \end{array}\right] \begin{array}{l} k \\ m-k\,(\geqslant 0) \\ p-k\,(\geqslant 0) \\ k \end{array}$$
$$\qquad k \quad p-k \quad k \quad m-k$$

ここで，この行列の上下の各ブロック内での行交換または符号の反転，左右の各ブロック内での列交換または符号の反転は，すべて原分解形中の直交行列 $\boldsymbol{U}_1, \ldots, \boldsymbol{V}_2$ の定義を適当に修正することにより実現できることに着目し，次の演算を行う：

$$\boldsymbol{\Sigma} = \left[\begin{array}{c|ccc} \boldsymbol{C}' & \mathbf{0} & \boldsymbol{S}' & \mathbf{0} \\ \mathbf{0} & \mathbf{0} & \mathbf{0} & \boldsymbol{I}_{m-k} \\ \hline \mathbf{0} & \boldsymbol{I}_{p-k} & \mathbf{0} & \mathbf{0} \\ \boldsymbol{S}' & \mathbf{0} & -\boldsymbol{C}' & \mathbf{0} \end{array}\right] \begin{array}{l} k \\ m-k \\ p-k \\ k \end{array}$$
$$\qquad k \quad p-k \quad k \quad m-k$$

$$\underset{\text{最後の 2 行を交換}}{\longrightarrow} \left[\begin{array}{c|ccc} \boldsymbol{C}' & \mathbf{0} & \boldsymbol{S}' & \mathbf{0} \\ \mathbf{0} & \mathbf{0} & \mathbf{0} & \boldsymbol{I}_{m-k} \\ \hline \boldsymbol{S}' & \mathbf{0} & -\boldsymbol{C}' & \mathbf{0} \\ \mathbf{0} & \boldsymbol{I}_{p-k} & \mathbf{0} & \mathbf{0} \end{array}\right] \begin{array}{l} k \\ m-k \\ k \\ p-k \end{array}$$
$$\qquad k \quad p-k \quad k \quad m-k$$

$$
\underset{\text{2 列と 4 列を交換}}{\longrightarrow}
\left[\begin{array}{c|ccc}
\boldsymbol{C}' & \mathbf{0} & \boldsymbol{S}' & \mathbf{0} \\
\mathbf{0} & \boldsymbol{I}_{m-k} & \mathbf{0} & \mathbf{0} \\
\hline
\boldsymbol{S}' & \mathbf{0} & -\boldsymbol{C}' & \mathbf{0} \\
\mathbf{0} & \mathbf{0} & \mathbf{0} & \boldsymbol{I}_{p-k}
\end{array}\right]
\begin{array}{l} k \\ m-k \\ k \\ p-k \end{array}
\quad (\text{列}: k,\ m-k,\ k,\ p-k)
$$

$$
\underset{\text{3 列に -1 を乗じる}}{\longrightarrow}
\left[\begin{array}{c|ccc}
\boldsymbol{C}' & \mathbf{0} & -\boldsymbol{S}' & \mathbf{0} \\
\mathbf{0} & \boldsymbol{I}_{m-k} & \mathbf{0} & \mathbf{0} \\
\hline
\boldsymbol{S}' & \mathbf{0} & \boldsymbol{C}' & \mathbf{0} \\
\mathbf{0} & \mathbf{0} & \mathbf{0} & \boldsymbol{I}_{p-k}
\end{array}\right]
\begin{array}{l} k \\ m-k \\ k \\ p-k \end{array}
\quad (\text{列}: k,\ m-k,\ k,\ p-k)
$$

ゆえに，適当な直交行列 $\boldsymbol{U}_1', \ldots, \boldsymbol{V}_2'$ をとれば

$$
\underset{m\quad p}{\begin{bmatrix} \boldsymbol{U}_1'^{\mathrm{T}} & \mathbf{0} \\ \mathbf{0} & \boldsymbol{U}_2'^{\mathrm{T}} \end{bmatrix}}
\begin{bmatrix} \boldsymbol{Q}_{11} & \boldsymbol{Q}_{12} \\ \boldsymbol{Q}_{21} & \boldsymbol{Q}_{22} \end{bmatrix}
\underset{k\quad q}{\begin{bmatrix} \boldsymbol{V}_1' & \mathbf{0} \\ \mathbf{0} & \boldsymbol{V}_2' \end{bmatrix}}
$$

$$
= \left[\begin{array}{c|ccc}
\boldsymbol{C}' & \mathbf{0} & -\boldsymbol{S}' & \mathbf{0} \\
\mathbf{0} & \boldsymbol{I}_{m-k} & \mathbf{0} & \mathbf{0} \\
\hline
\boldsymbol{S}' & \mathbf{0} & \boldsymbol{C}' & \mathbf{0} \\
\mathbf{0} & \mathbf{0} & \mathbf{0} & \boldsymbol{I}_{p-k}
\end{array}\right]
\begin{array}{l} k \\ m-k \\ k \\ p-k \end{array}
\quad (\text{列}: k,\ m-k,\ k,\ p-k)
\tag{13.16}
$$

これは Paige & Saunders [18], (4.10) 式である．とくに $p \geqslant m = k$ の場合，(13.16) 式は

$$
\underset{m\quad p}{\begin{bmatrix} \boldsymbol{U}_1'^{\mathrm{T}} & \mathbf{0} \\ \mathbf{0} & \boldsymbol{U}_2'^{\mathrm{T}} \end{bmatrix}}
\begin{bmatrix} \boldsymbol{Q}_{11} & \boldsymbol{Q}_{12} \\ \boldsymbol{Q}_{21} & \boldsymbol{Q}_{22} \end{bmatrix}
\underset{k\quad q}{\begin{bmatrix} \boldsymbol{V}_1' & \mathbf{0} \\ \mathbf{0} & \boldsymbol{V}_2' \end{bmatrix}}
= \left[\begin{array}{c|cc}
\boldsymbol{C}' & -\boldsymbol{S}' & \mathbf{0} \\
\hline
\boldsymbol{S}' & \boldsymbol{C}' & \mathbf{0} \\
\mathbf{0} & \mathbf{0} & \boldsymbol{I}_{p-k}
\end{array}\right]
\begin{array}{l} k \\ k \\ p-k \end{array}
\quad (\text{列}: k,\ k,\ p-k)
\tag{13.17}
$$

となる．これがスチュワート型 CS 分解 (Stewart [19, Theorem A.1]) である．

以上を振り返ると，薄型 CS 分解（前節 (13.10) 式）の上にスチュワート型 CS 分解 (13.17) 式があり，その上に P-S 型 CS 分解の特別の場合 (13.16) が位置し，その上に最も一般的な P-S 型 CS 分解 (13.1) 式が位置していることがわかる．

さて，直交行列をブロックに区分けし，個々のブロックの特異値を考える必要性はどんな場合に起るのか？ これ以降は CS 分解の応用を考えることにする．

13.4　正射影

本節の主題「正射影」は，これ以降の話への予備知識として必要である．正射影とは，簡単にいえば，「任意点から与えられた部分空間へ垂線を下す演算」と考えてよい．この演算は前章において，最小自乗法に関連して出てきている (12.7 節).

以下において正射影の基礎知識をまとめて述べる．まずは定義から述べる：$\boldsymbol{P} = \boldsymbol{P}^{\mathrm{T}}\boldsymbol{P}$ を満たす n 次行列 $\boldsymbol{P}$ を**正射影** (orthogonal projection) という．与えられた部分空間を $R(\boldsymbol{P})$ として持つ正射影を，その部分空間上への正射影という．ここに，$R(\cdots)$ は $\cdots$ の値域を表す．とくに，$\boldsymbol{P} = \boldsymbol{0}, \boldsymbol{I}$ は，それぞれ，$\{\boldsymbol{0}\}$, $\mathbb{R}^n$ 上への正射影を表す．

定理 13.6　$\boldsymbol{P}$ を正射影とすれば，以下 (a)–(e) が成り立つ：

(a)　$\boldsymbol{I} - \boldsymbol{P}$ も正射影を表す．また，$\boldsymbol{P}^{\mathrm{T}} = \boldsymbol{P}$（対称性），$\boldsymbol{P}^2 = \boldsymbol{P}$（ベキ等性 (idempotency)），$R(\boldsymbol{I} - \boldsymbol{P}) = R(\boldsymbol{P})^{\perp}$（すなわち，$\boldsymbol{I} - \boldsymbol{P}$ は $R(\boldsymbol{P})$ の直交補空間 $R(\boldsymbol{P})^{\perp}$ 上への正射影），$R(\boldsymbol{I} - \boldsymbol{P})^{\perp} = R(\boldsymbol{P})$（すなわち，$\boldsymbol{P}$ は $R(\boldsymbol{I} - \boldsymbol{P})$ の直交補空間 $R(\boldsymbol{I} - \boldsymbol{P})^{\perp}$ 上への正射影）．

(b)　$0 < k \equiv \dim R(\boldsymbol{P}) \leqslant n$ とし，$\{\boldsymbol{w}_1, \ldots, \boldsymbol{w}_k\}$ を $R(\boldsymbol{P})$ の任意基底，$\boldsymbol{W}_1 \equiv [\boldsymbol{w}_1, \ldots, \boldsymbol{w}_k]$（$R(\boldsymbol{P}) = R(\boldsymbol{W}_1)$ に注意）とすれば，$\boldsymbol{P} = \boldsymbol{W}_1(\boldsymbol{W}_1^{\mathrm{T}}\boldsymbol{W}_1)^{-1}\boldsymbol{W}_1^{\mathrm{T}}$ と書ける．これは，与えられた部分空間上への正射影は 1 つしかないこと，すなわち，正射影 $\boldsymbol{P}_1, \boldsymbol{P}_2$ に対して $\boldsymbol{P}_1 = \boldsymbol{P}_2 \Leftrightarrow R(\boldsymbol{P}_1) = R(\boldsymbol{P}_2)$ が成り立つことを示す．

(c)　(b) において $\{\boldsymbol{w}_1, \ldots, \boldsymbol{w}_k\}$ を正規直交系にとり，これを $\mathbb{R}^n$ の正規直交基底に拡張したものを $\{\boldsymbol{w}_1, \ldots, \boldsymbol{w}_k, \boldsymbol{w}_{k+1}, \ldots, \boldsymbol{w}_n\}$ とし，$\boldsymbol{W} = [\boldsymbol{w}_1, \ldots, \boldsymbol{w}_n] \in \mathbb{R}^{n\times n}$ ($\boldsymbol{W}^{\mathrm{T}}\boldsymbol{W} = \boldsymbol{I}_n$) とおけば，$\boldsymbol{P}$ は $\boldsymbol{P} = \boldsymbol{W}_1\boldsymbol{W}_1^{\mathrm{T}} = \boldsymbol{W}\begin{bmatrix}\boldsymbol{I}_k & \boldsymbol{0}\\ \boldsymbol{0} & \boldsymbol{0}\end{bmatrix}\boldsymbol{W}^{\mathrm{T}}$ と書ける．これは $\boldsymbol{P}$ の特異値分解を表す（シュア分解でもある）．

(d) $\boldsymbol{P} \neq \boldsymbol{0}$ なら $\|\boldsymbol{P}\| = 1$.

(e)　任意の $\boldsymbol{x}, \boldsymbol{y} \in \mathbb{R}^n$ に対して $\|\boldsymbol{x} - \boldsymbol{P}\boldsymbol{x}\| \leqslant \|\boldsymbol{x} - \boldsymbol{P}\boldsymbol{y}\|$ が成り立つ．すなわち，$\boldsymbol{P}\boldsymbol{x}$ は $\boldsymbol{x}$ から最短距離にある $R(\boldsymbol{P})$ 上の点を表し，$\boldsymbol{x} - \boldsymbol{P}\boldsymbol{x} \perp R(\boldsymbol{P})$ も成り立つ．この意味において，$\boldsymbol{P}\boldsymbol{x}$ は $\boldsymbol{x}$ から $R(\boldsymbol{P})$ 上に下した垂線の足を表す．（実はこの逆も真である：問題 13.8 参照.）

証明 (a)：まず，$\boldsymbol{P}$ は正射影 $\Rightarrow \boldsymbol{P} = \boldsymbol{P}^{\mathrm{T}}\boldsymbol{P} \Rightarrow \boldsymbol{P}^{\mathrm{T}} = \boldsymbol{P} \Rightarrow \boldsymbol{P} = \boldsymbol{P}^2$．これより，$\boldsymbol{P}$ は $R(\boldsymbol{P})$ 上での恒等変換である．これを使うと，$\boldsymbol{I}-\boldsymbol{P} = (\boldsymbol{I}-\boldsymbol{P}^{\mathrm{T}})(\boldsymbol{I}-\boldsymbol{P})$ が出るから，$\boldsymbol{I}-\boldsymbol{P}$ も正射影を表す．$R(\boldsymbol{I}-\boldsymbol{P}) = R(\boldsymbol{P})^{\perp}$ を示そう：$\boldsymbol{b} \in R(\boldsymbol{I}-\boldsymbol{P}) \Leftrightarrow \boldsymbol{b} = (\boldsymbol{I}-\boldsymbol{P})\boldsymbol{x}$ を満たす $\boldsymbol{x}$ が存在する $\Leftrightarrow \boldsymbol{P}\boldsymbol{b} = \boldsymbol{0}$ である．2 番目の同値性について，($\Rightarrow$) は $\boldsymbol{b} \in R(\boldsymbol{I}-\boldsymbol{P})$ の両辺に左から $\boldsymbol{P}$ を乗じて $\boldsymbol{P}^2 = \boldsymbol{P}$ を使い，($\Leftarrow$) は $\boldsymbol{P}\boldsymbol{b} = \boldsymbol{0} \Rightarrow \boldsymbol{b} = (\boldsymbol{I}-\boldsymbol{P})\boldsymbol{b}$ より明らかである．最後に，$\boldsymbol{P}\boldsymbol{b} = \boldsymbol{0} \Leftrightarrow$ すべての $\boldsymbol{y} \in \mathbb{R}^n$ に対して $0 = \boldsymbol{y}^{\mathrm{T}}\boldsymbol{P}\boldsymbol{b} = \boldsymbol{y}^{\mathrm{T}}\boldsymbol{P}^{\mathrm{T}}\boldsymbol{b} = (\boldsymbol{P}\boldsymbol{y})^{\mathrm{T}}\boldsymbol{b} \Leftrightarrow$ すべての $\boldsymbol{y} \in R(\boldsymbol{P})$ に対して $\boldsymbol{b} \perp \boldsymbol{y} \Leftrightarrow \boldsymbol{b} \in R(\boldsymbol{P})^{\perp}$．

(b)：$R(\boldsymbol{I}-\boldsymbol{P}) = R(\boldsymbol{P})^{\perp}$（(a) で証明済み）より，任意の $\boldsymbol{x} \in \mathbb{R}^n$ に対して，$\boldsymbol{x}-\boldsymbol{P}\boldsymbol{x} \perp R(\boldsymbol{P})$，すなわち，(†)$\boldsymbol{W}_1^{\mathrm{T}}(\boldsymbol{x}-\boldsymbol{P}\boldsymbol{x}) = \boldsymbol{0}$ が成り立つ．また一般に，$\boldsymbol{y} \perp R(\boldsymbol{P}) \Leftrightarrow \boldsymbol{W}_1^{\mathrm{T}}\boldsymbol{y} = \boldsymbol{0}$ なので，$\boldsymbol{y}^{\mathrm{T}}\boldsymbol{W}_1 = \boldsymbol{0} \Rightarrow \boldsymbol{y}^{\mathrm{T}}\boldsymbol{P}\boldsymbol{x} = 0$ が成り立つ．これは方程式 (††)$\boldsymbol{W}_1\boldsymbol{z} = \boldsymbol{P}\boldsymbol{x}$ が $\boldsymbol{z}$ に関して可解であることを示す．これを (†) に代入すれば $\boldsymbol{W}_1^{\mathrm{T}}(\boldsymbol{x}-\boldsymbol{W}_1\boldsymbol{z}) = \boldsymbol{0}$ となるから，これを $\boldsymbol{z}$ について解けば，$\boldsymbol{z} = (\boldsymbol{W}_1^{\mathrm{T}}\boldsymbol{W}_1)^{-1}\boldsymbol{W}_1^{\mathrm{T}}\boldsymbol{x}$ が出る．ここに，$k \times k$ 行列 $\boldsymbol{W}_1^{\mathrm{T}}\boldsymbol{W}_1$ は確かに可逆行列を表す（実際，$\mathrm{rank}(\boldsymbol{W}_1^{\mathrm{T}}\boldsymbol{W}_1) = \mathrm{rank}(\boldsymbol{W}_1) = k$）．この $\boldsymbol{z}$ を (††) に代入すれば $\boldsymbol{P}\boldsymbol{x} = \boldsymbol{W}_1(\boldsymbol{W}_1^{\mathrm{T}}\boldsymbol{W}_1)^{-1}\boldsymbol{W}_1^{\mathrm{T}}\boldsymbol{x}$ が出る．$\boldsymbol{x}$ は任意であったから，これは $\boldsymbol{P} = \boldsymbol{W}_1(\boldsymbol{W}_1^{\mathrm{T}}\boldsymbol{W}_1)^{-1}\boldsymbol{W}_1^{\mathrm{T}}$ を示す．

(c)：(b) より従う．

(d)：(c) で得られた特異値分解から従うが，以下のような別証もある：$\|\boldsymbol{x}\| = 1$ を満たす任意の $\boldsymbol{x} \in \mathbb{R}^n$ に対して，$\boldsymbol{x} = \boldsymbol{P}\boldsymbol{x} + (\boldsymbol{I}-\boldsymbol{P})\boldsymbol{x} = \boldsymbol{y} + \boldsymbol{z}$ と分解すれば，$\boldsymbol{P}^{\mathrm{T}} = \boldsymbol{P}$, $\boldsymbol{P}^2 = \boldsymbol{P}$ より

$$\boldsymbol{y}^{\mathrm{T}}\boldsymbol{z} = (\boldsymbol{P}\boldsymbol{x})^{\mathrm{T}}(\boldsymbol{I}-\boldsymbol{P})\boldsymbol{x} = \boldsymbol{x}^{\mathrm{T}}\boldsymbol{P}^{\mathrm{T}}(\boldsymbol{I}-\boldsymbol{P})\boldsymbol{x} = \boldsymbol{x}^{\mathrm{T}} \cdot \boldsymbol{0} \cdot \boldsymbol{x} = 0.$$

ゆえに，$1 = \|\boldsymbol{x}\|^2 = \|\boldsymbol{y}\|^2 + \|\boldsymbol{z}\|^2$．ゆえに，$\|\boldsymbol{y}\|^2 = \|\boldsymbol{P}\boldsymbol{x}\|^2 = 1 - \|\boldsymbol{z}\|^2 \leqslant 1$．これより $\|\boldsymbol{P}\| \leqslant 1$．他方，$\|\boldsymbol{P}\| = \|\boldsymbol{P} \cdot \boldsymbol{P}\| \leqslant \|\boldsymbol{P}\|^2$．$\boldsymbol{P} \neq \boldsymbol{0}$ ゆえ $\|\boldsymbol{P}\| > 0$．ゆえに $1 \leqslant \|\boldsymbol{P}\|$．

(e)：$(\boldsymbol{I}-\boldsymbol{P})^{\mathrm{T}}\boldsymbol{P} = \boldsymbol{0}$ より，任意の $\boldsymbol{x}, \boldsymbol{y} \in \mathbb{R}^n$ に対して $\boldsymbol{x}-\boldsymbol{P}\boldsymbol{x} \perp \boldsymbol{P}\boldsymbol{x}-\boldsymbol{P}\boldsymbol{y}$ が成り立つ．したがって，$\|\boldsymbol{x}-\boldsymbol{P}\boldsymbol{y}\|^2 = \|\boldsymbol{x}-\boldsymbol{P}\boldsymbol{x}+\boldsymbol{P}\boldsymbol{x}-\boldsymbol{P}\boldsymbol{y}\|^2 = \|\boldsymbol{x}-\boldsymbol{P}\boldsymbol{x}\|^2 + \|\boldsymbol{P}\boldsymbol{x}-\boldsymbol{P}\boldsymbol{y}\|^2 \geqslant \|\boldsymbol{x}-\boldsymbol{P}\boldsymbol{x}\|^2$．これより，$\boldsymbol{P}\boldsymbol{x} \neq \boldsymbol{P}\boldsymbol{y}$ なら $\|\boldsymbol{x}-\boldsymbol{P}\boldsymbol{y}\|^2 > \|\boldsymbol{x}-\boldsymbol{P}\boldsymbol{x}\|^2$ となる．ゆえに $\boldsymbol{P}\boldsymbol{x}$ は $R(\boldsymbol{P})$ 内のベクトルのうち，$\boldsymbol{x}$ から最短距離にある唯一のベクトルを表す． ■

13.5　部分空間の間の距離

この節では CS 分解の応用事例として，部分空間の間の距離の評価について考える．

まず，S_1, S_2 を $\mathbb{R}^n$ の部分空間，$\boldsymbol{P}_1, \boldsymbol{P}_2$ を，それぞれ S_1, S_2 上への正射影とすれば，

$$\mathrm{dist}(S_1, S_2) \equiv \|\boldsymbol{P}_1 - \boldsymbol{P}_2\| \tag{13.18}$$

を S_1, S_2 間の**距離** (distance) という．前節で示したように，与えられた部分空間とその上への正射影は 1 対 1 に対応するから，この定義に曖昧性はない．とくに

$$\mathrm{dist}(S_1,\ S_1^{\perp}) = 1 \quad (\because \text{左辺} = \|\boldsymbol{P}_1 - (\boldsymbol{I} - \boldsymbol{P}_1)\| = 1,\ \text{前節 (a) 参照}). \tag{13.19}$$

また，$\mathrm{dist}(\cdot, \cdot)$ は明らかに距離の公理を満たす：S_1, S_2, S_3 を $\mathbb{R}^n$ 内の部分空間とすれば，

$$\mathrm{dist}(S_1,\ S_2) \geqslant 0; \quad \mathrm{dist}(S_1,\ S_2) = 0 \Leftrightarrow S_1 = S_2 \tag{13.20}$$

$$\mathrm{dist}(S_1,\ S_2) = \mathrm{dist}(S_2,\ S_1) \tag{13.21}$$

$$\mathrm{dist}(S_1,\ S_2) + \mathrm{dist}(S_2,\ S_3) \geqslant \mathrm{dist}(S_1,\ S_3) \quad (\text{3 角不等式}) \tag{13.22}$$

以下，$\mathrm{dist}(S_1, S_2)$ を評価する作業に入るが，S_1, S_2 の一方が $\{\boldsymbol{0}\}$ または $\mathbb{R}^n$ の場合は簡単である（前節 (a), (d) 参照）：

$$\begin{aligned} \mathrm{dist}(S_1,\ \{\boldsymbol{0}\}) &= \|\boldsymbol{P}_1 - \boldsymbol{0}\| = 1 \quad (S_1 \neq \{\boldsymbol{0}\}), \\ \mathrm{dist}(S_1, \mathbb{R}^n) &= \|\boldsymbol{P}_1 - \boldsymbol{I}\| = 1 \quad (S_1 \neq \mathbb{R}^n). \end{aligned} \tag{13.23}$$

ゆえに，$0 < \dim S_1 \equiv m < n$, $0 < \dim S_2 \equiv k < n$ の場合のみについて考えれば十分である．そこで，$\{\boldsymbol{w}_1, \ldots, \boldsymbol{w}_m\}$, $\{\boldsymbol{z}_1, \ldots, \boldsymbol{z}_k\}$ をそれぞれ S_1, S_2 の正規直交基底，これらを全空間の正規直交基底に拡張したものを $\{\boldsymbol{w}_1, \ldots, \boldsymbol{w}_m, \ldots, \boldsymbol{w}_n\}$，および $\{\boldsymbol{z}_1, \ldots, \boldsymbol{z}_k, \ldots, \boldsymbol{z}_n\}$ とし，

$$\begin{aligned} &\boldsymbol{W}_1 = [\boldsymbol{w}_1, \ldots, \boldsymbol{w}_m], \quad \boldsymbol{W}_2 = [\boldsymbol{w}_{m+1}, \ldots, \boldsymbol{w}_n], \quad \boldsymbol{W} = [\boldsymbol{W}_1 \mid \boldsymbol{W}_2], \\ &\boldsymbol{Z}_1 = [\boldsymbol{z}_1, \ldots, \boldsymbol{z}_k], \quad \boldsymbol{Z}_2 = [\boldsymbol{z}_{k+1}, \ldots, \boldsymbol{z}_n], \quad \boldsymbol{Z} = [\boldsymbol{Z}_1 \mid \boldsymbol{Z}_2] \end{aligned}$$

とすれば，$\boldsymbol{P}_1, \boldsymbol{P}_2$ は前節 (c) により

$$\boldsymbol{P}_1 = \boldsymbol{W}_1\boldsymbol{W}_1^{\mathrm{T}}, \quad \boldsymbol{P}_2 = \boldsymbol{Z}_1\boldsymbol{Z}_1^{\mathrm{T}} \tag{13.24}$$

によって与えられる．すると，$\mathrm{dist}(S_1, S_2)$ について以下の評価が成り立つ（証明は後述）：

$$\mathrm{dist}(S_1, S_2) = \left\| \boldsymbol{W}_1 \boldsymbol{W}_1^{\mathrm{T}} - \boldsymbol{Z}_1 \boldsymbol{Z}_1^{\mathrm{T}} \right\| = \max \left\{ \left\| \boldsymbol{W}_1^{\mathrm{T}} \boldsymbol{Z}_2 \right\|, \left\| \boldsymbol{Z}_1^{\mathrm{T}} \boldsymbol{W}_2 \right\| \right\} \tag{13.25}$$

$$\mathrm{dist}(S_1, S_2^{\perp}) = \left\| \boldsymbol{W}_1 \boldsymbol{W}_1^{\mathrm{T}} - \mathbf{Z}_2 \boldsymbol{Z}_2^{\mathrm{T}} \right\| = \max \left\{ \left\| \boldsymbol{W}_1^{\mathrm{T}} \boldsymbol{Z}_1 \right\|, \left\| \boldsymbol{W}_2^{\mathrm{T}} \boldsymbol{Z}_2 \right\| \right\} \tag{13.26}$$

$\dim S_1 = \dim S_2$なら，

$$\mathrm{dist}(S_1, S_2) = \left\| \boldsymbol{W}_1^{\mathrm{T}} \boldsymbol{Z}_2 \right\| = \left\| \boldsymbol{Z}_1^{\mathrm{T}} \boldsymbol{W}_2 \right\| = \sqrt{1 - \sigma_{\min}^2(\boldsymbol{W}_1^{\mathrm{T}} \boldsymbol{Z}_1)} \leqslant 1 \tag{13.27}$$

$$\dim S_1 \neq \dim S_2 \text{ なら，} \ \mathrm{dist}(S_1, S_2) = 1 \tag{13.28}$$

$$0 \leqslant \mathrm{dist}(S_1, S_2) \leqslant 1 \tag{13.29}$$

証明 まず，$\boldsymbol{W}_1^{\mathrm{T}} \boldsymbol{W}_1 = \boldsymbol{I}_m$, $\boldsymbol{W}_1^{\mathrm{T}} \boldsymbol{W}_2 = \mathbf{0}$, $\boldsymbol{W}_2^{\mathrm{T}} \boldsymbol{W}_2 = \boldsymbol{I}_{n-k}$, ... なので，

$$\boldsymbol{W}^{\mathrm{T}} (\boldsymbol{W}_1 \boldsymbol{W}_1^{\mathrm{T}} - \boldsymbol{Z}_1 \boldsymbol{Z}_1^{\mathrm{T}}) \boldsymbol{Z} = \begin{bmatrix} \mathbf{0} & \boldsymbol{W}_1^{\mathrm{T}} \boldsymbol{Z}_2 \\ -\boldsymbol{W}_2^{\mathrm{T}} \boldsymbol{Z}_1 & \mathbf{0} \end{bmatrix},$$

$$\boldsymbol{W}^{\mathrm{T}} (\boldsymbol{W}_1 \boldsymbol{W}_1^{\mathrm{T}} - \boldsymbol{Z}_2 \boldsymbol{Z}_2^{\mathrm{T}}) \boldsymbol{Z} = \begin{bmatrix} \boldsymbol{W}_1^{\mathrm{T}} \boldsymbol{Z}_1 & \mathbf{0} \\ \mathbf{0} & -\boldsymbol{W}_2^{\mathrm{T}} \boldsymbol{Z}_2 \end{bmatrix}.$$

$\boldsymbol{W}^{\mathrm{T}} \boldsymbol{W} = \boldsymbol{Z}^{\mathrm{T}} \boldsymbol{Z} = \boldsymbol{I}_n$ に注意してノルムをとれば, 12.5 節 (X), (XI) により (13.25), (13.26) が出る．

(13.27), (13.28) の証明には $\boldsymbol{W}^{\mathrm{T}} \boldsymbol{Z}$（これも直交行列）を計算し，P-S 型 CS 分解を使う．実際，

$$\boldsymbol{W}^{\mathrm{T}} \boldsymbol{Z} = \begin{bmatrix} \boldsymbol{W}_1^{\mathrm{T}} \\ \boldsymbol{W}_2^{\mathrm{T}} \end{bmatrix} [\boldsymbol{Z}_1, \boldsymbol{Z}_2] = \underset{\displaystyle \quad k \qquad\qquad n-k \equiv q > 0}{\begin{bmatrix} \boldsymbol{W}_1^{\mathrm{T}} \boldsymbol{Z}_1 & \boldsymbol{W}_1^{\mathrm{T}} \boldsymbol{Z}_2 \\ \boldsymbol{W}_2^{\mathrm{T}} \boldsymbol{Z}_1 & \boldsymbol{W}_2^{\mathrm{T}} \boldsymbol{Z}_2 \end{bmatrix}} \begin{matrix} m \\ n-m \equiv p > 0 \end{matrix}$$

に P-S 型 CS 分解を適用すると

$$(\dagger) \qquad \underset{\displaystyle m \quad p}{\begin{bmatrix} \boldsymbol{U}_1^{\mathrm{T}} & \mathbf{0} \\ \mathbf{0} & \boldsymbol{U}_2^{\mathrm{T}} \end{bmatrix}} \begin{bmatrix} \boldsymbol{W}_1^{\mathrm{T}} \boldsymbol{Z}_1 & \boldsymbol{W}_1^{\mathrm{T}} \boldsymbol{Z}_2 \\ \boldsymbol{W}_2^{\mathrm{T}} \boldsymbol{Z}_1 & \boldsymbol{W}_2^{\mathrm{T}} \boldsymbol{Z}_2 \end{bmatrix} \underset{\displaystyle k \quad q}{\begin{bmatrix} \boldsymbol{V}_1 & \mathbf{0} \\ \mathbf{0} & \boldsymbol{V}_2 \end{bmatrix}} \begin{matrix} m \\ p \end{matrix}$$

$$
= \left[\begin{array}{ccc|ccc} \boldsymbol{I} & & & \boldsymbol{0}_S^{\mathrm{T}} & & \\ & \boldsymbol{C} & & & \boldsymbol{S} & \\ & & \boldsymbol{0}_C & & & \boldsymbol{I} \\ \hline \boldsymbol{0}_S & & & \boldsymbol{I} & & \\ & \boldsymbol{S} & & & -\boldsymbol{C} & \\ & & \boldsymbol{I} & & & \boldsymbol{0}_C^{\mathrm{T}} \end{array}\right] \begin{array}{l} r \\ s \\ m-r-s \\ p-k+r \\ s \\ k-r-s \end{array} \equiv \begin{bmatrix} \boldsymbol{\Sigma}_{11} & \boldsymbol{\Sigma}_{12} \\ \boldsymbol{\Sigma}_{21} & \boldsymbol{\Sigma}_{22} \end{bmatrix}
$$
$$
\quad r \quad s \quad k-r-s \quad q-m+r \quad s \quad m-r-s
$$

が得られる（記号は 13.1 節参照）．ここに，$\boldsymbol{W}_1^{\mathrm{T}}\boldsymbol{Z}_1$, $\boldsymbol{W}_2^{\mathrm{T}}\boldsymbol{Z}_1$, $\boldsymbol{W}_1^{\mathrm{T}}\boldsymbol{Z}_2$, $\boldsymbol{W}_2^{\mathrm{T}}\boldsymbol{Z}_2$ の特異値は，それぞれ $\boldsymbol{\Sigma}_{11}$, $\boldsymbol{\Sigma}_{21}$, $\boldsymbol{\Sigma}_{12}$, $\boldsymbol{\Sigma}_{22}$ の特異値と一致する．まず，$m = \dim S_1 = \dim S_2 = k$ なら $(t \equiv m-r-s = k-r-s)$,

$$
\boldsymbol{\Sigma}_{11} = \begin{bmatrix} \boldsymbol{I} & & \\ & \boldsymbol{C} & \\ & & \boldsymbol{0}_C \end{bmatrix} \begin{array}{l} r \\ s \\ t \end{array}, \quad \boldsymbol{\Sigma}_{21} = \begin{bmatrix} \boldsymbol{0}_S & & \\ & \boldsymbol{S} & \\ & & \boldsymbol{I} \end{bmatrix} \begin{array}{l} p-k+r \\ s \\ t \end{array}, \quad \boldsymbol{\Sigma}_{12} = \begin{bmatrix} \boldsymbol{0}_S^{\mathrm{T}} & & \\ & \boldsymbol{S} & \\ & & \boldsymbol{I} \end{bmatrix} \begin{array}{l} r \\ s \\ t \end{array}
$$
$$
r \ s \ t \qquad\qquad r \ s \ t \qquad\qquad r \ s \ t
$$

となる．以上の関係および $\boldsymbol{C}^2 + \boldsymbol{S}^2 = \boldsymbol{I}$ により

$$
\left\|\boldsymbol{W}_2^{\mathrm{T}}\boldsymbol{Z}_1\right\| = \sigma_{\max}(\boldsymbol{\Sigma}_{21}) = \sigma_{\max}(\boldsymbol{\Sigma}_{12}) = \left\|\boldsymbol{W}_1^{\mathrm{T}}\boldsymbol{Z}_2\right\| = \sqrt{1 - \sigma_{\min}^2(\boldsymbol{W}_1^{\mathrm{T}}\boldsymbol{Z}_1)}
$$

が得られる．$m = \dim S_1 \neq \dim S_2 = k$ なら，式 (†) における $\boldsymbol{\Sigma}_{21}$, $\boldsymbol{\Sigma}_{12}$ の少なくとも一方の右下隅に必ず "1" が存在する（$\boldsymbol{I}_{k-r-s}$, $\boldsymbol{I}_{m-r-s}$ の一方は空ブロックではない）．ゆえに $1 = \max\{\left\|\boldsymbol{W}_2^{\mathrm{T}}\boldsymbol{Z}_1\right\|, \left\|\boldsymbol{W}_1^{\mathrm{T}}\boldsymbol{Z}_2\right\|\} = \mathrm{dist}(S_1, S_2)$.

(13.29) は (13.27), (13.28) からただちに従う． ■

例 13.7　$\|\boldsymbol{w}_1\| = \|\boldsymbol{z}\|_1 = 1$, $\boldsymbol{w}_1^{\mathrm{T}}\boldsymbol{z}_1 = \cos\theta \geqslant 0$ $(0 \leqslant \theta \leqslant \pi/2,\ \boldsymbol{w}_1,\ \boldsymbol{z}_1 \in \mathbb{R}^3)$ とし，$S_1 = \mathrm{span}\{\boldsymbol{w}_1\}$, $S_2 = \mathrm{span}\{\boldsymbol{z}_1\}$ とすれば

$$
\mathrm{dist}(S_1, S_2) = \sqrt{1 - \sigma_{\min}^2(\boldsymbol{w}_1^{\mathrm{T}}\boldsymbol{z}_1)} = \sqrt{1 - \cos^2\theta} = \sin\theta.
$$

ゆえに，S_1, S_2 間の距離とは，それぞれの表す直線のなす角を θ とすれば，$\sin\theta$ に等しい．

13.6　$\boldsymbol{AB}^{-1}$ 型行列の特異値分解

この節では，CS 分解の巧妙な応用例として，$\boldsymbol{AB}^{-1}$ 型行列の特異値分解を考える．ここに，$\boldsymbol{A} : m \times n$, $\boldsymbol{B} : n \times n$ とし，$\boldsymbol{B}^{-1}$ の存在を仮定する．$\boldsymbol{B}^{-1}$ の計算を避けつつ分

解を行う点がポイントである．これは**一般化特異値分解** (generalized singular value decomposition, (Paige-Saunders [18]))，または**商特異値分解** (quotient singular value decomposition, (Paige and Wei [23])) の特別の場合を表す．このような分解は最小自乗問題

$$f(\boldsymbol{x}) = \|\boldsymbol{A}\boldsymbol{x} - \boldsymbol{b}\|^2 + \lambda^2 \|\boldsymbol{B}\boldsymbol{x} - \boldsymbol{d}\|^2 = \text{最小}$$

の最適解が λ の変化にどう反応するかの解析に必要となることが報告されているが，ここでは立ち入らない．

まず，$\boldsymbol{C} \equiv \begin{bmatrix} \boldsymbol{A} \\ \boldsymbol{B} \end{bmatrix}$ を特異値分解し（これが工夫の第 1），それを

$$\boldsymbol{P}^{\mathrm{T}} \begin{bmatrix} \boldsymbol{A} \\ \boldsymbol{B} \end{bmatrix} \boldsymbol{Q} = \begin{bmatrix} \boldsymbol{R} \\ \boldsymbol{0} \end{bmatrix} \tag{13.30}$$

とする．ここに，$\boldsymbol{P} : m+n$ 次直交行列，$\boldsymbol{Q} : n$ 次直交行列，$\boldsymbol{R} : n$ 次可逆対角行列（対角成分 > 0）である ($\because n = \mathrm{rank}(\boldsymbol{B}) = \mathrm{rank}\left(\begin{bmatrix} \boldsymbol{A} \\ \boldsymbol{B} \end{bmatrix}\right) = \mathrm{rank}(\boldsymbol{R})$).

次に，(13.30) 中の $\boldsymbol{P}$ を $\boldsymbol{P} = \begin{bmatrix} \boldsymbol{P}_{11} & \boldsymbol{P}_{12} \\ \boldsymbol{P}_{21} & \boldsymbol{P}_{22} \end{bmatrix} = \left[\begin{array}{c|c} m \times n & m \times m \\ \hline n \times n & n \times m \end{array}\right]$ と区分けし，第 1 列に P-S 型 CS 分解を施すと（これが工夫の第 2），

$$\underset{m \quad n}{\begin{bmatrix} \boldsymbol{U}^{\mathrm{T}} & \boldsymbol{0} \\ \boldsymbol{0} & \boldsymbol{V}^{\mathrm{T}} \end{bmatrix}} \underset{n}{\begin{bmatrix} \boldsymbol{P}_{11} \\ \boldsymbol{P}_{21} \end{bmatrix}} \underset{n}{\boldsymbol{W}} = \underset{n}{\begin{bmatrix} \boldsymbol{U}^{\mathrm{T}}\boldsymbol{P}_{11}\boldsymbol{W} \\ \boldsymbol{V}^{\mathrm{T}}\boldsymbol{P}_{21}\boldsymbol{W} \end{bmatrix}}$$

$$= \underset{r \quad s \quad n-r-s}{\left[\begin{array}{ccc} \boldsymbol{I} & & \\ & \boldsymbol{C} & \\ & & \boldsymbol{0} \\ \hline \boldsymbol{0} & & \\ & \boldsymbol{S} & \\ & & \boldsymbol{I} \end{array}\right]} \begin{array}{l} r \\ s \\ m-r-s \\ r \\ s \\ n-r-s \end{array} \equiv \underset{n}{\left[\begin{array}{c} \boldsymbol{\Sigma}_{\boldsymbol{A}} \\ \hline \boldsymbol{\Sigma}_{\boldsymbol{B}} \end{array}\right]} \begin{array}{l} m \\ n \end{array} \tag{13.31}$$

が得られる（記号については 13.1 節参照）．ここに，$\boldsymbol{\Sigma}_{\boldsymbol{A}}, \boldsymbol{\Sigma}_{\boldsymbol{B}}$ は（$\boldsymbol{A}, \boldsymbol{B}$ ではなく）$\boldsymbol{P}_{11}, \boldsymbol{P}_{21}$ の特異値分解の標準形を表していることに注意せよ．

(13.30) を $\begin{bmatrix} \boldsymbol{A} \\ \boldsymbol{B} \end{bmatrix} \boldsymbol{Q} = \boldsymbol{P} \begin{bmatrix} \boldsymbol{R} \\ \boldsymbol{0} \end{bmatrix}$ と書き直し，これと (13.31) から $\boldsymbol{P}_{11}, \boldsymbol{P}_{21}$ を消去すると，次式が得られる：

$$\underset{m}{\boldsymbol{U}^{\mathrm{T}}}\underset{n}{\boldsymbol{A}}\underset{n}{\boldsymbol{X}} = \underset{n}{\boldsymbol{\Sigma}_{\boldsymbol{A}}}\ m, \quad \underset{n}{\boldsymbol{V}^{\mathrm{T}}}\underset{n}{\boldsymbol{B}}\underset{n}{\boldsymbol{X}} = \underset{n}{\boldsymbol{\Sigma}_{\boldsymbol{B}}}\ n \quad (\boldsymbol{X} = \boldsymbol{Q}\boldsymbol{R}^{-1}\boldsymbol{W}). \tag{13.32}$$

後者の左辺は可逆行列を表すから，$\boldsymbol{\Sigma}_{\boldsymbol{B}}$ も可逆行列を表す．結局，この 2 式より $\boldsymbol{X}$ も消去できて

$$\boldsymbol{U}^{\mathrm{T}}(\boldsymbol{A}\boldsymbol{B}^{-1})\boldsymbol{V} = \boldsymbol{\Sigma}_{\boldsymbol{A}}\boldsymbol{\Sigma}_{\boldsymbol{B}}^{-1} \tag{13.33}$$

が得られる．これは $\boldsymbol{A}\boldsymbol{B}^{-1}$ の特異値分解に他ならない！さらに，$\boldsymbol{\Sigma}_{\boldsymbol{B}}$ が可逆行列であることを考慮すれば，(13.31) は実際には

$$\underset{m \quad n}{\begin{bmatrix} \boldsymbol{U}^{\mathrm{T}} & \boldsymbol{0} \\ \boldsymbol{0} & \boldsymbol{V}^{\mathrm{T}} \end{bmatrix}} \underset{n}{\begin{bmatrix} \boldsymbol{P}_{11} \\ \boldsymbol{P}_{21} \end{bmatrix}} \underset{n}{\boldsymbol{W}} = \underset{n}{\begin{bmatrix} \boldsymbol{U}^{\mathrm{T}}\boldsymbol{P}_{11}\boldsymbol{W} \\ \boldsymbol{V}^{\mathrm{T}}\boldsymbol{P}_{21}\boldsymbol{W} \end{bmatrix}} = \underset{s \quad n-s}{\left[\begin{array}{cc} \boldsymbol{C} & \\ & \boldsymbol{0} \\ \hline \boldsymbol{S} & \\ & \boldsymbol{I} \end{array}\right]} \begin{matrix} s \\ m-s \\ s \\ n-s \end{matrix} \equiv \underset{n}{\left[\begin{array}{c} \boldsymbol{\Sigma}_{\boldsymbol{A}} \\ \hline \boldsymbol{\Sigma}_{\boldsymbol{B}} \end{array}\right]} \begin{matrix} m \\ n \end{matrix} \tag{13.34}$$

の形をとることがわかる．これより，

$$\boldsymbol{U}^{\mathrm{T}}(\boldsymbol{A}\boldsymbol{B}^{-1})\boldsymbol{V} = \boldsymbol{\Sigma}_{\boldsymbol{A}}\boldsymbol{\Sigma}_{\boldsymbol{B}}^{-1} = \underset{s \quad n-s}{\begin{bmatrix} \boldsymbol{C}\boldsymbol{S}^{-1} & \boldsymbol{0} \\ \boldsymbol{0} & \boldsymbol{0} \end{bmatrix}} \begin{matrix} s \\ n-s \end{matrix} \tag{13.35}$$

ここで (13.34), (13.35) を見ると，$\boldsymbol{U}, \boldsymbol{V}$ はそれぞれ $\boldsymbol{P}_{11}$, $\boldsymbol{P}_{21}$ の特異値分解に必要な直交行列であるが，これが $\boldsymbol{A}\boldsymbol{B}^{-1}$ の特異値分解に役立っている！これは一見不思議だが，(13.31) 式から出る関係 $\boldsymbol{A}\boldsymbol{Q}\boldsymbol{R}^{-1} = \boldsymbol{P}_{11}$, $\boldsymbol{B}\boldsymbol{Q}\boldsymbol{R}^{-1} = \boldsymbol{P}_{21}$ を見ると，$\boldsymbol{P}_{11}$, $\boldsymbol{P}_{21}$ は共通の座標変換によって「化けた $\boldsymbol{A}$, $\boldsymbol{B}$ の姿」と見なせる．同様に (13.32) 式 $\boldsymbol{U}^{\mathrm{T}}\boldsymbol{A}\boldsymbol{X} = \boldsymbol{\Sigma}_{\boldsymbol{A}}, \boldsymbol{V}^{\mathrm{T}}\boldsymbol{B}\boldsymbol{X} = \boldsymbol{\Sigma}_{\boldsymbol{B}}$ $(\boldsymbol{X} = \boldsymbol{Q}\boldsymbol{R}^{-1}\boldsymbol{W})$ を見ると，これは特異値分解ではないが，$\boldsymbol{\Sigma}_{\boldsymbol{A}}$, $\boldsymbol{\Sigma}_{\boldsymbol{B}}$ もそれぞれ「$\boldsymbol{A}$, $\boldsymbol{B}$ の化けた姿」と見なせる．この間の事情を，Paige and Saunders [18] は "We can ascribe n singular value pairs (α_i, β_i), $i = 1, \ldots, n$, to $\boldsymbol{A}$ and $\boldsymbol{B}, \ldots$" （「$\boldsymbol{\Sigma}_{\boldsymbol{A}}$, $\boldsymbol{\Sigma}_{\boldsymbol{B}}$ の対角成分の対 α_i, β_i は $\boldsymbol{A}$, $\boldsymbol{B}$ に帰することができる……」）といっている．

例 13.8　$\begin{bmatrix} \boldsymbol{A} \\ \boldsymbol{B} \end{bmatrix} = \begin{bmatrix} 1 \\ \hline 1 \end{bmatrix}$ の特異値分解：$\boldsymbol{P}^{\mathrm{T}} \begin{bmatrix} \boldsymbol{A} \\ \boldsymbol{B} \end{bmatrix} \boldsymbol{Q} \equiv \begin{bmatrix} a & a \\ -a & a \end{bmatrix} \begin{bmatrix} 1 \\ 1 \end{bmatrix} [1] = \begin{bmatrix} \sqrt{2} \\ 0 \end{bmatrix}$ $\equiv \begin{bmatrix} \boldsymbol{R} \\ \boldsymbol{0} \end{bmatrix}$ $(a = 1/\sqrt{2})$ より，$\boldsymbol{P} = \begin{bmatrix} a & a \\ -a & a \end{bmatrix} \equiv \begin{bmatrix} \boldsymbol{P}_{11} & \boldsymbol{P}_{12} \\ \boldsymbol{P}_{21} & \boldsymbol{P}_{22} \end{bmatrix}$ だから，$\boldsymbol{\Sigma}_{\boldsymbol{A}} = \boldsymbol{\Sigma}_{\boldsymbol{B}} = [a]$: 1×1, $\boldsymbol{\Sigma}_{\boldsymbol{A}} \boldsymbol{\Sigma}_{\boldsymbol{B}}^{-1} = [1]$ となる．これは確かに $\boldsymbol{AB}^{-1} = [1]$ の特異値分解標準形である．

最後にひとこと

P-S 型 CS 分解の最大の特徴は，全く任意の区分けを許している点と，特異値を 0, 1，その他に陽に区別している点である．このため，特定ブロックの標準形がわかれば，他ブロックの標準形も簡単に構築できるし，応用上も使いやすい．部分空間の間の距離の評価，$\boldsymbol{B}^{-1}$ を計算することなく $\boldsymbol{AB}^{-1}$ 型行列の特異値分解を実現する算法への P-S 型 CS 分解の応用は，意外性があっておもしろいであろう．

腕試し問題

問題 13.1（P-S 型 CS 分解）

(1) ある 9 次直交行列 $\boldsymbol{Q}$ を $\boldsymbol{Q} = \begin{bmatrix} \boldsymbol{Q}_{11} & \boldsymbol{Q}_{12} \\ \boldsymbol{Q}_{21} & \boldsymbol{Q}_{22} \end{bmatrix} = \left[\begin{array}{c|c} m \times k & m \times q \\ \hline p \times k & p \times q \end{array}\right] = \left[\begin{array}{c|c} 3 \times 4 & 3 \times 5 \\ \hline 6 \times 4 & 6 \times 5 \end{array}\right]$ $(m + p = k + q = 9)$ に分割したところ，$\boldsymbol{Q}_{11}$ の特異値は $\{1, c_2, 0\}$ $(0 < c_2 < 1)$ によって与えられるという．P-S 型 CS 分解の標準形 $\boldsymbol{\Sigma}$ を求めよ．

(2) ある 5 次直交行列の P-S 標準形左上ブロックは $\boldsymbol{\Sigma}_{11} = \begin{bmatrix} 1 & 0 & 0 \\ 0 & c_2 & 0 \end{bmatrix}$ $(0 < c_2 < 1)$ によって与えられるという．標準形 $\boldsymbol{\Sigma}$ を求めよ．

(3) ある 3 次直交行列の P-S 標準形右上ブロックは $\boldsymbol{\Sigma}_{12} = [0] : 1 \times 1$ であるという．$\boldsymbol{\Sigma}$ を求めよ．

問題 13.2　与えられた 4×3 実行列 $\boldsymbol{Y} = [\boldsymbol{y}_1, \boldsymbol{y}_2, \boldsymbol{y}_3] = \begin{bmatrix} * & * & * \\ * & * & * \\ * & * & * \\ * & * & * \end{bmatrix}$ に対して，$\boldsymbol{Y}^{\mathrm{T}}\boldsymbol{Y} = \begin{bmatrix} 4 & 0 & 0 \\ 0 & 0 & 0 \\ 0 & 0 & 9 \end{bmatrix}$ が成り立つという．$\boldsymbol{U}^{\mathrm{T}}\boldsymbol{Y} = \begin{bmatrix} -2 & 0 & 0 \\ 0 & 0 & 0 \\ 0 & 0 & 3 \\ 0 & 0 & 0 \end{bmatrix}$ となるような 4 次直交行列 $\boldsymbol{U}$ を構築せよ．

問題 13.3　与えられた 3×4 実行列 $\boldsymbol{Y} = [\boldsymbol{y}_1, \ldots, \boldsymbol{y}_4] = \begin{bmatrix} * & * & * & * \\ * & * & * & * \\ * & * & * & * \end{bmatrix}$ に対して $\boldsymbol{Y}^{\mathrm{T}}\boldsymbol{Y} = \begin{bmatrix} 0 & 0 & 0 & 0 \\ 0 & 4 & 0 & 0 \\ 0 & 0 & 0 & 0 \\ 0 & 0 & 0 & 9 \end{bmatrix}$ が成り立つという．$\boldsymbol{U}^{\mathrm{T}}\boldsymbol{Y} = \begin{bmatrix} 0 & 0 & 0 & 0 \\ 0 & 2 & 0 & 0 \\ 0 & 0 & 0 & -3 \end{bmatrix}$ を満たす 3 次直交行列 $\boldsymbol{U}$ を構築せよ．

問題 13.4　与えられた 3×4 実行列 $\boldsymbol{X} = \begin{bmatrix} \boldsymbol{x}_1 \\ \boldsymbol{x}_2 \\ \boldsymbol{x}_3 \end{bmatrix} = \begin{bmatrix} * & * & * & * \\ * & * & * & * \\ * & * & * & * \end{bmatrix}$ に対して，$\boldsymbol{X}\boldsymbol{X}^{\mathrm{T}} = \mathrm{diag}\,(4,\,0,\,9)$ が成立するという．$\boldsymbol{X}\boldsymbol{V} = [\,\mathrm{diag}\,(-2,\,0,\,3),\,\boldsymbol{0}]$ となるような 4 次直交行列 $\boldsymbol{V}$ を構築せよ．

問題 13.5　与えられた 7×2 実行列 $\boldsymbol{Q} = \begin{bmatrix} \boldsymbol{Q}_1 \\ \boldsymbol{Q}_2 \end{bmatrix} = \begin{bmatrix} 3 \times 2 \\ \hline 4 \times 2 \end{bmatrix}$ の列は正規直交系をなし，適当な 2 次直交行列 $\boldsymbol{V}_1$ に対してシュア分解 $\boldsymbol{V}_1^{\mathrm{T}}\boldsymbol{Q}_1^{\mathrm{T}}\boldsymbol{Q}_1\boldsymbol{V}_1 = \begin{bmatrix} 3/4 & 0 \\ 0 & 1/4 \end{bmatrix}$ が成立するという．

(1)　$\boldsymbol{V}_1^{\mathrm{T}}\boldsymbol{Q}_2^{\mathrm{T}}\boldsymbol{Q}_2\boldsymbol{V}_1$ を計算せよ．

(2)　$\boldsymbol{U}_1^{\mathrm{T}}\boldsymbol{Q}_1\boldsymbol{V}_1 = \begin{bmatrix} \sqrt{3}/2 & 0 \\ 0 & 1/2 \\ 0 & 0 \end{bmatrix} \equiv \begin{bmatrix} \boldsymbol{C} \\ \boldsymbol{0} \end{bmatrix}$ となるような 3 次直交行列 $\boldsymbol{U}_1$ を構築せよ．

(3)　$\boldsymbol{U}_2^{\mathrm{T}}\boldsymbol{Q}_2\boldsymbol{V}_1 = \begin{bmatrix} -1/2 & 0 \\ 0 & -\sqrt{3}/2 \\ 0 & 0 \\ 0 & 0 \end{bmatrix} \equiv \begin{bmatrix} \boldsymbol{S} \\ \boldsymbol{0} \end{bmatrix}$ となるような 4 次直交行列 $\boldsymbol{U}_2$ を構築せよ．

(4)　$\begin{bmatrix} \boldsymbol{U}_1^{\mathrm{T}} & \boldsymbol{0} \\ \boldsymbol{0} & \boldsymbol{U}_2^{\mathrm{T}} \end{bmatrix} \begin{bmatrix} \boldsymbol{Q}_1 \\ \boldsymbol{Q}_2 \end{bmatrix} \boldsymbol{V}_1 = \begin{bmatrix} \boldsymbol{C} \\ \boldsymbol{0} \\ \boldsymbol{S} \\ \boldsymbol{0} \end{bmatrix}$ を検算せよ．

問題 13.6　$\boldsymbol{Q} \equiv \begin{bmatrix} \boldsymbol{Q}_{11} & \boldsymbol{Q}_{12} \\ \boldsymbol{Q}_{21} & \boldsymbol{Q}_{22} \end{bmatrix} \equiv \left[\begin{array}{cc|ccc} 1 & 0 & 0 & 0 & 0 \\ 0 & 0 & 0 & -1 & 0 \\ \hline 0 & 0 & 1 & 0 & 0 \\ 0 & 1 & 0 & 0 & 0 \\ 0 & 0 & 0 & 0 & 1 \end{array}\right] \equiv \begin{bmatrix} \boldsymbol{C}' & -\boldsymbol{S}' & \boldsymbol{0} \\ \boldsymbol{S}' & \boldsymbol{C}' & \boldsymbol{0} \\ \boldsymbol{0} & \boldsymbol{0} & \boldsymbol{I}_1 \end{bmatrix}$ は，すでにスチュワート型 CS 分解の標準形をなす．ここに，$\boldsymbol{C}' = \begin{bmatrix} 1 & 0 \\ 0 & 0 \end{bmatrix}$, $\boldsymbol{S}' = \begin{bmatrix} 0 & 0 \\ 0 & 1 \end{bmatrix}$ としている．この行列の P-S 型標準形を求めよ．

問題 13.7 (P-S 型 CS 分解証明への補足)　次の n 次実行列 $(n = m + p = k + q)$

$$\left[\begin{array}{ccc|ccc}
\boldsymbol{I} & & & \boldsymbol{Y}_{11} & \boldsymbol{Y}_{12} & \boldsymbol{Y}_{13} \\
 & \boldsymbol{C} & & & \boldsymbol{Y}_{22} & \boldsymbol{Y}_{23} \\
 & & \boldsymbol{0}_C & & & \boldsymbol{Y}_{33} \\
\hline
\boldsymbol{W}_{11} & & & \boldsymbol{X}_{11} & \boldsymbol{X}_{12} & \boldsymbol{X}_{13} \\
\boldsymbol{W}_{21} & \boldsymbol{W}_{22} & & \boldsymbol{X}_{21} & \boldsymbol{X}_{22} & \boldsymbol{X}_{23} \\
\boldsymbol{W}_{31} & \boldsymbol{W}_{32} & \boldsymbol{W}_{33} & \boldsymbol{X}_{31} & \boldsymbol{X}_{32} & \boldsymbol{X}_{33}
\end{array}\right]
\begin{array}{l} r \\ s \\ m-r-s \text{（空欄は 0 ブロックを表す）} \\ p-k+r \\ s \\ k-r-s \end{array}$$

$$\begin{array}{cccccc} r & s & k{-}r{-}s & q{-}m{+}r & s & m{-}r{-}s \end{array}$$

は直交行列を表すという．ここに $\boldsymbol{W}_{22}, \boldsymbol{W}_{33}$ は対角成分が負でないような下三角行列，$\boldsymbol{Y}_{22}, \boldsymbol{Y}_{33}$ は対角成分が負でない上三角行列，$\boldsymbol{C}$ は $\boldsymbol{C} = \mathrm{diag}\,(c_{r+1}, \ldots, c_{r+s})$ $(1 > c_{r+1} \geqslant \cdots \geqslant c_{r+s} > 0)$ 型の行列，$\boldsymbol{0}_C$ は 0 行列を表す．すると，上の行列は，実は次の形でなければならないことを示せ：

$$\left[\begin{array}{ccc|ccc}
\boldsymbol{I} & & & \boldsymbol{0}_S^{\mathrm{T}} & & \\
 & \boldsymbol{C} & & & \boldsymbol{S} & \\
 & & \boldsymbol{0}_C & & & \boldsymbol{I} \\
\hline
\boldsymbol{0}_S & & & \boldsymbol{X}_{11} & & \\
 & \boldsymbol{S} & & & -\boldsymbol{C} & \\
 & & \boldsymbol{I} & & & \boldsymbol{0}_C^{\mathrm{T}}
\end{array}\right]
\begin{array}{l} r \\ s \\ m-r-s \\ p-k+r \\ s \\ k-r-s \end{array}$$

$$\begin{array}{cccccc} r & s & k{-}r{-}s & q{-}m{+}r & s & m{-}r{-}s \end{array}$$

ただし，$\boldsymbol{S}$ は $\boldsymbol{S} = \mathrm{diag}\,(s_{r+1}, \ldots, s_{r+s})$ $(0 < s_{r+1} \leqslant \cdots \leqslant s_{r+s} < 1,\ s_i = \sqrt{1 - c_i^2})$，$\boldsymbol{X}_{11}$ は $p - k + r$ 次直交行列を表す．

問題 13.8（正射影）　13.4 節 (e) の逆：与えられた $n \times n$ 行列 $\boldsymbol{P}$，任意の $\boldsymbol{x}, \boldsymbol{y} \in \mathbb{R}^n$ に対して $\|\boldsymbol{x} - \boldsymbol{P}\boldsymbol{x}\| \leqslant \|\boldsymbol{x} - \boldsymbol{P}\boldsymbol{y}\|$ が成り立つという．$\boldsymbol{P}^{\mathrm{T}}(\boldsymbol{I} - \boldsymbol{P}) = \boldsymbol{0}$，すなわち，$\boldsymbol{P}$ は正射影を表すことを示せ．

第14章　ノルム

本章では行列解析を理解する上で基礎となる事項を学ぶ．これらは代数学と解析学の共通領域にある話題であり，行列計算の誤差解析を理解するための基礎知識でもある．主題は有限次元ノルム空間上で定義された線形写像とノルムである．このような線形写像の具体例として $m \times n$ 行列を念頭において頂くのがよい．この章のキーワードは「線形写像の連続性（有界性）」，「展開係数の有界性」，「有限次元ノルム空間の完備性」，「ノルムの同値性」，「成分ごとの収束とノルム収束の同値性」，「演算子ノルム」，「ハーン・バナハの定理」である．

14.1　線形写像の有界性と連続性

この節では線形写像の連続性の同値な定義を学ぶ．これらの事項は次節以降で学ぶ，有限次元ノルム空間とそれらの間の線形写像に関する基礎的な性質を理解する上で必要となる．

定義 14.1［ベクトル列の収束］　与えられた有限または無限次元ノルム空間 X 内のベクトルの無限列 $\{\boldsymbol{x}_1, \boldsymbol{x}_2, \ldots\} \equiv \{\boldsymbol{x}_n\}$ が $\boldsymbol{a} \in X$ に**収束する** (to converge) とは実数列の収束 $\|\boldsymbol{x}_n - \boldsymbol{a}\| \to 0$ をいう．このとき $\boldsymbol{a}$ を列 $\{\boldsymbol{x}_n\}$ の**極限**（または**極限値** (limit)）といい，$\boldsymbol{x}_n \to \boldsymbol{a}$ または $\lim_{n\to\infty} \boldsymbol{x}_n = \boldsymbol{a}$ と書く．詳しくいえば，$\boldsymbol{x}_n \to \boldsymbol{a}$ とは「任意の $\varepsilon > 0$ に対して自然数 $N(\varepsilon)$ を十分大きくとれば，$n > N(\varepsilon)$ を満たすすべての n に対して $\|\boldsymbol{x}_n - \boldsymbol{a}\| < \varepsilon$ となる」ことである．

極限については，「極限は存在すればひとつしかない」ことが成り立つ．実際，$\boldsymbol{x}_n \to \boldsymbol{a}$ かつ $\boldsymbol{x}_n \to \boldsymbol{b}$ なら，ノルムの性質より

$$0 \leqslant \|\boldsymbol{a} - \boldsymbol{b}\| = \|(\boldsymbol{x}_n - \boldsymbol{b}) - (\boldsymbol{x}_n - \boldsymbol{a})\| \leqslant \|\boldsymbol{x}_n - \boldsymbol{b}\| + \|\boldsymbol{x}_n - \boldsymbol{a}\| \to 0$$

であるから，$\|\boldsymbol{a} - \boldsymbol{b}\| = 0$，すなわち $\boldsymbol{a} - \boldsymbol{b} = \boldsymbol{0}$ でなければならない．

定理 14.2［線形写像の連続性］　有限または無限次元ノルム空間 X から第 2 のノルム空間 Y への線形写像 $\boldsymbol{T}$ について，次の各主張は互いに同値である：

(1)（有界性）すべての $\boldsymbol{x} \in X$ に対して $\|\boldsymbol{Tx}\| \leqslant M\|\boldsymbol{x}\|$ を満たすような正定数 M が存在する（ここに $\|\boldsymbol{x}\|$ は X 上のノルム，$\|\boldsymbol{Tx}\|$ は Y 上のノルムを表す）．このような $\boldsymbol{T}$ は**有界である** (bounded) という．

(2)（$\boldsymbol{x} = \boldsymbol{0}$ における連続性）任意に与えられた $\varepsilon > 0$ に対して $\delta > 0$ を十分小さくとれば，$\|\boldsymbol{x}\| < \delta$ を満たすすべての $\boldsymbol{x} \in X$ に対して $\|\boldsymbol{Tx}\| < \varepsilon$ が成り立つ．このような $\boldsymbol{T}$ は $\boldsymbol{x} = \boldsymbol{0}$ において連続であるという．

(3)（$\boldsymbol{x} = \boldsymbol{0}$ における連続性）$\boldsymbol{x}_n \to \boldsymbol{0}$ なら必ず $\boldsymbol{Tx}_n \to \boldsymbol{0}$ が成り立つ．

証明　(1) ⇒ (2) ⇒ (3) ⇒ (1) を示す．

(1) ⇒ (2)：$\|\boldsymbol{x}\| < \varepsilon/M \equiv \delta$ とすれば，(1) により $\|\boldsymbol{Tx}\| \leqslant M\|\boldsymbol{x}\| < M\varepsilon/M = \varepsilon$.

(2) ⇒ (3)：$\boldsymbol{x}_n \to \boldsymbol{0}$ とする．このとき $\{\boldsymbol{Tx}_n\}$ が $\boldsymbol{0}$ に収束しないとすれば，適当な $\varepsilon_0 > 0$ と適当な自然数の列 $n_1 < n_2 < \cdots$ をとれば，$\|\boldsymbol{Tx}_n\| \geqslant \varepsilon_0$ $(n = n_1 < n_2 < \cdots)$ が成立することになる．(2) により，$\|\boldsymbol{x}\| < \delta_0$ なら必ず $\|\boldsymbol{Tx}\| < \varepsilon_0$ となるような $\delta_0 > 0$ がとれる．$\boldsymbol{x}_n \to \boldsymbol{0}$ ゆえ，ある番号から先の $\boldsymbol{x}_n$ はすべて $\|\boldsymbol{x}_n\| < \delta_0$ を満たし，$\|\boldsymbol{Tx}_n\| < \varepsilon_0$ が無限に多くの $n = n_k$ の値に対して満たされなければならない．しかしこれは，$\|\boldsymbol{Tx}_n\| \geqslant \varepsilon_0$ $(n = n_1 < n_2 < \cdots)$ と矛盾する．

(3) ⇒ (1)：対偶「(1) が真でなければ (3) も真でない」ことを示せばよい．実際，(1) が真でなければ，すべての自然数 n に対して $\|\boldsymbol{Tx}_n\| > n\|\boldsymbol{x}_n\|$，すなわち $\left\|\boldsymbol{T}\dfrac{\boldsymbol{x}_n}{n\|\boldsymbol{x}_n\|}\right\| > 1$ を満たす $\boldsymbol{x}_n$ がとれることになる．$\boldsymbol{y}_n = \dfrac{\boldsymbol{x}_n}{n\|\boldsymbol{x}_n\|}$ とおけば，$\|\boldsymbol{y}_n\| = 1/n \to 0$，すなわち $\boldsymbol{y}_n \to \boldsymbol{0}$．しかし $\|\boldsymbol{Ty}_n\| > 1$ なので，$\boldsymbol{Ty}_n \to \boldsymbol{0}$ は真ではあり得ない．■

定理 14.3　定理 14.2 の各項はさらに以下の各項と同値である（証明は練習問題とする）．

(4)（一様連続性）任意の $\boldsymbol{a} \in X$，任意の $\varepsilon > 0$ に対して $\delta > 0$ を十分小さくとれば，$\|\boldsymbol{x} - \boldsymbol{a}\| < \delta$ を満たすすべての $\boldsymbol{x} \in X$ に対して $\|\boldsymbol{Tx} - \boldsymbol{Ta}\| < \varepsilon$ が成り立つ．ここに δ は ε のみに関係し，特定の $\boldsymbol{a}$ には依存しない．

(5) 任意の $\boldsymbol{a} \subset X$ に対して，$\boldsymbol{x}_n \to \boldsymbol{a}$ は必ず $\boldsymbol{Tx}_n \to \boldsymbol{Ta}$ を意味する．

以上を総合するとこういえる：「ノルム空間 X より Y への線形写像 $\boldsymbol{T}$ が有界または X 内の任意かつ特定の 1 点で連続なら X 上で一様連続である」，「有界性と連続性は同値である」.

この節を終える前に，今後の議論によく出てくる次の 3 種の集合を定義しておく：点 $\boldsymbol{a}$ を中心とする半径 $r > 0$ の

開球 (open ball)：$\{\boldsymbol{x} \in X : \|\boldsymbol{x} - \boldsymbol{a}\| < r\}$,

閉球 (closed ball)：$\{\boldsymbol{x} \in X : \|\boldsymbol{x} - \boldsymbol{a}\| \leqslant r\}$,

球の**表面** (surface)：$\{\boldsymbol{x} \in X : \|\boldsymbol{x} - \boldsymbol{a}\| = r\}$.

14.2　展開係数の有界性

本節で学ぶ「展開係数の有界性」は，有限次元ノルム空間の基本的性質を導く上でもっとも直接的で使いやすい事実である．本節で示すのは次の事実である．

定理 14.4［展開係数の有界性］ Y を与えられた n 次元ノルム空間, $\{\boldsymbol{b}_1, \ldots, \boldsymbol{b}_n\}$ を Y の基底，任意ベクトル $\boldsymbol{y} \in Y$ をこの基底で展開したものを $\boldsymbol{y} = g_1(\boldsymbol{y})\boldsymbol{b}_1 + \cdots + g_n(\boldsymbol{y})\boldsymbol{b}_n$ とすれば，適当な正定数 α, β に対して

$$\alpha \|\boldsymbol{y}\| \leqslant |g_1(\boldsymbol{y})| + \cdots + |g_n(\boldsymbol{y})| \leqslant \beta \|\boldsymbol{y}\| \tag{14.1}$$

がすべての $\boldsymbol{y} \in Y$ に対して成り立つ．ここに展開係数 $g_1(\boldsymbol{y}), \ldots, g_n(\boldsymbol{y})$ は，それぞれ Y から実数または複素数への線形写像（すなわち, **線形汎関数** (linear functional)）を表し，$|g_1(\boldsymbol{y})| + \cdots + |g_n(\boldsymbol{y})|$ 自体 Y 上のノルムを表す.

(14.1) は $|g_i(\boldsymbol{y})| \leqslant \beta \|\boldsymbol{y}\|$ $(i = 1, \ldots, n)$ を意味するから，各展開係数 g_i は有界である.

証明　「$g_1(\boldsymbol{y}), \ldots, g_n(\boldsymbol{y})$ のそれぞれは Y から実数または複素数への線形写像を表し，

$$\|\boldsymbol{y}\|' \equiv |g_1(\boldsymbol{y})| + \cdots + |g_n(\boldsymbol{y})|$$

は Y 上の 1 つのノルムを表す.」このことの証明は練習問題とする.

さて，$\boldsymbol{y} = g_1(\boldsymbol{y})\boldsymbol{b}_1 + \cdots + g_n(\boldsymbol{y})\boldsymbol{b}_n$ のノルムをとれば,

$$\begin{aligned} \|\boldsymbol{y}\| &\leqslant |g_1(\boldsymbol{y})| \, \|\boldsymbol{b}_1\| + \cdots + |g_n(\boldsymbol{y})| \, \|\boldsymbol{b}_n\| \\ &\leqslant (|g_1(\boldsymbol{y})| + \cdots + |g_n(\boldsymbol{y})|) \max\{\|\boldsymbol{b}_1\|, \ldots, \|\boldsymbol{b}_n\|\} \end{aligned} \tag{14.2}$$

となる．$\alpha = 1/\max\{\|\boldsymbol{b}_1\|, \ldots, \|\boldsymbol{b}_n\|\}$ とおけば，(14.1) の前半が出る．ここに，α は基底 $\{\boldsymbol{b}_1, \ldots, \boldsymbol{b}_n\}$ と Y 上のノルム $\|\cdot\|$ には依存するが，$\boldsymbol{y}$ にはまったく依存しないことは明らかである.

不等式後半の証明に入る．証明はやや入り組んでいるが，必要となる解析学上の予備知識は実数および複素数の完備性だけである．さて，$X=\mathbb{R}^n$（または $\mathbb{C}^n$）とすれば，変換 $\boldsymbol{T}$：

$$\boldsymbol{T}\boldsymbol{x}=\boldsymbol{T}\left[x_1,\,\ldots,\,x_n\right]^{\mathrm{T}}=x_1\boldsymbol{b}_1+\cdots+x_n\boldsymbol{b}_n \tag{14.3}$$

は X より Y 上への1対1線形写像を表す．ゆえに，$\boldsymbol{T}^{-1}$ も Y より X 上への1対1線形写像を表す．X 上に1ノルムを与え，$S=\{\boldsymbol{x}\in X:\|\boldsymbol{x}\|_1=|x_1+\cdots+|x_n|=1\}$（$X$ の単位球の表面）とすれば，

$$\text{十分小さな}\,\delta>0\,\text{をとれば，すべての}\,\boldsymbol{x}\in S\,\text{に対して}\,\|\boldsymbol{T}\boldsymbol{x}\|\geqslant\delta \tag{14.4}$$

が真であることを示す．実際，(14.4) を否定すれば，任意の自然数 k に対して $\|\boldsymbol{T}\boldsymbol{x}_k\|<1/k$ ($\|\boldsymbol{x}_k\|_1=1$) を満たす S 上のベクトル列 $\{\boldsymbol{x}_k\}$ がとれることになる．これより $\|\boldsymbol{T}\boldsymbol{x}_k\|\to 0$．他方，$\{\boldsymbol{x}_k\}$ は有界列だから，収束する部分列 $\{\boldsymbol{x}_k\}$ ($k=n_1,\,n_2,\,\ldots\to\infty$) を含む（$\because$ $\{\boldsymbol{x}_k\}$ の第1成分の列から収束列を抽出し，それに対応する第2成分の列から収束列を抽出し，…を繰り返せばよい）．その極限を $\boldsymbol{x}^{(0)}$ と書けば $\left\|\boldsymbol{x}_k-\boldsymbol{x}^{(0)}\right\|_1\to 0$ ($k=n_1,\,n_2,\,\ldots$)．そこで，$\boldsymbol{x}_{(k)}\equiv\left[x_1^{(k)},\,\ldots,\,x_n^{(k)}\right]^{\mathrm{T}}$，$\boldsymbol{x}^{(0)}=\left[x_1^{(0)},\,\ldots,\,x_n^{(0)}\right]^{\mathrm{T}}$ と書けば，$k=n_1,\,n_2,\,\ldots$ に対して

$$\begin{aligned}\left|\|\boldsymbol{T}\boldsymbol{x}_k\|-\left\|\boldsymbol{T}\boldsymbol{x}^{(0)}\right\|\right|&\leqslant\left\|\boldsymbol{T}\boldsymbol{x}_k-\boldsymbol{T}\boldsymbol{x}^{(0)}\right\|=\left\|\boldsymbol{T}(\boldsymbol{x}_k-\boldsymbol{x}^{(0)})\right\|\\&=\left\|(x_1^{(k)}-x_1^{(0)})\boldsymbol{b}_1+\cdots+(x_n^{(k)}-x_n^{(0)})\boldsymbol{b}_n\right\|\\&\leqslant\left\|\boldsymbol{x}_k-\boldsymbol{x}^{(0)}\right\|_1\max\{\|\boldsymbol{b}_1\|,\,\ldots,\,\|\boldsymbol{b}_n\|\}\to 0\end{aligned}$$

が成り立つ．ところが，仮定により $\|\boldsymbol{T}\boldsymbol{x}_k\|\to 0$ である．ゆえに $\boldsymbol{T}\boldsymbol{x}^{(0)}=\boldsymbol{0}$．これは $\boldsymbol{x}^{(0)}=\boldsymbol{0}$ を意味する．すると，

$$1=\left|1-\left\|\boldsymbol{x}^{(0)}\right\|_1\right|=\left|\|\boldsymbol{x}_k\|_1-\left\|\boldsymbol{x}^{(0)}\right\|_1\right|\leqslant\left\|\boldsymbol{x}_k-\boldsymbol{x}^{(0)}\right\|_1\to 0.$$

ゆえに $\left\|\boldsymbol{x}^{(0)}\right\|_1=1$．これは矛盾である．よって，主張 (14.4) は真でなければならない．

次に (14.4) を成立させる $\delta>0$ に対して

$$\begin{aligned}&\|\boldsymbol{y}\|<\delta\,\text{を満たすすべての}\,\boldsymbol{y}\in Y\,\text{に対して}\\&\left\|\boldsymbol{T}^{-1}\boldsymbol{y}\right\|_1=|g_1(\boldsymbol{y})|+\cdots+|g_n(\boldsymbol{y})|<1\end{aligned} \tag{14.5}$$

が成立することを示す．仮に，$\|\boldsymbol{y}_0\| < \delta$ にもかかわらず $\left\|\boldsymbol{T}^{-1}\boldsymbol{y}_0\right\| \geqslant 1$ となるような $\boldsymbol{y}_0 \in Y$ が存在したとする．$\boldsymbol{T}^{-1}\boldsymbol{y}_0 = \boldsymbol{x}_0$ とおけば $\boldsymbol{T}\boldsymbol{x}_0 = \boldsymbol{y}_0$ かつ $\|\boldsymbol{x}_0\| \geqslant 1$ なので，

$$\left\|\boldsymbol{T}\frac{\boldsymbol{x}_0}{\|\boldsymbol{x}_0\|_1}\right\| = \frac{\|\boldsymbol{T}\boldsymbol{x}_0\|}{\|\boldsymbol{x}_0\|_1} = \frac{\|\boldsymbol{y}_0\|}{\|\boldsymbol{x}_0\|_1} < \frac{\delta}{1} = \delta$$

となる．これは (14.4) と矛盾する ($\because \boldsymbol{x}_0/\|\boldsymbol{x}_0\|_1 \in S$)．ゆえに (14.5) は真でなければならない．式 (14.5) は

$$\text{すべての } \boldsymbol{y} \in Y \text{ に対して } |g_1(\boldsymbol{y})| + \cdots + |g_n(\boldsymbol{y})| \leqslant (1/\delta)\,\|\boldsymbol{y}\| \tag{14.6}$$

が成り立つことを意味する．これは証明すべき (14.1) の後半に他ならない．■

14.3　有限次元ノルム空間に関する 3 つの性質

この節では前節の結果を応用し，3 つの性質を示す．

ノルム空間内の列 $\{\boldsymbol{x}_1, \boldsymbol{x}_2, \ldots\} \equiv \{\boldsymbol{x}_k\}$ が**コーシー列** (Cauchy sequence) であるとは，どんな小さな $\varepsilon > 0$ を与えても，自然数 $n(\varepsilon)$ を十分大きくとれば，$p, q > n(\varepsilon)$ を満たすすべての自然数 p, q に対して $\|\boldsymbol{x}_p - \boldsymbol{x}_q\| < \varepsilon$ が成り立つことをいう．

定理 14.5　有限次元ノルム空間内のコーシー列は収束する．

証明　与えられた有限次元ノルム空間を X $(\dim X = n > 0)$，$\{\boldsymbol{x}_k\}$ を X 内のコーシー列とする．X の基底 $\{\boldsymbol{b}_1, \ldots, \boldsymbol{b}_n\}$ を 1 つとり，$\boldsymbol{x}_k = x_1^{(k)}\boldsymbol{b}_1 + \cdots + x_n^{(k)}\boldsymbol{b}_n$ $(k = 1, 2, \ldots)$ と書けば，任意の自然数 p, q に対して，

$$\boldsymbol{x}_p - \boldsymbol{x}_q = \left(x_1^{(p)} - x_1^{(q)}\right)\boldsymbol{b}_1 + \cdots + \left(x_n^{(p)} - x_n^{(q)}\right)\boldsymbol{b}_n.$$

前節の結果を適用すると適当な正定数 β に対して

$$\left|x_1^{(p)} - x_1^{(q)}\right| + \cdots + \left|x_n^{(p)} - x_n^{(q)}\right| \leqslant \beta\,\|\boldsymbol{x}_p - \boldsymbol{x}_q\|$$

が成り立つことになる．これは各成分の列 $\{x_1^{(k)}\}, \ldots, \{x_n^{(k)}\}$ がコーシー列を表すことを示す．ゆえに，これらの各列は収束し，$x_1^{(k)} \to x_1^{(0)}, \ldots, x_n^{(k)} \to x_n^{(0)}$ とすれば，$\boldsymbol{x}_k$ の展開形から $\boldsymbol{x}_k \to x_1^{(0)}\boldsymbol{b}_1 + \cdots + x_n^{(0)}\boldsymbol{b}_n$ となることは明らかである．■

次に**列コンパクト性** (sequential compactness) を示す．

定理 14.6　有限次元ノルム空間内の有界列は収束する部分列を含む．

証明 問題の有限次元ノルム空間を X とし，$\dim X = n\,(>0)$ とする．いま，$\{\boldsymbol{x}_1, \boldsymbol{x}_2, \ldots\} \equiv \{\boldsymbol{x}_k\}$ を任意の有界列, すなわち, 適当な正定数 α に対して $\|\boldsymbol{x}_k\| \leqslant \alpha$ $(k=1, 2, \ldots)$ を満たすようなベクトル列とする．X の基底 $\{\boldsymbol{b}_1, \ldots, \boldsymbol{b}_n\}$ を1つとり, 任意の $\boldsymbol{x}_k$ をこの基底で展開したものを $\boldsymbol{x}_k = x_1^{(k)}\boldsymbol{b}_1 + \cdots + x_n^{(k)}\boldsymbol{b}_n$ $(k=1, 2, \ldots)$ とする．すると, 展開係数の有界性（14.2節）より $\left|x_1^{(k)}\right| + \cdots + \left|x_n^{(k)}\right| \leqslant \beta\,\|\boldsymbol{x}_k\| \leqslant \beta\alpha$ $(k=1, 2, \ldots)$ を満たす正定数 β が存在する．各列 $\{x_k^{(1)}\}, \ldots, \{x_k^{(n)}\}$ は有界数列ゆえ，$x_1^{(k)} \to x_1^{(0)}, \ldots, x_n^{(k)} \to x_n^{(0)}$ $(k = n_1, n_2, \ldots)$ となるような自然数の部分列 $n_1 < n_2 < \cdots$ がとれる．ゆえに，対応する $\{\boldsymbol{x}_k\}$ の部分列は $x_1^{(0)}\boldsymbol{b}_1 + \cdots + x_n^{(0)}\boldsymbol{b}_n$ に収束する． ■

最後にノルムの同値性に関する定理を示す．

定理 14.7 次の (I), (II), (III) が成立する．

(I)（ノルムの同値性）$\|\cdot\|$ と $\|\cdot\|'$ を同じ n 次元ノルム空間 X 上の2種のノルムとすれば，すべての $\boldsymbol{x} \in X$ に対して $\alpha\,\|\boldsymbol{x}\| \leqslant \|\boldsymbol{x}\|' \leqslant \beta\,\|\boldsymbol{x}\|$ が成り立つような正定数 α, β が存在する．これをノルムの**同値性** (equivalence) という．

(II)（ベクトル列の極限はノルムに関して不変）与えられたベクトル列 $\{\boldsymbol{x}_k\}$ に対して $\|\boldsymbol{x}_k - \boldsymbol{a}\| \to 0$ が成立すれば，$\|\boldsymbol{x}_k - \boldsymbol{a}\|' \to 0$ も成り立つ．すなわち，X 内のベクトル列が1つのノルムに関して収束すれば，他のすべてのノルムに関して同一の極限に収束する．

(III)（ベクトル列の収束と成分ごとの収束の同値性）いま，$\{\boldsymbol{x}_k\}$ を X 内のベクトル列，$\{\boldsymbol{b}_1, \ldots, \boldsymbol{b}_n\}$ を X の任意の基底とすれば，X 上の任意のノルム $\|\cdot\|$ に関する収束 $\|\boldsymbol{x}_k - \boldsymbol{a}\| \to 0$ と，**成分ごとの収束** (componentwise convergence) $x_1^{(k)} \to a_1, \ldots, x_n^{(k)} \to a_n$ とは同値である．ここに，$\boldsymbol{x}_k = x_1^{(k)}\boldsymbol{b}_1 + \cdots + x_n^{(k)}\boldsymbol{b}_n$, $\boldsymbol{a} = a_1\boldsymbol{b}_1 + \cdots + a_n\boldsymbol{b}_n$ としている．

証明 (I)：$\{\boldsymbol{a}_1, \ldots, \boldsymbol{a}_n\}$ を X の基底とし，任意の $\boldsymbol{x} \in X$ をこの基底で展開したものを

$$(*) \quad \boldsymbol{x} = x_1\boldsymbol{a}_1 + \cdots + x_n\boldsymbol{a}_n$$

とする．14.2節の結果を適用すれば，すべての $\boldsymbol{x} \in X$ に対して $|x_1| + \cdots + |x_n| \leqslant c\,\|\boldsymbol{x}\|$ を成立させるような正定数 c が存在する．一方 $(*)$ の $\|\cdot\|'$–ノルムをとれば

$$\begin{aligned}\|\boldsymbol{x}\|' &\leqslant \max\{\|\boldsymbol{a}_1\|', \ldots, \|\boldsymbol{a}_n\|'\}\,(|x_1| + \cdots + |x_n|) \\ &\equiv c'(|x_1| + \cdots + |x_n|) \leqslant c'c\,\|\boldsymbol{x}\| \equiv \beta\,\|\boldsymbol{x}\|\end{aligned}$$

が出る．両ノルムの役割を交換すれば適当な正定数 c'' に対して $\|\boldsymbol{x}\| \leqslant c'' \|\boldsymbol{x}\|'$ がすべての $\boldsymbol{x} \in X$ に対して成り立つことがわかる．ゆえに，$1/c'' = \alpha$ とおけば，$\alpha \|\boldsymbol{x}\| \leqslant \|\boldsymbol{x}\|' \leqslant \beta \|\boldsymbol{x}\|$ がすべての $\boldsymbol{x} \in X$ に対して成り立つ．
(II)：(I) から簡単に従う．
(III)：練習問題とする．■

例 14.8　$\mathbb{R}^n$（または $\mathbb{C}^n$）上の 1, 2, ∞ ノルム，

$$\|\boldsymbol{x}\|_1 \equiv |x_1| + \cdots + |x_n|, \quad \|\boldsymbol{x}\|_2 \equiv \sqrt{|x_1|^2 + \cdots + |x_n|^2}, \quad \|\boldsymbol{x}\|_\infty \equiv \max_i |x_i|$$

に対して次の不等式が成り立つ（ここに，$\boldsymbol{x} = [x_1, \ldots, x_n]^{\mathrm{T}}$）：

$$\begin{aligned} \|\boldsymbol{x}\|_\infty &\leqslant \|\boldsymbol{x}\|_1 \leqslant n \|\boldsymbol{x}\|_\infty, \\ \|\boldsymbol{x}\|_\infty &\leqslant \|\boldsymbol{x}\|_2 \leqslant \sqrt{n} \|\boldsymbol{x}\|_\infty, \\ \|\boldsymbol{x}\|_2 &\leqslant \|\boldsymbol{x}\|_1 \leqslant \sqrt{n} \|\boldsymbol{x}\|_2. \end{aligned}$$

最初の 2 つの不等式は簡単に証明できる．最後の不等式中の $\|\boldsymbol{x}\|_2^2 \leqslant \|\boldsymbol{x}\|_1^2$ は明らか．また，$n \|\boldsymbol{x}\|_2^2 - \|\boldsymbol{x}\|_1^2 = \sum_{i<j} (|x_i| - |x_j|)^2 \geqslant 0$ より $\|\boldsymbol{x}\|_1 \leqslant \sqrt{n} \|\boldsymbol{x}\|_2$.

例 14.9　定理 14.7(III) により，$\mathbb{R}^n$（または $\mathbb{C}^n$）上の任意のノルムに関する収束 $\|\boldsymbol{x}_k - \boldsymbol{a}\| \to 0$ と，成分ごとの収束 $x_1^{(k)} \to a_1, \ldots, x_n^{(k)} \to a_n$ とは同値であることがわかる．ここに $\boldsymbol{x}_k = \left[x_1^{(k)}, \ldots, x_n^{(k)}\right]^{\mathrm{T}}$, $\boldsymbol{a} = [a_1, \ldots, a_n]^{\mathrm{T}}$ としている．

14.4　有限次元ノルム空間上の線形写像

14.2 節からの応用として次の定理を示す．

定理 14.10　次の (I), (II) が成り立つ．
(I)（有界性）n 次元ノルム空間 X から有限または無限次元ノルム空間 Y への線形写像 $\boldsymbol{T}$ は有界である．
(II) n 次元ノルム空間 X から有限または無限次元ノルム空間 Y への任意の線形写像 $\boldsymbol{T}$ に対して，$\|\boldsymbol{x}_0\| = 1$ かつ $\sup\{\|\boldsymbol{T}\boldsymbol{x}\| : \|\boldsymbol{x}\| = 1\} = \|\boldsymbol{T}\boldsymbol{x}_0\|$ を満たす $\boldsymbol{x}_0 \in X$ が存在する．ゆえに

$$\sup\{\|\boldsymbol{T}\boldsymbol{x}\| : \|\boldsymbol{x}\| = 1\} = \max\{\|\boldsymbol{T}\boldsymbol{x}\| : \|\boldsymbol{x}\| = 1\}$$

と書いてよい．

証明 (I)：$\{\boldsymbol{b}_1, \ldots, \boldsymbol{b}_n\}$ を X の基底とし，$\boldsymbol{x} \in X$ をこの基底によって展開して $\boldsymbol{x} = x_1\boldsymbol{b}_1 + \cdots + x_n\boldsymbol{b}_n$ とすれば，14.2 節により $|x_1| + \cdots + |x_n| \leqslant \beta \|\boldsymbol{x}\|$ を満たす正定数 β が存在し，

$$\|\boldsymbol{Tx}\| = \|x_1\boldsymbol{Tb}_1 + \cdots + x_n\boldsymbol{Tb}_n\| \leqslant \gamma(|x_1| + \cdots + |x_n|)$$
$$\leqslant \gamma\beta\|\boldsymbol{x}\| \quad (\gamma \equiv \max\{\|\boldsymbol{Tb}_1\|, \ldots, \|\boldsymbol{Tb}_n\|\}).$$

(II)：(I) により集合 $\{\|\boldsymbol{Tx}\| : \|\boldsymbol{x}\| = 1\} \equiv S_1$ は実数の有界集合を表す．ゆえに，実数の完備性により，$\sup S_1 \equiv \alpha$ は確かに存在する．すると，各自然数 k に対して $\alpha - (1/k) < \|\boldsymbol{Tx}_k\| \leqslant \alpha$ かつ $\|\boldsymbol{x}_k\| = 1$ を満たすベクトル列 $\{\boldsymbol{x}_1, \boldsymbol{x}_2, \ldots\}$ がとれる．$\{\boldsymbol{x}_1, \boldsymbol{x}_2, \ldots\}$ は有限次元空間 X 内の有界列を表すから，定理 14.7 により収束する部分列 $\{\boldsymbol{x}_k\}$ $(k = n_1 < n_2 < \cdots)$ を持つ．極限を $\boldsymbol{x}_0$ とすれば

$$|1 - \|\boldsymbol{x}_0\|\,| = |\,\|\boldsymbol{x}_k\| - \|\boldsymbol{x}_0\|\,| \leqslant \|\boldsymbol{x}_k - \boldsymbol{x}_0\| \to 0 \quad (k = n_1, n_2, \ldots)$$

ゆえ，$\|\boldsymbol{x}_0\| = 1$ である．しかも，同じ部分列に対して $\boldsymbol{Tx}_k \to \boldsymbol{Tx}_0$．ゆえに $\|\boldsymbol{Tx}_k\| \to \|\boldsymbol{Tx}_0\|$．他方，$\|\boldsymbol{Tx}_k\| \to \alpha$ は明らか．極限の一意性より $\|\boldsymbol{Tx}_0\| = \alpha = \sup\{\|\boldsymbol{Tx}\| : \|\boldsymbol{x}\| = 1\}$． ■

14.5 演算子ノルム

いま，$\boldsymbol{T}$ を有限または無限次元ノルム空間 X から有限または無限次元ノルム空間 Y への有界線形写像とする．次の量 $\|\boldsymbol{T}\|$ を $\boldsymbol{T}$ の**演算子ノルム** (operator norm) という：

$$\|\boldsymbol{T}\| = \sup_{\|\boldsymbol{x}\|=1} \|\boldsymbol{Tx}\| = \sup_{\|\boldsymbol{x}\|\leqslant 1} \|\boldsymbol{Tx}\| = \inf\{K \geqslant 0 : \|\boldsymbol{Tx}\| \leqslant K\|\boldsymbol{x}\|\}. \tag{14.7}$$

ここに，最後の量はすべての $\boldsymbol{x} \in X$ に対して $\|\boldsymbol{Tx}\| \leqslant K\|\boldsymbol{x}\|$ が真であるような K の値全体の下限を表す．(14.7) 中の最後の等号成立の証明は練習問題とする．ゆえに，$\|\boldsymbol{T}\|$ とは $\boldsymbol{x} \in X$ が単位球の表面上（または単位閉球内）をくまなく動いたときの $\|\boldsymbol{Tx}\|$ の値の上限を表す．とくに，X が有限次元なら sup 記号は max 記号で置換可能であることは，前節において証明済みである．(14.7) 式が実際にノルムを定義している（すなわち，ノルムの公理を満たす）ことは次節において示す．

例 14.11　(I) $\mathbb{R}^n$（または $\mathbb{C}^n$）上のノルム

$$\|\boldsymbol{x}\|_1 \equiv |x_1| + \cdots + |x_n|, \quad \|\boldsymbol{x}\|_2 \equiv \sqrt{|x_1|^2 + \cdots + |x_n|^2}, \quad \|\boldsymbol{x}\|_\infty \equiv \max_i |x_i|$$
$$(\boldsymbol{x} = [x_1, \ldots, x_n]^{\mathrm{T}})$$

は使いやすいノルムとして実務計算上重要であるが，$\|\boldsymbol{x}\|_p \equiv (|x_1|^p + \cdots + |x_n|^p)^{1/p}$ $(p \geqslant 1)$ もノルム（**p ノルム** (p-norm) または **l_p ノルム** (l_p-norm) と呼ばれる）を表すことが知られている（問題 14.11 参照）．例を挙げると，$\boldsymbol{x} = [1, -i]^{\mathrm{T}}$ なら

$$\|\boldsymbol{x}\|_1 = |1| + |-i| = 2, \|\boldsymbol{x}\|_2 = \sqrt{|1|^2 + |-i|^2} = \sqrt{2}, \|\boldsymbol{x}\|_\infty = \max\{|1|, |-i|\} = 1.$$

参考のため，$\mathbb{R}^2$ における原点を中心とする単位閉球の表面を図 14.1 に示す．図 14.1 において 1 番外側の正方形は $\|\boldsymbol{x}\|_\infty = 1$ のグラフ，中間の円は $\|\boldsymbol{x}\|_2 = 1$ のグラフ，1 番内側の菱形は $\|\boldsymbol{x}\|_1 = 1$ のグラフを表す．

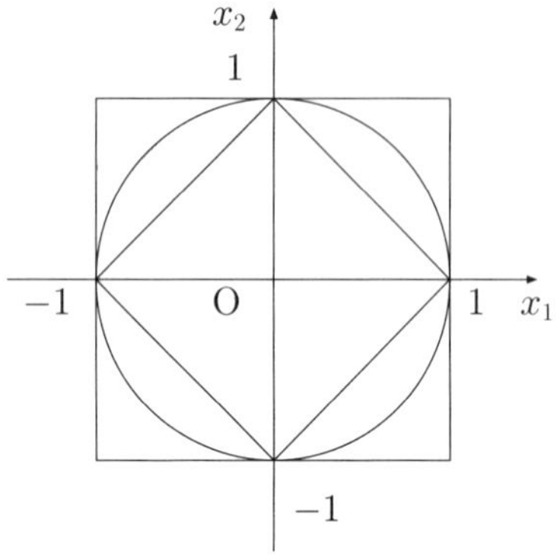

図 14.1　$\mathbb{R}^2$ における単位球の表面

定理 14.12　1, ∞, 2 ベクトルノルムに対応する $\boldsymbol{A} = [a_{ij}] \in \mathbb{C}^{m \times n}$ の演算子ノルムは，次式によって与えられる：

(a)　$\|\boldsymbol{A}\|_1 \equiv \sup\limits_{\|\boldsymbol{x}\|_1 = 1} \|\boldsymbol{A}\boldsymbol{x}\|_1 = \max\limits_{1 \leqslant j \leqslant n} \sum\limits_{i=1}^{m} |a_{ij}|$　（「最大列和ノルム」）

(b)　$\|\boldsymbol{A}\|_\infty \equiv \sup\limits_{\|\boldsymbol{x}\|_\infty = 1} \|\boldsymbol{A}\boldsymbol{x}\|_\infty = \max\limits_{1 \leqslant i \leqslant m} \sum\limits_{j=1}^{n} |a_{ij}|$　（「最大行和ノルム」）

(c)　$\|\boldsymbol{A}\|_2 \equiv \sup\limits_{\|\boldsymbol{x}\|_2 = 1} \|\boldsymbol{A}\boldsymbol{x}\|_2 = \sigma_{\max}(\boldsymbol{A})$
　　$=$「$\boldsymbol{A}^*\boldsymbol{A}$ の最大固有値の平方根」　（「最大特異値ノルム」）

証明 (a)：$\alpha \equiv \max_{1 \leqslant j \leqslant n} \sum_{i=1}^{m} |a_{ij}| = \sum_{i=1}^{m} |a_{ik}|$ とする．簡単な計算で $\|\boldsymbol{A}\boldsymbol{x}\|_1 = \sum_{i=1}^{m} \left| \sum_{j=1}^{n} a_{ij} x_j \right| \leqslant \sum_{i=1}^{m} \sum_{j=1}^{n} |a_{ij} x_j| \leqslant \alpha \|\boldsymbol{x}\|_1$ が出る ($\boldsymbol{x} = \left[x_1, \ldots, x_n\right]^{\mathrm{T}} \in \mathbb{C}^n$)．これより $\|\boldsymbol{A}\|_1 \leqslant \alpha$．とくに $\boldsymbol{x} = \boldsymbol{e}_k =$ 第 k 単位ベクトルをとれば，$\|\boldsymbol{e}_k\|_1 = 1$ かつ $\|\boldsymbol{A}\boldsymbol{e}_k\|_1 = \alpha$ が成り立つ．ゆえに $\|\boldsymbol{A}\|_1 \geqslant \alpha$.

(b)：$\beta \equiv \max_{1 \leqslant i \leqslant m} \sum_{j=1}^{n} |a_{ij}| = \sum_{j=1}^{n} |a_{kj}|$ とする．すると $\|\boldsymbol{A}\boldsymbol{x}\|_\infty = \max_{1 \leqslant i \leqslant m} \left| \sum_{j=1}^{n} a_{ij} x_j \right| \leqslant \beta \|\boldsymbol{x}\|_\infty$ が簡単に従う ($\boldsymbol{x} = \left[x_1, \ldots, x_n\right]^{\mathrm{T}} \in \mathbb{C}^n$)．これより $\|\boldsymbol{A}\|_\infty \leqslant \beta$．とくに $\boldsymbol{x}$ として，$x_j = \overline{a_{kj}} / |a_{kj}|$ $(a_{kj} \neq 0)$，$x_j = 1$ $(a_{kj} = 0)$ によって定義されるベクトルをとれば $\|\boldsymbol{x}\|_\infty = 1$ かつ $\|\boldsymbol{A}\boldsymbol{x}\|_\infty = \beta$ が成り立つ．ゆえに $\|\boldsymbol{A}\|_\infty \geqslant \beta$.

(c)：12.1 節から，$\boldsymbol{A}$ の特異値分解を $\boldsymbol{U}^* \boldsymbol{A} \boldsymbol{V} = \boldsymbol{\Sigma}$, $\boldsymbol{U}$: m 次ユニタリ行列, $\boldsymbol{V}$: n 次ユニタリ行列, $\boldsymbol{\Sigma} = \mathrm{diag}\,(\sigma_1, \sigma_2, \ldots,)$ $(\sigma_1 \geqslant \sigma_2 \geqslant \cdots \geqslant 0)$ とすれば，$\|\boldsymbol{A}\boldsymbol{v}\|_2 \leqslant \sigma_1$ $(\|\boldsymbol{v}\|_2 = 1)$ かつ $\|\boldsymbol{A}\boldsymbol{v}_1\|_2 = \sigma_1$ $(\|\boldsymbol{v}_1\|_2 = 1)$ となっている．ここに $\boldsymbol{v}_1$ は $\boldsymbol{V}$ の第 1 列を表す． ■

一言注意すると，$\boldsymbol{A} \in \mathbb{R}^{m \times n}$ の場合，$X = \mathbb{R}^n, Y = \mathbb{R}^m$ としても，(a), (b), (c) はそのままの形で成り立つ．すなわち，実行列の演算子ノルムの値は，それを実空間の間の写像と考えても，複素空間の間の写像と見なしても同じ値となる．これはベクトルノルム $\|\cdot\|_1, \|\cdot\|_2, \|\cdot\|_\infty$ が**絶対ノルム** (absolute norm) を表す，すなわち $\|\,|\boldsymbol{x}|\,\| = \|\boldsymbol{x}\|$（ここに $|\boldsymbol{x}|$ は $\boldsymbol{x}$ の各成分をその絶対値で置き換えたものを表す）を満たすことに起因する．また，$\boldsymbol{x} = \left[x_1, \ldots, x_n\right]^{\mathrm{T}}$ を固定し，複素数 α に $\alpha\boldsymbol{x} \in \mathbb{C}^n$ を対応させれば，$\boldsymbol{x}$ 自体を $X = \mathbb{C}^{1 \times 1}$ から $Y = \mathbb{C}^n$ への写像と見なすことができる．このとき，演算子ノルム $\|\boldsymbol{x}\|_{1,1}, \|\boldsymbol{x}\|_{2,2}, \|\boldsymbol{x}\|_{\infty,\infty}$ は，それぞれベクトルノルム $\|\boldsymbol{x}\|_1, \|\boldsymbol{x}\|_2, \|\boldsymbol{x}\|_\infty$ と全く同一となる．（$\|\boldsymbol{x}\|_{1,1}$ は $\boldsymbol{x}$ を写像と見なしたときの 1 ベクトルノルムに対応する演算子ノルムを表す．$\|\boldsymbol{x}\|_{2,2}, \|\boldsymbol{x}\|_{\infty,\infty}$ も同様.）

例 14.13 与えられた自然数 m, n に対して，$\mathbb{R}^{m \times n}$ または $\mathbb{C}^{m \times n}$ は mn 次元ベクトル空間を作る．明らかに $\{\boldsymbol{B}_{11}, \ldots, \boldsymbol{B}_{pq}, \ldots \boldsymbol{B}_{mn}\}$ は基底の一例である．ただし，$\boldsymbol{B}_{pq}$ は (p, q) 成分のみが 1，その他の成分がすべて 0 に等しい行列とする．そして $\boldsymbol{A} = \left[a_{ij}\right]$ に対して

$$\|\boldsymbol{A}\|_{(1)} \equiv \sum_{i,j=1}^{m,n} |a_{ij}|, \quad \|\boldsymbol{A}\|_F \equiv \Big(\sum_{i,j=1}^{m,n} |a_{ij}|^2 \Big)^{1/2}, \quad \|\boldsymbol{A}\|_{(\infty)} \equiv \max_{i,j} |a_{ij}|$$

はすべて $\mathbb{R}^{m\times n}$ または $\mathbb{C}^{m\times n}$ 上のノルムを表す．とくに $\|\cdot\|_F$ は**フロベニウスノルム** (Frobenius norm) と呼ばれる．これはベクトルノルムの単純な拡張に過ぎない．これらはすべて同値であるから（定理 14.7），「与えられた行列の列 $\{\boldsymbol{A}_k\}$ の任意かつ特定の行列ノルム $\|\cdot\|$ に関する収束 $\|\boldsymbol{A}_k - \boldsymbol{A}\| \to 0$ と，成分ごとの収束 $a_{ij}^{(k)} \to a_{ij}$ $(i = 1, \ldots, m,\ j = 1, \ldots, n)$ とは同値である」．

14.6　演算子ノルムの性質

演算子ノルムは応用上多用される．この節では，演算子ノルムの重要な性質を学ぶ．

定理 14.14　次の諸性質が成立する．

(I) $\boldsymbol{A}, \boldsymbol{B}$ を有限次元ノルム空間 X からノルム空間 Y への線形写像とし，与えられたベクトルノルム $\|\cdot\|$ に対応する演算子ノルムを同じ記号 $\|\cdot\|$ で表す．このとき，次の関係が成り立つ：

(1)　$\|\boldsymbol{A}\| \geqslant 0, \quad \|\boldsymbol{A}\| = 0 \Leftrightarrow \boldsymbol{A} = \boldsymbol{0},$

(2)　$\|c\boldsymbol{A}\| = |c| \cdot \|\boldsymbol{A}\|$　（c は任意のスカラーを表す）

(3)　$\|\boldsymbol{A} + \boldsymbol{B}\| \leqslant \|\boldsymbol{A}\| + \|\boldsymbol{B}\|$

(4)　$\|\boldsymbol{A}\boldsymbol{x}\| \leqslant \|\boldsymbol{A}\| \cdot \|\boldsymbol{x}\| \quad (\boldsymbol{x} \in X)$

(1), (2), (3) は演算子ノルムが実際にノルムの公理を満たすことを示す．

(II) X, Y, Z をノルム空間とし，X, Y は有限次元とする．$\boldsymbol{B} : X \to Y,\ \boldsymbol{A} : Y \to Z$ を線形写像とすれば

(5)　$\|\boldsymbol{A}\boldsymbol{B}\| \leqslant \|\boldsymbol{A}\| \cdot \|\boldsymbol{B}\|$

(III) $\boldsymbol{A}$ を有限次元ノルム空間 X からそれ自身への線形写像とすれば，$\boldsymbol{A}$ の任意の固有値 λ に対して $|\lambda| \leqslant \|\boldsymbol{A}\|$ が成り立つ．ここに，$\|\boldsymbol{A}\|$ は X 上の任意の演算子ノルムを表す．また $\boldsymbol{A}$ の固有値とは，$\boldsymbol{A}$ の（任意の）行列表現の固有値を表す（これは行列表現によらない量を表す）．

(IV) $\boldsymbol{B}$ を有限次元ノルム空間 X からそれ自身への線形写像とする．このとき，$\|\boldsymbol{B}\| < 1$ なら $(\boldsymbol{I} - \boldsymbol{B})^{-1}$ が存在し，$\|(\boldsymbol{I} - \boldsymbol{B})^{-1}\| \leqslant (1 - \|\boldsymbol{B}\|)^{-1}$ および $\|(\boldsymbol{I} + \boldsymbol{B})^{-1} - \boldsymbol{I}\| \leqslant \|\boldsymbol{B}\| / (1 - \|\boldsymbol{B}\|)$ が成り立つ．ここに，$\|\cdot\|$ は演算子ノルムを表す．

証明 (I)(1)：定義より $\|\boldsymbol{A}\| \geqslant 0$ は明らか．$\boldsymbol{A} = \boldsymbol{0}$ なら当然 $\|\boldsymbol{A}\| = 0$ である．逆に，$\|\boldsymbol{A}\| = 0$ なら，演算子ノルムの定義より，すべての $\boldsymbol{x} \neq \boldsymbol{0}$ に対して $\|\boldsymbol{A}(\boldsymbol{x}/\|\boldsymbol{x}\|)\| = 0$ が成り立つことになる．これはベクトルノルムの性質より，すべての $\boldsymbol{x} \neq \boldsymbol{0}$ に対して $\boldsymbol{A}\boldsymbol{x} = \boldsymbol{0}$ であること，すなわち，$\boldsymbol{A} = \boldsymbol{0}$ を表す．

(2)：これも演算子ノルムの定義からただちに従う．

(3)：任意の $\boldsymbol{x} \in X(\|\boldsymbol{x}\| = 1)$ に対して，$\|(\boldsymbol{A}+\boldsymbol{B})\boldsymbol{x}\| = \|\boldsymbol{A}\boldsymbol{x} + \boldsymbol{B}\boldsymbol{x}\| \leqslant \|\boldsymbol{A}\boldsymbol{x}\| + \|\boldsymbol{B}\boldsymbol{x}\| \leqslant \|\boldsymbol{A}\| + \|\boldsymbol{B}\|$．ここで，$\|\boldsymbol{x}\| = 1$ を満たすすべての $\boldsymbol{x}$ について sup をとれば，$\|\boldsymbol{A}+\boldsymbol{B}\| \leqslant \|\boldsymbol{A}\| + \|\boldsymbol{B}\|$ が得られる．

(4)：$\boldsymbol{x} = \boldsymbol{0}$ の場合は問題の不等式は明らかに成り立つ．$\boldsymbol{x} \neq \boldsymbol{0}$ なら $\|\boldsymbol{x}/\|\boldsymbol{x}\|\| = 1$ なので，$\|\boldsymbol{A}(\boldsymbol{x}/\|\boldsymbol{x}\|)\| \leqslant \|\boldsymbol{A}\|$ が成り立つことになる．これより $\|\boldsymbol{A}\boldsymbol{x}\| \leqslant \|\boldsymbol{A}\|\,\|\boldsymbol{x}\|$ が出る．

(II)：任意の $\boldsymbol{x} \in X$ $(\|\boldsymbol{x}\| = 1)$ に対して，(I)(4) により $\|\boldsymbol{A}\boldsymbol{B}\boldsymbol{x}\| = \|\boldsymbol{A}(\boldsymbol{B}\boldsymbol{x})\| \leqslant \|\boldsymbol{A}\|\,\|\boldsymbol{B}\boldsymbol{x}\| \leqslant \|\boldsymbol{A}\|\,\|\boldsymbol{B}\|$．ここで，$\|\boldsymbol{x}\| = 1$ を満たすすべての $\boldsymbol{x}$ に対して sup をとれば，$\|\boldsymbol{A}\boldsymbol{B}\| \leqslant \|\boldsymbol{A}\|\,\|\boldsymbol{B}\|$ が得られる．

(III)：(必ずしも行列とは限らない) 線形写像の固有値の復習から始める．$\dim X = n > 0$ とし，X の任意の基底 $\{\boldsymbol{b}_1, \ldots, \boldsymbol{b}_n\}$ をとり，任意の $\boldsymbol{x} \in X$ をこの基底で展開したものを $\boldsymbol{x} = x_1\boldsymbol{b}_1 + \cdots + x_n\boldsymbol{b}_n$ と書けば，$\boldsymbol{A}\boldsymbol{x} = x_1\boldsymbol{A}\boldsymbol{b}_1 + \cdots + x_n\boldsymbol{A}\boldsymbol{b}_n$ となる．ここで $\boldsymbol{A}\boldsymbol{b}_1, \ldots, \boldsymbol{A}\boldsymbol{b}_n \in X$ であるので，これらも同じ基底で展開し $\boldsymbol{A}\boldsymbol{b}_j = \sum_{i=1}^{n} a_{ij}\boldsymbol{b}_i$ $(j = 1, \ldots, n)$ と書けば，$\boldsymbol{A}\boldsymbol{x} = \sum_{j=1}^{n} x_j \sum_{i=1}^{n} a_{ij}\boldsymbol{b}_i = \sum_{i=1}^{n}(\sum_{j=1}^{n} a_{ij}x_j)\boldsymbol{b}_i$ となる．以上の計算は形式的な行列積の形に書ける：

$$
\begin{aligned}
\boldsymbol{x} &= [\boldsymbol{b}_1, \ldots, \boldsymbol{b}_n]\begin{bmatrix} x_1 \\ \vdots \\ x_n \end{bmatrix} \equiv [\boldsymbol{b}_1, \ldots, \boldsymbol{b}_n]\boldsymbol{x}_{\{\boldsymbol{b}_i\}} \\
\boldsymbol{A}\boldsymbol{x} &= [\boldsymbol{b}_1, \ldots, \boldsymbol{b}_n]\begin{bmatrix} a_{11} & \cdots & a_{1n} \\ \vdots & \ddots & \vdots \\ a_{n1} & \cdots & a_{nn} \end{bmatrix}\begin{bmatrix} x_1 \\ \vdots \\ x_n \end{bmatrix} \equiv [\boldsymbol{b}_1, \ldots, \boldsymbol{b}_n]\boldsymbol{A}_{\{\boldsymbol{b}_i\}}\boldsymbol{x}_{\{\boldsymbol{b}_i\}}
\end{aligned}
\tag{14.8}
$$

$\boldsymbol{A}$ の固有値とは，特定の基底 $\{\boldsymbol{b}_1, \ldots, \boldsymbol{b}_n\}$ に関する行列表現 $\boldsymbol{A}_{\{\boldsymbol{b}_i\}}$ の固有値と定義する．このいい方が許されるためには，これらの固有値が基底 $\{\boldsymbol{b}_1, \ldots, \boldsymbol{b}_n\}$ の選び方に無関係であることを示す必要がある．実際，他の任意の基底 $\{\boldsymbol{b}'_1, \ldots, \boldsymbol{b}'_n\}$ をとれ

ば, これらの基底の間には適当な可逆行列 $\boldsymbol{V}$ を介して $[\boldsymbol{b}'_1, \ldots, \boldsymbol{b}'_n] = [\boldsymbol{b}_1, \ldots, \boldsymbol{b}_n]\boldsymbol{V}$（これも形式的な行列積形）なる関係がある．これより，$\boldsymbol{x}$, $\boldsymbol{A}$ の基底 $\{\boldsymbol{b}'_1, \ldots, \boldsymbol{b}'_n\}$ に関する行列表現は

$$
\begin{aligned}
\boldsymbol{x} &= [\boldsymbol{b}'_1, \ldots, \boldsymbol{b}'_n]\,\boldsymbol{V}^{-1}\boldsymbol{x}_{\{\boldsymbol{b}_i\}} = [\boldsymbol{b}'_1, \ldots, \boldsymbol{b}'_n]\,\boldsymbol{x}_{\{\boldsymbol{b}'_i\}}, \\
\boldsymbol{A}\boldsymbol{x} &= [\boldsymbol{b}'_1, \ldots, \boldsymbol{b}'_n]\,(\boldsymbol{V}^{-1}\boldsymbol{A}_{\{\boldsymbol{b}_i\}}\boldsymbol{V})\,\boldsymbol{x}_{\{\boldsymbol{b}'_i\}} \\
&\equiv [\boldsymbol{b}'_1, \ldots, \boldsymbol{b}'_n]\,\boldsymbol{A}_{\{\boldsymbol{b}'_i\}}\boldsymbol{x}_{\{\boldsymbol{b}'_i\}}.
\end{aligned}
\tag{14.9}
$$

これより，2 つの行列表現は互いに相似の関係にあることがわかる：

$$
\boldsymbol{A}_{\{\boldsymbol{b}'_i\}} = \boldsymbol{V}^{-1}\boldsymbol{A}_{\{\boldsymbol{b}_i\}}\boldsymbol{V} \tag{14.10}
$$

したがって，2 つの行列表現は固有値を共有する．

さて，行列の固有値—固有ベクトルの関係から，$\boldsymbol{A}$ の任意の固有値 λ に対して $\boldsymbol{A}\boldsymbol{x} = \lambda\boldsymbol{x}$ を満たす固有ベクトル $\boldsymbol{x} \neq \boldsymbol{0}$ $(\boldsymbol{x} \in X)$ が存在することがわかる．λ に対応する固有ベクトル $\boldsymbol{x}$ を $\|\boldsymbol{x}\| = 1$ を満たすようにとれば，$\|\boldsymbol{A}\| \geqslant \|\boldsymbol{A}\boldsymbol{x}\| = \|\lambda\boldsymbol{x}\| = |\lambda|\,\|\boldsymbol{x}\| = |\lambda|$ が出る．

(IV)：$\|\boldsymbol{B}\| < 1$ なら，$\boldsymbol{B}$ の任意の固有値 λ は前項により $|\lambda| \leqslant \|\boldsymbol{B}\| < 1$ を満たす．$\boldsymbol{I} - \boldsymbol{B}$ の固有値は，その行列表現から必ず $1 - \lambda$ の形であるから，0 とはならない．ゆえに，$(\boldsymbol{I} - \boldsymbol{B})^{-1}$ は確かに存在する．$(\boldsymbol{I} - \boldsymbol{B})(\boldsymbol{I} - \boldsymbol{B})^{-1} = \boldsymbol{I}$ より，

$$
(\dagger) \qquad (\boldsymbol{I} - \boldsymbol{B})^{-1} = \boldsymbol{I} + \boldsymbol{B}(\boldsymbol{I} - \boldsymbol{B})^{-1}
$$

だから，ノルムをとれば，

$$
\left\|(\boldsymbol{I} - \boldsymbol{B})^{-1}\right\| \leqslant \|\boldsymbol{I}\| + \left\|\boldsymbol{B}(\boldsymbol{I} - \boldsymbol{B})^{-1}\right\| \leqslant 1 + \|\boldsymbol{B}\|\,\left\|(\boldsymbol{I} - \boldsymbol{B})^{-1}\right\|
$$

が得られる．これを $\|(\boldsymbol{I} - \boldsymbol{B})^{-1}\|$ について解けば $\|(\boldsymbol{I} - \boldsymbol{B})^{-1}\| \leqslant 1/(1 - \|\boldsymbol{B}\|)$ が出る．また，(†) 式を $(\boldsymbol{I} - \boldsymbol{B})^{-1} - \boldsymbol{I} = \boldsymbol{B}(\boldsymbol{I} - \boldsymbol{B})^{-1}$ と変形し，ノルムをとれば，$\|(\boldsymbol{I} - \boldsymbol{B})^{-1} - \boldsymbol{I}\| \leqslant \|\boldsymbol{B}\|\,/(1 - \|\boldsymbol{B}\|)$ が得られる．固有値を使わない証明法については腕試し問題 14.2 を参照せよ．■

14.7　演算子ノルムの応用例

本節では前節までの結果を利用し，ノルムの応用例を学ぶ．

例 14.15 $\boldsymbol{A}, \boldsymbol{B} \in \mathbb{R}^{n\times n}$（または $\mathbb{C}^{n\times n}$）とし，$\boldsymbol{A}$ は可逆行列とする．$\|\boldsymbol{A}^{-1}\boldsymbol{B}\| < 1$ なら，$\boldsymbol{A}+\boldsymbol{B}$ も可逆行列を表し，

(1) $\|(\boldsymbol{A}+\boldsymbol{B})^{-1}\| \leqslant \|\boldsymbol{A}^{-1}\|/(1-\|\boldsymbol{A}^{-1}\boldsymbol{B}\|)$

(2) $\|(\boldsymbol{A}+\boldsymbol{B})^{-1}-\boldsymbol{A}^{-1}\| \leqslant \|\boldsymbol{B}\|\,\|\boldsymbol{A}^{-1}\|^2/(1-\|\boldsymbol{A}^{-1}\boldsymbol{B}\|)$

が成り立つ．ここに $\|\cdot\|$ は任意の演算子ノルムを表す．

証明 $\boldsymbol{A}=\boldsymbol{I}$ の場合は定理 14.14 (IV) で証明済みである．これを応用すれば (1), (2) が得られる．実際, $\boldsymbol{A}+\boldsymbol{B}=\boldsymbol{A}(\boldsymbol{I}+\boldsymbol{A}^{-1}\boldsymbol{B})$ ゆえ, $(\boldsymbol{A}+\boldsymbol{B})^{-1}=(\boldsymbol{I}+\boldsymbol{A}^{-1}\boldsymbol{B})^{-1}\boldsymbol{A}^{-1}$ ($\because$ 仮定 $\|\boldsymbol{A}^{-1}\boldsymbol{B}\|<1$ と定理 14.14 (IV) により $(\boldsymbol{I}+\boldsymbol{A}^{-1}\boldsymbol{B})^{-1}$ が存在する)．ノルムをとり定理 14.14 (III), (IV) を利用すれば (1) 式が出る．

次に，$\boldsymbol{I}=(\boldsymbol{A}+\boldsymbol{B})(\boldsymbol{A}+\boldsymbol{B})^{-1}=\boldsymbol{A}(\boldsymbol{I}+\boldsymbol{A}^{-1}\boldsymbol{B})(\boldsymbol{A}+\boldsymbol{B})^{-1}$ より $\boldsymbol{A}^{-1}=(\boldsymbol{I}+\boldsymbol{A}^{-1}\boldsymbol{B})(\boldsymbol{A}+\boldsymbol{B})^{-1}=(\boldsymbol{A}+\boldsymbol{B})^{-1}+\boldsymbol{A}^{-1}\boldsymbol{B}(\boldsymbol{A}+\boldsymbol{B})^{-1}$．これより $\boldsymbol{A}^{-1}-(\boldsymbol{A}+\boldsymbol{B})^{-1}=\boldsymbol{A}^{-1}\boldsymbol{B}(\boldsymbol{A}+\boldsymbol{B})^{-1}=\boldsymbol{A}^{-1}\boldsymbol{B}(\boldsymbol{I}+\boldsymbol{A}^{-1}\boldsymbol{B})^{-1}\boldsymbol{A}^{-1}$ が出る．ノルムをとり，再び定理 14.14 (III), (IV) を使えば，(2) 式が得られる． ■

例 14.16［バワー・ファイクの定理 **(Bauer-Fike theorem)**］ $\boldsymbol{A} \in \mathbb{C}^{n\times n}$ を対角化可能な行列とし，$\boldsymbol{X}^{-1}\boldsymbol{A}\boldsymbol{X}=\mathrm{diag}\,(\lambda_1, \ldots, \lambda_n) \equiv \boldsymbol{D}$ とする．$\boldsymbol{B} \in \mathbb{C}^{n\times n}$ とし，$\boldsymbol{A}+\boldsymbol{B}$ の任意かつ特定の固有値を μ とすれば，

$$\min_i |\mu-\lambda_i| \leqslant \|\boldsymbol{X}\|\,\|\boldsymbol{X}^{-1}\|\,\|\boldsymbol{B}\|$$

が成り立つ．ここに $\|\cdot\|$ は対角行列のノルムが対角成分の絶対値最大値を与えるような演算子ノルム（例：$\|\cdot\|_1, \|\cdot\|_2, \|\cdot\|_\infty$）を表すものとする．上式の右辺は $\boldsymbol{B}$ のみならず，$\boldsymbol{X}$ にも依存することに注意せよ．数 $\|\boldsymbol{X}\|\,\|\boldsymbol{X}^{-1}\| \equiv \mathrm{cond}(\boldsymbol{X})$ は $\boldsymbol{X}$ の**条件数** (condition number) と呼ばれ，誤差解析によく出てくる量である (12.7 節で出てきている)．また, 上式はエルミート行列の固有値単調定理 (9.2 節, 定理 9.2)「エルミート行列 $\boldsymbol{A}, \boldsymbol{B}, \boldsymbol{C}$ が $\boldsymbol{A}+\boldsymbol{B}=\boldsymbol{C}$ を満たせば,

$$\alpha_i+\beta_1 \leqslant \gamma_i \leqslant \alpha_i+\beta_n \quad (i=1, \ldots, n)$$

ここに $\alpha_1 \leqslant \cdots \leqslant \alpha_n, \beta_1 \leqslant \cdots \leqslant \beta_n, \gamma_1 \leqslant \cdots \leqslant \gamma_n$ は $\boldsymbol{A}, \boldsymbol{B}, \boldsymbol{C}$ の固有値を表す」にくらべると弱い結果である．

証明 定理 14.14 (IV) を使うと簡単である．まず，$\mu \neq \lambda_i$ $(i=1, \ldots, n)$ と仮定してよい．すると

$$0 = \det(\boldsymbol{A}+\boldsymbol{B}-\mu\boldsymbol{I}) = \det \boldsymbol{X}^{-1}(\boldsymbol{A}+\boldsymbol{B}-\mu\boldsymbol{I})\boldsymbol{X} = \det\{(\boldsymbol{D}-\mu\boldsymbol{I})+\boldsymbol{X}^{-1}\boldsymbol{B}\boldsymbol{X}\}.$$

ところが $\mu \neq \lambda_i$ $(i = 1, \ldots, n)$ なので，$\boldsymbol{D}-\mu\boldsymbol{I}$ は可逆行列を表す．ゆえに，$\det(\boldsymbol{I}+(\boldsymbol{D}-\mu\boldsymbol{I})^{-1}\boldsymbol{X}^{-1}\boldsymbol{B}\boldsymbol{X}) = 0$. これを定理 14.14 (IV) に照らすと，これは $1 \leqslant \|(\boldsymbol{D}-\mu\boldsymbol{I})^{-1}\boldsymbol{X}^{-1}\boldsymbol{B}\boldsymbol{X}\|$ を意味する．定理 14.14 (II) とノルムに関する仮定を使うと，

$$\begin{aligned}1 &\leqslant \|(\boldsymbol{D}-\mu\boldsymbol{I})^{-1}\boldsymbol{X}^{-1}\boldsymbol{B}\boldsymbol{X}\| \leqslant \|(\boldsymbol{D}-\mu\boldsymbol{I})^{-1}\|\,\|\boldsymbol{X}^{-1}\|\,\|\boldsymbol{B}\|\,\|\boldsymbol{X}\| \\ &= \frac{\|\boldsymbol{X}\|\,\|\boldsymbol{X}^{-1}\|\,\|\boldsymbol{B}\|}{\min\limits_i |\mu-\lambda_i|}.\end{aligned}$$

分母を払えば証明すべき不等式が得られる．　■

例 14.17 ［行列方程式の解の摂動問題（**12.6** 節の結果の一般化）］　$\boldsymbol{A}, \Delta\boldsymbol{A} \in \mathbb{R}^{n\times n}$（または $\mathbb{C}^{n\times n}$），$\boldsymbol{b}, \Delta\boldsymbol{b} \in \mathbb{R}^n$（または $\mathbb{C}^n$）を与えられた行列とし，$\boldsymbol{A}$ は可逆行列，与えられたベクトルノルムと演算子ノルムを同じ記号 $\|\cdot\|$ で表すものとし，$\|\boldsymbol{A}^{-1}\|\,\|\Delta\boldsymbol{A}\| < 1$ とする．すると，$\boldsymbol{A}+\Delta\boldsymbol{A} = \boldsymbol{A}(\boldsymbol{I}+\boldsymbol{A}^{-1}\Delta\boldsymbol{A})$ も可逆行列となる ($\because$ $\|\boldsymbol{A}^{-1}\Delta\boldsymbol{A}\| \leqslant \|\boldsymbol{A}^{-1}\|\,\|\Delta\boldsymbol{A}\| < 1$). そこで方程式 $\boldsymbol{A}\boldsymbol{x} = \boldsymbol{b}$ と $(\boldsymbol{A}+\Delta\boldsymbol{A})(\boldsymbol{x}+\Delta\boldsymbol{x}) = \boldsymbol{b}+\Delta\boldsymbol{b}$ の解の差 $\Delta\boldsymbol{x}$ を評価してみよう．ここに $\boldsymbol{x}, \boldsymbol{x}+\Delta\boldsymbol{x} \in \mathbb{R}^n$（または $\mathbb{C}^n$）である．辺々相引けば，単純な計算で $\Delta\boldsymbol{x} = (\boldsymbol{I}+\boldsymbol{A}^{-1}\Delta\boldsymbol{A})^{-1}\boldsymbol{A}^{-1}(\Delta\boldsymbol{b}-\Delta\boldsymbol{A}\boldsymbol{x})$ が出る．これまでにもよく使ったノルムの性質を使うと

$$\begin{aligned}\frac{\|\Delta\boldsymbol{x}\|}{\|\boldsymbol{x}\|} &\leqslant \frac{\|\boldsymbol{A}\|\,\|\boldsymbol{A}^{-1}\|}{1-\|\boldsymbol{A}^{-1}\Delta\boldsymbol{A}\|}\left(\frac{\|\Delta\boldsymbol{b}\|}{\|\boldsymbol{A}\|\,\|\boldsymbol{x}\|}+\frac{\|\Delta\boldsymbol{A}\|}{\|\boldsymbol{A}\|}\right) \\ &\leqslant \frac{\|\boldsymbol{A}\|\,\|\boldsymbol{A}^{-1}\|}{1-\|\boldsymbol{A}^{-1}\|\,\|\Delta\boldsymbol{A}\|}\left(\frac{\|\Delta\boldsymbol{b}\|}{\|\boldsymbol{b}\|}+\frac{\|\Delta\boldsymbol{A}\|}{\|\boldsymbol{A}\|}\right) \\ &\quad (\text{ここに}\boldsymbol{A}\boldsymbol{x} = \boldsymbol{b}\text{より } \|\boldsymbol{A}\|\,\|\boldsymbol{x}\| \geqslant \|\boldsymbol{b}\|).\end{aligned}$$

すなわち，

$$\frac{\|\Delta\boldsymbol{x}\|}{\|\boldsymbol{x}\|} \leqslant \frac{\operatorname{cond}(\boldsymbol{A})}{1-\operatorname{cond}(\boldsymbol{A})\frac{\|\Delta\boldsymbol{A}\|}{\|\boldsymbol{A}\|}}\left(\frac{\|\Delta\boldsymbol{A}\|}{\|\boldsymbol{A}\|}+\frac{\|\Delta\boldsymbol{b}\|}{\|\boldsymbol{b}\|}\right).$$

ここに，$\operatorname{cond}(\boldsymbol{A}) = \|\boldsymbol{A}\|\,\|\boldsymbol{A}^{-1}\|$ は例 14.16 にも出てきた条件数である．この式を見ると，$\operatorname{cond}(\boldsymbol{A})\,\|\Delta\boldsymbol{A}\|\,/\,\|\boldsymbol{A}\|$ が 1 に比べて小さければ「データの相対的変動の和のほぼ $\boldsymbol{A}$ の条件数倍が解の相対的変動として表れ得る」ことがわかる．ゆえに，条件数が大きければ，データの小さな変動が大きな解の相対的変動を起こし得る

ことになる．このようなわけで，係数行列の条件数が大きい方程式は**悪条件である** (ill-conditioned) と呼ばれる．ただし，次のような例もあることに注意せよ：

$\boldsymbol{A} = \mathrm{diag}\,(1, 2^{-1}, \ldots, 2^{-n+1})$ の場合は，$\boldsymbol{A}$ の p ノルム ($p = 1, 2, \infty$) 条件数はいずれも 2^{n-1} だから，n が大きければいくらでも大きくなるが，$\boldsymbol{A}(\boldsymbol{x}+\Delta\boldsymbol{x}) = \boldsymbol{b}+\Delta\boldsymbol{b}$ ($\Delta\boldsymbol{A} = \boldsymbol{0}$ としている) は厳密に解けるから，上の誤差評価式は悲観的過ぎることになる．

条件数の推定は数値計算の上で大事な話題であるが，ここでは参考のため 2×2 行列の条件数の例を挙げるにとどめよう：実際，$\boldsymbol{A} = \begin{bmatrix} a & b \\ c & d \end{bmatrix}$ $(ad - bc \neq 0)$ の ∞-条件数は，簡単な計算によって

$$\mathrm{cond}(\boldsymbol{A}) = \|\boldsymbol{A}\|_\infty \left\|\boldsymbol{A}^{-1}\right\|_\infty = \frac{\max\{|a| + |b|, |c| + |d|\} \max\{|b| + |d|, |a| + |c|\}}{|ad - bc|}.$$

14.8 ハーン・バナハの定理

次に述べる線形汎関数の拡大定理を**ハーン・バナハの定理** (Hahn-Banach theorem) という：

定理 14.18 [**ハーン・バナハの定理**] 与えられた実または複素有限次元ノルム空間 X の部分空間 M 上で定義された（有界）線形汎関数 f，すなわち，M から対応するスカラー全体への線形写像 f は，その演算子ノルムの値を不変に保ちつつ，X 上で定義された線形汎関数 f_0 にまで拡大できる．すなわち，M 上で $f_0 = f$ かつ $\|f_0\| = \|f\|$ を満たす X 上の線形汎関数 f_0 が存在する．ここに

$$\|f_0\| = \max\{|f_0(\boldsymbol{x})| : \|\boldsymbol{x}\| = 1, \boldsymbol{x} \in X\},$$
$$\|f\| = \max\{|f(\boldsymbol{x})| : \|\boldsymbol{x}\| = 1, \boldsymbol{x} \in M\}.$$

注意 この定理は X が無限次元であってもこのままの形で成立するが，特殊な論法（**ツォルンの補題** (Zorn's lemma)）を必要とするため，ここでは X を有限次元としている．このため，X 上の線形汎関数は自動的に有界となる（14.4 節）．X が無限次元の場合，この定理が意味を持つためには f の有界性を陽に仮定する必要がある．

証明 以下の証明は，G. F. Simmons [9, §48, pp.226–229] によるものを有限次元の場合に特化したものである．解析学からの予備知識は，これまで通り，実数と

複素数の完備性のみである．

$M=\{\mathbf{0}\}$ なら，M 上の線形汎関数は $f=\mathbf{0}$ のみだから，$f_0=\mathbf{0}$ とすればよい．そこで，M を $\{\mathbf{0}\}$ でない真部分空間，f を M 上で定義された線形汎関数とし，$\|f\|=1$ と仮定しておく．こう仮定しても一般性が失われないことは明らかである．証明の核心部分は次に述べる補題である：

補題 14.19　$\boldsymbol{x}_0 \notin M$ とすれば，f は $M_0 \equiv M+\mathrm{span}\{\boldsymbol{x}_0\}$ 上で定義された，$\|f_0\|=1$ を満たす線形汎関数 f_0 に拡大できる．

X は有限次元としているから，補題の手続きを有限回繰り返せば f を X 上全体まで拡大できることは明らかである．ゆえに，補題を証明すれば定理の証明が済むことになる（X が無限次元の場合は，この補題と先ほど言及した「ツォルンの補題」が必要となる）．

補題の証明：以下の証明は X が有限次元でも無限次元でも成り立つ．X が実ノルム空間である場合をまず扱い，その結果を複素ノルム空間の場合に拡張する．

(A) X が実ノルム空間の場合：M_0 内の任意ベクトルは，一意的に $\boldsymbol{x}+\alpha\boldsymbol{x}_0$（$\alpha$ は実数，$\boldsymbol{x}\in M$）の形に表せる．ゆえに，f_0 が f を M_0 上に拡大した線形汎関数を表すための必要十分条件は $f_0(\boldsymbol{x}+\alpha\boldsymbol{x}_0)=f_0(\boldsymbol{x})+\alpha f_0(\boldsymbol{x}_0)=f(\boldsymbol{x})+\alpha r_0$ の形を持つことである．ここに $r_0\equiv f_0(\boldsymbol{x}_0)$（実数！）としている．残る問題は，$r_0$ の値をどう選べば $\|f_0\|\leqslant 1$ が満たされるかだけである（$\because$ すでに $\|f\|=1$ であるから，$\|f_0\|\leqslant 1$ は $\|f_0\|=1$ を意味する）．

さて，f_0 の形から

$$\|f_0\|\leqslant 1$$
$$\Leftrightarrow \text{任意の } \boldsymbol{x}\in M,\ \text{任意の実数 } \alpha\neq 0 \text{ に対して}$$
$$|f(\boldsymbol{x})+\alpha r_0|\leqslant\|\boldsymbol{x}+\alpha\boldsymbol{x}_0\|$$
$$\Leftrightarrow \text{任意の } \boldsymbol{x}\in M,\ \text{任意の実数 } \alpha\neq 0 \text{ に対して}$$
$$(\dagger)\qquad -\|\boldsymbol{x}+\alpha\boldsymbol{x}_0\|\leqslant f(\boldsymbol{x})+\alpha r_0\leqslant\|\boldsymbol{x}+\alpha\boldsymbol{x}_0\|$$
$$\Leftrightarrow \text{任意の } \boldsymbol{x}\in M,\ \text{任意の実数 } \alpha\neq 0 \text{ に対して}$$
$$-f(\boldsymbol{x})-\|\boldsymbol{x}+\alpha\boldsymbol{x}_0\|\leqslant\alpha r_0\leqslant -f(\boldsymbol{x})+\|\boldsymbol{x}+\alpha\boldsymbol{x}_0\|$$
$$\Leftrightarrow \text{任意の } \boldsymbol{x}\in M,\ \text{任意の実数 } \alpha\neq 0 \text{ に対して}$$
$$-f(\tfrac{\boldsymbol{x}}{\alpha})-\|\tfrac{\boldsymbol{x}}{\alpha}+\boldsymbol{x}_0\|\leqslant r_0\leqslant -f(\tfrac{\boldsymbol{x}}{\alpha})+\|\tfrac{\boldsymbol{x}}{\alpha}+\boldsymbol{x}_0\|$$

（最後の同値性は，$\alpha>0,\ \alpha<0$ の場合に分けて検算されよ）．

この最後の条件を満たす r_0 が存在することを次に示す．実際，任意の $\boldsymbol{x}_1, \boldsymbol{x}_2 \in M$ に対して，

$$\begin{aligned} f(\boldsymbol{x}_2) - f(\boldsymbol{x}_1) &= f(\boldsymbol{x}_2 - \boldsymbol{x}_1) \leqslant |f(\boldsymbol{x}_2 - \boldsymbol{x}_1)| \leqslant \|\boldsymbol{x}_2 - \boldsymbol{x}_1\| \quad (\because \|f\| = 1) \\ &= \|(\boldsymbol{x}_2 + \boldsymbol{x}_0) - (\boldsymbol{x}_1 + \boldsymbol{x}_0)\| \leqslant \|\boldsymbol{x}_2 + \boldsymbol{x}_0\| + \|\boldsymbol{x}_1 + \boldsymbol{x}_0\|. \end{aligned}$$

ゆえに $-f(\boldsymbol{x}_1) - \|\boldsymbol{x}_1 + \boldsymbol{x}_0\| \leqslant -f(\boldsymbol{x}_2) + \|\boldsymbol{x}_2 + \boldsymbol{x}_0\|$.

$\boldsymbol{x}_1$ を固定し，すべての $\boldsymbol{x}_2 \in M$ に対応する右辺の値の集合の下限をとれば，

$$-f(\boldsymbol{x}_1) - \|\boldsymbol{x}_1 + \boldsymbol{x}_0\| \leqslant \inf\{-f(\boldsymbol{x}_2) + \|\boldsymbol{x}_2 + \boldsymbol{x}_0\| : \boldsymbol{x}_2 \in M\}$$

となる．この関係はすべての $\boldsymbol{x}_1 \in M$ に対して成り立つから，左辺の上限をとれば

$$\begin{aligned} a &\equiv \sup\{-f(\boldsymbol{x}_1) - \|\boldsymbol{x}_1 + \boldsymbol{x}_0\| : \boldsymbol{x}_1 \in M\} \\ &\leqslant \inf\{-f(\boldsymbol{x}_2) + \|\boldsymbol{x}_2 + \boldsymbol{x}_0\| : \boldsymbol{x}_2 \in M\} \equiv b \end{aligned}$$

が得られる．ゆえに，r_0 を $a \leqslant r_0 \leqslant b$ を満たすように選べば，同値関係 (†) の最後の主張が成立することがわかる．

(B) X が複素ノルム空間の場合：f は複素数値をとる関数であるから，実部と虚部を g, h とし，$f(\boldsymbol{x}) = g(\boldsymbol{x}) + i \cdot h(\boldsymbol{x})$ と書くことにする．λ, μ を任意の実数とすれば，任意の $\boldsymbol{u}, \boldsymbol{v} \in M$ に対して，

$$\begin{aligned} g(\lambda\boldsymbol{u} + \mu\boldsymbol{v}) + ih(\lambda\boldsymbol{u} + \mu\boldsymbol{v}) &= f(\lambda\boldsymbol{u} + \mu\boldsymbol{v}) = \lambda f(\boldsymbol{u}) + \mu f(\boldsymbol{v}) \\ &= \lambda g(\boldsymbol{u}) + \mu g(\boldsymbol{v}) + i\{\lambda h(\boldsymbol{u}) + \mu h(\boldsymbol{v})\}. \end{aligned}$$

（λ, μ は実数ゆえ）実部を等置すれば，$g(\lambda\boldsymbol{u} + \mu\boldsymbol{v}) = \lambda g(\boldsymbol{u}) + \mu g(\boldsymbol{v})$ が得られる．すなわち，スカラーを実数に限定すれば，g はノルム空間 X 上で定義された実線形汎関数と見なせる．そこで (A) の結果を利用して，g を M_0 上に拡大し，これを g_0（実線形汎関数）と呼ぼう．ただし，$\|g_0\| = \|g\|$. $|g(\boldsymbol{x})| \leqslant |f(\boldsymbol{x})| \leqslant \|f\| = 1$ であるので，確かに $\|g\| \leqslant 1$．したがって $\|g_0\| \leqslant 1$.

次に，$g(i\boldsymbol{x}) + ih(i\boldsymbol{x}) = f(i\boldsymbol{x}) = if(\boldsymbol{x}) = i\{g(\boldsymbol{x}) + ih(\boldsymbol{x})\} = ig(\boldsymbol{x}) - h(\boldsymbol{x})$ から $h(\boldsymbol{x}) = -g(i\boldsymbol{x})$ が出る．したがって $f(\boldsymbol{x}) = g(\boldsymbol{x}) - ig(i\boldsymbol{x})$．そこで，$f_0(\boldsymbol{x}') = g_0(\boldsymbol{x}') - ig_0(i\boldsymbol{x}')$ $(\boldsymbol{x}' \in M_0)$ によって f_0 を定義すると，これが，$\|f_0\| = 1$ を満たしつつ，f を M_0 上に拡大した線形汎関数となっていることを示そう．実際，直前の計算から f と f_0 の値は M 上で一致していることがわかる．しかも g_0 の性質から，

- 任意の $\boldsymbol{x}', \boldsymbol{x}'' \in M_0$ に対して，$f_0(\boldsymbol{x}'+\boldsymbol{x}'') = f_0(\boldsymbol{x}') + f_0(\boldsymbol{x}'')$,
- 任意の実数 α に対して，$f_0(\alpha\boldsymbol{x}') = \alpha f_0(\boldsymbol{x}')$

が成り立つことがわかる．そして，後者の関係がたとえ α が複素数であっても成り立つことは，次の計算で検証できる：まず

$$\begin{aligned} f_0(i\boldsymbol{x}') &= g_0(i\boldsymbol{x}') - ig_0(i\cdot i\boldsymbol{x}') = i\{-g_0(-\boldsymbol{x}') - ig_0(i\boldsymbol{x}')\} \\ &= if_0(\boldsymbol{x}') \quad (\because g_0(-\boldsymbol{x}') = -g_0(\boldsymbol{x}')). \end{aligned}$$

ゆえに，任意の実数 λ, μ に対して

$$\begin{aligned} f_0((\lambda+i\mu)\boldsymbol{x}') &= f_0(\lambda\boldsymbol{x}') + f_0(i\cdot\mu\boldsymbol{x}') = \lambda f_0(\boldsymbol{x}') + if_0(\mu\boldsymbol{x}') \\ &= \lambda f_0(\boldsymbol{x}') + i\mu f_0(\boldsymbol{x}') = (\lambda+i\mu)f_0(\boldsymbol{x}'). \end{aligned}$$

以上により，f_0 は f を M_0 上に拡大した線形汎関数であることがわかる．

残るは $\|f_0\| = 1$ を示すのみである．これを示すには，$\|\boldsymbol{x}'\| = 1$ を満たすすべての $\boldsymbol{x}' \in M_0$ に対して，$|f_0(\boldsymbol{x}')| \leqslant 1$ が成立することを示せば十分である（$\because$ f_0 は f を M_0 上に拡大した線形汎関数であるから，$\|f_0\| \geqslant \|f\| = 1$ はすでにわかっている）．実際，$\boldsymbol{x}' \in M_0$, $\|\boldsymbol{x}'\| = 1$, $f_0(\boldsymbol{x}') = re^{i\theta}$（極表示）とすれば，$|f_0(\boldsymbol{x}')| = r = e^{-i\theta}f_0(\boldsymbol{x}') = f_0(e^{-i\theta}\boldsymbol{x}') = g_0(e^{-i\theta}\boldsymbol{x}')$（$\because$ $f_0(e^{-i\theta}\boldsymbol{x}')$ は実数！）であるので，

$$|f_0(\boldsymbol{x}')| = \left|g_0(e^{-i\theta}\boldsymbol{x}')\right| \leqslant \|g_0\| \left\|e^{-i\theta}\boldsymbol{x}'\right\| \leqslant 1\cdot\left|e^{-i\theta}\right| \|\boldsymbol{x}'\| = \|\boldsymbol{x}'\| = 1.$$

この計算から f_0 はすべての実数値をとり，f_0 のノルム値はその実部のノルム値に等しいことがわかる！ ■

以上の証明をみると，各ステップは単純だが，構成は巧妙である．複素汎関数の扱いに複素数の性質が巧みに使われていて，彼らのいう"slick proof" の好例といえる．証明の複雑さはこの定理のパワーを暗示している．ハーン・バナハの定理の応用では，以下（定理 14.20，定理 14.21）の形をとることが多い．

定理 14.20　X を有限次元ノルム空間とすれば，任意の $\boldsymbol{0} \neq \boldsymbol{x}_0 \in X$ に対して $f_0(\boldsymbol{x}_0) = \|\boldsymbol{x}_0\|$ かつ $\|f_0\| = 1$ を満たす線形汎関数 f_0 が存在する．

証明　定理 14.18 おいて $M = \mathrm{span}\,\{\boldsymbol{x}_0\}$ ととり，$f(\alpha\boldsymbol{x}_0) = \alpha\,\|\boldsymbol{x}_0\|$ によって線形汎関数 f を定義すれば，明らかに $f(\boldsymbol{x}_0) = \|\boldsymbol{x}_0\|$ かつ $\|f\| = 1$ が成り立つ．する

と，ハーン・バナハの定理により，f は要求される性質を持つ X 上の線形汎関数に拡大できる． ■

注意 X を有限次元としているから，$\|f_0\| = 1$ を満たす任意の線形汎関数 f_0 に対して $f_0(\boldsymbol{x}_0) = \|\boldsymbol{x}_0\|$ を満たす $\boldsymbol{x}_0 \neq \boldsymbol{0}$ が存在することはわかっている（14.4 節）．定理 14.20 は，この双対問題も真であることをいっている．定理 14.20 は実は X が無限次元であっても成り立つ．

定理 14.21 $X = \mathbb{R}^n$ または $\mathbb{C}^n$ の場合，与えられた $\boldsymbol{x}_0 \neq \boldsymbol{0}$ に対して，$|\boldsymbol{a}^{\mathrm{T}}\boldsymbol{x}_0| = \|\boldsymbol{x}_0\|$ かつ $\|\boldsymbol{a}^{\mathrm{T}}\| = 1$ を満たす $\boldsymbol{a} \in X$ が存在する．ここに $\|\boldsymbol{a}^{\mathrm{T}}\| = \max\{|\boldsymbol{a}^{\mathrm{T}}\boldsymbol{x}| : \|\boldsymbol{x}\| = 1\}$.

証明 定理 14.20 により $f_0(\boldsymbol{x}_0) = \|\boldsymbol{x}_0\|$ かつ $\|f_0\| = 1$ を満たす X 上の線形汎関数 f_0 が存在する．そして $\boldsymbol{a} = [f_0(\boldsymbol{e}_1), \ldots, f_0(\boldsymbol{e}_n)]^{\mathrm{T}}$（$\boldsymbol{e}_1, \ldots$ は単位ベクトル）とすれば，すべての $\boldsymbol{x} \in X$ に対して $f_0(\boldsymbol{x}) = \boldsymbol{a}^{\mathrm{T}}\boldsymbol{x}$ となる． ■

例 14.22 定理 14.21 における $X = \mathbb{R}^n$ または $\mathbb{C}^n$ 上のノルムを p ノルム ($1 \leqslant p \leqslant \infty$) とする．$\boldsymbol{b} \in X$ を与えられたベクトルとし（$\boldsymbol{x}_0$ をここでは $\boldsymbol{b}$ と書いている），定理 14.21 で存在を保証されている $\boldsymbol{a}^{\mathrm{T}}\boldsymbol{b} = \|\boldsymbol{b}\|$, $\|\boldsymbol{a}^{\mathrm{T}}\| = 1$ を満たす $\boldsymbol{a} = [a_1, \ldots, a_n]^{\mathrm{T}} \in X$ を示そう．

(a) $p = 1$ の場合

$\|\boldsymbol{a}^{\mathrm{T}}\|_1 = \max_i |a_i| = \|\boldsymbol{a}\|_\infty$ は既知である．$\boldsymbol{a}^{\mathrm{T}}\boldsymbol{b} = \|\boldsymbol{a}^{\mathrm{T}}\|_1 \|\boldsymbol{b}\|_1 = \|\boldsymbol{a}\|_\infty \|\boldsymbol{b}\|_1$ を満たす $\boldsymbol{a}$ の例は $a_1 = |b_1|/b_1, \ldots, a_n = |b_n|/b_n$ である（ただし，$b_i = 0$ なら $a_i = 0$ とおく）．検算：

$$\begin{aligned}\boldsymbol{a}^{\mathrm{T}}\boldsymbol{b} &= a_1 b_1 + \cdots + a_n b_n = (|b_1|/b_1)b_1 + \cdots + (|b_n|/b_n)b_n \\ &= |b_1| + \cdots + |b_n| = \|\boldsymbol{b}\|_1, \\ \|\boldsymbol{a}^{\mathrm{T}}\|_1 &= \max\{1, \cdots, 1\} = 1.\end{aligned}$$

(b) $p = \infty$ の場合

$\|\boldsymbol{a}^{\mathrm{T}}\|_\infty = |a_1| + \cdots + |a_n| = \|\boldsymbol{a}\|_1$ は既知である．$\boldsymbol{a}^{\mathrm{T}}\boldsymbol{b} = \|\boldsymbol{a}^{\mathrm{T}}\|_\infty \|\boldsymbol{b}\|_\infty = \|\boldsymbol{a}\|_1 \|\boldsymbol{b}\|_\infty$ を満たす $\boldsymbol{a}$ の例：$\|\boldsymbol{b}\|_\infty = \max_i |b_i| = b_k$ となる k を 1 つとり，$a_i = 0$ ($i \neq k$),

$a_k = \overline{b_k}/|b_k|$ とする．検算：

$$\boldsymbol{a}^{\mathrm{T}}\boldsymbol{b} = 0 + \cdots + 0 + (\overline{b_k}/|b_k|)b_k + 0 + \cdots + 0 = |b_k| = \|\boldsymbol{b}\|_\infty,$$
$$\|\boldsymbol{a}^{\mathrm{T}}\|_\infty = 0 + \cdots + 0 + 1 + 0 + \cdots + 0 = 1.$$

(c)　$1 < p < \infty$ の場合

問題 14.11 で示すように，$1 < p, q$, $1/p + 1/q = 1$ を満たす正数 p, q に対して $\|\boldsymbol{a}^{\mathrm{T}}\|_p \equiv \max\{|\boldsymbol{a}^{\mathrm{T}}\boldsymbol{x}| : \|\boldsymbol{x}\| = 1\} = \|\boldsymbol{a}\|_q = \left(|a_1|^q + \cdots + |a_n|^q\right)^{1/q}$ が成り立つ．$\boldsymbol{a}^{\mathrm{T}}\boldsymbol{b} = \|\boldsymbol{a}^{\mathrm{T}}\|_p \|\boldsymbol{b}\|_p = \|\boldsymbol{a}\|_q \|\boldsymbol{b}\|_p$ $(pq = p + q)$ を満たす $\boldsymbol{a}$ の例：$a_i = |b_i|^p / b_i$ $(i = 1, \ldots, n$，ただし，$b_i = 0$ なら $a_i = 0$ とおく）とすればよい．検算：

$$\boldsymbol{a}^{\mathrm{T}}\boldsymbol{b} = \sum (|b_i|^p / b_i) b_i = \sum |b_i|^p = \|\boldsymbol{b}\|_p^p,$$
$$\|\boldsymbol{a}^{\mathrm{T}}\|_p = \|\boldsymbol{a}\|_q = \left(\sum (|b_i|^p / |b_i|)^q\right)^{1/q} = \left(\sum |b_i|^{(p-1)q}\right)^{1/q}$$
$$= \left(\sum |b_i|^p\right)^{1/q} = \|\boldsymbol{b}\|_p^{p/q} = \|\boldsymbol{b}\|_p^{p-1}$$

ゆえに，$\boldsymbol{a}^{\mathrm{T}}\boldsymbol{b} = \|\boldsymbol{b}\|_p^p = \|\boldsymbol{b}\|_p^{p-1} \|\boldsymbol{b}\|_p = \|\boldsymbol{a}^{\mathrm{T}}\|_p \|\boldsymbol{b}\|_p$.

14.9　ハーン・バナハの定理の応用例

本節の内容は W. Kahan [20] 中の定理（775 ページ）をもとにしている．

定理 14.23　$\boldsymbol{0} \neq \boldsymbol{A} = [a_{ij}] \in \mathbb{C}^{m\times n}$ を与えられた行列とし，$\mathbb{C}^m, \mathbb{C}^n$ 上に任意のノルムを与える．すると，$\|\boldsymbol{x}_0\| = 1$, $\|\boldsymbol{y}_0^{\mathrm{T}}\| = 1$ を満たす適当な $\boldsymbol{x}_0 \in \mathbb{C}^n, \boldsymbol{y}_0 \in \mathbb{C}^m$ をとれば，$\|\boldsymbol{A}\| = \boldsymbol{y}_0^{\mathrm{T}}\boldsymbol{A}\boldsymbol{x}_0$ が成り立つ．ここに，$\|\boldsymbol{y}_0^{\mathrm{T}}\|, \|\boldsymbol{A}\|$ は与えられたベクトルノルムに対応する演算子ノルムを表す：

$$\|\boldsymbol{y}_0{}^{\mathrm{T}}\| = \max\left\{|\boldsymbol{y}_0^{\mathrm{T}}\boldsymbol{y}| : \boldsymbol{y} \in \mathbb{C}^m, \|\boldsymbol{y}\| = 1\right\},$$
$$\|\boldsymbol{A}\| = \max\left\{\|\boldsymbol{A}\boldsymbol{x}\| : \boldsymbol{x} \in \mathbb{C}^n, \|\boldsymbol{x}\| = 1\right\}.$$

証明　まず，$\|\boldsymbol{A}\boldsymbol{x}_0\| = \|\boldsymbol{A}\|$ を成立させる $\boldsymbol{x}_0 \in \mathbb{C}^n, \|\boldsymbol{x}_0\| = 1$ を適当にとる（14.4 節により可能）．ハーン・バナハの定理により，$\boldsymbol{y}_0^{\mathrm{T}}\boldsymbol{A}\boldsymbol{x}_0 = \|\boldsymbol{A}\boldsymbol{x}_0\|$ かつ $\|\boldsymbol{y}_0^{\mathrm{T}}\| = 1$ を満たす $\boldsymbol{y}_0 \in \mathbb{C}^m$ がとれる．$\|\boldsymbol{A}\boldsymbol{x}_0\| = \|\boldsymbol{A}\|$ なので，結局 $\boldsymbol{y}_0^{\mathrm{T}}\boldsymbol{A}\boldsymbol{x}_0 = \|\boldsymbol{A}\|$ となる．■

定理 14.24　与えられた可逆行列 $\boldsymbol{A} = [a_{ij}] \in \mathbb{C}^{n\times n}$ から非可逆行列までの最短距離は $1/\|\boldsymbol{A}^{-1}\|$ に等しい．すなわち，$\|\Delta\boldsymbol{A}\| < 1/\|\boldsymbol{A}^{-1}\|$ なら $\boldsymbol{A} + \Delta\boldsymbol{A}$ は必ず可

逆行列であり，$\|\Delta \boldsymbol{A}\| = 1/\left\|\boldsymbol{A}^{-1}\right\|$ を満たす $\Delta \boldsymbol{A}$ の中に $\boldsymbol{A}+\Delta \boldsymbol{A}$ を非可逆行列とするようなものが存在する．ここに，行列ノルム $\left\|\boldsymbol{A}^{-1}\right\|, \|\Delta \boldsymbol{A}\|$ は与えられたベクトルノルムに対応する演算子ノルムを表す．別の述べ方をすれば，$\boldsymbol{A}/\|\boldsymbol{A}\|$ から非可逆行列までの最短距離は $1/(\|\boldsymbol{A}\| \cdot \left\|\boldsymbol{A}^{-1}\right\|) = 1/\operatorname{cond}(\boldsymbol{A})$ によって与えられる．$\operatorname{cond}(\boldsymbol{A})$ が $\boldsymbol{A}$ の条件数と呼ばれることはすでに述べた．ベクトルノルムの選び方には無関係に，$\operatorname{cond}(\boldsymbol{A}) \geqslant \left\|\boldsymbol{A}\boldsymbol{A}^{-1}\right\| = \|\boldsymbol{I}\| = 1$ が成り立つことに改めて注意せよ．

注意　2 ノルムに限定した場合は 12.7 節で証明済みである．

証明　$\boldsymbol{A}+\Delta \boldsymbol{A}$ を非可逆行列とすれば，$(\boldsymbol{A}+\Delta \boldsymbol{A})\boldsymbol{x}_0 = \boldsymbol{0}$ を満たす $\boldsymbol{0} \neq \boldsymbol{x}_0 \in \mathbb{C}^n$ がとれる．すると，$\|\boldsymbol{A}\boldsymbol{x}_0\| = \|-\Delta \boldsymbol{A}\boldsymbol{x}_0\| \leqslant \|\Delta \boldsymbol{A}\| \cdot \|\boldsymbol{x}_0\| = \|\Delta \boldsymbol{A}\| \cdot \left\|\boldsymbol{A}^{-1}\boldsymbol{A}\boldsymbol{x}_0\right\| \leqslant \|\Delta \boldsymbol{A}\| \cdot \left\|\boldsymbol{A}^{-1}\right\| \cdot \|\boldsymbol{A}\boldsymbol{x}_0\|$．これより $\|\Delta \boldsymbol{A}\| \geqslant 1/\left\|\boldsymbol{A}^{-1}\right\|$ ($\because \boldsymbol{A}\boldsymbol{x}_0 \neq \boldsymbol{0}$) が得られる．対偶をとれば，問題の主張の前半が証明される．

次に，定理 14.23 を $\boldsymbol{A}^{-1}$ に適用すれば $(m = n)$，$\left\|\boldsymbol{A}^{-1}\right\| = \boldsymbol{y}_0^{\mathrm{T}}\boldsymbol{A}^{-1}\boldsymbol{x}_0$，ただし，$\left\|\boldsymbol{y}_0^{\mathrm{T}}\right\| = 1$ $\|\boldsymbol{x}_0\| = 1$ を満たす $\boldsymbol{x}_0, \boldsymbol{y}_0 \in \mathbb{C}^n$ がとれることになる．$\Delta \boldsymbol{A} = -\boldsymbol{x}_0\boldsymbol{y}_0^{\mathrm{T}}/\left\|\boldsymbol{A}^{-1}\right\|$ とおけば，$\|\Delta \boldsymbol{A}\| = 1/\left\|\boldsymbol{A}^{-1}\right\|$ かつ $\boldsymbol{A}+\Delta \boldsymbol{A}$ が非可逆行列となることを示そう．実際，$\left\|\boldsymbol{A}^{-1}\right\| = \boldsymbol{y}_0^{\mathrm{T}}\boldsymbol{A}^{-1}\boldsymbol{x}_0$ ゆえ

$$
\begin{aligned}
(\boldsymbol{A}+\Delta \boldsymbol{A})\boldsymbol{A}^{-1}\boldsymbol{x}_0 &= (\boldsymbol{A} - \boldsymbol{x}_0\boldsymbol{y}_0^{\mathrm{T}}/\left\|\boldsymbol{A}^{-1}\right\|)\boldsymbol{A}^{-1}\boldsymbol{x}_0 \\
&= \boldsymbol{x}_0 - \boldsymbol{x}_0(\boldsymbol{y}_0^{\mathrm{T}}\boldsymbol{A}^{-1}\boldsymbol{x}_0)/\left\|\boldsymbol{A}^{-1}\right\| = \boldsymbol{x}_0 - \boldsymbol{x}_0 \cdot 1 = \boldsymbol{0}
\end{aligned}
$$

が得られる．$\boldsymbol{A}^{-1}\boldsymbol{x}_0 \neq \boldsymbol{0}$ であるので，これは $\boldsymbol{A}+\Delta \boldsymbol{A}$ が非可逆行列であることを示す．前半の結果から，$\|\Delta \boldsymbol{A}\| \geqslant 1/\left\|\boldsymbol{A}^{-1}\right\|$ となる．他方，$\|\Delta \boldsymbol{A}\| = \left\|-\boldsymbol{x}_0\boldsymbol{y}_0^{\mathrm{T}}\right\|/\left\|\boldsymbol{A}^{-1}\right\| \leqslant \|\boldsymbol{x}_0\| \cdot \left\|\boldsymbol{y}_0^{\mathrm{T}}\right\|/\left\|\boldsymbol{A}^{-1}\right\| = 1/\left\|\boldsymbol{A}^{-1}\right\|$．結局，$\|\Delta \boldsymbol{A}\| = 1/\left\|\boldsymbol{A}^{-1}\right\|$ が結論される．■

例 14.25　$\boldsymbol{A} = \begin{bmatrix} 1 & 2 \\ 3 & 4 \end{bmatrix}$ より演算子 ∞ ノルムに関して最短距離にある非可逆行列 $\boldsymbol{B} = \boldsymbol{A} - \boldsymbol{x}_0\boldsymbol{y}_0^{\mathrm{T}}/\left\|\boldsymbol{A}^{-1}\right\|$ を構築してみよう．$\boldsymbol{A}^{-1} = \frac{1}{2}\begin{bmatrix} -4 & 2 \\ 3 & -1 \end{bmatrix}$，ゆえに $\left\|\boldsymbol{A}^{-1}\right\| = 3$（最大行和ノルム）．$\boldsymbol{x}_0$ としては $\left\|\boldsymbol{A}^{-1}\boldsymbol{x}_0\right\| = \left\|\boldsymbol{A}^{-1}\right\|$ および $\|\boldsymbol{x}_0\| = 1$ を満たすベクトルをとればよい．そのような $\boldsymbol{x}_0$ の一例は $\boldsymbol{x}_0 = [-1, 1]^{\mathrm{T}}$ である．そして，$\boldsymbol{A}^{-1}\boldsymbol{x}_0 = [3, -2]^{\mathrm{T}}$ となる．$\boldsymbol{y}_0$ としては，$\boldsymbol{y}_0^{\mathrm{T}}\boldsymbol{A}^{-1}\boldsymbol{x}_0 = \left\|\boldsymbol{A}^{-1}\boldsymbol{x}_0\right\|$ および $\left\|\boldsymbol{y}_0^{\mathrm{T}}\right\| = 1$ を満たすベクトルをとればよい．そのようなベクトルの一例は $\boldsymbol{y}_0^{\mathrm{T}} = [1, 0]$ であ

る．ゆえに

$$\boldsymbol{B} = \boldsymbol{A} - \boldsymbol{x}_0\boldsymbol{y}_0^{\mathrm{T}}/\left\|\boldsymbol{A}^{-1}\right\| = \begin{bmatrix} 1 & 2 \\ 3 & 4 \end{bmatrix} - \begin{bmatrix} -1 \\ 1 \end{bmatrix}[1,\, 0]/3$$

$$= \begin{bmatrix} 1 & 2 \\ 3 & 4 \end{bmatrix} - \frac{1}{3}\begin{bmatrix} -1 & 0 \\ 1 & 0 \end{bmatrix} = \frac{1}{3}\begin{bmatrix} 4 & 6 \\ 8 & 12 \end{bmatrix}.$$

また，$\boldsymbol{A}$ より $\boldsymbol{B}$ までの距離は，証明中で示したように $1/\left\|\boldsymbol{A}^{-1}\right\| = 1/3$ である．
検算：

$$\|\boldsymbol{B}-\boldsymbol{A}\| \equiv \left\|-\boldsymbol{x}_0\boldsymbol{y}_0^{\mathrm{T}}/\left\|\boldsymbol{A}^{-1}\right\|\right\| = \left\|\frac{1}{3}\begin{bmatrix} -1 & 0 \\ 1 & 0 \end{bmatrix}\right\| = \frac{1}{3} = \frac{1}{\left\|\boldsymbol{A}^{-1}\right\|}$$

$\boldsymbol{A}$ の条件数 $\mathrm{cond}(\boldsymbol{A})$ を計算すると，$\mathrm{cond}(\boldsymbol{A}) = \|\boldsymbol{A}\| \cdot \left\|\boldsymbol{A}^{-1}\right\| = 7 \cdot 3 = 21.$

最後にひとこと

この章の最も基礎的な結果は「線形写像の連続性（有界性）」,「展開係数の有界性」,「有限次元ノルム空間の完備性」,「ノルムの同値性」,「演算子ノルムとその性質」,「ハーン・バナハの定理」である．証明のために，解析学からの既知事項として仮定したのは，実数・複素数の完備性だけである．ハーン・バナハの定理は，一般のノルムに関して,「与えられた可逆行列から非可逆行列までの最短距離」を算出するために必要であった．ハーン・バナハの定理が双対問題の解を保証すること（定理 14.20）を思えば，その重要性を理解できよう．

腕試し問題

問題 14.1　与えられたベクトル空間 X 上のノルム $\|\cdot\|, \|\cdot\|'$ の同値性 $\alpha\|\boldsymbol{x}\| \leqslant \|\boldsymbol{x}\|' \leqslant \beta\|\boldsymbol{x}\|$（$\boldsymbol{x} \in X$，$\alpha, \beta$ は正定数）を記号で $\|\cdot\| \sim \|\cdot\|'$ で表すことにすれば，“$\sim$” は同値関係を表すことを示せ．

問題 14.2（14.6 節 (IV) の別証明）　X を有限次元ノルム空間とし，$\boldsymbol{A}$ を X からそれ自身への線形変換とする．演算子ノルム $\|\boldsymbol{A}\|$ に対して，不等式 $\|\boldsymbol{A}\| < 1$ が満たされれば，$(\boldsymbol{I}-\boldsymbol{A})^{-1}$ が存在し，$\left\|(\boldsymbol{I}-\boldsymbol{A})^{-1}\right\| \leqslant 1/(1-\|\boldsymbol{A}\|)$ が成り立つことを次の手順に従って示せ．

(1)　自然数 k に対して，$\boldsymbol{B}_k = \boldsymbol{I}+\boldsymbol{A}+\cdots+\boldsymbol{A}^{k-1}$ とすれば，$(\boldsymbol{I}-\boldsymbol{A})\boldsymbol{B}_k = \boldsymbol{B}_k(\boldsymbol{I}-\boldsymbol{A}) = \boldsymbol{I}-\boldsymbol{A}^k$ を示せ．

(2)　$\{\boldsymbol{B}_k\}$ はコーシー列を表すことを示せ．ゆえに，定理 14.5 により $\{\boldsymbol{B}_k\}$ は収束する．その極限を $\boldsymbol{B}$ とする：$\|\boldsymbol{B}_k - \boldsymbol{B}\| \to 0.$

(3) (1) において $k \to \infty$ の極限をとり，$\left\|\boldsymbol{A}^k\right\| \leqslant \|\boldsymbol{A}\|^k \to 0$ を利用して $(\boldsymbol{I}-\boldsymbol{A})\boldsymbol{B} = \boldsymbol{B}(\boldsymbol{I}-\boldsymbol{A}) = \boldsymbol{I}$，すなわち，$\boldsymbol{B} = (\boldsymbol{I}-\boldsymbol{A})^{-1}$ を示せ．

(4) $\|\boldsymbol{B}_k\| = \left\|\boldsymbol{I}+\boldsymbol{A}+\cdots+\boldsymbol{A}^{k-1}\right\| \leqslant 1+\|\boldsymbol{A}\|+\cdots+\|\boldsymbol{A}\|^k = \frac{1-\|\boldsymbol{A}\|^k}{1-\|\boldsymbol{A}\|}$ および $0 \leqslant |\|\boldsymbol{B}_k\|-\|\boldsymbol{B}\|| \leqslant \|\boldsymbol{B}_k-\boldsymbol{B}\| \to 0$ を利用して，$\left\|(\boldsymbol{I}-\boldsymbol{A})^{-1}\right\| \leqslant 1/(1-\|\boldsymbol{A}\|)$ を導け．

問題 14.3（定理 14.5 の逆）　「無限次元ノルム空間の単位球表面上から，収束する部分列を全く持たないベクトル列を選ぶことができる」ことを次の手順によって示せ．X を与えられた無限次元ノルム空間とする．

(I) X_n を任意の n 次元部分空間 $(n=1, 2, \ldots)$，$\{\boldsymbol{b}_1, \ldots, \boldsymbol{b}_n\}$ を X_n の基底とし，X_n の外より任意のベクトル $\boldsymbol{b}$ を 1 つ選び，$X_{n+1} \equiv \mathrm{span}\{\boldsymbol{b}_1, \ldots, \boldsymbol{b}_n, \boldsymbol{b}\}$ とすれば，X_{n+1} は $n+1$ 次元部分空間を表す．このとき，$d \equiv \mathrm{dist}(\boldsymbol{b}, X_n) \equiv \inf\{\|\boldsymbol{b}-\boldsymbol{x}\| : \boldsymbol{x} \in X_n\}$（“$\boldsymbol{b}$ より X_n までの最短距離”）$= \left\|\boldsymbol{b}-\boldsymbol{x}^{(0)}\right\|$ を満たす $\boldsymbol{x}^{(0)} \in X_n$ が存在することを示せ．

(II) $\boldsymbol{y}^{(0)} \equiv (\boldsymbol{b}-\boldsymbol{x}^{(0)})/\left\|\boldsymbol{b}-\boldsymbol{x}^{(0)}\right\| = (\boldsymbol{b}-\boldsymbol{x}^{(0)})/d$ を定義すれば，明らかに，$\boldsymbol{y}^{(0)} \in X_{n+1}$ かつ $\left\|\boldsymbol{y}^{(0)}\right\| = 1$．すると，任意の $\boldsymbol{x} \in X_n$ に対して $\left\|\boldsymbol{x}-\boldsymbol{y}^{(0)}\right\| \geqslant 1$ が成り立つことを示せ．

(III) 単位球表面 $S = \{\boldsymbol{x} \in X : \|\boldsymbol{x}\| = 1\}$ 上から，収束する部分列を全く含まない列を抽出できることを示せ．

以上と定理 14.7 の結果を総合すれば，「すべての有界列が収束する部分列を含むための必要十分条件は，その空間が有限次元であることである」．

注意　(I), (II) は，A. E. Taylor and D. C. Lay [11, p.64, Theorem 3.5 (Reisz's Lemma)] を多少変更したものである．Taylor and Lay では，X_n に相当する部分空間を有限または無限閉部分空間 X_0 としているため，結論は「$0<\theta<1$ を満たす各実数 θ に対して $\mathrm{dist}(\boldsymbol{y}^{(0)}, X_0) \geqslant \theta$ を満たす $\boldsymbol{y}^{(0)} \in X$ が存在する」こととなっている．(III) は，Taylor and Lay, [11, p.65, Theorem 3.6] と本質的に同じである．

問題 14.4（行列ノルム計算問題）　次の行列の 1 ノルムと ∞ ノルムを計算せよ：

$$\boldsymbol{P} = [-1, 2i, 1-i], \quad \boldsymbol{P}^{\mathrm{T}}, \quad \boldsymbol{P}^*, \quad \boldsymbol{Q} = \begin{bmatrix} -1 & 2 \\ 1-i & 2i \end{bmatrix}, \boldsymbol{Q}^{\mathrm{T}}, \quad \boldsymbol{Q}^*.$$

問題 14.5（行列ノルムに関する問題）　$\boldsymbol{A} \in \mathbb{C}^{m\times n}$，$\boldsymbol{B}$ を $\boldsymbol{A}$ の任意小行列（ブロック）とすれば，$\|\boldsymbol{B}\|_p \leqslant \|\boldsymbol{A}\|_p$ が成り立つ．ここに $p = 1, 2, \infty$ のいずれかとする．

問題 14.6　$\boldsymbol{A} = \begin{bmatrix} \boldsymbol{B} & \boldsymbol{0} \\ \boldsymbol{0} & \boldsymbol{C} \end{bmatrix}$ または $\boldsymbol{A} = \begin{bmatrix} \boldsymbol{0} & \boldsymbol{B} \\ \boldsymbol{C} & \boldsymbol{0} \end{bmatrix}$ なら，$\|\boldsymbol{A}\|_p = \max\{\|\boldsymbol{B}\|_p, \|\boldsymbol{C}\|_p\}$ が成り立つことを示せ．ここに $p = 1, 2, \infty$ のいずれかとする．

問題 14.7　$\boldsymbol{0} \neq \boldsymbol{c} \in \mathbb{R}^n$, $\boldsymbol{B} \in \mathbb{R}^{n\times n}$ とすれば，$\left\|\boldsymbol{B}(\boldsymbol{I}-\frac{\boldsymbol{c}\boldsymbol{c}^{\mathrm{T}}}{\boldsymbol{c}^{\mathrm{T}}\boldsymbol{c}})\right\|_F = \|\boldsymbol{B}\|_F^2 - \|\boldsymbol{B}\boldsymbol{c}\|_2^2/\boldsymbol{c}^{\mathrm{T}}\boldsymbol{c}$ が成り立つことを示せ．

注意　$\boldsymbol{I}-\frac{\boldsymbol{c}\boldsymbol{c}^{\mathrm{T}}}{\boldsymbol{c}^{\mathrm{T}}\boldsymbol{c}}$ は平面 $\boldsymbol{c}^{\mathrm{T}}\boldsymbol{x} = 0$ 上への正射影を表す．$\|\cdot\|_F$ はフロベニウスノルムを表す．

問題 14.8　任意の $\boldsymbol{a} \in \mathbb{R}^m, \boldsymbol{b} \in \mathbb{R}^n$ に対して，$\left\|\boldsymbol{a}\boldsymbol{b}^{\mathrm{T}}\right\|_F = \left\|\boldsymbol{a}\boldsymbol{b}^{\mathrm{T}}\right\|_2 = \|\boldsymbol{a}\|_2 \|\boldsymbol{b}\|_2$ および $\left\|\boldsymbol{a}\boldsymbol{b}^{\mathrm{T}}\right\|_\infty \leqslant \|\boldsymbol{a}\|_\infty \|\boldsymbol{b}\|_1$ が成立することを示せ．

注意　すでに学んだように，$p = 1, 2, \infty$, $\boldsymbol{a} \in \mathbb{R}^m$（または $\mathbb{C}^m$）に対して，$\|\boldsymbol{a}\|_p$ を演算子ノルム，ベクトルノルム，どちらと見なしても，値は一致する．

問題 14.9　$\mathbf{0} \neq \boldsymbol{a} \in \mathbb{R}^n, \boldsymbol{b} \in \mathbb{R}^m$ とするとき，$\boldsymbol{X}\boldsymbol{a} = \boldsymbol{b}$ を満たすすべての $\boldsymbol{X} \in \mathbb{R}^{m\times n}$ のうち，$\boldsymbol{X} = \boldsymbol{X}_0 \equiv \boldsymbol{b}\boldsymbol{a}^{\mathrm{T}}/\boldsymbol{a}^{\mathrm{T}}\boldsymbol{a}$ は最小の 2 ノルム $\|\boldsymbol{b}\| / \|\boldsymbol{a}\|$ を持つことを示せ（$\|\cdot\|_2$ を単に $\|\cdot\|$ と書く）．

問題 14.10　任意の $\boldsymbol{A} \in \mathbb{R}^{m\times n}$ に対して $\dfrac{\|\boldsymbol{A}\|_F}{\sqrt{\mathrm{rank}(\boldsymbol{A})}} \leqslant \|\boldsymbol{A}\|_2 \leqslant \|\boldsymbol{A}\|_F$ が成立することを示せ．

問題 14.11（ベクトル p ノルム）　この問題では $\boldsymbol{a} = \left[a_1, \ldots, a_n\right]^{\mathrm{T}} \in \mathbb{R}^n$（または $\mathbb{C}^n$）の p ノルム $\|\boldsymbol{a}\|_p = (|a_1|^p + \cdots + |a_n|^p)^{1/p}$ が実際にノルムの公理を満たすことを示す．$p = 1, 2, \infty$ の場合はすでにわかっているから，$p > 2, p \neq \infty$ の場合のみを考える．三角不等式以外の要請が満足されることは単純な計算で確認できるから，この問題では三角不等式 $\|\boldsymbol{a}+\boldsymbol{b}\|_p \leqslant \|\boldsymbol{a}\|_p + \|\boldsymbol{b}\|_p$ のみの証明を考える．さらに p ノルムの単調性および極限定理 $\|\boldsymbol{a}\|_p \to \|\boldsymbol{a}\|_\infty$ $(p \to \infty)$ の証明を行う．

(I)　$a, b \geqslant 0$ なら $a^{1/p}b^{1/q} \leqslant \frac{a}{p} + \frac{b}{q}$（ただし，$p, q > 1$, $\frac{1}{p} + \frac{1}{q} = 1$）を示せ．これは「相乗平均 $\leqslant$ 相加平均」，すなわち，$\sqrt{ab} \leqslant (a+b)/2$ の一般化を表す．

(II)　**ヘルダーの不等式** (Hölder's inequality)：$\sum_{i=1}^{n} |a_i b_i| \leqslant \|\boldsymbol{a}\|_p \|\boldsymbol{b}\|_q$ を示せ ($\boldsymbol{a} = \left[a_1, \ldots, a_n\right]^{\mathrm{T}}$, $\boldsymbol{b} = \left[b_1, \ldots, b_n\right]^{\mathrm{T}}$)．$p = q = 2$ の場合，コーシー・シュワルツの不等式に還元する．

(III)　三角不等式（**ミンコフスキーの不等式** (Minkowski's inequality)）：$\|\boldsymbol{a}+\boldsymbol{b}\|_p \leqslant \|\boldsymbol{a}\|_p + \|\boldsymbol{b}\|_p$ を示せ．

(IV)　単調性：$1 \leqslant s < t$ なら，任意の $\boldsymbol{a} = [a_1, \ldots, a_n]^{\mathrm{T}} \in \mathbb{R}^n$（または $\mathbb{C}^n$）に対して，$\|\boldsymbol{a}\|_t^t \leqslant \|\boldsymbol{a}\|_s^s$ が成り立つことを示せ．

(V)　$\|\boldsymbol{a}\|_p \to \|\boldsymbol{a}\|_\infty = \max |a_i|$ $(p \to \infty)$ を示せ．

問題 14.12（行ベクトルの演算子 p ノルム）　与えられた $\boldsymbol{a} = \left[a_1, \ldots, a_n\right]^{\mathrm{T}} \in \mathbb{R}^{1\times n}$（または $\mathbb{C}^{1\times n}$）の $1, \infty, 2$ ノルムは，既知の行列演算子ノルムに関する結果を利用すれば，

$$\left\|\boldsymbol{a}^{\mathrm{T}}\right\|_1 = \max|a_i| = \|\boldsymbol{a}\|_\infty, \quad \left\|\boldsymbol{a}^{\mathrm{T}}\right\|_1 = \max|a_i| = \|\boldsymbol{a}\|_\infty, \quad \left\|\boldsymbol{a}^{\mathrm{T}}\right\|_2 = \sqrt{\boldsymbol{a}^{\mathrm{T}}\boldsymbol{a}} = \|\boldsymbol{a}\|_2$$

によって与えられる．一般に，$p, q > 1$, $(1/p) + (1/q) = 1$ なら，$\left\|\boldsymbol{a}^{\mathrm{T}}\right\|_p = \|\boldsymbol{a}\|_q$ が成立することを示せ．ここに，$\boldsymbol{a}^{\mathrm{T}}$ の演算子 p ノルムは $\left\|\boldsymbol{a}^{\mathrm{T}}\right\|_p = \max\left\{\left|\boldsymbol{a}^{\mathrm{T}}\boldsymbol{x}\right| : \|\boldsymbol{x}\|_p = 1\right\}$ によって定義される．

第15章　行列とグラフ

本章では行列のグラフを定義し，簡単な応用例として，「行列のグラフの強連結性（各頂点から他のすべての頂点に至る道が存在する）$\Leftrightarrow$ 行列の既約性（置換行列相似変換による，ブロック三角行列化が不可能)」，および，この事実の2次元境界値問題の差分法による解法への応用を述べる．グラフ理論の行列論への応用として読んで頂きたい．

15.1　行列のグラフ

与えられた n 次正方行列 $\boldsymbol{A} = [a_{ij}]$ の**グラフ** (graph) を定義する．平面上に n 個の点 $1, 2, \ldots, n$（**頂点** (vertex) という）を用意し，$a_{ij} \neq 0$ なら頂点 i から頂点 j に向かう**有向辺** (directed edge) を引き（向きは矢印で示す），値 a_{ij} を書き添える．$a_{ij} = 0$ なら何もしない．これをすべての i, j に対して実行してできる**有向グラフ** (directed graph) を $\boldsymbol{A}$ のグラフといい，記号 $G(\boldsymbol{A})$ で表す．このようなグラフと行列が1対1対応することは明らかである．

例 15.1　$\boldsymbol{A} = [a_{ij}] = \begin{bmatrix} 11 & -12 & -13 \\ 21 & 22 & 23 \\ 0 & 0 & -33 \end{bmatrix}$ のグラフは図 15.1 で与えられる．$a_{31} = a_{32} = 0$ であるから，頂点3から頂点1あるいは2へ向かう有向辺は存在しない．頂点からそれ自身へ向かう有向辺は円で示してある．

15.2　強連結成分

次に，強連結成分の概念を定義しよう．これは，同値類として定義するのがもっともわかりやすい．まず，n 次行列 $\boldsymbol{A} = [a_{ij}]$ のグラフ $G(\boldsymbol{A})$ における頂点集合 $\{1, 2, \ldots, n\}$ 上に次の同値関係 "$\sim$" を定義する：$1 \sim 1, 2 \sim 2, \ldots, n \sim n$ と定

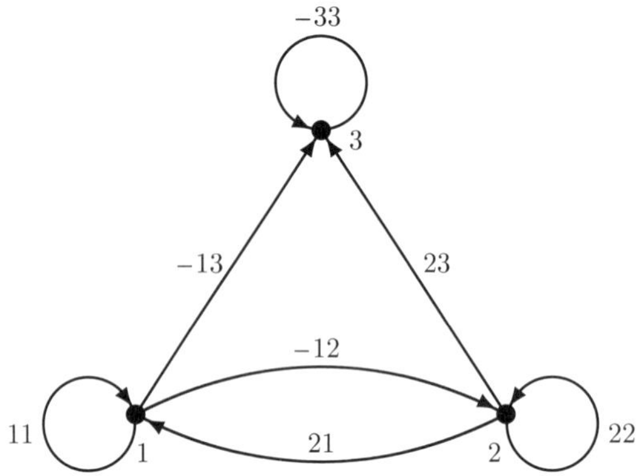

図 15.1　行列のグラフ

義し，$i \neq j$ なら，$i \sim j$ とは頂点 i から頂点 j への**道** (path) も，頂点 j から頂点 i への道も存在することをいう．ただし，ここで「頂点 i から頂点 j への道が存在する」とは「有向辺 $i \to j$ が存在するか，

$$i \to t_1,\, t_1 \to t_2,\, \ldots,\, t_{k-1} \to t_k,\, t_k \to j$$

のような（しりとり式の）有向辺の列が存在することをいう．

関係 "∼" は，反射性，対称性，推移性を満たすから，たしかに同値関係を表す．同値類に属する，異なる 2 頂点間には常に双方向の道が存在し，また任意の同値類に対し，その同値類の任意の頂点とそれに属さない頂点との間に双方向の道が存在しないことは明らかである．1 つ 1 つの同値類を**強連結成分** (strongly connected component) という．強連結成分が 1 個しかない場合，グラフ $G(\boldsymbol{A})$ 自体が**強連結である** (strongly connected) という．与えられた有向グラフの強連結成分は巧妙な**深さ優先探索法** (depth-first search algorithm; R. E. Tarjan [24, p. 157]) によって検出できる．

例 15.2　例 15.1 のグラフの強連結成分は $\{1,2\}$, $\{3\}$ の 2 個である．このグラフは強連結ではない．

例 15.3　一般に，ブロック三角行列 $\boldsymbol{A} = [a_{ij}] = \begin{bmatrix} \boldsymbol{A}_{11} & \boldsymbol{A}_{12} \\ \boldsymbol{0} & \boldsymbol{A}_{22} \end{bmatrix}$ または $\boldsymbol{A} = \begin{bmatrix} \boldsymbol{A}_{11} & \boldsymbol{0} \\ \boldsymbol{A}_{21} & \boldsymbol{A}_{22} \end{bmatrix}$ ($\boldsymbol{A}_{11} : k \times k,\ \boldsymbol{A}_{22} : l \times l$) のグラフは強連結ではない．実際，前者の場合，$a_{ij} = 0$ ($i = k+1, \ldots, k+l,\ j = 1, \ldots, k$) なので，頂点集合 $\{k+1, \ldots, k+l\}$ に属する

頂点から，頂点集合 $\{1, \ldots, k\}$ に属するどの頂点に向かう有向辺も存在しない．

15.3 頂点番号の付け替えは置換行列による相似変換に対応する

n 次行列 $\boldsymbol{A} = [a_{ij}]$ のグラフにおいて，頂点番号を振りなおせば，別の行列 $\boldsymbol{B} = [b_{kl}]$ に対応するグラフが得られる．しかし両者は，適当な置換行列 $\boldsymbol{P}$（単位行列の行と列を並べ替えて得られる行列，$\boldsymbol{P}^{\mathrm{T}} = \boldsymbol{P}^{-1}$ を満たす）を介して，相似変換

$$\boldsymbol{A} = \boldsymbol{P}^{\mathrm{T}}\boldsymbol{B}\boldsymbol{P} \quad \text{あるいは} \quad \boldsymbol{P}\boldsymbol{A}\boldsymbol{P}^{\mathrm{T}} = \boldsymbol{B} \tag{15.1}$$

の形の関係で結ばれることを示そう．実際，

$$\boldsymbol{P} = [\boldsymbol{e}_{j_1}, \boldsymbol{e}_{j_2}, \ldots, \boldsymbol{e}_{j_n}] \quad \begin{pmatrix} (j_1, \ldots, j_n) \text{ は } 1, \ldots, n \text{ の置換,} \\ \boldsymbol{e}_1, \ldots, \boldsymbol{e}_n \text{ は単位行列の第 } 1, \ldots, n \text{ 列} \end{pmatrix} \tag{15.2}$$

とすれば，$\boldsymbol{A}, \boldsymbol{B}$ の成分間には関係式

$$a_{pq} = b_{j_p, j_q} \quad (p, q = 1, \ldots, n) \tag{15.3}$$

が成立するから，$\boldsymbol{B}$ のグラフは，$\boldsymbol{A}$ のグラフの頂点番号を $1 \to j_1, \ldots, n \to j_n$ と変更して得られるグラフに他ならない．

15.4 強連結性と既約性は同値である

頂点番号の付け替えはグラフの強連結性とは無関係であるから，与えられた行列 $\boldsymbol{A}$ のグラフに関して「$G(\boldsymbol{A})$ が強連結 $\Leftrightarrow$ 任意の置換行列 $\boldsymbol{P}$ 対して $G(\boldsymbol{P}\boldsymbol{A}\boldsymbol{P}^{\mathrm{T}})$ が強連結」が成り立つことは明らかである．さらに，次の事実が成立する：「$G(\boldsymbol{A})$ が強連結 $\Leftrightarrow$ どんな置換行列 $\boldsymbol{P}$ に対しても，$\boldsymbol{P}\boldsymbol{A}\boldsymbol{P}^{\mathrm{T}}$ が決してブロック三角行列形にはならない（後者が真なら，$\boldsymbol{A}$ は**既約** (irreducuible) であるという）」

証明　($\Rightarrow$)：特定の置換行列 $\boldsymbol{P}$ に対して $\boldsymbol{P}\boldsymbol{A}\boldsymbol{P}^{\mathrm{T}}$ がブロック上（または下）三角行列となれば，$G(\boldsymbol{P}\boldsymbol{A}\boldsymbol{P}^{\mathrm{T}})$ は強連結ではなく（式 (15.3)），したがって $G(\boldsymbol{A})$ も強連結ではない．

($\Leftarrow$)：$G(\boldsymbol{A})$ が強連結でないとする．適当な置換行列 $\boldsymbol{P}$ に対して $\boldsymbol{P}\boldsymbol{A}\boldsymbol{P}^{\mathrm{T}}$ がブロック三角行列形になることを示せばよい．そこで，$G(\boldsymbol{A})$ の強連結成分を 1 つとり，

これに属する頂点を改めて $\{1, \ldots, k\}$ と名づけ，その他の頂点を $\{k+1, \ldots, n\}$ と名づけると，$G(\boldsymbol{A})$ は強連結でないから，どちらの集合も空集合ではない．この新グラフに対応する行列は，明らかに $\begin{bmatrix} \boldsymbol{B}_1 & \boldsymbol{B}_2 \\ \boldsymbol{0} & \boldsymbol{B}_3 \end{bmatrix}$ 型か $\begin{bmatrix} \boldsymbol{B}_1 & \boldsymbol{0} \\ \boldsymbol{B}_2 & \boldsymbol{B}_3 \end{bmatrix}$ 型かのブロック三角行列でなければならない ($\boldsymbol{B}_1 : k \times k,\ \boldsymbol{B}_3 : (n-k) \times (n-k)$)．どちらの行列も，$G(\boldsymbol{A})$ のグラフから頂点番号の付け替えによって得られたグラフに対応する行列を表すから，適当な置換行列 $\boldsymbol{P}$ に対して $\boldsymbol{PAP}^{\mathrm{T}}$ と書けることになる．■

15.5　グラフが強連結な優対角行列は可逆である

n 次行列 $\boldsymbol{A} = [a_{ij}]$ $(n > 1)$ が**優対角である** (diagonally dominant) とは，各行の非対角成分の絶対値の総和がその行の対角成分の絶対値を超えず，少なくとも1つの行については，厳密に小さいこと，すなわち：

$$\sum_{j=1,\, j \neq i}^{n} |a_{ij}| \leqslant |a_{ii}| \quad (i = 1, \ldots, n) \tag{15.4}$$

が成立し，少なくとも1つの i の値に対して，上式中の "$\leqslant$" 記号を "$<$" で置き換えられることをいう．次の事実が成立する：

「グラフが強連結な優対角行列は可逆である」，すなわち，「既約な優対角行列は可逆である」($\because G(\boldsymbol{A})$ の強連結性 $\Leftrightarrow \boldsymbol{A}$ の既約性)．

証明　可逆でない優対角行列のグラフが強連結ではないことを示せばよい．$\boldsymbol{A}$ を可逆でない優対角行列とする．すると，$\boldsymbol{Ax} = \boldsymbol{0}$ を満たす $\boldsymbol{x} = [x_1, \ldots, x_n] \neq \boldsymbol{0}$ $(\max |x_i| = 1)$ が存在する．まず，$|x_1| = \cdots = |x_n| = 1$ の場合は起りえないことを示す．実際，$\boldsymbol{Ax} = \boldsymbol{0}$ を展開し，

$$(*) \quad -a_{ii}x_i = \sum_{j, j \neq i} a_{ij}x_j \quad (i = 1, \ldots, n)$$

と書き，両辺の絶対値をとれば，$|a_{ii}| \leqslant \sum_{j, j \neq i} |a_{ij}|$ $(i = 1, \ldots, n)$ となる．これは $\boldsymbol{A}$ の優対角性に矛盾する．ゆえに，$|x_1|, \ldots, |x_n|$ の中に，1に等しいものと厳密に1未満のものが混在していることになる．そこで，集合 $S = \{i : |x_i| = 1\}$, $T = \{j : |x_j| < 1\}$ とすれば，$S \neq \emptyset, T \neq \emptyset, S \cap T = \emptyset, S \cup T = \{1, \ldots, n\}$ となる．これを用いて $a_{ij} = 0$ $(i \in S, j \in T)$ を示す．

実際，$i \in S$ なら $(*)$ より，$|a_{ii}| \cdot 1 \leqslant \sum_{j \in S, j \neq i} |a_{ij}| \cdot 1 + \sum_{j \in T} |a_{ij}|\,|x_j|$ が成り立つ．ここで右辺第2項の和を評価すると，各項 $|a_{ij}|\,|x_j|$ の中に $a_{ij} \neq 0$ であるような項が1

つでもあれば，$|a_{ij}|\,|x_j| < |a_{ij}|$ となる（$\because j \in T$ ゆえ $|x_j| < 1$）から，$|a_{ii}| < \sum_{j, j\neq i} |a_{ij}|$ $(i \in S)$ となってしまい，$\boldsymbol{A}$ の優対角性に矛盾してしまう．ゆえに $i \in S$, $j \in T$ なら，かならず $a_{ij} = 0$ でなければならない．これは，S に属する各頂点から T に属するどんな頂点に向かう有向辺も存在しないことを意味する．ゆえに，$G(\boldsymbol{A})$ は強連結ではない． ■

15.6 行列方程式への応用

均質な正方形の板（各辺の長さ＝1）の 4 辺における温度を与えて内部の温度を定める（定常）熱伝導問題を考える．図 15.2 は問題の正方形領域を示す．頂点の 1 つを原点にとり，直交座標系を辺に沿って設定する．各辺を 4 等分し，**格子点** (mesh point, grid point) 1, 2, ..., 9（内点）と 1′, 2′, ..., 12′（境界点）を導入する．境界点における温度 $T_{1'}, \ldots, T_{12'}$ は既知，内点における温度 $T_1, \ldots,$ T_9 は未知である．定常状態の熱伝導式 $\partial^2 T/\partial x^2 + \partial^2 T/\partial y^2 = 0$（ラプラスの方程式）を，よく知られた 5 点差分法によって近似すると，各内点 i $(i = 1, \ldots, 9)$ に対応して

$$4T_i - (T_{left} + T_{right} + T_{upper} + T_{lower}) = 0 \tag{15.5}$$

が近似的に成り立つ．ここに，$T_{left}, \ldots$ は問題の内点の左側，... に隣接する内点または境界点における温度を表す．この式を 9 個の内点について順に書き下すと，行列方程式 $\boldsymbol{Ax} = \boldsymbol{b}$ が得られる．ここに $\boldsymbol{x} = [T_1, T_2, \ldots, T_9]^{\mathrm{T}}$,

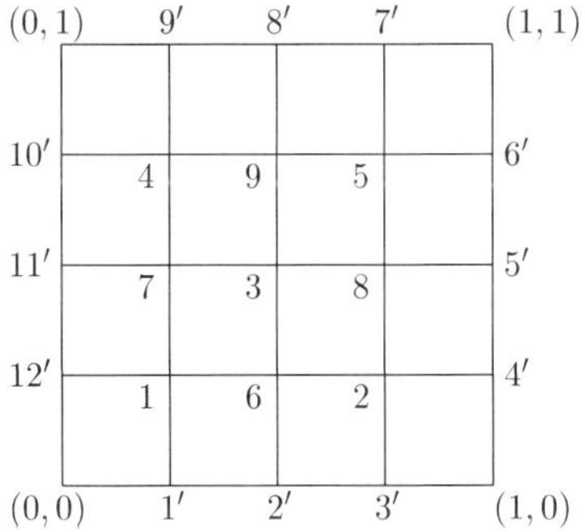

図 15.2 正方領域の格子点

$$
\boldsymbol{A} = \left[\begin{array}{ccccc|cccc}
 & & & & & -1 & -1 & 0 & 0 \\
 & & & & & -1 & 0 & -1 & 0 \\
 & & 4\boldsymbol{I}_5 & & & -1 & -1 & -1 & -1 \\
 & & & & & 0 & -1 & 0 & -1 \\
 & & & & & 0 & 0 & -1 & -1 \\
-1 & -1 & -1 & 0 & 0 & & & & \\
-1 & 0 & -1 & -1 & 0 & & & & \\
0 & -1 & -1 & 0 & -1 & & 4\boldsymbol{I}_4 & & \\
0 & 0 & -1 & -1 & -1 & & & &
\end{array}\right], \quad \boldsymbol{b} = \begin{bmatrix} T_{1'} + T_{12'} \\ T_{3'} + T_{4'} \\ 0 \\ T_{9'} + T_{10'} \\ T_{6'} + T_{7'} \\ T_{2'} \\ T_{11'} \\ T_{5'} \\ T_{8'} \end{bmatrix} \tag{15.6}
$$

であり，$\boldsymbol{I}_5, \boldsymbol{I}_4$ それぞれは 5 次および 4 次単位行列を表す．

係数行列 $\boldsymbol{A}$ の各行の対角成分は 4，非対角成分の絶対値の総和は 2，3，4 のいずれかであるから，$\boldsymbol{A}$ は優対角行列を表す．また，$\boldsymbol{A}$ のグラフを考えると，各内点から上下左右の内点に向かう有向辺が描かれる．ゆえに，$\boldsymbol{A}$ のグラフは上図において内点間の辺を両方向に結ぶ有向辺で置き換えて得られる．このグラフは，一見してわかるように強連結グラフを表す．ゆえに，前節の結果により $\boldsymbol{A}^{-1}$ が存在する．いいかえると，与えられた熱伝導の問題は，どんな境界温度分布が与えられても，一意的な近似解が存在することになる．この結論が領域の各辺を 5 等分，6 等分，... しても成り立つことは明らかであろう．一般に格子点間の**間隔** (mesh size) をより細かくすれば，よりよい近似解を得られることが知られている．優対角性はラプラス演算子の差分近似から，グラフの強連結性は考えている正方形領域の連結性（領域が“つながっている”こと）から由来することに注意する．

最後にひとこと

この章のハイライトは「優対角性 + グラフの強連結性 ⇒ 可逆性」である．「優対角性」の検証は簡単であり，「強連結性」は有向グラフの強連結成分をすべて検出する，タージャンのアルゴリズム（15.2 節で言及）によって解決する．

解　　答

第 1 章

問題 1.1　(1)：$\boldsymbol{P}^{\mathrm{T}}=(\boldsymbol{I}-\boldsymbol{a}\boldsymbol{a}^{\mathrm{T}})^{\mathrm{T}}=\boldsymbol{I}^{\mathrm{T}}-(\boldsymbol{a}\boldsymbol{a}^{\mathrm{T}})^{\mathrm{T}}=\boldsymbol{I}-(\boldsymbol{a}^{\mathrm{T}})^{\mathrm{T}}\boldsymbol{a}^{\mathrm{T}}=\boldsymbol{I}-\boldsymbol{a}\boldsymbol{a}^{\mathrm{T}}=\boldsymbol{P}$．(2)：略．(3)：$\boldsymbol{P}^2=(\boldsymbol{I}-\boldsymbol{a}\boldsymbol{a}^{\mathrm{T}})(\boldsymbol{I}-\boldsymbol{a}\boldsymbol{a}^{\mathrm{T}})=\boldsymbol{I}-\boldsymbol{a}\boldsymbol{a}^{\mathrm{T}}-\boldsymbol{a}\boldsymbol{a}^{\mathrm{T}}+\boldsymbol{a}(\boldsymbol{a}^{\mathrm{T}}\boldsymbol{a})\boldsymbol{a}^{\mathrm{T}}=\boldsymbol{I}-\boldsymbol{a}\boldsymbol{a}^{\mathrm{T}}=\boldsymbol{P}$．以下略．

問題 1.2　指定された演算を実行すればよい．

問題 1.3　(1)：$n=2$ の場合について説明する．与えられた置換行列 $\boldsymbol{P}$ を $\boldsymbol{P}=[\boldsymbol{e}_k,\,\boldsymbol{e}_l]$ と列分割形に書く．ここに $(k,\,l)$ は $(1,\,2)$ の 1 つの置換，$\boldsymbol{e}_j$ $(j=1,\,2)$ は $\boldsymbol{I}_2$ の第 j 列を表す．すると，

$$\boldsymbol{P}^{\mathrm{T}}\boldsymbol{P}=\begin{bmatrix}\boldsymbol{e}_k^{\mathrm{T}}\\ \boldsymbol{e}_l^{\mathrm{T}}\end{bmatrix}[\boldsymbol{e}_k,\,\boldsymbol{e}_l]=\begin{bmatrix}\boldsymbol{e}_k^{\mathrm{T}}\boldsymbol{e}_k & \boldsymbol{e}_k^{\mathrm{T}}\boldsymbol{e}_l\\ \boldsymbol{e}_l^{\mathrm{T}}\boldsymbol{e}_k & \boldsymbol{e}_l^{\mathrm{T}}\boldsymbol{e}_l\end{bmatrix}=\begin{bmatrix}1&0\\0&1\end{bmatrix}=\boldsymbol{I}_2,$$

$$\boldsymbol{P}\boldsymbol{P}^{\mathrm{T}}=[\boldsymbol{e}_k,\,\boldsymbol{e}_l]\begin{bmatrix}\boldsymbol{e}_k^{\mathrm{T}}\\ \boldsymbol{e}_l^{\mathrm{T}}\end{bmatrix}=\boldsymbol{e}_k\boldsymbol{e}_k^{\mathrm{T}}+\boldsymbol{e}_l\boldsymbol{e}_l^{\mathrm{T}}=\boldsymbol{I}_2 \text{ ゆえに } \boldsymbol{P}^{-1}=\boldsymbol{P}^{\mathrm{T}}.$$

(2)：下に示す例から類推して頂きたい．$\boldsymbol{A}=\begin{bmatrix}a_{11}&a_{12}&a_{13}\\a_{21}&a_{22}&a_{23}\end{bmatrix}\equiv\begin{bmatrix}\boldsymbol{a}_1\\ \boldsymbol{a}_2\end{bmatrix}$（行分割形）とし，$\boldsymbol{P}$ を (1) で使った置換行列とすると，$\boldsymbol{P}^{\mathrm{T}}\boldsymbol{A}=\begin{bmatrix}\boldsymbol{e}_k^{\mathrm{T}}\\ \boldsymbol{e}_l^{\mathrm{T}}\end{bmatrix}\boldsymbol{A}=\begin{bmatrix}\boldsymbol{e}_k^{\mathrm{T}}\boldsymbol{A}\\ \boldsymbol{e}_l^{\mathrm{T}}\boldsymbol{A}\end{bmatrix}=\begin{bmatrix}\boldsymbol{a}^k\\ \boldsymbol{a}^l\end{bmatrix}$.

(3)：同上．$\boldsymbol{A}=\begin{bmatrix}a_{11}&a_{12}\\a_{21}&a_{22}\\a_{31}&a_{32}\end{bmatrix}\equiv[\boldsymbol{a}_1,\,\boldsymbol{a}_2]$（列分割形），$\boldsymbol{P}$ を (1) で使った置換行列とすると，$\boldsymbol{A}\boldsymbol{P}=\boldsymbol{A}[\boldsymbol{e}_k,\,\boldsymbol{e}_l]=[\boldsymbol{A}\boldsymbol{e}_k,\,\boldsymbol{A}\boldsymbol{e}_l]=[\boldsymbol{a}_k,\,\boldsymbol{a}_l]$.

問題 1.4　(1) $\boldsymbol{P}_1=\begin{bmatrix}0&0&1\\1&0&0\\0&1&0\end{bmatrix}$，$\boldsymbol{P}_2=\begin{bmatrix}1&0&0&0\\0&0&1&0\\0&1&0&0\\0&0&0&1\end{bmatrix}$，(2) $\boldsymbol{P}_1=\begin{bmatrix}0&1&0\\0&0&1\\1&0&0\end{bmatrix}$，$\boldsymbol{P}_2=\begin{bmatrix}0&1&0&0\\1&0&0&0\\0&0&0&1\\0&0&1&0\end{bmatrix}$.

問題 1.5　例で示す．$\boldsymbol{A}=\begin{bmatrix}a_{11}&a_{12}&a_{13}\\a_{21}&a_{22}&a_{23}\end{bmatrix}=\begin{bmatrix}\boldsymbol{a}_1\\ \boldsymbol{a}_2\end{bmatrix}=[\boldsymbol{a}_1',\,\boldsymbol{a}_2',\,\boldsymbol{a}_3']$，$\boldsymbol{D}_1=\begin{bmatrix}k_1&0\\0&k_2\end{bmatrix}$：$\boldsymbol{I}_2$

の第 i 行に k_i を掛けて得られる行列 ($i = 1, 2$)，$\boldsymbol{D}_2 = \begin{bmatrix} l_1 & 0 & 0 \\ 0 & l_2 & 0 \\ 0 & 0 & l_3 \end{bmatrix}$: $\boldsymbol{I}_3$ の第 j 列に l_j を掛けて得られる行列 ($j = 1, 2, 3$) とすれば，$\boldsymbol{D}_1\boldsymbol{A} = \begin{bmatrix} k_1 & 0 \\ 0 & k_2 \end{bmatrix}\begin{bmatrix} \boldsymbol{a}_1 \\ \boldsymbol{a}_2 \end{bmatrix} = \begin{bmatrix} k_1\boldsymbol{a}_1 \\ k_2\boldsymbol{a}_2 \end{bmatrix}$, $\boldsymbol{A}\boldsymbol{D}_2 = [\boldsymbol{a}'_1, \boldsymbol{a}'_2, \boldsymbol{a}'_3]\begin{bmatrix} l_1 & 0 & 0 \\ 0 & l_2 & 0 \\ 0 & 0 & l_3 \end{bmatrix} = [l_1\boldsymbol{a}'_1, l_2\boldsymbol{a}'_2, l_3\boldsymbol{a}'_3]$.

問題 1.6　$\boldsymbol{D}_1 = \begin{bmatrix} 2 & 0 \\ 0 & -3 \end{bmatrix}$, $\boldsymbol{D}_2 = \begin{bmatrix} 3 & 0 & 0 & 0 \\ 0 & 1 & 0 & 0 \\ 0 & 0 & 1 & 0 \\ 0 & 0 & 0 & -1 \end{bmatrix}$.

問題 1.7　(1)–(2)：略，(3)：$\begin{bmatrix} 1 & 0 & 0 \\ c & 1 & 0 \\ d & 0 & 1 \end{bmatrix}$，(4)：$\begin{bmatrix} 1 & c & d \\ 0 & 1 & 0 \\ 0 & 0 & 1 \end{bmatrix}$，(5)：$\begin{bmatrix} 1 & 0 & 0 \\ c & 1 & 0 \\ 0 & 0 & 1 \end{bmatrix}\begin{bmatrix} 1 & 0 & 0 \\ -c & 1 & 0 \\ 0 & 0 & 1 \end{bmatrix} = \boldsymbol{I}$, $\begin{bmatrix} 1 & c & 0 \\ 0 & 1 & 0 \\ 0 & 0 & 1 \end{bmatrix}\begin{bmatrix} 1 & -c & 0 \\ 0 & 1 & 0 \\ 0 & 0 & 1 \end{bmatrix} = \boldsymbol{I}$ を示せばよい．(6)：$\begin{bmatrix} 1 & 0 & 0 \\ -4 & 1 & 0 \\ -7 & 0 & 1 \end{bmatrix}\begin{bmatrix} 1 & 2 & 3 \\ 4 & 5 & 6 \\ 7 & 8 & 8 \end{bmatrix}\begin{bmatrix} 1 & -2 & -3 \\ 0 & 1 & 0 \\ 0 & 0 & 1 \end{bmatrix} = \begin{bmatrix} 1 & 0 & 0 \\ 0 & -3 & -6 \\ 0 & -6 & -13 \end{bmatrix}$,
(7)：$\begin{bmatrix} 1 & 0 & 0 \\ 0 & 1 & 0 \\ 0 & -2 & 1 \end{bmatrix}\begin{bmatrix} 1 & 0 & 0 \\ 0 & -3 & -6 \\ 0 & -6 & -13 \end{bmatrix}\begin{bmatrix} 1 & 0 & 0 \\ 0 & 1 & -2 \\ 0 & 0 & 1 \end{bmatrix} = \begin{bmatrix} 1 & 0 & 0 \\ 0 & -3 & 0 \\ 0 & 0 & -1 \end{bmatrix}$，(8)：$\begin{bmatrix} 1 & 2 & 3 \\ 4 & 5 & 6 \\ 7 & 8 & 8 \end{bmatrix} = \begin{bmatrix} 1 & 0 & 0 \\ 4 & 1 & 0 \\ 7 & 2 & 1 \end{bmatrix}\begin{bmatrix} 1 & 0 & 0 \\ 0 & -3 & 0 \\ 0 & 0 & -1 \end{bmatrix}\begin{bmatrix} 1 & 2 & 3 \\ 0 & 1 & 2 \\ 0 & 0 & 1 \end{bmatrix}$ を検算すればよい．

問題 1.8　(1)：$\boldsymbol{A} = \boldsymbol{A}^*$ の対角成分に注目すると $a_{ii} = \overline{a_{ii}}$．ゆえに a_{ii} は実数．(2)：$\boldsymbol{A} = -\boldsymbol{A}^{\mathrm{T}}$ の対角成分に注目すると $a_{ii} = -a_{ii}$．ゆえに $a_{ii} = 0$．(3)：$\boldsymbol{A} = -\boldsymbol{A}^*$ の対角成分に注目すると $a_{ii} = -\overline{a_{ii}}$．ゆえに a_{ii} の実部 $= 0$．

問題 1.9　$\begin{bmatrix} \boldsymbol{A}_1 & \boldsymbol{0} \\ \boldsymbol{0} & \boldsymbol{A}_2 \end{bmatrix}\begin{bmatrix} \boldsymbol{W} & \boldsymbol{X} \\ \boldsymbol{Y} & \boldsymbol{Z} \end{bmatrix} = \begin{bmatrix} \boldsymbol{W} & \boldsymbol{X} \\ \boldsymbol{Y} & \boldsymbol{Z} \end{bmatrix}\begin{bmatrix} \boldsymbol{A}_1 & \boldsymbol{0} \\ \boldsymbol{0} & \boldsymbol{A}_2 \end{bmatrix} = \boldsymbol{I}$ とおき（$\boldsymbol{X}, \boldsymbol{Z}$ はそれぞれ $\boldsymbol{A}_1, \boldsymbol{A}_2$ と同じ型の正方行列)，対応するブロックを等置すれば $\boldsymbol{A}_1\boldsymbol{W} = \boldsymbol{W}\boldsymbol{A}_1 = \boldsymbol{I}$, $\boldsymbol{A}_2\boldsymbol{Z} = \boldsymbol{Z}\boldsymbol{A}_2 = \boldsymbol{I}$, $\boldsymbol{A}_1\boldsymbol{X} = \boldsymbol{X}\boldsymbol{A}_2 = \boldsymbol{0}$, $\boldsymbol{A}_2\boldsymbol{Y} = \boldsymbol{Y}\boldsymbol{A}_1 = \boldsymbol{0}$ が得られる．これより $\boldsymbol{W} = \boldsymbol{A}_1^{-1}$, $\boldsymbol{X} = \boldsymbol{0}$, $\boldsymbol{Y} = \boldsymbol{0}$, $\boldsymbol{Z} = \boldsymbol{A}_2^{-1}$．検算：$\begin{bmatrix} \boldsymbol{A}_1 & \boldsymbol{0} \\ \boldsymbol{0} & \boldsymbol{A}_2 \end{bmatrix}\begin{bmatrix} \boldsymbol{A}_1^{-1} & \boldsymbol{0} \\ \boldsymbol{0} & \boldsymbol{A}_2^{-1} \end{bmatrix} = \begin{bmatrix} \boldsymbol{A}_1^{-1} & \boldsymbol{0} \\ \boldsymbol{0} & \boldsymbol{A}_2^{-1} \end{bmatrix}\begin{bmatrix} \boldsymbol{A}_1 & \boldsymbol{0} \\ \boldsymbol{0} & \boldsymbol{A}_2 \end{bmatrix} = \boldsymbol{I}$.

問題 1.10　前問と同様に，$\begin{bmatrix} \boldsymbol{A}_1 & \boldsymbol{B} \\ \boldsymbol{0} & \boldsymbol{A}_2 \end{bmatrix}\begin{bmatrix} \boldsymbol{W} & \boldsymbol{X} \\ \boldsymbol{Y} & \boldsymbol{Z} \end{bmatrix} = \begin{bmatrix} \boldsymbol{W} & \boldsymbol{X} \\ \boldsymbol{Y} & \boldsymbol{Z} \end{bmatrix}\begin{bmatrix} \boldsymbol{A}_1 & \boldsymbol{B} \\ \boldsymbol{0} & \boldsymbol{A}_2 \end{bmatrix} = \boldsymbol{I}$ が成立する必要十分条件を考える．ここに，行列 $\begin{bmatrix} \boldsymbol{W} & \boldsymbol{X} \\ \boldsymbol{Y} & \boldsymbol{Z} \end{bmatrix}$ は $\begin{bmatrix} \boldsymbol{A}_1 & \boldsymbol{B} \\ \boldsymbol{0} & \boldsymbol{A}_2 \end{bmatrix}$ とまったく同じ仕方で分割されている

ものとする．これを展開し，対応するブロックを等置すれば，8 個の関係式が得られる．これから (1), (2) が示せる．

問題 1.11　直接計算で検証できる．

問題 1.12　単純な計算で検証できる．$1/(a+ib) = a/(a^2+b^2) + i(-b/(a^2+b^2))$ に注意．

問題 1.13　すべて単純な計算で検証できる．

第 2 章

問題 2.1　変域は実数全体 $\mathbb{R}$，像空間も $\mathbb{R}$，値域は $\{y : y \geqslant -1\}$ である．$(-1)^2 = 1^2 = 1$ ゆえ，単射ではない．また値域 $\neq \mathbb{R}$ ゆえ，全射ではない．集合 $\{y : -1 \leqslant y \leqslant 16\}$ の逆像は $\{x : -4 \leqslant x \leqslant 4\}$ である．

問題 2.2　与えられたベクトルの集合 $\{\boldsymbol{v}_1, \ldots, \boldsymbol{v}_k\}$ に対して，$c_1\boldsymbol{v}_1 + \cdots + c_k\boldsymbol{v}_k = \boldsymbol{0}$ が $c_1 = \cdots = c_k = 0$ 以外に解を持つかどうかを見ればよい．(1)：1 次独立，(2)：1 次独立，(3)：1 次従属，(4)：1 次従属．

問題 2.3　$\boldsymbol{0} = c_1\boldsymbol{p} + c_2\boldsymbol{q} + c_3\boldsymbol{r}$ を形式的な積を用いて書いた式

$$\boldsymbol{0} = [\boldsymbol{p}, \boldsymbol{q}, \boldsymbol{r}]\begin{bmatrix} c_1 \\ c_2 \\ c_3 \end{bmatrix} = \left([\boldsymbol{a}, \boldsymbol{b}, \boldsymbol{c}]\begin{bmatrix} 1 & 1 & 1 \\ 1 & -1 & 1 \\ 0 & 0 & 1 \end{bmatrix}\right)\begin{bmatrix} c_1 \\ c_2 \\ c_3 \end{bmatrix} = [\boldsymbol{a}, \boldsymbol{b}, \boldsymbol{c}]\left(\begin{bmatrix} 1 & 1 & 1 \\ 1 & -1 & 1 \\ 0 & 0 & 1 \end{bmatrix}\begin{bmatrix} c_1 \\ c_2 \\ c_3 \end{bmatrix}\right)$$

について考えると見通しがよい．$\boldsymbol{a}, \boldsymbol{b}, \boldsymbol{c}$ の 1 次独立性から，上式は $\boldsymbol{0} = \begin{bmatrix} 1 & 1 & 1 \\ 1 & -1 & 1 \\ 0 & 0 & 1 \end{bmatrix}\begin{bmatrix} c_1 \\ c_2 \\ c_3 \end{bmatrix}$ と同値となる．この解が $c_1 = c_2 = c_3 = 0$ に限ることを示せばよい．

問題 2.4　$\boldsymbol{S} + \boldsymbol{T} = \{\boldsymbol{s} + \boldsymbol{t} : \boldsymbol{s} \in \boldsymbol{S}, \boldsymbol{t} \in \boldsymbol{T}\} = \left\{[x, y, 0]^{\mathrm{T}} : x, y \in \mathbb{R}\right\}$．

問題 2.5　$\boldsymbol{s}_1 + \boldsymbol{t}_1 = \boldsymbol{s}_2 + \boldsymbol{t}_2$ ($\boldsymbol{s}_1, \boldsymbol{s}_2 \in \boldsymbol{S}, \boldsymbol{t}_1, \boldsymbol{t}_2 \in \boldsymbol{T}$) なら，$\boldsymbol{s}_1 - \boldsymbol{s}_2 = \boldsymbol{t}_2 - \boldsymbol{t}_1 \in \boldsymbol{S} \cap \boldsymbol{T} = \{\boldsymbol{0}\}$．

問題 2.6　前者に対しては，「反射性 $a \sim a$」，「対称性 $a \sim b$ なら $b \sim a$」，「推移性 $a \sim b$, $b \sim c$ なら $a \sim c$」($\because a - c = (a-b) + (b-c)$) が満たされる．同値類は奇数全体と偶数全体の 2 つある．後者に対しては，$1 \sim 1$ は偽であるから反射性が満たされない．

第 4 章

問題 4.1　結論を否定し，$\boldsymbol{D}_1\boldsymbol{Q}_1\boldsymbol{Q}_2^{-1} = \boldsymbol{P}_1^{-1}\boldsymbol{P}_2\boldsymbol{D}_2 \equiv \boldsymbol{M}$ とすれば，この行列の形は $\begin{bmatrix} \boldsymbol{M}_1 & \boldsymbol{0} \\ \boldsymbol{0} & \boldsymbol{0} \end{bmatrix}$ であることがわかる．ここに，$\boldsymbol{M}_1$ は 3×4 行列を表す．すると，$\boldsymbol{M}_1\boldsymbol{x} = \boldsymbol{0}$ を満たす $\boldsymbol{x} \neq \boldsymbol{0}$ がとれる．そして，$\boldsymbol{M}\begin{bmatrix} \boldsymbol{x} \\ \boldsymbol{0} \end{bmatrix} = \begin{bmatrix} \boldsymbol{M}_1 & \boldsymbol{0} \\ \boldsymbol{0} & \boldsymbol{0} \end{bmatrix}\begin{bmatrix} \boldsymbol{x} \\ \boldsymbol{0} \end{bmatrix} = \begin{bmatrix} \boldsymbol{M}_1\boldsymbol{x} \\ \boldsymbol{0} \end{bmatrix} = \boldsymbol{0}$．他方，$\boldsymbol{M}\begin{bmatrix} \boldsymbol{x} \\ \boldsymbol{0} \end{bmatrix} = \boldsymbol{P}_1^{-1}\boldsymbol{P}_2\boldsymbol{D}_2\begin{bmatrix} \boldsymbol{x} \\ \boldsymbol{0} \end{bmatrix} = \boldsymbol{P}_1^{-1}\boldsymbol{P}_2\begin{bmatrix} \boldsymbol{x} \\ \boldsymbol{0} \end{bmatrix} \neq \boldsymbol{0}$ ($\because \boldsymbol{P}_1, \boldsymbol{P}_2$ は可逆行列)．これは矛盾である．

問題 4.2　$\boldsymbol{PAQ} = \begin{bmatrix} 0 & 1 & 0 \\ 0 & 0 & 1 \\ 1 & 0 & 0 \end{bmatrix} \begin{bmatrix} 0 & 0.1 & 0.2 & 0 \\ 0.4 & 0.2 & 0.8 & 2 \\ 0.2 & 0.6 & 1.4 & 1 \end{bmatrix} \begin{bmatrix} 0 & 0 & 0 & 1 \\ 0 & 0 & 1 & 0 \\ 0 & 1 & 0 & 0 \\ 1 & 0 & 0 & 0 \end{bmatrix}$

$$= \begin{bmatrix} 1 & 0 & 0 \\ 0.5 & 1 & 0 \\ 0 & 0.2 & 1 \end{bmatrix} \begin{bmatrix} 2 & 0 & 0 & 0 \\ 0 & 1 & 0 & 0 \\ 0 & 0 & 0 & 0 \end{bmatrix} \begin{bmatrix} 1 & 0.4 & 0.1 & 0.2 \\ 0 & 1 & 0.5 & 0 \\ 0 & 0 & 1 & 0 \\ 0 & 0 & 0 & 1 \end{bmatrix} = \boldsymbol{LDU} = \begin{bmatrix} 2 & 0.8 & 0.2 & 0.4 \\ 1 & 1.4 & 0.6 & 0.2 \\ 0 & 0.2 & 0.1 & 0 \end{bmatrix}.$$

問題 4.3　u_{34} は全く任意でよく，これ以外の未知成分は一意的に定まる．$u_{34} = 0$ ととれば，前問の LDU 分解形が得られる．

問題 4.4

$$\boldsymbol{L}_1 \boldsymbol{A} = \begin{bmatrix} 1 & 0 & 0 \\ -l_{21} & 1 & 0 \\ -l_{31} & 0 & 1 \end{bmatrix} \begin{bmatrix} a_{11} & a_{12} & a_{13} & a_{14} \\ a_{21} & a_{22} & a_{23} & a_{24} \\ a_{31} & a_{32} & a_{33} & a_{34} \end{bmatrix}$$

$$= \begin{bmatrix} 1 & 0 & 0 \\ 0 & 1 & 0 \\ 0 & l_{32} & 1 \end{bmatrix} \begin{bmatrix} d_1 & 0 & 0 & 0 \\ 0 & d_2 & 0 & 0 \\ 0 & 0 & 0 & 0 \end{bmatrix} \begin{bmatrix} 1 & u_{12} & u_{13} & u_{14} \\ 0 & 1 & u_{23} & u_{24} \\ 0 & 0 & 1 & 0 \\ 0 & 0 & 0 & 1 \end{bmatrix}.$$

各辺を計算すると

$$\text{左辺} = \begin{bmatrix} a_{11} & a_{12} & a_{13} & a_{14} \\ a_{21} - l_{21}a_{11} & a_{22} - l_{21}a_{12} & a_{23} - l_{21}a_{13} & a_{24} - l_{21}a_{14} \\ a_{31} - l_{31}a_{11} & a_{32} - l_{31}a_{12} & a_{33} - l_{31}a_{13} & a_{34} - l_{31}a_{14} \end{bmatrix}$$

$= \boldsymbol{A}$ の第 i 行を (第 i 行)$-l_{i1}$(第 1 行) で置き換えた行列, $i = 2, 3$

$$\equiv \begin{bmatrix} a_{11} & a_{12} & a_{13} & a_{14} \\ a_{21}^{(1)} & a_{22}^{(1)} & a_{23}^{(1)} & a_{24}^{(1)} \\ a_{31}^{(1)} & a_{32}^{(1)} & a_{33}^{(1)} & a_{34}^{(1)} \end{bmatrix} \equiv \boldsymbol{A}^{(1)},$$

$$\text{右辺} = \begin{bmatrix} d_1 & * & * & * \\ 0 & d_2 & * & * \\ 0 & * & * & * \end{bmatrix} \quad \text{（“$*$” は一般に非零成分を表す）.}$$

上の 2 式を比較すると，(1, 1) 成分：$a_{11} = d_1 \neq 0$，(2, 2) 成分：$a_{22}^{(1)} = d_2 \neq 0$，(2, 1), (3, 1) 成分：$a_{21}^{(1)} = a_{31}^{(1)} = 0$.

ゆえに，左辺の演算は，$\boldsymbol{A}$ の第 1 行の適当なスカラー倍（すなわち $l_{i1} = a_{i1}/a_{11}$ 倍，$a_{11} \neq 0$）を第 i 行 ($i = 2, 3$) から引いて，その先頭成分をゼロ化する演算であることがわかる．これはガウスの消去法の第 1 段に他ならない．以下，同様のやり方で進めばよい．

第 5 章

問題 5.1 $\boldsymbol{A}^{\mathrm{T}} \equiv [1,\,2,\,3]^{\mathrm{T}} = \begin{bmatrix} 1 & 2 & 3 \\ 0 & 1 & 0 \\ 0 & 0 & 1 \end{bmatrix}^{\mathrm{T}} [1,\,0,\,0]^{\mathrm{T}}[1] = \boldsymbol{Q}^{\mathrm{T}}\boldsymbol{D}^{\mathrm{T}}\boldsymbol{P}^{\mathrm{T}}$ なので，要求される $\boldsymbol{b}$ の例としては $\boldsymbol{b} = \boldsymbol{Q}^{\mathrm{T}}[0,\,1,\,0]^{\mathrm{T}}$ または $\boldsymbol{Q}^{\mathrm{T}}[0,\,0,\,1]^{\mathrm{T}}$ をとればよい．

問題 5.2 同値分解の直接利用により解決する．

問題 5.3 4.5 節参照．

問題 5.4 結論を否定すると，$\boldsymbol{XA} = \boldsymbol{I}_n$ を満たす $\boldsymbol{X}$ が存在する $\Rightarrow$ $\boldsymbol{Ax} = \boldsymbol{0}$ の解は零解のみ $\Rightarrow m \geqslant n$（線形代数の基本定理）．そして，$\boldsymbol{AX} = \boldsymbol{I}_m$ を満たす $\boldsymbol{X}$ が存在する $\Rightarrow$ $\boldsymbol{Ax} = \boldsymbol{b}$ はすべての $\boldsymbol{b}$ に対して可解 $\Rightarrow m > n$ ではありえない（5.2 節）．以上から $m = n$．

問題 5.5 $\boldsymbol{A}^{-1}\boldsymbol{A} = \boldsymbol{A}\boldsymbol{A}^{-1} = \boldsymbol{I}$ において転置をとれ．

問題 5.6 $\boldsymbol{A}_1\boldsymbol{A}_2\cdots\boldsymbol{A}_k = \boldsymbol{A}_1(\boldsymbol{A}_2\cdots\boldsymbol{A}_k) \equiv \boldsymbol{A}_1\boldsymbol{X}$ と書いて，5.3 節の結果を繰り返し適用．

問題 5.7 「$\begin{bmatrix} d_1 & 0 & 0 \\ 0 & d_2 & 0 \\ 0 & 0 & d_3 \end{bmatrix}\begin{bmatrix} x_1 \\ x_2 \\ x_3 \end{bmatrix} = \boldsymbol{0}$ の解は零解のみ $\Leftrightarrow d_i \neq 0\ (i = 1,\,2,\,3)$」を確認．

問題 5.8 (1)：$(\boldsymbol{A}^{\mathrm{T}})^{-1} = (\boldsymbol{A}^{-1})^{\mathrm{T}}$, $\boldsymbol{A}^{\mathrm{TT}} = \boldsymbol{A}$ を考慮すると，上三角行列の場合だけ考えておけば十分である．

「上三角行列 $\boldsymbol{A}$ の各対角成分が非零である $\Rightarrow$ $\boldsymbol{Ax} = \boldsymbol{0}$ の解は $\boldsymbol{x} = \boldsymbol{0}$ に限る」

「上三角行列 $\boldsymbol{A}$ の対角成分が 0 を含む $\Rightarrow$ $\boldsymbol{Ax} = \boldsymbol{0}$ が非零解を持つ」を示せばよい．前者の証明は簡単．後者の証明は，例えば $\boldsymbol{A} = \begin{bmatrix} * & * & * & * & * \\ 0 & 0 & * & * & * \\ 0 & 0 & * & * & * \\ 0 & 0 & 0 & 0^{\dagger} & * \\ 0 & 0 & 0 & 0 & * \end{bmatrix}$ なら † 印の 0 に着目し，左上 3×4 行列に線形代数の基本定理を適用し，$\boldsymbol{Ax} = \boldsymbol{0}$ を満たす非零解を作り出す．

(2)：もっとも単純なやり方は，$\boldsymbol{AX} = \boldsymbol{I}$ を考え，対応する成分を等置し，$\boldsymbol{A}$ が可逆上三角行列なら $\boldsymbol{X}$ も上三角行列となることを示す方法である．別法として，数学的帰納法による証明も可能：$\boldsymbol{T}$ が可逆行列，$d \neq 0$ なら，$\begin{bmatrix} \boldsymbol{T} & \boldsymbol{u} \\ \boldsymbol{0} & d \end{bmatrix}\begin{bmatrix} \boldsymbol{T}^{-1} & -(1/d)\boldsymbol{T}^{-1}\boldsymbol{u} \\ \boldsymbol{0} & 1/d \end{bmatrix} = \boldsymbol{I}$ が成り立つことを使う．

問題 5.9 $\boldsymbol{Ax} = \boldsymbol{0}$ は零解以外の解を持たないことを示せ．

問題 5.10 (1)：すべての $\boldsymbol{b} \in \mathbb{R}^2$．(2)：$[b_1,\,b_2,\,0]^{\mathrm{T}}$ 型のすべての $\boldsymbol{b} \in \mathbb{R}^3$．

問題 5.11 5.7 節の結果を利用し，$\mathrm{rank}(\boldsymbol{A}^{\mathrm{T}}\boldsymbol{A}) = \mathrm{rank}(\boldsymbol{A}^{\mathrm{T}}) = \mathrm{rank}(\boldsymbol{A}) = n$ をいう．$\boldsymbol{A}^{\mathrm{T}}\boldsymbol{A}$ は n 次行列である．

問題 5.12 (1)：$\begin{bmatrix} \boldsymbol{P}_1 & \boldsymbol{0} \\ \boldsymbol{0} & \boldsymbol{P}_2 \end{bmatrix}\begin{bmatrix} \boldsymbol{B} & \boldsymbol{0} \\ \boldsymbol{0} & \boldsymbol{C} \end{bmatrix}\begin{bmatrix} \boldsymbol{Q}_1 & \boldsymbol{0} \\ \boldsymbol{0} & \boldsymbol{Q}_2 \end{bmatrix} = \begin{bmatrix} \boldsymbol{P}_1\boldsymbol{B}\boldsymbol{Q}_1 & \boldsymbol{0} \\ \boldsymbol{0} & \boldsymbol{P}_2\boldsymbol{C}\boldsymbol{Q}_2 \end{bmatrix}$ 型の同値分解を利用．

(2)：$R(\boldsymbol{AB}) \subseteq R(\boldsymbol{A})$, $N(\boldsymbol{AB}) \supseteq N(\boldsymbol{B})$, $\dim R(\boldsymbol{A}) + \dim N(\boldsymbol{A}) = n$, $\dim R(\boldsymbol{A}) = \mathrm{rank}(\boldsymbol{A})$ を利用（5.7 節参照）．(3), (4)：同値分解と 5.7 節の結果を利用．

問題 5.13　$\mathrm{rank}(\boldsymbol{A}) = \dim R(\boldsymbol{A})$ を利用（5.7 節参照）．

問題 5.14　(1)：問題の行演算は適当な可逆行列（$\boldsymbol{K}_1, \ldots, \boldsymbol{K}_l$ と記そう）を左から掛けることと同じだから（問題 1.3–1.7 参照），問題の変換 $[\boldsymbol{A}, \boldsymbol{I}] \to [\boldsymbol{I}, \boldsymbol{X}]$ は，$\boldsymbol{K}_l \cdots \boldsymbol{K}_1 [\boldsymbol{A}, \boldsymbol{I}] = [(\boldsymbol{K}_l \cdots \boldsymbol{K}_1)\boldsymbol{A}, \boldsymbol{K}_l \cdots \boldsymbol{K}_1] = [\boldsymbol{I}, \boldsymbol{X}]$ を意味する．これから $\boldsymbol{X} = \boldsymbol{K}_l \cdots \boldsymbol{K}_1 = \boldsymbol{A}^{-1}$ が従う．

(2)：$[\boldsymbol{A}, \boldsymbol{I}] = \begin{bmatrix} 3 & 7 & 1 & 0 \\ 1 & 2 & 0 & 1 \end{bmatrix} \to \begin{bmatrix} 1 & 2 & 0 & 1 \\ 3 & 7 & 1 & 0 \end{bmatrix} \to \begin{bmatrix} 1 & 2 & 0 & 1 \\ 0 & 1 & 1 & -3 \end{bmatrix} \to \begin{bmatrix} 1 & 0 & -2 & 7 \\ 0 & 1 & 1 & -3 \end{bmatrix} \equiv [\boldsymbol{I}, \boldsymbol{X}]$．以上の結果から，$\boldsymbol{A}^{-1} = \boldsymbol{X} = \begin{bmatrix} -2 & 7 \\ 1 & -3 \end{bmatrix}$ が得られる．検算されるとよい．(3)：略

問題 5.15　階数は 3 である（5.7 節参照）．

問題 5.16　$\boldsymbol{Ly} = \boldsymbol{b} \to \boldsymbol{Ux} = \boldsymbol{y}$ の順に解く．$\boldsymbol{y} = \left[5, -9, -2\right]^{\mathrm{T}}$, $\boldsymbol{x} = \left[1, -1, 2\right]^{\mathrm{T}}$．

問題 5.17　いくつかの証明法があるが，定理 5.19 を用いる方法を示す．
(a) $\Rightarrow$ (c)：(a) が真なら $\boldsymbol{b} \in R(\boldsymbol{A})$ なので，$R([\boldsymbol{A}, \boldsymbol{b}]) = R(\boldsymbol{A})$．すると，定理 5.19 により (c) も真である．(c) $\Rightarrow$ (a)：(a) を偽とし，$\dim R(\boldsymbol{A}) < \dim R([\boldsymbol{A}, \boldsymbol{b}])$ を示せばよい．実際，$\dim R(\boldsymbol{A}) = r > 0$ とし，$R(\boldsymbol{A})$ の基底を 1 組とる．$\boldsymbol{b} \notin R(\boldsymbol{A})$ なので，$\boldsymbol{b}$ をその基底に追加したものは $R([\boldsymbol{A}, \boldsymbol{b}])$ の基底を表す．ゆえに $\dim R([\boldsymbol{A}, \boldsymbol{b}]) = r + 1$．$\dim R(\boldsymbol{A}) = 0$ の場合は $\dim R(\boldsymbol{A}) = 0 < 1 = \dim R([\boldsymbol{A}, \boldsymbol{b}])$．

第 6 章

問題 6.1　$\det \boldsymbol{A} \neq 0$ なら，行列式の定義式中のすべての項が 0 ではありえない．そこで $a_{p,1} a_{q,2} \cdots a_{r,n} \neq 0$ とすれば，第 p 行 $\to$ 第 1 行，第 q 行 $\to$ 第 2 行，... とすればよい．

問題 6.2　(1)：100,　(2)：1,　(3)：16,　(4)：-24．

問題 6.3　(1)：$\boldsymbol{A}^{\mathrm{T}} = -\boldsymbol{A}$ の両辺の行列式をとれば n は奇数ゆえ，$\det \boldsymbol{A} = -\det \boldsymbol{A}$．

(2)：2 次の場合は明らか．4 次行列に対しては $\boldsymbol{X} = \begin{bmatrix} 0 & a \\ -a & 0 \end{bmatrix}$, $\boldsymbol{Y} = \begin{bmatrix} b & c \\ d & e \end{bmatrix}$, $\boldsymbol{Z} = \begin{bmatrix} 0 & f \\ -f & 0 \end{bmatrix}$ として $\boldsymbol{A} = \begin{bmatrix} \boldsymbol{X} & \boldsymbol{Y} \\ -\boldsymbol{Y}^{\mathrm{T}} & \boldsymbol{Z} \end{bmatrix}$ と書き，ガウスの消去法を適用する：

$$\begin{bmatrix} \boldsymbol{I} & \boldsymbol{0} \\ \boldsymbol{Y}^{\mathrm{T}} \boldsymbol{X}^{-1} & \boldsymbol{I} \end{bmatrix} \begin{bmatrix} \boldsymbol{X} & \boldsymbol{Y} \\ -\boldsymbol{Y}^{\mathrm{T}} & \boldsymbol{Z} \end{bmatrix} = \begin{bmatrix} \boldsymbol{X} & \boldsymbol{Y} \\ \boldsymbol{0} & \boldsymbol{Y}^{\mathrm{T}} \boldsymbol{X}^{-1} \boldsymbol{Y} + \boldsymbol{Z} \end{bmatrix}.$$

ここに，$\boldsymbol{X}^{-1}$ の存在を仮定している．両辺の行列式をとると，

$$1 \cdot \det \begin{bmatrix} \boldsymbol{X} & \boldsymbol{Y} \\ -\boldsymbol{Y}^{\mathrm{T}} & \boldsymbol{Z} \end{bmatrix} \cdot 1 = \det \boldsymbol{X} \cdot \det(\boldsymbol{Y}^{\mathrm{T}} \boldsymbol{X}^{-1} \boldsymbol{Y} + \boldsymbol{Z}).$$

直接計算により $\det \boldsymbol{X} = a^2$, $\boldsymbol{Y}^{\mathrm{T}}\boldsymbol{X}^{-1}\boldsymbol{Y} + \boldsymbol{Z} = (1/a)(af - be + cd)\begin{bmatrix} 0 & 1 \\ -1 & 0 \end{bmatrix}$. これらを 1 つ前の式に代入すれば証明すべき関係が得られる．この式は $a \neq 0$ の仮定の下に得られたが，$a, b, \ldots$ に関する恒等式だから $a = 0$ の場合にも成立する．あるいは $a \to 0$ の極限をとってもよい．

問題 6.4　数学的帰納法による．前問により，問題の主張は $n = 1, 2$ の場合は真である．そこで $2n$ 次交代対称行列に対して主張が真であるとし，$2(n+1)$ 次交代対称行列を

$$\boldsymbol{A} = \begin{bmatrix} \boldsymbol{X} & \boldsymbol{Y} \\ -\boldsymbol{Y}^{\mathrm{T}} & \boldsymbol{Z} \end{bmatrix},\ \boldsymbol{X}^{\mathrm{T}} = -\boldsymbol{X} : 2n \times 2n,\ \boldsymbol{Y} : 2n \times 2,\ \boldsymbol{Z}^{\mathrm{T}} = -\boldsymbol{Z} : 2 \times 2$$

に分割する．そして $\boldsymbol{X}^{-1}$ の存在を仮定し，前問と同じ計算を行うと，

$$\det \boldsymbol{A} = \det \begin{bmatrix} \boldsymbol{X} & \boldsymbol{Y} \\ -\boldsymbol{Y}^{\mathrm{T}} & \boldsymbol{Z} \end{bmatrix} = \det \boldsymbol{X} \cdot \det(\boldsymbol{Y}^{\mathrm{T}}\boldsymbol{X}^{-1}\boldsymbol{Y} + \boldsymbol{Z})$$

が出る．ここに，右辺最後の行列は 2 次交代対称行列であるから，$\boldsymbol{Y}^{\mathrm{T}}\boldsymbol{X}^{-1}\boldsymbol{Y} + \boldsymbol{Z} = \begin{bmatrix} 0 & G \\ -G & 0 \end{bmatrix}$ の形を持つ．ここに，G は逆行列の公式より $\boldsymbol{A}$ の成分に関する分数式を表す．これと帰納法の仮定 $\det \boldsymbol{X} = F^2$ を 1 つ前の式に使うと，$\det \boldsymbol{A} = F^2G^2 = (FG)^2$ が出る．これは分数式間の恒等式を表す．ところが，左辺は $\boldsymbol{A}$ の成分に関する $2(n+1)$ 次多項式なので，FG は $n+1$ 次多項式でなければならず，結局上式は，$\boldsymbol{X}^{-1}$ の存在とは無関係に成立する恒等式でなければならない．

問題 6.5　第 k 行または第 l 列による展開公式を使えばただちに出る．

問題 6.6　$\boldsymbol{X}$ の任意基底 $\{\boldsymbol{x}_1, \cdots, \boldsymbol{x}_n\}$, $\{\boldsymbol{y}_1, \ldots, \boldsymbol{y}_n\}$ に対して $\det \boldsymbol{A}_{\{\boldsymbol{y}_1,\ldots\}} = \det \boldsymbol{A}_{\{\boldsymbol{x}_1,\ldots\}}$ を示せばよい．基底の定義より，両基底の間には可逆行列 $\boldsymbol{B}$ を介して $[\boldsymbol{x}_1, \ldots, \boldsymbol{x}_n] = [\boldsymbol{y}_1, \ldots, \boldsymbol{y}_n]\boldsymbol{B}$ 型の関係式が成立することになる．これより，基底 $\{\boldsymbol{y}_1, \ldots\}$ に関する $\boldsymbol{A}$ の行列表現は $\boldsymbol{A}_{\{\boldsymbol{y}_1,\ldots\}} = \boldsymbol{B}\boldsymbol{A}_{\{\boldsymbol{x}_1,\ldots\}}\boldsymbol{B}^{-1}$ で与えられることがわかる．両辺の行列式をとれば証明すべき式が得られる．

問題 6.7　(1)：単純な計算問題．(2)：(1) から $\lambda\boldsymbol{I}$ を引き行列式をとればよい．

問題 6.8　積の公式 $\det \boldsymbol{AB} = \det \boldsymbol{A} \det \boldsymbol{B}$ の利用で解決する．

問題 6.9　(1)：$x = 1,\ y = 2$,　(2)：$x = 1,\ y = 2,\ z = -1$,　(3)：$x = 1,\ y = -1,\ z = 0$.

問題 6.10　(1)：$\begin{bmatrix} 0 & 0 & 1 \\ 1 & 0 & 0 \\ 0 & 1 & 0 \end{bmatrix}$, (2)：$\begin{bmatrix} -11 & 2 & 2 \\ -4 & 0 & 1 \\ 6 & -1 & -1 \end{bmatrix}$, (3)：$\begin{bmatrix} 10+i & -2+6i & -3-2i \\ 9-3i & 8i & -3-2i \\ -2+2i & -1-2i & 1 \end{bmatrix}$.

問題 6.11　与えられた式を展開すると $ax + by + cz + d = 0$ の形となる．$a^2 + b^2 + c^2 > 0$ を示す．まず，

$$\boldsymbol{A} \equiv \begin{bmatrix} x & y & z & 1 \\ x_1 & y_1 & z_1 & 1 \\ x_2 & y_2 & z_2 & 1 \\ x_3 & y_3 & z_3 & 1 \end{bmatrix} = \det \begin{bmatrix} x-x_3 & y-y_3 & z-z_3 \\ x_1-x_3 & y_1-y_3 & z_1-z_3 \\ x_2-x_3 & y_2-y_3 & z_2-z_3 \end{bmatrix}.$$

ここで　$\boldsymbol{B} \equiv \begin{bmatrix} x_1-x_3 & y_1-y_3 & z_1-z_3 \\ x_2-x_3 & y_2-y_3 & z_2-z_3 \end{bmatrix} \equiv \begin{bmatrix} b_1 & b_2 & b_3 \\ c_1 & c_2 & c_3 \end{bmatrix}$

を考えると，与えられた 3 点は同一直線上にないので，$\boldsymbol{B}$ の 2 つの行は 1 次独立である．ゆえに $2 = \operatorname{rank}(\boldsymbol{B}) = \operatorname{rank}(\boldsymbol{B}\boldsymbol{B}^{\mathrm{T}})$．$(0 \neq) \det \boldsymbol{B}\boldsymbol{B}^{\mathrm{T}}$ をビネ・コーシーの定理によって展開すると，$0 \neq \det \boldsymbol{B}\boldsymbol{B}^{\mathrm{T}} = \left(\det \begin{bmatrix} b_1 & b_2 \\ c_1 & c_2 \end{bmatrix}\right)^2 + (\det \begin{bmatrix} b_2 & b_3 \\ c_2 & c_3 \end{bmatrix})^2 + (\det \begin{bmatrix} b_1 & b_3 \\ c_1 & c_3 \end{bmatrix})^2$．これは $a^2 + b^2 + c^2 > 0$ を示す．ゆえに，与えられた方程式は確かに平面の方程式を表す．次に，$x = x_i, y = y_i, z = z_i$ $(i = 1, 2, 3)$ を与えられた式に代入すれば，相等しい 2 行が発生して左辺の値は 0 となるから，平面は確かに与えられた 3 点を通る．

問題 6.12　前半は定義式をそのまま微分すればよい．後半は一般公式 $\det \boldsymbol{A} = \det \boldsymbol{A}^{\mathrm{T}}$ に前半を適用し，その結果にこの公式を再利用すればよい．

第 7 章

問題 7.1　$\boldsymbol{x} = x_1\boldsymbol{a}_1 + \cdots + x_n\boldsymbol{a}_n$ とし，$(\boldsymbol{a}_i, \boldsymbol{x}) = 0$ $(i = 1, \ldots, n)$ に代入すれば，$\boldsymbol{P}\boldsymbol{x}' = \boldsymbol{0}$ が出る（$\boldsymbol{x}' = [x_1, \ldots, x_n]^{\mathrm{T}}$, $\boldsymbol{P} = [(\boldsymbol{a}_i, \boldsymbol{a}_j)]$ はグラム行列（7.3 節））．$\boldsymbol{P}^{-1}$ が存在するから，これは $\boldsymbol{x}' = \boldsymbol{0}$ を意味する．これより $\boldsymbol{x} = \boldsymbol{0}$.

問題 7.2　$\det \begin{bmatrix} 1 & 1 \\ i & -2i \end{bmatrix} = -2i - i = 3i \neq 0$ なので，$\{\boldsymbol{a}_1, \boldsymbol{a}_2\}$ は 1 次独立である．グラム・シュミット法は，$\boldsymbol{A} \equiv [\boldsymbol{a}_1, \boldsymbol{a}_2] = [\boldsymbol{q}_1, \boldsymbol{q}_2] \begin{bmatrix} r_{11} & r_{12} \\ 0 & r_{22} \end{bmatrix} \equiv \boldsymbol{QR}$ を満たすユニタリ行列 $\boldsymbol{Q}$ と三角行列 $\boldsymbol{R}$ $(r_{11}, r_{22} > 0)$ を，次の手続きによって求める：

$$r_{11} = \|\boldsymbol{a}_1\|, \quad \boldsymbol{q}_1 = \boldsymbol{a}_1/r_{11},$$
$$r_{12} = \boldsymbol{q}_1^*\boldsymbol{a}_2, \quad r_{22} = \|\boldsymbol{a}_2 - \boldsymbol{q}_1 r_{12}\|, \quad \boldsymbol{q}_2 = (\boldsymbol{a}_2 - \boldsymbol{q}_1 r_{12})/r_{22}.$$

ゆえに，

$$r_{11} = \sqrt{2}, \quad \boldsymbol{q}_1 = \frac{1}{\sqrt{2}}\begin{bmatrix} 1 \\ i \end{bmatrix}, \quad r_{12} = -\frac{1}{\sqrt{2}}, \quad r_{22} = \frac{3}{\sqrt{2}}, \quad \boldsymbol{q}_2 = \frac{1}{\sqrt{2}}\begin{bmatrix} 1 \\ -i \end{bmatrix}.$$

問題 7.3　前半の証明には反例を挙げればよい．$\boldsymbol{a} = [1, 1]^{\mathrm{T}}$, $\boldsymbol{b} = [1, -1]^{\mathrm{T}}$ とすれば，$\|\boldsymbol{a}\|_1 = \|\boldsymbol{b}\|_1 = \|\boldsymbol{a}+\boldsymbol{b}\|_1 = \|\boldsymbol{a}-\boldsymbol{b}\|_1 = 2$ なので，$\|\boldsymbol{a}+\boldsymbol{b}\|_1^2 + \|\boldsymbol{a}-\boldsymbol{b}\|_1^2 = 8 \neq 16 = 2(\|\boldsymbol{a}\|_1^2 + \|\boldsymbol{b}\|_1^2)$.
また，$\|\boldsymbol{a}\|_\infty = \|\boldsymbol{b}\|_\infty = 1$, $\|\boldsymbol{a}+\boldsymbol{b}\|_\infty = \|\boldsymbol{a}-\boldsymbol{b}\|_\infty = 2$ ゆえ，$\|\boldsymbol{a}+\boldsymbol{b}\|_\infty^2 + \|\boldsymbol{a}-\boldsymbol{b}\|_\infty^2 = 8 \neq 4 = 2(\|\boldsymbol{a}\|_\infty^2 + \|\boldsymbol{b}\|_\infty^2)$．後半の証明は直接計算で出る．

問題 7.4　平行四辺形の法則により,

$$\|\boldsymbol{a}+2\boldsymbol{b}\|^2 = \|(\boldsymbol{a}+\boldsymbol{b})+\boldsymbol{b}\|^2 = 2\|\boldsymbol{a}+\boldsymbol{b}\|^2+2\|\boldsymbol{b}\|^2-\|\boldsymbol{a}\|^2,$$
$$\|\boldsymbol{a}-2\boldsymbol{b}\|^2 = 2\|\boldsymbol{a}-\boldsymbol{b}\|^2+2\|-\boldsymbol{b}\|^2-\|\boldsymbol{a}\|^2.$$

これらの辺々を相引けば示すべき式が出る.

問題 7.5　(a)：内積の公理 (3) (7.1 節) より明らか. (b)：公理 (1) より $(c\boldsymbol{x}, c\boldsymbol{x}) = c(c\boldsymbol{x}, \boldsymbol{x}) = c\overline{(\boldsymbol{x}, c\boldsymbol{x})} = c\bar{c}\overline{(\boldsymbol{x}, \boldsymbol{x})} = |c|^2(\boldsymbol{x}, \boldsymbol{x})$ から出る. (c)：三角不等式.

問題 7.6　まず $(\boldsymbol{x}, \boldsymbol{x}) = \|\boldsymbol{x}\|^2$ は定義 (2) より明らか. (1) を仮定し, (2) で定義される $(\boldsymbol{x}, \boldsymbol{y})$ が内積の公理を満たすことを示す. 「$(\boldsymbol{x}, \boldsymbol{x}) = 0 \Leftrightarrow \boldsymbol{x} = \boldsymbol{0}$」は $(\boldsymbol{x}, \boldsymbol{x}) = \|\boldsymbol{x}\|^2$ より明らか. $\overline{(\boldsymbol{y}, \boldsymbol{x})} = (\boldsymbol{x}, \boldsymbol{y})$ も (2) から簡単に出る. 残るは次の相等関係 (3), (4) の証明のみである：

$$(3)\qquad (\boldsymbol{x}, \boldsymbol{y}+\boldsymbol{z}) = (\boldsymbol{x}, \boldsymbol{y}) + (\boldsymbol{x}, \boldsymbol{z})\ \ (\boldsymbol{x}, \boldsymbol{y}, \boldsymbol{z} \in X)$$

$$(4)\qquad (\boldsymbol{x}, (\alpha+i\beta)\boldsymbol{y}) = (\alpha+i\beta)(\boldsymbol{x}, \boldsymbol{y})\ \ (\alpha, \beta \in \mathbb{R}, \boldsymbol{x}, \boldsymbol{y} \in X)$$

まず (3) を示す. 簡単のため $f(\boldsymbol{x}, \boldsymbol{y}) = \|\boldsymbol{x}+\boldsymbol{y}\|^2 - \|\boldsymbol{x}-\boldsymbol{y}\|^2$ とおけば, (2) は

$$(5)\qquad 4(\boldsymbol{x}, \boldsymbol{y}) = f(\boldsymbol{x}, \boldsymbol{y}) - if(\boldsymbol{x}, i\boldsymbol{y})$$

と書ける. ゆえに (3) は

$$f(\boldsymbol{x}, \boldsymbol{y}+\boldsymbol{z}) - if(\boldsymbol{x}, i\boldsymbol{y}+i\boldsymbol{z}) = f(\boldsymbol{x}, \boldsymbol{y}) + f(\boldsymbol{x}, \boldsymbol{z}) - i\{f(\boldsymbol{x}, i\boldsymbol{y}) + f(\boldsymbol{x}, i\boldsymbol{z})\}$$

と同値である. 右辺の形よりこれを示すには

$$(6)\qquad f(\boldsymbol{x}, \boldsymbol{y}+\boldsymbol{z}) = f(\boldsymbol{x}, \boldsymbol{y}) + f(\boldsymbol{x}, \boldsymbol{z})$$

を示せば十分である. そこで $\boldsymbol{y}+\boldsymbol{z} = 2\boldsymbol{w}$ とおき, (6) 式の両辺を計算すると

$$\begin{aligned}
\text{左辺} &= \|\boldsymbol{x}+\boldsymbol{y}+\boldsymbol{z}\|^2 - \|\boldsymbol{x}-\boldsymbol{y}-\boldsymbol{z}\|^2 = \|\boldsymbol{x}+2\boldsymbol{w}\|^2 - \|\boldsymbol{x}-2\boldsymbol{w}\|^2 \\
&= 2\|\boldsymbol{x}+\boldsymbol{w}\|^2 - 2\|\boldsymbol{x}-\boldsymbol{w}\|^2 \quad (\text{前問の結果を利用}), \\
\text{右辺} &= \|\boldsymbol{x}+\boldsymbol{y}\|^2 - \|\boldsymbol{x}-\boldsymbol{y}\|^2 + \|\boldsymbol{x}+\boldsymbol{z}\|^2 - \|\boldsymbol{x}-\boldsymbol{z}\|^2 \\
&= (\|\boldsymbol{x}+\boldsymbol{y}\|^2 + \|\boldsymbol{x}+\boldsymbol{z}\|^2) - (\|\boldsymbol{x}-\boldsymbol{y}\|^2 + \|\boldsymbol{x}-\boldsymbol{z}\|^2) \\
&= \frac{1}{2}(\|2\boldsymbol{x}+\boldsymbol{y}+\boldsymbol{z}\|^2 + \|\boldsymbol{y}-\boldsymbol{z}\|^2) - \frac{1}{2}(\|2\boldsymbol{x}-\boldsymbol{y}-\boldsymbol{z}\|^2 + \|-\boldsymbol{y}+\boldsymbol{z}\|^2) \quad ((1)\text{による}) \\
&= \frac{1}{2}\|2\boldsymbol{x}+2\boldsymbol{w}\|^2 - \frac{1}{2}\|2\boldsymbol{x}-2\boldsymbol{w}\|^2 = 2\|\boldsymbol{x}+\boldsymbol{w}\|^2 - 2\|\boldsymbol{x}-\boldsymbol{w}\|^2 = \text{左辺}.
\end{aligned}$$

最後に (4) を示す. まず, $(\boldsymbol{x}, \boldsymbol{y})$ の定義から簡単な計算で $(\boldsymbol{x}, i\boldsymbol{y}) = i(\boldsymbol{x}, \boldsymbol{y})$ が出る. これと証明済みの (3) を使って $(\boldsymbol{x}, (\alpha+i\beta)\boldsymbol{y}) = (\boldsymbol{x}, \alpha\boldsymbol{y}) + i(\boldsymbol{x}, \beta\boldsymbol{y})$ が出る. ゆえに (4) を示すには「任意の**実数** α に対して $(\boldsymbol{x}, \alpha\boldsymbol{y}) = \alpha(\boldsymbol{x}, \boldsymbol{y})$ が成り立つ」を示せば十分である. まず, (3)

より $(\boldsymbol{x}, 2\boldsymbol{y}) = (\boldsymbol{x}, \boldsymbol{y}+\boldsymbol{y}) = (\boldsymbol{x}, \boldsymbol{y}) + (\boldsymbol{x}, \boldsymbol{y}) = 2(\boldsymbol{x}, \boldsymbol{y})$ が出る．この論法を継続すれば，すべての自然数 n に対して $(\boldsymbol{x}, n\boldsymbol{y}) = n(\boldsymbol{x}, \boldsymbol{y})$ が成り立つことがわかる．次に，定義 (2) より $(\boldsymbol{x}, -\boldsymbol{y}) = -(\boldsymbol{x}, \boldsymbol{y})$ および $(\boldsymbol{x}, \boldsymbol{0}) = 0$ が出るから，結局すべての整数 $n = 0, \pm1, \pm2, \ldots$ に対して $(\boldsymbol{x}, n\boldsymbol{y}) = n(\boldsymbol{x}, \boldsymbol{y})$ が成立することがわかる．そして，$m\,(\neq 0), n$ を整数とすれば，

$$m\left(\boldsymbol{x}, \frac{n}{m}\boldsymbol{y}\right) = \left(\boldsymbol{x}, m\frac{n}{m}\boldsymbol{y}\right) = (\boldsymbol{x}, n\boldsymbol{y}) = n(\boldsymbol{x}, \boldsymbol{y})$$

よって，$\left(\boldsymbol{x}, \frac{n}{m}\boldsymbol{y}\right) = \frac{n}{m}(\boldsymbol{x}, \boldsymbol{y})$ が得られる．いいかえると，すべての分数（有理数）α に対して $(\boldsymbol{x}, \alpha\boldsymbol{y}) = \alpha(\boldsymbol{x}, \boldsymbol{y})$ が成り立つ．

最後に, α が分数でない実数のときは, 実数の性質より $\alpha_k \to \alpha$ となる分数列 $\{\alpha_1, \alpha_2, \ldots\} \equiv \{\alpha_k\}$ がとれる．すると，k の各値に対して $(\boldsymbol{x}, \alpha_k\boldsymbol{y}) = \alpha_k(\boldsymbol{x}, \boldsymbol{y})$ が成立していることになる．ここで $k \to \infty$ の極限をとれば，右辺 $\to \alpha(\boldsymbol{x}, \boldsymbol{y})$．そして，ノルムの連続性により

$$\begin{aligned}\text{左辺} &= \|\boldsymbol{x}+\alpha_k\boldsymbol{y}\|^2 - \|\boldsymbol{x}-\alpha_k\boldsymbol{y}\|^2 + i\,\|\boldsymbol{x}-i\alpha_k\boldsymbol{y}\|^2 - i\,\|\boldsymbol{x}+i\alpha_k\boldsymbol{y}\|^2 \\ &\Rightarrow \|\boldsymbol{x}+\alpha\boldsymbol{y}\|^2 - \|\boldsymbol{x}-\alpha\boldsymbol{y}\|^2 + i\,\|\boldsymbol{x}-i\alpha\boldsymbol{y}\|^2 - i\,\|\boldsymbol{x}+i\alpha\boldsymbol{y}\|^2 = (\boldsymbol{x}, \alpha\boldsymbol{y}). \\ &(\because\ \big|\,\|\boldsymbol{x}+\alpha_k\boldsymbol{y}\| - \|\boldsymbol{x}+\alpha\boldsymbol{y}\|\,\big| \leqslant \|(\boldsymbol{x}+\alpha_k\boldsymbol{y}) - (\boldsymbol{x}+\alpha\boldsymbol{y})\| = |\alpha_k - \alpha|\,\|\boldsymbol{y}\| \to 0, \ldots)\end{aligned}$$

すると，極限値の一意性より $(\boldsymbol{x}, \alpha\boldsymbol{y}) = \alpha(\boldsymbol{x}, \boldsymbol{y})$ が従う．

第 8 章

問題 8.1　相似変換を行っても特性多項式が不変であることを利用する．

(1)：特性多項式 $= (-\lambda)(3-\lambda)$，固有値：0, 3，固有ベクトル $[2, -1]^{\mathrm{T}}$, $[1, 1]^{\mathrm{T}}$.

(2)：特性多項式 $= (-\lambda)(2-\lambda)$，固有値 0, 2，固有ベクトル $[i, 1]^{\mathrm{T}}$, $[1, i]^{\mathrm{T}}$.

(3)：特性多項式 $= (-2-\lambda)(2-\lambda)^2$，固有値 $-2, 2, 2$，固有ベクトル $[1, 1, 2]^{\mathrm{T}}$, $[-1, 1, 0]^{\mathrm{T}}$, $[1, 1, -2]^{\mathrm{T}}$.

問題 8.2　固有値は 0 (3 重固有値)，$\{\boldsymbol{e}_1, \boldsymbol{e}_2, \boldsymbol{e}_3\}$ が対応する一般固有ベクトルの鎖列を表す．階数はこの順に 1, 2, 3 である．

問題 8.3　(I)：(2) が「$\boldsymbol{y}^{\mathrm{T}}\boldsymbol{A} = \boldsymbol{0}$ なら必ず $\boldsymbol{y}^{\mathrm{T}}(\boldsymbol{x} - \boldsymbol{H}\boldsymbol{x}) = 0$」，すなわち「$\boldsymbol{A}^{\mathrm{T}}\boldsymbol{z} = \boldsymbol{x} - \boldsymbol{H}\boldsymbol{x}$ は解を持つ」ことに同値であることを使う（5.5 節参照）．また，k 次行列 $\boldsymbol{A}^{\mathrm{T}}\boldsymbol{A}$ は可逆である ($\because \boldsymbol{A}^{\mathrm{T}}\boldsymbol{A}\boldsymbol{w} = \boldsymbol{0} \Rightarrow \boldsymbol{w}^{\mathrm{T}}\boldsymbol{A}^{\mathrm{T}}\boldsymbol{A}\boldsymbol{w} = 0 \Rightarrow (\boldsymbol{A}\boldsymbol{w})^{\mathrm{T}}(\boldsymbol{A}\boldsymbol{w}) = 0 \Rightarrow \boldsymbol{A}\boldsymbol{w} = \boldsymbol{0} \Rightarrow \boldsymbol{w} = \boldsymbol{0}$). (II) 反射の応用として，$\boldsymbol{P}\boldsymbol{x} = (1/2)(\boldsymbol{x} + \boldsymbol{H}\boldsymbol{x})$ と考えるのが一番早い．(III) 反射および正射影に要請される性質が満足されることを直接検算せよ．

問題 8.4　シュア分解の直接利用で解決する．

問題 8.5　(1)：×（複素対称），(2)：○（エルミート），(3)：○（実対称），(4)：×（実非対称行列），(5)：×（複素対称）.

問題 8.6　(1)：$\boldsymbol{A}^* = \boldsymbol{A} \Rightarrow (\boldsymbol{A}\boldsymbol{v})^*\boldsymbol{v} = \boldsymbol{v}^*(\boldsymbol{A}\boldsymbol{v}) \Rightarrow \overline{\mu}\boldsymbol{v}^*\boldsymbol{v} = \mu\boldsymbol{v}^*\boldsymbol{v} \Rightarrow \overline{\mu} = \mu\ (\because \boldsymbol{v}^*\boldsymbol{v} > 0)$. (2)：$\boldsymbol{A}^* = \boldsymbol{A} \Rightarrow \boldsymbol{v}_1^*(\boldsymbol{A}\boldsymbol{v}_2) = (\boldsymbol{A}\boldsymbol{v}_1)^*\boldsymbol{v}_2 \Rightarrow \lambda_2\boldsymbol{v}_1^*\boldsymbol{v}_2 = \lambda_1\boldsymbol{v}_1^*\boldsymbol{v}_2$（$\because \lambda_1, \lambda_2$ は実数）$\Rightarrow \boldsymbol{v}_1^*\boldsymbol{v}_2 = 0$ ($\because \lambda_1 \neq \lambda_2$).

問題 8.7　まず, 特性方程式を解いて固有値 $\lambda_1, \lambda_2, \lambda_3$ を計算し, 次いで対応する正規直交固有ベクトル系 $\boldsymbol{q}_1, \boldsymbol{q}_2, \boldsymbol{q}_3$ を計算せよ. 固有値がすべて異なれば, 固有ベクトルは自動的に直交している. 多重固有値に対応する固有ベクトルは直交するように工夫しなければならない. シュア分解は, 以上の結果を $\boldsymbol{A}[\boldsymbol{q}_1, \boldsymbol{q}_2, \boldsymbol{q}_3] = [\boldsymbol{q}_1, \boldsymbol{q}_2, \boldsymbol{q}_3]\,\mathrm{diag}\,(\lambda_1, \lambda_2, \lambda_3)$ の形に書いたものに他ならない. 行列 $\boldsymbol{A}, \boldsymbol{B}$ は反射行列を用いて次のような手続きで作ったものである：$\boldsymbol{c} = [1, 1, 1]^{\mathrm{T}}$,
$\boldsymbol{H} = \boldsymbol{I} - 2\boldsymbol{c}\boldsymbol{c}^{\mathrm{T}}/\boldsymbol{c}^{\mathrm{T}}\boldsymbol{c} = (1/3)\begin{bmatrix} 1 & -2 & -2 \\ -2 & 1 & -2 \\ -2 & -2 & 1 \end{bmatrix}$, $\boldsymbol{A} = \boldsymbol{H}\begin{bmatrix} 3 & 0 & 0 \\ 0 & 6 & 0 \\ 0 & 0 & 9 \end{bmatrix}\boldsymbol{H}$, $\boldsymbol{B} = \boldsymbol{H}\begin{bmatrix} 3 & 0 & 0 \\ 0 & 3 & 0 \\ 0 & 0 & -6 \end{bmatrix}\boldsymbol{H}$. 最後の 2 式がシュア分解に相当する.

問題 8.8　(1)：$\boldsymbol{A}^*\boldsymbol{A} = \boldsymbol{A}\boldsymbol{A}^*$ の成立条件を調べる. $\begin{bmatrix} 1 & i \\ \frac{1}{\sqrt{2}}(1+i) & 1 \end{bmatrix}$ はエルミート行列でない正規行列の例である. (2)：同様. $a \neq d$ ゆえ, $(a-d)\overline{c} - (\overline{a} - \overline{d})b$ は $|b| - |c|$ を意味する.

問題 8.9　(1)：$\boldsymbol{B} = \boldsymbol{A} - \alpha\boldsymbol{I}$ とおき, $\boldsymbol{B}^*\boldsymbol{B} = \boldsymbol{B}\boldsymbol{B}^*$ を検算すればよい. (2)：$\boldsymbol{0} = (\boldsymbol{A} - \mu\boldsymbol{I})\boldsymbol{v} \equiv \boldsymbol{x} \Rightarrow 0 = \boldsymbol{x}^*\boldsymbol{x} = \boldsymbol{v}^*(\boldsymbol{A} - \mu\boldsymbol{I})^*(\boldsymbol{A} - \mu\boldsymbol{I})\boldsymbol{v} = \boldsymbol{v}^*(\boldsymbol{A} - \mu\boldsymbol{I})(\boldsymbol{A} - \mu\boldsymbol{I})^*\boldsymbol{v}$. ((1) による) $\Rightarrow \boldsymbol{0} = (\boldsymbol{A} - \mu\boldsymbol{I})^*\boldsymbol{v} = \boldsymbol{A}^*\boldsymbol{v} - \overline{\mu}\cdot\boldsymbol{v}$. (別法) シュア分解 $\boldsymbol{Q}^*\boldsymbol{A}\boldsymbol{Q} = \boldsymbol{T}$ を, μ が $\boldsymbol{T}$ の左上対角成分に集中した形にとる. すると, μ に対応する固有ベクトルは $\boldsymbol{q}_1, \ldots, \boldsymbol{q}_k$ (k は μ の重複度) の 1 次結合として表せることがわかる. $\boldsymbol{Q}$ の各列 $\boldsymbol{q}_j$ ($j = 1, \ldots, k$) に対して $\boldsymbol{A}^*\boldsymbol{q}_j = \overline{\mu}\boldsymbol{q}_j$ が成立しているから (本文参照), $\boldsymbol{A}^*\boldsymbol{v} = \overline{\mu}\boldsymbol{v}$ も成立する. (3)：$\boldsymbol{v}_1^*(\boldsymbol{A}\boldsymbol{v}_2) = (\boldsymbol{A}^*\boldsymbol{v}_1)^*\boldsymbol{v}_2$ の各辺を別々に評価し ((b) 参照), $(\lambda_1 - \lambda_2)\boldsymbol{v}_1^*\boldsymbol{v}_2 = 0$ を導け.

問題 8.10　指示に従って計算すればよい.

問題 8.11　(1)：特性方程式を $\boldsymbol{A}^n$ について解く. (2)：(1) の応用. (3)：$n = 2$ の場合は

$$\det(\boldsymbol{A} - \lambda\boldsymbol{I}) = (\lambda_1 - \lambda)(\lambda_2 - \lambda) = (\lambda_1 - \lambda)\lambda_2 - (\lambda_1 - \lambda)\lambda = \lambda_1\lambda_2 - \lambda\{\lambda_2 + (\lambda_1 - \lambda)\}.$$

ケイリー・ハミルトンの定理により, $\boldsymbol{0} = \lambda_1\lambda_2\boldsymbol{I} - \boldsymbol{A}\{\lambda_2\boldsymbol{I} + (\lambda_1\boldsymbol{I} - \boldsymbol{A})\}$. $\boldsymbol{A}$ は可逆行列ゆえ, $\det\boldsymbol{A} = \lambda_1\lambda_2 \neq 0$. すると, 最後の式より, $\boldsymbol{I} = \boldsymbol{A}\{\lambda_2\boldsymbol{I} + (\lambda_1\boldsymbol{I} - \boldsymbol{A})\}/(\lambda_1\lambda_2)$ となり, これより $\boldsymbol{A}^{-1} = \{\lambda_2\boldsymbol{I} + (\lambda_1\boldsymbol{I} - \boldsymbol{A})\}/(\lambda_1\lambda_2) = \frac{\boldsymbol{I}}{\lambda_1} + \frac{\lambda_1\boldsymbol{I} - \boldsymbol{A}}{\lambda_1\lambda_2}$ が出る. 右辺は $\boldsymbol{A}$ の 1 次式である. 以上を一般化し, n 次行列に対しては次式が成立することを導けばよい：

$$\boldsymbol{A}^{-1} = \frac{\boldsymbol{I}}{\lambda_1} + \frac{\lambda_1\boldsymbol{I} - \boldsymbol{A}}{\lambda_1\lambda_2} + \cdots + \frac{(\lambda_1\boldsymbol{I} - \boldsymbol{A})\cdots(\lambda_{n-1}\boldsymbol{I} - \boldsymbol{A})}{\lambda_1\cdots\lambda_n}.$$

問題 8.12　指示どおり検算せよ.

問題 8.13　$\boldsymbol{V}^{-1}\boldsymbol{A}\boldsymbol{V} = \mathrm{diag}\,(\lambda_1, \ldots, \lambda_n) \equiv \boldsymbol{D}$ とする. $\lambda_1 = \cdots = \lambda_n \equiv \alpha$ の場合は, $\boldsymbol{A} = \alpha\boldsymbol{I}$ ゆえ, 任意の $\boldsymbol{v} \in \mathbb{C}^n$ 対して $(\boldsymbol{A} - \alpha\boldsymbol{I})\boldsymbol{v} = 0$ となり, 2 階以上の一般固有ベクトルが存在しないことは明らかである. そこで, これ以外の場合を考え, 仮に $(\boldsymbol{A} - \lambda_1\boldsymbol{I})^2\boldsymbol{w} = \boldsymbol{0}$, $(\boldsymbol{A} - \lambda_1\boldsymbol{I})\boldsymbol{w} \neq \boldsymbol{0}$ を満たす $\boldsymbol{w}$ が存在したとし, $\boldsymbol{w} = \boldsymbol{V}\boldsymbol{c} = c_1\boldsymbol{v}_1 + \cdots + c_n\boldsymbol{v}_n$ とおく. 両辺に左から $(\boldsymbol{A} - \lambda_1\boldsymbol{I})\prod_{\lambda_k \neq \lambda_1}(\boldsymbol{A} - \lambda_k\boldsymbol{I})$ を乗じると, $\prod_{\lambda_k \neq \lambda_1}(\lambda_1 - \lambda_k)\cdot\boldsymbol{x} = \boldsymbol{0}$ となる. ここに, $\boldsymbol{x} = (\boldsymbol{A} - \lambda_1\boldsymbol{I})\boldsymbol{w} \neq \boldsymbol{0}$. 他方, $\prod_{\lambda_k \neq \lambda_1}(\lambda_1 - \lambda_k) \neq 0$ ゆえ, 上式は $\boldsymbol{x} = \boldsymbol{0}$ を意味する. これは矛盾である.

問題 8.14　$\boldsymbol{A}$ の固有値を $\lambda_1, \ldots, \lambda_n$ とする．8.8 節より，適当なユニタリ行列 $\boldsymbol{Q}$ を用いた座標変換 $\boldsymbol{y} = \boldsymbol{Q}^{\mathrm{T}}\boldsymbol{x}$ に対して $\boldsymbol{x}^{\mathrm{T}}\boldsymbol{A}\boldsymbol{x} = \lambda_1 y_1^2 + \cdots + \lambda_n y_n^2$ と書ける．

第 9 章

問題 9.1　一般公式「$\boldsymbol{A} : m\times n,\ \boldsymbol{B} : n\times m$ なら $(-\lambda)^n \det(\boldsymbol{AB}-\lambda\boldsymbol{I}) = (-\lambda)^m \det(\boldsymbol{BA}-\lambda\boldsymbol{I})$」（6.11 節，例 6.16 参照）を用いると $\det(\boldsymbol{bb}^* - \lambda\boldsymbol{I}) = (-\lambda)^{n-1}(\boldsymbol{b}^*\boldsymbol{b} - \lambda))$．ゆえに，$\boldsymbol{B}$ の固有値は $\beta_1 = \cdots = \beta_{n-1} = 0 \leqslant \beta_n = \boldsymbol{b}^*\boldsymbol{b}$ で与えられる．これに単調定理に適用すればよい．

問題 9.2　$\boldsymbol{D}^{-1}\boldsymbol{T}\boldsymbol{D} = \begin{bmatrix} d_1 & g_2 & & & \boldsymbol{0} \\ g_2 & d_2 & g_3 & & \\ & \ddots & \ddots & \ddots & \\ & & \ddots & \ddots & g_n \\ \boldsymbol{0} & & & g_n & d_n \end{bmatrix}$, $g_i = \sqrt{e_i f_i}\ (i = 2, \ldots, n)$ を実現するような $\boldsymbol{D}$ を 1 つ求めよ．本問の事実は実用度が高い．

問題 9.3　$\boldsymbol{A} \neq \boldsymbol{0}$ としてよい．2 つの合同対角化 $\boldsymbol{P}^{\mathrm{T}}\boldsymbol{A}\boldsymbol{P} = \mathrm{diag}\,(d_1, \ldots, \delta_n),\ \boldsymbol{Q}^{\mathrm{T}}\boldsymbol{A}\boldsymbol{Q} = \mathrm{diag}\,(\delta_1, \ldots, \delta_n)$ を考え，正の対角成分の総数をそれぞれ p, π，負の対角成分の総数をそれぞれ m, μ とする．必要があれば適当な置換行列による合同変換を行い，正の成分をすべて右上に集めることができる．そこで，この操作がすでに行われたものとし，

$$d_1, \ldots, d_p > 0, \quad d_{p+1}, \ldots, d_n \leqslant 0; \quad \delta_1, \ldots, \delta_\pi > 0, \quad \delta_{\pi+1}, \ldots, \delta_n \leqslant 0$$

とする．部分空間 $\boldsymbol{S} = \mathrm{span}\{\boldsymbol{p}_1, \ldots, \boldsymbol{p}_p\},\ \boldsymbol{T} = \mathrm{span}\{\boldsymbol{q}_{\pi+1}, \ldots, \boldsymbol{q}_n\}$（$\boldsymbol{p}_j, \boldsymbol{q}_j$ は $\boldsymbol{P}, \boldsymbol{Q}$ の第 j 列，$j = 1, \ldots, n$）を定義すると，$\boldsymbol{0} \neq \boldsymbol{x} \in \boldsymbol{S}$ なら $\boldsymbol{x}^{\mathrm{T}}\boldsymbol{A}\boldsymbol{x} > 0$，$\boldsymbol{0} \neq \boldsymbol{x} \in \boldsymbol{T}$ なら $\boldsymbol{x}^{\mathrm{T}}\boldsymbol{A}\boldsymbol{x} \leqslant 0$．ゆえに，$\boldsymbol{S} \cap \boldsymbol{T} = \{\boldsymbol{0}\}$ が成り立つ．すると，次元等式により

$$0 = \dim(\boldsymbol{S} \cap \boldsymbol{T}) = \dim \boldsymbol{S} + \dim \boldsymbol{T} - \dim(\boldsymbol{S} + \boldsymbol{T}) \geqslant p + (n - \pi) - n = p - \pi.$$

よって $p \leqslant \pi$．次に，$\boldsymbol{P}, \boldsymbol{Q}$ の役割を交換すると $\pi \leqslant p$ が出る．ゆえに，$p = \pi$．$p + m = \pi + \mu = \mathrm{rank}(\boldsymbol{A})$ なので，$m = \mu$ も出る．

問題 9.4　指示どおり計算せよ．

問題 9.5　(1)：λ が $\boldsymbol{A}$ の固有値でないときのみを考えれば十分である．このとき $\boldsymbol{v}^*\boldsymbol{v} = 1$ に $\boldsymbol{v} = (\boldsymbol{A} - \lambda\boldsymbol{I})^{-1}\boldsymbol{r}$ を代入し，これに $\boldsymbol{A}$ のシュア分解（ユニタリ相似対角化）を代入すると，いくらかの計算後，9.7 節の不等式 (3)（複素版）により，$\min\limits_{1\leqslant i\leqslant n} |\lambda_i - \lambda| \leqslant \sqrt{\boldsymbol{r}^*\boldsymbol{r}}$ が出る．ここに $\lambda_1, \ldots, \lambda_n$ は $\boldsymbol{A}$ の固有値を表す．

(2)：(1) の直接利用で解決する．

問題 9.6　$\boldsymbol{D}$ として，$\boldsymbol{D} = \mathrm{diag}(-1, 1, -1, \ldots)$，すなわち，$-1, 1, -1, \ldots$ を対角成分とする対角行列をとればよい．

問題 9.7　(II)：$P_0 = 1$ に注意すれば，必要性は行列形から読み取れる．

十分性の証明：$\boldsymbol{T}$ の任意の固有値 μ に対応する固有ベクトルを $\boldsymbol{x}=\left[x_1,\,x_2,\,\ldots,\,x_n\right]^{\mathrm{T}}$ と書けば $x_1\neq 0$ でなければならないことを示し，漸化式より $\boldsymbol{x}=c\left[P_0,\,\ldots,\,P_{n-1}\right]^{\mathrm{T}}(c\neq 0)$ を示し，これから結局 $P_n(\mu)=0$ を導ける．

問題 9.8　直接計算による．

問題 9.9　直接計算により，$\boldsymbol{N}^2=\boldsymbol{n}\boldsymbol{n}^{\mathrm{T}}-\boldsymbol{I}$, $\boldsymbol{N}^3=-\boldsymbol{N}$, $\boldsymbol{N}^4=\boldsymbol{I}-\boldsymbol{n}\boldsymbol{n}^{\mathrm{T}}=-\boldsymbol{N}^2$, $\boldsymbol{N}^5=\boldsymbol{N}$, $\ldots$, を示し，よく知られた公式 $\cos\theta=1-\theta^2/2!+\theta^4/4!-\cdots$, $\sin\theta=\theta-\theta^3/3!+\theta^5/5!-\cdots$ を使う．(∗) 式右辺の収束は成分ごとの収束と考えても，特定のノルムに関する収束と考えて同じである（14.3 節）．9.10 節 (I) で学んだように，$e^{\theta\boldsymbol{N}}$ は $\boldsymbol{n}$ のまわりの，角 θ だけの回転を表す．

問題 9.10　(I)：$\det\boldsymbol{L}=1$ ゆえ，$\boldsymbol{L}^{\mathrm{T}}=\boldsymbol{L}^{-1}=(1/\det\boldsymbol{L})\,\mathrm{Adj}\,\boldsymbol{L}=\mathrm{Adj}\,\boldsymbol{L}$ が成り立つ（$\mathrm{Adj}\,\boldsymbol{L}$ は $\boldsymbol{L}$ の余因子行列）．左辺と最終辺の対応する成分を等置し，余因子行列の定義を参照すれば出る．

(II)：(I) の結果と $\boldsymbol{a}\times\boldsymbol{a}=\boldsymbol{b}\times\boldsymbol{b}=\boldsymbol{c}\times\boldsymbol{c}=\boldsymbol{0}$ および行列式の多重線形性を用いると

$$\begin{aligned}\boldsymbol{L}\boldsymbol{x}\times\boldsymbol{L}\boldsymbol{y}&=(\boldsymbol{a}x_1+\boldsymbol{b}x_2+\boldsymbol{c}x_3)\times(\boldsymbol{a}y_1+\boldsymbol{b}y_2+\boldsymbol{c}y_3)\\&=\boldsymbol{a}x_1\times\boldsymbol{a}y_1+\boldsymbol{a}x_1\times\boldsymbol{b}y_2+\cdots=\boldsymbol{0}+\boldsymbol{c}x_1y_2+\cdots=\boldsymbol{L}(\boldsymbol{x}\times\boldsymbol{y}).\end{aligned}$$

(III)：前半はこれまでの結果から出る．逆に，$f(\boldsymbol{y})=\boldsymbol{L}f(\boldsymbol{x})\boldsymbol{L}^{\mathrm{T}}$ が真なら，直前の計算により，すべての $\boldsymbol{z}\in\mathbb{R}^3$ に対して $\boldsymbol{y}\times\boldsymbol{z}=\boldsymbol{L}\boldsymbol{x}\times\boldsymbol{z}$ が成り立つ．$\boldsymbol{z}=\boldsymbol{i},\boldsymbol{j},\boldsymbol{k}$ とすれば $\boldsymbol{y}=\boldsymbol{L}\boldsymbol{x}$ が従う．

問題 9.11　実行列のシュア分解（8.7 節）により，適当な実直交行列 $\boldsymbol{Q}$ をとれば $\boldsymbol{Q}^{\mathrm{T}}\boldsymbol{L}\boldsymbol{Q}=\begin{bmatrix}\boldsymbol{T}_{11}&\cdots&\boldsymbol{T}_{1k}\\&\ddots&\vdots\\\boldsymbol{0}&&\boldsymbol{T}_{kk}\end{bmatrix}\equiv\boldsymbol{T}$ となる．ここに，対角ブロック $\boldsymbol{T}_{11},\ldots,\boldsymbol{T}_{kk}$ は 1×1 または 2×2 実行列であり，後者の場合，その固有値は一対の共役複素数 $\alpha\pm i\beta$（α,β は実数，$\beta\neq 0$）である．$\boldsymbol{L}$ は直交行列だから，$\boldsymbol{T}$ も同じく直交行列である．$\boldsymbol{T}^{\mathrm{T}}\boldsymbol{T}=\boldsymbol{I}$ を書き下すと，$\boldsymbol{T}_{ij}=\boldsymbol{0}$ $(i\neq j)$, $\boldsymbol{T}_{ii}^{\mathrm{T}}\boldsymbol{T}_{ii}=\boldsymbol{I}$ $(i=1,\ldots,k)$ が得られる．$\boldsymbol{T}_{ii}$ が 1 次の場合は明らかに $[\pm 1]$，2 次の場合はその固有値は実数でないから，9.9 節の結果により $\begin{bmatrix}\cos\theta&-\sin\theta\\\sin\theta&\cos\theta\end{bmatrix}$ $(\sin\theta\neq 0)$ の形でなければならない．

問題 9.12　(A)：$\det(\boldsymbol{L}+\boldsymbol{I})=\det(\boldsymbol{L}+\boldsymbol{L}\boldsymbol{L}^{\mathrm{T}})=\det\boldsymbol{L}\det(\boldsymbol{I}+\boldsymbol{L}^{\mathrm{T}})=(-1)\det(\boldsymbol{I}+\boldsymbol{L})$. ゆえに，$\det(\boldsymbol{L}+\boldsymbol{I})=0$. これは -1 が $\boldsymbol{L}$ の固有値であることを示す．他の固有値は，9.10 節と同様の手続きをとれば，$\cos\theta\pm i\sin\theta$ の形に表現できることがわかる．

(B)：9.10 節と同じ手続きを繰り返してもよいが，ここでは別法を示す．$(\boldsymbol{I}-2\boldsymbol{n}\boldsymbol{n}^{\mathrm{T}})\boldsymbol{L}\equiv\boldsymbol{M}$ とおけば $\boldsymbol{M}$ も直交行列を表し，しかも，$\boldsymbol{M}\boldsymbol{n}=(\boldsymbol{I}-2\boldsymbol{n}\boldsymbol{n}^{\mathrm{T}})\boldsymbol{L}\boldsymbol{n}=(\boldsymbol{I}-2\boldsymbol{n}\boldsymbol{n}^{\mathrm{T}})(-\boldsymbol{n})=\boldsymbol{n}$，そして $\det\boldsymbol{M}=\det(\boldsymbol{I}-2\boldsymbol{n}\boldsymbol{n}^{\mathrm{T}})\det\boldsymbol{L}=(-1)(-1)=1$ であるから，9.10 節の結果により，$\boldsymbol{M}$ は $\boldsymbol{n}$ を軸とする回転を表し，$\boldsymbol{M}=\boldsymbol{n}\boldsymbol{n}^{\mathrm{T}}+(\boldsymbol{I}-\boldsymbol{n}\boldsymbol{n}^{\mathrm{T}})\cos\theta+\boldsymbol{N}\sin\theta$ と書ける．$\boldsymbol{M}$ の左から $\boldsymbol{I}-2\boldsymbol{n}\boldsymbol{n}^{\mathrm{T}}$ を乗じれば，証明すべき $\boldsymbol{L}$ の表現が得られる．(C) 以下：略．

第 10 章

問題 10.1　(1)

固有値	対応する一般固有ベクトル	階数
2	$\boldsymbol{v}_1$	1
	$\boldsymbol{v}_2$	1
	$\boldsymbol{v}_3$	2
3	$\boldsymbol{v}_4$	1
4	$\boldsymbol{v}_5$	1
	$\boldsymbol{v}_6$	2
	$\boldsymbol{v}_7$	1
	$\boldsymbol{v}_8$	2
	$\boldsymbol{v}_9$	3
	$\boldsymbol{v}_{10}$	4

(2)：背理法による．仮に $(\boldsymbol{A}-2\boldsymbol{I})\boldsymbol{w}=\boldsymbol{v}_3$ が解 $\boldsymbol{w}$ をもったとすれば，$\boldsymbol{w}$ は 3 階一般固有ベクトルを表すことになる ($\because (\boldsymbol{A}-2\boldsymbol{I})^2\boldsymbol{w}=\boldsymbol{v}_2\neq\boldsymbol{0},\ (\boldsymbol{A}-2\boldsymbol{I})^3\boldsymbol{w}=\boldsymbol{0}$)．すると，$\{\boldsymbol{v}_1,\ \boldsymbol{v}_2,\ \boldsymbol{v}_3,\ \boldsymbol{w}\}$ が 1 次独立となり，$\dim N_3(2)\geqslant 4$ となる．しかし，$\dim N_3(2)$ の値は 2 の重複度 3 を超えないことになる (10.3 節，補題 10.9)．(別法) $\boldsymbol{w}$ の基底 $\{\boldsymbol{v}_1,\ \ldots,\ \boldsymbol{v}_{10}\}$ による展開 $\boldsymbol{w}=c_1\boldsymbol{v}_1+\cdots+c_{10}\boldsymbol{v}_{10}$ に，$\boldsymbol{B}\equiv(\boldsymbol{A}-3\boldsymbol{I})(\boldsymbol{A}-4\boldsymbol{I})^4(\boldsymbol{A}-2\boldsymbol{I})^2$ を乗じても矛盾を導くことができる．

問題 10.2　(1)：4 次ブロック 1 個，(2)：3 次，1 次ブロック各 1 個，(3)：2 次ブロック 2 個，(4)：2 次ブロック 1 個，1 次ブロック 2 個，(5)：1 次ブロック 4 個．

問題 10.3　10.1 節の公式「k 次ジョルダンブロックの総数$=2\dim N_k-\dim N_{k-1}-\dim N_{k+1}$」を使うと，1 次ジョルダンブロックの総数 $=2$，2 次ジョルダンブロックの総数 $=1$，3 次ジョルダンブロックの総数 $=2$ が得られる．これよりジョルダン標準形は次式で与えられる：

$$\boldsymbol{J}=\operatorname{diag}\left(\boldsymbol{J}_1,\ \ldots,\ \boldsymbol{J}_5\right),\ \boldsymbol{J}_1=\boldsymbol{J}_2=\left[\lambda_1\right],\ \boldsymbol{J}_3=\begin{bmatrix}\lambda_1 & 1\\ 0 & \lambda_1\end{bmatrix},\ \boldsymbol{J}_4=\boldsymbol{J}_5=\begin{bmatrix}\lambda_1 & 1 & 0\\ 0 & \lambda_1 & 1\\ 0 & 0 & \lambda_1\end{bmatrix}.$$

問題 10.4　$\boldsymbol{B}=\boldsymbol{A}-\lambda_1\boldsymbol{I}$ $(\lambda_1=-1)$ とすれば，$\{\boldsymbol{B}^3\boldsymbol{w},\ \boldsymbol{B}^2\boldsymbol{w},\ \boldsymbol{B}\boldsymbol{w},\ \boldsymbol{w}\}$ は，$\boldsymbol{w}$ を頂点とする鎖列を表すから，1 次独立である．$\boldsymbol{V}=\left[\boldsymbol{B}^3\boldsymbol{w},\ \boldsymbol{B}^2\boldsymbol{w},\ \boldsymbol{B}w,\ \boldsymbol{w}\right]$ とすれば，$\boldsymbol{A}\boldsymbol{V}=\boldsymbol{V}\boldsymbol{J}$，

$$\boldsymbol{J}=\begin{bmatrix}-1 & 1 & 0 & 0\\ 0 & -1 & 1 & 0\\ 0 & 0 & -1 & 1\\ 0 & 0 & 0 & -1\end{bmatrix}$$

が成り立つ．$\boldsymbol{V}$ は可逆行列なので，これはジョルダン分解を表す．

問題 10.5　$\det(\boldsymbol{A}-\lambda\boldsymbol{I})=(1-\lambda)^3$ なので，$\boldsymbol{A}$ の固有値は 3 重固有値 1 のみである．

$\boldsymbol{B}=\boldsymbol{A}-\lambda_1\boldsymbol{I}=\boldsymbol{A}-\boldsymbol{I}$ とすれば，

$$\boldsymbol{B}=\begin{bmatrix}1&-2&-1\\1&-2&-1\\-1&2&1\end{bmatrix},\quad \boldsymbol{B}^2=\begin{bmatrix}1&-2&-1\\1&-2&-1\\-1&2&1\end{bmatrix}\begin{bmatrix}1&-2&-1\\1&-2&-1\\-1&2&1\end{bmatrix}=\boldsymbol{0}.$$

ゆえに，$\boldsymbol{Bx}=\boldsymbol{0}\Leftrightarrow x_1-2x_2-x_3=\bigl[1,\,-2,\,-1\bigr]\boldsymbol{x}=0\ (\boldsymbol{x}=\bigl[x_1,\,x_2,\,x_3\bigr]^{\mathrm{T}})$.

この独立解は 2 個存在する（∵ 係数行列の階数 $=1$，列数 $=3$，零空間の次元 $=3-1=2$）．ゆえに，$\dim N_0=0,\ \dim N_1=2,\ \dim N_2=3=\dim N_3=\cdots$，ここに $N_k=$「$(\boldsymbol{A}-\boldsymbol{I})^k$ の零空間」$(k=0,1,\ldots)$．以上から，

$$2\text{ 次ブロックの総数}=2\dim N_2-\dim N_1-\dim N_3=2\cdot3-2-3=1.$$
$$1\text{ 次ブロックの総数}=2\dim N_1-\dim N_0-\dim N_2=2\cdot2-0-3=1.$$

ゆえに，$\boldsymbol{A}$ のジョルダン標準形として，$\boldsymbol{J}=\begin{bmatrix}1&0&0\\0&1&1\\0&0&1\end{bmatrix}$ をとる（$\boldsymbol{J}=\begin{bmatrix}1&1&0\\0&1&0\\0&0&1\end{bmatrix}$ も可）．

次に $\boldsymbol{V}$ を構築する．まず，$\boldsymbol{w}\perp N_1(\boldsymbol{w}\in N_2)$ を満たす $\boldsymbol{w}$ として，先に出した $\boldsymbol{Bx}=\boldsymbol{0}$ の式より，$\boldsymbol{w}=\begin{bmatrix}1\\-2\\-1\end{bmatrix}$ を選ぶ．すると，$\boldsymbol{Bw}=\begin{bmatrix}1&-2&-1\\1&-2&-1\\-1&2&1\end{bmatrix}\begin{bmatrix}1\\-2\\-1\end{bmatrix}=6\begin{bmatrix}1\\1\\-1\end{bmatrix}$ $(\in N_1)$．次に，$\boldsymbol{v},\,\boldsymbol{Bw}\perp N_0\ (\boldsymbol{v},\,\boldsymbol{Bw}\in N_1)$ を満たす $\boldsymbol{v}$，すなわち，$\{\boldsymbol{v},\,\boldsymbol{Bw}\}$ が 1 次独立になるような $\boldsymbol{v}$ を 1 つ選ぶ．$\boldsymbol{v}=\begin{bmatrix}1\\0\\1\end{bmatrix}$ が可能な選択である．すると，$\boldsymbol{V}=\bigl[\boldsymbol{v},\,\boldsymbol{Bw},\,\boldsymbol{w}\bigr]=\begin{bmatrix}1&6&1\\0&6&-2\\1&-6&-1\end{bmatrix}$．念のため，$\boldsymbol{AV}=\boldsymbol{VJ}$ および $\det\boldsymbol{V}\neq0$ を検算して頂きたい．

問題 10.6　固有値は単一固有値 λ_1 のみである．

$$1\text{ 次ジョルダンブロックの総数}=2\dim N_1-\dim N_0-\dim N_2=2\cdot7-0-11=3.$$
$$2\text{ 次ジョルダンブロックの総数}=2\dim N_2-\dim N_1-\dim N_3=2\cdot11-7-13=2.$$
$$3\text{ 次ジョルダンブロックの総数}=2\dim N_3-\dim N_2-\dim N_4=2\cdot13-11-13=2.$$

ゆえに，$\boldsymbol{A}$ のジョルダン標準形 $\boldsymbol{J}$ は

$$\boldsymbol{J}=\operatorname{diag}\bigl(\boldsymbol{J}_1,\,\ldots,\,\boldsymbol{J}_7\bigr),\quad \boldsymbol{J}_1=\boldsymbol{J}_2=\boldsymbol{J}_3=\bigl[\lambda_1\bigr],$$
$$\boldsymbol{J}_4=\boldsymbol{J}_5=\begin{bmatrix}\lambda_1&1\\0&\lambda_1\end{bmatrix},\quad \boldsymbol{J}_6=\boldsymbol{J}_7=\begin{bmatrix}\lambda_1&1&0\\0&\lambda_1&1\\0&0&\lambda_1\end{bmatrix}.$$

次に，一般固有ベクトルの計算を行う．

(I)　$\boldsymbol{B}=\boldsymbol{A}-\lambda_1\boldsymbol{I}$ と書く．$\dim N_3=13,\ \dim N_3-\dim N_2=13-11=2$ なので，N_2 から独立な 3 階数一般固有ベクトルは 2 個存在する．そこで，$\boldsymbol{y},\,\boldsymbol{z}\perp N_2\ (\boldsymbol{y},\,\boldsymbol{z}\in N_3)$ とする（復

習：これは N_2 の任意基底に $\boldsymbol{y}, \boldsymbol{z}$ を追加すると N_3 の基底になるということ）．そして，鎖列 $C_1 = \{\boldsymbol{y}, \boldsymbol{By}, \boldsymbol{B}^2\boldsymbol{y}\}, C_2 = \{\boldsymbol{z}, \boldsymbol{Bz}, \boldsymbol{B}^2\boldsymbol{z}\}$ を定義する．これらは $\boldsymbol{J}_6, \boldsymbol{J}_7$ に対応する鎖列を表す．

(II)　$\dim N_2 - \dim N_1 = 11 - 7 = 4$．そして，$\boldsymbol{By}, \boldsymbol{Bz} \perp N_1$ $(\boldsymbol{By}, \boldsymbol{Bz} \in N_2)$ ゆえ，$\boldsymbol{w}, \boldsymbol{x}, \boldsymbol{By}, \boldsymbol{Bz} \perp N_1$ $(\boldsymbol{w}, \boldsymbol{x}, \boldsymbol{By}, \boldsymbol{Bz} \in N_2)$ を満たすベクトル $\boldsymbol{w}, \boldsymbol{x}$ を新たにとる．そして鎖列 $C_3 = \{\boldsymbol{w}, \boldsymbol{Bw}\}, C_4 = \{\boldsymbol{x}, \boldsymbol{B}x\}$ を定義する．これらは $\boldsymbol{J}_4, \boldsymbol{J}_5$ に対応する鎖列を表す．

(III)　$\dim N_1 - \dim N_0 = 7-0 = 7$, $\boldsymbol{Bw}, \boldsymbol{Bx}, \boldsymbol{B}^2\boldsymbol{y}, \boldsymbol{B}^2\boldsymbol{z} \perp N_0$ $(\boldsymbol{Bw}, \boldsymbol{Bx}, \boldsymbol{B}^2\boldsymbol{y}, \boldsymbol{B}^2\boldsymbol{z} \in N_1)$ ゆえ，$\boldsymbol{t}, \boldsymbol{u}, \boldsymbol{v}, \boldsymbol{Bw}, \boldsymbol{Bx}, \boldsymbol{B}^2\boldsymbol{y}, \boldsymbol{B}^2\boldsymbol{z} \perp N_0$ $(\boldsymbol{t}, \boldsymbol{u}, \boldsymbol{v}, \boldsymbol{Bw}, \boldsymbol{Bx}, \boldsymbol{B}^2\boldsymbol{y}, \boldsymbol{B}^2\boldsymbol{z} \in N_1)$（$\perp$ 記号の左に書くべきベクトルの総数は $\dim N_1 - \dim N_0 = 7$）を満たすベクトル $\boldsymbol{t}, \boldsymbol{u}, \boldsymbol{v}$ を新たにとる．

鎖列 $C_5 = \{\boldsymbol{t}\}, C_6 = \{\boldsymbol{u}\}, C_7 = \{\boldsymbol{v}\}$ を定義する．これらは $\boldsymbol{J}_1, \boldsymbol{J}_2, \boldsymbol{J}_3$ に対応する鎖列を表す．

(IV)　$\boldsymbol{V} = \left[\boldsymbol{t}, \boldsymbol{u}, \boldsymbol{v}, \boldsymbol{Bw}, \boldsymbol{w}, \boldsymbol{Bx}, \boldsymbol{x}, \boldsymbol{B}^2\boldsymbol{y}, \boldsymbol{By}, \boldsymbol{y}, \boldsymbol{B}^2\boldsymbol{z}, \boldsymbol{Bz}, \boldsymbol{z}\right]$．明らかに $\boldsymbol{AV} = \boldsymbol{VJ} \equiv \boldsymbol{V}\,\mathrm{diag}\left(\boldsymbol{J}_1, \ldots, \boldsymbol{J}_7\right)$ が成り立つ．$\boldsymbol{V}$ の列は 1 次独立であるから，$\boldsymbol{V}$ は可逆行列を表す．ゆえに，上式はジョルダン分解 $\boldsymbol{A} = \boldsymbol{VJV}^{-1}$ と同値である．

問題 10.7　$\det(\boldsymbol{A} - \lambda\boldsymbol{I}) = (2-\lambda)^6$ であるから，$\boldsymbol{A}$ は単一固有値 $\lambda_1 = 2$ を持つ．

$N_k = (\boldsymbol{A} - \lambda_1\boldsymbol{I})^k$ の零空間 $(k = 0, 1, 2, \ldots, N_0 = \{\boldsymbol{0}\})$，$\boldsymbol{B} = \boldsymbol{A} - \lambda_1\boldsymbol{I} = \boldsymbol{A} - 2\boldsymbol{I}$ とし $\boldsymbol{B}, \boldsymbol{B}^2, \ldots$ を計算すると，

$$\boldsymbol{B} = \begin{bmatrix} 0&0&0&1&1&1\\ 0&0&0&0&1&1\\ 0&0&0&0&0&1\\ 0&0&0&0&0&1\\ 0&0&0&0&0&0\\ 0&0&0&0&0&0 \end{bmatrix}, \quad \boldsymbol{B}^2 = \begin{bmatrix} 0&0&0&0&0&1\\ 0&0&0&0&0&0\\ 0&0&0&0&0&0\\ 0&0&0&0&0&0\\ 0&0&0&0&0&0\\ 0&0&0&0&0&0 \end{bmatrix}, \quad \boldsymbol{B}^3 = \boldsymbol{B}^4 = \cdots = \boldsymbol{0}$$

これより（以下，$\boldsymbol{e}_1 = \left[1, 0, \ldots, 0\right]^{\mathrm{T}}, \ldots, \boldsymbol{e}_6 = \left[0, \ldots, 0, 1\right]^{\mathrm{T}}$）

$$N_1 = \mathrm{span}\{\boldsymbol{e}_1, \boldsymbol{e}_2, \boldsymbol{e}_3\},\ \dim N_1 = 3, \quad N_2 = \mathrm{span}\{\boldsymbol{e}_1, \ldots, \boldsymbol{e}_5\},\ \dim N_2 = 5,$$
$$N_3 = N_4 = \cdots = \mathbb{C}^6,\ \dim N_3 = \dim N_4 = \cdots = 6.$$

公式「k 次ジョルダンブロックの総数$=2\dim N_k - \dim N_{k-1} - \dim N_{k+1}$ $(k = 1, 2, \ldots)$」を使うと，ジョルダン標準形は 1 次，2 次，3 次ジョルダンブロック各 1 個からなることがわかる．

ゆえに，$\boldsymbol{A}$ のジョルダン標準形は $\boldsymbol{J} = \begin{bmatrix} 2&0&0&0&0&0\\ 0&2&1&0&0&0\\ 0&0&2&0&0&0\\ 0&0&0&2&1&0\\ 0&0&0&0&2&1\\ 0&0&0&0&0&2 \end{bmatrix}$ である．

残された仕事はジョルダン分解 $\boldsymbol{A} = \boldsymbol{VJV}^{-1}$ を与える可逆行列 $\boldsymbol{V}$ の構築であるが，これは 10.4 節で学んだ構築法のリピートである（前問参照）．そのような $\boldsymbol{V}$ の例：

$$\boldsymbol{V}=[\boldsymbol{y},\ \boldsymbol{Bx},\ \boldsymbol{x},\ \boldsymbol{B}^2\boldsymbol{w},\ \boldsymbol{Bw},\ \boldsymbol{w}]=\begin{bmatrix}0&1&0&1&1&0\\0&1&0&0&1&0\\1&0&0&0&1&0\\0&0&0&0&1&0\\0&0&1&0&0&0\\0&0&0&0&0&1\end{bmatrix}.$$

問題 10.8　直接計算によって証明可能.

問題 10.9　$\boldsymbol{A}$ のジョルダン分解を $\boldsymbol{A}=\boldsymbol{VJV}^{-1}$, $\boldsymbol{J}=\mathrm{diag}\left(\boldsymbol{J}^{(1)},\ \ldots,\ \boldsymbol{J}^{(p)}\right)$　($\boldsymbol{J}^{(1)}$ は λ_1 に対応するジョルダンブロックのみをまとめたもの，…)，$f(\lambda)$ を任意の多項式とすれば，$f(\boldsymbol{A})=\boldsymbol{V}f(\boldsymbol{J})\boldsymbol{V}^{-1}$ が成り立つ．ゆえに $g(\boldsymbol{A})=\boldsymbol{0}\Leftrightarrow g(\boldsymbol{J}^{(k)})=\boldsymbol{0}$ $(k=1,\ldots,p)\Leftrightarrow g(\lambda)=c_k\cdot(\lambda-\lambda_k)^{l_k}$ $(k=1,\ \ldots,\ p)$.

問題 10.10　固有値は $a,\,a$ で与えられる．$\boldsymbol{B}=\boldsymbol{A}-a\boldsymbol{I}=\begin{bmatrix}0&\varepsilon\\0&0\end{bmatrix}$ とおけば，$\boldsymbol{B}^2=\boldsymbol{0}$．ゆえに $\boldsymbol{A}$ は 2 階一般固有ベクトルを持つ．たとえば，$\boldsymbol{w}=[0,\,1]^{\mathrm{T}}$ は 2 階一般固有ベクトルである．ゆえに $\boldsymbol{V}=[\boldsymbol{Bw},\ \boldsymbol{w}]=\begin{bmatrix}\varepsilon&0\\0&1\end{bmatrix}$ をとれば，ジョルダン分解 $\boldsymbol{A}=\begin{bmatrix}\varepsilon&0\\0&1\end{bmatrix}\begin{bmatrix}a&1\\0&a\end{bmatrix}\begin{bmatrix}\varepsilon^{-1}&0\\0&1\end{bmatrix}\equiv\boldsymbol{VJV}^{-1}$ が得られる．一方，$\varepsilon=0$ なら，$\boldsymbol{A}$ のジョルダン分解は $\boldsymbol{A}=\boldsymbol{IAI}^{-1}$ である．以上から，ジョルダン標準形の形は行列の成分が少し変化しただけで大きく変わりうることがわかる．

第 11 章

問題 11.1　直接計算により検算できる．

問題 11.2　$\boldsymbol{A}$ の特性方程式を $\det(\boldsymbol{A}-\lambda\boldsymbol{I})=(\lambda_1-\lambda)(\lambda_2-\lambda)$ とすれば，スペクトル写像定理により，$\boldsymbol{B}\equiv\boldsymbol{A}^2-\boldsymbol{A}=\boldsymbol{0}$ の特性多項式は $\det(\boldsymbol{B}-\lambda\boldsymbol{I})=(\lambda_1^2-\lambda_1-\lambda)(\lambda_2^2-\lambda_2-\lambda)$. $\boldsymbol{B}=\boldsymbol{0}$ だから $\lambda_i^2-\lambda_i=0$，すなわち $\lambda_i=0,\,1$ $(i=1,\,2)$．ゆえに，$\boldsymbol{A}$ のジョルダン分解を $\boldsymbol{A}=\boldsymbol{VJV}^{-1}$ とすれば，可能な $\boldsymbol{J}$ の形は $\boldsymbol{J}=(a)\begin{bmatrix}1&0\\0&1\end{bmatrix},\,(b)\begin{bmatrix}0&0\\0&0\end{bmatrix},\,(c)\begin{bmatrix}1&0\\0&0\end{bmatrix},\,(d)\begin{bmatrix}1&1\\0&1\end{bmatrix},$ $(e)\begin{bmatrix}0&1\\0&0\end{bmatrix}$ の 5 種のみである．このうち，最後の 2 つの場合は $\boldsymbol{A}^2=\boldsymbol{A}$ が満たされない．最初の 3 つの場合は $\boldsymbol{A}=\boldsymbol{I},\,\boldsymbol{0},\,\boldsymbol{V}\begin{bmatrix}1&0\\0&0\end{bmatrix}\boldsymbol{V}^{-1}$ となり，$\boldsymbol{A}^2=\boldsymbol{A}$ は確かに満たされる．この最後の場合は，$\boldsymbol{V}=\begin{bmatrix}a&b\\c&d\end{bmatrix}$, $\boldsymbol{V}^{-1}=(ad-bc)^{-1}\begin{bmatrix}d&-b\\-c&a\end{bmatrix}$ $(ad-bc=1)$ と仮定しても一般性を失わないことに注意すると（$\because$ 任意の定数 $k\neq0$ に対して $\boldsymbol{VJV}^{-1}=(k\boldsymbol{V})\boldsymbol{J}(k\boldsymbol{V})^{-1}$），結局求める $\boldsymbol{A}$ は次の 5 種となる：$\boldsymbol{A}=\boldsymbol{I},\,\boldsymbol{0},\,\begin{bmatrix}1&\alpha\\0&0\end{bmatrix},\,\begin{bmatrix}0&\alpha\\0&1\end{bmatrix},\,\begin{bmatrix}\alpha&\alpha(1-\alpha)/\beta\\\beta&1-\alpha\end{bmatrix}$　$(\beta\neq0,\ \alpha$ は任意$)$.

問題 11.3　$\boldsymbol{X}=\boldsymbol{VZV}^{-1}$ とおけば，$\boldsymbol{Z}^2=\boldsymbol{J}$．これを解けば，$\boldsymbol{Z}=\pm\begin{bmatrix}2&1/4\\0&2\end{bmatrix}$ が得られる．

ゆえに $\boldsymbol{X}^2=\boldsymbol{A}$ の解は

$$\boldsymbol{X}=\boldsymbol{VZV}^{-1}=\pm\begin{bmatrix}2&1\\5&3\end{bmatrix}\begin{bmatrix}2&1/4\\0&2\end{bmatrix}\begin{bmatrix}3&-1\\-5&2\end{bmatrix}=\pm(1/4)\begin{bmatrix}-2&4\\-25&18\end{bmatrix}.$$

問題 11.4　$\det(\boldsymbol{A}-\lambda\boldsymbol{I})=(2-\lambda)(-1-\lambda)^2$, $h(\lambda)=(\lambda-1)/(\lambda^2+\lambda+1)$ だから，スペクトル写像定理により，$\det\{h(\boldsymbol{A})-\lambda\boldsymbol{I}\}=(h(2)-\lambda)(h(-1)-\lambda)^2=(\frac{1}{7}-\lambda)(-\frac{2}{3}-\lambda)^2$.

問題 11.5　実際，$\boldsymbol{A}$ を n 次行列，ジョルダン分解を

(1)　$$\boldsymbol{A}=\boldsymbol{V}\mathrm{diag}\big(\boldsymbol{J}^{(n_1)}(\lambda_1),\ \ldots,\ \boldsymbol{J}^{(n_r)}(\lambda_r)\big)\boldsymbol{V}^{-1}\equiv\boldsymbol{VJV}^{-1}\quad(n_1+\cdots+n_r=n)$$

とすれば（11.2 節），$f(\boldsymbol{A})$ は次式によって定義されている（11.4 節 (11.11) 式）：

(2)　$$f(\boldsymbol{A})=\boldsymbol{V}\cdot\mathrm{diag}\big(\boldsymbol{M}^{(n_1)}f(\lambda_1),\ \ldots,\ \boldsymbol{M}^{(n_r)}f(\lambda_r)\big)\cdot\boldsymbol{V}^{-1},$$

(3)　$$\boldsymbol{M}^{(n_k)}(f(\lambda_k))=\begin{bmatrix}f&f^{(1)}&\cdots&f^{(n_k-1)}/(n_k-1)!\\&\ddots&\ddots&\vdots\\&&f&f^{(1)}\\\boldsymbol{0}&&&f\end{bmatrix}$$

$(f=f(\lambda_k),\ f^{(1)}=f^{(1)}(\lambda_k),\ \ldots,\ k=1,\ \ldots,\ r)$．以上の式を見ると，「与えられた 2 つの関数 $f(\lambda), g(\lambda)$ に対して $f(\boldsymbol{A})=g(\boldsymbol{A})$ が成立する」ための必要十分条件は

(4)　$$\boldsymbol{M}^{(n_k)}(f(\lambda_k))=\boldsymbol{M}^{(n_k)}(g(\lambda_k)),\ k=1,\ \ldots,\ r$$

すなわち，

(5)　$$f(\lambda_k)=g(\lambda_k),\ f^{(1)}(\lambda_k)=g^{(1)}(\lambda_k),\ \ldots,\ f^{(n_k-1)}(\lambda_k)=g^{(n_k-1)}(\lambda_k)\quad(k=1,\ \ldots,\ r),$$

で与えられることがわかる．

ただ，$\lambda_1,\ldots,\lambda_r$ はすべて相異なるとは限らないから，(5) の条件の一部は重複している可能性がある．そこで，$\lambda_1,\ldots,\lambda_r$ のうち，相異なるものだけを集めて $\mu_1,\ldots,\mu_s$ と書き直し，各 $\mu_1,\ldots$ に対応するジョルダンブロックの最大次数を $m_1,\ldots,m_s$ と書けば，(5) から重複分を省いて，

(6)　$$f(\mu_j)=g(\mu_j),\ f^{(1)}(\mu_j)=g^{(1)}(\mu_j),\ \ldots,\ f^{(m_j-1)}(\mu_j)=g^{(m_j-1)}(\mu_j)\quad(j=1,\ \ldots,\ s),$$

となる．

例えば，$f(\lambda)=(\mu_1-\lambda)^{m_1}\cdots(\mu_s-\lambda)^{m_s}$（すなわち，$\boldsymbol{A}$ の最小多項式，問題 10.9 参照）をとれば，直接計算により，$f(\mu_j)=f^{(1)}(\mu_j)=\cdots=f^{(m_j-1)}(\mu_j)=0$ $(j=1,\ \ldots,\ s)$．ゆえに，(6) を満たす $g(\lambda)$ として $g(\lambda)\equiv 0$ がとれる．ゆえに，$f(\boldsymbol{A})=g(\boldsymbol{A})=\boldsymbol{0}$．また，$f(\lambda)$ として

特性多項式 $f(\lambda)=\det(\boldsymbol{A}-\lambda\boldsymbol{I})$ をとれば，やはり，$f(\mu_j)=f^{(1)}(\mu_j)=\cdots=f^{(m_j-1)}(\mu_j)=0$, $j=1,\ldots,s$ が満たされる．ゆえに，$f(\boldsymbol{A})=\boldsymbol{0}$. これはケイリー・ハミルトンの定理（8.11 節参照）に他ならない．

以下において「与えられた関数 $f(\lambda)$ に対して $f(\boldsymbol{A})=g(\boldsymbol{A})$ を満たす高々 $(m_1+\cdots+m_s-1)(\leqslant n-1)$ 次多項式 $g(\lambda)$ が唯一つ存在する」ことを示す．このような $g(\lambda)$ は，$\boldsymbol{A}$ のスペクトル上における $f(\lambda)$ の**エルミート補間多項式** (Hermite interpolation polynomial) と呼ばれている．このような $g(\lambda)$ は $f(\lambda)$ のみならず，$\boldsymbol{A}$ にも依存することは明らかである．例によって証明法を示し，一般化は練習問題とする．

そこで，例として $f(x)$ を与えられた関数，a, b, c を異なる 3 点とし，次の 7 個の補間条件を満たす 6 次エルミート補間多項式 $g(x)$ を求める問題を考える：

$$
(7)\qquad \begin{aligned}&f(a)=g(a),\ f^{(1)}(a)=g^{(1)}(a),\ f^{(2)}(a)=g^{(2)}(a),\ f^{(3)}(a)=g^{(3)}(a),\\ &f(b)=g(b),\ f^{(1)}(b)=g^{(1)}(b),\quad f(c)=g(c).\end{aligned}
$$

まず，$g(x)$ は次の形で求まることを示す（一意性の証明はのちほど）：

$$
(8)\qquad \begin{aligned}g(x)=&(x-b)^2(x-c)\left\{\alpha_0+\frac{\alpha_1}{1!}(x-a)+\frac{\alpha_2}{2!}(x-a)^2+\frac{\alpha_3}{3!}(x-a)^3\right\}\\ &+(x-a)^4(x-c)\left\{\beta_0+\frac{\beta_1}{1!}(x-b)\right\}+(x-a)^4(x-b)^2\gamma_0.\end{aligned}
$$

ここに $\alpha_0, \alpha_1, \ldots, \gamma_0$ は補間条件から決定すべき未定係数を表す．

「$f(a)=g(a)$, $f^{(1)}(a)=g^{(1)}(a)$, $f^{(2)}(a)=g^{(2)}(a)$, $f^{(3)}(a)=g^{(3)}(a)$」（$x=a$ における補間条件）を行列形に書くと，

$$
(9)\qquad \begin{bmatrix}f(a)\\ f^{(1)}(a)\\ f^{(2)}(a)\\ f^{(3)}(a)\end{bmatrix}=\begin{bmatrix}\delta&0&0&0\\ *&\delta&0&0\\ *&*&\delta&0\\ *&*&*&\delta\end{bmatrix}\begin{bmatrix}\alpha_0\\ \alpha_1\\ \alpha_2\\ \alpha_3\end{bmatrix}\qquad (\delta\equiv(a-b)^2(a-c))
$$

となることを示せ．ここに「$*$」印は既知成分を表す．右辺の 4×4（下三角）行列は $\delta\neq0$ ゆえ，可逆行列を表す．ゆえに，全く任意に与えられた $f(a), \ldots, f^{(3)}(a)$ の値に対して (9) 式を満たす $\alpha_0, \ldots, \alpha_3$ が一意的に定まる．

同様の手続きにより，全く任意に与えられた $f(b)$, $f^{(1)}(b)$, $f(c)$ の値に対して $\beta_0, \beta_1, \gamma_0$ が一意的に定まることを示せる．

次に，一意性の証明のために，高々 6 次多項式 $g(x)=g_1(x), g_2(x)$ がともに (7) を満たせば，$h(x)\equiv g_1(x)-g_2(x)\equiv0$ であることを次の手順によって示す．まず，$h(x)$ は次の補間条件を満たすことを示す：

$$(10)\qquad \begin{aligned} &h(a) = h^{(1)}(a) = h^{(2)}(a) = h^{(3)}(a) = 0, \\ &h(b) = h^{(1)}(b) = 0, \quad h(c) = 0. \end{aligned}$$

微積分学におけるテイラーの定理により，最初の条件より $h(x) = (x-a)^4 p(x)$ と書けることを示す（ここに $p(x)$ は高々 3 次多項式を表す）．$a \neq b$ ゆえ，続く 2 条件より $p(b) = p^{(1)}(b) = 0$ を出し，$p(x) = (x-b)^2 q(x)$（$q(x)$ は高々 1 次）であることを示す．a, b, c は相異なる数だから，式 (10) の最後の条件より $q(c) = 0$，すなわち，$q(x) = d \cdot (x-c)$（d は定数）が出る．以上を総合すると，$h(x) = d \cdot (x-a)^4 (x-b)^2 (x-c)$ となり，$h(x)$ は高々 6 次だから $d = 0$ でなければならない．すなわち，$h(x) \equiv 0$ でなければならない．

問題 11.6　$\boldsymbol{A}$ のジョルダン標準形は単一ブロックから構成され，固有値は $\lambda_1 = 2$ のみである．(1) $f(\lambda) = (2\lambda+1)/(\lambda^2+\lambda+1)$, $g(\lambda) = \alpha_0 + \alpha_1(\lambda-2)$ とおけば，補間条件は

$$\begin{aligned} f(2) \,=\, g(2):\ & \frac{2\cdot 2+1}{2^2+2+1} = \frac{5}{7} = \alpha_0, \\ f^{(1)}(2) \,=\, g^{(1)}(2):\ & \frac{-2\lambda^2-2\lambda+1}{(\lambda^2+\lambda+1)^2}\Big|_{\lambda=2} = -\frac{11}{49} = \alpha_1. \end{aligned}$$

これより $g(\lambda) = \alpha_0 + \alpha_1(\lambda-2) = \dfrac{5}{7} - \dfrac{11}{47}(\lambda-2)$, $g(\boldsymbol{A}) = \dfrac{5}{7}\boldsymbol{I} - \dfrac{11}{49}(\boldsymbol{A}-2\boldsymbol{I})$ が得られる．

検算

$$\begin{aligned} f(\boldsymbol{A}) &= (2\boldsymbol{A}+\boldsymbol{I})(\boldsymbol{A}^2+\boldsymbol{A}+\boldsymbol{I})^{-1} \\ &= \begin{bmatrix} 1 & 2 \\ -8 & 9 \end{bmatrix} \begin{bmatrix} -3 & 5 \\ -20 & 17 \end{bmatrix}^{-1} = \begin{bmatrix} 1 & 2 \\ -8 & 9 \end{bmatrix} \cdot \frac{1}{49} \begin{bmatrix} 17 & -5 \\ 20 & -3 \end{bmatrix} = \frac{1}{49} \begin{bmatrix} 57 & -11 \\ 44 & 13 \end{bmatrix}, \\ g(\boldsymbol{A}) &= \frac{5}{7}\boldsymbol{I} - \frac{11}{49}(\boldsymbol{A}-2\boldsymbol{I}) = \frac{1}{49} \begin{bmatrix} 57 & -11 \\ 44 & 13 \end{bmatrix} = f(\boldsymbol{A}). \end{aligned}$$

(2) $f(\lambda) = e^{\lambda}$, $g(\lambda) = \beta_0 + \beta_1(\lambda-2)$ とおけば，補間条件は $f(\lambda_1) = g(\lambda_1)$ および $f^{(1)}(\lambda_1) = g^{(1)}(\lambda_1)$ によって与えられる．これを解けば，$e^2 = \beta_0 = \beta_1$ が得られる．ゆえに，$e^{\boldsymbol{A}} = e^2\boldsymbol{I} + e^2(\boldsymbol{A}-2\boldsymbol{I}) = e^2(\boldsymbol{A}-\boldsymbol{I}) = e^2 \begin{bmatrix} -1 & 1 \\ -4 & 3 \end{bmatrix}$.

検算

$$e^{\boldsymbol{A}} = \boldsymbol{V} \begin{bmatrix} e^2 & e^2 \\ 0 & e^2 \end{bmatrix} \boldsymbol{V}^{-1} = \begin{bmatrix} 1 & 2 \\ 2 & 5 \end{bmatrix} \begin{bmatrix} e^2 & e^2 \\ 0 & e^2 \end{bmatrix} \begin{bmatrix} 5 & -2 \\ -2 & 1 \end{bmatrix} = e^2 \begin{bmatrix} -1 & 1 \\ -4 & 3 \end{bmatrix}.$$

問題 11.7　ジョルダン標準形 $\boldsymbol{J}$ から，一般解は $\boldsymbol{c}$ は 3×1 を任意行列として次式で与えられる．

$$\begin{bmatrix} y_1 \\ y_2 \\ y_3 \end{bmatrix} = \boldsymbol{V} \begin{bmatrix} e^t \\ e^{2t} \\ te^{2t} \end{bmatrix} \boldsymbol{c} = \begin{bmatrix} 2 & 1 & 0 \\ 3 & 2 & -1 \\ 8 & 4 & 1 \end{bmatrix} \begin{bmatrix} e^t \\ e^{2t} \\ te^{2t} \end{bmatrix} \boldsymbol{c}$$

問題 11.8　スペクトル写像定理を使う．

(1)　$\det(p(\boldsymbol{A})-\lambda\boldsymbol{I})=(p(1)-\lambda)(p(2)-\lambda)^2=(-\lambda)(3-\lambda)^2 \quad (p(\lambda)=\lambda^2-1)$

(2)　$\det(q(\boldsymbol{A})-\lambda\boldsymbol{I})=(q(1)-\lambda)(q(2)-\lambda)^2=(-\lambda)(\frac{1}{3}-\lambda)^2 \quad (q(\lambda)=(\lambda-1)/(\lambda+1))$

(3)　$\det(r(\boldsymbol{A})-\lambda\boldsymbol{I})=(r(1)-\lambda)(r(2)-\lambda)^2=(-\lambda)(-e^{2c}-\lambda)^2 \quad (r(\lambda)=(1-\lambda)e^{c\lambda})$

(4)　$\det(f(\boldsymbol{A})-\lambda\boldsymbol{I})=(f(1)-\lambda)(f(2)-\lambda)^2$

問題 11.9　(1)：特性多項式は $f(\lambda)=1-\lambda^2=(1-\lambda)(1+\lambda)$ で与えられる．ゆえに，一般解は $y=c_1e^t+c_2e^{-t}$．(2)：特性多項式は $f(\lambda)=-1-\lambda^2=(i-\lambda)(i+\lambda)$ で与えられる．ゆえに，一般解は $y=c_1e^{ti}+c_2e^{-ti}=(c_1+c_2)\cos t+i(c_1-c_2)\sin t=c_1'\cos t+c_2'\sin t$.

問題 11.10　11.7 節の結果を利用する．コンパニオン行列のジョルダン分解を $\boldsymbol{A}=\boldsymbol{V}\boldsymbol{J}\boldsymbol{V}^{-1}$ と書く．

(1)　$\boldsymbol{A}=\begin{bmatrix}0&1&0\\0&0&1\\a_0&a_1&a_2\end{bmatrix}=\begin{bmatrix}0&1&0\\0&0&1\\1&-3&3\end{bmatrix},\ \boldsymbol{V}=\begin{bmatrix}1&0&0\\\alpha&1&0\\\alpha^2&2\alpha&1\end{bmatrix}=\begin{bmatrix}1&0&0\\1&1&0\\1&2&1\end{bmatrix},\ \boldsymbol{J}=\begin{bmatrix}\alpha&1&0\\0&\alpha&1\\0&0&\alpha\end{bmatrix}=$
$\begin{bmatrix}1&1&0\\0&1&1\\0&0&1\end{bmatrix}$，一般解 $y(t)$ は $e^t,\ te^t,\ t^2e^t$ の任意の 1 次結合.

(2)　$\boldsymbol{A}=\begin{bmatrix}0&1&0\\0&0&1\\a_0&a_1&a_2\end{bmatrix}=\begin{bmatrix}0&1&0\\0&0&1\\4&-8&5\end{bmatrix},\ \boldsymbol{V}=\begin{bmatrix}1&1&0\\\alpha&\beta&1\\\alpha^2&\beta^2&2\beta\end{bmatrix}=\begin{bmatrix}1&1&0\\1&2&1\\1&4&4\end{bmatrix},\ \boldsymbol{J}=\begin{bmatrix}\alpha&0&0\\0&\beta&1\\0&0&\beta\end{bmatrix}=$
$\begin{bmatrix}1&0&0\\0&2&1\\0&0&2\end{bmatrix}$，一般解 $y(t)$ は $e^t,\ e^{2t},\ te^{2t}$ の任意の 1 次結合.

(3)　$\boldsymbol{A}=\begin{bmatrix}0&1&0\\0&0&1\\a_0&a_1&a_2\end{bmatrix}=\begin{bmatrix}0&1&0\\0&0&1\\-2&1&2\end{bmatrix},\ \boldsymbol{V}=\begin{bmatrix}1&1&1\\\alpha&\beta&\gamma\\\alpha^2&\beta^2&\gamma^2\end{bmatrix}=\begin{bmatrix}1&1&1\\1&2&-1\\1&4&1\end{bmatrix},\ \boldsymbol{J}=\begin{bmatrix}\alpha&0&0\\0&\beta&0\\0&0&\gamma\end{bmatrix}=$
$\begin{bmatrix}1&0&0\\0&2&0\\0&0&-1\end{bmatrix}$，一般解 $y(t)$ は $e^t,\ e^{2t},\ e^{-t}$ の任意の 1 次結合.

問題 11.11　11.7 節の方法に従う．ジョルダン分解を $\boldsymbol{A}=\boldsymbol{V}\boldsymbol{J}\boldsymbol{V}^{-1}$ と書くと：

(1)　$\det(\boldsymbol{A}-\lambda\boldsymbol{I})=1+4\lambda+6\lambda^2+4\lambda^3+\lambda^4=(1+\lambda)^4$,

$$\boldsymbol{V}=\begin{bmatrix}1&0&0&0\\-1&1&0&0\\1&-2&1&0\\-1&3&-3&1\end{bmatrix},\quad \boldsymbol{J}=\begin{bmatrix}-1&1&0&0\\0&-1&1&0\\0&0&-1&1\\0&0&0&-1\end{bmatrix}.$$

(2)　$\det(\boldsymbol{A}-\lambda\boldsymbol{I})=4+4\lambda-3\lambda^2-2\lambda^3+\lambda^4=(1+\lambda)^2(2-\lambda)^2$,

$$\boldsymbol{V}=\begin{bmatrix}1&0&1&0\\-1&1&2&1\\1&-2&4&4\\-1&3&8&12\end{bmatrix},\quad \boldsymbol{J}=\begin{bmatrix}-1&1&0&0\\0&-1&0&0\\0&0&2&1\\0&0&0&2\end{bmatrix}.$$

問題 11.12　**定理 11.22 の証明**

厳密には数学的帰納法によるが，まずは $n=2,3$ の場合についてやっておく．記号使いの簡略化のため，以下では "$1-2$" などは "z_1-z_2" などを意味するものとする（混乱は起らない）．
$n=2$ の場合：

$$\begin{aligned}(1-2)(fg)_{12}&=(fg)_1-(fg)_2=f_1g_1-f_2g_2=f_1g_1+(-f_1g_2+f_1g_2)-f_2g_2\\&=f_1(g_1-g_2)+(f_1-f_2)g_2=(1-2)f_1g_{12}+(1-2)f_{12}g_2\end{aligned}$$

ゆえに $(fg)_{12}=f_1g_{12}+f_{12}g_2$．$n=3$ の場合：

$$\begin{aligned}&(1-3)(fg)_{123}\\&\quad=(fg)_{12}-(fg)_{23}=f_1g_{12}+f_{12}g_2-(f_2g_{23}+f_{23}g_3)\ (n=2\text{ の結果を利用})\\&\quad=f_1g_{12}+(-f_1g_{23}+f_1g_{23})+f_{12}g_2-f_2g_{23}+(-f_{12}g_3+f_{12}g_3)-f_{23}g_3\\&\quad=f_1(g_{12}-g_{23})+(f_1-f_2)g_{23}+f_{12}(g_2-g_3)+(f_{12}-f_{23})g_3\\&\quad=(1-3)f_1g_{123}+(1-2)f_{12}g_{23}+(2-3)f_{12}g_{23}+(1-3)f_{123}g_3\\&\quad=(1-3)(f_1g_{123}+f_{12}g_{23}+f_{123}g_3)\end{aligned}$$

ゆえに $(fg)_{123}=f_1g_{123}+f_{12}g_{23}+f_{123}g_3$．
一般化は練習問題とする．

定理 11.23 の証明

(a), (b) は簡単．(c) はライプニッツの法則から出る．それ以外は (c) から出る．

定理 11.25 の証明

左辺の (p,q) 成分 $(p\leqslant q)$ は $f(z_p,z_{p+1},\ldots,z_q)$ に等しい．また中央の積分の (p,q) 成分は，(F) の結果を代入すれば

$$\frac{1}{2\pi i}\int_C\frac{f(\lambda)}{(\lambda-z_p)(\lambda-z_{p+1})\cdots(\lambda-z_q)}d\lambda$$

に等しい．しかし，この積分値は (A) により $f(z_p,z_{p+1},\ldots,z_q)$ に等しい．最後の行列 $f(\boldsymbol{D}(z))$ は，11.4 節により中央のコーシー積分に等しい．

第 12 章

問題 12.1　12.1 節，例 12.5 参照．特異値分解例

$$\begin{bmatrix} 0 & 0 & -1 \\ 0 & -1 & 0 \\ 1 & 0 & 0 \end{bmatrix} \begin{bmatrix} 0 & 0 & 0 \\ 0 & -1 & 0 \\ 0 & 0 & -2 \end{bmatrix} \begin{bmatrix} 0 & 0 & 1 \\ 0 & 1 & 0 \\ 1 & 0 & 0 \end{bmatrix} = \begin{bmatrix} 2 & 0 & 0 \\ 0 & 1 & 0 \\ 0 & 0 & 0 \end{bmatrix}.$$

特異値は $\sigma_1 = 2, \sigma_2 = 1, \sigma_3 = 0$ によって与えられる.

問題 12.2　$\boldsymbol{A} \to \boldsymbol{U}_1\boldsymbol{A} = \begin{bmatrix} * & * & \cdots & * \\ 0 & * & \cdots & * \\ \vdots & \vdots & & \vdots \\ 0 & * & \cdots & * \end{bmatrix} \to \boldsymbol{U}_1\boldsymbol{A}\boldsymbol{V}_1 = \begin{bmatrix} * & * & 0 & \cdots & 0 \\ 0 & * & * & \cdots & * \\ \vdots & \vdots & \vdots & & \vdots \\ 0 & * & * & \cdots & * \end{bmatrix} \to \cdots$　(以下同様)

問題 12.3　場合分けの後, 12.2 節の三角不等式 (12.7) における等号成立条件を応用すればよい. 答：$\boldsymbol{x}, \boldsymbol{y}$ の一方が他方の負でない実数倍であること.

問題 12.4　正規方程式は常に可解であることを示す. 可解性の必要十分条件は「$\boldsymbol{y}^{\mathrm{T}}\boldsymbol{A}^{\mathrm{T}}\boldsymbol{A} = \boldsymbol{0} \Rightarrow \boldsymbol{y}^{\mathrm{T}}\boldsymbol{A}^{\mathrm{T}}\boldsymbol{b} = \boldsymbol{0}$ $(\boldsymbol{y} \in \mathbb{R}^n)$」であるが, これは満たされている：

$$\boldsymbol{0} = \boldsymbol{y}^{\mathrm{T}}\boldsymbol{A}^{\mathrm{T}}\boldsymbol{A} \Rightarrow \boldsymbol{0} = \boldsymbol{y}^{\mathrm{T}}\boldsymbol{A}^{\mathrm{T}}\boldsymbol{A}\boldsymbol{y} = (\boldsymbol{A}\boldsymbol{y})^{\mathrm{T}}\boldsymbol{A}\boldsymbol{y} \Rightarrow \boldsymbol{0} = \boldsymbol{A}\boldsymbol{y} \Rightarrow \boldsymbol{0} = \boldsymbol{y}^{\mathrm{T}}\boldsymbol{A}^{\mathrm{T}}.$$

次に, (2) の任意解 $\boldsymbol{x}_0$ をとり, $\boldsymbol{x} = \boldsymbol{x}_0 + \boldsymbol{y}$ とおけば,

$$\|\boldsymbol{A}\boldsymbol{x} - \boldsymbol{b}\|^2 = \|\boldsymbol{A}\boldsymbol{y}\|^2 + \boldsymbol{b}^{\mathrm{T}}(\boldsymbol{b} - \boldsymbol{A}\boldsymbol{x}_0) = \|\boldsymbol{A}\boldsymbol{y}\|^2 + \|\boldsymbol{b}\|^2 - \|\boldsymbol{A}\boldsymbol{x}_0\|^2 \geqslant \|\boldsymbol{b}\|^2 - \|\boldsymbol{A}\boldsymbol{x}_0\|^2$$

が成り立つ. この式より $\boldsymbol{A}^{\mathrm{T}}\boldsymbol{A}\boldsymbol{x} = \boldsymbol{A}^{\mathrm{T}}\boldsymbol{b}$ の解と最小自乗問題の解は一致することがわかる.

問題 12.5

$$\|\boldsymbol{A}\boldsymbol{x} - \boldsymbol{b}\|^2 = \left\|\boldsymbol{Q}(\boldsymbol{R}\boldsymbol{x} - \boldsymbol{Q}^{\mathrm{T}}\boldsymbol{b})\right\|^2 = \left\|\begin{bmatrix} \boldsymbol{R}_1 \\ \boldsymbol{0} \end{bmatrix}\boldsymbol{x} - \begin{bmatrix} \boldsymbol{Q}_1^{\mathrm{T}}\boldsymbol{b} \\ \boldsymbol{Q}_2^{\mathrm{T}}\boldsymbol{b} \end{bmatrix}\right\|^2 = \left\|\boldsymbol{R}_1\boldsymbol{x} - \boldsymbol{Q}_1^{\mathrm{T}}\boldsymbol{b}\right\|^2 + \left\|\boldsymbol{Q}_2\boldsymbol{b}^{\mathrm{T}}\right\|^2$$

だから, 解は $\boldsymbol{x}_{opt} = \boldsymbol{R}_1^{-1}\boldsymbol{Q}_1\boldsymbol{b}$, 残差は $\|\boldsymbol{A}\boldsymbol{x}_{opt} - \boldsymbol{b}\| = \left\|\boldsymbol{Q}_2^{\mathrm{T}}\boldsymbol{b}\right\|$ によって与えられる.

問題 12.6　$\boldsymbol{A}$ のシュア分解を $\boldsymbol{Q}^*\boldsymbol{A}\boldsymbol{Q} = \boldsymbol{T} = \begin{bmatrix} \lambda_1 & \cdots & \\ & \ddots & \vdots \\ \boldsymbol{0} & & \lambda_n \end{bmatrix}$ とすれば, $\boldsymbol{A}$ と $\boldsymbol{T}$ の特異値は等しいから,

$$\sigma_{\max} = \max_{\|\boldsymbol{x}\|=1} \|\boldsymbol{T}\boldsymbol{x}\| \geqslant \|\boldsymbol{T}\boldsymbol{e}_j\| = \left\|\begin{bmatrix} \vdots \\ \lambda_j \\ \boldsymbol{0} \end{bmatrix}\right\| \geqslant |\lambda_j| \quad \begin{pmatrix} j = 1, \ldots, n, \\ \boldsymbol{e}_j = \text{第 } j \text{ 単位ベクトル} \end{pmatrix}.$$

次に, $\sigma_{\min} \leqslant \min_i |\lambda_i|$ を示す. $\sigma_{\min} = 0$ の場合は除外してよいから, $\sigma_{\min} > 0$ とすれば, $\boldsymbol{A}^{-1}$ の存在が保証される. $\boldsymbol{A}^{-1}$ の特異値, 固有値は, それぞれ $\boldsymbol{A}$ の特異値, 固有値の逆数だから, これに上の結果を適用すれば $1/\sigma_{\min} \geqslant 1/|\lambda_j|$ $(j = 1, \ldots, n)$ が得られる.

第 13 章

問題 13.1　(1)：$r = s = 1, \boldsymbol{C} = [c_2]$, $\boldsymbol{S} = [s_2]$ $(s_2 = \sqrt{1-c_2^2})$ だから，標準形は

$$\left[\begin{array}{ccc|ccc} \boldsymbol{I} & \boldsymbol{0} & \boldsymbol{0} & \boldsymbol{0}_S^{\mathrm{T}} & \boldsymbol{0} & \boldsymbol{0} \\ \boldsymbol{0} & \boldsymbol{C} & \boldsymbol{0} & \boldsymbol{0} & \boldsymbol{S} & \boldsymbol{0} \\ \boldsymbol{0} & \boldsymbol{0} & \boldsymbol{0}_C & \boldsymbol{0} & \boldsymbol{0} & \boldsymbol{I} \\ \hline \boldsymbol{0}_S & \boldsymbol{0} & \boldsymbol{0} & \boldsymbol{I} & \boldsymbol{0} & \boldsymbol{0} \\ \boldsymbol{0} & \boldsymbol{S} & \boldsymbol{0} & \boldsymbol{0} & -\boldsymbol{C} & \boldsymbol{0} \\ \boldsymbol{0} & \boldsymbol{0} & \boldsymbol{I} & \boldsymbol{0} & \boldsymbol{0} & \boldsymbol{0}_C^{\mathrm{T}} \end{array}\right]\begin{array}{c} 1 \\ 1 \\ 1 \\ 3 \\ 1 \\ 2 \end{array}, \quad \begin{array}{cccccc} 1 & 1 & 2 & 3 & 1 & 1 \end{array}$$

(2)：

$$\left[\begin{array}{ccc|cc} \boldsymbol{I}_1 & \boldsymbol{0} & \boldsymbol{0} & \boldsymbol{0} & \boldsymbol{0} \\ \boldsymbol{0} & \boldsymbol{C} & \boldsymbol{0} & \boldsymbol{0} & \boldsymbol{S} \\ \hline \boldsymbol{0} & \boldsymbol{0} & \boldsymbol{0} & \boldsymbol{I}_1 & \boldsymbol{0} \\ \boldsymbol{0} & \boldsymbol{S} & \boldsymbol{0} & \boldsymbol{0} & -\boldsymbol{C} \\ \boldsymbol{0} & \boldsymbol{0} & \boldsymbol{I}_1 & \boldsymbol{0} & \boldsymbol{0} \end{array}\right]\begin{array}{c} 1 \\ 1 \\ 1 \\ 1 \\ 1 \end{array}, \quad \begin{array}{ccccc} 1 & 1 & 1 & 1 & 1 \end{array}$$

(3)：

$$\left[\begin{array}{cc|c} 1 & 0 & 0 \\ \hline 0 & 0 & 1 \\ 0 & 1 & 0 \end{array}\right]\begin{array}{c} 1 \\ 1 \\ 1 \end{array}, \quad \begin{array}{ccc} 1 & 1 & 1 \end{array}.$$

問題 13.2　$\boldsymbol{U} = [-\frac{\boldsymbol{y}_1}{2}, \boldsymbol{u}_2, \frac{\boldsymbol{y}_3}{3}, \boldsymbol{u}_4]$，ここに $\boldsymbol{u}_2, \boldsymbol{u}_4$ は $\boldsymbol{U}$ の列が正規直交系をなすように選ぶ．

問題 13.3　$\boldsymbol{Y}$ の形は $\boldsymbol{Y} = [\boldsymbol{0}, \boldsymbol{y}_2, \boldsymbol{0}, \boldsymbol{y}_4]$，$\boldsymbol{y}_2^{\mathrm{T}}\boldsymbol{y}_2 = 4, \boldsymbol{y}_4^{\mathrm{T}}\boldsymbol{y}_4 = 9$ ゆえ，$\boldsymbol{U} = [\boldsymbol{u}_1, \frac{\boldsymbol{y}_2}{2}, -\frac{\boldsymbol{y}_4}{3}]$ とすればよい．ここに，$\boldsymbol{u}_1$ は $\{\boldsymbol{u}_1, \frac{\boldsymbol{y}_2}{2}, -\frac{\boldsymbol{y}_4}{3}\}$ が正規直交系をなすように選ぶ．

問題 13.4　$\boldsymbol{V} = [-\boldsymbol{x}_1^{\mathrm{T}}/2, \boldsymbol{v}_2, \boldsymbol{x}_3^{\mathrm{T}}/3, \boldsymbol{v}_4]$，ここに $\boldsymbol{v}_2, \boldsymbol{v}_4$ は $\boldsymbol{V}\boldsymbol{V}^{\mathrm{T}} = \boldsymbol{I}$ となるように選ぶ．

問題 13.5　(1)：列の正規直交性 $\boldsymbol{Q}_1^{\mathrm{T}}\boldsymbol{Q}_1 + \boldsymbol{Q}_2^{\mathrm{T}}\boldsymbol{Q}_2 = \boldsymbol{I}$ と $\boldsymbol{V}_1$ の直交性より

$$\boldsymbol{V}_1^{\mathrm{T}}\boldsymbol{Q}_2^{\mathrm{T}}\boldsymbol{Q}_2\boldsymbol{V}_1 = \boldsymbol{I} - \boldsymbol{V}_1^{\mathrm{T}}\boldsymbol{Q}_1^{\mathrm{T}}\boldsymbol{Q}_1\boldsymbol{V}_1 = \boldsymbol{I} - \begin{bmatrix} 3/4 & 0 \\ 0 & 1/4 \end{bmatrix} = \begin{bmatrix} 1/4 & 0 \\ 0 & 3/4 \end{bmatrix}.$$

(2)：$\boldsymbol{Q}_1\boldsymbol{V}_1 \equiv \boldsymbol{Y} \equiv [\boldsymbol{y}_1, \boldsymbol{y}_2]$ とおけば，$\boldsymbol{Y}^{\mathrm{T}}\boldsymbol{Y} = \begin{bmatrix} 3/4 & 0 \\ 0 & 1/4 \end{bmatrix}$ だから，$\boldsymbol{U}_1 = \left[\boldsymbol{y}_1/(\sqrt{3}/2), \boldsymbol{y}_2/(1/2), \boldsymbol{u}_3\right]$ をとれば（$\boldsymbol{u}_3$ は $\boldsymbol{U}_1$ の列が正規直交系をなすように選ぶ），$\boldsymbol{U}_1^{\mathrm{T}}\boldsymbol{Q}_1\boldsymbol{V}_1 = \boldsymbol{U}_1^{\mathrm{T}}\boldsymbol{Y} = \begin{bmatrix} \sqrt{3}/2 & 0 \\ 0 & 1/2 \\ 0 & 0 \end{bmatrix}$ となる．

(3)：$\boldsymbol{Q}_2\boldsymbol{V}_1 \equiv \boldsymbol{Y} \equiv [\boldsymbol{y}_1, \boldsymbol{y}_2]$ とし，(2) と同様の手続きを踏めば，$\boldsymbol{Y}^{\mathrm{T}}\boldsymbol{Y} = \begin{bmatrix} 1/4 & 0 \\ 0 & 3/4 \end{bmatrix}$．ゆえに，$\boldsymbol{U}_2 = \left[-\boldsymbol{y}_1/(1/2), -\boldsymbol{y}_2/(\sqrt{3}/2), \boldsymbol{u}_3', \boldsymbol{u}_4'\right]$ をとれば（$\boldsymbol{u}_3', \boldsymbol{u}_4'$ は $\boldsymbol{U}_2$ の列が正規直交系をなすように選ぶ），$\boldsymbol{U}_2^{\mathrm{T}}\boldsymbol{Q}_2\boldsymbol{V}_1 = \boldsymbol{U}_2^{\mathrm{T}}\boldsymbol{Y} = \begin{bmatrix} -1/2 & 0 \\ 0 & -\sqrt{3}/2 \\ 0 & 0 \\ 0 & 0 \end{bmatrix}$．(4)：略．

問題 13.6　$\boldsymbol{Q}_{11}$ の特異値は $\{1, 0\}$ であるから $r = 1, s = 0$ となる．ゆえに，$\boldsymbol{C}$ は空ブロックを表す．これにより P-S 型標準形は次のように確定する：

$$\left[\begin{array}{cc|ccc} 1 & 0 & 0 & 0 & 0 \\ 0 & 0 & 0 & 0 & 1 \\ \hline 0 & 0 & 1 & 0 & 0 \\ 0 & 0 & 0 & 1 & 0 \\ 0 & 1 & 0 & 0 & 0 \end{array}\right] = \begin{array}{c} \left[\begin{array}{cc|cc} \boldsymbol{I}_1 & \boldsymbol{0} & \boldsymbol{0}_S^{\mathrm{T}} & \boldsymbol{0} \\ \boldsymbol{0} & \boldsymbol{0}_C & \boldsymbol{0} & \boldsymbol{I}_1 \\ \hline \boldsymbol{0}_S & \boldsymbol{0} & \boldsymbol{I}_2 & \boldsymbol{0} \\ \boldsymbol{0} & \boldsymbol{I}_1 & \boldsymbol{0} & \boldsymbol{0}_C^{\mathrm{T}} \end{array}\right] \begin{array}{c} 1 \\ 1 \\ 2 \\ 1 \end{array} \\ \begin{array}{cccc} 1 & 1 & 2 & 1 \end{array} \end{array}$$

問題 13.7　与えられた行列の直交性と $\boldsymbol{W}_{22}, \boldsymbol{W}_{33}, \boldsymbol{Y}_{22}, \boldsymbol{Y}_{33}$ の形に関する仮定から出る．与えられた行列は標準形の一歩手前の形を表す．$\boldsymbol{X}_{11}$ は直交行列なので，これを左または右へ括り出して標準形が得られることは 13.2 節の証明で示した．この問題は，左上ブロックに特異値分解 $\boldsymbol{U}_1^{\mathrm{T}}\boldsymbol{Q}_{11}\boldsymbol{V}_1 = \begin{bmatrix} \boldsymbol{I} & \boldsymbol{0} & \boldsymbol{0} \\ \boldsymbol{0} & \boldsymbol{C} & \boldsymbol{0} \\ \boldsymbol{0} & \boldsymbol{0} & \boldsymbol{0} \end{bmatrix}$ を施し，$\boldsymbol{Q}_{21}\boldsymbol{V}_1$（$\boldsymbol{V}_1$ は今や既知！）に QR 分解を施して $\boldsymbol{U}_2^{\mathrm{T}}(\boldsymbol{Q}_{21}\boldsymbol{V}_1)$ を下三角行列とし，$\boldsymbol{U}_1^{\mathrm{T}}\boldsymbol{Q}_{12}$（$\boldsymbol{U}_1$ も今や既知！）に QR 分解を施して $(\boldsymbol{U}_1^{\mathrm{T}}\boldsymbol{Q}_{21})\boldsymbol{V}_2$ を上三角行列とすれば，これらは実は特異値分解を表すのみならず，$\boldsymbol{U}_2^{\mathrm{T}}\boldsymbol{Q}_{22}\boldsymbol{V}_2$ も特異値分解直前の形をしていることを示す．QR 分解はシュア分解に関する章の中で説明した．

問題 13.8　$\boldsymbol{P}^{\mathrm{T}}(\boldsymbol{I}-\boldsymbol{P}) \neq \boldsymbol{0}$ と仮定すれば矛盾が起ることを示せばよい．実際，$\boldsymbol{0} \neq \boldsymbol{P}^{\mathrm{T}}(\boldsymbol{I}-\boldsymbol{P})\boldsymbol{x}_0 \equiv \boldsymbol{u}_0$ $(\boldsymbol{x}_0 \in \mathbb{R}^n)$ とすれば，若干の計算後

$$\|\boldsymbol{x}_0 - \boldsymbol{P}(\boldsymbol{x}_0 + \varepsilon\boldsymbol{u}_0)\|^2 = \|\boldsymbol{x}_0 - \boldsymbol{P}\boldsymbol{x}_0\|^2 - \varepsilon(2\|\boldsymbol{u}_0\|^2 - \varepsilon\|\boldsymbol{P}\boldsymbol{u}_0\|^2)$$

が得られる．$\|\boldsymbol{u}_0\| > 0$ だから，十分小さい $\varepsilon > 0$ に対して，右辺 $< \|\boldsymbol{x}_0 - \boldsymbol{P}\boldsymbol{x}_0\|^2$ となる．これは与えられた条件に矛盾する．

第 14 章

問題 14.1　以下の反射性，対称性，推移性が成り立つことを示せばよい．

（反射性）X 上の任意のノルム $\|\cdot\|$ に対して $\|\cdot\| \sim \|\cdot\|$,

（対称性）$\|\cdot\|, \|\cdot\|'$ に対して，$\|\cdot\| \sim \|\cdot\|'$ なら $\|\cdot\|' \sim \|\cdot\|$,

（推移性）$\|\cdot\|, \|\cdot\|', \|\cdot\|''$ に対して，$\|\cdot\| \sim \|\cdot\|'$ かつ $\|\cdot\|' \sim \|\cdot\|''$ なら $\|\cdot\| \sim \|\cdot\|''$.

問題 14.2　(1)：単純な計算で出る．

(2) $\|\boldsymbol{B}_p - \boldsymbol{B}_q\| = \left\|\boldsymbol{A}^p + \cdots + \boldsymbol{A}^{q-1}\right\| \leqslant \|\boldsymbol{A}\|^p(1+\cdots+\|\boldsymbol{A}\|^{q-p-1}) \leqslant 2\|\boldsymbol{A}\|^p$（ただし $p \leqslant q$）．これに与えられた条件 $\|\boldsymbol{A}\| < 1$ を適用すればよい．

(3)：問題文中の指針に従えばよい．

(4)：$\|\boldsymbol{B}\| - \|\boldsymbol{B}_k\| \leqslant \|\boldsymbol{B}_k - \boldsymbol{B}\|$ より $\|\boldsymbol{B}\| \leqslant \frac{1-\|\boldsymbol{A}\|^k}{1-\|\boldsymbol{A}\|} + \|\boldsymbol{B}_k - \boldsymbol{B}\| \to \frac{1}{1-\|\boldsymbol{A}\|}$ $(k \to \infty)$.

問題 14.3　(I)：各自然数 k に対して $(*)$ $d \leqslant \|\boldsymbol{b} - \boldsymbol{x}_k\| < d + (1/k)$ を満たす $\boldsymbol{x}_k \in X_n$ を選べば $\{\boldsymbol{x}_k\}$ は明らかに X_n 内の有界列を表すから，定理 14.7 により，X_n 内のベクトル $\boldsymbol{x}^{(0)}$ に収束する部分列を含む．これを $(*)$ 式に使えば $d = \left\|\boldsymbol{b} - \boldsymbol{x}^{(0)}\right\| > 0$ を得る．

(II)：次を検算せよ：$\left\|\boldsymbol{x}-\boldsymbol{y}^{(0)}\right\| = \left\|\boldsymbol{x}-(1/d)(\boldsymbol{b}-\boldsymbol{x}^{(0)})\right\| = (1/d)\left\|d\boldsymbol{x}+\boldsymbol{x}^{(0)}-\boldsymbol{b}\right\| \geqslant (1/d)d = 1$ ($\because d\boldsymbol{x}+\boldsymbol{x}^{(0)} \in X_n$).

(III)：$\boldsymbol{b}_1 \in S$ を任意にとり，$\mathrm{span}\{\boldsymbol{b}_1\} \equiv X_1$ とする．(II) により，$\boldsymbol{b}_2 \in S$ を適当にとれば $\mathrm{dist}(\boldsymbol{b}_2, X_1) = 1$ となる．$\mathrm{span}\{\boldsymbol{b}_1, \boldsymbol{b}_2\} \equiv X_2$ とする．以下，同様の手続きにより，S 上のベクトル列 $\{\boldsymbol{b}_1, \boldsymbol{b}_2, \ldots\} \equiv \{\boldsymbol{b}_k\}$ が得られる．ここに $\mathrm{dist}(\boldsymbol{b}_{k+1}, X_k) = 1$ ($k = 1, 2, \ldots$)．これより任意の自然数 $m \neq n$ に対して，$\|\boldsymbol{b}_m - \boldsymbol{b}_n\| \geqslant 1$ が成り立つ．このような S 上の列が収束する部分列を全く含まないことは明らかである．

問題 14.4　$\|\boldsymbol{P}\|_1 = \left\|\boldsymbol{P}^{\mathrm{T}}\right\|_\infty = \|\boldsymbol{P}^*\|_\infty = 2$，$\|\boldsymbol{P}\|_\infty = \left\|\boldsymbol{P}^{\mathrm{T}}\right\|_1 = \|\boldsymbol{P}^*\|_1 = 3+\sqrt{2}$，$\|\boldsymbol{Q}\|_1 = \left\|\boldsymbol{Q}^{\mathrm{T}}\right\|_\infty = \|\boldsymbol{Q}^*\|_\infty = 4$，$\|\boldsymbol{Q}\|_\infty = \left\|\boldsymbol{Q}^{\mathrm{T}}\right\|_1 = \|\boldsymbol{Q}^*\|_1 = 2+\sqrt{2}$.

問題 14.5　p ノルムの定義より，任意の列ベクトル $\boldsymbol{y}$ の数個の成分を 0 で置き換えたものを $\boldsymbol{y}'$ で表せば，明らかに $\|\boldsymbol{y}'\|_p \leqslant \|\boldsymbol{y}\|_p$ が成り立つ．そこで $\boldsymbol{B}$ を，$\boldsymbol{A}$ より第 $i_1, \ldots, i_p$ 行，第 $j_1, \ldots, j_q$ 列を削除して得られる小行列とすれば，$\|\boldsymbol{B}\|_p \leqslant \max\{\|\boldsymbol{Ax}\|_p : \|\boldsymbol{x}\|_p = 1$ かつ $x_j = 0$, $j = j_1, \ldots, j_q\} \leqslant \|\boldsymbol{A}\|_p$.

問題 14.6　$\|\boldsymbol{A}\|_1 =$ 最大列和，$\|\boldsymbol{A}\|_\infty =$ 最大行和，$\|\boldsymbol{A}\|_2 =$ 最大特異値 $= \boldsymbol{A}^{\mathrm{T}}\boldsymbol{A}$ の最大固有値の平方根．ここに，$\boldsymbol{A}^{\mathrm{T}}\boldsymbol{A} = \begin{bmatrix} \boldsymbol{B}^{\mathrm{T}}\boldsymbol{B} & \boldsymbol{0} \\ \boldsymbol{0} & \boldsymbol{C}^{\mathrm{T}}\boldsymbol{C} \end{bmatrix}$ または $\begin{bmatrix} \boldsymbol{C}^{\mathrm{T}}\boldsymbol{C} & \boldsymbol{0} \\ \boldsymbol{0} & \boldsymbol{B}^{\mathrm{T}}\boldsymbol{B} \end{bmatrix}$ を考慮すればただちに出る．

問題 14.7　一般に $\|\boldsymbol{X}\|_F \equiv (\sum_{i,j=1}^{n} x_{ij}^2)^{1/2} = (\mathrm{tr}(\boldsymbol{X}^{\mathrm{T}}\boldsymbol{X}))^{1/2}$，ここに $\mathrm{tr}(\cdots)$ はトレースを表す．また $\mathrm{tr}(\boldsymbol{P}+\boldsymbol{Q}) = \mathrm{tr}(\boldsymbol{P}) + \mathrm{tr}(\boldsymbol{Q})$, $\mathrm{tr}(c\boldsymbol{P}) = c \cdot \mathrm{tr}(\boldsymbol{P})$, $\mathrm{tr}(\boldsymbol{PQ}) = \mathrm{tr}(\boldsymbol{QP})$ が成り立つ（ここに $\boldsymbol{P}, \boldsymbol{Q}$ は正方行列，c はスカラー）．以上から

$$\begin{aligned}
\left\|\boldsymbol{B}\left(\boldsymbol{I}-\frac{\boldsymbol{cc}^{\mathrm{T}}}{\boldsymbol{c}^{\mathrm{T}}\boldsymbol{c}}\right)\right\|_F^2 &= \mathrm{tr}\left(\left(\boldsymbol{I}-\frac{\boldsymbol{cc}^{\mathrm{T}}}{\boldsymbol{c}^{\mathrm{T}}\boldsymbol{c}}\right)^{\mathrm{T}}\boldsymbol{B}^{\mathrm{T}}\boldsymbol{B}\left(\boldsymbol{I}-\frac{\boldsymbol{cc}^{\mathrm{T}}}{\boldsymbol{c}^{\mathrm{T}}\boldsymbol{c}}\right)\right) = \mathrm{tr}\left(\boldsymbol{B}^{\mathrm{T}}\boldsymbol{B}\left(\boldsymbol{I}-\frac{\boldsymbol{cc}^{\mathrm{T}}}{\boldsymbol{c}^{\mathrm{T}}\boldsymbol{c}}\right)^2\right) \\
&= \mathrm{tr}\left(\boldsymbol{B}^{\mathrm{T}}\boldsymbol{B}\left(\boldsymbol{I}-\frac{\boldsymbol{cc}^{\mathrm{T}}}{\boldsymbol{c}^{\mathrm{T}}\boldsymbol{c}}\right)\right) = \mathrm{tr}(\boldsymbol{B}^{\mathrm{T}}\boldsymbol{B}) - \mathrm{tr}\left(\boldsymbol{B}\frac{\boldsymbol{cc}^{\mathrm{T}}}{\boldsymbol{c}^{\mathrm{T}}\boldsymbol{c}}\boldsymbol{B}^{\mathrm{T}}\right) \\
&= \mathrm{tr}(\boldsymbol{B}^{\mathrm{T}}\boldsymbol{B}) - \mathrm{tr}\left(\frac{(\boldsymbol{Bc})^{\mathrm{T}}(\boldsymbol{Bc})}{\boldsymbol{c}^{\mathrm{T}}\boldsymbol{c}}\right) = \|\boldsymbol{B}\|_F^2 - \frac{\|\boldsymbol{Bc}\|_2^2}{\boldsymbol{c}^{\mathrm{T}}\boldsymbol{c}}
\end{aligned}$$

ここに，$\boldsymbol{Bc}$ は $n \times 1$ ゆえ，$\|\boldsymbol{Bc}\|_2 = \|\boldsymbol{Bc}\|_F$.

問題 14.8　まず $\left\|\boldsymbol{ab}^{\mathrm{T}}\right\|_F^2$ を計算すると（前問略解参照），

$$\left\|\boldsymbol{ab}^{\mathrm{T}}\right\|_F^2 = \mathrm{tr}((\boldsymbol{ab}^{\mathrm{T}})^{\mathrm{T}}\boldsymbol{ab}^{\mathrm{T}}) = \boldsymbol{a}^{\mathrm{T}}\boldsymbol{a} \cdot \mathrm{tr}(\boldsymbol{bb}^{\mathrm{T}}) = \boldsymbol{a}^{\mathrm{T}}\boldsymbol{a} \cdot \mathrm{tr}(\boldsymbol{b}^{\mathrm{T}}\boldsymbol{b}) = \boldsymbol{a}^{\mathrm{T}}\boldsymbol{a} \cdot \boldsymbol{b}^{\mathrm{T}}\boldsymbol{b} = \|\boldsymbol{a}\|_2^2\,\|\boldsymbol{b}\|_2^2.$$

また，$\left\|\boldsymbol{ab}^{\mathrm{T}}\right\|_2^2 = (\boldsymbol{ab}^{\mathrm{T}})^{\mathrm{T}}(\boldsymbol{ab}^{\mathrm{T}})$ の最大固有値 $= (\boldsymbol{a}^{\mathrm{T}}\boldsymbol{a})$（$\boldsymbol{bb}^{\mathrm{T}}$ の最大固有値）．ここで $\boldsymbol{bb}^{\mathrm{T}}$ の固有値は $\boldsymbol{b}^{\mathrm{T}}\boldsymbol{b}, 0, \ldots, 0$ であることより，$\boldsymbol{bb}^{\mathrm{T}}$ の最大固有値は $\boldsymbol{b}^{\mathrm{T}}\boldsymbol{b}$ である．ゆえに $\left\|\boldsymbol{ab}^{\mathrm{T}}\right\|_2^2 = (\boldsymbol{a}^{\mathrm{T}}\boldsymbol{a})(\boldsymbol{b}^{\mathrm{T}}\boldsymbol{b}) = \|\boldsymbol{a}\|_2^2\,\|\boldsymbol{b}\|_2^2 = \left\|\boldsymbol{ab}^{\mathrm{T}}\right\|_F^2$.

後半の証明：演算子ノルムの性質から $\left\|\boldsymbol{a}\boldsymbol{b}^{\mathrm{T}}\right\|_{\infty} \leqslant \|\boldsymbol{a}\|_{\infty} \left\|\boldsymbol{b}^{\mathrm{T}}\right\|_{\infty} = \|\boldsymbol{a}\|_{\infty} \|\boldsymbol{b}\|_{1}$.

問題 14.9　$\boldsymbol{X}\boldsymbol{a} = \boldsymbol{b}$ を満たす任意の $\boldsymbol{X} \in \mathbb{R}^{m\times n}$ をとる．ノルムをとれば $\|\boldsymbol{X}\|\,\|\boldsymbol{a}\| \geqslant \|\boldsymbol{b}\|$ が得られる．これより $\|\boldsymbol{X}\| \geqslant \|\boldsymbol{b}\| / \|\boldsymbol{a}\|$．一方，$\boldsymbol{X}_0 = \boldsymbol{b}\boldsymbol{a}^{\mathrm{T}}/\boldsymbol{a}^{\mathrm{T}}\boldsymbol{a} \in \mathbb{R}^{m\times n}$ は確かに $\boldsymbol{X}_0\boldsymbol{a} = \boldsymbol{b}$ を満たし，前問の結果を利用すれば，$\|\boldsymbol{X}_0\| = \left\|\boldsymbol{b}\boldsymbol{a}^{\mathrm{T}}/\boldsymbol{a}^{\mathrm{T}}\boldsymbol{a}\right\| = \|\boldsymbol{b}\|\,\|\boldsymbol{a}\| / \|\boldsymbol{a}\|^2 = \|\boldsymbol{b}\| / \|\boldsymbol{a}\|$ が得られる．

問題 14.10　$\|\boldsymbol{A}\|_F = \sqrt{\mathrm{tr}(\boldsymbol{A}^{\mathrm{T}}\boldsymbol{A})}$, $\|\boldsymbol{A}\|_2 =$「$\boldsymbol{A}$ の最大特異値」を使う．$\boldsymbol{A}$ の特異値分解を $\boldsymbol{A} = \boldsymbol{U}\boldsymbol{\Sigma}\boldsymbol{V}^{\mathrm{T}}$ とする．ここに $\boldsymbol{U}, \boldsymbol{V}$ は直交行列，$\boldsymbol{\Sigma} = \mathrm{diag}\left(\sigma_1, \ldots, \sigma_r, 0, \ldots, 0\right) : m \times n$ 行列 $(\sigma_1 \geqslant \cdots \geqslant \sigma_r > 0,\ r \equiv \mathrm{rank}(\boldsymbol{A}))$，$\sigma_1, \ldots, \sigma_r, 0, \ldots, 0$ は $\boldsymbol{A}$ の特異値を表す．簡単な計算によって，$\|\boldsymbol{A}\|_F^2 = \mathrm{tr}(\boldsymbol{A}^{\mathrm{T}}\boldsymbol{A}) = \sigma_1^2 + \cdots + \sigma_r^2$．また，$\|\boldsymbol{A}\|_2^2 = \sigma_1^2$ はすでに知っている．問題の不等式はこれらから得られる．

問題 14.11　(I)：$a, b > 0$ としてよい．$0 < k < 1$ とし，関数 $f(x) = kx + 1 - k - x^k\ (x > 0)$ を定義すると，$x \geqslant 1$ のとき $f(x) \geqslant 0$（$\because f(1) = 0$，$x \geqslant 1$ なら $f'(x) = k(1 - x^{k-1}) \geqslant 0$）．直線 $y = kx + 1 - k$ は点 $(1, 1)$ における曲線 $y = x^k$ への接線となっていることに注意．次に，$a \geqslant b$ なら $x = a/b (\geqslant 1)$, $k = 1/p$ とし，$a < b$ なら，$x = b/a$, $k = 1/q$ とせよ．

(II)：$\boldsymbol{a}, \boldsymbol{b} \neq \boldsymbol{0}$ としてよい．$a_i' = (a_i/\|\boldsymbol{a}\|_p)^p$, $b_i' = (b_i/\|\boldsymbol{b}\|_q)^q$ とおいて (I) の結果を利用すれば，$\dfrac{|a_i b_i|}{\|\boldsymbol{a}\|_p \|\boldsymbol{b}\|_q} \leqslant \dfrac{|a_i|^p}{\|\boldsymbol{a}\|_p^p\, p} + \dfrac{|b_i|^q}{\|\boldsymbol{b}\|_q^q\, q}$ が出る．i について和をとれば問題の不等式が出る．

(III)：$\boldsymbol{a} + \boldsymbol{b} \neq \boldsymbol{0}$ としてよい．

$$
\begin{aligned}
\|\boldsymbol{a}+\boldsymbol{b}\|_p^p &= \sum_{i=1}^n |a_i + b_i|^p = \sum_{i=1}^n |a_i + b_i|\,|a_i + b_i|^{p-1} \\
&\leqslant \sum_{i=1}^n |a_i|\,|a_i + b_i|^{p-1} + \sum_{i=1}^n |b_i|\,|a_i + b_i|^{p-1} \\
&\equiv \sum_{i=1}^n |a_i|\,|s_i|^{p-1} + \sum_{i=1}^n |b_i|\,|s_i|^{p-1} \quad (s_i \equiv a_i + b_i) \\
&\leqslant \|\boldsymbol{a}\|_p (\sum_{i=1}^n |s_i|^{(p-1)q})^{1/q} + \|\boldsymbol{b}\|_p (\sum_{i=1}^n |s_i|^{(p-1)q})^{1/q} \quad \text{（ヘルダーの不等式）} \\
&\leqslant (\|\boldsymbol{a}\|_p + \|\boldsymbol{b}\|_p)(\sum_{i=1}^n |s_i|^p)^{1/q} \quad (\because\ (p-1)q = p) \\
&\leqslant (\|\boldsymbol{a}\|_p + \|\boldsymbol{b}\|_p)\,\|\boldsymbol{a}+\boldsymbol{b}\|_p^{p(1/q)} \leqslant (\|\boldsymbol{a}\|_p + \|\boldsymbol{b}\|_p)\,\|\boldsymbol{a}+\boldsymbol{b}\|_p^{p-1} \quad (\because\ p - 1 = p/q).
\end{aligned}
$$

両辺を $\|\boldsymbol{a}+\boldsymbol{b}\|_p^{p-1}$ で割れば問題の不等式が出る．

(IV)：$a_1, \ldots, a_n$ を与えられた正数とすれば，関数 $f(x) \equiv (a_1^x + \cdots + a_n^x)^{1/x}$ は $x > 0$ で単調減少関数を表すこと，すなわち，「$x > 0$ なら $f'(x) < 0$」を示せば十分である．実際，$\log f(x) = (1/x)\log(a_1^x + \cdots + a_n^x)$（$\log$ は自然対数を表す）を微分し，整理すれば $x(f'(x)/f(x)) = u_1 \log u_1 + \cdots + u_n \log u_n$，ただし $u_i \equiv a_i^x/(a_1^x + \cdots + a_n^x)$, $i = 1, \ldots, n$ が得られる．$x > 0$ であるから，$0 < u_1, \ldots, u_n < 1$．ゆえに右辺は負の実数を表す．ゆえに $f'(x) < 0$．

(V)：**補題** $(b+\varepsilon_k)^{1/k} \to 1$ $(k \to 0)$．ここに $b \geqslant 1, \varepsilon_k \geqslant 0, \varepsilon_k \to 0$ $(k \to \infty)$，k は自然数値のみを採るものとする．実際，$(b+\varepsilon_k)^{1/k}-1=x_k$ とおけば $x_k \geqslant 0$．ゆえに 2 項定理により $1+kx_k \leqslant (1+x_k)^k = b+\varepsilon_k$．これより $0 \leqslant x_k \leqslant (b-1+\varepsilon_k)/k \to 0$．ゆえに $x_k \to 0$，すなわち，$(b+\varepsilon_k)^{1/k} \to 1$（補題証了）．次に $\|\boldsymbol{a}\|_p$ は $\|\boldsymbol{a}\|_p = (b+\varepsilon_p)^{1/p}\cdot\max|a_i|$（$b$ は高々 n の自然数，ε_p は $p \to \infty$ のとき，$\varepsilon_p \to 0$ となるような量）の形に書けることを確かめよ．すると，補題と (IV) から $\|\boldsymbol{a}\|_p \to \max|a_i| = \|\boldsymbol{a}\|_\infty$ が得られる．

問題 14.12　前問で証明したヘルダーの不等式を使う．実際，$\|\boldsymbol{x}\|_p = \left\|[x_1, \ldots, x_n]^{\mathrm{T}}\right\|_p = 1$ を満たす任意の $\boldsymbol{x}$ に対して，$\left|\boldsymbol{a}^{\mathrm{T}}\boldsymbol{x}\right| = \left|\sum a_i x_i\right| \leqslant \sum |a_i x_i| \leqslant \|\boldsymbol{a}\|_q \|\boldsymbol{x}\|_p$（ヘルダーの不等式による）$= \|\boldsymbol{a}\|_q$．これより $\left\|\boldsymbol{a}^{\mathrm{T}}\right\|_p \leqslant \|\boldsymbol{a}\|_q$ が得られる．ここで $x_i = |a_i|^q/(a_i\|\boldsymbol{a}\|_q^{q-1})$ $(a_i \neq 0)$, $x_i = 0$ $(a_i = 0)$ とすれば，$p+q=pq$ により，$\|\boldsymbol{x}\|_p = 1, \boldsymbol{a}^{\mathrm{T}}\boldsymbol{x} = \|\boldsymbol{a}\|_q$ が成り立つ．上の結果と合わせると $\left\|\boldsymbol{a}^{\mathrm{T}}\right\|_p = \|\boldsymbol{a}\|_q$ が出る．

参考文献

本書の準備に当たって多数の文献のお世話になった．以下に挙げるのは参考にした主な文献のみである．論文は引用個所でその旨記した．これらの著者にこの場を借りて深甚の謝意を表す．線形代数の教科書，演習書，行列算法解説書は以下に挙げるもの以外にも多数出版されている．

教科書

[1] 齋藤正彦，『線型代数入門』，東京大学出版会（初版）(1966).
（大学レベル線形代数入門用教科書のひとつ.）

[2] 遠山啓，『行列論』（共立全書 47），共立出版 (1952)
（行列論の入門書として話題が豊富である．グラスマン代数の解説もある.）

[3] J. W. Demmel, *Numerical Linear Algebra*, SIAM(1996).
（数値線形代数の好著の 1 つ．レベルは Trefethen and Bau より高い.）

[4] D. K. Faddeev and V. N. Faddeeva, *Computational Methods of Linear Algebra*, Freeman (1963) (Translated by R. C. Williams).
（120 ページ近い巻頭の章「線形代数からの基礎事項」はよく書かれている．全般的に丁寧な説明には頭が下がる．数値線形代数の古典的名著.）

[5] F. R. Gantmacher, *The Theory of Matrices*, Volumes I and II, Chelsia (1959).
（20 世紀半ばまでの行列論の集大成．開巻早々におけるガウスの消去法を梁の荷重・たわみの関係に結びつけた説明はおもしろい.）

[6] G. H. Golub, C. F. Van Loan, *Matrix Computations*, Third Edition, The Johns Hopkins University Press (1996).
（行列算法全般にわたる濃い内容が簡潔に書かれている．巻末に詳しい文献リストも付されている．初般 (1983) 以来の改定の歴史は行列算法の最近の進歩を反映させたものである．第 4 版の出版がすでに予告されている.）

[7] N. H. McCoy, *Introduction to Modern Algebra*, First Edition, Allyn and Bacon (1960).
（読みやすさ，わかりやすさは群を抜く．自然数から出発し，整数，分数，実数へと進む構築過程を丁寧に示し，「実数は唯一の完備な順序体を表す」ことを証明している．初版に最大の特色有り.）

[8] Ben Noble, *Applied Linear Algebra*, Prentice-Hall (1969).
（初版は話題・例題豊富な好著．B. Noble and J. W. Daniel による 1977 年の改訂版は

より数値計算志向.）

[9] G. F. Simmons, *Introduction to Topology and Modern Analysis*, McGraw–Hill (1963).
（一般位相解析・関数解析入門用の好著.）

[10] G. W. Stewart, *Matrix Algorithms*, Volume I, II, SIAM (1998).
（大家による行列算法解説書．簡単な歴史的記述もあり，詳しい文献リストが付されている.）

[11] A. E. Taylor, D. C. Lay, *Introduction to Functional Analysis*, Second Edition, Krieger (1980).
（関数解析入門書．有限次元ノルム空間に関する解説は行き届いている．ハーン・バナハの定理も丁寧に解説されている.）

[12] L. N. Trefethen and D. Bau, III, *Numerical Linear Algebra*, SIAM (1997).
（行列計算入門書．新しく，読みやすい解説が特色.）

[13] J. H. Wilkinson, *The Algebraic Eigenvalue Problem*, Oxford (1965).
（1970 年 Turing 賞受賞者による，60 年代前半までの行列算法と誤差解析手法を集大成した名著.）

演習書

[14] 小寺平治，『線形代数』，共立出版 (1982).
（よく知られた演習書.）

[15] S. Lipschutz, *Linear Algebra* (In Schaum's Outline Series), McGraw-Hill (1968).
（よく知られた演習書.）

[16] R. Bronson, *Matrix Operations* (In Schaum's Outline Series), McGraw-Hill (1989).
（よく知られた演習書.）

論文ほか

[17] 相島健助，松尾宇泰，室田一雄，杉原正顕，特異値計算のための dqds 法と mdLVs 法の収束性について，日本応用数理学会論文誌，**17**，pp.97–131 (2007).

[18] C. C. Paige and M. A. Saunders, Toward a Generalized Singular Value Decomposition, *SIAM Numer. Anal.*, **18**, pp.398–405 (1981).

[19] G. W. Stewart, On the Perturbation of Pseudo-Inverses, Projections and Linear Least Square Problems, *SIAM Review*, **19**, pp.634–661 (1977).

[20] W. Kahan, Numerical Linear Algebra, *Canadian Mathematical Bulletin*, **9**, pp.757–801 (1966).

[21] Arthur Cayley, A Memoir on the Theory of Matrices, *Roy. Soc. London, Phil. Trans.*, **148**, pp.17–46 (1859).

[22] I. Schur, On the Characteristic Roots of a Linear Substitution with an Application to

the Theory of Integral Equations, *Math. Ann.*, **66**, pp.488–510 (1909) (In German).

[23] C. C. Paige, M. Wei, History and Generality of the CS Decomposition, *Linear Algebra and Its Applications*, **208/209**, pp.303–326 (1994).

[24] R. E. Tarjan, Depth-First Search and Linear Graph Algorithms, *SIAM Journal of Computing*, **1**, pp.146–160 (1972).

[25] 中村佳正，『可積分系の機能数理』，第 2 章，共立出版 (2006).

[26] Y. Ikebe et al., The Eigenvalue Problem for Infinite Compact Complex Symmetric Matrices with Application to the Numerical Computation of Complex Zeros of $J_0(z) - iJ_1(z)$ and of Bessel Function of Any Real Order m, *Linear Algebra and Its Applications*, **194**, pp.35–70 (1993).

[27] Y. Ikebe et al., The Eigenvalue Problem for Infinite Complex Symmetric Tridiagonal Matrices with Application, *Linear Algebra and Its Applications*, **241–243**, pp.599–618 (1996).

[28] 浅井信吉ほか，行列算法による $zJ'_\nu(z) + HJ_v(z) = 0$ の数値解法，電子情報通信学会誌 A，**J79–A**，pp.1256–1265 (1996).

[29] Y. Miyazaki et al., Numerical Computation of the Eigenvalues for the Spheroidal Wave Equation with Accurate Error Estimation by Matrix Method, *Electronic Transactions on Numerical Analysis*, **23**, pp.329–338 (2006).

索　引

■ア行■
悪条件である (ill-conditioned), 84, 270, 313
値 (value) → 関数
安定である (stable), 186
安定な算法 (stable algorithm), 186

1 次結合 (linear combination), 10, 42
1 次従属 (linearly dependent), 43
1 次独立 (linearly independent), 43
　部分空間から——, 220
1 ノルム (1-norm), 158, 306
一葉双曲面 (one-sheeted hyperboloid), 177
1 階デカルトテンソル (Cartesian tensor of order 1), 211
一般解 (general solution), 41
一般化特異値分解 (generalized singular value decomposition), 293
一般固有空間 (generalized eigenspace), 163
一般固有ベクトル (generalized eigenvector), 162

ヴァンデルモンド行列 (Vandermonde matrix), 231
ウィーランド・ホフマンの定理 (Wielandt-Hoffman theorem), 187
上三角行列 (upper triangular matrix), 4
上に有界 (bounded above), 79
薄型 CS 分解 (thin version CS decomposition), 283
M 演算 (M operation), 233
LDU 分解 (LDU decomposition), 60, 88
l_p ノルム (l_p-norm), 81, 306
エルミート行列 (Hermitian matrix), 20
エルミート補間多項式 (Hermite interpolation polynomial), 347
LU 分解 (LU decomposition), 89
演算子 (operator), 82
演算子ノルム (operator norm), 82, 305
　——p ノルム, 322
　——2 ノルム, 263

■カ行■
開球 (open ball), 262, 300
階数 (rank), 55, 59, 87
外積 (outer product), 140
改良グラム・シュミット法 (modified Gram-Schmidt process), 150
ガウスの消去法 (Gaussian elimination), 91
下界 (lower bound), 79
可逆（行列）(invertible (matrix)), 16
核 (kernel), 48
拡大行列 (augumented matrix), 114
拡大係数行列 (augmented coefficient matrix), 107
拡大結合則 (extended associative law), 15
下限 (infimum, greatest lower bound), 79
重ね合わせの原理 (principle of superposition), 2, 39
過少決定系 (under-determined system), 101
過剰決定系 (over-determined system), 103

可積 (conformable, well-defined), 8
可積分割 (conformably partition), 22
型 (size, dimension), 3
要 (pivotal component), 90
加法 (addition), 35
間隔 (mesh size), 328
関係 (relation), 55
関数 (function), 38
　——の値 (value), 38
完全形 → QR 分解
完備性 (completeness), 79
簡約形 → QR 分解

奇置換 (odd permutation), 116, 118
基底 (basis), 49
　——ベクトル, 49
基本変形 (elementary transformation), 29
既約 (irreducible), 325
逆行列 (inverse (matrix)), 16
逆元
　加法的——(additive inverse), 7
　積の—— → 逆行列
逆順序対, 118
逆像 (inverse image), 38
QR 分解 (QR decomposition), 166
　完全形, 67
　簡約形, 67
行 (row), 3
　——ベクトル, 3
行空間 (row space), 48
共役 (complex conjugate), 20
共役転置 (conjugate transpose), 20
共役複素数 (conjugate complex), 32
行列 (matrix), 2, 3
　実——, 5
　体上の　, 3
　複素——, 5
行列算 (matrix operation), 5
　スカラー倍, 7
　積, 2, 8
　和, 6
行列式 (determinant), 62, 116
行列積 (matrix product), 2, 8
行列表現 (matrix representation), 53
強連結 (strongly connected), 85, 324
　——成分, 324
極限（値）(limit), 80, 298
虚部 (imaginary part), 32
距離 (metric), 262
距離空間 (metric space), 262
距離（部分空間）(distance), 290

偶奇性 (parity), 118
偶置換 (even permutation), 116, 118
グラスマン代数 (Grassmann algebra), 117
グラフ (graph), 323
　関数の——, 38
　有向——, 84, 323
グラム行列 (Gramian matrix), 147
グラム・シュミット（直交化）法 (Gram-Schmidt orthogonalization process), 68, 150
クラメールの公式 (Cramer's rule), 62, 132
クーラン・フィッシャーの定理 (Courant-Fischer theorem), 189
クロネッカーのデルタ記号 (Kronecker delta), 13
区分け (partition), 18
　——された行列, 22

k 階一般固有空間 (generalized eigenspace of rank k), 163
k 階一般固有ベクトル (generalized eigenvector of rank k), 69, 162
ケイリー・ハミルトンの定理 (Cayley-Hamilton theorem), 71, 178
結合則 (associative law)
　行列スカラー倍, 7, 33
　行列積, 14, 33
　行列積拡大, 15

行列和, 6, 33
ベクトルスカラー倍, 35
ベクトル和, 35
ゲルシュゴーリン円板 (Gerschgorin disk), 190
ゲルシュゴーリンの定理 (Gerschgorin's theorem), 190
元 (element), 4
原像 (pre-image), 38

交換則 (commutative law)
行列和, 6, 33
ベクトル和, 35
格子点 (mesh point, grid point), 327
合成写像 (composite map, composite mapping), 14, 40
後退誤差解析 (backward error analysis), 83
交代対称行列 (skew-symmetric matrix), 18, 142
合同である (congruent), 208
互換 (transposition), 118
コーシー・シュワルツ不等式 (Cauchy-Schwartz inequality), 155, 260
コーシーの入れ子定理 (Cauchy's interlace theorem), 187
コーシーの積分公式 (Cauchy's integral formula), 239
コーシー列 (Cauchy sequence), 80, 302
固有角振動数 (angular eigenfrequency), 194
固有空間 (eigenspace), 162
一般——, 163
固有振動 (eigenvibration), 194
固有振動数 (eigenfrequency), 194
固有値 (eigenvalue), 69, 159
——問題, 162
固有ベクトル (eigenvector), 69, 160
一般——, 162
固有モード (eigenmode), 194
コレスキー分解 (Cholesky decomposition), 146
コンパニオン行列 (companion matrix), 162, 247

■サ行■

最小自乗法 (least square method), 271
最小自乗問題 (least square problem), 271
最小多項式 (minimal polynomial), 232
座標 (coordinate), 52
座標系 (coordinate system), 52
座標変換 (coordinate transformation), 54
差分商 (divided difference), 254
——行列, 255
作用素 (operator), 38, 82
鎖列 (chain), 73, 163
三角行列 (triangular matrix)
上——, 4
下——, 4
単位上——, 5
単位下——, 5
三角形の法則 (triangle law), 7
三角不等式 (triangular inequality), 156, 261
3 項漸化式 (three-term recurrence relation), 209
残差 (residual), 272

CS 分解 (CS decomposition), 78
薄型——, 283
ページ・サンダース型——, 277
軸 (pivot), 90
軸成分 (pivotal component), 90
次元 (dimension)
部分空間の, 50
ベクトルの, 3
次数 (order), 218
下三角行列 (lower triangular matrix), 4
下に有界 (bounded below), 79
実行列 (real matrix), 5

実数 (real number), 3
実部 (real part), 32
実ベクトル空間 (real vector space), 35
射影 (projection), 181, 288
　——行列 (— matrix), 26
写像 (map, mapping), 38
　合成——, 40
　全射, 38
　全単射, 38
　単射, 38
シューア分解 → シュア分解
シュアー分解 → シュア分解
シュア分解 (Schur decomposition), 69, 168
収束 (converge), 79, 298
　成分ごとの——, 243, 303
収束円 (circle of convergence), 242
収束半径 (radius of convergence), 242
従属変数 (dependent variable), 38
主座小行列 (principal submatrix), 22
主成分分析 (principal component analysis), 175
主対角線 (main diagonal), 4
シュール分解 → シュア分解
順序付 n タプル (ordered n-tuple), 36
順列 (permutation), 117
　——行列, 27
上位対角線 (super-diagonal), 71
上界 (upper bound), 79
小行列 (submatrix), 22
商空間 (quotient space), 57
上限 (supremum, least upper bound), 79
条件数 (condition number), 77, 83, 269, 311
乗算 (multiplication), 9
商特異値分解 (quotient singular value decomposition), 293
剰余類 (coset), 57
ジョルダン鎖列 (Jordan chain), 218
ジョルダン標準形 (Jordan canonical form, Jordan normal form), 71, 214
ジョルダンブロック (Jordan block, Jordan cell), 71, 214
ジョルダン分解 (Jordan decomposition), 71, 214
シルベスターの慣性法則 (Sylvester's law of inertia), 208

推移性 (transitivity), 6, 35
垂直である (orthogonal, perpendicular), 146
随伴行列 (adjoint matrix), 20
スカラー (scalar), 3
スカラー倍 (scalar multiple)
　行列, 7
　写像, 39
　ベクトル空間における——, 35
スパン (span), 47
スペクトル (spectrum), 160
スペクトル写像定理 (spectral mapping theorem), 75, 236

正規化されている (normalized), 146
正規行列 (normal matrix), 22, 173
正規直交基底 (orthonormal basis), 66, 151
正規直交系 (orthonormal system), 66, 148, 165
正規方程式 (normal equation), 109, 271
正射影 (orthogonal projection), 181, 288
正順序対, 117
生成された部分空間 (subspace generated by $\cdots$), 48
正則（行列）(regular, nonsingular (matrix)), 16
正定値行列 (positive-definite matrix), 65, 146
成分 (component), 4
　置換の——, 117
　方向への——, 148

成分ごとの収束 (componentwise convergence), 243, 303
正方行列 (square matrix), 4
積 (product)
　行列の, 2, 8
　写像, 40
絶対値 (absolute value), 32
絶対ノルム (absolute norm), 307
ゼロ (zero), 6
　——行列, 6
　——元, 33, 35
　——ベクトル, 6
線形空間 (linear space), 35
線形結合 (linear combination), 10, 42
線形写像 (linear map, linear mapping), 2, 38, 39
　行列表現, 53
　非——, 39
線形従属 (linearly dependent), 43
線形代数の基本定理 (fundamental theorem of linear algebra), 45
線形独立 (linearly independent), 43
線形汎関数 (linear functional), 300
線形変換 (linear transformation), 39
全射 (surjection, onto function, epimorphism), 38
全単射 (bijection), 38

像 (image), 38
　逆——, 38
　原——, 38
双曲線 (hyperbola), 177
双曲柱面 (hyperbolic cylinder), 178
双曲放物面 (hyperbolic paraboloid), 178
像空間 (image space), 38
相似 (similar), 163
　——三角化可能, 164
　——対角化可能, 164
　——変換, 163
相等 (equality)
　関数, 38
　行列, 5
疎行列 (sparse matrix), 61

■タ行■

体 (field), 3, 78
対角化可能 (diagonalizable), 71, 214
対角化定理 (diagonalization theorem), 70
対角行列 (diagonal matrix), 4
対角成分 (diagonal component), 4
　非——, 4
対角線
　上位——(super-diagonal), 71
　主——(main diagonal), 4
大小関係 (order), 78
対称行列 (symmetric matrix), 18
対称区分け (symmetric partitioning), 24
対称性 (symmetry), 6, 35
体上の行列 (matrix over field ⋯), 3
楕円 (ellipse), 177
楕円錐面 (elliptic cone), 177
楕円柱面 (elliptic cylinder), 178
楕円放物面 (elliptic paraboloid), 178
楕円面 (ellipsoid), 177
単位行列 (identity matrix), 13
単位元
　加法的 (additive identity), 7
　積 (multiplicative unit), 13, 33
単位三角行列
　単位上三角行列 (unit upper triangular matrix), 5
　単位下三角行列 (unit lower triangular matrix), 5
単位長さを持つ (of unit length), 146
単位列ベクトル (unit column vector), 12
単射 (injection, one-to-one function, monomorphism), 38
単振動 (simple vibration), 195
単調定理 (monotonicity theorem), 184

現代線形代数
—分解定理を中心として—

Modern Linear Algebra Through Decomposition Theorems

2009年4月15日　初版1刷発行
2025年3月25日　初版4刷発行

検印廃止

NDC 411.3

ISBN 978-4-320-01881-5

著　者　池辺八洲彦・池辺　淑子
　　　　浅井　信吉・宮崎　佳典

発行者　南條光章

発行所　**共立出版株式会社**
郵便番号 112-0006
東京都文京区小日向 4-6-19
電話 03-3947-2511（代表）
振替口座 00110-2-57035
www.kyoritsu-pub.co.jp

印　刷　啓文堂

製　本　ブロケード

一般社団法人
自然科学書協会
会員

Printed in Japan

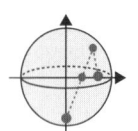

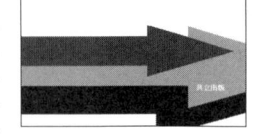